「やりたいこと」からパッと引ける

# Google アナリティクス

## 分析・改善のすべてがわかる本 改訂版

小川卓

# はじめに

本書はGoogle アナリティクスを中心に、データの見方・分析の仕方・改善方法を紹介する一冊です。しかし本書はGoogle アナリティクスの機能やレポート一覧の本ではありません。Google アナリティクスには100種類近くのレポートがあります。しかし本書に登場するGoogle アナリティクスのレポートの種類数はその3分の1程度です。大切なのはすべてのレポートを使えるようになることではありません。1年に1回使うか使わないかというレポートを理解するのではなく、自社サイトの気付きが発見しやすいレポートや機能を中心に紹介しています。

そのため同じレポートが何度も出てきます。しかし、そのレポートをどのように見ればよいのか。どういった切り口を当てればよいのか。そういったレポートの「見方」ではなく「使い方」を、ぜひ本書を通じて学んでいただければと願っております。

序章はいきなりGoogle アナリティクスの説明に入るのではなく、Webサイトをそもそも分析して改善するための手順について紹介します。Google アナリティクスを最も効率よく使う方法は「何を分析するかを分析する前に決める」ということです。まずはこの手順を理解しましょう。第1章～第8章では「知りたい」軸からのGoogle アナリティクスの活用方法を紹介します。

皆さんがデータを見る際には「この機能を使いたい」というニーズで始まることはないかと思います。サイトのこの部分について知りたい、あるいは、こないだ行った施策を評価したいといったニーズなのではないでしょうか。第1章～第8章はこの観点で分類しタイトル付けを行っています。なかなか仮説が思いつかない時は、本書を読みながら「うちのサイトでもこれを知りたい」という形で使っていただくのもよいでしょう。第9章では分析で得られた気付きから、改善施策をどのように考えるのかという具体的な打ち手の部分に触れます。付録に、Google アナリティクスの設定ポイント・Googleタグマネージャーの設定と活用事例・アクセス解析の用語について言及しました。

分析・改善に近道はありません。本書で紹介したすべての内容が、すべてのサイトで役立つわけではありません。本書では、気付きが発見しやすい特徴的なデータやGoogle アナリティクスのスクリーンショットをわかりやすさ重視のために紹介していますが、皆さんのサイトでも同じような気付きが見つかるとは限りません。分析の内、8割は「想定内」の結果が見つかることでしょう。もちろん、想定内だからダメというわけではなく、数値でしっかり可視化して事実として認識することは大切です。残りの2割では、新しい気付きが見つかるかもしれません。しかし新しい気付きが発見できるレポートは毎回同じとは限りません。

だからこそ、本書を通じて、様々な分析の切り口を知っておくことで想定していなかった気付きが生まれる可能性は高まり、それが大きな改善に繋がるヒントになるでしょう。

増補改訂版にあたり、新たに分析の事例を多数追加しました。少し難易度が高いものもありますが、ここ数年で筆者が実践から見つけた、気付きが発見しやすい分析だろうということで追加しました。また各所細かいアップデートもしていますので、より使いやすくパワーアップしています。

本書は皆様のサイト改善をお約束するものではありませんが、必ず新しい武器や価値を提供できる書籍になっています。改善事例に関しても第9章で触れていますが、文量の都合から少し控えめとなっています。改善事例に興味がある方は、拙書（『Webサイトの分析・改善の教科書　増補改訂版』）もあわせてご覧ください。

本書では改善事例という分析後の結果ではなく、皆様に力を付けていただきたい。そこに至る「分析方法」や「改善の考え方」というプロセスを重視した一冊となっています。

ぜひ本書を通じて、継続的に使える武器を手に入れ、磨いていただければ幸いです。

2020年7月
小川 卓

# Contents - 目次 -

「やりたいこと」「知りたいこと」からパッと引ける

# 目的別インデックス

本書で解説しているGoogle アナリティクスその他関連ツールによって、「データの取得方法」「気付きを得るための分析手法」「考え方」など、読者の皆さんが「やりたいこと」「知りたいこと」を目的別に集め、インデックスを作成しました。Section番号または、具体的なページ番号から項目をお引きください。
なお、Google アナリティクスのメニュー名や機能名から探したい場合は、巻末の索引を参照ください。

## Google アナリティクス（ユニバーサルアナリティクス）とGoogle アナリティクス 4（GA4）に関して

本書で取り上げるGoogle アナリティクスには現在2つのバージョンがあります。長年利用されている「ユニバーサルアナリティクス」と、2020年10月にリリースされた「GA4」です。計測の仕組みからレポートの画面まで大きく違う2つのバージョンが存在していることになります。

GA4に関してはまだ一部機能が実装されていない、導入している企業が2021年現在は非常に少ないということもあり、本書で紹介するGoogle アナリティクスの操作やスクリーンショットに関しては全て「ユニバーサルアナリティクス」となります。読者の皆様が実際に分析される場合に利用するのも、95%以上はユニバーサルアナリティクスになるでしょう。

ぜひ本書を片手にGoogle アナリティクスを活用した分析に取り組んでみましょう。なおGA4に関して学びたい方は、Google アナリティクスの公式ヘルプを利用していただくか、私のほうで定期的に更新している無料のGA4の資料をご活用ください。

■ **GA4 公式ヘルプ**

https://support.google.com/analytics/answer/10089681?hl=ja

■ **筆者のGA4資料**

https://go.happyanalytics.co.jp/ga4

## 書籍サポートサイトについて

本書に掲載されたGoogle アナリティクスの関連リンク集、正誤表などを公開します。下記URLよりアクセスしてください。

http://www.sotechsha.co.jp/sp/1270/

何よりも根本的な「分析・改善のための考え方」を学びましょう

# 序章<br>サイト分析のプロセスを理解する

Google アナリティクスを活用する前に、序章では「分析のプロセス」について紹介をしておきます。多くの書籍では、ツールや機能の使い方を紹介していますが、**いざ自分でサイトを分析しようと思った時に、どこから手をつければ良いかわからないという方も多いのではないでしょうか**。要件や課題が明確な場合は、該当するレポートや機能を使えばよいのですが、はじめて自社サイトを分析する、あるいは、お客様のサイトを分析するなどは、そもそも何が課題なのかもわからないという状態からスタートします。

そのような状態ではGoogle アナリティクスの使い方を学んでも「点」での理解になり、サイトの課題発見や改善案の検討には繋がりません。まずは**筆者がサイトを分析する時に、どのようなプロセスをたどっているかを紹介**します。サイトをこれから分析する方は、まずはこの方法で試していただき、既に分析経験がある方は参考になるところがあれば活用していただければ嬉しいです。最終的には、分析を複数回行う中で自分なりの「型」が見つかってきます。

## 分析プロセスとかけている時間

筆者は1サイトの分析に大体20～28時間ほど時間をかけています。サイト規模、複数デバイスを見る必要があるのかどうか、実装の複雑さによって変わってきます。しかし、どのサイトを分析するにしても、分析するプロセス自体は一緒です。

まずは個々のプロセスを紹介し、その後各ステップについて詳しく説明していきます。時間は筆者が各プロセスに使う平均時間です。

### Step 1. ヒアリング

**●取り組むこと**
サイトの現況や今までに行ってきたタスク、ゴール・KPIなどを確認し、何ができるのか、そして何ができないのかを確認。また分析の方向性を決める。

**●時間配分**
2時間

## Step 2. 対象サイトの理解

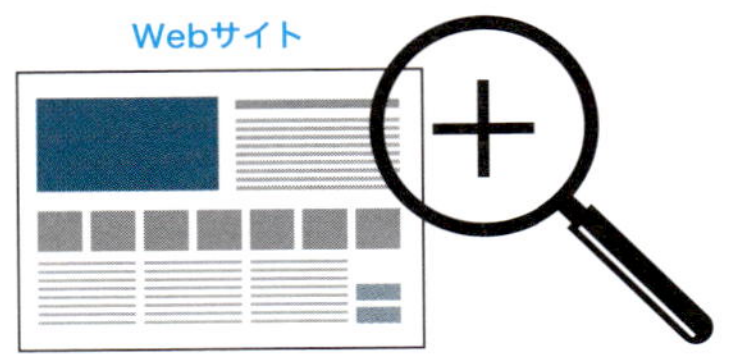


●取り組むこと
実際にユーザーとしてサイトを利用し、サイトの気になる点などをピックアップ。またURL構造などの把握や分析したいポイントの洗い出しなども行う。サイトのどの部分に注力して分析するかなどの「仮説出し」を行う。同業他社がいる場合は複数のシナリオを立てて比較を行う。

●時間配分
3時間

## Step 3. 分析方針の整理

●取り組むこと
分析と改善の方針をおおまかに決める。どこに課題や改善ポイントがありそうなのか（一覧・詳細・カート・コンテンツなど）そしてそれを証明する・把握するためにはどういった分析を行えばよいのかを整理する。

●時間配分
2時間

## Step 4. 解析ツールの設定確認

Google Analytics

●取り組むこと
データを解析ツールでどのように取得しているのか、何が取得できていて・何が取得できていないのかを把握する。わからない事があれば依頼主に確認をする。

●時間配分
3時間

## Step 5. データ取得と加工

| | A | B | C |
|---|---|---|---|
| 1 | | | |
| 2 | | | |
| 3 | | | |
| 4 | | | |
| 5 | | | |
| 6 | | | |
| 7 | | | |

●取り組むこと
解析ツールなどからデータを取得。表やグラフなどを作成し、気付きを箇条書きで記載していく。画面のレポートをそのまま使わず、気付きが発見しやすいようにデータをエクスポートし、Excelなどで加工しながら行う。

●時間配分
9時間

## Step 6. 気付きからの施策検討

**●取り組むこと**

分析から得られた気付き＋過去の知見から施策を洗い出す。また対象ページや対象箇所のボリューム、そして現在の数値を元に相対的な想定インパクト（大・中・小）を決める。

※一部の施策はStep5の間に考えています。

**●時間配分**

3時間

▼

## Step 7. 資料作成

**●取り組むこと**

PowerPointなど報告用の資料に落とし込む。目次・サマリー・主要な気付き・分析の詳細・改善施策の構成で作成することが多い。レイアウトや全体の見やすさなどを整理し、可能であれば提出前に、ほかの人にレビューを行ってもらう。ページのテンプレートを事前に複数用意し、それを活用することでレポート全体の統一感や、記載漏れなどを防ぐことができる。

**●時間配分**

6時間

上記は28時間の場合です。分析内容や項目が絞られている場合は、「Step 5. データ取得と加工（9時間）」「Step 7. 資料作成（6時間）」の部分が減ります。また、Step 2～Step 4は同じ日に行うことをオススメします。これ以降、各ステップについて詳しく見ていきます。

## Step 1. ヒアリングの実施

分析に入る前に**対象サイトの担当者と責任者にヒアリングを行います**。1～2時間ほど、サイトの事を理解するための質疑応答を行います。ヒアリング時の注意点は以下3点です。

### ■注意点

- ヒアリングの目的は「**分析と施策でどこまでできるかの範囲を把握**」することです。聞いている質問が、目的に役立つかを考えながら、あまり関係ないところで時間を使わないようにしましょう。
- 自分が話すのではなく、**お客様に話してもらいましょう**。間に割って入らず、確認したいことがあれば、その内容を整理した上で（例：今の回答は、○○という理解で良いでしょうか。今の内容について、■■という点についても伺いたいのですが……）次の質問をしましょう。
- メモしながらのヒアリングは非常に難しいです。**議事録を取ってくれる人を用意するか、許可をいただいた上で録音をしましょう。**

## ヒアリングシート

ヒアリング項目は以下の通りです。既に理解している内容は外しますし、深堀りが必要であればその項目に時間を割きます。★がついている項目が特に重要な項目です。

### ■1: ビジネスと対象サイトに関して

| | |
|---|---|
| ☑ | ビジネスモデル　および　対象カスタマー |
| ☑ | 対象サイトのビジネスモデル★ |
| ☑ | 対象サイトの想定カスタマー★ |
| ☑ | 対象サイトの想定カスタマーに提供している価値 |
| ☑ | ベンチマークサイトの有無と差別化ポイント★ |
| ☑ | 対象サイトの変遷（立ち上げ・リニューアルなど） |
| ☑ | 対象サイトの運用体制 |
| ☑ | 分析対象範囲（どのドメイン・ディレクトリまでが対象か） |
| ☑ | 分析対象デバイス |
| ☑ | 主に利用している集客施策とその利用目的 |

### ■2: ゴール・KPI

| | |
|---|---|
| ☑ | 対象サイトの「目標」と「KPI」★ |
| ☑ | 目標とKPIがどのように設定されたのか（指標・値・期間の決め方） |
| ☑ | 対象サイト・サービスのゴールを達成する上で抱えている課題 |
| ☑ | 改善優先順位が高いKPI（解析ツールで設定されている目標名・番号）★ |
| ☑ | 改善優先順位が高いページ |

### ■3: 解析ツール・施策

| | |
|---|---|
| ☑ | 導入解析ツール★ |
| ☑ | 対象サイトに対して今まで行ってきた主な施策と結果★ |
| ☑ | 施策の実行プロセス（制作・テスト・実行の担当者） |
| ☑ | 施策を行うことが仕組み的に難しいページや機能（例：カートなど）★ |
| ☑ | 今後予定しているサイト・サービスに対する大きな変更 |
| ☑ | 検品環境の有無 |
| ☑ | 本番で「成果」（お問い合わせ等）を行う際の注意点 |
| ☑ | 分析時の計測除外設定の有無 |

上記を参考に、Excel等でヒアリングシートを作成することをオススメします。またヒアリング後

に以下の情報や資料を入手しましょう。分析や気付きを発見する上で、必須あるいは工数を大幅に減らすものばかりです。

### ヒアリング後に必要な情報や資料

#### ■アクセス解析ツールへのログイン権限

先方のアカウントをいただくと責任の所在があいまいになるため、あなたのメールアドレスに権限を付与してもらいましょう。権限付与については付録1-2➡P.403をご覧ください。

#### ■解析ツールでの設定内容一覧

Google アナリティクスでは主に「イベント」「カスタム指標」など管理画面だけではどのように設定されているかがわからない情報に関して、対応表などをもらうと良いでしょう。

※これら用語に関しては付録3➡P.457をご覧ください。

#### ■サイトのページURL一覧や仕様書

ページのURL一覧や、ディレクトリ構造がわかるドキュメント。またパラメータを使っている場合は、パラメータ名と値の意味がわかるドキュメントも非常に重要です。

#### ■定期的に作成しているレポートの共有

どういった指標を見ているのか、行っている打ち手、感じている課題などが把握しやすくなります。

## Step 2. 対象サイトの理解

ヒアリングを行ったら、いきなりアクセス解析ツールなどにログインをしてデータを見るのではなく、**対象サイトの理解をするために2つの視点でサイトを利用**し、気付きをまとめていきます。実在するサイトを例に説明いたします。

このステップですべきことは主に2つあります。**まずはユーザーになりきってサイトを利用**して、感じたことをひたすらメモしていくという事です。

### 例：KOBITのトップページ（ユーザー視点）

KOBITというサービスをFacebookの投稿で見たので、興味をもってサイトに来た（**図1**）。ファーストビューに「次の一手が思いつく。だから、ドンドン進化する」と書いてあるが、どういったサービスなのだろうか？　初回レポート30日間完全返金保障とあるが、レポートを作るサービス？横にお問い合わせボタンがあるけど、いきなりお問い合わせするのもあれだし。

あ、メニューに「KOBITとは？」とある。こっちで詳細を見てみよう。

## 例：KOBITとは？（ユーザー視点）

「すべての、意思決定を、最適化する」とある（**図2**）。うーん、どうやって実現可能なのか？

3つの特徴を見てみるか。やはりなんかレポートを作ってくれるサービスのようだ。PowerPointで毎月送ってくれるみたいだし。

でもどんなデータを使うのだろう？　後はサービス料金やレポートのサンプルとかを見てみたいな。そういったメニューはないのかな？

**図1** KOBITのトップページ（https://kobit.in/）

**図2** 「KOBITとは？」のページ（https://kobit.in/about）

このようにユーザー視点から気付きを羅列していき、次のステップである分析の仮説出しの材料にします。また同業他社がいる場合は、同じような形で同業他社のサービスを利用して、気付きを出していくとよいでしょう。それぞれのサイトの良いところ・悪いところが見つけやすくなります。

**もう1つは「アナリストとしてサイトを利用する」**ということです。こちらはユーザー視点と同じタイミングで行っていきます。各ページでユーザーインターフェースやコンテンツなどが気になる部分を列挙していくという方法を取ります。この作業もやはり、分析の仮説出しに役立ちます。またURLとページ内容の対応表なども同時に作ります。以下は先ほどの2ページをアナリスト視点で利用した場合の気付きです。

### 例：KOBITのトップページ（アナリスト視点）

- 最初にファーストビューでどういったサービスなのかを明確に書いたほうが良いのでは？
  →Google アナリティクスと連携してレポートを自動で作れるサービスであること
- よくあるお悩みとケーススタディのエリアがクリックできることがわからない
- トップページではKOBITブログとあるが、グローバルナビでは「トピックス」になっていてわかりにくい
- 「初回レポート30日間完全返金保証」のところをクリックすると、いきなりお申込みフォームに飛ぶが、文言と飛び先が合っておらず、このリンクをクリックした場合の離脱率やトップページへの戻り率が高そう

### 例：KOBITとは？（アナリスト視点）

- 「KOBITとは？」のところに3行テキストで、「Google アナリティクスのデータを自動で解析して」とあるが、あまり目立っていないのでユーザーが気付いていないのかも。サービスを理解する上で重要な部分なので、しっかり伝えたほうが良いのではないか
- フッター近くにある「初回レポート　完全返金保証」という文字列が飛び先と合っていないのでは？　ここからサービスを申し込めるとは気付きにくい。「サービスを申し込む」という形のほうが良いのでは。ABテストを行いたい箇所の1つ
- ちなみに、グローバルナビでは「お申し込み」になっているが、「初回レポート」と「お申込み」それぞれの遷移率や離脱率を確認したい

実は筆者は、本サービスを提供している株式会社クリエイターズネクストのブログで、アクセス解析に関する記事を毎月書いています。そこでこの気付きを先方にお伝えしたところ、その後、

KOBITのサイトは変更され、現在は**図3**、**図4**のような「トップページ」と「KOBITとは？」ページに変更されました（2017年6月）。

**図3** 改善後のKOBITのトップページ

**図4** 改善後の「KOBITとは？」のページ

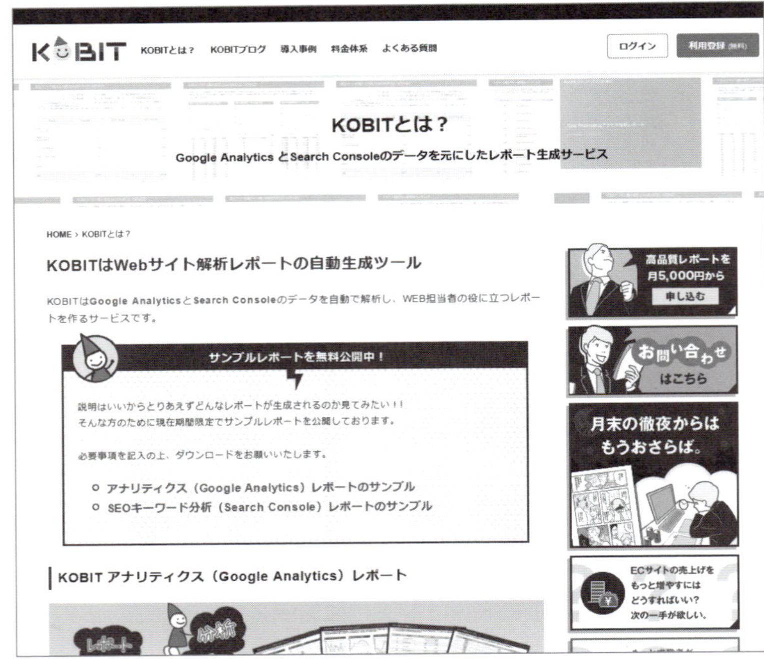

　トップページでは目的が明確になり、Google アナリティクスを利用したサービスである事もわかるようになりました。「KOBITとは？」のページでもより具体性が増した内容になったのではないでしょうか。

## Point　URLメモ表を作る理由

Google アナリティクスは通常ページ単位で分析を行います。**そのため主要ページのURLを理解し、どういったパラメータが利用されているかを把握しておくことは、分析時に必要になるため、メモなどをこのステップであわせて作成しましょう。**

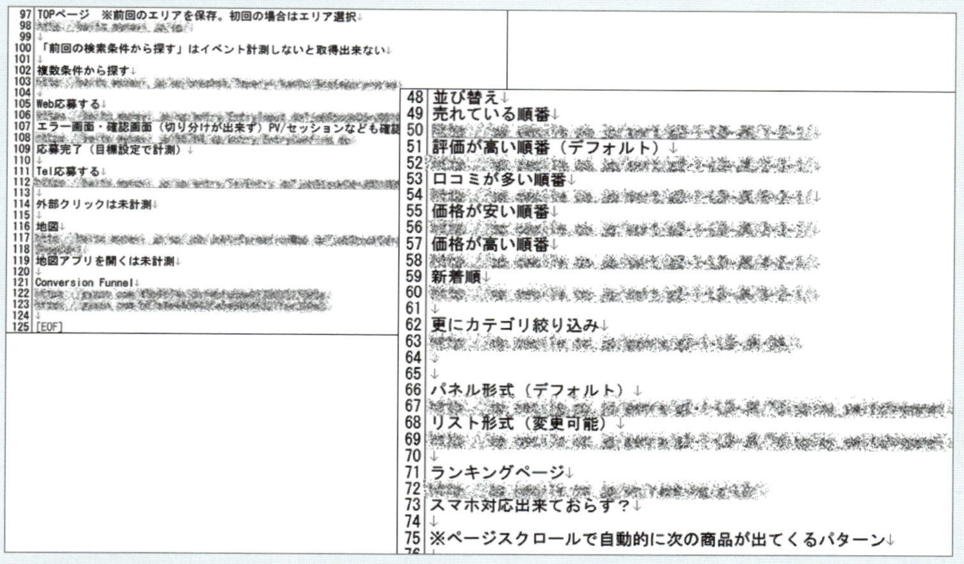


URLメモ表の例（こちらは別サイトのもの）

「ユーザーとしてサイトを利用する」「アナリストとしてサイトを利用する」という2つの視点でサイトを利用し、サイトの理解を進めると同時に、「分析のポイント」を発見していきましょう。ここで得た気付きや理解が、後の分析を効率化し、精度を上げます。

　**Google アナリティクスを活用する上で大切なのは、全てのレポートを上から見ていくことではありません。仮説を元に、どのレポートを見るのかを決めて、そこから仮説検証をしていくというアプローチが大切**です。

　本ステップはこの後の分析効率とアウトプットの質に大きく影響してきます。ツールをいきなり利用するのではなく、必ずこのステップに取り組んでください。

## Step 3. 分析方針の整理

前ステップで仮説出しができたら、Google アナリティクスや他ツールを活用してどのように検証するかを考えてみましょう。このステップは慣れや経験が必要な側面もありますが、まずは**シンプルに仮説に基づき、「このデータを見てみよう」という箇条書きでも大丈夫**です。

**表1 分析方針の整理例**

| 仮説 | 分析ポイント | 活用方法 |
|---|---|---|
| ランキングが全てのページで、目立つところに配置されている | ランキングページの利用人数・遷移元・遷移先・他の探し方と比べたコンバージョン率の違い | ランキングの配置場所やどれくらい誘導を強化する必要があるかの判断 |
| 商品ページの複数個所にカートページへのリンクあり | どのリンクが最も利用されているかの調査を行う。ヒートマップツールを導入しているのであわせて確認 | 最適なボタンの位置を検討し、ABテストで判断を行う |
| トップページのコンテンツが多くてナビゲーションができていないのでは？ | トップページの滞在時間、上記の遷移先を確認。またトップ→遷移先別のCVR（コンバージョン率）を確認する | トップページのレイアウトやコンテンツ量の見直しに役立てる |

また分析方針が整理できたら、**サイト全体の基本的な数値をGoogle アナリティクスで確認**します。主に本書の第1章で紹介する内容が中心になりますが、以下5つのレポートを見ることをオススメします。具体的な操作方法や用語の意味は、本書を読み進めていく中で理解していきましょう。

### 1. 時系列の訪問やコンバージョンの傾向を把握する

直近数年の重要な指標を時系列で確認してみましょう。訪問者・訪問回数・ページビュー数・直帰率・コンバージョン率・新規率などの基本的なデータを、月・週・日単位で確認してみましょう。

全体的な増減、季節的なトレンド、そして想定外かつ急激な増減の把握が目的となります。データを分析する上、訪問の特徴を把握することは分析範囲を決めるうえで参考になりますし、急激な増減があった期間はその原因を探ることで改善案に繋がるかもしれません。

### 2. 流入元ごとの推移を把握する

流入元ごとの流入数やコンバージョンへの貢献を確認しましょう。どの流入元からのアクセスが多いのか。まずは一番大きい単位（Google アナリティクスでは「チャネル」単位）で数値を確認し、そこから変化があればさらに内訳（例：ソーシャルメディアやキーワードごと）を見てみると良いでしょう。

### 3. ランディングページと直帰率を把握する

サイトへの入り口ページで流入量が多いページを確認しましょう。ランディングページの直帰率はコンバージョン率から成果に貢献しているページをチェックしておきましょう。また流入が多いかつ直帰率が高いページは、改善対象として有力なページになります。

### 4. 新規・リピート（あるいは期間中の訪問回数）別のデータ

多くのサイトにおいて、新規とリピーターで行動は大きく変わります。新規・リピーターごとに**1.**で紹介した基本的な指標を確認しておくとよいでしょう。

### 5. コンバージョンデータの確認

Google アナリティクスで「目標」あるいは「eコマース」として何が設定されているのか、その数値は取得できているのかを確認しておきましょう。Webサイト分析の一番の目的はサイトを改善することです。何を改善対象とするかは、設定されている目標で見ることになります。必ず確認をしておきましょう。

なお、PCとスマートフォン両デバイスのサイトを分析して改善する場合は、デバイスごとに**1.**～**5.**の数値を確認しておきましょう。

これらのレポートの見方は全て本書の中で触れています。

## Step 4. 解析ツールの設定確認

分析を始める前に**いくつかの設定を確認しておきましょう**。チェックするべき主な項目は以下の通りです。

### 1. ページの単位を確認する

サイト内で商品一覧がカテゴリでパラメータごとに分かれており、以下のようなURLになっているとしましょう。

- http://ドメイン/search.php?category=01
- http://ドメイン/search.php?category=02

この2つのURLが別のページとして認識されるのか、1つのページとして認識されているのかによって、分析がどこまでできるのか、また見るべき内容が変わってきます。これが別々のページとして認識されている場合は、カテゴリごとの訪問数やコンバージョン貢献を確認できますが、商品一覧全体の訪問者数を見る場合は、セグメントの設定が必要になります。

また最近は減りましたが、フォームの入力・確認・完了のURLが全く同一になっているケースもありますので、チェックをしておきましょう。**どのURLパラメータがページ判定をするときに除外されるのかは、Google アナリティクスでは「管理➡ビュー設定」にある「除外するURLクエリパラメータ」で確認する事ができます**。こちらの設定と確認方法についても本書では触れています。

## 2. 利用している変数の定義を確認しましょう

Google アナリティクスでは、自由にデータを取得できるための枠が用意されています。「イベント」「カスタムディメンション」「カスタム値」「eコマース関連」「広告コード（utm_campaign等の広告パラメータ対応表）」などがそれに当たります。どのページでどういった定義で計測されているのか。広告はどういった細かさで分類されているのか。仕様を確認せずに分析を進めてしまわないように気をつけましょう。こちらに関しては**Step 1**のヒアリングにある通り、先方から仕様書を入手するのが良いでしょう。また各変数のレポートに値が入っているかもチェックしておきましょう。

**図5　変数設定例**

| 該当箇所 | イベントあるいはカスタムディメンション |
|---|---|
| ■ユーザー登録ページ | ページロード：ga('set', 'dimension1', 'VisitRegister'); |
| | クリックイベント（ユーザー登録ボタン）：ga('send', 'event', 'Register', 'Complete'); |
| ■ワンタップ作成ページ | ページロード：ga('set', 'dimension1', 'VisitOneTap'); |
| ■ワンタップ作成完了ページ | ページロード：ga('set', 'dimension1', 'CompleteOneTapBook'); |
| ■マイページ | ページロード：ga('set', 'dimension1', 'VisitMyPage'); |
| ■サンプル詳細ページ | ページロード：ga('set', 'dimension1', 'ViewContent'); |
| | クリックイベント（フォトブックのカート追加）：ga('send', 'event', 'AddToCart', 'Complete'); |
| | クリックイベント（一般ユーザー向電子書籍購入フローの開始）：ga('send', 'event', 'InitiateCheckoutNormalPDF', 'Start'); |
| | クリックイベント（低解像度版ページ電子書籍購入フローの開始）：ga('send', 'event', 'InitiateCheckoutLowPDF', 'Start'); |
| | クリックイベント（低解像度版ページ電子書籍購入フローの開始）：ga('send', 'event', 'InitiateCheckoutHighPDF', 'Start'); |
| ■全ページサンプルページ | ページロード：ga('set', 'dimension1', 'ViewFullContent'); |
| ■コンテンツ編集ページ | ページロード：ga('set', 'dimension1', 'VisitContentEdit'); |
| | クリックイベント（ゴミ箱アイコン）：ga('send', 'event', 'EditBook', 'DeleteSumarry'); |
| | クリックイベント（削除確認ボタン）：ga('send', 'event', 'EditBook', 'DeleteComplete'); |
| ■表紙編集ページ | ページロード：ga('set', 'dimension1', 'VisitCoverEdit'); |
| | クリックイベント（表紙変更ボタン）：ga('send', 'event', 'EditCover', 'Complete'); |
| ■カートページ | ページロード：ga('set', 'dimension1', 'VisitCart'); |
| | クリックイベント（お届け先を入力するボタン）：ga('send', 'event', 'InitiateCheckoutPhotobook', 'Start'); |
| ■住所入力ページ | ページロード：ga('set', 'dimension1', 'VisitShippingInfo'); |
| | クリックイベント（注文確認ページに進むボタン）：onclick=" ga('send', 'event', 'ShippingInfo', 'Complete'); |
| ■購入確認ページ | ページロード：ga('set', 'dimension1', 'VisitPurchaseConfirm'); |
| ■支払いページ | ページロード：ga('set', 'dimension1', 'VisitPayment'); |
| ■購入完了ページ | ページロード：ga('set', 'dimension1', 'PurchaseComplete'); |
| ■PDF請求先情報の入力 | ページロード：ga('set', 'dimension1', 'VisitShippingInfoPDF'); |
| | クリックイベント（クレジットカードボタン）：ga('send', 'event', 'ShippingInfoPDF', 'Complete'); |
| ■購入履歴ページ | ページロード：ga('set', 'dimension1', 'PurchaseHistory'); |
| ■新規フォトブックの作成ページ | ページロード：ga('set', 'dimension1', 'StartNewBook'); |
| | クリックイベント（Facebookを選択）：ga('send', 'event', 'Newbook', 'Facebook'); |
| | クリックイベント（Twitterを選択）：ga('send', 'event', 'Newbook', 'Twitter'); |
| | クリックイベント（Instagramを選択）：ga('send', 'event', 'Newbook', 'Instagram'); |
| | クリックイベント（Facebookページを選択）：ga('send', 'event', 'Newbook', 'FacebookPage'); |
| ■Facebookページを選択ページ(Facebo | ページロード（Facebookページを選択）：ga('set', 'dimension1', 'ChooseFacebookPage'); |
| ■タイトル選択ページ(Facebook、Twitter | ページロード：ga('set', 'dimension1', 'ChooseTitle'); |
| ■期間選択ページ(Facebook、Twitter、Ir | ページロード：ga('set', 'dimension1', 'ChooseTerm'); |
| ■コンテンツ選択ページ(Facebook、Twit | ページロード：ga('set', 'dimension1', 'ChooseContents'); |
| ■アルバム選択ページ(Facebook、ページ | ページロード：ga('set', 'dimension1', 'ChooseAlbums'); |
| ■サマリーページ(Facebook、Twitter、In | ページロード：ga('set', 'dimension1', 'ChooseSumarry'); |
| ■作成完了ページ | ページロード：ga('set', 'dimension1', 'CompleteNewBookComplete'); |

## 3. どのレポートを使って分析を行うのか

Google アナリティクスで1つのプロパティ内に対して、複数のビューを設定している場合、どのビューを使うのか確認の上、始める必要があります（プロパティとビューの意味に関しては付録1-1コラム➡P.397を参照してください）。「すべてのデータ」がデータ量的には一番多いかもしれませんが、「社内からのアクセスが除外されている」ものを使ったほうが、よりお客様の利用実態はわかるかもしれません。

また複数ビューがある場合は、全てに目標設定がされていないケースも散見されます。分析に最も適したビューはどれかを先方に確認の上、分析を開始しましょう。

### データが正しく取れていないパターン

「データがどうもおかしい？」などと気になる点があれば確認の上、Google アナリティクスの実装担当者に相談しましょう。筆者が過去に見た、**データが正しく取れていない原因は主に以下のような理由**でした。

- **計測タグが二重で入っている（直帰率が極端に低い場合というのが兆候）**
- **サイトの一部でGoogle アナリティクスが入っていないページがある**
- **目標や変数が正しく取れていない（実装上のミスや、リニューアル時に仕様変更、変数を取る予定で定義書に書いたのに結果的に取らなかった）**
- **同じプロパティで複数のドメインが存在するが、クロスドメイン設定が正しく行われていない**
- **広告パラメータの運用が正しくできていないため、広告の数値が正しく取得できていない**
- **イベントやカスタム指標の実装（記述方法）が誤っていた**

## Step 5. データ取得と加工

分析のステップで一番時間がかかる、データ取得と加工のステップです。筆者がどのようにこの作業を行っているのかを紹介します。

筆者は分析の内容と取得するデータをExcelで記録・保存していきます。**1回の分析にあたり大体15～25くらいのシートを作成して作業を行っています**（図6、図7）。

図6 Excelのシート別内容例1

| 58 | [illegible] | 50 | 0.0% | 40 | 0.0% | 30.00% | 10 | 130.5% | 0 | 0.0% | 0.00% | 0.00% | 1 | 0.0% | 0.0% |
|---|---|---|---|---|---|---|---|---|---|---|---|---|---|---|---|
| 59 | [illegible] | 49 | 0.0% | 46 | 0.0% | 80.85% | 7 | 87.8% | 0 | 0.0% | 0.00% | 0.00% | 1 | 0.0% | 0.0% |
| 60 | [illegible] | 48 | 0.0% | 38 | 0.0% | 25.00% | 8 | 105.8% | 0 | 0.0% | 0.00% | 0.00% | 1 | 0.0% | 0.0% |
| 61 | [illegible] | 46 | 0.0% | 33 | 0.0% | 46.67% | 6 | 82.8% | 0 | 0.0% | 0.00% | 0.00% | 0 | 0.0% | 0.0% |

仕様 / 全体データ / 流入元 / ページ / 導線TOPメニュー / 導線第2TOPメニュー / 離脱リンク / 購入商品 / コンバージョン / コンバージョン導線 / コンテンツ閲覧とCV

Ready Circular References

データをGoogle アナリティクスなどの解析ツールで取得した後に、レポートの簡単な加工をExcel上で行います。グラフやピボットテーブルなどを作ることが多いです。なお各レポートを取得する際に、Google アナリティクスのレポートのURLを貼っておくと良いでしょう。後で再確認や修正が必要な場合に、簡単にアクセスできます（図8、図9、図10）。

## 図7 Excelのシート別内容例2

| | A |
|---|---|
| 1 | 分析方針 |
| 2 | 訪問回数分布 |
| 3 | 訪問回数別購入率 |
| 4 | 新規訪問残存率 |
| 5 | 回数別_基本指標と参照元 |
| 6 | 回数別_参照元詳細 |
| 7 | LP |
| 8 | 訪問別閲覧ページ |
| 9 | 購入別基本指標 |
| 10 | 購入別閲覧ページ |
| 11 | 購入別イベントクリック |
| 12 | 購入別adidとrt |
| 13 | ステージ推移 |
| 14 | ステージ別閲覧ページ |
| 15 | 閲覧small数 |
| 16 | 特定ページ遷移数 |
| 17 | SP_Top全上位リンク |

## 図8 訪問回数別の直帰率と滞在時間の例

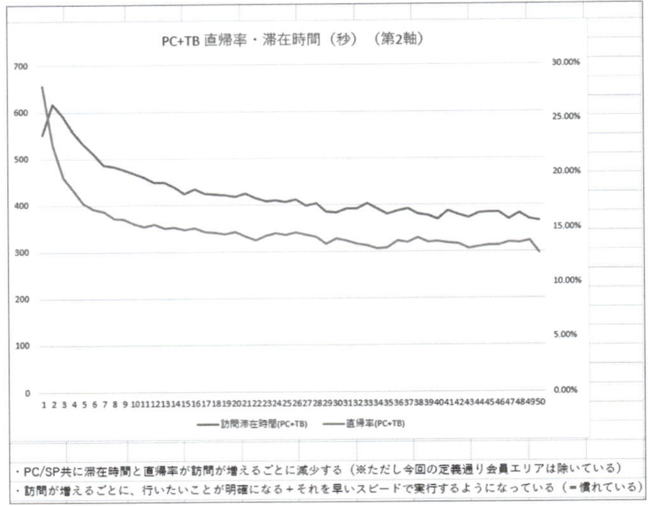


## 図9 流入元別のデータの例

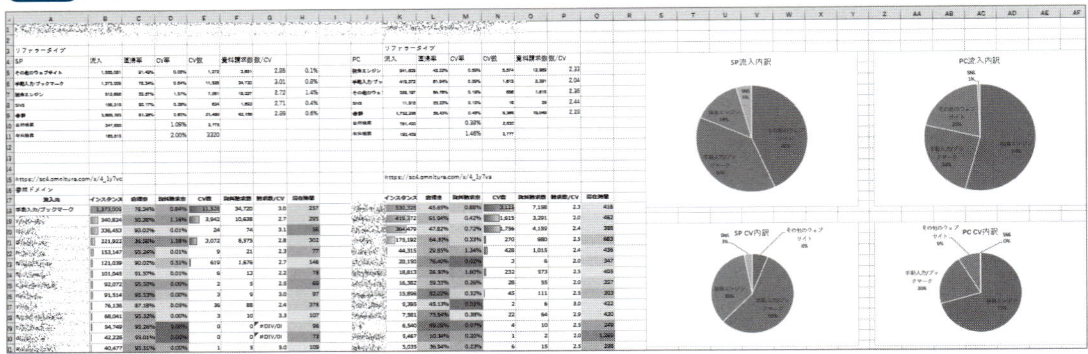


## 図10 主要ページの遷移率の例

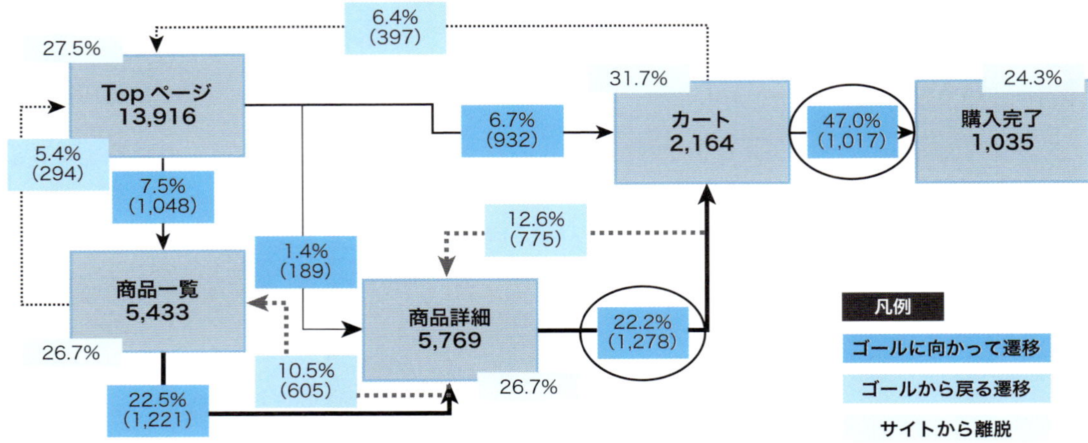

分析は、Step 3の分析方針の内容をもとに進めていくのですが、**データを取得してわかることもたくさんあり、何かしら気付きがあった場合はさらに深掘りを行うためのデータ出しも行います**。ただ基本的な流れは最初に作っているので、逸れすぎないように注意しています。データ出しを行う際に、常に気を付けないといけないのは、**「なぜそのデータを今取得しようとしているのか。取得することによって何がわかるのか」を考え続ける**ことです。そうしないと「使えないデータ」がどんどん増えてしまい、作業工数が増大します。

またもし可能であれば、このStep 5あるいはStep 6のタイミングで、**他の人に一度内容を見てもらうと良いでしょう。同僚・上司など相談できる相手に、主な気付きを伝えて、アドバイスや意見をもらう**ということです。

一人で分析を行っていると、どうしても自分の仮説や前提が正しいことを証明したくなってしまったり、分析を行う範囲が狭まったりします。15分でも良いので、誰かから意見をもらうことで一気に突破口が見えたり、施策のヒントをもらえたりすることもあります。ぜひ、チャレンジしてみてください。

## Step 6. 気付きからの施策検討

**データから得られた気付きを元に改善案を考えていきます**。改善案の考え方に関しては、本書の第9章➡P.373で事例とともに詳しく紹介していますので、そちらをご覧ください。

改善案は一覧としてまとめ、工数や期待効果などをできれば追加しましょう（**図11**）。ただし施策の期待効果・効果予測は難しいため（第9章の最後で軽く触れています）、まずは大・中・小くらいの分類でも問題ありません。

施策に関してはなるべく同業他社のスクリーンショットやイメージ図・ワイヤーフレームを入れながらわかりやすく説明することを心がけましょう（**図12**）。報告対象者にイメージを掴んでもらう事が、施策の採用率アップに繋がります。

**データから見えてくる気付きは、改善施策を考える上でとても重要です。多くの人に参考になる「気付きの3大ポイント」についても本書で詳しく説明していきます（➡P.374）**

**図11** 改善施策案の例

## 改善施策一覧

### 受講者増加施策

| 施策番号 | ページ番号 | 施策タイトル | 改善指標（詳細はP.11/P.12 参照） | 工数 | コスト | 期待効果（年） | 優先順位 |
|---|---|---|---|---|---|---|---|
| 1 | p13 | サイト来訪者に必要なコンテンツ増強による検索流入増加 | ① サイト流入数<br>⑥ 上級申し込み率 | 30分/日 | 12万円/年 | 初級+306人<br>上級+365人 | 中 |
| 2 | p18 | 他資格との連携による相互送客及び取得人数の増加 | ① サイト流入数<br>⑤ 上級認知率 | 5時間/月 | 提携手法に依存 | 初級+564人<br>上級+282人 | 中 |
| 3 | p23 | Topページ及びグローバルナビのレイアウト変更 | ② 初級コンテンツ閲覧率 | 1-2人日 | 無し | 初級+642人<br>上級+78人 | 中 |
| 4 | p29 | 認定講座 及び スケジュールページのレイアウト変更 | ③ 閲覧からの申し込み率<br>⑥ 上級申し込み率 | 1-2週間 | 10～20万円 | 初級+840人<br>上級+293人 | 高 |
| 5 | p39 | 業界団体とのミニマムカスタマイズ初級解析士講座の実現 | ④ 他業界認知向上による申し込み数 | 5h/業種 | 12万円(6業種) | 初級+200人 | 中 |

初級受講者：　人(2015年)➡　人(2016年想定)
上級受講者：　人(2015年)➡　人(2016年想定)

### 上級ウェブ解析士資格維持率Up施策

| 施策番号 | ページ番号 | 施策タイトル | 改善指標（詳細はP.39 参照） | 工数 | コスト | 継続率増加pt(*1) | 優先順位 |
|---|---|---|---|---|---|---|---|
| 6 | p47 | アクセス解析関連のニュースコンテンツを提供するエコシステム構築 | ⑦ 認知率 | 30分/日 | 契約内容に依存 | +10.3pt | 高 |
| 7 | p51 | 会員ステータスとマイページの連携によるPULL/PUSH型の告知強化 | ⑦ 認知率<br>⑧ 条件理解率 | 1人月 | 50～100万 | +6.3pt | 中 |
| 8 | p55 | ポイント制度の導入と更新メリットの提示 | ⑨ メリット提示<br>⑩ 環境や場の提供 | 2人月 | 200～400万 | +10.0pt | 高 |
| 9 | p62 | マスター解析士の工数負担及びメリットの提示 | ⑩ 環境や場の提供 | 改善案7に含む | 数十万～数百万 | +4pt | 低 |

*1: 10%が14%に改善した際、pt数は14% - 10% = 4pt として計算

上級資格維持率：　(2015年)➡　(2016年想定)

**図12** イメージ図等を利用した改善施策案の例

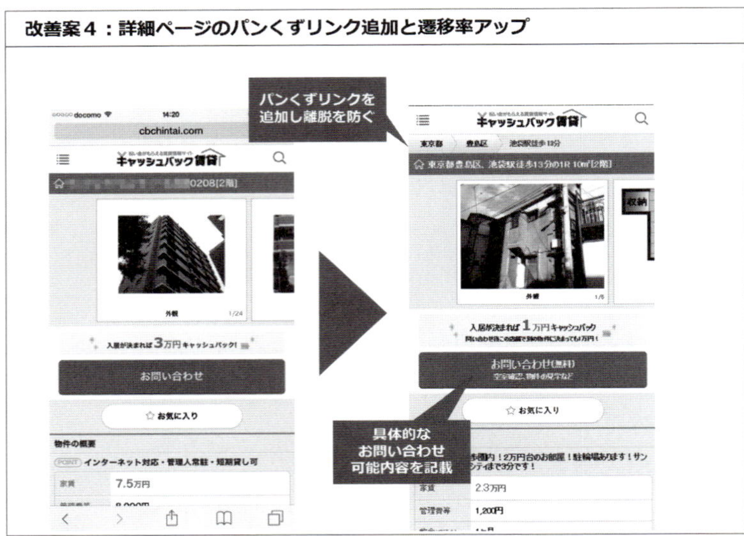

## Step 7. 資料作成

最後のステップは提案資料の作成です。レポーティングや改善提案のレポート作成はそれだけで大きなテーマなため、拙書『ウェブ分析レポーティング講座』（翔泳社）にて1冊使って詳しく紹介しているほどです。

**まずはしっかり「目次」を作成して、レポートのフォーマットを決めることが大切**です（図13）。

図13 目次の例

| | | |
|---|---|---|
| 01 | 与件の整理 | ・・・・・・・・・p3 |
| 02 | 分析方針 | ・・・・・・・・・p5 |
| 03 | 気づきと改善案一覧 | ・・・・・・・・・p7 |
| 04 | 分析結果 | ・・・・・・・・・p12 |
| 05 | 改善案 | ・・・・・・・・・p34 |
| 06 | 今後のスケジュール | ・・・・・・・・・p46 |
| 07 | 参考資料 | ・・・・・・・・・p48 |

図14 レポートの例1

検索導線別の利用状況

| 一覧種別 | 訪問回数 | 詳細遷移率 | Tel応募率 | Web完了率 | 新規率 |
|---|---|---|---|---|---|
| エリア | 841,162 | 57.6% | 1.82% | 3.82% | 26.3% |
| 沿線 | 583,425 | 59.7% | 1.90% | 3.85% | 23.8% |
| 職種 | 220,549 | 54.5% | 1.56% | 4.12% | 26.1% |
| フリーワード | 212,018 | 49.7% | 1.83% | 4.17% | 26.0% |
| 人気スポット | 33,127 | 54.6% | 1.23% | 4.15% | 21.9% |
| 新着 | 11,801 | 61.3% | 1.54% | 4.89% | 10.3% |
| おすすめ特集 | 5,252 | 71.7% | 2.30% | 9.81% | 14.1% |
| 全ての求人 | 3,445 | 59.9% | 2.35% | 6.39% | 25.4% |
| もうすぐ終了 | 2,572 | 64.9% | 2.88% | 10.85% | 14.6% |
| 人気会社 | 1,941 | 28.2% | 0.82% | 2.94% | 33.3% |

上位4検索は大きく変わらないが、フリーワードのWeb完了率が若干高い。
中位では「おすすめ特集」のコンバージョン率の高さが目立つ。特集ごとにチェックが必要。「新着」は想定通り新規率は低い。人気会社はこの中では新規率が最も高いが成果には繋がっていない。

**図15** レポートの例2

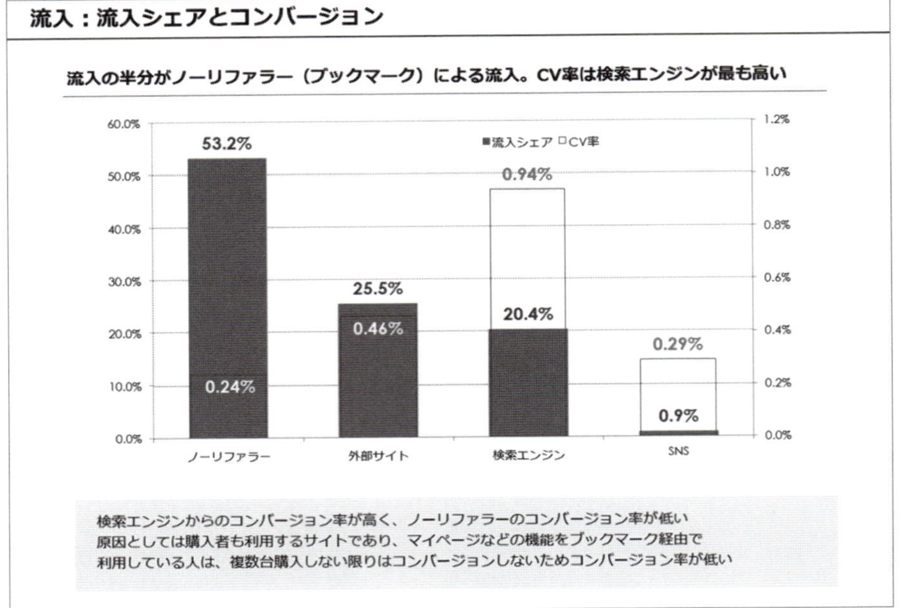
流入：流入シェアとコンバージョン
流入の半分がノーリファラー（ブックマーク）による流入。CV率は検索エンジンが最も高い
■流入シェア □CV率
60.0%
50.0%
40.0%
30.0%
20.0%
10.0%
0.0%
1.2%
1.0%
0.8%
0.6%
0.4%
0.2%
0.0%
53.2%
0.24%
25.5%
0.46%
0.94%
20.4%
0.29%
0.9%
ノーリファラー
外部サイト
検索エンジン
SNS
検索エンジンからのコンバージョン率が高く、ノーリファラーのコンバージョン率が低い
原因としては購入者も利用するサイトであり、マイページなどの機能をブックマーク経由で
利用している人は、複数台購入しない限りはコンバージョンしないためコンバージョン率が低い

レポートを作成する上で最も大切なのが、ストーリーができていることです。ページ間の繋ぎに違和感がないか、そして何より**「データに基づく気付き」と「改善施策」が繋がっているかを必ずチェックしましょう**（あるいは、してもらいましょう）。

データが語っていることと、提案する施策に関係性がないと、分析をした意味がありませんし、報告対象者も「なぜ、この施策？」と違和感を持ちます。

## まとめ

ここまでが分析から改善提案までのプロセスになります。現段階ですべてのプロセスを理解し実行できなくても大丈夫です。ここで**大切なのは、こういったプロセスを念頭に置いて分析を行う必要がある**ということです。

いきなりGoogle アナリティクスを見るのではなく、**分析前にはサイトを理解し仮説を立てる事、Google アナリティクスを見た後はそれで終わるのではなく、気付きをまとめて改善案を考える必要がある。**

この事実を知っておくことで、今見ているデータやレポートは何のために見ているのかという点を整理し、振り返ることができます。見るために見るのではなく、理由があって見る。それを念頭に第1章以降の内容を読んでいただければ理解が促進され、自分にとって必要な内容が見えてきます。

# Chapter 1

# ユーザーを理解するための分析

第1章では、サイトを訪れるユーザーについて理解を深めます。訪問日時、年代・性別・興味・地域・企業名・利用している端末など様々な情報をGoogleアナリティクスを使って確認することができます(Section1-1～1-4)。さらに、同業他社と比較できる「ベンチマークレポート」でサイトの特徴を客観的に把握してみましょう(Section1-5)。

Section メルマガやキャンペーンの最適な配信時間を知るには？

# 1-1 ユーザーの訪れる日時を把握する：「曜日×時間帯」レポートの活用

使用レポート ▶▶▶ユーザー ➡ 概要

**サイトはその種類や訪れるユーザーによって来訪時間や日にちが変わります。例えば学習塾のサイトであれば4月の入校に向けて1月～3月に流入が増えます。解析ツールを販売している会社であれば、平日の方が週末よりがアクセス数が多いでしょう。自社サイトの訪問トレンドは分析をする上で最初に理解しておきたい内容です。**

## ユーザーはいつ来ているのか？

ユーザーはいつあなたのサイトを訪れているのでしょうか。実は365日・24時間まんべんなく同じくらい人数が訪れているサイトはほとんどなく、「平日昼間のみ」「夜だけ」「土日が多い」など、**ユーザーの訪れる日時にはサイトごとに違いがあります**。それはユーザーの生活行動をそのまま反映しています。「寝る前にスマートフォンでニュースサイトを見る」「職場から帰宅してからパソコンを開き、好きな洋服をインターネットで買う」など、ユーザーの生活行動を想像しながら分析していくことが大事です。

図1-1-1 ユーザーの訪問時間を把握しよう

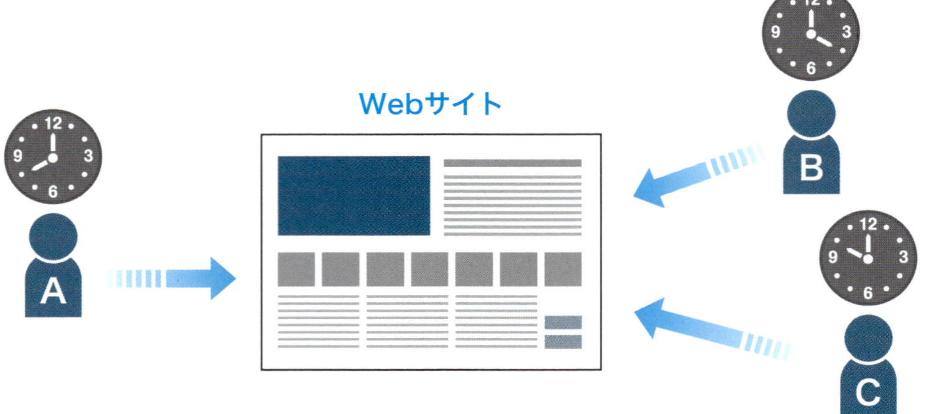


ユーザーの訪問日時の特徴を把握することは**施策を行ったり、数値が変化したりした時の切り分けを行う際にも重要**になってきます。サイトの分析を始める際に、必ず確認しておきたい点です。

## 例えばこんな時に役立ちます

- ユーザーのアクセスが少ない曜日や時間帯に**クーポンを配布したり、リリース告知**などを出したりしてもあまり見られず、効果は弱くなります。
- 平日のアクセス数が多く、週末のアクセス数が少ないサイトの場合、金曜日と土曜日のデータを比較して後者が少ないのは当然。しかし逆に、金曜日の方が少なかったら「**何か問題があったのかもしれない**」という問題の発見にも役立ちます。
- 休日・祝日のアクセス数が少なくなるサイトの場合、5月や9月など祝日の多い月には、月間のページビュー数やそれに伴う売り上げが下がるという**業績の予測**にも繋がります。

## レポートの確認方法

Google アナリティクスのレポートを確認してみましょう。以下順番に**「日別」「時間別」「月別」「週別」「曜日×時間」**の5種類の時間軸で確認する方法を紹介します。なおGoogle アナリティクスのレポートを初めて使う方は、先に付録1-3➡**P.420**を確認して一通り機能を見ておくと良いでしょう。

### Step 1.「日別」で訪問者を確認する

左のメニューより❶「**ユーザー➡概要**」をクリックして、レポートを開きます。

レポート
❶ 概要を開きます
リアルタイム
ユーザー
概要
アクティブユーザー
ライフタイム バリュー ベータ版
コホート分析 ベータ版

レポートの右上の❷期間の表示をクリックし、表示期間を調整します。例えば今回は「2017年3月」というリンクをクリックして、❸3月の月間表示にしました。日付を指定したら❹「適用」ボタンをクリックします。

❺「ユーザーサマリー」というレポートが表示されます。このレポートでは基本的な指標の数と時系列での変化を把握するのに便利です。

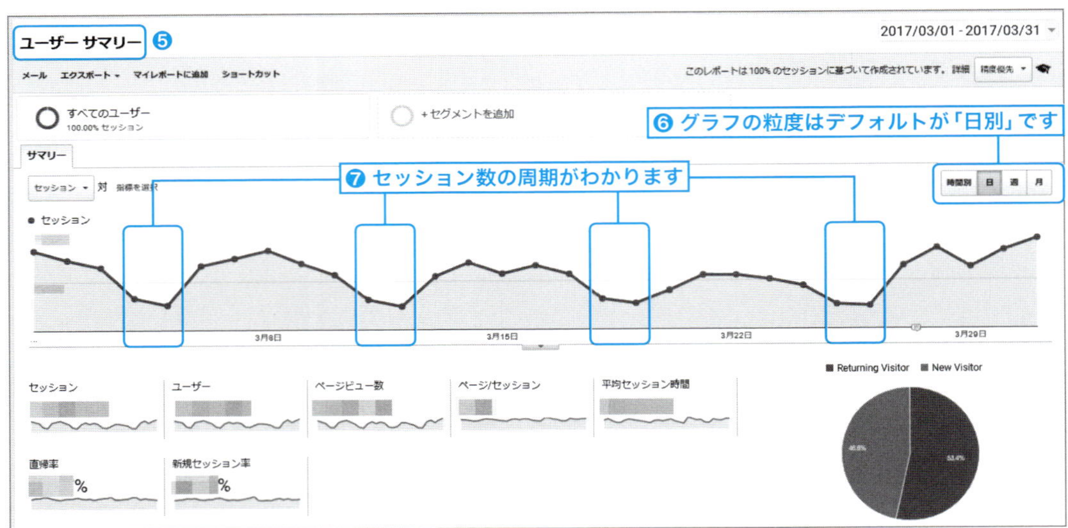


レポート上部のグラフ部分を見てみましょう。❻折れ線グラフの粒度はデフォルトで「日別」になっていますが、❼一定の周期でセッション数が下がっていることがわかります。このように**数字の動きを見て「気付きを発見する」ことが分析する上では非常に大切**です。

**Hint 粒度とは**

「粒度」とはデータを見る細かさを表します。例えば1年分のデータは「日単位」「週単位」「月単位」などで見ることが多いでしょう。1年分のデータを週単位でみている場合、粒度は「週」になります。

グラフに補助線を入れるとわかりやすくなります。このグラフでは❽土曜日と日曜日に必ず流入数が落ち込んでいることがわかります。実はこのメディアはある「ビジネスマン向けのニュースサイト」です。平日の閲覧数が多いため、「通勤時間や会社でサイトを見ているのかな？」という仮説が考えられます。

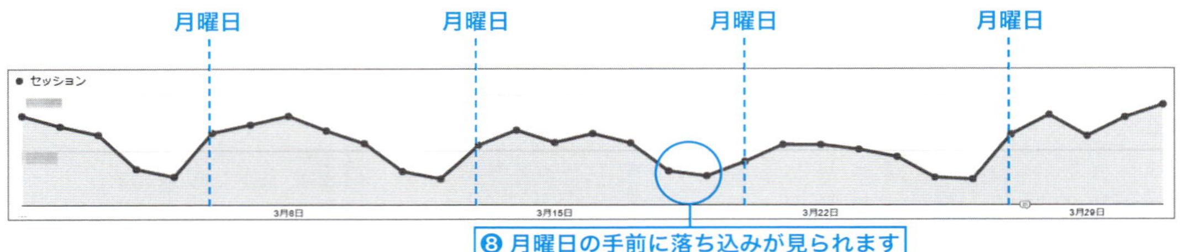

## Step2. 「時間別」で訪問者を確認する

次は「時間別」に訪問者の傾向を確認してみましょう。❶グラフの右上の「時間別」というボタンをクリックします。

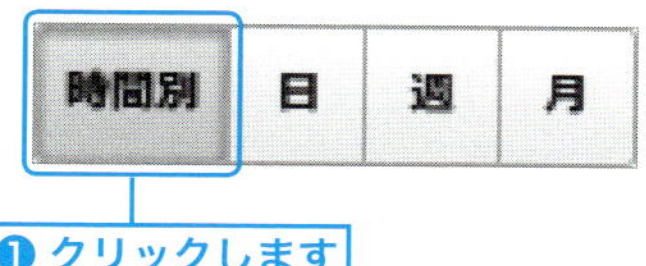


表示されたレポートの❷グラフの補助線に注目して気付きを発見してみましょう。なお図中の補助線は、太い実線が夜中の0時、細い破線が昼の12時を示しています。

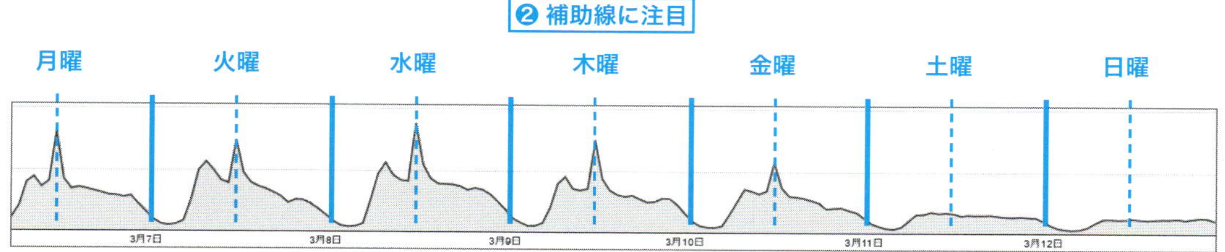


例えばこんな気付きがあります。

- 平日は**午前の8～9時頃に小さな山**ができる（規則性）
- 平日の**昼間12時に大きな山**ができ、時間別でみると１日の中で最もセッション数が多い（規則性）
- 平日は**朝の8時頃から夜の22時頃までセッションの台地**ができており、夜中は落ち込む（規則性）
- **土曜日・日曜日に山はなく**、夜中以外は低い台地ができている（特異点）

このような**「規則性」と「特異点」の気付きが改善に繋がります**。そして**気付きを得たら、サイト運営者に「何があったか？」ヒアリングしてみることが大事**です。

実はこのサイトの場合は先述した「ビジネスマン向けのニュースサイト」のため、平日の8時から22時頃に多く閲覧されており、台地のようになっていました。では「山」の部分は何なのでしょうか？　これは「朝8時と昼の12時にメールマガジンを送っており、昼12時のメルマガのほうが送信対象数は多い」という情報が関係者へのヒアリングでわかりました。また午前中とお昼にアクセスが多いのは、通勤時間とお昼休みの影響もありそうです。

Webサイトの分析は、なんとなくGoogle アナリティクスを眺めているだけでは気付きの発見や改善につながっていきません。Google アナリティクスのレポートを見て、**規則性**（決まった特徴があること）と**特異点**（規則性では説明できない想定外の内容）の気付きを得て、さらに関係者にヒアリングしたり相談したりしていくコミュニケーションも大事です。「**見て、考えて、動く**」。そのような積極性がWebサイトを改善していく上では必要です。

## Step 3. 「月別」で訪問者を確認する

続いて、同じレポート画面で月別の数字を見ていきましょう。期間は❶2016年1月1日～12月31日の1年間にしました。さらに日付指定部分で❷「比較」をチェックし、前年である2015年1月1日～12月31日の日付を入力し（または「比較」の右のプルダウンより「前年」を選択し）、❸「適用」ボタンをクリックします。比較機能を利用すると、期間での違いを発見しやすくなります。

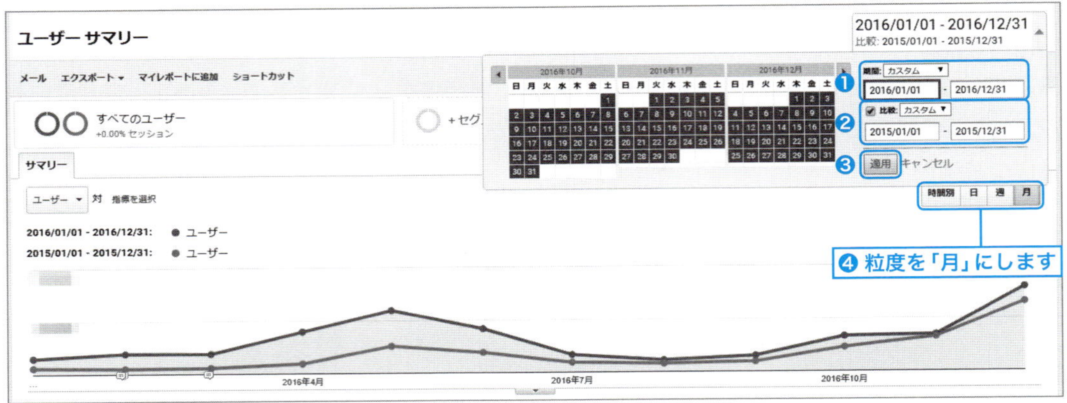


❹ここでは粒度を「月」に設定します。すると、上記のようなグラフが表示されました。見ての通り春と秋以降でユーザー数が伸びる傾向があります。特に12月は毎年、1年間の中で一番ユーザー数が多い月になっています。また前年比較してみると、今年はユーザー数が多いことがわかります。どこから流入が増えたのかなど、流入元ごとの比較をすると良いでしょう（流入元の見方は第2章➡P.65）。

このデータは競馬情報を扱っているサイトです。なぜ、このような変化をするのかを分析するために、次に週別のデータも確認してみましょう。

## Step 4. 「週別」で訪問者を確認する

変化を確認するため、同サイトで週別グラフの❶粒度を「週」に切り替えます。

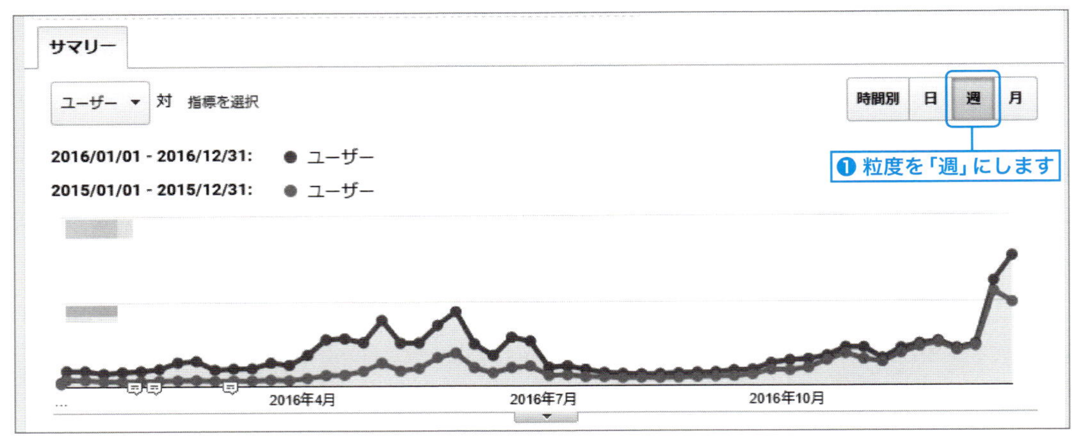

週別に切り替えると、より原因を特定しやすくなります。どの週に訪問の変化が起きやすいのか確認をしておきましょう。このグラフの場合、G1と呼ばれる重要なレースが開催されるタイミングで訪問者数が増えています（実際には開催日の直前に訪問が増える傾向があります）。

このような**規則性が見つかるサイトもあれば、以下のような❷特異点も見つかるサイトもあります**。

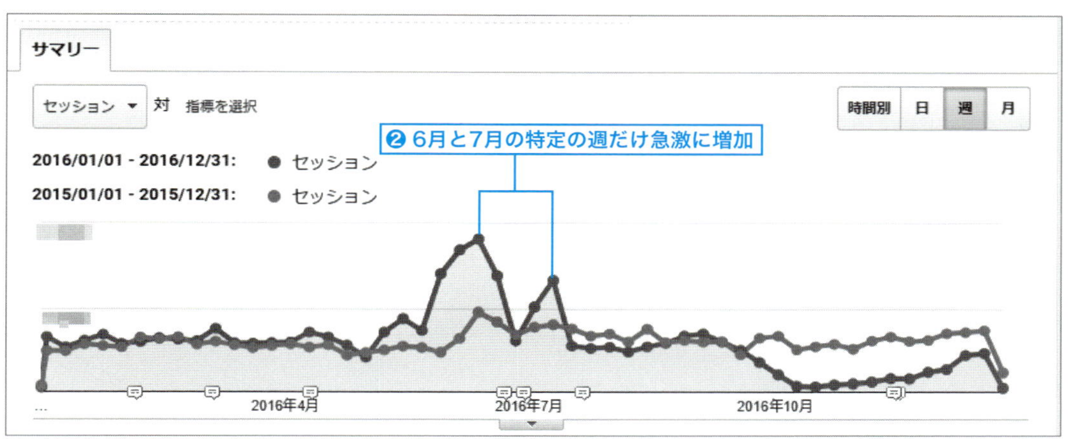


特異点が見つかった場合は、その変化の理由を調べてみましょう。本書で紹介する流入元や閲覧ページの集計・分析方法を利用すると良いでしょう。また、その時期に行った施策がないかどうかをサイト担当者に確認しましょう。

## Step 5.【応用編】カスタムレポートを使って「曜日×時間」のレポートを作成する

Google アナリティクスでは、曜日ごとのレポートや時間帯ごとのレポートは標準で準備されていません。そこで「カスタムレポート」という機能を使って、自分の必要なレポート（今回は曜日や時間ごとのレポート）を作成しましょう。

左のメニューより❶「**カスタム➡カスタムレポート**」をクリックします。開いた画面で❷「＋新しいカスタムレポート」ボタンをクリックします。

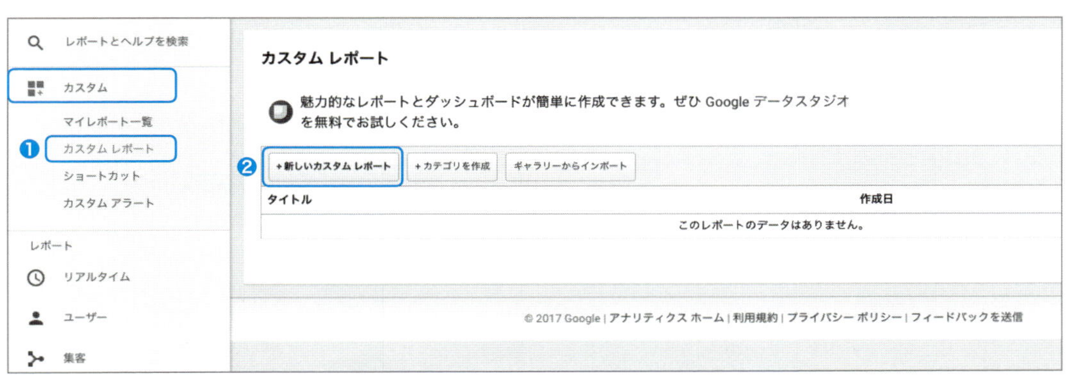

新しいカスタムレポートの作成画面を開きました。以下のように必要な指標などを入力し、「保存」ボタンをクリックします。

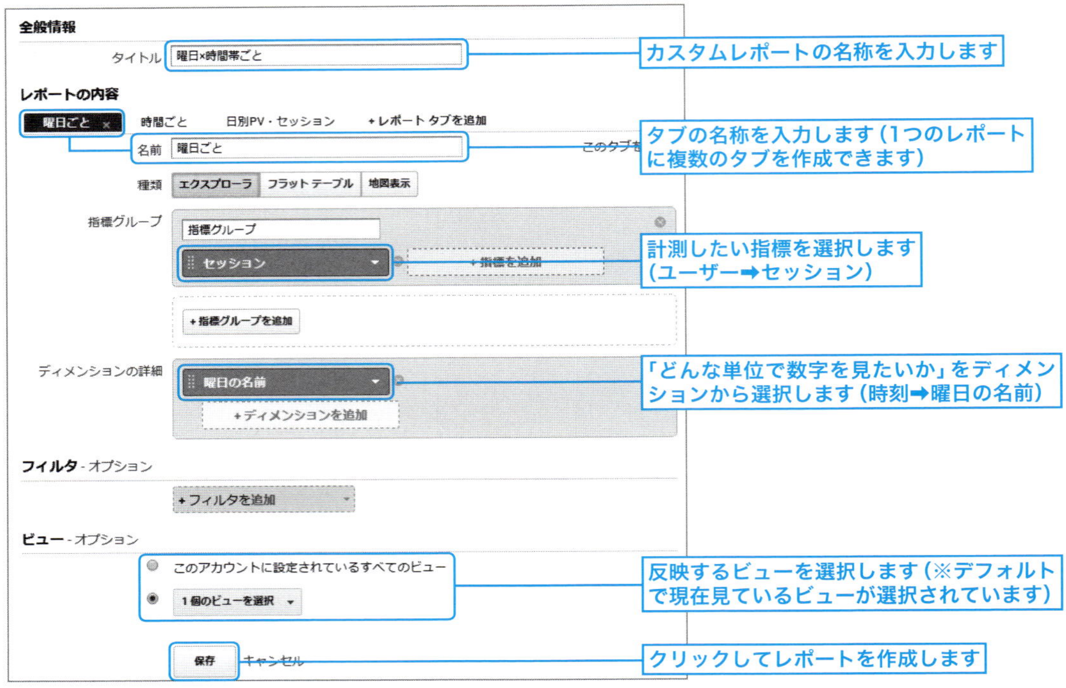


## 曜日ごとに訪問者を確認する

上記の設定で以下のレポートが表示されました。❸表示形式は「棒グラフ」にしています。❹この場合は水曜日と木曜日のセッション数が多いことがわかります。なお、曜日の特徴を見る際には、それぞれの曜日の日数が同じになるようにしないと、不公平な比較となってしまうので注意しましょう。

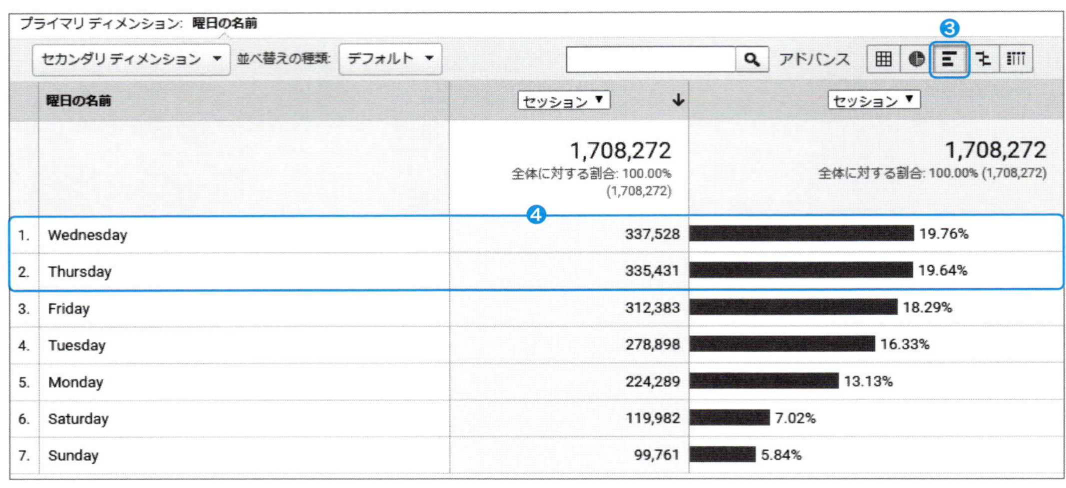


| 曜日の名前 | セッション | セッション |
|---|---|---|
| | 1,708,272<br>全体に対する割合: 100.00% (1,708,272) | 1,708,272<br>全体に対する割合: 100.00% (1,708,272) |
| 1. Wednesday | 337,528 | 19.76% |
| 2. Thursday | 335,431 | 19.64% |
| 3. Friday | 312,383 | 18.29% |
| 4. Tuesday | 278,898 | 16.33% |
| 5. Monday | 224,289 | 13.13% |
| 6. Saturday | 119,982 | 7.02% |
| 7. Sunday | 99,761 | 5.84% |

### 「曜日×時間」の掛け合わせで訪問者を確認する

さらに❺「**セカンダリディメンション➡時刻➡時**」と選択し、❻時間帯を掛け合わせます。

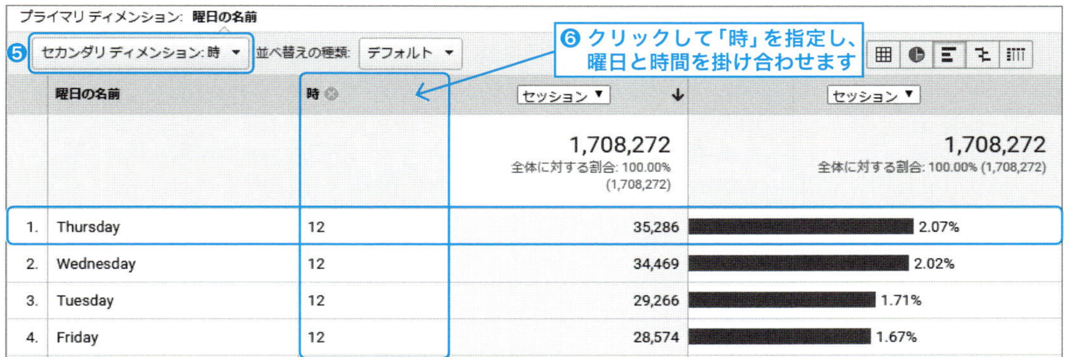


セカンダリディメンションで、「時」を指定すると、「曜日×時間」を掛け合わせた表が表示されます。木曜日の昼12時のアクセスが一番多いことがわかります。

## 作っておくと便利なカスタムレポートの設定例

曜日の他に、時間ごとや日別のレポートを作成しておくのも便利です。

### 1. 時間ごとのレポートを作成する

- 指標グループ：**ユーザー➡セッション**（他にも見たい指標があれば追加しましょう）
- ディメンション：**時刻➡時**（「時間帯」と混同しやすいので注意が必要です）

上記の設定にすると、以下のレポートが確認できます。

| | 時 ↑ | セッション ▼ | セッション ▼ |
|---|---|---|---|
| | | 1,708,272<br>全体に対する割合: 100.00%<br>(1,708,272) | 1,708,272<br>全体に対する割合: 100.00% (1,708,272) |
| 1. | 00 | 42,564 | 2.49% |
| 2. | 01 | 26,301 | 1.54% |
| 3. | 02 | 17,195 | 1.01% |
| 4. | 03 | 13,331 | 0.78% |
| 5. | 04 | 12,837 | 0.75% |
| 6. | 05 | 17,612 | 1.03% |

このレポートでは0時から23時までの24時間について、1時間ごとの流入数（セッション）の増減を比較できます。ユーザーのアクセスが集中する時間を把握するために使用します。メルマガを決まった時間に配信している場合は、「どれくらいの流入に繋がっているのか」「昼休みにアクセス数は多いのか」といった事を確認できます。



## 2. 日別の基本指標をまとめたレポートを作成する

Google アナリティクスの標準の機能では日別のセッション数やページビュー数を一括で取得できないため、カスタムレポートの作成が必要です。

- 指標グループ：**ユーザー➡セッション**（他にも見たい指標があれば追加しましょう）
- ディメンション：**時刻➡日付**（こちらは「年月日」を取得できるディメンションです）

| | 日付 ↑ | セッション | ページビュー数 |
|---|---|---|---|
| | | 1,708,272<br>全体に対する割合: 100.00%<br>(1,708,272) | 5,569,729<br>全体に対する割合: 100.00%<br>(5,569,729) |
| | 1. **20170301** | 81,441 (4.77%) | 265,867 (4.77%) |
| | 2. **20170302** | 71,876 (4.21%) | 229,348 (4.12%) |
| | 3. **20170303** | 64,188 (3.76%) | 192,651 (3.46%) |
| | 4. **20170304** | 32,933 (1.93%) | 91,761 (1.65%) |
| | 5. **20170305** | 25,765 (1.51%) | 72,246 (1.30%) |
| | 6. **20170306** | 65,865 (3.86%) | 210,309 (3.78%) |

このカスタムレポートでは、「2017年3月1日」など年月日ごとの数値が取得できます。日ごとの数値をExcelなどに出力してグラフを作成すると、実数とトレンドをわかりやすく可視化できます。Google アナリティクスの自動メール送信機能を使って、「毎月1日に前月分のレポートをExcel形式などでエクスポート（出力）し、自分宛に自動送信するように設定しておく」というのもオススメの使い方です。

以上のように、カスタムレポートなども適宜活用していくことでGoogle アナリティクスの使い勝手は飛躍的に高まります。サイトを分析する上で大切なのは、ユーザーの全体の傾向をつかむことです。まずは時系列でサイトの利用状況を確認しましょう。

## ■Excelを活用して曜日×時間のデータをわかりやすく可視化する

カスタムレポート上で表現する方法を紹介しましたが、視認性の観点ではExcel等を使うともう少しわかりやすくなります。前述したセカンダリディメンションの「曜日」と「時」のデータを、レポート画面右上にある「エクスポート」を使ってExcel形式でダウンロードして、以下のような加工を行ってみましょう。

### 1. ピボットテーブルを作成する（列＝曜日の名前、行＝時、値＝合計/セッション

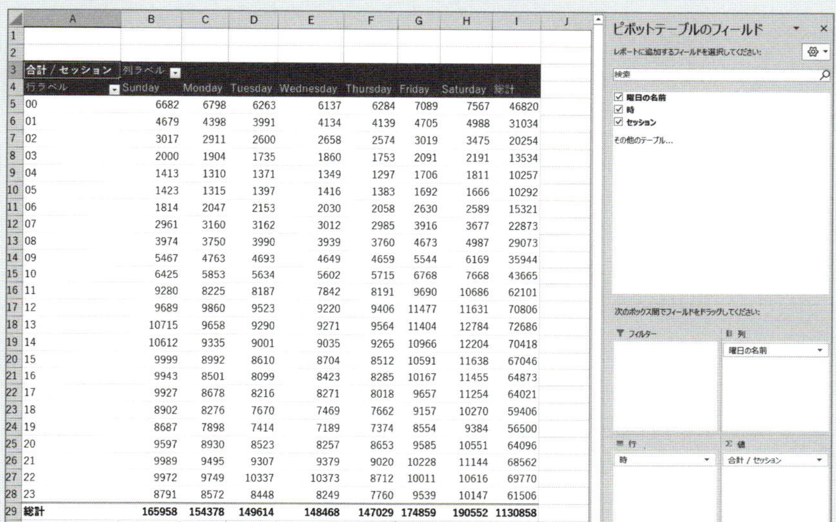

| 合計 / セッション | 列ラベル | | | | | | | |
|---|---|---|---|---|---|---|---|---|
| 行ラベル | Sunday | Monday | Tuesday | Wednesday | Thursday | Friday | Saturday | 総計 |
| 00 | 6682 | 6798 | 6263 | 6137 | 6284 | 7089 | 7567 | 46820 |
| 01 | 4679 | 4398 | 3991 | 4134 | 4139 | 4705 | 4988 | 31034 |
| 02 | 3017 | 2911 | 2600 | 2658 | 2574 | 3019 | 3475 | 20254 |
| 03 | 2000 | 1904 | 1735 | 1860 | 1753 | 2091 | 2191 | 13534 |
| 04 | 1413 | 1310 | 1371 | 1349 | 1297 | 1706 | 1811 | 10257 |
| 05 | 1423 | 1315 | 1397 | 1416 | 1383 | 1692 | 1666 | 10292 |
| 06 | 1814 | 2047 | 2153 | 2030 | 2058 | 2630 | 2589 | 15321 |
| 07 | 2961 | 3160 | 3162 | 3012 | 2985 | 3916 | 3677 | 22873 |
| 08 | 3974 | 3750 | 3990 | 3939 | 3760 | 4673 | 4987 | 29073 |
| 09 | 5467 | 4763 | 4693 | 4649 | 4659 | 5544 | 6169 | 35944 |
| 10 | 6425 | 5853 | 5634 | 5602 | 5715 | 6768 | 7668 | 43665 |
| 11 | 9280 | 8225 | 8187 | 7842 | 8191 | 9690 | 10686 | 62101 |
| 12 | 9689 | 9860 | 9523 | 9220 | 9406 | 11477 | 11631 | 70806 |
| 13 | 10715 | 9658 | 9290 | 9271 | 9564 | 11404 | 12784 | 72686 |
| 14 | 10612 | 9335 | 9001 | 9035 | 9265 | 10966 | 12204 | 70418 |
| 15 | 9999 | 8992 | 8610 | 8704 | 8512 | 10591 | 11638 | 67046 |
| 16 | 9943 | 8501 | 8099 | 8423 | 8285 | 10167 | 11455 | 64873 |
| 17 | 9927 | 8678 | 8216 | 8271 | 8018 | 9657 | 11254 | 64021 |
| 18 | 8902 | 8276 | 7670 | 7469 | 7662 | 9157 | 10270 | 59406 |
| 19 | 8687 | 7898 | 7414 | 7189 | 7374 | 8554 | 9384 | 56500 |
| 20 | 9597 | 8930 | 8523 | 8257 | 8653 | 9585 | 10551 | 64096 |
| 21 | 9989 | 9495 | 9307 | 9379 | 9020 | 10228 | 11144 | 68562 |
| 22 | 9972 | 9749 | 10337 | 10373 | 8712 | 10011 | 10616 | 69770 |
| 23 | 8791 | 8572 | 8448 | 8249 | 7760 | 9539 | 10147 | 61506 |
| 総計 | 165958 | 154378 | 149614 | 148468 | 147029 | 174859 | 190552 | 1130858 |



### 2. データをコピーし、条件付き書式で色付けにする

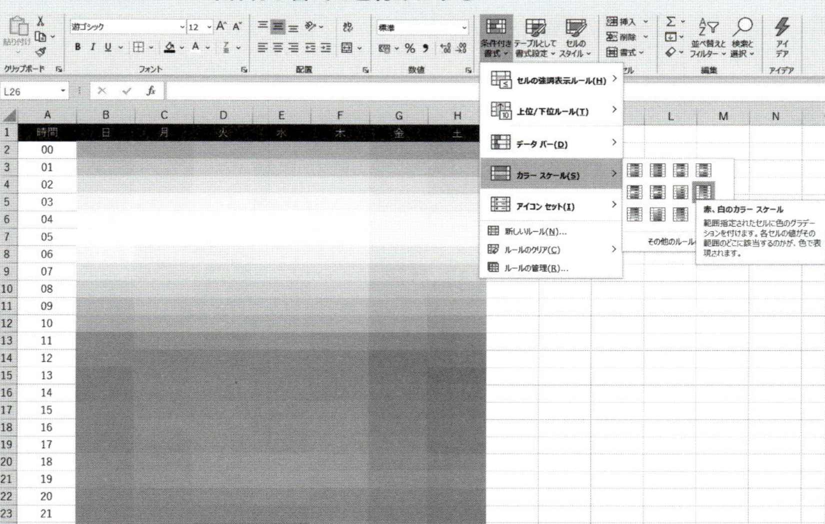



色が濃い所が訪問が多いという形になります。直感的に訪問が増えているタイミングがわかりやすくなるのではないでしょうか。パワーポイントなどレポートで使う時にも共有しやすくなります。曜日の区別が若干付きにくくなりますが、折れ線グラフを使うのも良いでしょう。

次ページへ続く

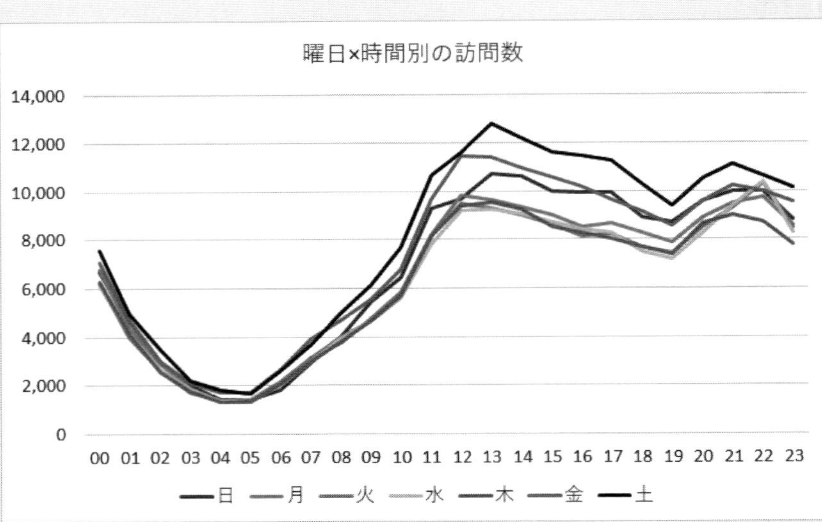


見せかた一つで伝わる内容や印象も変わるため、ぜひ自分がより伝えたいことを伝えやすくするための工夫をしてみてください。

Section 1-2

男女どちらの訪問者が多いのか？ 興味は何なのだろう？

# 訪れる人の年代・性別・興味関心を知りコンテンツや企画の検討に活かす

使用レポート ▶▶▶ユーザー ➡ ユーザー属性 ➡ 年齢

お稽古や資格を紹介しているサイトでは、男女で見ているコンテンツやコンバージョン率が違います。Google アナリティクスではサイト側でデータを取得しなくとも、訪れた人の年代・性別・興味関心を取得する機能が用意されています。これらのレポートを使い、自社サイトならではの気付きを発見してみましょう。

## Google アナリティクスは属性のデータをどのように取得しているのか？

Googleでは広告配信プラットフォームを提供していることから、接触した広告の種類によってユーザーの年代・性別・興味関心を推測しています。例えば車のYouTube広告をクリックした人は「男性」である可能性が高いといった具合です。そのため、**訪問者全員のデータが取得できるわけではない**ことに注意が必要です。詳しくはヘルプを参照してください。

● **「ユーザー属性とインタレスト カテゴリについて」**

https://support.google.com/analytics/answer/2799357?hl=ja

## レポートの閲覧方法

### Step 1. レポートを有効化

❶左メニューの「管理」を開いて閲覧したいサイト（プロパティ）を選択し、「トラッキング情報➡データ収集」にアクセスします。

❷「広告向け機能」内にある「Google シグナルで使用するデータの収集」を「オン」にします。

## Step 2. プロパティ画面でレポートを確認する

プロパティ画面では「年代」「性別」「興味関心」ごとにレポートを確認できます。各レポートは、以下のようにクリックしていくと表示できます。

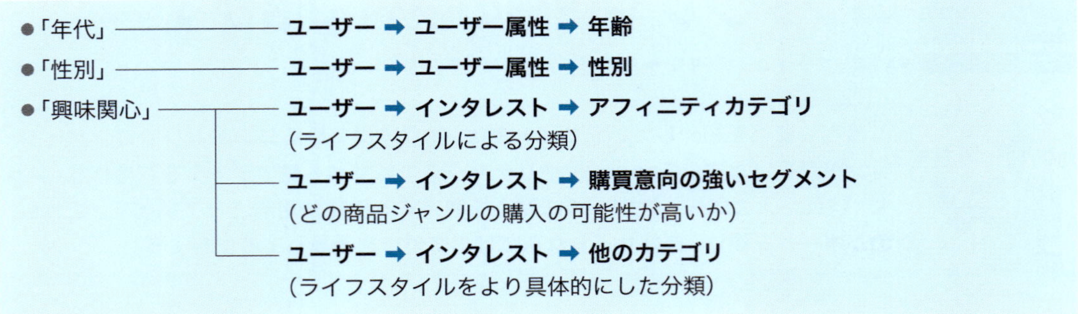

●「年代」 ユーザー ➡ ユーザー属性 ➡ 年齢
●「性別」 ユーザー ➡ ユーザー属性 ➡ 性別
●「興味関心」 ユーザー ➡ インタレスト ➡ アフィニティカテゴリ
（ライフスタイルによる分類）
ユーザー ➡ インタレスト ➡ 購買意向の強いセグメント
（どの商品ジャンルの購入の可能性が高いか）
ユーザー ➡ インタレスト ➡ 他のカテゴリ
（ライフスタイルをより具体的にした分類）


## ユーザー属性を分析する

図1-2-1は、年代別のレポートを開いた時の画面です。ここでは年代別に様々な指標を確認できます。年代の流入比率、直帰率やページ／セッションといったサイト内行動に関する指標、そしてコンバージョン数や率などサイトの目標に関する指標を見ることができます。このデータでは、❶年齢が高くなるごとに、直帰率が低くなっていることがわかります。自分のサイトがターゲットとしているユーザー層にリーチできているのか、あるいは意外な年代のコンバージョン率が高いのか？　といった気付きを得ることができます。

**図1-2-1** 「ユーザー ➡ ユーザー属性 ➡ 年齢」のレポート

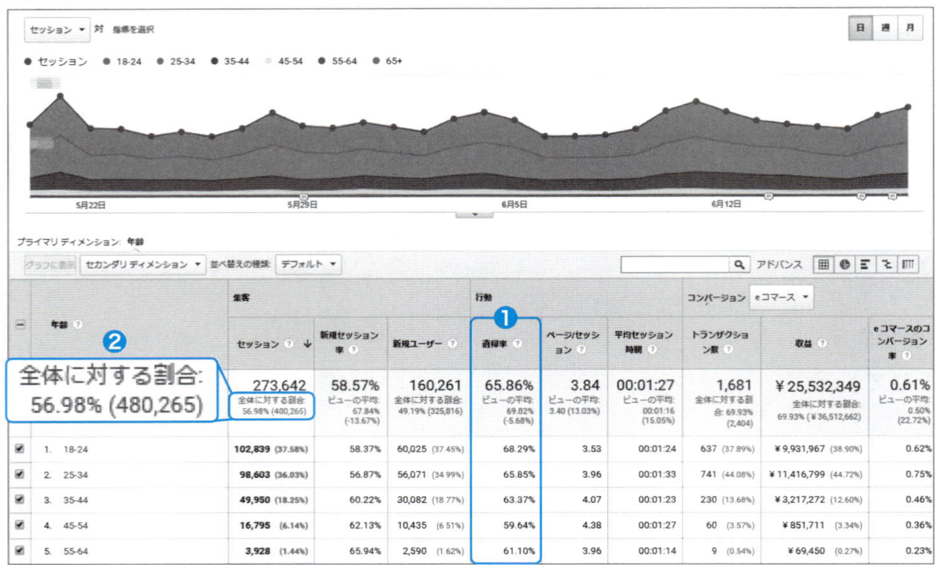


| 年齢 | 集客: セッション | 新規セッション率 | 新規ユーザー | 行動: 直帰率 ❶ | ページ/セッション | 平均セッション時間 | コンバージョン eコマース: トランザクション数 | 収益 | eコマースのコンバージョン率 |
|---|---|---|---|---|---|---|---|---|---|
|  | 273,642 全体に対する割合: 56.98% (480,265) | 58.57% ビューの平均: 67.84% (-13.67%) | 160,261 全体に対する割合: 49.19% (325,816) | 65.86% ビューの平均: 69.82% (-5.68%) | 3.84 ビューの平均: 3.40 (13.03%) | 00:01:27 ビューの平均: 00:01:16 (15.05%) | 1,681 全体に対する割合: 69.93% (2,404) | ¥25,532,349 全体に対する割合: 69.93% (¥36,512,662) | 0.61% ビューの平均: 0.50% (22.72%) |
| 1. 18-24 | 102,839 (37.58%) | 58.37% | 60,025 (37.45%) | 68.29% | 3.53 | 00:01:24 | 637 (37.89%) | ¥9,931,967 (38.90%) | 0.62% |
| 2. 25-34 | 98,603 (36.03%) | 56.87% | 56,071 (34.99%) | 65.85% | 3.96 | 00:01:33 | 741 (44.08%) | ¥11,416,799 (44.72%) | 0.75% |
| 3. 35-44 | 49,950 (18.25%) | 60.22% | 30,082 (18.77%) | 63.37% | 4.07 | 00:01:23 | 230 (13.68%) | ¥3,217,272 (12.60%) | 0.46% |
| 4. 45-54 | 16,795 (6.14%) | 62.13% | 10,435 (6.51%) | 59.64% | 4.38 | 00:01:27 | 60 (3.57%) | ¥851,711 (3.34%) | 0.36% |
| 5. 55-64 | 3,928 (1.44%) | 65.94% | 2,590 (1.62%) | 61.10% | 3.96 | 00:01:14 | 9 (0.54%) | ¥69,450 (0.27%) | 0.23% |

### 利用上の注意点

利用時には、以下の点に注意する必要があります。

- すべての訪問の属性がわかるわけではありません。表の「セッション」内にある「全体のセッションに対する割合：56.98%」を見ると情報取得比率がわかります ❷
- 興味関心のレポートに関しては分類がすべて英語で表示されます

全数データが取得できるわけではないので、実数を使うよりは、年代・性別・興味関心内での相対的な比較をすると良いでしょう。

## ユーザー属性の活用事例

**図1-2-2** 「ユーザー ➡ ユーザー属性 ➡ 性別」のレポート

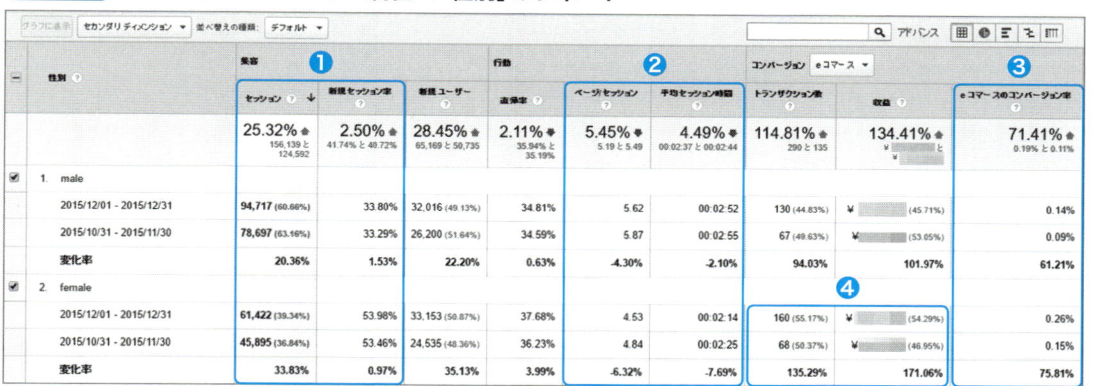

グラフに表示　セカンダリ ディメンション ▼　並べ替えの種類：デフォルト ▼　アドバンス

| 性別 | 集客 ❶ セッション ↓ | 新規セッション率 | 新規ユーザー | 行動 直帰率 | ❷ ページ/セッション | 平均セッション時間 | コンバージョン eコマース ▼ トランザクション数 | 収益 | ❸ eコマースのコンバージョン率 |
|---|---|---|---|---|---|---|---|---|---|
| | 25.32% ▲ 156,139 と 124,592 | 2.50% ▲ 41.74% と 40.72% | 28.45% ▲ 65,169 と 50,735 | 2.11% ▼ 35.94% と 35.19% | 5.45% ▼ 5.19 と 5.49 | 4.49% ▼ 00:02:37 と 00:02:44 | 114.81% ▲ 290 と 135 | 134.41% ▲ ¥[illegible] と ¥[illegible] | 71.41% ▲ 0.19% と 0.11% |
| 1. male | | | | | | | | | |
| 2015/12/01 - 2015/12/31 | 94,717 (60.66%) | 33.80% | 32,016 (49.13%) | 34.81% | 5.62 | 00:02:52 | 130 (44.83%) | ¥[illegible] (45.71%) | 0.14% |
| 2015/10/31 - 2015/11/30 | 78,697 (63.16%) | 33.29% | 26,200 (51.64%) | 34.59% | 5.87 | 00:02:55 | 67 (49.63%) | ¥[illegible] (53.05%) | 0.09% |
| 変化率 | 20.36% | 1.53% | 22.20% | 0.63% | -4.30% | -2.10% | 94.03% | 101.97% | 61.21% |
| 2. female | | | | | | | ❹ | | |
| 2015/12/01 - 2015/12/31 | 61,422 (39.34%) | 53.98% | 33,153 (50.87%) | 37.68% | 4.53 | 00:02:14 | 160 (55.17%) | ¥[illegible] (54.29%) | 0.26% |
| 2015/10/31 - 2015/11/30 | 45,895 (36.84%) | 53.46% | 24,535 (48.36%) | 36.23% | 4.84 | 00:02:25 | 68 (50.37%) | ¥[illegible] (46.95%) | 0.15% |
| 変化率 | 33.83% | 0.97% | 35.13% | 3.99% | -6.32% | -7.69% | 135.29% | 171.06% | 75.81% |

図1-2-2はあるECサイトの男性と女性のデータを、2015年12月とその前の1か月間で比較をしています。男女での主な違いは以下の通りです。

- 訪問は男性のほうが多く、新規の割合が低い（＝リピーターが多い）❶
- 平均閲覧ページ数や滞在時間は男性のほうが長い ❷
- コンバージョン率は女性のほうが高い ❸
- 訪問や売り上げは11月より12月のほうが高く、特に女性の伸び率が大きい ❹

本サイトは「男性向け」の装飾品を販売しているサイトのデータです。そのため、男性は普段からサイトに訪問をして「興味のある新商品が出ていないか？」などを確認するためサイトに来ていました（見ているページの種類からもその傾向がうかがえました）。

女性は自分が購入対象者ではないため、普段はサイトに訪れることがなく、リピーターになる可能性も男性より低いです。しかし、**コンバージョン率が高いのはプレゼント購入の用があるため**でした。Section1-1➡P.33で紹介した「日別」を見ると、クリスマス数日前まで訪問数が高いです。プレゼント目的で来られる女性は、ウィンドウショッピングの目的も含まれる男性よりコンバージョン率が高くなるという仮説です。

多くのサイトでは、訪問や閲覧ページ数が多かったりすることでブランドやサービスへの理解が深まり、コンバージョン率が高くなる傾向がありますが、このサイトはどうやら例外のようです。

もしこの仮説が正しいのであれば、**より売り上げを伸ばすために11月〜12月にかけては女性に向けた特集（「男性に人気の商品ランキング」や「クリスマス用のペアグッズ特集」）などを行う**ことで、よりコンバージョン率を上げることができるかもしれません。

このような形でサイトのユーザー属性を活かした分析と気付き発見を行ってみましょう。



## ユーザーの興味関心分野を確認しよう

ユーザー属性については、年齢と性別の他に「興味関心分野」（インタレスト）を確認することができます。表1-2-1のように、**「アフィニティ カテゴリ」「購買意向の強いセグメント」「他のカテゴリ」の3つの指標**です。

**表1-2-1 ユーザー属性の5つの指標（ディメンション）**

| | | |
|---|---|---|
| ユーザー属性 | 年齢（歳） | 18〜24、25〜34、35〜44、45〜54、55〜64、65 以上 |
| | 性別 | 男性、女性 |
| インタレスト | アフィニティ カテゴリ | **ライフスタイルによる"大分類"**<br>例：ハイテク好き、スポーツ好き、料理好き |
| | 購買意向の強いセグメント | **商品購入に対する関心** |
| | 他のカテゴリ | **最も具体的なユーザー**分類。**"小分類"**<br>例：アフィニティ カテゴリの「グルメ」に対して、その他のカテゴリには「レシピ / 料理 / 東アジア」など |

「**ユーザー➡インタレスト➡アフィニティ カテゴリ**」の順でクリックします。

図1-2-3は著者ブログの読者の「アフィニティカテゴリ」の一覧です。❶セッション量や直帰率をユーザーの興味ごとに比較することができます。このサイトでは、流入量が多い上位5つは「エンタメ好き➡コミック、アニメーションファン➡モバイルファン➡ゲームファン➡アマチュア カメラマン」という分類になっています。その中でも、❷ゲームファンのコンバージョン率が高く（8.20%）、アマチュアカメラマンのコンバージョン率が低い（5.94%）ことがわかります。

### Hint インタレストカテゴリの日本語訳

インタレストのカテゴリは**すべて英語**で表示されるので、日本語との対応はこちらのページの一覧を参考にすると便利です（こちらに掲載されていない「購買意向の強いセグメント」については、Google翻訳などの翻訳ツールを使って日本語対応を確認してみてください）。

【2017年最新版】Google Analyticsで使われるインタレストカテゴリと日本語訳一覧

https://kobit.in/archives/9695

**図1-2-3　アフィニティカテゴリの例**

| | アフィニティ カテゴリ（リーチ） | 集客 | | | 行動 | | | コンバージョン すべての目標 | | |
|---|---|---|---|---|---|---|---|---|---|---|
| | | セッション | 新規セッション率 | 新規ユーザー | 直帰率 | ページ/セッション | 平均セッション時間 | コンバージョン率 | 目標の完了数 | 目標値 |
| | | 303,288 全体に対する割合: 63.15% (480,265) | 59.05% ビューの平均: 67.84% (-12.96%) | 179,098 全体に対する割合: 54.97% (325,832) | 66.09% ビューの平均: 69.82% (-5.35%) | 3.81 ビューの平均: 3.40 (12.04%) | 00:01:27 ビューの平均: 00:01:16 (14.37%) | 6.27% ビューの平均: 5.31% (18.15%) | 19,023 全体に対する割合: 74.61% (25,495) | ¥0 全体に対する割合: 0.00% (¥0) |
| 1. | News Junkies/Entertainment & Celebrity News Junkies | 252,050 (4.64%) | 58.59% | 147,682 (4.60%) | 67.29% | 3.66 | 00:01:24 | 5.68% | 14,325 (4.72%) | ¥0 (0.00%) |
| 2. | Comics & Animation Fans | 224,808 (4.14%) | 57.60% | 129,500 (4.04%) | 67.50% | 3.65 | 00:01:25 | 6.20% | 13,928 (4.59%) | ¥0 (0.00%) |
| 3. | Mobile Enthusiasts | 195,400 (3.60%) | 58.14% | 113,605 (3.54%) | 67.34% | 3.67 | 00:01:25 | 6.12% | 11,967 (3.95%) | ¥0 (0.00%) |
| 4. | Gamers | 171,661 (3.16%) | 56.10% | 96,305 (3.00%) | 64.95% | 3.98 | 00:01:33 | 8.20% | 14,070 (4.64%) | ¥0 (0.00%) |
| 5. | Shutterbugs | 165,991 (3.06%) | 58.26% | 96,705 (3.02%) | 68.39% | 3.59 | 00:01:25 | 5.94% | 9,866 (3.25%) | ¥0 (0.00%) |
| 6. | Fast Food Cravers | 156,771 (2.89%) | 56.74% | 88,948 (2.77%) | 65.05% | 4.00 | 00:01:30 | 7.53% | 11,808 (3.89%) | ¥0 (0.00%) |
| 7. | Shoppers/Value Shoppers | 149,277 (2.75%) | 59.63% | 89,012 (2.78%) | 67.66% | 3.63 | 00:01:25 | 5.28% | 7,878 (2.60%) | ¥0 (0.00%) |
| 8. | Cooking Enthusiasts | 147,526 (2.72%) | 56.01% | 82,627 (2.58%) | 67.14% | 3.68 | 00:01:28 | 6.18% | 9,116 (3.01%) | ¥0 (0.00%) |
| 9. | Sports Fans | 145,473 (2.68%) | 56.35% | 81,968 (2.56%) | 65.08% | 3.83 | 00:01:24 | 6.30% | 9,170 (3.02%) | ¥0 (0.00%) |
| 10. | Gamers/Hardcore Gamers | 14[illegible] | [illegible] | [illegible] | [illegible] | [illegible] | [illegible] | [illegible] | [illegible]941 (3.94%) | ¥0 (0.00%) |

❶ 興味関心ごとにセッション数やコンバージョン率を確認できます

❷

## ユーザー属性はセグメント条件として利用できる

今回は単体のレポートの閲覧方法を説明しましたが、これらの分類は**セグメント条件として利用**することができ、「男性×25〜34歳」といった掛け合わせでも見ることができます。セグメントの作成方法については付録1-3➡P.422を参照ください。

**図1-2-4　セグメントの例**

## 取得した属性をどのように活用するか？

特定の属性を持つユーザーがコンバージョンに貢献している場合はそのユーザーを増やす施策を策定しましょう。

- **対象ユーザーが多い流入元を拡大**したり（第2章➡P.65参照）、**利用しているページや機能を強化**したり（Section3-3➡P.167）することはコンバージョン数増加の近道です。
- 有料集客が可能ならば、Google アナリティクスの属性データは同じくGoogle社提供の広告出稿システム**「Google 広告」の属性データと連動**しているため、対象属性を指定して出稿割合を増やしましょう。またソーシャルメディアでの属性にあわせた広告出稿を考えてみるのも良いでしょう。

Section サイトを見ている人がどの地域から見ているのかを把握したい！

# 1-3 訪れる人の地域や地域ごとの特性を知る

使用レポート ▶▶▶ユーザー ➡ 地域 ➡ 地域

Google アナリティクスではアクセス元のデータから、ユーザーがどこからサイトを見に来ているのかがわかります。店舗をお持ちの会社であれば、オンラインの購入者は店舗の商圏内にあるのか、商圏外なのかを確認できます。不動産会社であれば実際に見学にこれそうな人は何人いるかを把握できます。サイトを訪れてくれたお客さんを理解する上で重要な情報になります。ぜひ確認方法を習得しましょう。

## 知ると知らないでは大違い

サイトを訪れる人はいったいどこから来ているのでしょうか？　例えば**観光向けのサイトでインバウンド（国外からの来訪）を目的にサイトを作成している場合、どの国から訪問が多いかを確認**することができます。またエリアを絞った広告の効果（例：商圏を中心にしたFacebook広告の効果）の結果、狙い通りの人達を集めることができたかを確認できます。訪問者が多ければ良いサイトとは限りません。**本当に対象となる人たちを集めることができているのか**。そのために地域のデータを見て把握しておくことが大切です。それでは早速、その方法を紹介していきます。

図1-3-1 ユーザーはどの地域や企業から来ている？

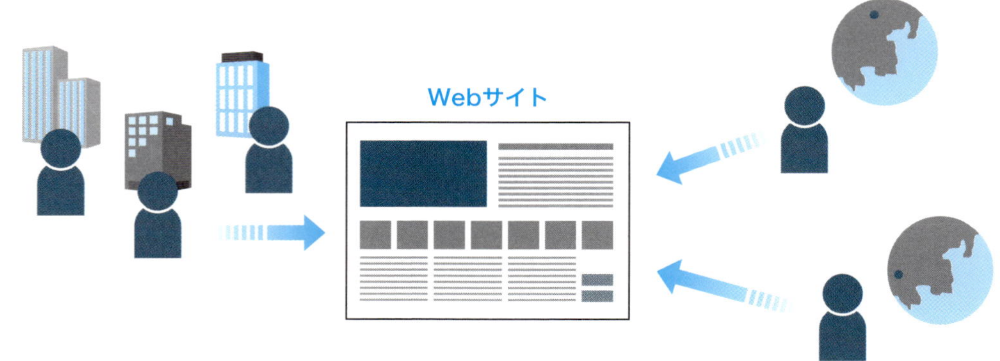


※どの地域から訪問しているかに関してはGoogle アナリティクス単体の機能でもわかりますが、外部サービスのプラグインを導入することで具体的な企業名まで把握することが可能です（➡P.51参照）。

## 地域ごとのユーザー訪問を確認する

❶左のメニューより「**ユーザー➡地域➡地域**」をクリックします。表示されたレポートでは全世界の表示になっていますので、❷下部の表より「Japan」のテキストリンクをクリックして都道府県ごとに表示します。

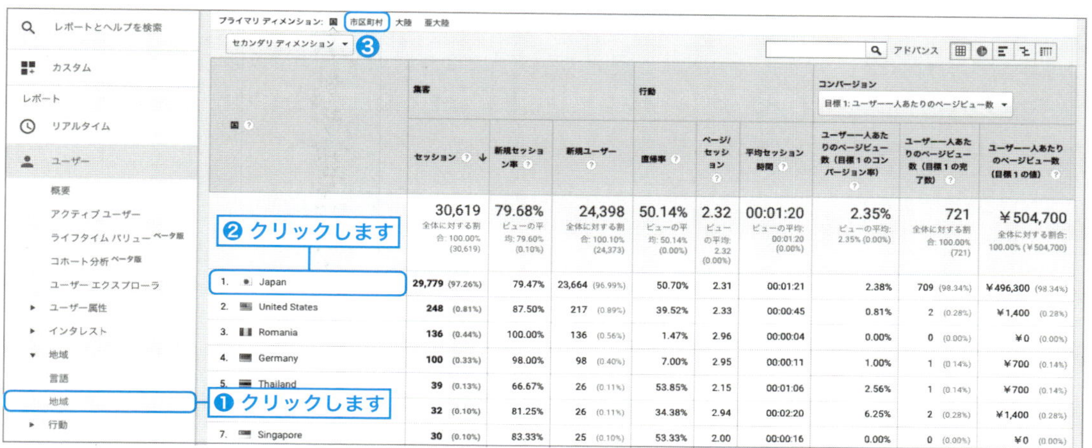


表の上部にある❸「市区町村」というリンクからでも市区町村などの分類は表示されるのですが、東京23区の名称や「大阪」「福岡」といった粒度が違う名称が並び、情報の粒度がまちまちなので、若干使いづらいディメンションです。

「Japan」をクリックすると、❹都道府県ごとのレポートが表示されます。ただし、神奈川県が「Kanagawa」というように英語で表記されます。

数値を見てみましょう。**❺福岡に店舗があるサイトで、訪問の内44.2%が地元の県**であることがわかります。❻円グラフで概況を把握した後は、❼表形式の表示に切り替えて「コンバージョン率の多い順」や「直帰率の低い順」などに並べて気付きを発見することも有益です。

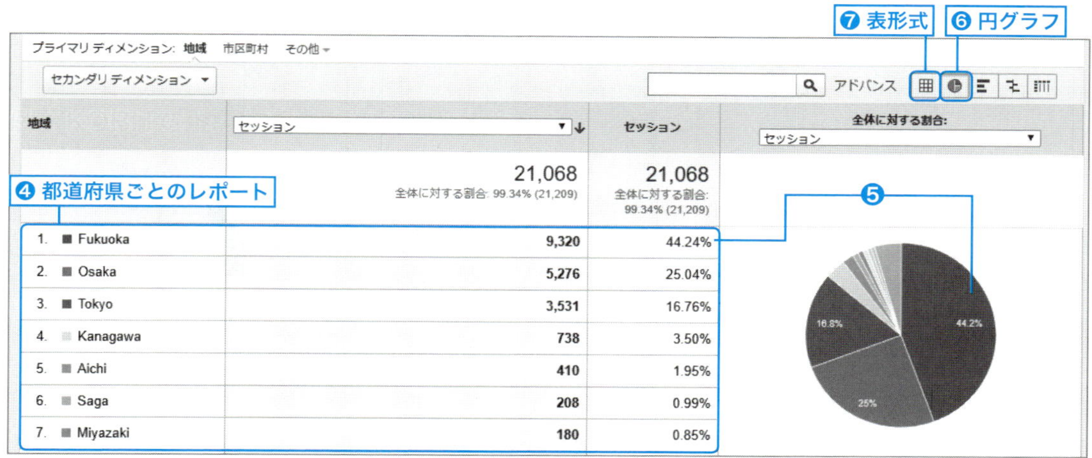

## 地域情報をセグメントとして利用する

地域情報は、以下のようにセグメントとして使う事もできます。「地域ごとのどのページが見られているのか？」「どの流入元（サイトなど）から多く来ているのか？」など、他のレポートと組み合わせて分析を深めてみましょう。

表の上部の「＋セグメントを追加」ボタンをクリックします。続いて、「＋新しいセグメント」というボタンをクリックした後に表示される画面で、以下のように設定します。表の上部の「＋セグメントを追加」ボタンをクリックします。続いて、「＋新しいセグメント」というボタンをクリックした後に表示される画面で、以下のように設定します。

保存する前に「プレビュー」をクリックして確認することも可能です。また、地域名はGoogle アナリティクスの表示名に依存しますので、例えば「東京都」は「Tokyo」、大阪府は「Osaka」……というように英語で入力あるいは選択する必要があります。

## Point 地域レポートの精度は？

Google アナリティクスでは、市区町村、国、大陸などの多くの地域情報を利用できますが、情報元はサイトにアクセスされた際の**IPアドレスを利用**しています。そのため必ずしも正確なユーザー情報を表すものではありません。データを展開する際にはそのような正確性を考慮して、参考として使うようにしましょう。

## Point 有料プラグインを使い訪問企業名を知る方法

**有料プラグインである「どこどこ.jp」(https://www.docodoco.jp/index.html) などのサービスを使う**方法があります。「**組織名 (会社名)・組織URL・業種・従業員数**」などの情報をGoogle アナリティクスのレポートに追加することができますので、より精度の高い分析ができるようになります。図1-3-2は、あるBtoBサイトにアクセスしている企業一覧のレポートです。

**図1-3-2** 「どこどこ.jp」を利用した企業の一覧

| どこどこ組織名(OrganizationName) | ユーザー ↓ | セッション | ページ/セッション | コンバージョン率 |
|---|---|---|---|---|
| 1. 株式会社[illegible] | 2,446 (8.63%) | 6,045 (10.84%) | 4.67 | 2.17% |
| 2. 株式会社[illegible] | 500 (1.76%) | 1,428 (2.56%) | 4.39 | 4.55% |
| 3. [illegible]株式会社 | 497 (1.75%) | 4,029 (7.23%) | 5.63 | 0.99% |
| 4. [illegible]株式会社 | 388 (1.37%) | 803 (1.44%) | 4.07 | 2.86% |
| 5. [illegible] | 358 (1.26%) | 358 (0.64%) | 1.00 | 0.00% |
| 6. 株式会社[illegible] | 356 (1.26%) | 706 (1.27%) | 3.97 | 2.55% |
| 7. 株式会社[illegible] | 347 (1.22%) | 667 (1.20%) | 2.63 | 0.15% |
| 8. [illegible] | 294 (1.04%) | 294 (0.53%) | 1.03 | 0.00% |
| 9. [illegible] | 282 (1.00%) | 432 (0.77%) | 2.84 | 0.00% |
| 10. 株式会社[illegible] | 271 (0.96%) | 802 (1.44%) | 3.98 | 1.37% |

表示する行数: 10 ▼ 移動: 1 1 - 10/4618 ‹ ›

こちらのサイトでは今回の集計期間で❶4,618社がアクセスしていることがわかります。上位10社を見ると**コンバージョンしている企業としていない企業に分かれています**。また、❷3位の企業は「セッション÷ユーザー」が9回 (4,029÷497) で、1人あたりの訪問回数が他の企業と較べて大きい事がわかり、関心の高さが伺えます。

なお、❸コンバージョンしていない5位と8位の企業は、ユーザー数とセッション数が一緒で、平均閲覧ページも1ページという結果からスパムからのアクセスの可能性が高く、これらは今後計測から除外したほうが良いでしょう。除外するためのフィルタ設定方法は、付録1-2 ➡ P.409で紹介します。

地域や企業情報を知ることは、お客様の理解をする上で重要なプロセスです。ぜひ自社に訪れるお客さんの地域や会社を知ることで、施策の評価や改善に役立てましょう。

Section 企業向けサイトでも、スマホ流入の増減が気になる！

# 1-4 デバイスの種類を把握する：デバイスレポート

使用レポート ▶▶▶ユーザー ➡ モバイル ➡ 概要

近年スマートフォンからのアクセスが増加し、デバイスごとにレポートを確認する重要性が高まっています。デバイス種別や端末名ごとのアクセス状況を調べる方法をお教えします。また、ほぼすべてのレポートで、「デバイスごとにレポート結果を表示する」ことができますので、その手法もあわせて確認しましょう。

## 端末情報はサイト運営の大きな財産

ユーザーがあなたのサイトを**パソコンで見ているか、それともスマートフォンで見ているか**把握していますか？　もし「スマートフォンユーザーが大半なのに、スマートフォン向けのサイトを整備していない」となったら、大きなビジネスチャンスを逃しているも同然で、改善の余地は大いにあります。また、「Androidの特定バージョンのOSユーザーの画面だけ閲覧できない問題がある」など、**端末ごとのトラブルが発生した場合**も、利用端末ごとのデータの見方を理解しておくことが問題解決の重要なヒントになります。

図1-4-1 ユーザーが見ている端末は？

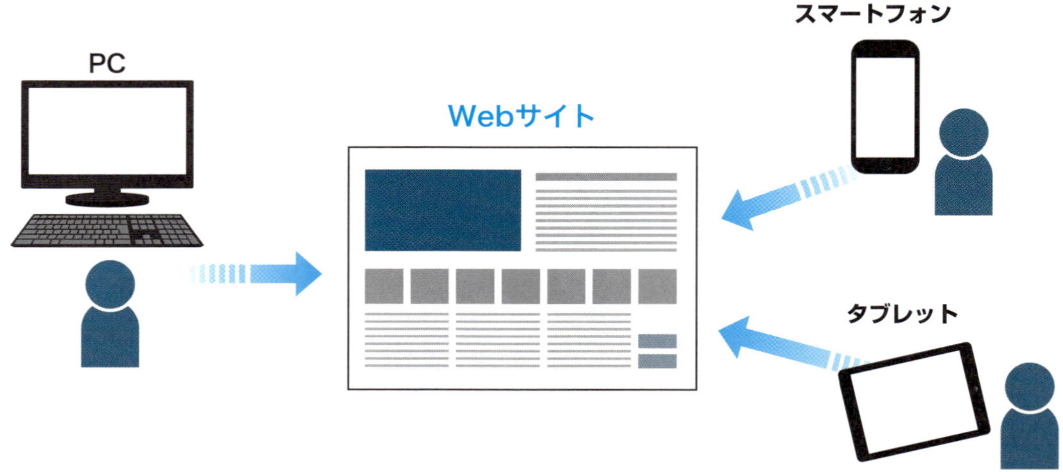

## スマートフォンが普及しユーザー数が拡大したトレンドを把握しよう

「パソコン」「スマートフォン」「タブレット」などのデバイス種別ごとのアクセス量のトレンドを確認しておきましょう。例えば、図1-4-2はあるニュースサイトの2011年から2015年の月別セッション数のグラフです。全デバイス合計のセッション総数が❶、スマートフォンからのアクセスを❷の折れ線グラフで表現しています。

**図1-4-2 全セッションとスマートフォンのセッションのレポート**

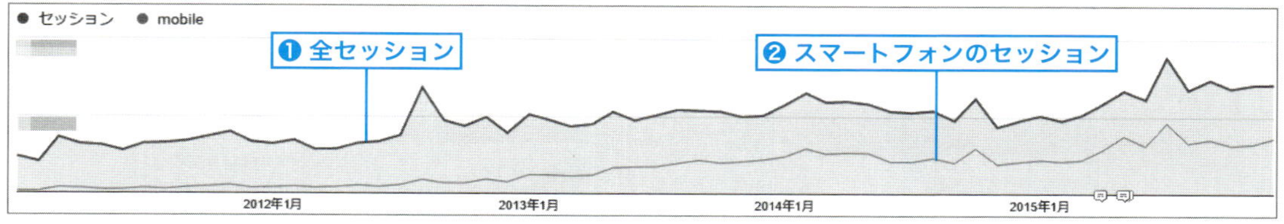


このグラフを見ると、**2012年ころからアクセスにスマートフォンが占める割合が大きくなり、2015年には全体の半数以上を占めるようになった**様子がわかります。このように、BtoC向けのサイトでは近年**スマートフォンからのアクセスは半数および半数以上に達している場合が多いの**です。デバイス比率が高いほうを意識したサイト作りが大切です。スマートフォンが多いのであれば、サイトデザインはスマートフォンを先に決め、それをどうやってPCに展開するかという順番で考える必要があります。

## デバイス種別ごとのレポートを見てみよう

デバイスごとのレポートを確認してみましょう。

図1-4-3の左のメニューより「**ユーザー ➡ モバイル ➡ 概要**」をクリックし、レポートを開きます。その際、❶表の左端にあるチェックボックスにチェックを入れて、❷「グラフに表示」というボタンをクリックすると、❸上部のグラフ部分に要素を表示できます。

例えば上記のサイトでは、通常「desktop」つまりパソコンからの閲覧がほとんどですが、アクセス数が跳ね上がった1月4日には「mobile」つまりスマートフォンからのアクセスも全体の半数程度あった、ということがわかります。スマートフォンでよく見られるサイトなどからリンクが貼られたのかもしれません。デバイスごとの流入元の推移などを確認して原因を特定しましょう。

### 図1-4-3 あるサイトのデバイス種別ごとのレポート

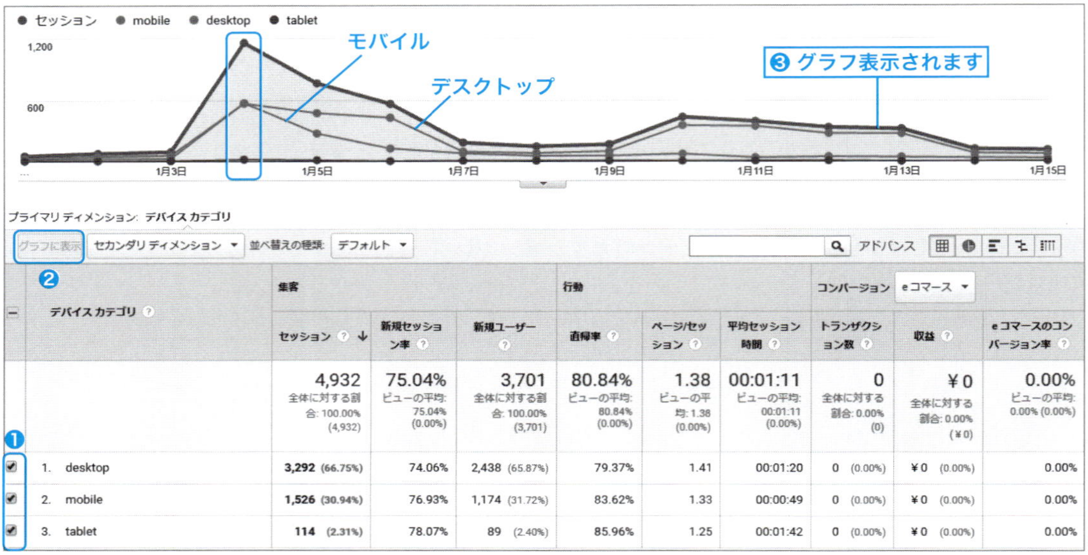

● セッション ● mobile ● desktop ● tablet

1,200

600

... 1月3日 1月5日 1月7日 1月9日 1月11日 1月13日 1月15日

モバイル

デスクトップ

❸ グラフ表示されます

プライマリ ディメンション: デバイス カテゴリ

グラフに表示 ❷ セカンダリ ディメンション ▾ 並べ替えの種類: デフォルト ▾ アドバンス

| ❶ | デバイス カテゴリ | 集客 | | | 行動 | | | コンバージョン eコマース ▾ | | |
|---|---|---|---|---|---|---|---|---|---|---|
| | | セッション ↓ | 新規セッション率 | 新規ユーザー | 直帰率 | ページ/セッション | 平均セッション時間 | トランザクション数 | 収益 | eコマースのコンバージョン率 |
| | | 4,932 全体に対する割合: 100.00% (4,932) | 75.04% ビューの平均: 75.04% (0.00%) | 3,701 全体に対する割合: 100.00% (3,701) | 80.84% ビューの平均: 80.84% (0.00%) | 1.38 ビューの平均: 1.38 (0.00%) | 00:01:11 ビューの平均: 00:01:11 (0.00%) | 0 全体に対する割合: 0.00% (0) | ¥0 全体に対する割合: 0.00% (¥0) | 0.00% ビューの平均: 0.00% (0.00%) |
| ✔ | 1. desktop | 3,292 (66.75%) | 74.06% | 2,438 (65.87%) | 79.37% | 1.41 | 00:01:20 | 0 (0.00%) | ¥0 (0.00%) | 0.00% |
| ✔ | 2. mobile | 1,526 (30.94%) | 76.93% | 1,174 (31.72%) | 83.62% | 1.33 | 00:00:49 | 0 (0.00%) | ¥0 (0.00%) | 0.00% |
| ✔ | 3. tablet | 114 (2.31%) | 78.07% | 89 (2.40%) | 85.96% | 1.25 | 00:01:42 | 0 (0.00%) | ¥0 (0.00%) | 0.00% |

## Point デバイス種別の振り分けは？

下記の表はあるサイトのデバイス概要のレポートに対し「OS」「ブラウザ」「画面の解像度」をそれぞれセカンダリディメンションで掛け合わせた結果の一覧です（※表示はあくまで一例です）。まず、OSがWindowsなどパソコン向けのOSの場合は「desktop」に振り分けられ、iOSやAndroid OSなどモバイル端末用のOSの場合は「mobile」または「tablet」に分けられます。さらに「mobile・tablet」間の振り分けは解像度や機種名（後述）などから振り分けられているようです。

| カテゴリ | 説明 | 詳細 | | |
|---|---|---|---|---|
| | | OS | ブラウザ | 画面の解像度 |
| desktop | デスクトップやノート（ラップトップ）**パソコン**からのアクセス | WindowsXP 7、8、10 Vista | Internet Explorer、Chrome、Firefox、Edge、Safari、Opera 他 | 1366×768、1920×1080 他 |
| mobile | **スマートフォン**からのアクセス | 10.2 他 | Safari、Chrome、**Safari (in-app)**、**Android Webview**、Android Browser 他 | 375×667、360×640 他 |
| tablet | **タブレット**端末からのアクセス | 10.2 他 | Safari, Chrome、**Safari (in-app)**、**Android Webview**、Android Browser 他 | 768×1024、600×960 他 |

mobileやtabletに表示されるブラウザの情報に「Safari (in-app)」や「Android Webview」があります。こちらはアプリ内ブラウザからサイトが閲覧されたという情報です。

## モバイル端末名を確認してみよう

次に、「**ユーザー ➡ モバイル ➡ デバイス**」レポートを開いてみましょう。

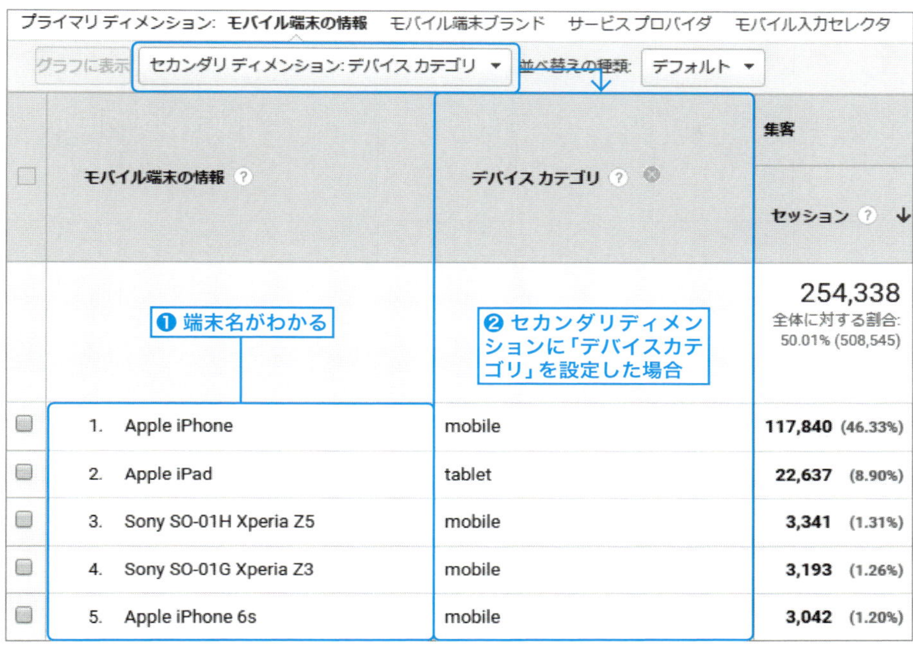


こちらのレポートでは、❶アクセスがあった**モバイルの端末名の情報**が表示されます。参考として、❷セカンダリディメンションで**「ユーザー」➡「デバイスカテゴリ」**を掛け合わせると、端末ごとに「mobile」と「tablet」のどちらに割り振られているかがわかります。

**Hint**

このレポートはモバイルとタブレット端末のみ表示されます。

ほかにも**「モバイル端末ブランド」**ごと（Apple、Sony、Sharpなどの端末メーカー名）、**「サービスプロバイダ」**ごと（docomo回線のNTTやau回線のKDDIなど）のレポートにも切り替えて確認することが可能です。

このように、**端末ごとの流入数のトレンドに変化がないか**確認することは、市場の動向のチェックの役割のほかに、特定の端末やOSのバージョンのみでエラーになるなどの問題発生時の早期対応に役立ちます。また、例えば「特異な解像度の端末の利用数が多いが、デザインが崩れて表示されるためコンバージョン数が伸びない」などの問題があれば、端末に合わせて表示を見直すことがコンバージョンアップ施策になるわけです。

## セグメントとして使ってみよう

**デバイスカテゴリはセグメントとして使用することも可能**です。

左のメニューより「**集客 ➡ すべてのトラフィック ➡ チャネル**」をクリックしてレポートを開きます。このレポートでは、主要な流入元区分からの流入量がわかります（詳細は第2章を参照➡P.65）。

まずは、❶レポート上部の「＋セグメントを追加」ボタンをクリックし、セグメント設定画面を開きます。

続いて、❷「システム」を開き、❸「モバイルトラフィック」にチェックを入れ、❹「適用」ボタンをクリックして設定を完了させます。

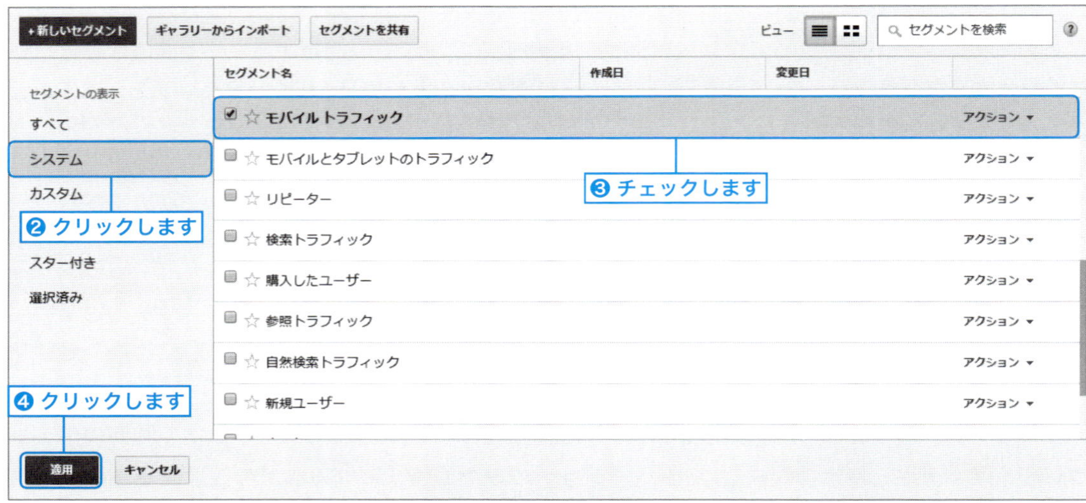


「モバイルトラフィック」はデバイスカテゴリが「mobile」のトラフィックです。「モバイルとタブレットのトラフィック」はデバイスカテゴリが「mobile」または「tablet」のトラフィックです。今回は前者を使用しました。

以上の設定を終えると、図1-4-4のようなレポートが表示されます。全デバイスの流入元ごとのセッション数に対し、「mobile」のセッション数を比較して確認できます。

**図1-4-4 セグメントによるモバイル流入の絞り込み**

| Default Channel Grouping | セッション | セッション | 全体に対する割合: セッション |
|---|---|---|---|
| すべてのユーザー | 996,528 全体に対する割合: 58.34% (1,708,247) | 996,528 全体に対する割合: 58.34% (1,708,247) | |
| モバイル トラフィック | 460,843 全体に対する割合: 26.98% (1,708,247) | 460,843 全体に対する割合: 26.98% (1,708,247) | |
| 1. Organic Search | | | |
| すべてのユーザー | 370,424 | 37.17% | |
| モバイル トラフィック | 197,344 | 42.82% | |
| 2. Direct | | | |
| すべてのユーザー | 351,919 | 35.31% | |
| モバイル トラフィック | 129,216 | 28.04% | |
| 3. Referral | | | |
| すべてのユーザー | 140,327 | 14.08% | |
| モバイル トラフィック | 50,598 | 10.98% | |
| 4. Social | | | |
| すべてのユーザー | 133,674 | 13.41% | |
| モバイル トラフィック | 83,676 | 18.16% | |
| 5. Paid Search | | | |

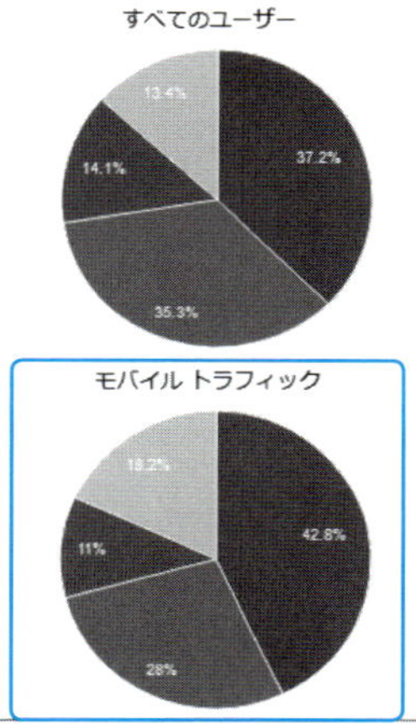

すべてのユーザー: 37.2% / 35.3% / 14.1% / 13.4%

モバイル トラフィック: 42.8% / 28% / 11% / 18.2%

右上の◐をクリックして円グラフ表示に切り替えてみると見やすくなります。このサイトではスマートフォンユーザーの約43%がOrganic Search（自然検索）から流入してくることがわかり、サイト全体と比較すると比率が高くなっています。このように各レポートに対し、デバイスカテゴリを使ったセグメントをかけることで気付きや特徴を発見しましょう。

Section 同業他社と比べてうちの直帰率は高いの？　低いの？

# 1-5 自社サイトは同業他社と比べて優れているのか？　ベンチマークレポートの活用

使用レポート ▶▶▶ユーザー ➡ ベンチマーク ➡ チャネル

ベンチマークレポートは、多くのサイトに解析サービスを提供するGoogle社ならではの比較機能です。このSectionではベンチマークレポートの設定方法や見方を説明します。同業他社の平均値と比較し、自社の状況と客観的に把握しましょう。さらに、Google アナリティクス以外の比較ツールも簡単に紹介します。

## 同業他社との比較を行うことで改善ポイントを発見する

これまでのSectionで、自社サイトのユーザーの特徴をかなり細かく把握できたのではないでしょうか。今度は**「同業他社と比べてどうなのか？」という観点から相対的にデータを見直してみましょう**。また新たな気付きがあるはずです。

図1-5-1 同業他社の動向を知る

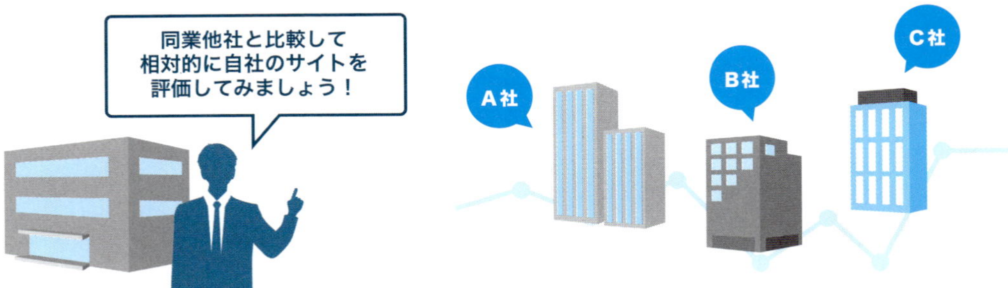

同業他社と比較して
相対的に自社のサイトを
評価してみましょう！
A社
B社
C社


他社のログデータというのはそれぞれのサイトで管理しており、**通常はお互いに見られない**ようになっています。しかし、**Google アナリティクスの「ベンチマーク」レポート**を使えば、自分のサイトが**ベンチマーク（「業種×国や地域×サイト規模」の3種のデータの組み合わせたサイト分類ごとの標準値）**を上回っているか、下回っているかを確認することができます。セッション数・新規率・ページ/セッション・平均滞在時間・直帰率などの各指標において、「ベンチマーク」サイト群と自分のサイトの比較をすることができます。

## 【設定編】ベンチマーク機能を有効にする

ベンチマークの機能は、Google アナリティクスを使ってデータを計測しているサイトのデータを匿名でGoogleが利用することで、ベンチマーク（基準値）を表示するための機能です。このレポートを見るためには、**自分のサイトのデータも匿名で提供する必要があります**。

### Step 1. ベンチマーク機能を有効にする

❶左のメニューより「管理」ボタンをクリックします。開いた設定画面の「アカウント」列より「アカウント設定」をクリックします。

❷「ベンチマーク」のチェックボックスをオンにし、画面下部の「保存」ボタンをクリックします。

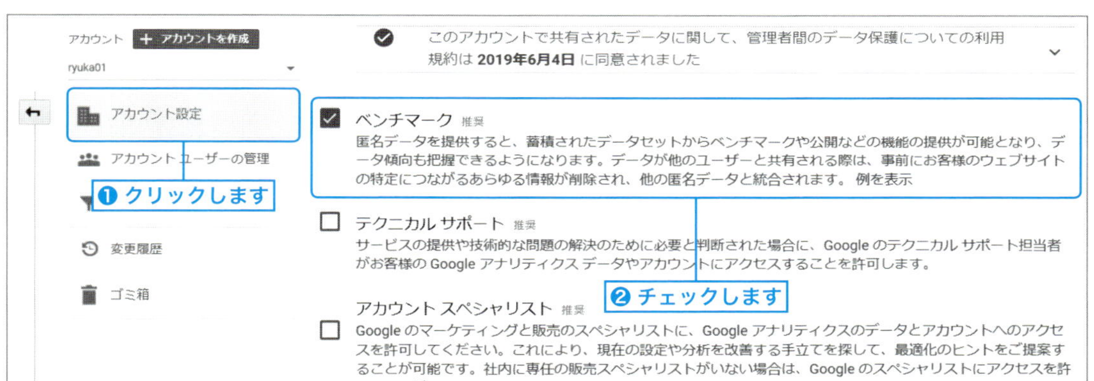


### Step 2. 業種を選択する

なお、あらかじめ自社サイトの業種の設定も必要です。

左のメニューより「管理」ボタンをクリックし、❶プロパティ列より「プロパティ設定」ボタンをクリックします。開いた画面の中ほどにある❷「業種」という項目のプルダウンから1つ選択し、画面下部の「保存」ボタンをクリックします。

これで設定は完了です。

## 【確認編】ベンチマークレポートの見方

ベンチマークレポートでは、次の3つのレポートを表示できます。

**表1-5-1 3つのベンチマークレポート**

| | |
|---|---|
| チャネル | チャネル（**流入元**ごとの大分類）ごとの比較ができます |
| 地　域 | ユーザーがアクセスした**国や地域**ごとの比較ができます（「日本」などの国や「Tokyo」などの都市名を指定できます） |
| デバイス | **パソコン**（desktop）、**スマートフォン**（mobile）、**タブレット**（tablet）の**3つのデバイスカテゴリ**ごとの比較ができます |

レポートを表示してみましょう。左のメニューより「**ユーザー ➡ ベンチマーク ➡ チャネル**」をクリックします。これで、チャネルごとのベンチマークレポートが表示されました。

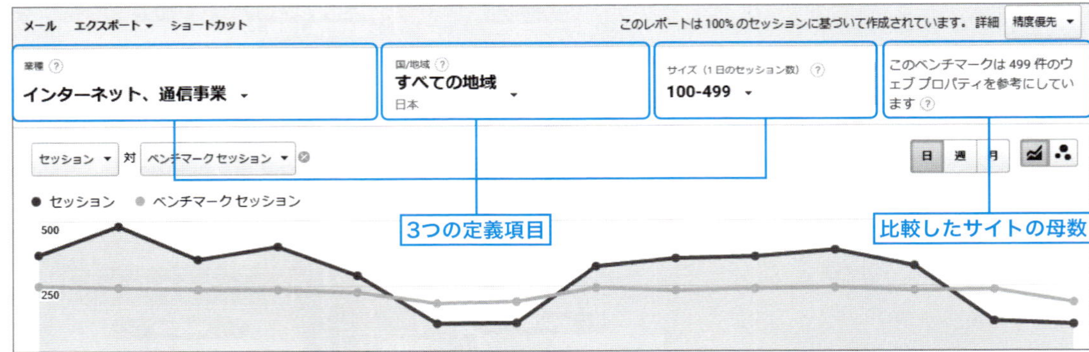


グラフ上の3つの選択項目はベンチマークの比較対象を定義するためのボタンとなっています。こちらの定義は適宜変更できます（表1-5-2）。

**表1-5-2 定義メニュー**

| | | |
|---|---|---|
| 業種 | 必須 | 1,600 を超える業種から1つ選択します |
| サイズ<br>(1日のセッション数) | 必須 | 7つのトラフィックサイズから1つ選択します。これにより、自サイトと同程度の同業種のプロパティ(＝サイト)と比較できるようになります<br>(デフォルトで自社サイトに該当する値にチェックが入ります) |
| 国／地域 | 任意 | 国や地域を選択してベンチマーク データを特定の地域のものに絞り込みます |

## ● レポートの見方

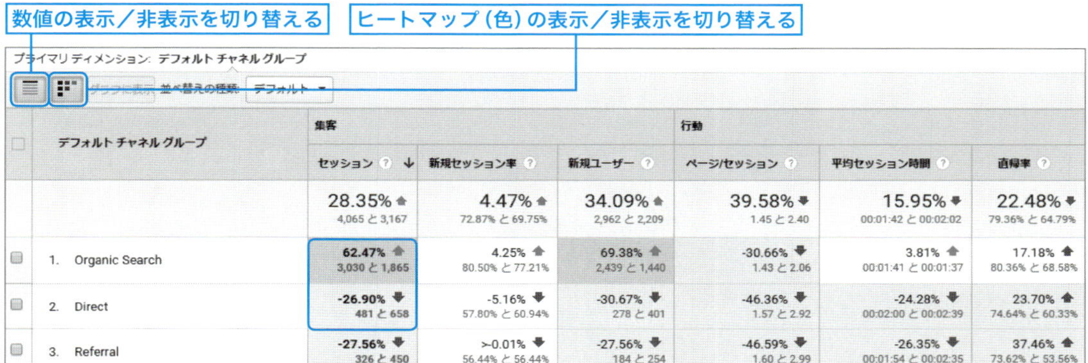


| デフォルト チャネル グループ | セッション | 新規セッション率 | 新規ユーザー | ページ/セッション | 平均セッション時間 | 直帰率 |
|---|---|---|---|---|---|---|
| | 28.35% ↑<br>4,065 と 3,167 | 4.47% ↑<br>72.87% と 69.75% | 34.09% ↑<br>2,962 と 2,209 | 39.58% ↓<br>1.45 と 2.40 | 15.95% ↓<br>00:01:42 と 00:02:02 | 22.48% ↓<br>79.36% と 64.79% |
| 1. Organic Search | 62.47% ↑<br>3,030 と 1,865 | 4.25% ↑<br>80.50% と 77.21% | 69.38% ↑<br>2,439 と 1,440 | -30.66% ↓<br>1.43 と 2.06 | 3.81% ↑<br>00:01:41 と 00:01:37 | 17.18% ↑<br>80.36% と 68.58% |
| 2. Direct | -26.90% ↓<br>481 と 658 | -5.16% ↓<br>57.80% と 60.94% | -30.67% ↓<br>278 と 401 | -46.36% ↓<br>1.57 と 2.92 | -24.28% ↓<br>00:02:00 と 00:02:39 | 23.70% ↑<br>74.64% と 60.33% |
| 3. Referral | -27.56% ↓<br>326 と 450 | >-0.01% ↓<br>56.44% と 56.44% | -27.56% ↓<br>184 と 254 | -46.59% ↓<br>1.60 と 2.99 | -26.35% ↓<br>00:01:54 と 00:02:35 | 37.46% ↑<br>73.62% と 53.56% |

表内の値は、プロパティが各指標のベンチマークをどの程度上回っているか、下回っているかを示す割合です。正の値(例：62.47%)はプロパティがベンチマークを上回っていることを、負の値(例：–26.90%)はベンチマークを下回っていることを意味します。

表の上部にあるアイコンは、以下の操作ができます。

- 左のアイコン：表内の実際の指標の値を表示するか、非表示にするかを切り替えます
- 右のアイコン：表内のヒートマップの色を表示するか、非表示にするかを切り替えます

このようにGoogle アナリティクスのベンチマークレポートを使うことで、同業種や同サイト規模の平均値を知ることができます。自社サイトが極端に高い・低い値になっていないかを確認しましょう。

## Column Google アナリティクスのベンチマーク機能の数値まとめ

ベンチマークの各レポートの結果を筆者の方で集計してみました。2016年6月の数値となります。最初に紹介するのはサイト規模ごとの数値です。

| 1日平均訪問数 | サイト数 | 新規率 | ページ/セッショ | 平均セッション時間 | 直帰率 |
|---|---|---|---|---|---|
| 0-99 | 11,373 | 65.3% | 2.74 | 0:01:58 | 59.3% |
| 100-499 | 11,992 | 60.5% | 2.93 | 0:02:09 | 58.4% |
| 500-999 | 9,780 | 57.8% | 2.97 | 0:02:16 | 58.5% |
| 1000-4999 | 10,244 | 54.3% | 3.07 | 0:02:26 | 57.8% |
| 5000-9999 | 3,192 | 49.5% | 3.23 | 0:02:34 | 57.3% |
| 10000-99999 | 4,082 | 41.9% | 3.64 | 0:03:01 | 54.1% |
| 100000+ | 760 | 25.6% | 4.33 | 0:03:58 | 48.0% |

※サイト数：平均値が計算されたサイト数（ベンチマークレポートより取得）

サイト規模が大きくなると新規率が下がる傾向があります。サイト規模を大きくしていくためには、リピーターを増やすことが重要であることがわかります。また、**ページ/セッション・平均セッション時間・直帰率もサイト規模が大きいほど良い数値**になっていく傾向があります。良いサイトには理由があるということですね。

次に紹介するのは主要業種別の数値です。直帰率が低いものを上においてあります。

| 業種名 | サイト数 | 新規率 | ページ/セッション | 平均セッション時間 | 直帰率 |
|---|---|---|---|---|---|
| ショッピング | 2,708 | 49.7% | 4.48 | 0:02:33 | 48.5% |
| 旅行 | 2,483 | 56.3% | 3.45 | 0:02:36 | 49.4% |
| スポーツ | 2,297 | 38.3% | 3.29 | 0:02:40 | 51.2% |
| オンライン コミュニティ | 1,865 | 44.2% | 4.54 | 0:03:55 | 53.0% |
| ビジネス、産業市場 | 2,241 | 54.4% | 3.27 | 0:02:38 | 54.3% |
| フード、ドリンク | 2,436 | 58.6% | 3.15 | 0:01:56 | 54.7% |
| 自動車 | 2,176 | 54.1% | 3.35 | 0:02:14 | 55.2% |
| 書籍、文学 | 1,493 | 45.8% | 4.83 | 0:04:19 | 55.4% |
| 趣味、レジャー | 1,978 | 52.0% | 3.28 | 0:02:14 | 55.5% |
| 人材募集、職業訓練 | 2,339 | 50.5% | 3.16 | 0:02:27 | 55.5% |
| 不動産 | 1,829 | 54.6% | 3.51 | 0:02:30 | 55.5% |
| ゲーム | 2,779 | 38.3% | 3.24 | 0:03:32 | 56.6% |
| 住居、庭 | 2,147 | 62.8% | 3.38 | 0:02:06 | 57.6% |
| 美容、フィットネス | 2,362 | 55.8% | 3.05 | 0:01:56 | 57.8% |
| アート、エンターテイメント | 3,256 | 48.7% | 2.99 | 0:02:32 | 58.1% |
| ペット、動物 | 1,387 | 51.7% | 3.05 | 0:02:00 | 58.5% |
| 人々、社会 | 2,317 | 53.3% | 2.67 | 0:02:06 | 58.7% |
| ニュース | 1,782 | 42.5% | 2.50 | 0:02:49 | 59.6% |
| 金融 | 2,194 | 54.0% | 2.51 | 0:02:19 | 60.4% |
| 法律、行政 | 1,633 | 57.8% | 2.80 | 0:02:05 | 60.4% |
| インターネット、通信事業 | 2,331 | 56.2% | 2.59 | 0:02:32 | 60.7% |
| コンピュータ、電化製品 | 2,340 | 57.7% | 2.62 | 0:02:15 | 61.1% |
| 科学 | 1,265 | 55.8% | 2.65 | 0:02:14 | 61.5% |
| リファレンス | 1,785 | 62.9% | 2.51 | 0:02:13 | 63.1% |
| 総計 | 51,423 | 52.1% | 3.21 | 0:02:33 | 56.7% |

次ページへ続く

業種ごとにも違いがあることがわかります。直帰率は48.5%～62.1%の間に収まっています。これより直帰率が高いサイト（ブログやニュースメディアは高くなりやすいので、参考にしないほうが良いかもしれません）は改善が必要です。ページ/セッションは「ショッピング」「オンラインコミュニティ」「書籍、文学」などが高く、納得の結果とも言えそうです。

## Google アナリティクス以外の同業他社比較ツール

比較ツールはいくつかありますが、この本では無料で一部機能が利用できる競合サイト比較ツールとして「SimilarWeb（シミラーウェブ）」を紹介します。

無料版はレポートデータ期間（1か月）などの条件で、キーワード分析、リファラー分析、ソーシャル流入元分析（それぞれ上位10件）などの機能を使うことができます。

※詳細は公式ページを参照してください。

### 使用方法

さっそく使用してみましょう。公式ページ（https://www.similarweb.com/ja/）を開き、❶検索ボックスに調査対象のURLを入力し、Enterキーを押します。

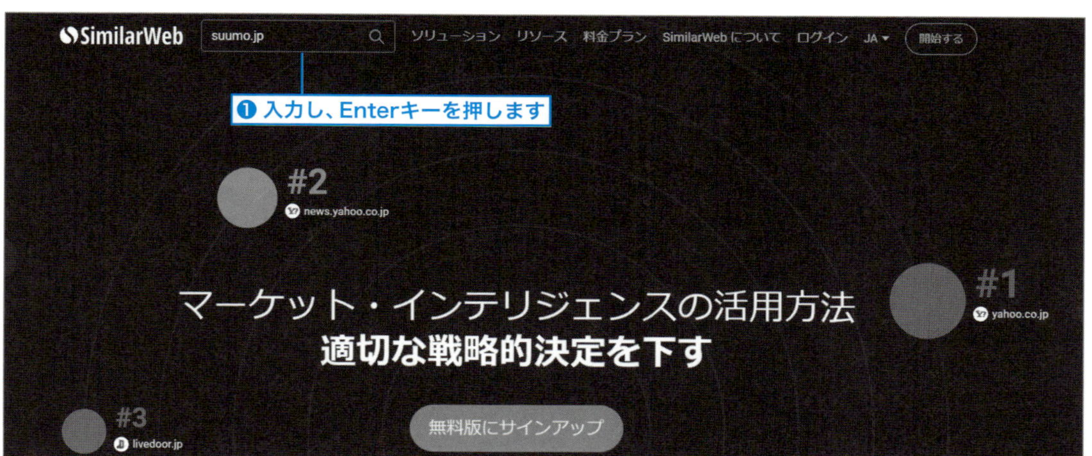


すると、参照元、ページビューやサイト滞在時間、直帰率など、シミラーウェブが推測したデータが表示されます。

競合サイトと比較する場合は、すでに上記の要領でサイトを表示した状態で、競合サイトのドメイン名を追加することで調べることが可能です。やり方は、❷画面上部の「比較する」ボタンをクリックし、URL入力欄に競合サイトのURLを入力して検索ボタン（虫眼鏡のアイコン）をクリックするか、類推されたサイト名が提示された場合はそちらをクリックします。❸以上で2つのサイトの参照元、ページビュー、滞在時間、直帰率などを比較できます。

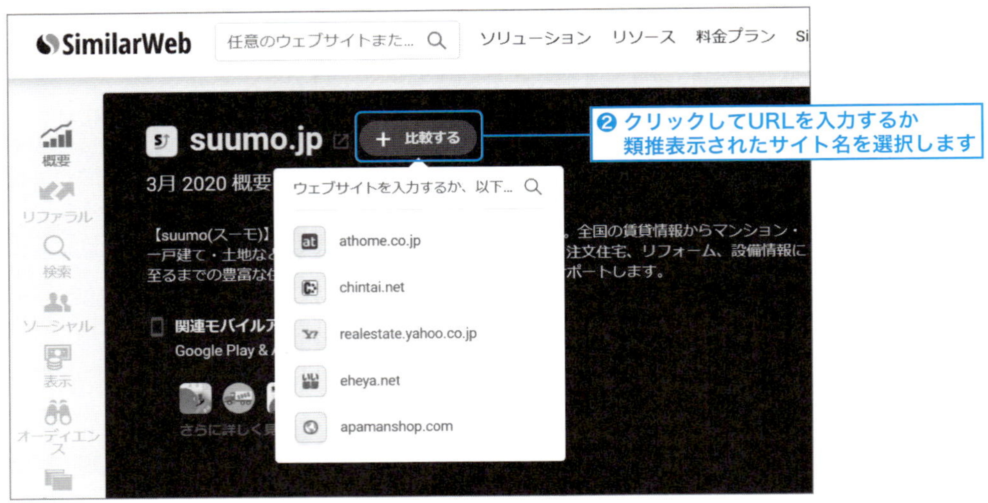


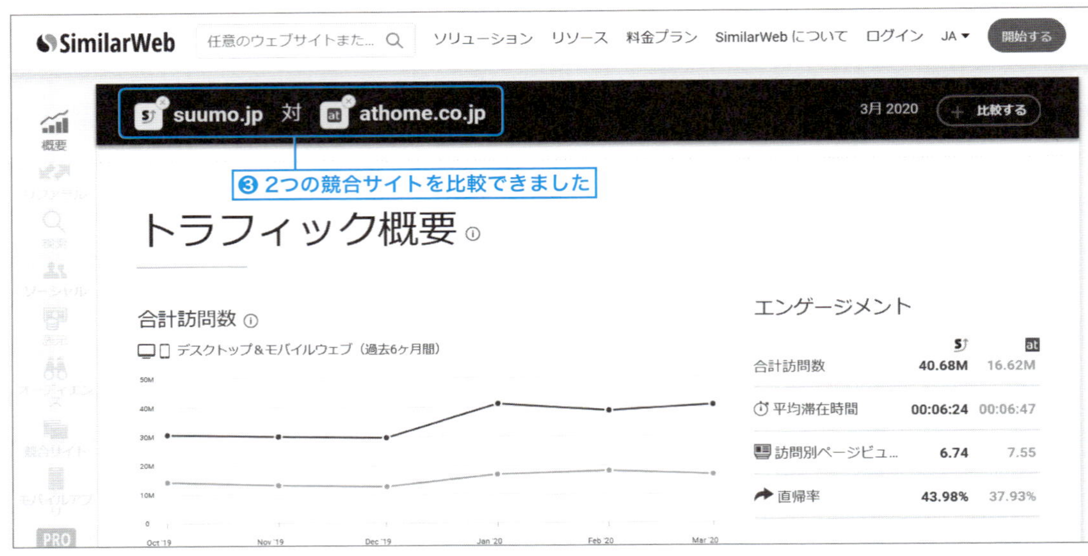


シミラーウェブで表示される数値は、あくまでも一部データを元に割り返したサンプルデータによる結果です（テレビの視聴率と似た考え方です）。筆者手持ちのサイトで数十サイト比較してみましたが、実数とのズレは数十%の単位で発生します（特に訪問数が少ないサイト）。また業種固有のずれ方が発生する傾向があります。そのため筆者としては、実数そのものを活用するというよりは同業他社での相対的な比較や、トレンドの把握に利用するという形をオススメします。数値が一人歩きしないように共有の際には、データ元とその特徴を必ずセットで伝えましょう。誤った判断の元になってしまいます。

# Chapter 2

# 流入元を分析する

ウェブサイトの改善を行うためには、サイトのゴールを設定しその数を増やしていくことが大切です。サイトにいくら良い内容があっても人が集まってこなければ改善は限られたものになります。本章では、サイトへの集客を増やすために「流入元」を分析して改善する方法を紹介いたします。全体の傾向をつかみ、次に主な流入施策別の考え方を紹介していきます。

Section 検索？ SNS？ 広告？ ユーザーはどこから来た？

# 2-1 サイトへの流入経路を確認する：「集客」レポートの活用

使用レポート ▶▶▶ 集客 ➡ 概要

皆さんがサイトを訪れる時には、どのような方法を使っていますか？ 能動的に検索エンジンで探すこともあれば、ソーシャル上で気になったリンクをクリックすることもあるでしょう。Google アナリティクスの「集客➡概要」レポートを使い、サイトへの流入の内訳を確認してみましょう。



ユーザーは様々な経路であなたのサイトにやって来ます。「他のサイトに紹介されていたリンクをたどって」「検索エンジンでキーワードを検索した際に上位に表示されたため」「たまたまバナー広告を目にして」など多種多様です。そのような**サイトに来訪する前に閲覧していたサイトなどのユーザー行動を確認できるのがGoogle アナリティクスの「集客」レポート**です。本章では集客をどのようにGoogle アナリティクスで分析して改善するかを紹介します。

図2-1-1 ユーザーはどこからやって来たのか？



## 集客レポートの見方

左のメニューから❶「**集客 ➡ 概要**」をクリックし、「集客サマリー」レポートを表示してみましょう。

❷このレポートでは、「チャネル」ごとのユーザー行動（セッション数、直帰数、コンバージョン数）を確認できます。チャネルとはGoogle アナリティクスが独自に定めている集客種別の区分です。「Organic Search」が自然検索からの流入（検索エンジンからの流入で、有料広告でないもの）、「Social」がソーシャルネットワークサービスからの流入など、大まかな流入区分となります。

❸このサイトでは該当期間の流入チャネルは「Organic Search」が63.5%を占めており、一番多いことがわかります。

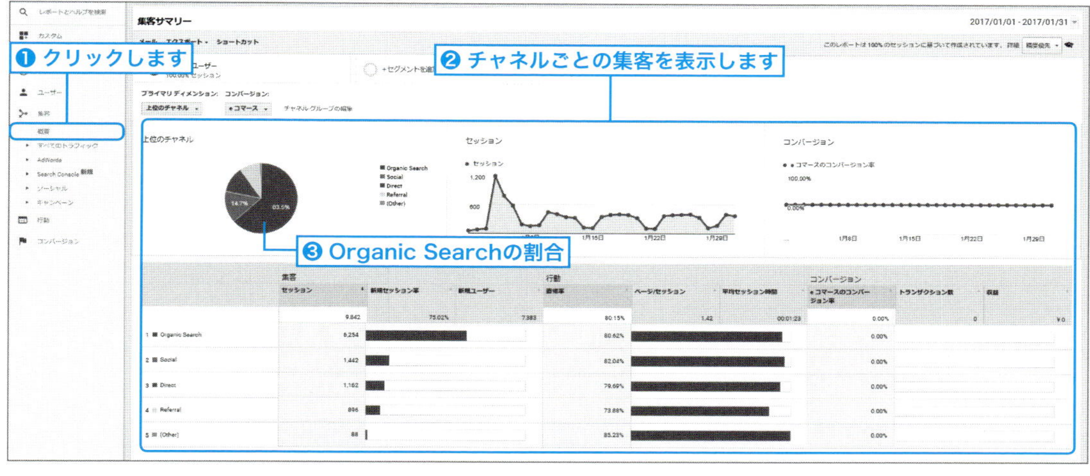


## デフォルトチャネルは9種類に大別される

**表2-1-1** デフォルトチャネル

| | チャネル名 | 日本語名称 | 概　要 |
|---|---|---|---|
| 1 | Organic Search | オーガニック検索（自然検索） | 広告以外の検索からの流入 |
| 2 | Paid Search | 有料検索 | リスティング広告からの流入 |
| 3 | Referral | 参照元サイト | 他サイトからの流入 |
| 4 | Display | ディスプレイ | ディスプレイ広告からの流入 |
| 5 | Direct | ノーリファラー | ブックマーク経由などの直接流入 |
| 6 | Social | ソーシャル | ソーシャルメディアからの流入 |
| 7 | Email | メール | メール経由での流入 |
| 8 | Affiliates | アフィリエイト | アフィリエイトからの流入 |
| 9 | Other Advertising | 他の広告 | その他の広告からの流入 |

それぞれの厳密な定義に関してはアナリティクスヘルプをご覧ください。

●**「デフォルトチャネルの定義」**
**https://support.google.com/analytics/answer/3297892?hl=ja**

## 粒度の違い

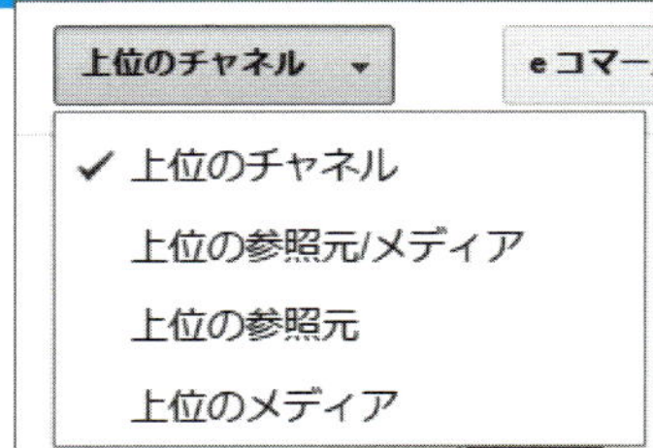


さらに、画面左上の「上位のチャネル」ボタンをクリックすると、「上位の参照元／メディア」「上位の参照元」「上位のメディア」を選択することができます。

それぞれのメニューをチェックすると、画面は次ページのように表示されます。

●「上位の参照元／メディア」

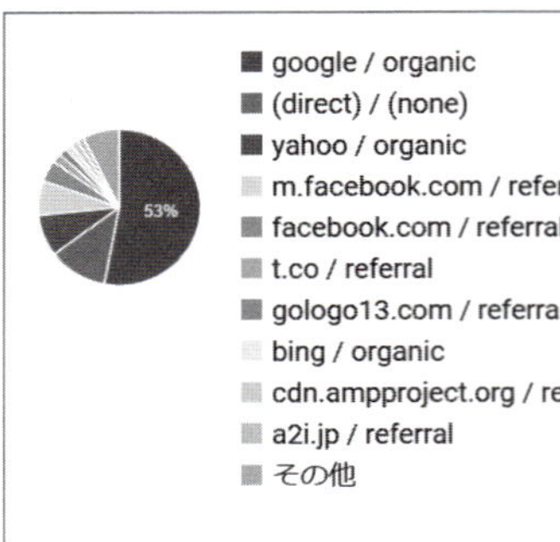


●「上位の参照元」

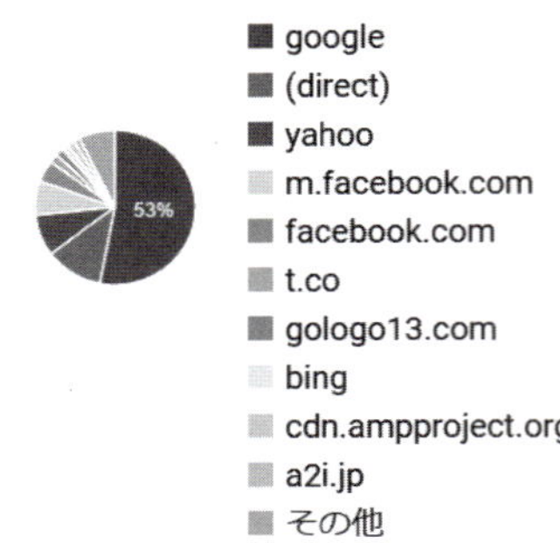


●「上位のメディア」

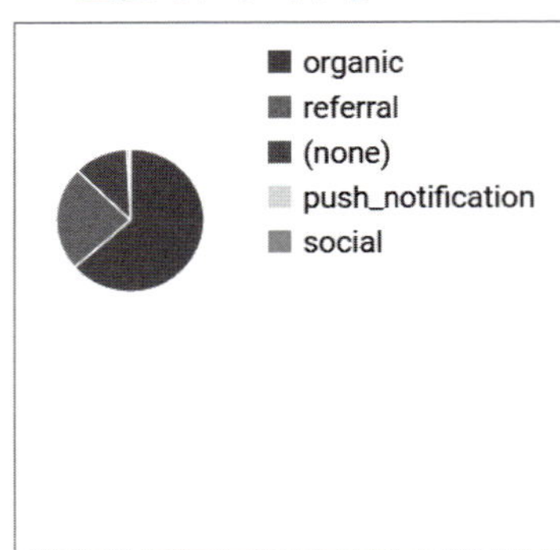


Google アナリティクスの集客レポートでは、**「チャネル」が一番大きい粒度で、その次に「メディア」「参照元」「参照サイト」という4つの情報の粒度が用意されています。さらに「参照元/メディア」というディメンションは、「メディア」と「参照元」を同時に表示したもの**となります。

## 集客レポートの情報粒度は5種類

集客レポートは以下の粒度で確認できます。

以下の表示例は、あるページ（http://example.com/topics.html）に貼られたリンクから遷移してきたユーザーのトラフィックを例示しました。

**表2-1-2 集客レポートの粒度**

| | | 名 称 | 説 明 | 表示例 |
|---|---|---|---|---|
| 荒い | 1 | チャネル | Google アナリティクスが独自に定義した複数のマーケティング活動をグループ化した区分です。「有料検索」と「ノーリファラー」などどのサイトにも汎用的に適用できるように整理された区分です（表2-1-1の9分類） | referral |
| ↓ | 2 | メディア | 参照元の一般的な分類。例えばオーガニック検索（例：organic）、クリック単価による有料検索（例：cpc）、Webサイトからの紹介（例：referral）などです | referral |
| ↓ | 3 | 参照元 | ユーザーの流入元のサービス（例：google）やドメイン（example.com）を指します | example.com |
| 細かい | 4 | 参照サイト | サイトのURLです。「参照元」だとドメイン（「.com」や「.co.jp」）のみになりますが、具体的なページのURLが表示されます | example.com/topics.html |
| | 5 | 参照元/メディア | 参照元とメディアという2つのディメンションが「/」で並べて表示されます | example.com/referral |

※「参照元/メディア」は参照元とメディアという2つのディメンションを合わせたディメンションです（例えば、google/organic、example.com/referral、(direct) / (none)のように表示されます）。1つのディメンションに2つの粒度の情報が表示されるため、実際に分析する際には、非常に使い勝手のよいディメンションとなります。

## Column 「ノーリファラー」のちょっと特殊な仕様

Google アナリティクスの流入元で1つ注意が必要なのが「ノーリファラー」の計測です。例えば1人の人がサイトに3回訪れたとしましょう。1回目の訪問は「自然検索」、2回目の訪問は「ソーシャル」、3回目の訪問は「ノーリファラー」です。

この時、Google アナリティクスの「集客サマリーレポート」を見ると、流入回数はどのようにカウントされているのでしょうか。普通に考えると、「自然検索」「ソーシャル」「ノーリファラー」が1回ずつという風に思うのではないでしょうか。しかし、実際は「自然検索」が1回、「ソーシャル」が2回、「ノーリファラー」が0回という結果になります。

Google アナリティクスの仕様で、直接流入した場合でも、該当訪問者が、その前（厳密には今回の訪問から、2年以内）に他の流入元からのサイトに訪れていた場合は、**1つ前の流入元を引き継ぎます**。つまり「ノーリファラー」の流入は、初回の流入が直接流入の訪問、あるいは2回目以降の訪問が直接流入、かつそれ以前の訪問が全て直接流入の場合にのみ、流入元としてカウントされます。

■ **例：あるユーザーの流入経路が以下の場合**

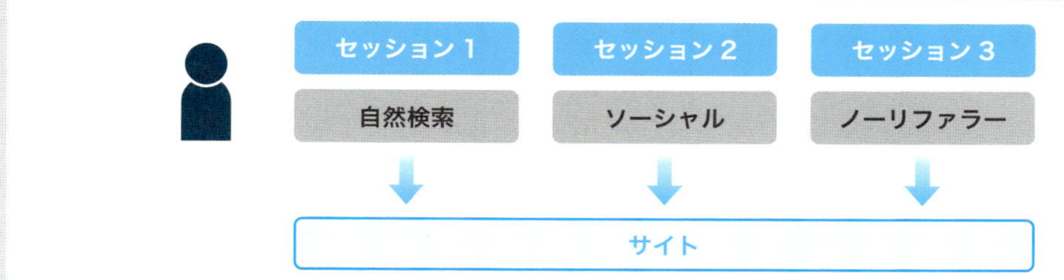


この場合、Google アナリティクスの流入元は、以下のようになります。

| 流入元 | 自然検索 | ソーシャル | ノーリファラー |
|---|---|---|---|
| 訪問回数（セッション数） | 1回 | 2回 | 0回 |

ノーリファラーは1つ前の流入元の成果として計上されます

上記のような流入があった際に、３回目の流入を「ノーリファラー」として区別するための機能が2017年6月に追加されました。

中級者向けの内容になりますので、本書では割愛いたしますが興味がある方は筆者の以下の記事をご覧ください。

● **Google アナリティクスに新たに登場したディメンション「直接セッション」を理解する**
**https://kobit.in/archives/9669**

※「マルチチャネル」レポートでのノーリファラーの取り扱いは、他の Google アナリティクス レポートとは異なり、流入元は引き継がないため、上記の場合、流入元の訪問回数（セッション数）は、それぞれ「1回」となります。Section2-4➡**P.87**にて後述します。

Section **特定の広告やメールマガジンなどの流入数を把握したい**

# 2-2 施策ごとの流入経路を把握する：キャンペーンレポートの活用

使用レポート ▶▶▶集客 ➡ キャンペーン ➡ すべてのキャンペーン

**チャネルごとの流入経路はGoogleが自動で振り分けるものに限られます。その情報では把握できず、ある特定の広告やメールマガジンからの流入数を把握したい、という場合は「キャンペーンURL」を設定します。このSectionではその設定方法をお伝えします。**

## 施策ごとの流入をより詳しく把握する

Section2-1で紹介した5つの集客レポートの粒度では、必要な集計や分析ができない事があります。例えばFacebookからの流入の場合、参照サイトを見ても全てFacebookのトップページからの流入になってしまいます。しかし、自分が投稿した記事からの流入と、それ以外を区別してみたいという事も多いのではないでしょうか。またメールに関しても、どのメールマガジンのどのリンクから流入したかを計測したいというケースもありえます。

自らリンクを用意して貼っている場合は、「キャンペーン」機能を使うことでリンクごとのクリックを計測できるようになり、上記のようなケースを分析することが可能になります。**キャンペーン機能とは、サイトへリンクするURLに「広告パラメータ」を付与する**というものです。付与を行うと、その単位で流入やコンバージョンを見ることができるようになります。Section2-1で紹介した方法は流入元を活用して集客を分類するという方法でしたが、**キャンペーン機能はサイトに訪れたURLのパラメータを元に、どの流入元から来たかを分類するという方法**になります。

例えばメールマガジンごとに広告パラメータの値を変えれば、メールマガジンごとの流入数を見ることができます。

## 「キャンペーン」を使うことで解決できること

- メールマガジンごとの流入を見ることができる
- バナー広告や有料検索などの内訳を見ることができる
- ノーリファラーになってしまう流入の内訳を見ることが（一部）できる
  【例】QRコードやチラシに広告パラメータを付与する

## キャンペーンの設定方法

キャンペーンは次の3つのステップで設定できます。

- **Step 1.** 広告パラメータ付きのURLを生成する
- **Step 2.** URLを埋め込む（広告を表示するページやメルマガ・QRコードなど）
- **Step 3.** 結果を確認する

さっそく設定していきましょう。

### Step 1. 広告パラメータ付きのURLを生成する

Google アナリティクスのディベロッパーツール「Campaign URL Builder」（キャンペーンURL生成ツール）を使用します。

サイトにアクセスしたら、次ページの表2-2-1を参考に❶〜❻の各項目へ必要事項を入力してください。

画面は英語表示ですが、Google Chromeなどのブラウザでアクセスし、右クリックして「日本語に翻訳」を選択し、翻訳して使っても機能的には問題ありません。

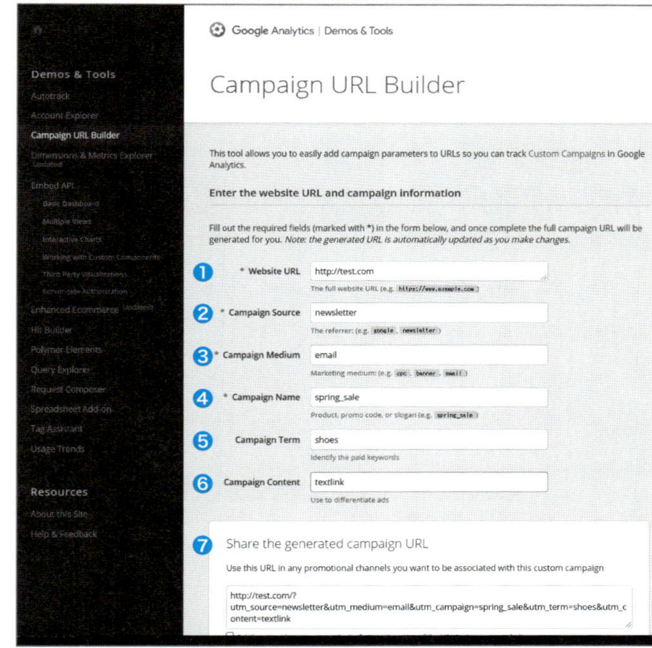


- **Campaign URL Builder**

https://ga-dev-tools.appspot.com/campaign-url-builder/

すべての項目を入力すると、❼の欄に次のようなURLが生成されます。

- **URL生成例**

http://test.com/?utm_source=newsletter&utm_medium=email&utm_campaign=spring_sale&&utm_term=shoes&utm_content=textlink

（http://test.com/? ❶ utm_source=newsletter ❷ utm_medium=email ❸ utm_campaign=spring_sale ❹ utm_term=shoes ❺ utm_content=textlink ❻）

❶〜❻の各パラメータがこのように表示されます

設定後は❼のURLをコピーしてください。

**表2-2-1** Campaign URL Builderの入力項目

| 図示 | 設定項目 | 日本語名 | パラメータ名 | 概要 | 例 |
|---|---|---|---|---|---|
| ❶ | URL【必須】 | — | — | 遷移先サイトのURLを完全なURLで入力します | http://test.com |
| ❷ | Campaign Source【必須】 | 参照元 | utm_source | 検索エンジン、ニュースレター名、またはその他のソースを識別するために使用します | newsletter |
| ❸ | Campaign Medium【必須】 | メディア | utm_medium | 電子メールやクリック単価などのメディアを識別するために使用します | email |
| ❹ | Campaign Name【必須】 | キャンペーン | utm_campaign | 特定の商品プロモーションや戦略的キャンペーンを特定するために使用します | spring_sale |
| ❺ | Campaign Term | キーワード | utm_term | 有料のキーワードを特定します | shoes |
| ❻ | Campaign Content | 広告のコンテンツ | utm_content | A/Bテストやコンテンツターゲット広告に使用されます。同じURLを指している広告やリンクを区別するために使用します | textlink |



### Point 生成したパラメータは記録しておこう

「どの広告やクリエイティブにどのキャンペーンURLを使ったのか？」という情報は、メモしておく必要があります。「この広告パラメータは何のクリエイティブに対して発行したの？」と迷子にならないよう、**使用したURLとクリエイティブをセットでメモ**しておきましょう。発行するパラメータが多い場合は、毎回ツールを使うのではなくExcelの関数などを使って一気に作成し、管理することを強く推奨します。またGoogle Spreadsheetでは無料で利用できる以下のようなアドオンも用意されています。

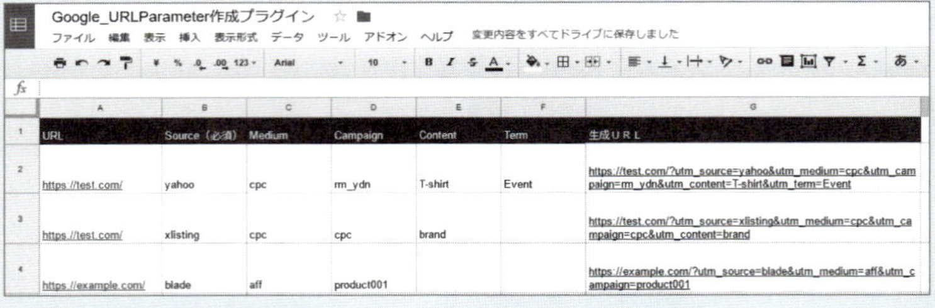


- **GA Campaign URL**

https://gsuite.google.com/marketplace/app/ga_campaign_url/874006276103?pann=cwsdp&hl=ja

## Step 2. URLを埋め込む（広告を表示するページやメルマガ・QRコードなど）

Step1で設定したURLを広告やメールマガジン等に埋め込みます。他媒体に出稿を行う場合は、媒体社の方に伝えましょう。広告パラメータが付いていないと分析ができないので、計測が行えているかの確認を必ずしておきましょう。

## Step 3. 結果を確認する

「**集客➡キャンペーン➡すべてのキャンペーン**」で成果を確認しましょう。以下はキャンペーンの「参照元」(utm_sourceの値が表示される) レポートです。参照元ごとの流入数が一目でわかるようになりました。

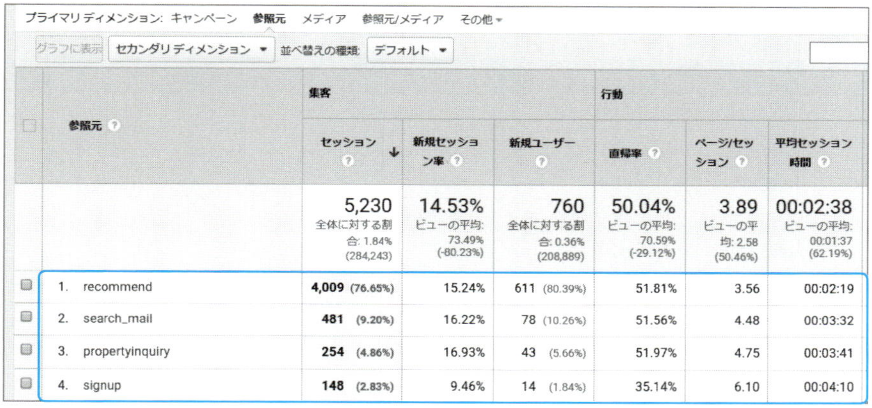

プライマリディメンション: キャンペーン　参照元　メディア　参照元/メディア　その他

グラフに表示　セカンダリディメンション　並べ替えの種類: デフォルト

| 参照元 | 集客 セッション | 新規セッション率 | 新規ユーザー | 行動 直帰率 | ページ/セッション | 平均セッション時間 |
|---|---|---|---|---|---|---|
| | 5,230 全体に対する割合: 1.84% (284,243) | 14.53% ビューの平均: 73.49% (-80.23%) | 760 全体に対する割合: 0.36% (208,889) | 50.04% ビューの平均: 70.59% (-29.12%) | 3.89 ビューの平均: 2.58 (50.46%) | 00:02:38 ビューの平均: 00:01:37 (62.19%) |
| 1. recommend | 4,009 (76.65%) | 15.24% | 611 (80.39%) | 51.81% | 3.56 | 00:02:19 |
| 2. search_mail | 481 (9.20%) | 16.22% | 78 (10.26%) | 51.56% | 4.48 | 00:03:32 |
| 3. propertyinquiry | 254 (4.86%) | 16.93% | 43 (5.66%) | 51.97% | 4.75 | 00:03:41 |
| 4. signup | 148 (2.83%) | 9.46% | 14 (1.84%) | 35.14% | 6.10 | 00:04:10 |

### Column　Google アナリティクスの「デフォルトチャネルグループ」に追加

**「utm_medium」で決まった文字列を追加すると、Google アナリティクスのチャネル内に含むことができます**。例えば「utm_medium=social」と入れておくと、Socialのチャネルに自動的に紐づけをしてくれます。チャネルのレポートを見たとき、該当パラメータが付いた流入は「Social」内に分類されるという形です。「utm_medium」に「email」という文字列を追加したため、「**集客➡概要**」のレポート内でも「Email」を見ることで、流入数を計測することができます。「utm_medium」に指定する項目と、どこに分類されるかは以下の通りとなっています。

**表2-2-A　チャネルごとのメディアの値**

| チャネル | メディア (utm_medium) の値 |
|---|---|
| 自然検索（オーガニック検索） | organic |
| 有料検索 | cpc、ppc、paidsearch |
| ディスプレイ | display、cpm、banner |
| 他広告 | cpv、cpa、cpp、content-text |
| アフィリエイト | affiliate |
| ソーシャル | social、social-network、social-media、sm、social network、social media |
| メール | email |
| 参照元サイト | referral |

※大文字と小文字の区別があります

## 利用シーンごとの設定例

考え方はわかったけど、パラメータを付ける時に、どういった内容を設定すればよいのだろうか……と戸惑ってしまう方もいるのではないでしょうか。そこで具体的な設定例をいくつか紹介します。

**表2-2-2** リスティング広告・ディスプレイ広告・アフィリエイト広告

| 媒体名 | 参照元 | メディア | キャンペーン | キーワード | コンテンツ |
|---|---|---|---|---|---|
| Yahoo!リターゲティング | Yahoo | cpc | rm_ydn | シャツ | |
| クロスリスティング | Xlisting | cpc | brand | | |
| Yahoo!スポンサードサーチ | Yahoo | cpc | areaword | {keyword} *1 | |
| MicroAd Blade | Blade | display | product01 | | |
| A8.net | A8net | affiliate | s0001 | | |
| バリューコマース | VC | affiliate | s0001 | | |

＊1：Yahoo!スポンサードサーチの機能で該当パラメータ値を入れておくことで、自動的に検索時のキーワードと置き換わります。

**表2-2-3** ソーシャルメディア

| 媒体名 | 参照元 | メディア | キャンペーン | キーワード | コンテンツ |
|---|---|---|---|---|---|
| Facebook広告 | Facebook | display | Sale202002 | | |
| Twitter広告 | Twitter | display | Sale202003 | | |
| Facebook投稿 | Facebook | social | 20200204 | | Event |
| Twitter投稿 | Twitter | social | 20200213 | | Sale |

ソーシャルメディアの場合、広告の時はdisplayに含み、投稿の場合はsocialに含むなど、メディア名を使い分けましょう。

**表2-2-4** メールマガジン

| 媒体名 | 参照元 | メディア | キャンペーン | キーワード | コンテンツ |
|---|---|---|---|---|---|
| 1月15日配信HTMLメール | 20200115 | email | 001 | | html |
| 1月23日配信テキストメール | 20200123 | email | 003 | | text |

メールマガジンの場合は、メディアをemailとし、配信日で分けると良いでしょう。キャンペーンで番号を振っていますが、これはメールマガジン内のリンクごとに流入を計測したい場合などに使うと良いでしょう（メルマガ全体で良ければ設定不要）。コンテンツでメール種別を分けています。

正解の方法があるわけではないですが、キャンペーン全体で決まったルールで運用することが大切です。ルールを守らないとデータを集計する際に、複数のレポートからデータを取得してくるなど、運用の手間が増えてしまいますし、見る人もわからなくなってしまいます。

Section 集客の全体像を把握するために見るべきレポートは？

# 2-3 新規を呼ぶ集客は？ 滞在が長い集客は？ 集客の特徴をつかもう

使用レポート ▶▶▶ 集客 ➡ 概要

このSectionでは集客レポートを活用し、流入元ごとの「特徴」を発見する方法をお教えします。突出した数字に注目したり、前月と比較して大きく増えているなど時系列のトレンドを確認したりする方法を具体的に説明します。表やグラフの操作方法にも慣れていきましょう。

## 集客の特徴を把握し改善に活かす

どこからサイトに来るかによってユーザーの行動は変わってきます。なぜなら、サイトに訪れる人が得ている前提情報が違うからです。ソーシャルメディアの投稿から来る人は「投稿内容に興味をもって訪れて、その内容を読みたい」という人で、検索して入ってきた人は「その検索キーワードに基づく情報が欲しい」と思っている方です。Google アナリティクスの集客レポートを活用し、流入元の「特徴」を発見しましょう。

● 改善のステップ

- Step 1. 全体を把握してみる（「概要」レポート）
- Step 2. 他の流入とは違う特徴的な流入元はないか？
- Step 3. 「前月までと比べて大きく増えているものはないか？」トレンドを把握する
- Step 4. 気になるものはドリルダウンしてみる

### Step 1. 全体を把握してみる（「概要」レポート）

「**集客➡概要**」をクリックし、集客サマリーレポートを表示します。

図2-3-1 「概要」レポート

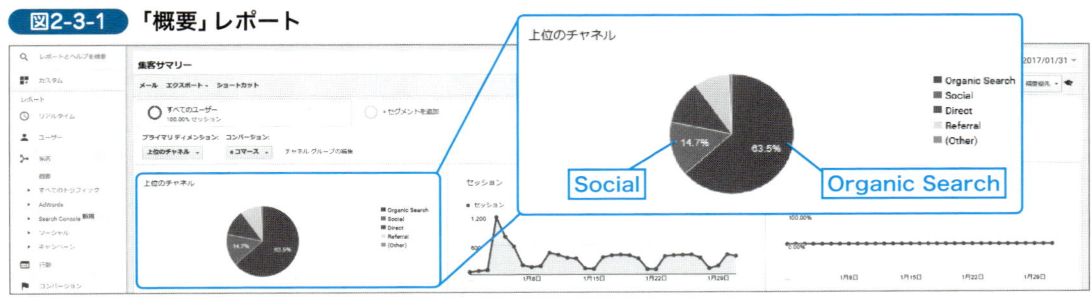

図2-3-1左上の「**上位のチャネル**」を確認することで、チャネルごとの流入割合がわかります。まずは、どの流入元が多いのか？を把握しましょう。

例えばこのレポートでは、「63.5%がOrganic Search（自然検索からの流入）」であることがわかります。次に多いのが「Social（ソーシャルネットワークサービス群）」からの流入で、14.7%となります。

画面下の表と棒グラフのエリアにも注目してみましょう。

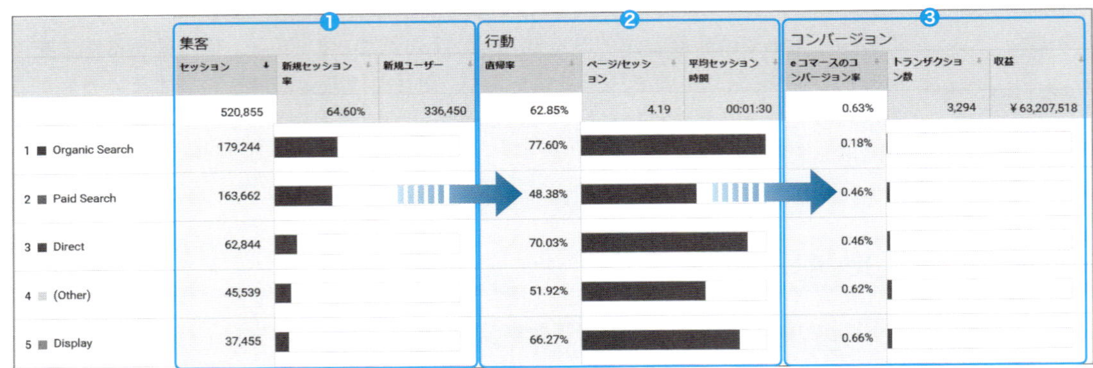

| | ❶集客 | | | ❷行動 | | | ❸コンバージョン | | |
|---|---|---|---|---|---|---|---|---|---|
| | セッション | 新規セッション率 | 新規ユーザー | 直帰率 | ページ/セッション | 平均セッション時間 | eコマースのコンバージョン率 | トランザクション数 | 収益 |
| | 520,855 | 64.60% | 336,450 | 62.85% | 4.19 | 00:01:30 | 0.63% | 3,294 | ￥63,207,518 |
| 1 Organic Search | 179,244 | | | 77.60% | | | 0.18% | | |
| 2 Paid Search | 163,662 | | | 48.38% | | | 0.46% | | |
| 3 Direct | 62,844 | | | 70.03% | | | 0.46% | | |
| 4 (Other) | 45,539 | | | 51.92% | | | 0.62% | | |
| 5 Display | 37,455 | | | 66.27% | | | 0.66% | | |

表は、左から❶「集客」❷「行動」❸「コンバージョン」という構成になっています。

「集客」の表では、流入元ごとの流入割合と実数、新規セッション率と新規ユーザー数がわかります。また、「行動」の表では、流入元ごとの訪問があなたのサイトで何ページを見たか、どのくらいの時間滞在していたか、1ページだけ見て帰ってしまった割合（直帰率）を示しています。そして「コンバージョン」の表では、流入元ごとの訪問があなたのサイトの目的を達成したか（具体的にはGoogle アナリティクス上で目標設定した条件を達成した割合と実数）がわかります。

上記のように、「集客」レポートの表は、

❶集客：あなたのサイトにどこから訪問したのか➡❷行動：サイトの中でどのように行動したのか➡❸コンバージョン：目的を達成してくれたのか

という**左から右に訪問の行動を追いかけていく構成**になっています。

## Step 2. 他の流入とは違う特徴的な流入元はないか？

続いて「チャネル」レポートを見てみましょう。左のメニューから「**集客➡すべてのトラフィック➡チャネル**」をクリックします。すると、次ページの図2-3-2のレポートが表示されます。

**Hint**

「概要」レポートの左下にある「5チャネルをすべて表示するには、ここをクリックしてください」というリンクをクリックすることでも表示できます。

## 図2-3-2 「チャネル」レポート

プライマリディメンション: **Default Channel Grouping** 参照元/メディア 参照元 メディア その他

グラフに表示 セカンダリディメンション 並べ替えの種類: デフォルト アドバンス

| Default Channel Grouping | 集客 | | | 行動 | | | コンバージョン eコマース | | |
|---|---|---|---|---|---|---|---|---|---|
| | セッション | 新規セッション率 | 新規ユーザー | 直帰率 | ページ/セッション | 平均セッション時間 | eコマースのコンバージョン率 | トランザクション数 | 収益 |
| | 520,855 全体に対する割合: 100.00% (520,855) | 64.67% ビューの平均: 64.60% (0.12%) | 336,842 全体に対する割合: 100.12% (336,450) | 62.85% ビューの平均: 62.85% (0.00%) | 4.19 ビューの平均: 4.19 (0.00%) | 00:01:30 ビューの平均: 00:01:30 (0.00%) | 0.63% ビューの平均: 0.63% (0.00%) | 3,294 全体に対する割合: 100.00% (3,294) | ¥ 全体に対する割合: 100.00% (¥) |
| 1. Organic Search | **179,244** (34.41%) | 79.17% | 141,906 (42.13%) | 77.60% | 2.42 | 00:00:57 | 0.18% | 325 (9.87%) | ¥ (10.00%) |
| 2. Paid Search | **163,662** (31.42%) | 59.05% | 96,635 (28.69%) | 48.38% | 6.07 | 00:01:47 | 0.46% | 760 (23.07%) | ¥ (22.91%) |
| 3. Direct | **62,844** (12.07%) | 83.75% | 52,634 (15.63%) | 70.03% | 2.93 | 00:01:03 | 0.46% | 288 (8.74%) | ¥ (9.01%) |
| 4. (Other) | **45,539** (8.74%) | 33.50% | 15,254 (4.53%) | 51.92% | 5.52 | 00:02:21 | 0.62% | 284 (8.62%) | ¥ (8.10%) |
| 5. Display | **37,455** (7.19%) | 49.93% | 18,700 (5.55%) | 66.27% | 3.79 | 00:01:35 | 0.66% | 247 (7.50%) | ¥ (7.24%) |
| 6. Social | **12,218** (2.35%) | 59.08% | 7,219 (2.14%) | 71.39% | 1.75 | 00:01:06 | 0.00% | 0 (0.00%) | ¥ (0.00%) |
| 7. Email | **11,774** (2.26%) | 15.47% | 1,821 (0.54%) | 41.96% | 7.74 | 00:03:32 | 3.33% | 392 (11.90%) | ¥ (12.20%) |

### ■まずはどのチャネルからの流入が多いかを探す

❶「集客➡セッション」の列を見てみましょう。❷このサイトでは「Organic Search」つまり自然検索からの流入量が一番多く、セッションの3分の1程度を占めることがわかります。また、「Paid Search」(有料検索)からの流入も31%あり、この上位2つの流入元が全体のセッションの3分の2を占めることがわかります。流入量が多いということは、サイト内のコンバージョン率を改善した時、一番インパクトの出る流入元となります。


| Default Channel Grouping | 集客 ❶ | | | 行動 | | | コンバージョン eコマース | | |
|---|---|---|---|---|---|---|---|---|---|
| | セッション | 新規セッション率 | 新規ユーザー | 直帰率 | ページ/セッション | 平均セッション時間 | eコマースのコンバージョン率 | トランザクション数 | 収益 |
| | 520,855 全体に対する割合: 100.00% (520,855) | 64.67% ビューの平均: 64.60% (0.12%) | 336,842 全体に対する割合: 100.12% (336,450) | 62.85% ビューの平均: 62.85% (0.00%) | 4.19 ビューの平均: 4.19 (0.00%) | 00:01:30 ビューの平均: 00:01:30 (0.00%) | 0.63% ビューの平均: 0.63% (0.00%) | 3,294 全体に対する割合: 100.00% (3,294) | ¥ 全体に対する割合: 100.00% (¥) |
| ❷ 1. Organic Search | **179,244** (34.41%) | 79.17% | 141,906 (42.13%) | 77.60% | 2.42 | 00:00:57 | 0.18% | 325 (9.87%) | ¥ (10.00%) |
| 2. Paid Search | **163,662** (31.42%) | 59.05% | 96,635 (28.69%) | 48.38% | 6.07 | 00:01:47 | 0.46% | 760 (23.07%) | ¥ (22.91%) |
| 3. Direct | **62,844** (12.07%) | 83.75% | 52,634 (15.63%) | 70.03% | 2.93 | 00:01:03 | 0.46% | 288 (8.74%) | ¥ (9.01%) |
| 4. (Other) | **45,539** (8.74%) | 33.50% | 15,254 (4.53%) | 51.92% | 5.52 | 00:02:21 | 0.62% | 284 (8.62%) | ¥ (8.10%) |
| 5. Display | **37,455** (7.19%) | 49.93% | 18,700 (5.55%) | 66.27% | 3.79 | 00:01:35 | 0.66% | 247 (7.50%) | ¥ (7.24%) |
| 6. Social | **12,218** (2.35%) | 59.08% | 7,219 (2.14%) | 71.39% | 1.75 | 00:01:06 | 0.00% | 0 (0.00%) | ¥ (0.00%) |
| 7. Email | **11,774** (2.26%) | 15.47% | 1,821 (0.54%) | 41.96% | 7.74 | 00:03:32 | 3.33% | 392 (11.90%) | ¥ (12.20%) |


### ■「新規ユーザー」はどの流入元から来る?

次に❶「集客➡新規セッション率」の列を見てみましょう。❷チャネルごとの割合では「Direct」が高いですが、❸「新規ユーザー」の列を見ると、新規ユーザー全体を100%として見た場合、「Organic Search」が42%と一番多くなっています。❹反対に、新規ユーザーの少ない、つまりリピーターが多いチャネルは「Email」で約85%がリピーターであることがわかります(新規セッション率15.47%を100%から引いて、84.53%と計算できます)。

| Default Channel Grouping | 集客 | | | 行動 | | | コンバージョン eコマース | | |
|---|---|---|---|---|---|---|---|---|---|
| | セッション | ❶ 新規セッション率 | ❸ 新規ユーザー | 直帰率 | ページ/セッション | 平均セッション時間 | eコマースのコンバージョン率 | トランザクション数 | 収益 |
| | 520,855 全体に対する割合: 100.00% (520,855) | 64.67% ビューの平均: 64.60% (0.12%) | 336,842 全体に対する割合: 100.12% (336,450) | 62.85% ビューの平均: 62.85% (0.00%) | 4.19 ビューの平均: 4.19 (0.00%) | 00:01:30 ビューの平均: 00:01:30 (0.00%) | 0.63% ビューの平均: 0.63% (0.00%) | 3,294 全体に対する割合: 100.00% (3,294) | ¥ 全体に対する割合: 100.00% (¥ ) |
| 1. Organic Search | 179,244 (34.41%) | 79.17% | 141,906 (42.13%) | 77.60% | 2.42 | 00:00:57 | 0.18% | 325 (9.87%) | ¥ (10.00%) |
| 2. Paid Search | 163,662 (31.42%) | 59.05% | 96,635 (28.69%) | 48.38% | 6.07 | 00:01:47 | 0.46% | 760 (23.07%) | ¥ (22.91%) |
| 3. Direct | 62,844 (12.07%) | ❷ 83.75% | 52,634 (15.63%) | 70.03% | 2.93 | 00:01:03 | 0.46% | 288 (8.74%) | ¥ (9.01%) |
| 4. (Other) | 45,539 (8.74%) | 33.50% | 15,254 (4.53%) | 51.92% | 5.52 | 00:02:21 | 0.62% | 284 (8.62%) | ¥ (8.10%) |
| 5. Display | 37,455 (7.19%) | 49.93% | 18,700 (5.55%) | 66.27% | 3.79 | 00:01:35 | 0.66% | 247 (7.50%) | ¥ (7.24%) |
| 6. Social | 12,218 (2.35%) | 59.08% | 7,219 (2.14%) | 71.39% | 1.75 | 00:01:06 | 0.00% | 0 (0.00%) | ¥ (0.00%) |
| 7. Email | 11,774 (2.26%) | ❹ 15.47% | 1,821 (0.54%) | 41.96% | 7.74 | 00:03:32 | 3.33% | 392 (11.90%) | ¥ (12.20%) |

新規ユーザーや新規セッション率が多い流入元は、新規ユーザーを増やしたい場合の施策に有効です。一方でリピーターが多い流入元は、一般的にコンバージョンを高めたい場合にアプローチする対象となります。ただし、リピーターの多寡とコンバージョンのサイトによって異なりますので、具体的には第3章➡P.153の説明に従って自分のサイトを分析してみましょう。また、ブックマークやURL直接入力などリピーター向けの行動とイメージしがちな「Direct」の新規流入率が高い理由に関しては、Section2-9➡P.137で紹介します。

**Hint　操作のヒント**

表の列名（つまり「新規セッション率」などの文言）をクリックすると、その列の値で降順に並べ替えることができます。また、再度押すと昇順になります。表の上部には平均値が表示されていますので、そちらも参考にしてみてください。

## ■「直帰が少なく、長く滞在する訪問」はどの流入元から来る？

続いて、❶「行動➡直帰率」の列を見てみましょう。直帰率が一番低い流入元は「Email」、続いて「Paid Search」です。反対に一番直帰率が高いのは「Organic Search」です。

隣の列、❷「行動➡ページ/セッション」は、サイトを訪問した際に「平均何ページ閲覧したか？」という数値です。こちらも直帰率と同様、「Email」「Paid Search」の順に数値が高くなっています。

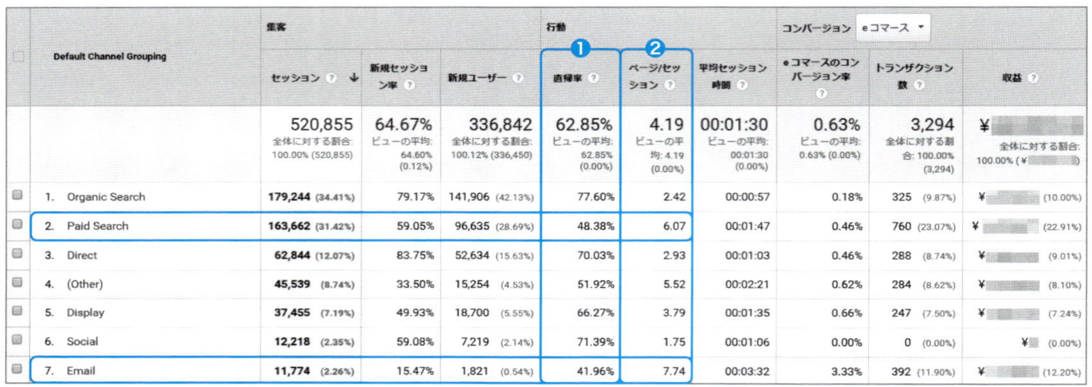

| Default Channel Grouping | 集客 | | | 行動 | | | コンバージョン eコマース | | |
|---|---|---|---|---|---|---|---|---|---|
| | セッション | 新規セッション率 | 新規ユーザー | ❶ 直帰率 | ❷ ページ/セッション | 平均セッション時間 | eコマースのコンバージョン率 | トランザクション数 | 収益 |
| | 520,855 全体に対する割合: 100.00% (520,855) | 64.67% ビューの平均: 64.60% (0.12%) | 336,842 全体に対する割合: 100.12% (336,450) | 62.85% ビューの平均: 62.85% (0.00%) | 4.19 ビューの平均: 4.19 (0.00%) | 00:01:30 ビューの平均: 00:01:30 (0.00%) | 0.63% ビューの平均: 0.63% (0.00%) | 3,294 全体に対する割合: 100.00% (3,294) | ¥ 全体に対する割合: 100.00% (¥ ) |
| 1. Organic Search | 179,244 (34.41%) | 79.17% | 141,906 (42.13%) | 77.60% | 2.42 | 00:00:57 | 0.18% | 325 (9.87%) | ¥ (10.00%) |
| 2. Paid Search | 163,662 (31.42%) | 59.05% | 96,635 (28.69%) | 48.38% | 6.07 | 00:01:47 | 0.46% | 760 (23.07%) | ¥ (22.91%) |
| 3. Direct | 62,844 (12.07%) | 83.75% | 52,634 (15.63%) | 70.03% | 2.93 | 00:01:03 | 0.46% | 288 (8.74%) | ¥ (9.01%) |
| 4. (Other) | 45,539 (8.74%) | 33.50% | 15,254 (4.53%) | 51.92% | 5.52 | 00:02:21 | 0.62% | 284 (8.62%) | ¥ (8.10%) |
| 5. Display | 37,455 (7.19%) | 49.93% | 18,700 (5.55%) | 66.27% | 3.79 | 00:01:35 | 0.66% | 247 (7.50%) | ¥ (7.24%) |
| 6. Social | 12,218 (2.35%) | 59.08% | 7,219 (2.14%) | 71.39% | 1.75 | 00:01:06 | 0.00% | 0 (0.00%) | ¥ (0.00%) |
| 7. Email | 11,774 (2.26%) | 15.47% | 1,821 (0.54%) | 41.96% | 7.74 | 00:03:32 | 3.33% | 392 (11.90%) | ¥ (12.20%) |

直帰率が低く、多くのページを見ているユーザーが長く滞在しているのがわかります

キーワード検索(Organic Search)でサイトに流入した後、平均2.42ページ読んで離脱していることがわかりますが、「Email」から流入した訪問(7.74ページ)と比べると3倍の差が出ていることがわかります。**「直帰率」は小さいほうが良い数値で、「ページ/セッション」や「平均セッション時間」は(多くの場合は)大きいほうが良い数値**です。

### ■コンバージョンする数や割合が高い流入元はどれ？

❶「コンバージョン➡eコマースのコンバージョン率」を見ると、流入元「Email」のコンバージョン率が一番多いことがわかります。コンバージョン量を増やしたい時に最も効率が良い流入元です。❷注意が必要なのは、「eコマースのコンバージョン率」が一番高いことと売上金額に一番寄与していることは別です。一番右の「収益」の列も確認してみましょう。

| Default Channel Grouping | 集客 | | | 行動 | | | コンバージョン eコマース | | |
|---|---|---|---|---|---|---|---|---|---|
| | セッション | 新規セッション率 | 新規ユーザー | 直帰率 | ページ/セッション | 平均セッション時間 | ❶ eコマースのコンバージョン率 | トランザクション数 | 収益 |
| | 520,855<br>全体に対する割合: 100.00% (520,855) | 64.67%<br>ビューの平均: 64.60% (0.12%) | 336,842<br>全体に対する割合: 100.12% (336,450) | 62.85%<br>ビューの平均: 62.85% (0.00%) | 4.19<br>ビューの平均: 4.19 (0.00%) | 00:01:30<br>ビューの平均: 00:01:30 (0.00%) | 0.63%<br>ビューの平均: 0.63% (0.00%) | 3,294<br>全体に対する割合: 100.00% (3,294) | ¥<br>全体に対する割合: 100.00% (¥ ) |
| 1. Organic Search | 179,244 (34.41%) | 79.17% | 141,906 (42.13%) | 77.60% | 2.42 | 00:00:57 | 0.18% | 325 (9.87%) | ¥ (10.00%) |
| 2. Paid Search | 163,662 (31.42%) | 59.05% | 96,635 (28.69%) | 48.38% | 6.07 | 00:01:47 | 0.46% | 760 (23.07%) | ¥ (22.91%) |
| 3. Direct | 62,844 (12.07%) | 83.75% | 52,634 (15.63%) | 70.03% | 2.93 | 00:01:03 | 0.46% | 288 (8.74%) | ¥ (9.01%) |
| 4. (Other) | 45,539 (8.74%) | 33.50% | 15,254 (4.53%) | 51.92% | 5.52 | 00:02:21 | 0.62% | 284 (8.62%) | ¥ (8.10%) |
| 5. Display | 37,455 (7.19%) | 49.93% | 18,700 (5.55%) | 66.27% | 3.79 | 00:01:35 | 0.66% | 247 (7.50%) | ¥ (7.24%) |
| 6. Social | 12,218 (2.35%) | 59.08% | 7,219 (2.14%) | 71.39% | 1.75 | 00:01:06 | 0.00% | 0 (0.00%) | ¥ (0.00%) |
| 7. Email | 11,774 (2.26%) | 15.47% | 1,821 (0.54%) | 41.96% | 7.74 | 00:03:32 | 3.33% | 392 (11.90%) | ❷ ¥ (12.20%) |

**Hint 操作のヒント**

コンバージョンという表題の右の「eコマース」というボタンをクリックすると、目標を切り替えることができます。複数目標を登録している場合は切り替えて確認しましょう。

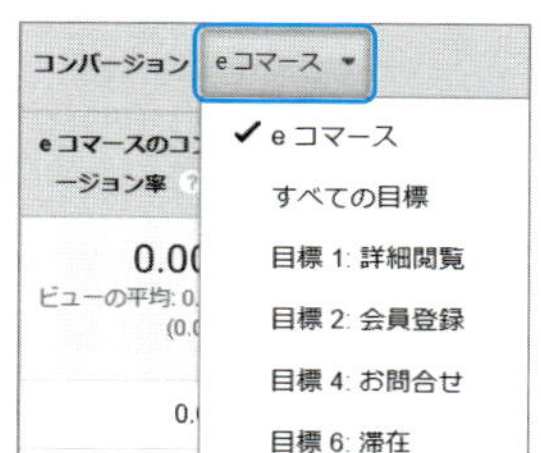


## Step 3. 「前月までと比べて大きく増えているものはないか？」トレンドを把握する

Step 2で全体の特徴を確認した後は、時系列の変化を見ていきましょう。時系列の動きを見る場合は、チャネルレポート上部のグラフが便利です。以下のように操作して確認してみましょう。

まずは、左のメニューから「**集客➡すべてのトラフィック➡チャネル**」をクリックします。レポート上部の右上の日付で、期間を設定します。前年同月を比較する場合、**カレンダーの「比較」機能を使うのが便利**です。

右のようにカレンダーの日付をクリックして表示された画面で「比較」のチェックボックスにチェックを入れ、「前年」を選択します。指定したら「適用」ボタンをクリックします。

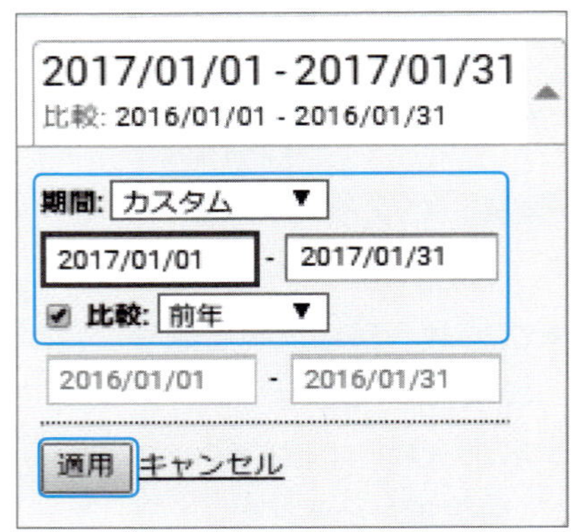


**Hint 期間の比較について**

期間の比較では、「前年」の他に「カスタム」「前の期間」なども選択可能です。「カスタム」では任意の日付を指定でき、「前の期間」では上部に指定している基準の日時が1週間ならばその前の1週間、1か月ならばその前の1か月が指定されます。

今年と前年のセッションがグラフ表示された、以下のようなレポートが表示されます。

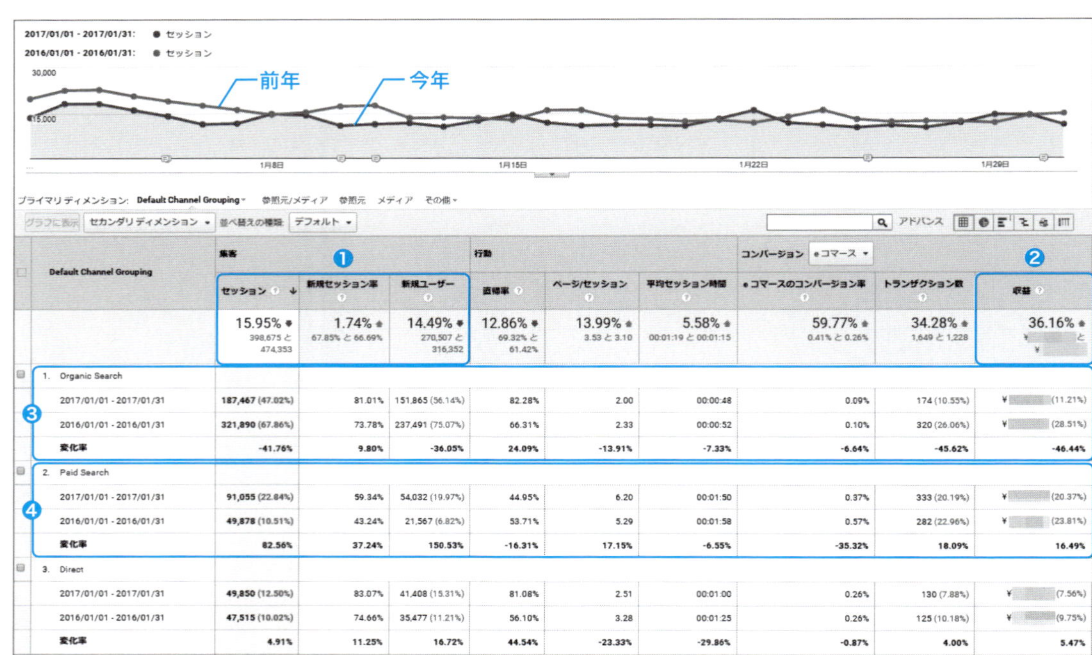


| Default Channel Grouping | 集客 ❶ セッション | 新規セッション率 | 新規ユーザー | 行動 直帰率 | ページ/セッション | 平均セッション時間 | コンバージョン eコマースのコンバージョン率 | トランザクション数 | ❷ 収益 |
|---|---|---|---|---|---|---|---|---|---|
| | 15.95% 398,675 と 474,353 | 1.74% 67.85% と 66.69% | 14.49% 270,507 と 316,352 | 12.86% 69.32% と 61.42% | 13.99% 3.53 と 3.10 | 5.58% 00:01:19 と 00:01:15 | 59.77% 0.41% と 0.26% | 34.28% 1,649 と 1,228 | 36.16% ¥ と ¥ |
| ❸ 1. Organic Search | | | | | | | | | |
| 2017/01/01 - 2017/01/31 | 187,467 (47.02%) | 81.01% | 151,865 (56.14%) | 82.28% | 2.00 | 00:00:48 | 0.09% | 174 (10.55%) | ¥ (11.21%) |
| 2016/01/01 - 2016/01/31 | 321,890 (67.86%) | 73.78% | 237,491 (75.07%) | 66.31% | 2.33 | 00:00:52 | 0.10% | 320 (26.06%) | ¥ (28.51%) |
| 変化率 | -41.76% | 9.80% | -36.05% | 24.09% | -13.91% | -7.33% | -6.64% | -45.62% | -46.44% |
| ❹ 2. Paid Search | | | | | | | | | |
| 2017/01/01 - 2017/01/31 | 91,055 (22.84%) | 59.34% | 54,032 (19.97%) | 44.95% | 6.20 | 00:01:50 | 0.37% | 333 (20.19%) | ¥ (20.37%) |
| 2016/01/01 - 2016/01/31 | 49,878 (10.51%) | 43.24% | 21,567 (6.82%) | 53.71% | 5.29 | 00:01:58 | 0.57% | 282 (22.96%) | ¥ (23.81%) |
| 変化率 | 82.56% | 37.24% | 150.53% | -16.31% | 17.15% | -6.55% | -35.32% | 18.09% | 16.49% |
| 3. Direct | | | | | | | | | |
| 2017/01/01 - 2017/01/31 | 49,850 (12.50%) | 83.07% | 41,408 (15.31%) | 81.08% | 2.51 | 00:01:00 | 0.26% | 130 (7.88%) | ¥ (7.56%) |
| 2016/01/01 - 2016/01/31 | 47,515 (10.02%) | 74.66% | 35,477 (11.21%) | 56.10% | 3.28 | 00:01:25 | 0.26% | 125 (10.18%) | ¥ (9.75%) |
| 変化率 | 4.91% | 11.25% | 16.72% | 44.54% | -23.33% | -29.86% | -0.87% | 4.00% | 5.47% |

まずは表の上部でサイト全体の変化を見てみましょう。❶セッションは前年比で16%程度落ち込んでいることがわかります。❷一方で収益は36%向上しています。このように前年同月比のデータが一覧でわかりやすく表示されます。

さらに、流入元ごとの変化を見てみましょう。例えば、❸「Organic Search」の変化率を確認してみます。流入量は4割ほど落ち込んでいます。収益も半減していることがわかります。❹一方で、「Paid Search」は流入量が8割ほど増加しており、収益も16%ほど増えています。

このように、カレンダーの前年同月機能を使うと全体のトレンドを容易に把握できます。

## Column グラフを使いこなそう

「前年同月」ではなく、「ある期間の1週ごとの変化を見たい」場合などの場合は、❶期間と❷グラフの粒度を指定したら、以下のようにグラフの表示を使うのが便利です。❸表の一番左の列にあるチェックボックスがありますので、グラフに表示したいチャネルをチェックしましょう。最大6つまで選択できます。❹続いて表の左上の「グラフに表示」をクリックすると**選んだチャネルがグラフに反映**されます。

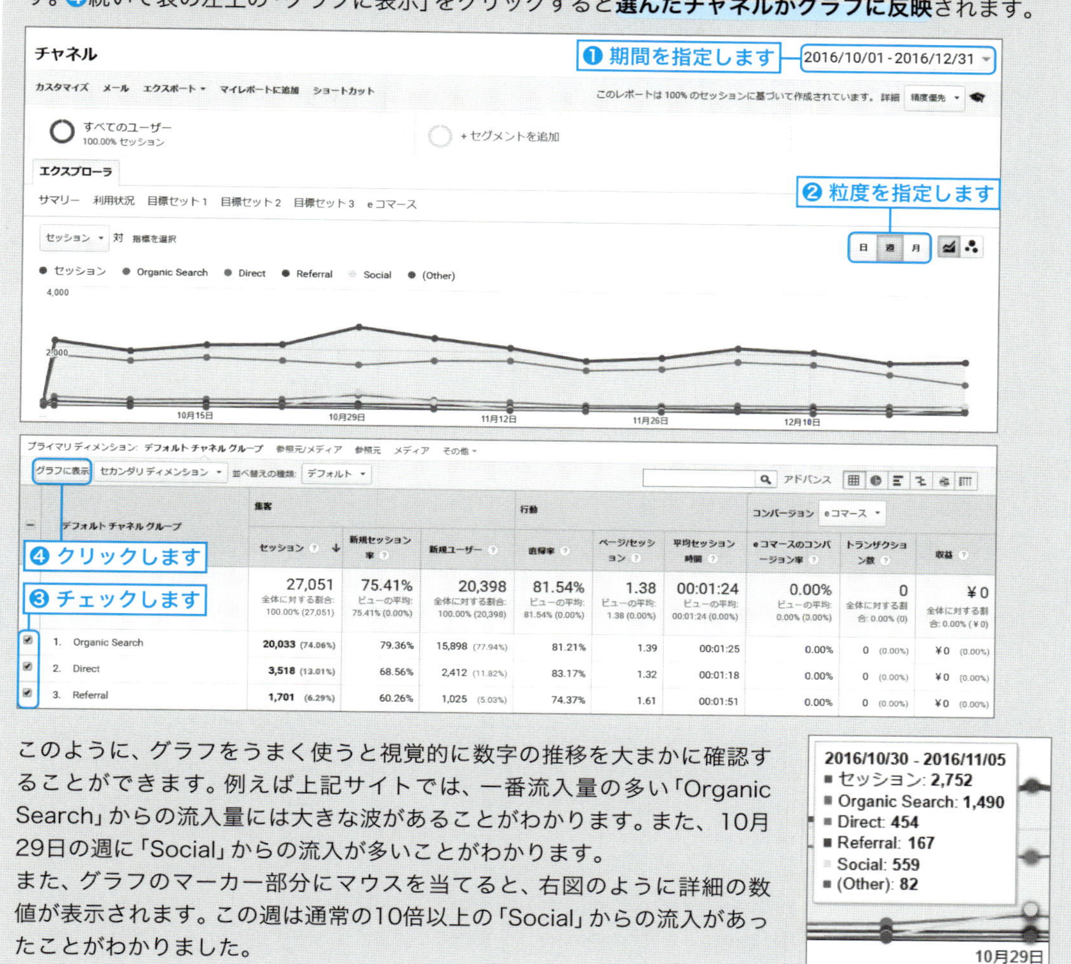


| デフォルト チャネル グループ | セッション | 新規セッション率 | 新規ユーザー | 直帰率 | ページ/セッション | 平均セッション時間 | eコマースのコンバージョン率 | トランザクション数 | 収益 |
|---|---|---|---|---|---|---|---|---|---|
| | 27,051<br>全体に対する割合: 100.00% (27,051) | 75.41%<br>ビューの平均: 75.41% (0.00%) | 20,398<br>全体に対する割合: 100.00% (20,398) | 81.54%<br>ビューの平均: 81.54% (0.00%) | 1.38<br>ビューの平均: 1.38 (0.00%) | 00:01:24<br>ビューの平均: 00:01:24 (0.00%) | 0.00%<br>ビューの平均: 0.00% (0.00%) | 0<br>全体に対する割合: 0.00% (0) | ¥0<br>全体に対する割合: 0.00% (¥0) |
| 1. Organic Search | 20,033 (74.06%) | 79.36% | 15,898 (77.94%) | 81.21% | 1.39 | 00:01:25 | 0.00% | 0 (0.00%) | ¥0 (0.00%) |
| 2. Direct | 3,518 (13.01%) | 68.56% | 2,412 (11.82%) | 83.17% | 1.32 | 00:01:18 | 0.00% | 0 (0.00%) | ¥0 (0.00%) |
| 3. Referral | 1,701 (6.29%) | 60.26% | 1,025 (5.03%) | 74.37% | 1.61 | 00:01:51 | 0.00% | 0 (0.00%) | ¥0 (0.00%) |

このように、グラフをうまく使うと視覚的に数字の推移を大まかに確認することができます。例えば上記サイトでは、一番流入量の多い「Organic Search」からの流入量には大きな波があることがわかります。また、10月29日の週に「Social」からの流入が多いことがわかります。
また、グラフのマーカー部分にマウスを当てると、右図のように詳細の数値が表示されます。この週は通常の10倍以上の「Social」からの流入があったことがわかりました。

## Step 4. 気になるものはドリルダウンしてみる

チャネルレポートを見る際、気になったチャネル名をクリックするだけで、チャネルの内訳を表示することができます。例えば、「Organic Search」をクリックした場合には、以下のように「キーワード」ごとの流入を示すレポートが表示されます。

プライマリ ディメンション: キーワード　参照元　ランディング ページ　その他

グラフに表示　セカンダリ ディメンション　並べ替えの種類: デフォルト　　アドバンス

「Organic Search」をクリックした場合のキーワードごとの流入

コンバージョン　eコマース

| キーワード | セッション | 新規セッション率 | 新規ユーザー | 直帰率 | ページ/セッション | 平均セッション時間 | eコマースのコンバージョン率 | トランザクション数 | 収益 |
|---|---|---|---|---|---|---|---|---|---|
| | 20,033 全体に対する割合: 74.06% (27,051) | 79.36% ビューの平均: 75.41% (5.24%) | 15,898 全体に対する割合: 77.94% (20,398) | 81.21% ビューの平均: 81.54% (-0.41%) | 1.39 ビューの平均: 1.38 (0.43%) | 00:01:25 ビューの平均: 00:01:24 (1.63%) | 0.00% ビューの平均: 0.00% (0.00%) | 0 全体に対する割合: 0.00% (0) | ¥0 全体に対する割合: 0.00% (¥0) |
| 1. (not provided) | 18,183 (90.77%) | 78.87% | 14,341 (90.21%) | 80.88% | 1.40 | 00:01:28 | 0.00% | 0 (0.00%) | ¥0 (0.00%) |
| 2. アナリティクス セッション | 51 (0.25%) | 78.43% | 40 (0.25%) | 94.12% | 1.06 | 00:00:49 | 0.00% | 0 (0.00%) | ¥0 (0.00%) |
| 3. レベルデザイン gvg | 47 (0.23%) | 2.13% | 1 (0.01%) | 93.62% | 1.15 | 00:01:42 | 0.00% | 0 (0.00%) | ¥0 (0.00%) |
| 4. グーグルアナリティクス セッション | 33 (0.16%) | 96.97% | 32 (0.20%) | 93.94% | 1.15 | 00:00:08 | 0.00% | 0 (0.00%) | ¥0 (0.00%) |
| 5. 小川卓 | 22 (0.11%) | 40.91% | 9 (0.06%) | 36.36% | 2.59 | 00:03:10 | 0.00% | 0 (0.00%) | ¥0 (0.00%) |

※「キーワード」でnot provided が大半の理由はP.100をご覧下さい。

チャネルによって表示されるレポートは異なりますが、Google アナリティクスが各チャネルの内訳を見るのに最適と考える詳細レポートが表示されますので、ぜひ一度各チャネル名をクリックして確認してみてください。

深堀りの例を見てみましょう。下記のECサイトでは、メールからの流入がコンバージョン率が高いことがわかりました。「どのメールの効果が高かったか」を知るために、深堀りを行います。Section2-2➡**P.70**で紹介した広告パラメータをメールの流入に付与していれば、メールごとの効果を見ることができます。チャネルのレポートで「Email」をクリックすると、メールマガジンごとの流入とコンバージョンを確認できます。

| 参照元 | 集客: セッション | 集客: 新規セッション率 | 集客: 新規ユーザー | 行動: 直帰率 | 行動: ページ/セッション | 行動: 平均セッション時間 | コンバージョン (すべての目標): コンバージョン率 | コンバージョン (すべての目標): 目標の完了数 |
|---|---|---|---|---|---|---|---|---|
| ❶ | 11,055 全体に対する割合: 2.12% (520,855) | 14.01% ビューの平均: 64.60% (-78.31%) | 1,549 全体に対する割合: 0.46% (336,450) | 41.91% ビューの平均: 62.85% (-33.32%) | 7.70 ビューの平均: 4.19 (83.61%) | 00:03:32 ビューの平均: 00:01:30 (136.14%) | 9.15% ビューの平均: 1.88% (386.14%) | 1,012 全体に対する割合: 10.32% (9,808) |
| 1. 20161204sun20 | 2,132 (19.29%) | 14.35% | 306 (19.75%) | 39.12% | 7.70 | 00:03:47 | 13.93% | 297 (29.35%) |
| 2. 20161130wed20 | 1,552 (14.04%) | 13.34% | 207 (13.36%) | 46.13% | 9.91 | 00:04:23 | 12.69% | 197 (19.47%) |
| 3. 20161214wed20 | 1,490 (13.48%) | 13.96% | 208 (13.43%) | 48.39% | 8.08 | 00:03:42 | 6.64% | 99 (9.78%) |
| 4. 20161228wed20 | 975 (8.82%) | 14.77% | 144 (9.30%) | 52.72% | 5.12 | 00:02:28 | ❷ 5.64% | 55 (5.43%) |
| 5. 20161218sun20 | 847 (7.66%) | 15.35% | 130 (8.39%) | 40.26% | 8.29 | 00:03:13 | 7.91% | 67 (6.62%) |
| 6. 20161211sun20 | 844 (7.63%) | 17.30% | 146 (9.43%) | 36.85% | 6.68 | 00:03:13 | 6.64% | 56 (5.53%) |
| 7. 20161207wed20 | 802 (7.25%) | 11.97% | 96 (6.20%) | 35.04% | 7.23 | 00:03:02 | 7.86% | 63 (6.23%) |
| 8. 20161221wed20 | 767 (6.94%) | 15.78% | 121 (7.81%) | 39.11% | 7.54 | 00:03:43 | 7.17% | 55 (5.43%) |
| 9. 20161225sun20 | 696 (6.30%) | 20.26% | 141 (9.10%) | 35.06% | 5.38 | 00:02:12 | 6.18% | 43 (4.25%) |
| 10. 20161123wed20 | 129 (1.17%) | 4.65% | 6 (0.39%) | 36.43% | 9.05 | 00:04:04 | 9.30% | 12 (1.19%) |

メルマガの中で、❶上位2つの「20161204」と「20161130」に配信したメルマガが流入も多く、コンバージョン率が高い事がわかります。❷3位の「20161214」に関しては流入が2位とほとんど変わりませんが、コンバージョン率は半分くらいになっていることがわかります。2位と3位のメールマガジンの中身や、そこで紹介している商品をチェックして違いを発見してみましょう。

## デフォルトチャネルの内訳で何を見ることができるのか

各デフォルトチャネルで、どういう内訳を見ることができるかをまとめたのが以下の表です。

**表2-3-1 チャネルごとの内訳**

| Default Channel Grouping | 見ることができる主な内訳 |
|---|---|
| Organic Search（自然検索） | 流入キーワード<br>流入検索エンジン |
| Paid Search（有料検索） | 流入キーワード<br>流入検索エンジン |
| Direct（直接流入） | ランディングページ（流入元が取得できないため） |
| Display（バナー広告等） | 参照元 |
| Social（ソーシャル） | 流入ソーシャルネットワーク |
| Referral（リファラ） | 参照元ドメイン<br>参照URL |
| Email（メール） | 参照元（キャンペーンの「ソース」）<br>ランディングページ |

また上記とあわせて、Section2-2で紹介した広告パラメータで付与した「参照元」「メディア」「キャンペーン」「キーワード」「広告のコンテンツ」に関しては「**集客➡キャンペーン➡すべてのキャンペーン**」の中で確認することができます。

チャネルで大きな傾向をつかんだら、必ず内訳を見ることをオススメします。コンバージョンに貢献している具体的な集客を把握することができます。また前月や前年同月との比較を行い、改善あるいは改悪を確認するのも忘れないようにしましょう。

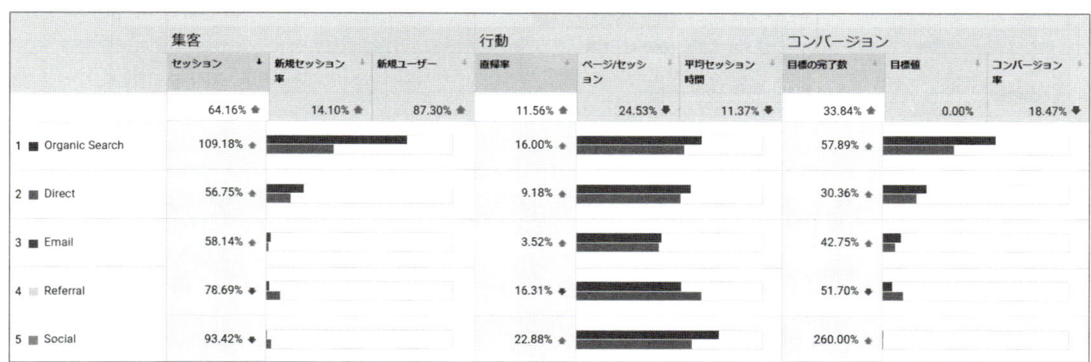

| | 集客 | | | 行動 | | | コンバージョン | | |
|---|---|---|---|---|---|---|---|---|---|
| | セッション | 新規セッション率 | 新規ユーザー | 直帰率 | ページ/セッション | 平均セッション時間 | 目標の完了数 | 目標値 | コンバージョン率 |
| | 64.16% | 14.10% | 87.30% | 11.56% | 24.53% | 11.37% | 33.84% | 0.00% | 18.47% |
| 1 Organic Search | 109.18% | | | 16.00% | | | 57.89% | | |
| 2 Direct | 56.75% | | | 9.18% | | | 30.36% | | |
| 3 Email | 58.14% | | | 3.52% | | | 42.75% | | |
| 4 Referral | 78.69% | | | 16.31% | | | 51.70% | | |
| 5 Social | 93.42% | | | 22.88% | | | 260.00% | | |

上記はチャネルレポートの前年同月比較ですが、全体としてセッション数も目標の完了数も伸びており、その中でも「Organic Search」が貢献していることがわかります。逆に「Referral」に関しては流入を大きく下げています。

このように集客の成果への貢献を可視化することにより、どの集客から見直すべきかの判断が具体的にできるようになります。

Section **2-4**

コンバージョンに繋がっている施策を洗い出すには？

# 間接的に効果がある集客はどれだろう？起点とアシストを評価する

使用レポート ▶▶▶コンバージョン ➡ マルチチャネル ➡ 概要

「コンバージョン率が高いのは直接流入の訪問ばかり。でも直接流入の訪問を増やすのは難しそう」そんなふうにため息をついた経験はありませんか？　そんな悩みを解決するのが、集客施策の間接的な貢献を可視化するマルチチャネルレポートです。このレポート群を活用し集客のより正確な効果を確認しましょう。

## ユーザー単位で流入の変遷を見る

前Sectionまで使用していたGoogle アナリティクスの**集客レポートでは、コンバージョンした時に訪問した流入元のみを表示します**。しかし実際ユーザーは、例えば「バナーを見て、検索をして、その後（サイトをお気に入り登録した上で）直流入した」という流入経路をたどった可能性があります。この時に「バナーや検索も間接的にコンバージョンに貢献しているのでは？」と考えることができます。**間接的なコンバージョンを明らかにするのが「マルチチャネル」レポート**です。

## 成果をアシストした流入元を評価する

Google アナリティクスの「集客」レポートでは、ゴールに直接繋がった流入元しか評価されません。そのため、例えば自然検索（Organic Search）からの流入が集中しているなどの場合、「有料施策を含めた他の施策はあまり意味がないのかな……」と思いがちです（図2-4-1）。

図2-4-1 有料施策は意味がない？



しかし、「間接効果」を確認すれば、他のチャネルが間接的に貢献していたことが明らかになります（図2-4-2）。

図2-4-2 実は間接効果が働いている

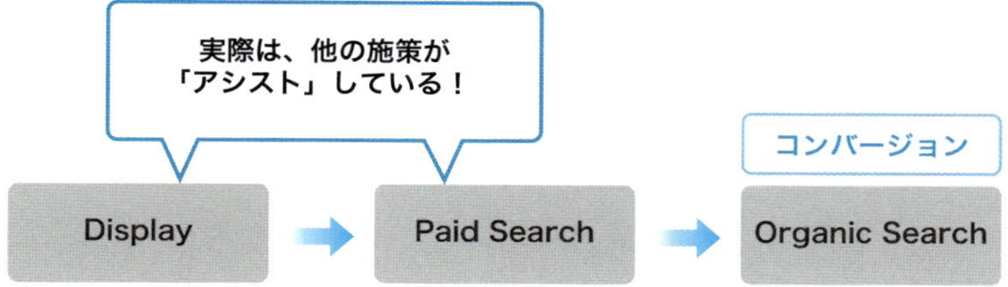


集客レポートだけを見て、間接的にコンバージョンに貢献していた施策を止めてしまう、などの誤った判断をしないよう、このレポートの見方を説明します。

## 「マルチチャネル」レポートを見てみよう

間接効果を知るには、「マルチチャネル」レポートを確認します。

### 概要レポート

❶左のメニューより「**コンバージョン➡マルチチャネル➡概要**」をクリックします。

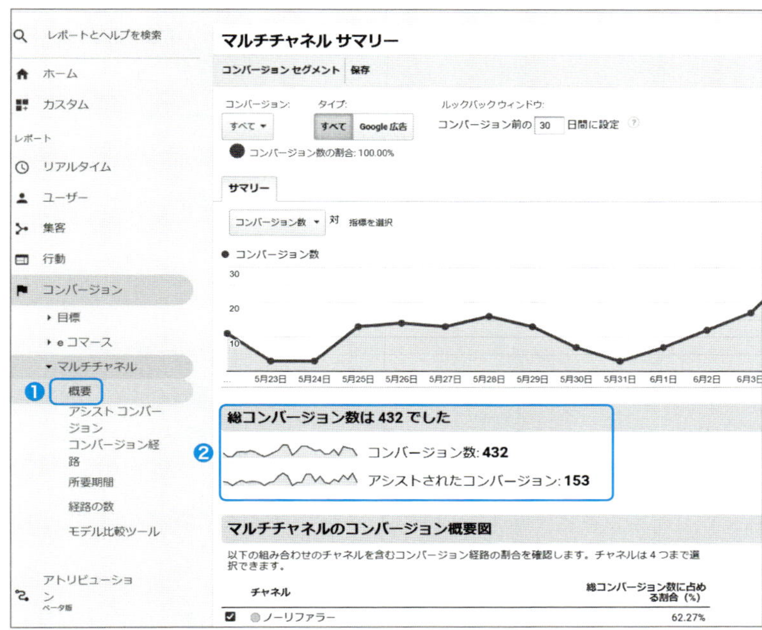


❷まずはグラフの下の

**総コンバージョン数は 432 でした**
**コンバージョン数: 432**
**アシスト コンバージョン: 153**

という部分に注目してみましょう。

これは設定した**成果の発生回数が432回で、そのうち153回はアシストがあった（＝成果に到達するまで２回以上の訪問が必要だった）ことを表しています**。残りの279回は初めてサイトに流入して、そのまま成果にたどり着いたことを意味します。つまりこのレポートの場合はコンバージョンの約35％は、複数のチャネルを経由したコンバージョンであったことがわかり、間接効果を見る必要性があることがわかります。



レポート画面を下にスクロールして、❸「マルチチャネルのコンバージョン概要図」も確認してみましょう。

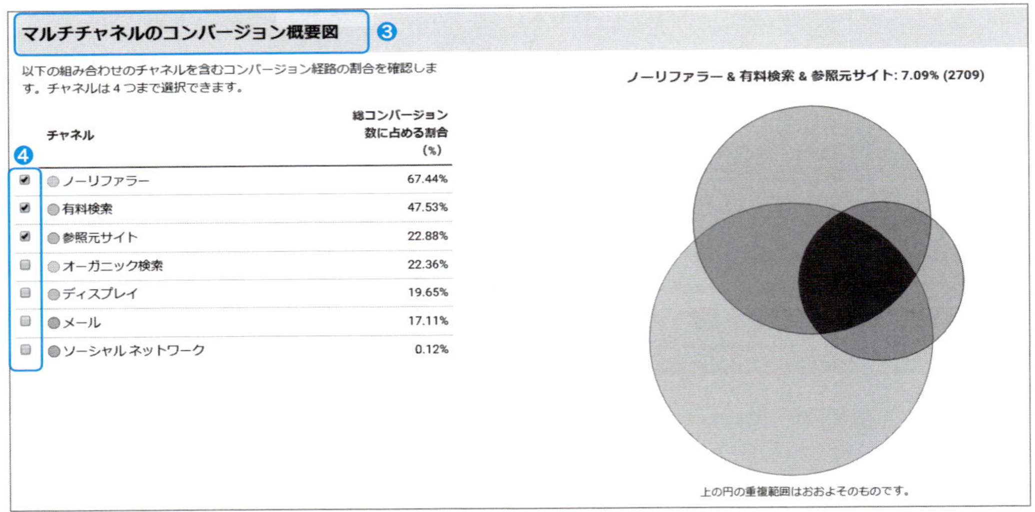


このベン図では、複数のチャネルを経由したコンバージョンの割合を円の大きさと重なりで表現しています。左の表はコンバージョンに占める割合の多い順の表になっており、❹チェックボックスにチェックを入れるとベン図に表現するチャネルを変更することができます。チェックできるのは最大4つのチャネルとなります。「成果のうち何割が間接効果ありだったのか」ということと「成果にたどり着いた人がよく利用している流入元とその組みあわせ」を確認することができます。

**Hint**

ベン図がわかりづらい場合、まずは「ノーリファラーと有料検索」など2つのチャネルの重なりごとに確認していくと考えやすくなります。

## マルチチャネルレポートの利用上の制限

### ■コンバージョン発生日から最大90日前まで確認可能

各レポートの上部にある「ルックバック ウィンドウ」を使用し、❶**1〜90日の範囲で期間指定**できます。

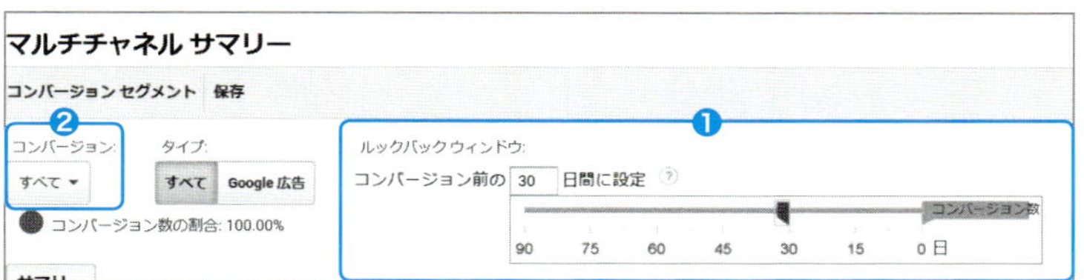


### ■集計の都合上、当日と前日のデータはレポートに表示されない

マルチチャネルレポートはGoogle アナリティクスの他のレポートと違い過去に遡ってのデータ確認が必要なため、集計に時間がかかります。7月1日のデータがみられるのは7月3日以降となります。

### ■通常のセグメント機能は利用できない

マルチチャネル専用のセグメントがいくつか用意されています。

### ■「Direct」の流入量は他のレポートより多くなる

「Direct（直流入）」からコンバージョンした場合、マルチチャネルレポートではそのまま「Direct」のチャネルによるコンバージョンとして記録されます。そのため、マルチチャネルレポートのほうが集客のレポートよりも「Direct」経由のコンバージョンが多く計上されることが想定されます。詳細はSection2-1コラム「『ノーリファラー』のちょっと特殊な仕様」➡**P.69**をご覧ください。

### ■総コンバージョン数には、eコマーストランザクションも含まれている

マルチチャネルレポートの総コンバージョン数は、コンバージョンの合計数にeコマーストランザクションの合計数を加えたものです。特定のコンバージョンに絞り込みたい場合は❷コンバージョン「すべて」のプルダウンを選択し、見たい目標を選択してください。

### ■チャネルの定義は「MCF チャネル」のルールが適用される

表2-4-1をご覧ください。マルチチャネルレポートのチャネル区分は8区分の「MCF チャネルグループ」が適用されます。Section2-1で紹介した「デフォルトチャネルグループ」➡**P.67**とは若干定義が違いますのでご注意ください。

**表2-4-1** 「MCF チャネル」グループ(8種)

| | チャネル | 広告パラメータ | 補足 |
|---|---|---|---|
| 1 | Display | メディアが「display」か「cpm」 | 広告配信ネットワークが「content」に設定されているGoogle 広告の接点も含まれます |
| 2 | Paid Search | メディアが「cpc」か「ppc」 | Google 広告検索ネットワークなどの検索エンジンからの流れ |
| 3 | Other Advertising | メディアが「cpc」「ppc」「cpm」「cpv」「cpa」「cpp」「affiliate」 | 有料検索は除外<br>(デフォルトチャネルでは独立していたアフィリエイトがこちらに入ります) |
| 4 | Organic Search | メディアが「organic」 | 検索エンジンによる無料検索から |
| 5 | Social Network | (なし) | 約400のソーシャルネットワークからの流れ(広告としてタグが設定されていない場合) |
| 6 | Referral | (なし) | ソーシャルネットワーク以外のWebサイトからの流れ |
| 7 | Email | メディアが「email」 | |
| 8 | Direct | 参照元が「(direct)」、メディアが「(not set)」または「(none)」 | WebサイトのURLをブラウザに入力したか、ブックマークからサイトにアクセスしたユーザーによるセッション |

※表で示したように広告パラメータを起点にした振り分けとなりますので任意の振り分けが可能です。
※メディアは広告パラメータ「utm_medium」の値を指します。
※MCFチャネルでは大文字と小文字を区別しません(デフォルトチャネルは区別しますので注意が必要です)。
※詳細は「Google アナリティクスヘルプ」をご確認ください。
https://support.google.com/analytics/answer/1191184?hl=ja

## 「アシストコンバージョン」レポートを見てみよう

続いてアシストコンバージョンレポートを見てみましょう。次ページの図に示したような流れで、以下のように設定します。

左のメニューより、❶「**コンバージョン➡マルチチャネル➡アシストコンバージョン**」をクリックします。

❷エクスプローラでは、「アシスト接点の分析」「起点の分析」「コンバージョン」の3レポートが選択できます。以下、各々どのような機能なのか解説します。

### 「アシスト接点の分析」と「起点の分析」の違いは?

エクスプローラの「アシスト接点の分析」と「起点の分析」を開くと、❸それぞれレポートの右下に指標が表示されます。それぞれ数値の価値が異なりますので、表2-4-2で先に確認しておきましょう。

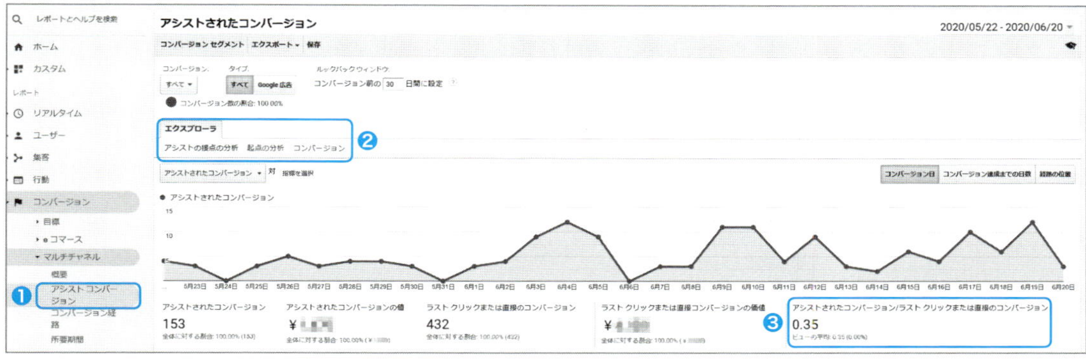


## 表2-4-2 アシストコンバージョンの2つの分析

| エクスプローラ | 指標(右端) | 説明 |
|---|---|---|
| アシスト接点の分析 | 「**アシスト**されたコンバージョン/ラスト クリックまたは直接のコンバージョン」 | ・0に近い:主に**終点**として貢献<br>・1に近い:**アシストとして機能すると同時に終点の役割**も果たした<br>・1より大きい:**アシスト**としての役割が大きかった |
| 起点の分析 | 「**起点**コンバージョン/ラスト クリックまたは直接のコンバージョン」 | ・0に近い:主に**終点**として貢献<br>・1に近い:**コンバージョンの終点であると同時に起点**としても貢献した<br>・1より大きい:コンバージョン経路の起点としての役割が大きかった |

**「起点」は集計期間での「最初の流入元」に該当し、アシストは該当期間での「コンバージョンした時の流入元以外のすべての流入元」に該当します。**

起点・アシストを理解するために、図にそれぞれの用語がどの流入を指すかをまとめました。

## 図2-4-3 間接効果に関する主な用語

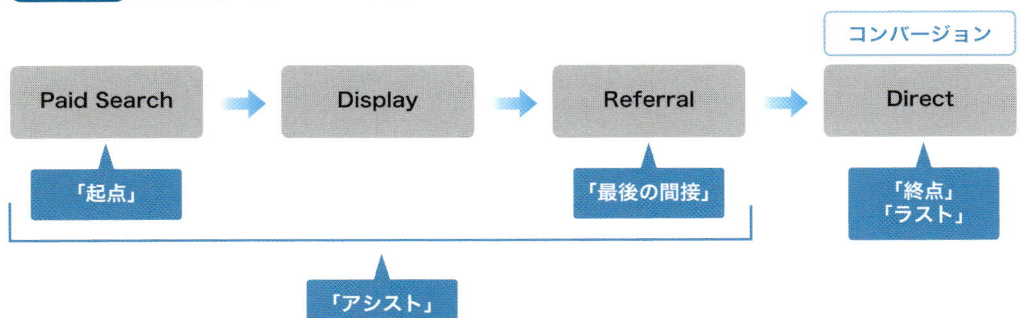

## ■アシスト接点の分析

上記を踏まえて、さっそく「アシスト接点の分析」レポートを見てみましょう。画面を下にスクロールすると、次ページ上のようなレポートを確認できます。

ここからチャネルごとの**「アシスト」としての貢献度合いがわかります**。このサイトでは、「ソーシャルネットワーク」「ディスプレイ」「オーガニック検索」などがアシストとして大きく貢献している（反対に言えば終点として評価がされていないチャネル）ということがわかります。

終点寄り　アシスト＆終点　アシスト寄り

プライマリディメンション: MCF チャネル グループ　デフォルト チャネル グループ　参照元/メディア　参照元　メディア　その他▾　チャネル グループ▾

グラフに表示　セカンダリディメンション ▾　アドバンス

| | MCF チャネル グループ | アシスト コンバージョン | アシスト コンバージョン価値 | ラスト クリックまたは直接のコンバージョン | ラスト クリックまたは直接のコンバージョン価値 | アシスト コンバージョン/ラスト クリックまたは直接のコンバージョン ↓ |
|---|---|---|---|---|---|---|
| 1. | ソーシャル ネットワーク | 44 (0.07%) | ¥ (0.03%) | 7 (0.02%) | – | 6.29 |
| 2. | ディスプレイ | 6,965(10.59%) | ¥ (10.42%) | 1,187 (3.11%) | ¥ | 5.87 |
| 3. | （その他） | 6,936(10.54%) | ¥ (9.85%) | 1,884 (4.93%) | ¥ | 3.68 |
| 4. | オーガニック検索 | 6,739(10.24%) | ¥ (10.57%) | 2,432 (6.37%) | ¥ | 2.77 |
| 5. | 有料検索 | 14,649(22.27%) | ¥ (21.84%) | 6,640(17.39%) | ¥ | 2.21 |
| 6. | メール | 5,437 (8.26%) | ¥ (8.31%) | 2,525 (6.61%) | ¥ | 2.15 |
| 7. | ノーリファラー | 20,185(30.68%) | ¥ (30.62%) | 17,829(46.69%) | ¥ | 1.13 |
| 8. | 参照元サイト | 4,832 (7.34%) | ¥ (8.35%) | 5,681(14.88%) | ¥ | 0.85 |

## ■起点の分析

続いて「起点の分析」レポートを見てみます。エクスプローラでは「起点の分析」を選択します。

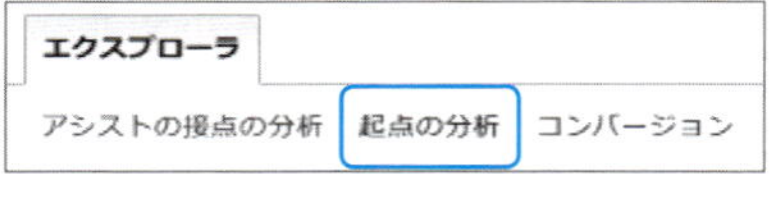


終点寄り　起点&終点　起点寄り

| | MCF チャネル グループ | ファースト クリックによるコンバージョン数 | ファースト クリックによるコンバージョン値 | ラスト クリックまたは直接のコンバージョン | ラスト クリックまたは直接のコンバージョン価値 | 起点コンバージョン/ラスト クリックまたは直接のコンバージョン ↓ |
|---|---|---|---|---|---|---|
| 1. | ディスプレイ | 3,169 (8.30%) | ¥ (8.93%) | 1,187 (3.11%) | ¥ (2.29%) | 2.67 |
| 2. | 有料検索 | 13,104(34.32%) | ¥ (34.71%) | 6,640(17.39%) | ¥ (14.56%) | 1.97 |
| 3. | オーガニック検索 | 4,433(11.61%) | ¥ (12.12%) | 2,432 (6.37%) | ¥ (5.55%) | 1.82 |
| 4. | ソーシャル ネットワーク | 12 (0.03%) | ¥ (0.00%) | 7 (0.02%) | ¥ (0.00%) | 1.71 |
| 5. | （その他） | 2,550 (6.68%) | ¥ (6.36%) | 1,884 (4.93%) | ¥ (3.80%) | 1.35 |
| 6. | メール | 3,321 (8.70%) | ¥ (9.03%) | 2,525 (6.61%) | ¥ (6.67%) | 1.32 |
| 7. | ノーリファラー | 11,320(29.65%) | ¥ (27.98%) | 17,829(46.69%) | ¥ (41.65%) | 0.63 |
| 8. | 参照元サイト | 276 (0.72%) | ¥ (0.86%) | 5,681(14.88%) | ¥ (25.48%) | 0.05 |

**各チャネルの起点としての貢献度合い**はどうでしょうか？　「ディスプレイ」が起点としての貢献率が一番高く、反対に「ノーリファラー」「参照サイト」は起点になりづらいことがわかります。

**Point　各チャネルのコンバージョン数を合計すると過大に計算されます**

アシストコンバージョンはチャネル間の排他性はありません。1つのコンバージョン経路でアシストしたチャネルが2つある場合は、両方のチャネルがアシストコンバージョンとして評価されます。そのため、**個々のチャネルでカウントされたアシストコンバージョン数を合計すると、すべてのチャネルのアシストコンバージョンの総数よりも大きくなる場合**があります。起点と終点に関してはコンバージョン数が合致します。

**Hint　チャネルグループの切り替え**

チャネルグループはデフォルトが「MCFチャネルグループ」となっていますが、表示の上部で「デフォルトチャネルグループ」や「参照元/メディア」に切り替えることができます。

## 「コンバージョン経路」レポート

「**コンバージョン➡マルチチャネル➡コンバージョン経路**」をクリックします。

プライマリ ディメンション: MCF チャネル グループの経路　デフォルト チャネル グループのパス　参照元/メディア パス　参照元パス　メディア パス　その他 ▾　チャネル グループ ▾

セカンダリ ディメンション ▾　アドバンス

| | MCF チャネル グループの経路 | コンバージョン数 ↓ | コンバージョン値 |
|---|---|---|---|
| 1. | ノーリファラー × 2 | 1,053 (3.55%) | ¥ |
| 2. | 有料検索 × 2 | 695 (2.34%) | ¥ |
| 3. | ノーリファラー × 3 | 661 (2.23%) | ¥ |
| 4. | 有料検索 > ノーリファラー | 605 (2.04%) | ¥ |
| 5. | 有料検索 > 参照元サイト | 561 (1.89%) | ¥ |
| 6. | ノーリファラー > 参照元サイト | 354 (1.19%) | ¥ |
| 7. | ノーリファラー × 4 | 321 (1.08%) | ¥ |
| 8. | オーガニック検索 > ノーリファラー | 317 (1.07%) | ¥ |
| 9. | オーガニック検索 > 参照元サイト | 290 (0.98%) | ¥ |
| 10. | 有料検索 × 3 | 281 (0.95%) | ¥ |

この表では、実際にユーザーがどの順番でチャネルを経由してコンバージョンしたかがわかります。視覚的にもわかりやすい表になっています。具体的な順番を見ることで、ユーザーがどのような順番でサイトに触れているかを把握することができます。ただしその通りに集客をコントロールすることが難しいため、参考程度の活用で大丈夫です。

## 「所要期間」レポート

「**コンバージョン➡マルチチャネル➡所要期間**」をクリックします。

こちらはコンバージョンにかかった日数が棒グラフで表示されます。1日未満でコンバージョンする割合が44%とわかります。画面上部の「ルックバック ウィンドウ」の期間を設定すると、31日以上（上限90日）のグラフが表示されます。比較検討が必要、あるいは高額な商品サービスが日数が必要な傾向があります。

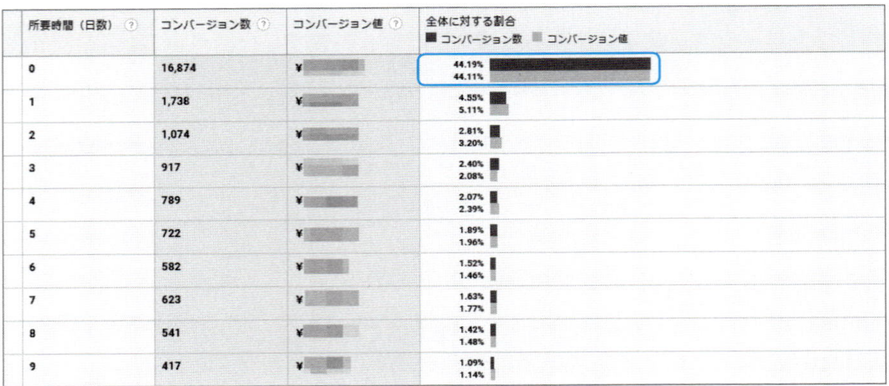

| 所要時間（日数） | コンバージョン数 | コンバージョン値 | 全体に対する割合 ■コンバージョン数 ■コンバージョン値 |
|---|---|---|---|
| 0 | 16,874 | ¥ | 44.19% / 44.11% |
| 1 | 1,738 | ¥ | 4.55% / 5.11% |
| 2 | 1,074 | ¥ | 2.81% / 3.20% |
| 3 | 917 | ¥ | 2.40% / 2.08% |
| 4 | 789 | ¥ | 2.07% / 2.39% |
| 5 | 722 | ¥ | 1.89% / 1.96% |
| 6 | 582 | ¥ | 1.52% / 1.46% |
| 7 | 623 | ¥ | 1.63% / 1.77% |
| 8 | 541 | ¥ | 1.42% / 1.48% |
| 9 | 417 | ¥ | 1.09% / 1.14% |

## 「経路の数」レポート

「**コンバージョン➡マルチチャネル➡経路の数**」をクリックします。

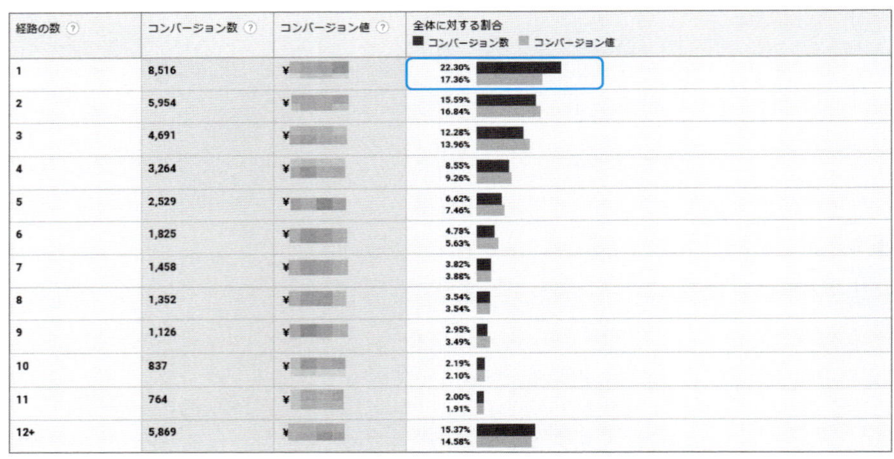

| 経路の数 | コンバージョン数 | コンバージョン値 | 全体に対する割合 ■コンバージョン数 ■コンバージョン値 |
|---|---|---|---|
| 1 | 8,516 | ¥ | 22.30% / 17.36% |
| 2 | 5,954 | ¥ | 15.59% / 16.84% |
| 3 | 4,691 | ¥ | 12.28% / 13.96% |
| 4 | 3,264 | ¥ | 8.55% / 9.26% |
| 5 | 2,529 | ¥ | 6.62% / 7.46% |
| 6 | 1,825 | ¥ | 4.78% / 5.63% |
| 7 | 1,458 | ¥ | 3.82% / 3.88% |
| 8 | 1,352 | ¥ | 3.54% / 3.54% |
| 9 | 1,126 | ¥ | 2.95% / 3.49% |
| 10 | 837 | ¥ | 2.19% / 2.10% |
| 11 | 764 | ¥ | 2.00% / 1.91% |
| 12+ | 5,869 | ¥ | 15.37% / 14.58% |

1回の訪問のみでコンバージョンしているのはわずか22.30%とわかります。繰り返しサイトに来ていただくための施策がコンバージョンの増加に繋がるとも言えます。

## モデル比較ツールとは？

「コンバージョン➡マルチチャネル➡モデル比較ツール」を選択すると、そのモデルに基づいて算出された各チャネルのコンバージョン貢献数が表示されます。モデルごとにコンバージョンをどのように流入元に紐付けるかの「重み付け」が違います。モデル比較ツールでは1度に最大3種類のモデルを横並びにして比較が可能です。

図2-4-3➡P.89で改めて用語を確認してから読み進めてください。

### 「モデル比較ツール」の7つのモデル

7つあるモデルの特徴については、以下のようなストーリーに基いて説明してみます。

- **例：ある顧客が購入に至るまでの流れ**

**顧客がGoogle 広告をクリックしてサイトを見つけ、1週間後にソーシャルネットワークのリンクをクリックして再びアクセスします。同じ日、3度目に「メール キャンペーン」のリンクをたどってアクセスし、その数時間後に今度は直接アクセスして商品の購入に至ったとします。**

上記のようなストーリーで購入に至った顧客は、図2-4-4のようなステップでコンバージョンしたことになります。

図2-4-4 ある顧客が購入に至るまでの流れ

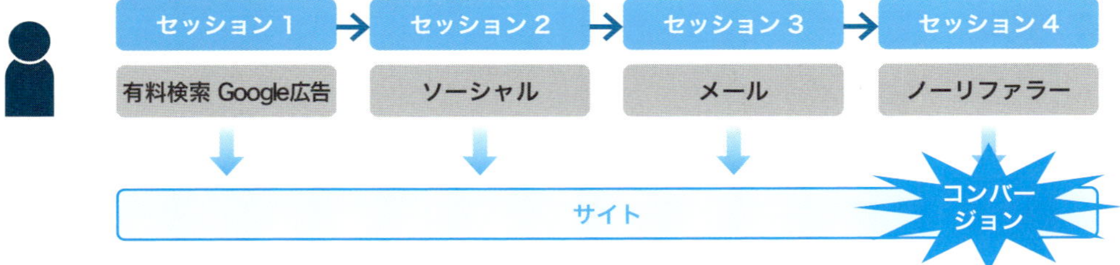


さて、この場合、「モデル比較ツール」の7つの項目では、表2-4-3のように評価されます。

どのモデルを使うかはサイトの種別や検討期間にもよりますが、「最初と最後」を重要視するのであれば「接点ベース」、同じように評価したい場合は「線形」がオススメです。検討期間が長い場合は「減衰」も候補になりますが、仕様が理解しにくい（そのため共有しにくい）という難点があります。

表2-4-3 アトリビューションの7つのモデルによる評価

| | モデル | 特徴 | 有料検索 Google 広告 | Social | Mail | Direct |
|---|---|---|---|---|---|---|
| 1 | 終点 | 最後のタッチポイント（この例ではノーリファラー）に貢献度が100%割り振られます | ― | ― | ― | 100% |

次ページへ続く

| | | | | | | |
|---|---|---|---|---|---|---|
| 2 | 最後の<br>間接クリック | ノーリファラー以外のコンバージョンに至る前に最後に使ったチャネル（この例ではメール）に貢献度が100%割り振られます | − | − | 100% | − |
| 3 | Google 広告の<br>ラストクリック | Google 広告の最後のクリックに貢献度が100%割り振られます | 100% | − | − | − |
| 4 | 起点 | 最初のタッチポイント（この例では有料検索チャネル）に貢献度が100%割り振られます | 100% | − | − | − |
| 5 | 線形 | コンバージョン経路の各タッチポイントの貢献度が均等に（25%ずつ）割り振られます | 25% | 25% | 25% | 25% |
| 6 | 減衰 | 成果の日にちに近いほど貢献より強く割り当てられます。デフォルトでは半減期は7日となります。CV時に訪問が100とした時、7日前の流入の価値は50になるため、CV訪問＝66%、7日前訪問＝33%という割り当てになります | 最も少ない | 少ない | 多い | 最も多い |
| 7 | 接点ベース | 起点と終点それぞれに40%の貢献度が割り振られ、残りの20%は中間点に均等に割り振られます | 40% | 10% | 10% | 40% |

※上記の例はGoogle アナリティクスヘルプから出典し、整理したものです。
※上記に限らず、独自にモデルを作成することも可能です。詳しくはGoogle アナリティクスのヘルプ
➡https://support.google.com/analytics/answer/6148697/?hl=ja&authuser=2#CreateCustomModel

## モデル比較ツール

❶「**コンバージョン➡モデル比較ツール**」をクリックします。表示された画面の上部の❷「モデルを選択」という部分をクリックして、モデルを置き換えてみましょう。

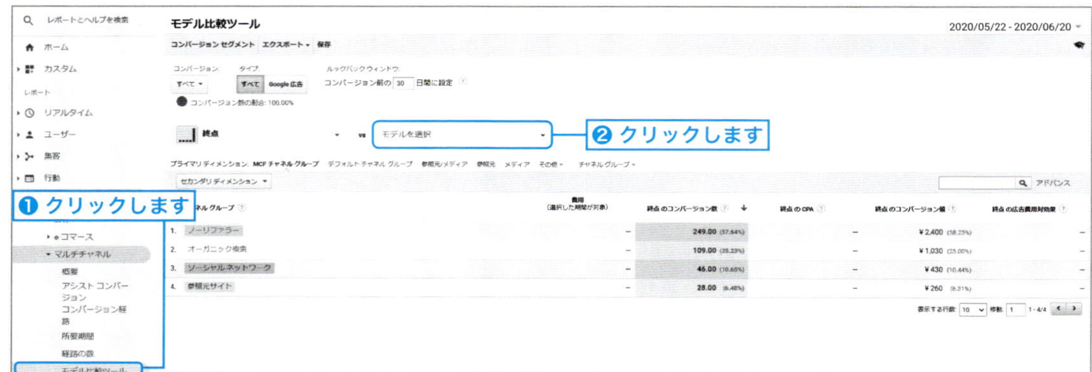

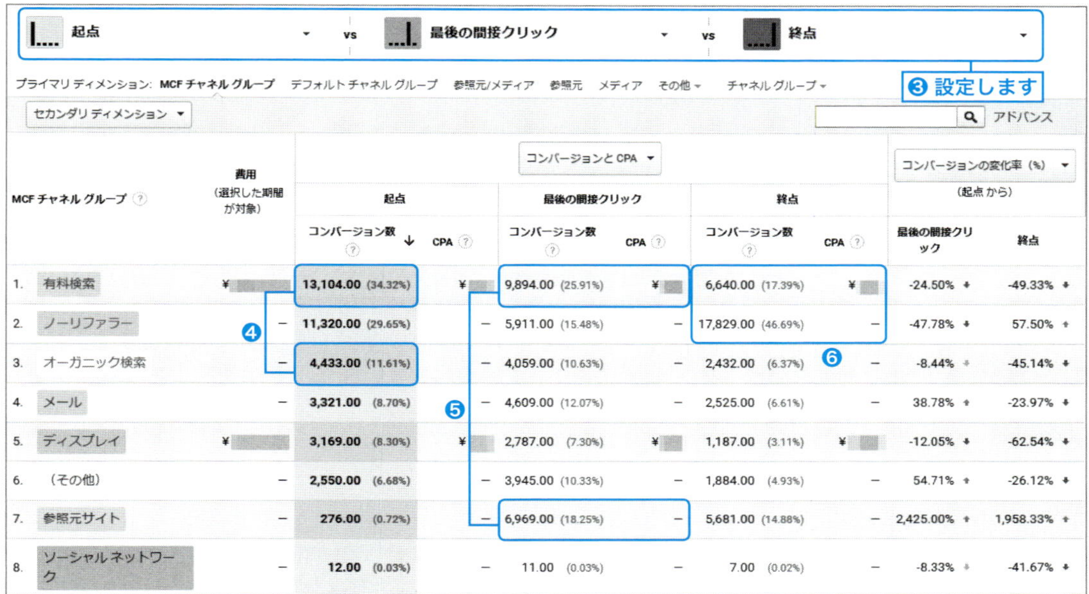


| MCF チャネル グループ | 費用（選択した期間が対象） | 起点 コンバージョン数 | 起点 CPA | 最後の間接クリック コンバージョン数 | 最後の間接クリック CPA | 終点 コンバージョン数 | 終点 CPA | コンバージョンの変化率（%）（起点から） 最後の間接クリック | 終点 |
|---|---|---|---|---|---|---|---|---|---|
| 1. 有料検索 | ¥ | 13,104.00 (34.32%) | ¥ | 9,894.00 (25.91%) | ¥ | 6,640.00 (17.39%) | ¥ | -24.50% | -49.33% |
| 2. ノーリファラー | — | 11,320.00 (29.65%) | — | 5,911.00 (15.48%) | — | 17,829.00 (46.69%) | — | -47.78% | 57.50% |
| 3. オーガニック検索 | — | 4,433.00 (11.61%) | — | 4,059.00 (10.63%) | — | 2,432.00 (6.37%) | — | -8.44% | -45.14% |
| 4. メール | — | 3,321.00 (8.70%) | — | 4,609.00 (12.07%) | — | 2,525.00 (6.61%) | — | 38.78% | -23.97% |
| 5. ディスプレイ | ¥ | 3,169.00 (8.30%) | ¥ | 2,787.00 (7.30%) | ¥ | 1,187.00 (3.11%) | ¥ | -12.05% | -62.54% |
| 6. （その他） | — | 2,550.00 (6.68%) | — | 3,945.00 (10.33%) | — | 1,884.00 (4.93%) | — | 54.71% | -26.12% |
| 7. 参照元サイト | — | 276.00 (0.72%) | — | 6,969.00 (18.25%) | — | 5,681.00 (14.88%) | — | 2,425.00% | 1,958.33% |
| 8. ソーシャル ネットワーク | — | 12.00 (0.03%) | — | 11.00 (0.03%) | — | 7.00 (0.02%) | — | -8.33% | -41.67% |

例えば、❸「起点 vs. 最後の間接クリック vs. 終点」という設定にしてみます。

この表では、以下のことがわかります。

- 「有料検索」と「オーガニック検索（自然検索）」は起点を生み出す力があるチャネル❹
- 「有料検索」と「参照元サイト」は最後の一押し（最後の間接クリック）になる重要なチャネル❺
- コンバージョンする際は「ノーリファラー（Direct）」からの流入が圧倒的❻

このように、各チャネルを再評価してみてはいかがでしょうか。

マルチチャネルレポートを使うと、集客レポートでは一面的だった各チャネルの影の貢献を多角的に評価することができます。このレポートを使いこなして、各チャネルの価値を再評価していきましょう。次のSectionからは、各参照元の理解を深めていきます。

Section 検索エンジンからの流入を徹底的に知りたい！

# 2-5 自然検索からの流入を分析して改善する

使用レポート ▶▶▶集客 ➡ Search Console

第2章の前半で各流入元の特徴を掴んだら、後半では、ターゲットとなった各流入元ごとのユーザーの特徴を深く理解し、具体的な改善計画を立てていきます。まずは、自然検索から流入したユーザーに注目します。Google アナリティクス以外にも利用すると便利なツールをあわせて紹介します。

## 自然検索の特徴

**流入元「Organic Search」で表示されるのは自然検索からの流入**です。自然検索とは、ユーザーがGoogleやYahoo! JAPANなどの検索エンジンに検索したい言葉（キーワード）を入れて、検索結果に表示されたサイトのリンクをクリックして各サイトを訪問することです。

図2-5-1はGoogleとYahoo! JAPANに「Google アナリティクス」という同一のワードを入力して検索した、自然検索の結果です。また、表2-5-1（➡P.103）は自然検索の特徴をユーザー特徴や分析ツールといった項目ごとに整理したものです。

図2-5-1 自然検索の結果

● Google

● Yahoo! JAPAN

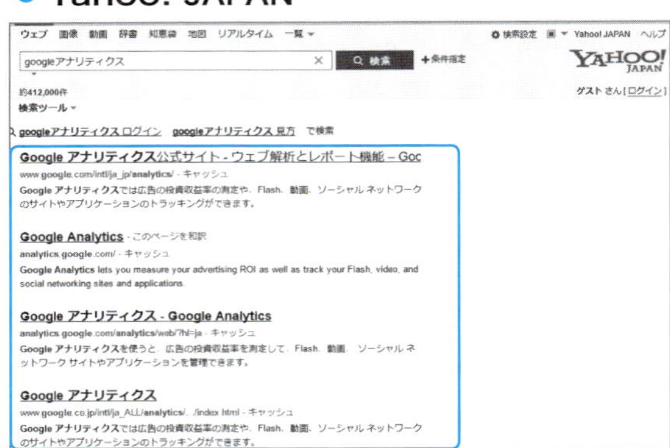


メディア例としては、Google、Yahoo! JAPAN、livedoor、goo、dmenuなどがあります。

## 自然検索とSEO（Search Engine Optimization）

自然検索からのコンバージョンを最大化するために**重要な要素が3つ**あります。その要素とは**「検索結果の自社サイト掲載順位」「検索結果に表示されるタイトルと説明文」「検索結果から流入したランディングページ」**です。検索エンジンの仕組みやロジックを理解し、これら3つの要素を最適化するための活動全般をSEOと言います。

詳しい解説に関してはSEOに関する書籍やサイトに譲りますが、SEOにおいて大切なのは、「やってはいけない事をしていないかを確認（技術的にNGな事をしていないかの確認）」、そして「サイトの目的とお客様のニーズを考えて有益なコンテンツやページを作成する」という2点です。

有益なコンテンツとは何を指すのか？　以下の3点を意識すると良いでしょう。

### ユーザーがこのサイトに期待しているコンテンツを提供する

流入している検索キーワードやサイト内で**よく見られているコンテンツ**（FAQや事例など）をチェックして、コンテンツを拡充しましょう。拡充するために該当キーワードとあわせてよく検索されているキーワードなどを確認すると良いでしょう。

### サイトの目的に繋がるキーワードに対してコンテンツを提供する

流入が多いからといってお問い合わせや購入などのコンバージョンに繋がらない場合、必ずしもそのキーワードが重要とは限りません。**流入数は少ないけどコンバージョンに貢献しているキーワード**があれば、周辺キーワードのコンテンツを作成し、流入とコンバージョンの総数を増やしていきましょう。

### 他サイトにはない強みを打ち出す

多くの企業では同業他社が存在します。**他社にはない強みがあれば、そのコンテンツをしっかり拡充**していきましょう。コンバージョンに繋がりやすく、なおかつそのテーマに関しては1位を狙えるかもしれません。「アクセス解析ツール」で1位になるのが難しくても、「アクセス解析ツール 使いやすい」で1位を目指すことは可能かもしれません。

最後に、検索エンジンは今後（多分、一部は既に）、**サイト内での行動も検索順位に影響を与える**かもしれません。ユーザー視点においてもビジネス視点においても、**検索エンジンから訪れた人を直帰させずにページをしっかり読んでいただき、次のページに誘導する**ことは今後より大切になるでしょう。本書でもそのための分析方法や考え方をたくさん紹介していきます。

## 自然検索からの流入を増やすために提示するべき情報

検索エンジンからの流入を増やすためにコンテンツについて前ページで触れましたが、具体的にどのようにコンテンツを用意すれば良いか、迷う方も多いのではないでしょうか。サイトを訪れるユーザーには４つのニーズがあり、キーワードやサイトの特性によってその配分や内容は変わってきます。４つのニーズとそれに応えるための考え方を紹介いたします。

**Know：何かを知りたい**
例：KPIの意味とは？ Google アナリティクスのこの機能の使い方は？

情報収集などをされている方が検索しているユーザーはここに属します。このユーザーのニーズは**「早く知りたい」「正しく知りたい」「詳しく知りたい」**の３つになります。「KPI」を例にとると、すぐに何の意味か知りたい、嘘偽りない正確な情報を知りたい、業種別の事例や考え方など役立つ内容を細かく知りたいといったニーズになります。このように３つのニーズに分解してコンテンツを作成してみると良いでしょう。

**Do：何かをしたい**
例：英会話を習いたい、給付金の申し込みをしたい

ユーザー側でアクションが伴う場合はここに属します。このユーザーのニーズは**「なるべく楽に」「失敗せずに」「継続的に」**実施したいという３つになります。「英会話」を例にとると、なるべく手間なく、挫折せずに、しっかりと今後も役立つ英語を身に付けたいという事になります。「失敗せずに」は特に重要で、ユーザーに理解してもらうためには「失敗するポイントとその解決方法」をあわ

せて伝えてあげましょう。失敗する人は、どこで失敗するかそもそもわからないから失敗するというケースが多いです。

**Go：どこかに行きたい**
例：取引先に行きたい、3日間の沖縄旅行に行きたい

ユーザー側で具体的な移動を伴う場合はここに属します。このユーザーのニーズは**「なるべく安く」「なるべく賢く」「ストレスなく」**移動あるいは楽しみたいの３つになります。例えば「成田空港から羽田空港への移動」を例にとると、金額が安くて、時間も効率よく、迷子になるリスクを極力減らしたいという事になります。この時に大切なのは複数の選択肢の提示や、画像や動画なども使ったわかりやすさです。

**Buy：何かを買いたい**
例：エアコンを買いたい、メール配信システムを導入したい

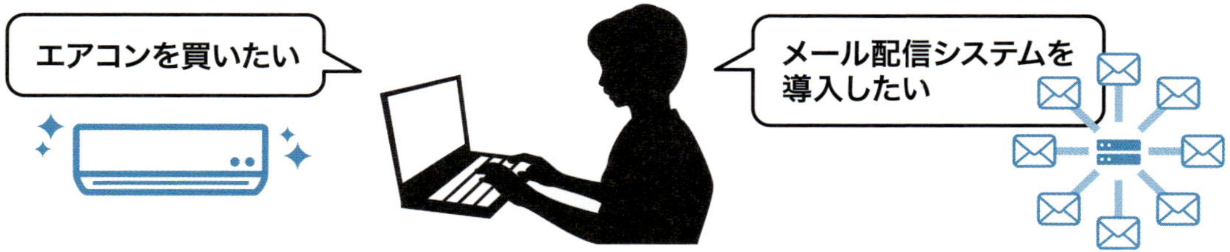


ユーザー側で決済行動あるいはその前段にあるお問い合わせを行う場合は、ここに属します。このユーザーのニーズは**「なるべくお得に」「早く」「品質が良い物」**を買いたいというという３つになります。例えば「エアコン」を例にとると、金額が安く（あるいは今ならオトク）にすぐに届く製品かつ、評判やスペックが良いものを手に入れるという考え方です。そのため特にこの分野において大切なのは口コミや専門家などの第3者の意見になります。

ぜひ、自社の検索キーワードを確認しながら、ユーザーのニーズを把握してみましょう。

**Point　国産の検索エンジンが判別されるようにする**

Google アナリティクスでは一部国産の検索ツールやプロバイダーが提供している検索エンジンからの流入をOrganicと判別せずReferrerに分類します（例：livedoor、goo、dmenu）。そのため、国産の検索エンジンがきちんと判別されるための設定が必要です。

全体の流入における比率は少ないかもしれませんが、Google アナリティクスの「プロパティ」の列にある「**トラッキング情報➡オーガニック検索ソース**」からこれら検索エンジンの登録を行います。

詳しくは以下、参考記事をご覧ください。

・**参考**：株式会社 真摯「Google アナリティクスに認識させる検索エンジンを追加する」
https://cinci.jp/report/google-analytics-001.html

**Hint　デフォルトの検索エンジンは？**

どの検索エンジンが「デフォルトの検索エンジン」として認識されているのか？は、Google アナリティクスヘルプ「デフォルトの検索エンジンのリスト」などをご確認ください。
https://support.google.com/analytics/answer/2795821?hl=ja#searchEngine

## Google アナリティクスをSearch Consoleと接続しよう

検索エンジンを提供するGoogle社およびYahoo!社はこの検索結果画面の安全性をより高める技術である、SSL化を推進しています。そのため、Google アナリティクスでキーワードを確認する際、「not provided（指定されていません）」と表示され、どのようなキーワードで検索されたのかを確認することはできません。しかし、Google検索については、同じくGoogle社提供の**Google Search ConsoleとGoogle アナリティクスを連携させて使うことで、「not provided」のキーワードを確認できるようになります**。Google アナリティクスでできる自然検索からの流入分析は限られており、Google Search Consoleとの連携が分析を行う上で大切になります。

また、Search Consoleと接続することで、検索結果に掲載された順位や表示回数、クリック率などの情報を取得することができるようになります。ただし、Yahoo!検索など他の検索エンジンの多くは引き続き「not provided」と表示されてしまいます。

**Point　Google Search Consoleとは？**

「Google Search Consoleは、Google検索結果でのサイトのパフォーマンスを監視、管理できる、Google の無料サービスです。自分のサイトがGoogleの検索結果に表示されるようにするために、Search Consoleに登録する必要はありませんが、登録するとサイトがGoogleにどのように認識されるかを確認し、検索結果でのサイトのパフォーマンスを最適化できるようになります」

（出典：https://support.google.com/webmasters/answer/4559176?hl=ja）

Google Search Consoleを使うことで、自然検索での自社サイトへの流入したキーワードの一覧や検索回数、平均掲載順位、クリック率などを確認できます。また検索エンジン側から見たエラー表示などもわかります。

・**Google Search Console**
https://search.google.com/search-console/welcome

## 設定方法

前提として、Google アナリティクスとSearch Consoleの両方のアカウントで管理者権限が必要です。「管理」をクリックして、Search Consoleと接続したいプロパティへ移動します。

❶「プロパティ」列の「プロパティ設定」をクリックします。

❷「プロパティ設定」の画面で、「Search Consoleの設定」までスクロールします（一番下にあります）。「Search Consoleを調整」というボタンをクリックします。

❸右の画面で「なし」の横の「追加」リンクをクリックします。

このページにすでにWebサイトの URL が表示されている場合、そのWebサイトがSearch Consoleで確認されており、かつ変更する権限があることを示しています。

❹開いた画面で該当のURLをチェックし、「保存」ボタンをクリックします。

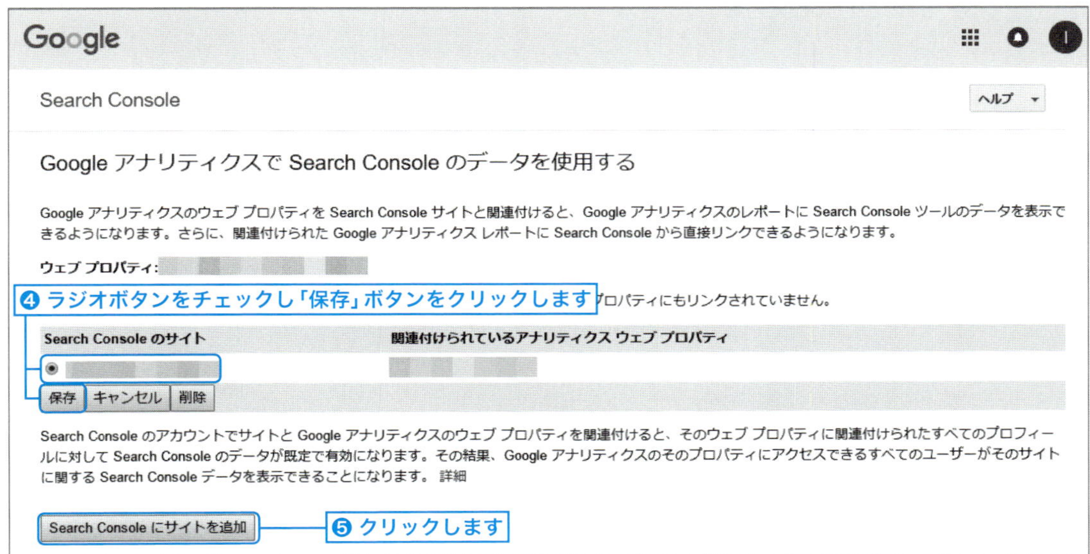


WebサイトのURLが表示されない場合は、サイトをSearch Consoleに追加する必要があります。❺「Search Consoleにサイトを追加」ボタンをクリックして先にSearch Consoleの設定をしましょう。

❻「有効なビュー」欄でお使いのGoogle アナリティクスのレポートビューが設定されていることを確認し、❼「保存」をクリックします。以上で設定完了です。

## Google アナリティクスで連携した検索レポートを確認しよう

それではさっそく検索レポートを表示してみましょう。Search Consoleと接続すると4つの検索レポートが確認できるようになります。左メニューで「**集客➡Search Console**」をクリックします。

図表2-5-1 Search Consoleの4つのレポート

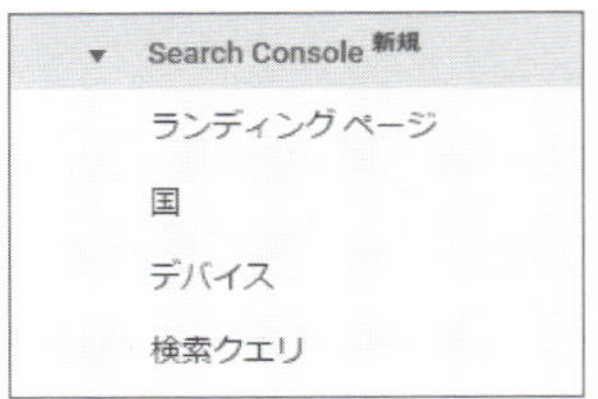


| | |
|---|---|
| ランディングページ | Google検索結果からのランディングページ |
| 国 | 検索するユーザーの国 |
| デバイス | 検索に使用された端末<br>（パソコン、タブレット、スマートフォンなど） |
| 検索クエリ | ユーザーが Google で検索したクエリ文字列 |

### ● Search Consoleビューの制約

- Search Consoleでは、**過去90日分のデータ**が保持されます。そのため、アナリティクスのSEOレポートにも、最大 90日分のデータが表示されます。
- Search Consoleのデータは、Search Consoleに収集されてから**48時間後**に、Search Consoleとアナリティクスでご利用いただけるようになります。
- 表示されるデータは、**アナリティクスビューの作成日以降**のデータのみです。
- **Search ConsoleのデータはGoogle アナリティクスの成果と紐付かないため、Search Console内のレポートではコンバージョン数や率などを見ることができません。**

検索キーワードを調べるには、「検索クエリ」レポートを確認します。左のメニューより「**集客➡Search Console➡検索クエリ**」を開きましょう。

プライマリ ディメンション: 検索クエリ

セカンダリ ディメンション ▼　　アドバンス

| 検索クエリ | クリック数 | 表示回数 | クリック率 | 平均掲載順位 |
|---|---|---|---|---|
| | 23,346<br>全体に対する割合: 100.00% (23,346) | 9,720,512<br>全体に対する割合: 98.39% (9,880,019) | 0.24%<br>ビューの平均: 0.24% (1.64%) | 10<br>ビューの平均: 10 (-0.71%) |
| 1. (other) | **5,063** (21.69%) | 121,085 (1.25%) | 4.18% | 13 |
| 2. youtube | **2,551** (10.93%) | 7,506,368 (77.22%) | 0.03% | 10 |
| 3. youtube merch | **1,946** (8.34%) | 5,613 (0.06%) | 34.67% | 1.4 |
| 4. youtube google | **1,125** (4.82%) | 196,462 (2.02%) | 0.57% | 7.5 |
| 5. youtube merchandise | **814** (3.49%) | 2,001 (0.02%) | 40.68% | 1.0 |
| 6. youtube store | **618** (2.65%) | 1,292 (0.01%) | 47.83% | 1.0 |
| 7. youtube shop | **562** (2.41%) | 1,210 (0.01%) | 46.45% | 1.0 |
| 8. google t shirt | **494** (2.12%) | 1,695 (0.02%) | 29.14% | 1.0 |

こちらのレポートでは、キーワードごとのクリック数、表示回数、クリック率、平均掲載順位を見ることができます。例えば2行目の「youtube」での検索結果では10位に表示されますが、クリック率は0.03%と非常に低い事がわかります。これはクリックした人のほとんどは本サイトではなく、動画サイトに行くことが想定されるためです。「オーガニック検索キーワード」のレポートとは違い(not provided)が表示されず、Googleの検索キーワードが取得できていることがわかります。

皆さんのサイトでレポートを確認した時に「(other)」や「(not set)」が含まれることがあります。「(other)」は検索ワードの種類が非常に多い場合、検索回数が少ないキーワードがまとめられたものが「(other)」に含まれます。「(not set)」には頻繁に行われない検索クエリや、個人情報やデリケートな情報を含むキーワードが含まれます。

Search Consoleと接続すると、このような情報がGoogle アナリティクスのレポートから確認できるようになります。

## 自然検索からの流入とコンバージョンを増やすための考え方

自然検索からの流入を改善する際の考え方は、以下の3ステップです。**Step 1.** 流入を獲得するキーワードを選定。**Step 2.** コンテンツ等を作成することで検索エンジンからの流入キーワード種類数を増やし、掲載順位を上げる。**Step 3.** サイトに流入したユーザーに合ったランディングページを表示し、サイト内回遊とコンバージョンまで導く。

**表2-5-1** 併用するツール

| | 分析・改善に併用するツール | 用途 | Google アナリティクスとの接続 |
|---|---|---|---|
| あ | Google Trends<br>https://trends.google.co.jp/trends/?geo=JP | 検索キーワードのトレンドの比較、ボリュームの確認 | × |
| い | キーワードプランナー<br>https://ads.google.com/aw/keywordplanner/home | 新しいキーワードの取得、クリック数の予測 | ×<br>広告確認ツールとして接続可能(Section2-6➡P.114) |
| う | Google Search Console<br>https://search.google.com/search-console/welcome | 検索結果画面の表示回数や掲載順位の取得 | ○ |

## Step 1. キーワードを設定する

### ■使用ツール：「Google Trends」「キーワードプランナー」

まず、自分のサイトに合ったキーワードを選定します。P.97で説明した3つの重要な要素「ユーザーがこのサイトに期待しているコンテンツを表すキーワード」「サイトの目的に繋がるキーワード」「他サイトにはない強みを表すキーワード」を意識して検討してみましょう。複数の商材やテーマを扱っているサイトでしたら、季節ごとに盛り上がるキーワードを選ぶのもよい考えです（使用ツール：「Google Trends」）。また、検索数が少なすぎるキーワードだと改善インパクトが小さいので、検索ボリュームを確認しながらキーワードを探すことが重要です（使用ツール：「Google 広告 キーワードプランナー」→Section2-6➡P.114で詳述）。

## Step 2. 順位を上げるべきキーワードの候補を特定する

### ■使用レポート「集客➡Search Console➡検索クエリ」

### ■使用ツール「キーワードプランナー」

**「検索回数が多く」「現在順位が低く」「サイトとの関連性が高い」**キーワードが改善を狙うべきキーワードになります。上位の検索キーワードにそのようなキーワードがないかを確認しましょう。

対策を行いたいキーワードを見つけたら、該当キーワードで検索を行ってみましょう。**自社より上位に入っているサイトがどのようなコンテンツを作成しているかを参考にする**のが良いでしょう。また該当キーワードとあわせてよく検索されているキーワードを「キーワードプランナー」などを使って確認し、コンテンツ作成の際に活用しましょう。

## Step 3. 直帰率を下げ、コンバージョン率を上げよう

### ■使用レポート「集客➡チャネル」

自然検索からのランディングページはどのページが多いかを確認するために、「**集客➡すべてのトラフィック➡チャネル**」レポートを活用しましょう。❶表の「セカンダリディメンション」で「よく使われるディメンションと指標」から「ランディングページ」を選択し、❷検索ボックスに「Organic」と追加しましょう（次ページの図）。

**流入が多く、直帰率が高いページが改善対象**となります。サイトからの離脱割合を減らすために、関連記事を作成してそちらにリンクを貼ったり、直帰率が低いページと比較してデザインやリンクの位置など直せない点が無いかを確認したりしましょう。

自然検索からの流入とコンバージョン率を増やすのは一筋縄ではいきません。広告などと違いお金を使って一気に流入を増やすことができず、使いやすいサイトを作っていく、ユーザーの意図に応えるコンテンツを作成していくといった地道な努力が必要です。だからこそ、しっかり取り組む

ことができればサイトへの安定的な流入と成果を提供してくれます。

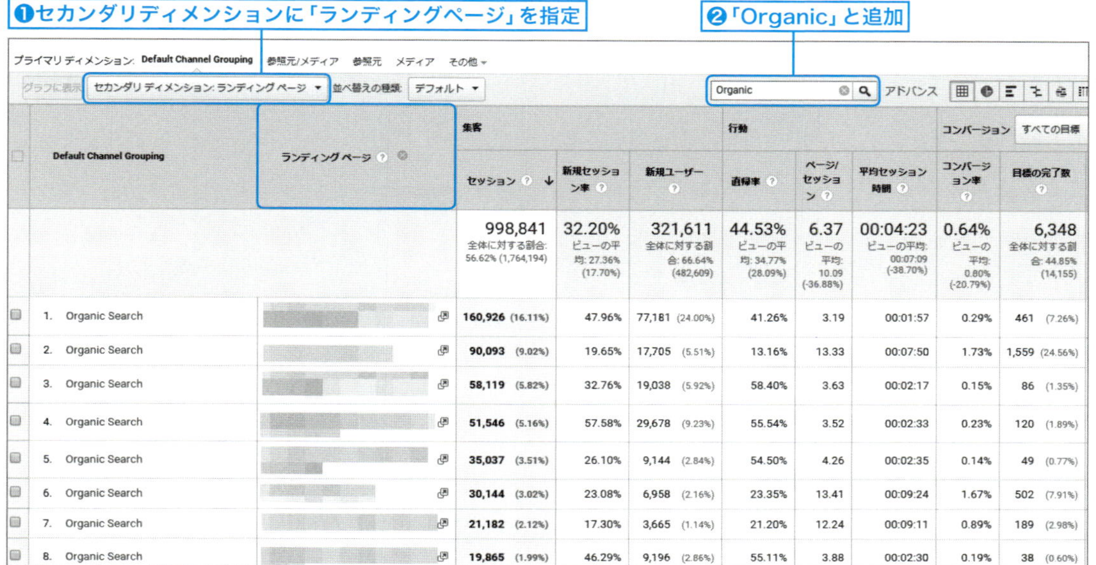


| Default Channel Grouping | ランディング ページ | セッション | 新規セッション率 | 新規ユーザー | 直帰率 | ページ/セッション | 平均セッション時間 | コンバージョン率 | 目標の完了数 |
|---|---|---|---|---|---|---|---|---|---|
| | | 集客 | | | 行動 | | | コンバージョン | |
| | | 998,841 全体に対する割合: 56.62% (1,764,194) | 32.20% ビューの平均: 27.36% (17.70%) | 321,611 全体に対する割合: 66.64% (482,609) | 44.53% ビューの平均: 34.77% (28.09%) | 6.37 ビューの平均: 10.09 (-36.88%) | 00:04:23 ビューの平均: 00:07:09 (-38.70%) | 0.64% ビューの平均: 0.80% (-20.79%) | 6,348 全体に対する割合: 44.85% (14,155) |
| 1. Organic Search | | 160,926 (16.11%) | 47.96% | 77,181 (24.00%) | 41.26% | 3.19 | 00:01:57 | 0.29% | 461 (7.26%) |
| 2. Organic Search | | 90,093 (9.02%) | 19.65% | 17,705 (5.51%) | 13.16% | 13.33 | 00:07:50 | 1.73% | 1,559 (24.56%) |
| 3. Organic Search | | 58,119 (5.82%) | 32.76% | 19,038 (5.92%) | 58.40% | 3.63 | 00:02:17 | 0.15% | 86 (1.35%) |
| 4. Organic Search | | 51,546 (5.16%) | 57.58% | 29,678 (9.23%) | 55.54% | 3.52 | 00:02:33 | 0.23% | 120 (1.89%) |
| 5. Organic Search | | 35,037 (3.51%) | 26.10% | 9,144 (2.84%) | 54.50% | 4.26 | 00:02:35 | 0.14% | 49 (0.77%) |
| 6. Organic Search | | 30,144 (3.02%) | 23.08% | 6,958 (2.16%) | 23.35% | 13.41 | 00:09:24 | 1.67% | 502 (7.91%) |
| 7. Organic Search | | 21,182 (2.12%) | 17.30% | 3,665 (1.14%) | 21.20% | 12.24 | 00:09:11 | 0.89% | 189 (2.98%) |
| 8. Organic Search | | 19,865 (1.99%) | 46.29% | 9,196 (2.86%) | 55.11% | 3.88 | 00:02:30 | 0.19% | 38 (0.60%) |

SEOのための施策を行ったら、Google アナリティクスでその結果を確認し、さらに新たな仮説を考えるためにまずは利用してみましょう。

キーワードではなく、このようなデザインやユーザーインターフェースが課題の場合は、検索エンジンからの流入だけではなく、他の流入元からこのページに入ってきた場合も直帰率が高くなってしまっている可能性があります。ランディングページと流入元をかけあわせることで、そのような事態が生じているか確認してみましょう。

## Column 併用ツール「Google Trends」の紹介

Google Trends (https://trends.google.co.jp/trends/) の活用例を紹介します。
2004年からの検索キーワードの結果に基づき、ユーザーが検索したキーワードの総量やトレンドを調べることができます。また5つまでのキーワードの比較ができます。

### ■操作方法

❶サイトにアクセスしたら、「検索キーワードまたはトピックを入力」という検索ボックスにキーワードを入力します。

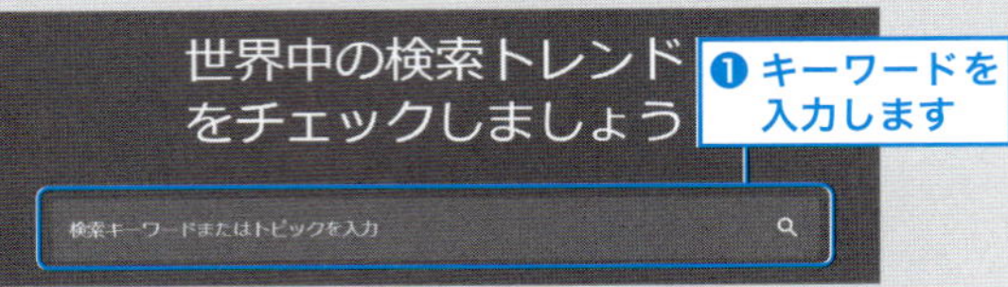


次ページの図では❷「扇風機」と「こたつ」という2つのワードを入力した例です。なお、❸キーワードは5つまで比較することができます。また、❹の項目をクリックして、4種の絞り込みをかけることができます。絞り込めばより精緻な検索が可能になります。
例示したグラフでは、以下のことがわかります。

- 検索ワードの総量は「こたつ」のほうが多い
- 「扇風機」は夏に検索され、「こたつ」は冬に検索される
- 「扇風機」は4月下旬、「こたつ」は9月下旬から検索されはじめる

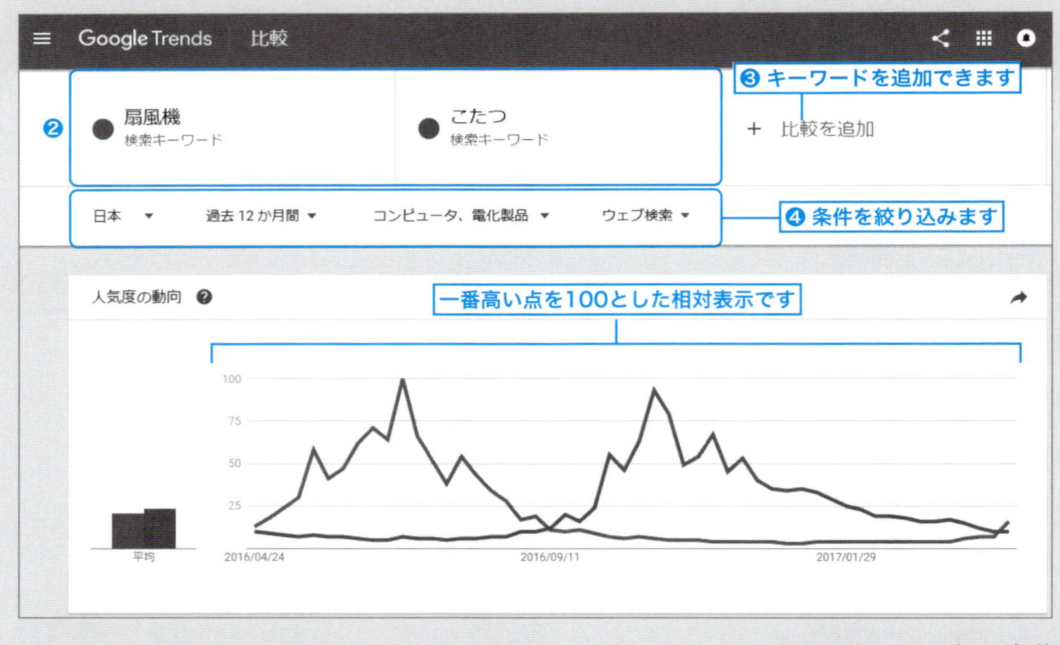


次ページへ続く

■活用方法

■検索ボリュームのトレンドを確認する
ビジネスの対象にしているキーワード自体の検索ボリュームを見てみましょう。年々注目されているキーワードなのか、ユーザーの興味が薄れているキーワードなのかがわかります。

■検索されている時期を確認する
上記の例でこたつは9月下旬から徐々に検索され始めており、11月初旬にピークを迎えます。こたつを販売しているサイトであれば、9月下旬にはサイトにこたつを表示させ始めておくのが賢明、という対応ができます。

■地域ごとの検索差異を確認する
例えば特定の地域に検索されているキーワードがあれば、その地域のユーザーに向けたページを準備するなどの対応ができます。

■競合商品間の検索ボリュームを比較する
Aという商品とBという商品の2つを販売しており、どちらに注力するかを検索ボリュームをから判断するなどの参考にできます。

■競合他社を比較する
2社の社名がどれだけ検索されているかを確認することで、認知度を類推することができます。

**Point SEOに関する最新情報の入手方法**

検索エンジン(主にGoogle)がどのようにサイトを評価しているかは刻々と変わります。しかし、その中で原理原則は変わらないという特徴も持っています。最新の正しい情報を入手るためのリソースをいくつか紹介いたします。

| | | |
|---|---|---|
| Google 検索の仕組み | https://www.google.com/search/howsearchworks/ | どのようにGoogleの検索エンジンはデータを集め評価をしているかという仕組みを紹介しています。 |
| 検索エンジン最適化(SEO)スターターガイド | https://support.google.com/webmasters/answer/7451184?hl=ja | 検索エンジン最適化に関しての基本的な情報や考え方、用語がまとまったGoogle のヘルプコンテンツです。 |
| Google検索デベロッパーガイド | https://developers.google.com/search | 構造化データなど技術者寄りの内容を中心にまとまっています |
| Japanese Web Master Office | https://www.youtube.com/playlist?list=PLKoqnv2vTMUM8wruZ8n9hmv8951fFmxok | Googleの日本法人が定期的に行っている検索エンジンに関するオンラインフォーラムの動画がアップされています。定期的にライブで開催されています |

Section 広告流入の特徴やアドワーズの活用法を知りたい！

# 2-6 リスティングからの流入を分析して改善する

使用レポート ▶▶▶集客 ➡ Google 広告

前Sectionでは検索エンジンの表示結果の自然検索に触れましたが、本Sectionでは同画面に表示される広告、つまり検索連動型広告について説明します。特に「Google 広告」はSearch Console同様、Google アナリティクスと連携することが可能です。このツールの設定や活用方法にも触れます。

## リスティング流入の特徴

**流入元「Paid Search」で表示されるのは検索連動型広告**（リスティング広告）といって、ユーザーが検索エンジンにキーワードを入れて検索した結果、画面に表示される広告です。サイト側はキーワードを指定して出稿し、クリックされるとお金を支払うシステムです。クリック単位での課金のため、低予算で開始できる広告で、任意のタイミングで開始・停止が可能です。Paid Searchの代表的なものとして、Yahoo! JAPANの「スポンサードサーチ」やGoogleの「Google 広告」が有名です。

**表2-6-1** Paid Searchのポイント

<table>
<tr><td>チャネル名称</td><td colspan="3">Paid Search</td></tr>
<tr><td>流入元</td><td colspan="3">検索連動型広告（リスティング広告）からの流入</td></tr>
<tr><td>有料・無料</td><td>有料</td><td>キャンペーン設定<br>（Section2-2➡P.70）</td><td>必要<br>（Google 広告は不要）</td></tr>
<tr><td>ユーザー特徴</td><td colspan="3">あるキーワードを検索して来たため調べたいという意欲が強く、よりコンバージョンする可能性があります。<br>ただし、「必要なことを調べてすぐ離脱するか？」「コンバージョンまで至るか？」はサイトの内容によって異なります。ブログやニュースメディアでは１ページ読んで離脱するユーザーも多くなります。ただし離脱率が高いからといってサイトに満足していないわけではない（1ページに調べたい内容が書かれていたので満足した）点に注意が必要です。<br>また、ユーザーの特徴はSection2-5➡P.96で説明した自然検索から流入するユーザーと同じです。ユーザーは自然検索と有料検索を区別していない場合がほとんどです。</td></tr>
<tr><td colspan="3">分析・改善に併用するツール</td><td>Google アナリティクスとの接続</td></tr>
<tr><td>あ</td><td colspan="2">Google Trends<br>https://trends.google.co.jp/trends/</td><td>×</td></tr>
<tr><td>い</td><td colspan="2">Google 広告<br>https://adwords.google.com/</td><td>○</td></tr>
<tr><td>う</td><td colspan="2">Yahoo! JAPANスポンサードサーチ</td><td>×</td></tr>
</table>

Paid Searchの分析には、Google 広告をGoogle アナリティクスと接続しましょう。設定方法は後述します。

## 検索エンジンごとのリスティング広告の表示例

以下はGoogleとYahoo! JAPANとで、「デジタルマーケティング」というワードで検索した結果の画面です。

**図2-6-1 Google（左）とYahoo! JAPAN（右）の検索結果**

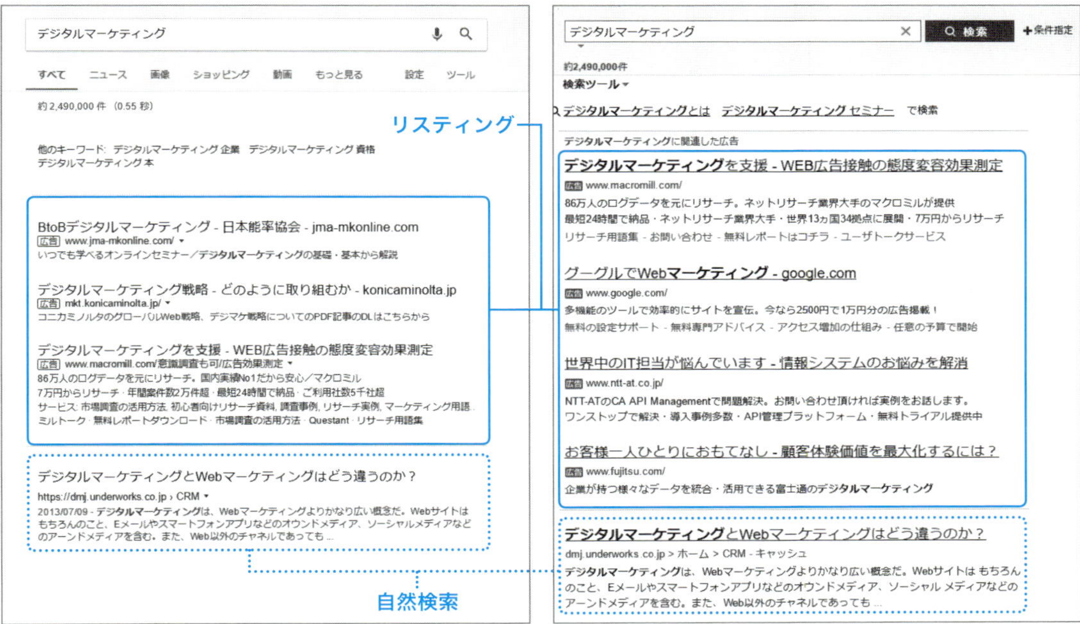


また、例えば「Yahoo!ニュース」のようなメディア内に表示される場合もあります。

**図2-6-2 Yahoo!ニュースに表示された検索結果**

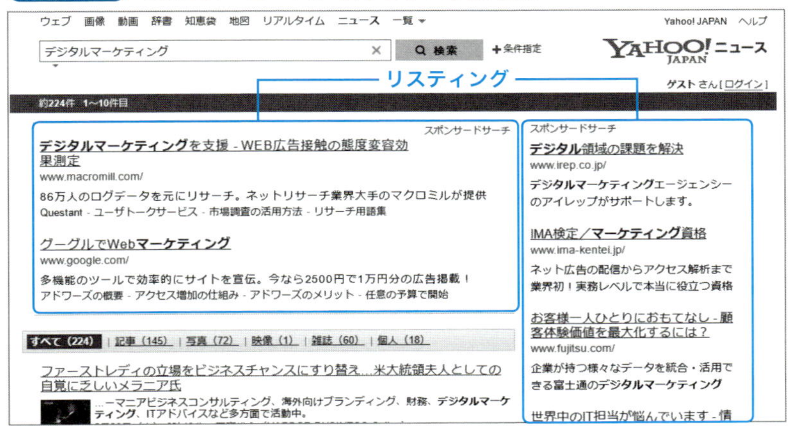


Google以外の検索エンジンをGoogle アナリティクスで確認するためには、**他の広告と同様にキャンペーンパラメーターを追加する必要があります**。

# Google 広告と接続しよう

Google アナリティクスにGoogle 広告を接続することで、さまざまなメリットが得られます。キーワードごとのコンバージョン貢献を見るだけではなく、「コンバージョンあたりどれくらいのお金がかかっているのか」「新規とリピートに分けたときに流入してくるキーワードに違いはあるのか」など単なる集計ではなく、改善に繋がる気付きを発見することができます。

### ● Google広告 と接続するメリット

- アナリティクスの「Google 広告レポート」で広告やサイトの掲載結果を確認できます
- Google 広告にアナリティクスの目標やeコマーストランザクションのデータをインポートできます
- Google 広告で、アナリティクスの指標(直帰率、平均セッション継続時間、ページ / セッションなど)を確認できます
- アナリティクスの「マルチチャネルレポート」に表示されるデータが増えます
- アナリティクスのリマーケティングと動的リマーケティングで「Google 広告リマーケティング」の成果を改善できます

## Google 広告との接続方法

以下の手順は前提として、Google アナリティクスの(設定したいプロパティの)編集権限とGoogle 広告の管理者権限をもつGoogleアカウントでログインしている必要があります。

左側のメニューより「管理」ボタンをクリックして、設定したいプロパティに移動します。「プロパティ」列で❶「Google 広告とのリンク」をクリックします。

開いた画面で、❷「+新しいリンクグループ」をクリックします。既に設定されている場合は表にその内容が表示されます。

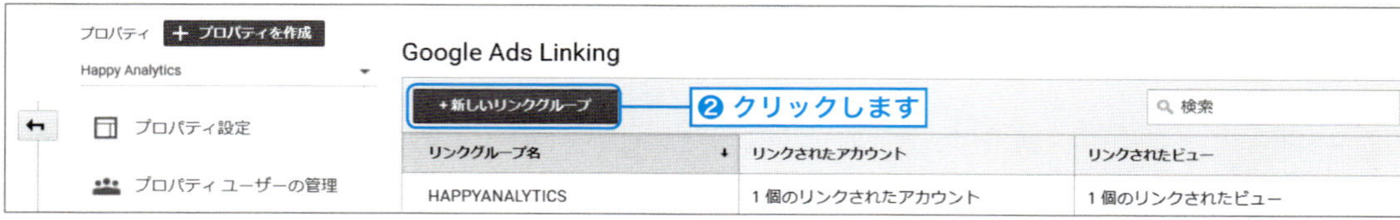

開いた画面で、現在ログインしているアカウントに紐づくGoogle 広告のアカウント一覧が出てきますので、そちらを選択して、③「続行」をクリックします。

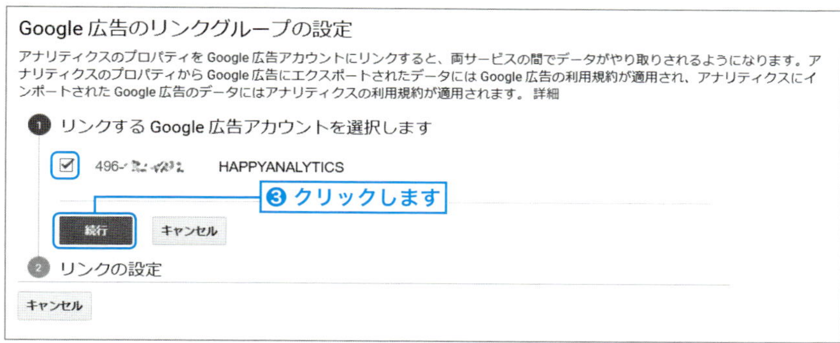


この時点で広告アカウントが出てこない場合は、ログインしているアカウントが違うか、Google 広告の管理者権限を持っていない可能性が高いので、確認を行いましょう。

④Google 広告データを含めるプロパティのビューごとにリンク設定をオンにします。このとき、必要に応じて「リンクされた全てのGoogle 広告アカウントで自動タグ設定を有効にする」選択して、このデータを各ビューに含めることもできます。

⑤「アカウントをリンク」をクリックします。これでGoogle 広告のデータがGoogle アナリティクスから確認できるようになりました。

Google 広告のリンクグループの設定

アナリティクスのプロパティを Google 広告アカウントにリンクすると、両サービスの間でデータがやり取りされるようになります。アナリティクスのプロパティから Google 広告にエクスポートされたデータには Google 広告の利用規約が適用され、アナリティクスにインポートされた Google 広告のデータにはアナリティクスの利用規約が適用されます。 詳細

リンクする Google 広告アカウントを選択します 編集

496- HAPPYANALYTICS

2 リンクの設定

リンクグループのタイトル

HAPPYANALYTICS

ビュー

リンク 該当するものすべて選択

④

すべて選択 - なし

すべてのウェブサイトのデータ オン

詳細設定

リンクされたすべての Google 広告アカウントで自動タグ設定を有効にする（推奨）

リンク先 URL の末尾に固有の ID が追加されます。この ID により、個々のクリックの詳しい情報をアナリティクスで確認できるようになります。 詳細

自動タグ設定を変更しない

自動タグ設定が無効になっているアカウントでは、手動で個別にタグを追加するまで、Google の自然検…データが表示されます。 詳細

⑤ クリックします

アカウントをリンク キャンセル

## 「Google 広告」のレポートを確認してみよう

アナリティクスの左のメニューで❶「**集客➡Google広告**」とクリックすると、❷11種類のレポートが確認できるようになります。

各レポートの詳細は、表2-6-2の通りです。なお、**11の項目は、該当の広告に出稿した場合に表示**されます。

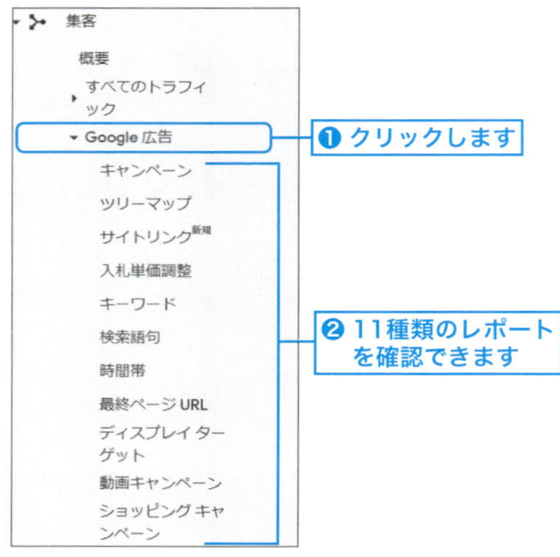




**表2-6-2** Google 広告のレポート一覧

| | | |
|---|---|---|
| 1 | キャンペーン | Google 広告**キャンペーン**のトラフィックに特に焦点を当てたレポートです |
| 2 | ツリーマップ | Google 広告データの傾向を**視覚的に分析**できるレポートです。データが長方形で表示され、指標ごとに長方形のサイズや色が異なっています |
| 3 | サイトリンク | Google 広告アカウントで設定された各サイトリンクの掲載結果を確認できます（※サイトリンクとは**Google検索結果ページの上部と下部に掲載される広告文の下に表示されるテキストリンク**で、ユーザーは1クリックで必要なサイトの情報にたどり着くためのガイドを果たす広告リンクです） |
| 4 | 入札単価調整 | キャンペーンに設定した**入札単価調整**（デバイス、地域、広告のスケジュール）でのGoogle 広告の掲載結果を分析できます |
| 5 | キーワード | 関連性の高い**キーワードの掲載結果を比較**できます<br>※**自ら設定したキーワード**についてのレポートとなります |
| 6 | 検索語句 | Google **広告の表示につながった実際の検索語句**を確認することができます<br>※**ユーザーが検索したキーワード**についてのレポートです |
| 7 | 時間帯 | **時間別と曜日別**に掲載結果を確認できます |
| 8 | 最終ページURL | Google 広告をクリックしたユーザーの**誘導先URL**と、そのURLに設定されたキャンペーンタグを確認できます |
| 9 | ディスプレイターゲット | **Googleディスプレイネットワーク（GDN）**をターゲットとするGoogle 広告キャンペーンの掲載結果を分析できます |
| 10 | 動画キャンペーン | Google 広告で作成したTrueView**動画広告キャンペーン**の掲載結果を分析できます |
| 11 | ショッピングキャンペーン | ユーザーがショッピングキャンペーンをクリックした後の結果が表示されます（どのカテゴリの商品が最も売れているか、どの種類の商品が最も売れているかを確認できます） |

**Hint**

さらなる詳細はGoogle アナリティクスヘルプ「Google 広告の統合」をご確認ください。

https://support.google.com/analytics/topic/6171203?hl=ja

### ■広告表示に繋がったキーワードを確認してみよう

ここでは、表2-6-2のうち7番の「検索語句」レポートを見てみましょう。

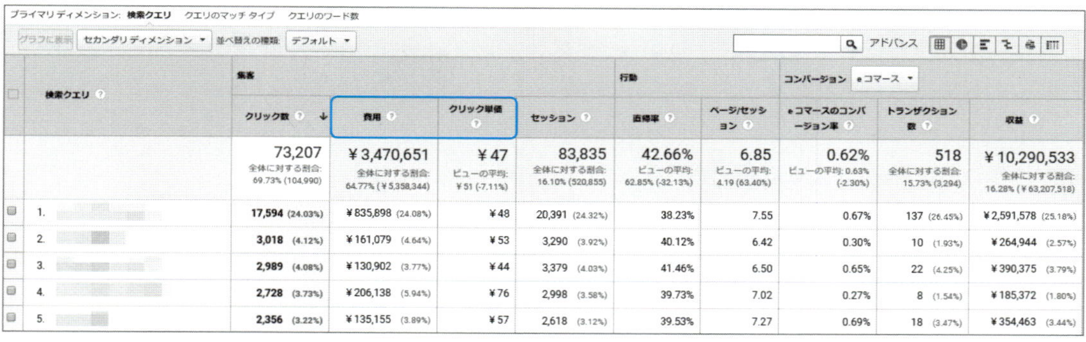

プライマリ ディメンション: 検索クエリ　クエリのマッチ タイプ　クエリのワード数

グラフに表示　セカンダリ ディメンション ▾　並べ替えの種類: デフォルト ▾　アドバンス

| 検索クエリ | 集客 | | | 行動 | | | コンバージョン eコマース ▾ | | |
|---|---|---|---|---|---|---|---|---|---|
| | クリック数 ↓ | 費用 | クリック単価 | セッション | 直帰率 | ページ/セッション | eコマースのコンバージョン率 | トランザクション数 | 収益 |
| | 73,207 全体に対する割合: 69.73% (104,990) | ¥3,470,651 全体に対する割合: 64.77% (¥5,358,344) | ¥47 ビューの平均: ¥51 (-7.11%) | 83,835 全体に対する割合: 16.10% (520,855) | 42.66% ビューの平均: 62.85% (-32.13%) | 6.85 ビューの平均: 4.19 (63.40%) | 0.62% ビューの平均: 0.63% (-2.30%) | 518 全体に対する割合: 15.73% (3,294) | ¥10,290,533 全体に対する割合: 16.28% (¥63,207,518) |
| 1. | 17,594 (24.03%) | ¥835,898 (24.08%) | ¥48 | 20,391 (24.32%) | 38.23% | 7.55 | 0.67% | 137 (26.45%) | ¥2,591,578 (25.18%) |
| 2. | 3,018 (4.12%) | ¥161,079 (4.64%) | ¥53 | 3,290 (3.92%) | 40.12% | 6.42 | 0.30% | 10 (1.93%) | ¥264,944 (2.57%) |
| 3. | 2,989 (4.08%) | ¥130,902 (3.77%) | ¥44 | 3,379 (4.03%) | 41.46% | 6.50 | 0.65% | 22 (4.25%) | ¥390,375 (3.79%) |
| 4. | 2,728 (3.73%) | ¥206,138 (5.94%) | ¥76 | 2,998 (3.58%) | 39.73% | 7.02 | 0.27% | 8 (1.54%) | ¥185,372 (1.80%) |
| 5. | 2,356 (3.22%) | ¥135,155 (3.89%) | ¥57 | 2,618 (3.12%) | 39.53% | 7.27 | 0.69% | 18 (3.47%) | ¥354,463 (3.44%) |

このようにGoogle 広告が持つ「費用」「クリック単価」などの情報とGoogle アナリティクスのページやコンバージョン情報が一覧で確認できる表が確認できます。改善方法は後ほど詳述します。

## 改善の考え方

検索連動型広告からの流入を改善する際の考え方は、前Sectionの自然検索と同様に、サイトに合った適切なキーワードを選定することから始まります。一方自然検索と異なる点は、コストがかかっているため「費用と効果が見合っているか？」という費用対効果を検証していくことです。より効果的なキーワードに予算を差配していく、という考え方が重要です。

**表2-6-3 併用するツール**

| | 分析・改善に併用するツール | 用途 | GA接続 |
|---|---|---|---|
| あ | Google Trends<br>https://trends.google.co.jp/trends/?geo=JP | キーワードボリュームやトレンドの確認ができます | × |
| い | Google 広告<br>https://ads.google.com/intl/ja_JP/home/ | 広告出稿が可能です。他、キーワードの選定、推定クリック数の予測や結果およびコスト管理に使用します | ○ |
| う | Yahoo! JAPANスポンサードサーチ | 「い」とほぼ同様です | × |

※Google アナリティクスを「GA」と略しています。

**表2-6-4 指標と計測ツール**

| NO. | 改善指標 | 計測ツール |
|---|---|---|
| 1 | キーワードの選定・変更 | あ、い、う |
| 2 | 単価・クリック数・CPC（クリック単価）の調整 | い、う |
| 3 | 流入数、離脱率、CV率（コンバージョン率） | GA（「い」と接続） |
| 4 | 利益（収益ー費用） | GA（「い」と接続） |

## リスティング広告の分析と改善のポイント

リスティング広告の分析も基本的には、自然検索と大きく変わりません。同じようにサイトに入る前と後に分けることができます。しかし、リスティングは自然検索の分析方法に加えて、コストに関しても考える必要があります。単純にコンバージョン率やクリック率が高いというだけではなく、コストに見合っているのかという要素も考慮をする必要があります。広告と自然検索の要素を両方共兼ね備えたのがリスティングです。

まずは以下のデータを見てましょう。もし広告運用担当者であれば、どちらの広告のほうを改善したいと思いますか？

- **広告A**……コンバージョン数1000件・コンバージョン率0.5%・売上200万円・コスト300万円
- **広告B**……コンバージョン数500件・コンバージョン率0.3%・売上80万円・コスト40万円

広告Aの方がコンバージョン数や率が高くても、売上とコストを見た時に赤字となっていることがわかると思います。広告運用担当者だったら、まずは広告Aをどうにかしなければと思うのではないでしょうか？　コストや利益を見るために、リスティング広告のデータをどのように取得し、そして分析するかを見てみましょう。

## リスティングからの流入・改善のステップ

### Step 1. 効果的なキーワードを選定する

#### ■使用ツール「Google 広告」「Yahoo! JAPANスポンサードサーチ」

Google 広告の「キーワードプランナー」や「Google Trends」（Section2-5コラム➡P.106にて詳述）を使ってキーワードを検討します。ここでは「キーワードプランナー」の使用例を説明します。

「キーワードプランナー」とはGoogle 広告の中にある機能で、運用サポートツールの1つです。過去の実績により検索キーワードの予測をすることができますので、リスティングはもちろん、自然検索の流入増加対策ツールとしても使用することができます。さっそく使ってみましょう。

Google 広告のページ（https://ads.google.com/intl/ja_JP/home/）でログインして、❶「ツールと設定」から「キーワードプランナー」を選択します。

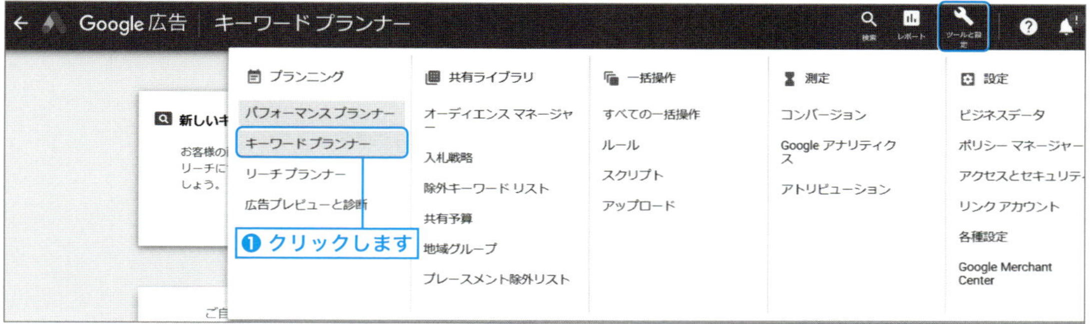


次に使用するメニューを選択しますが、表2-6-5に示すように、大きく３つのメニューがあります。

**表2-6-5 「キーワードプランナー」の主な3つのメニュー**

| | |
|---|---|
| 「新しいキーワードを見つける」内のキーワードから開始 | キーワード候補を検索します。キーワードを入力すると関連するキーワードを選定することが可能です |
| 「新しいキーワードを見つける」内のウェブサイトから開始 | ウェブサイトのURLを入力すると、そのページに関連性が高いキーワードを選定することがが可能です |
| 「検索のボリュームと予測のデータを確認する」 | キーワードを入力すると、そのキーワードの検索回数と関連データを確認することが可能です。CSVファイルをアップロードして一括で探すことも可能です |

❷ここでは「検索のボリュームと予測のデータを確認する」を使ってみましょう。キーワードをいくつか入力し、❸「結果を表示」をクリックします。

結果を確認してみましょう。

| キーワード（関連性の高い順） | 月間平均検索ボリューム | 競合性 | 競合性（インデックス値） | ページ上部に掲載された | ページ上部に掲載された | アカウントのステータス |
|---|---|---|---|---|---|---|
| 指定されたキーワード | | | | | | |
| リノベーション | 1万～10万 | 中 | 52 | ¥108 | ¥395 | |
| リフォーム | 1万～10万 | 高 | 93 | ¥154 | ¥536 | |
| キーワード候補 | | | | | | |
| トイレ リフォーム | 1万～10万 | 高 | 100 | ¥65 | ¥240 | |
| キッチン リフォーム | 1万～10万 | 高 | 100 | ¥67 | ¥254 | |
| トイレ 壁紙 | 1万～10万 | 高 | 95 | ¥11 | ¥153 | |
| 外壁 | 1万～10万 | 高 | 74 | ¥103 | ¥454 | |
| お風呂 リフォーム | 1万～10万 | 高 | 100 | ¥57 | ¥218 | |
| リフォーム 費用 | 1000～1万 | 高 | 68 | ¥92 | ¥300 | |
| マンション リフォーム | 1000～1万 | 高 | 96 | ¥160 | ¥559 | |

表示する項目はオプションで変更できますが、主に使うものを表示しました。左側から「キーワード」「月間検索平均ボリューム」「競合性」「競合性（インデックス値）」「想定入札金額の下限」「想定入札金額の上限」となります。

まず広告で狙うべきキーワードは「検索ボリューム数が多い」「競合性が低い」「入札単価が安い」キーワードになります。その上で該当キーワードが自社に関係するものかを確認してみましょう。今回の例ですと、「リノベーションとは」は競合性が低く、単価も良さそうです。

Google 広告の「キーワードプランナー」を活用する方法を紹介しましたが、最初に調べたいキーワードを探すためには、前Sectionで紹介した「Google Search Console」を利用してみると良いでしょう。どちらもキーワードを把握するためのツールですから、併用を推奨します。

**Hint**

Yahoo!の「スポンサードサーチ」での広告出稿を考えている場合は、Yahoo!が提供している「キーワードアドバイスツール」を使うと良いでしょう。

https://promotionalads.business.yahoo.co.jp/Advertiser/Tools/KeywordAdviceTool

## Step 2. 収益に繋がらないキーワードを特定し、改善方針を決める

### ■使用レポート「集客➡Google 広告➡キーワード」

Google アナリティクスの左のメニューより「**集客➡Google 広告➡キーワード**」と開いてレポートを見てみましょう。

プライマリディメンション: キーワード　広告のコンテンツ

グラフに表示　セカンダリディメンション ▾　並べ替えの種類: デフォルト ▾　アドバンス

| | キーワード | 集客 クリック数 | ❶ 費用 | クリック単価 | セッション | 行動 直帰率 | ページ/セッション | コンバージョン eコマース eコマースのコンバージョン率 | トランザクション数 | ❷ 収益 |
|---|---|---|---|---|---|---|---|---|---|---|
| | | 40,112 全体に対する割合: 80.74% (49,682) | ¥1,404,648 全体に対する割合: 78.57% (¥1,787,804) | ¥35 ビューの平均: ¥36 (-2.69%) | 45,492 全体に対する割合: 11.41% (398,675) | 39.17% ビューの平均: 69.32% (-43.49%) | 6.87 ビューの平均: 3.53 (94.48%) | 0.50% ビューの平均: 0.41% (20.64%) | 227 全体に対する割合: 13.77% (1,649) | ¥4,245,166 全体に対する割合: 14.23% (¥29,828,575) |
| 1. | | 17,460 (43.53%) | ¥601,053 (42.79%) | ¥34 | 19,533 (42.94%) | 35.43% | 7.01 | 0.37% | 73 (32.16%) | ¥1,424,744 (33.56%) |
| 2. | | 1,887 (4.70%) | ¥50,701 (3.61%) | ¥27 | 2,150 (4.73%) | 37.16% | 6.37 | 0.33% | 7 (3.08%) | ¥137,400 (3.24%) |
| 3. | | 1,846 (4.60%) | ¥60,344 (4.30%) | ¥33 | 2,033 (4.47%) | 43.09% | 6.84 | 0.34% | 7 (3.08%) | ¥149,900 (3.53%) |
| 4. | | 1,099 (2.74%) | ¥10,844 (0.77%) | ¥10 | 1,627 (3.58%) | 27.29% | 12.27 | 2.95% | 48 (21.15%) | ¥789,411 (18.60%) |
| 5. | | 791 (1.97%) | ¥36,261 (2.58%) | ¥46 | 868 (1.91%) | 38.36% | 6.32 | 0.35% | 3 (1.32%) | ¥67,800 (1.60%) |
| 6. | | 741 (1.85%) | ¥33,077 (2.35%) | ¥45 | 840 (1.85%) | 41.55% | 5.50 | 0.36% | 3 (1.32%) | ¥38,700 (0.91%) |
| 7. | | 652 (1.63%) | ¥51,007 (3.63%) | ¥78 | 843 (1.85%) | 30.96% | 9.97 | 1.19% | 10 (4.41%) | ¥199,411 (4.70%) |
| 8. | | 535 (1.33%) | ¥33,564 (2.39%) | ¥63 | 580 (1.27%) | 41.03% | 6.40 | 0.52% | 3 (1.32%) | ¥45,800 (1.08%) |
| 9. | | 526 (1.31%) | ¥25,784 (1.84%) | ¥49 | 598 (1.31%) | 42.14% | 6.48 | 0.67% | 4 (1.76%) | ¥76,200 (1.79%) |
| 10. | | 508 (1.27%) | ¥30,934 (2.20%) | ¥61 | 567 (1.25%) | 37.57% | 6.06 | 0.18% | 1 (0.44%) | ¥19,800 (0.47%) |

ここでは、キーワードごとに❶費用と❷収益を比較してみます。画面上部より❸「**エクスポート➡Excel(XLSX)**」ボタンをクリックします。

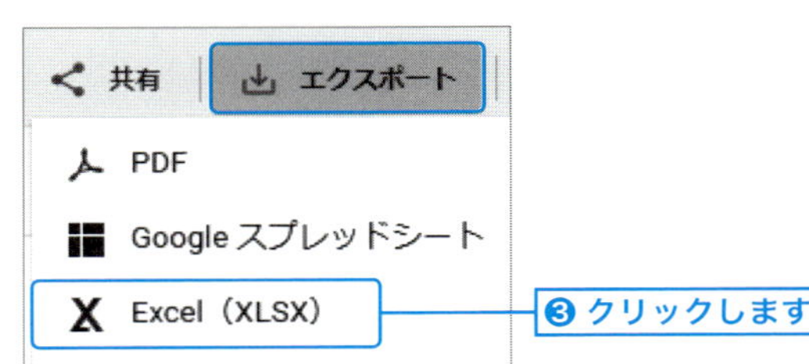

ダウンロードしたExcelファイルを開き、❹**「収益ー費用」**という数式で利益を計算します。

| | A | B | C | D | E | F | G | H | I | J | K |
|---|---|---|---|---|---|---|---|---|---|---|---|
| 1 | キーワード | クリック数 | 費用 | クリック単価 | セッション | 直帰率 | ページ/セッション | e コマースのコンバージョン率 | トランザクション数 | 収益 | 利益（収益－費用） |
| 2 | | 17460 | ¥601,053 | ¥34 | 19533 | 35.43% | 7.01 | 0.37% | 73 | 1424744.00 | =J2-C2 |
| 3 | | 1887 | ¥50,701 | ¥27 | 2150 | 37.16% | 6.37 | 0.33% | 7 | 137400.00 | ¥86,699 |
| 4 | | 1846 | ¥60,344 | ¥33 | 2033 | 43.09% | 6.84 | 0.34% | 7 | 149900.00 | ¥89,556 |
| 5 | | 1099 | ¥10,844 | ¥10 | 1627 | 27.29% | 12.27 | 2.95% | 48 | 789411.00 | ¥778,567 |
| 6 | | 791 | ¥36,261 | ¥46 | 868 | 38.36% | 6.32 | 0.35% | 3 | 67800.00 | ¥31,539 |
| 7 | | 741 | ¥33,077 | ¥45 | 840 | 41.55% | 5.50 | 0.36% | 3 | 38700.00 | ¥5,623 |
| 8 | | 652 | ¥51,007 | ¥78 | 843 | 30.96% | 9.97 | 1.19% | 10 | 199411.00 | ¥148,404 |
| 9 | | 535 | ¥33,564 | ¥63 | 580 | 41.03% | 6.40 | 0.52% | 3 | 45800.00 | ¥12,236 |
| 10 | | 526 | ¥25,784 | ¥49 | 598 | 42.14% | 6.48 | 0.67% | 4 | 76200.00 | ¥50,416 |
| 11 | | 508 | ¥30,934 | ¥61 | 567 | 37.57% | 6.06 | 0.18% | 1 | 19800.00 | ¥-11,134 |

❹ 計算式を入力します

※具体的には「K2セル=J2-C2」と入力しました。K列はK2セルの数式をコピーしています。
※K1には列名「利益（収益ー費用）」と書きました。

その計算結果をもとにグラフを作成すると、わかりやすくなります。ここでは、A列とK列を別のシートに書き出し、グラフにしました。

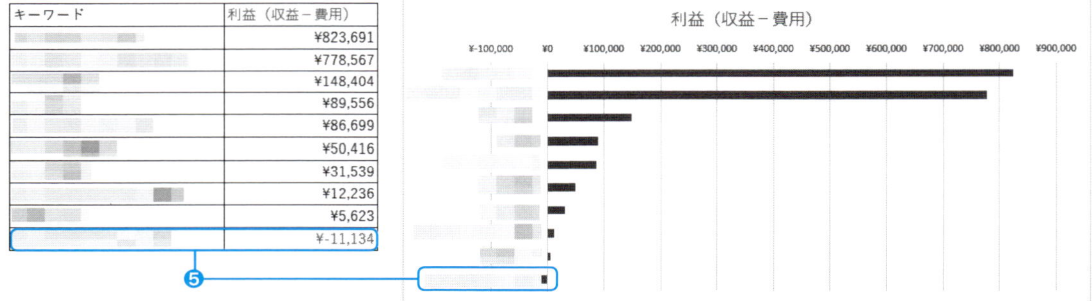

| キーワード | 利益（収益－費用） |
|---|---|
| | ¥823,691 |
| | ¥778,567 |
| | ¥148,404 |
| | ¥89,556 |
| | ¥86,699 |
| | ¥50,416 |
| | ¥31,539 |
| | ¥12,236 |
| | ¥5,623 |
| | ¥-11,134 |



これらを見ると、上位2つのキーワードは大きな利益が出ています。それに対して、❺一番下のキーワードは収益より費用のほうが高い「赤字」のキーワードとなります。このようなキーワードは出稿を取りやめる、入札単価を下げる、クリエイティブやランディングページを見直すなどの改善策が必要となります。

1流入あたりの利益を確認したい場合は**利益（K列）÷クリック数（B列）**、コンバージョンあたりの利益を確認したい場合は**利益（K列）÷トランザクション数（I列）**の計算をして確認しましょう。

リスティング広告は自然検索と違い、考えなければいけない指標が増え、自ら出稿するためキーワード・タイトル・説明文・ランディングページをコントロールするという運用が大切です。

低予算から試すことができ（かつすぐに開始・停止でき）、検索エンジンからの能動的なユーザーの流入が多いのがリスティングの特徴です。有料で集客を行うのであれば、まずはリスティングからチャレンジすることをオススメします。

Section 他のサイトから来るユーザーを増やしたい！

# 2-7 参照ドメインからの流入を分析して改善する

使用レポート ▶▶▶集客 ➡ すべてのトラフィック ➡ チャネル

このSectionでは他サイトから流入したユーザーの分析方法について説明します。他サイトから来るユーザーは流入元のサイトのどんなページで紹介されたか？どんな文脈で紹介されたか？があなたのサイト内での行動に影響を及ぼします。流入元のサイトを丁寧に見に行くことが大事です。

## 参照ドメイン流入の特徴

あるサイトを閲覧している時に、興味のあるリンクが目に飛び込んで、別のサイトに遷移することはありませんか？　そのようなユーザーがチャネル「Referral」から流入する訪問です。「ユーザーがどんな文脈でどんなリンクに興味を持ったか？」を確認し、施策につなげることが大事です。

流入元「Referral」で表示されるのは、他サイトごとの流入回数です。

表2-7-1 Referralのポイント

| チャネル名称 | Referral | | |
|---|---|---|---|
| 流入元 | 他サイトからの流入 | | |
| 有料・無料 | 無料 | キャンペーン設定（Section2-2➡P.70） | 不要（他サイトに広告掲載する場合は設定。ただしその場合は広告に分類される） |
| ユーザー特徴 | 関連するサイトを回遊するため、内容に興味があり調べているユーザー。「流入元のページでどんな文脈で紹介されているか？」「サイトの内容に興味があるか？」などによって、ユーザーの意欲は大きく左右されます | | |
| 分析・改善に併用するツール | | | GA接続 |
| あ | Yahoo!ニュース Insights<br>※URLはやアカウントは契約したサイトに通知されます | | × |
| い | Gunosy Insight<br>※URLはアカウントは契約したサイトに通知されます | | × |

※Google アナリティクスを「GA」と略しています。
※「あ」「い」はニュースやコラムをポータルサイトなどの別のWebサービスに配信（コンテンツ提供）しており、提供した先のサイトで解析ツールを提供しているものの一例です。

## Referralとなるリンクの例

図2-7-1はアナリティクス アソシエーション（http://a2i.jp/）のサイトに貼っていただいた、筆者のブログへのリンクの例です。

**図2-7-1 サイト内リンク**

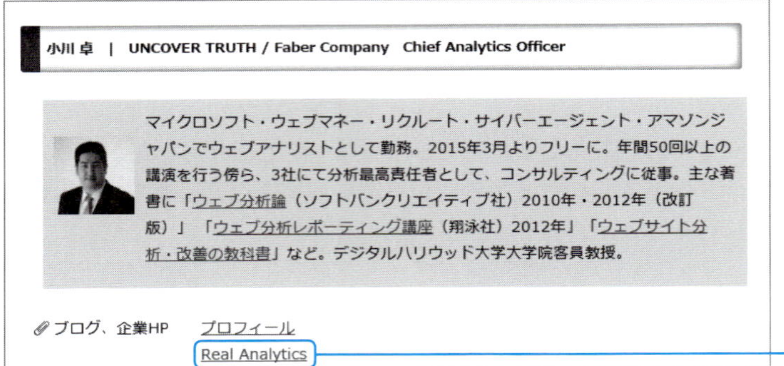


また、図2-7-2はあるニュースメディアに対するYahoo!ニュース アプリからのリンクの例です。

**図2-7-2 ニュースメディアからの流入**

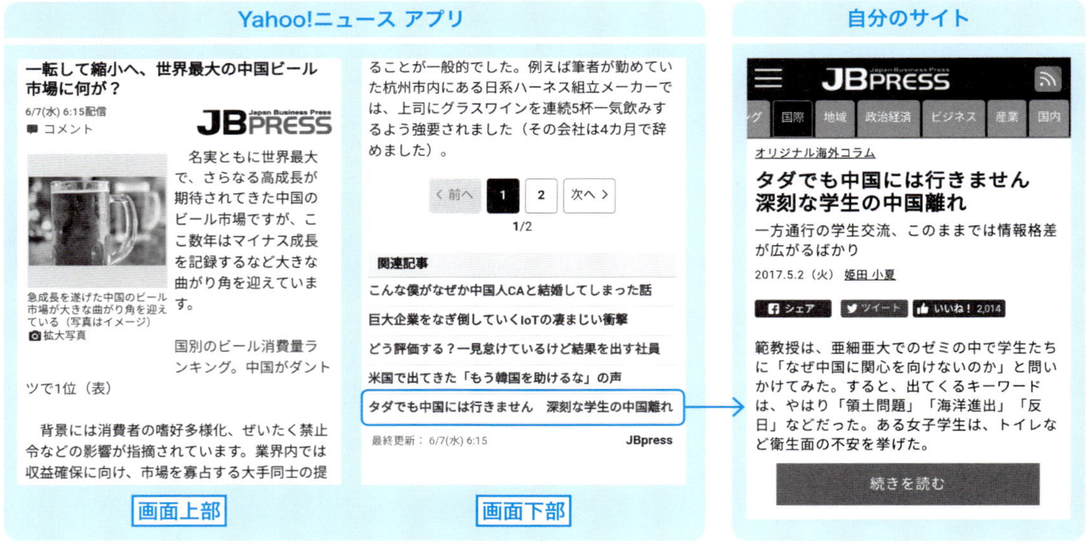


### ■参照ドメインの例

メディアは、検索エンジンやソーシャルネットワークなどのサイトを除き、あらゆるWebサイトが対象となります。

- ブログ
- コーポレートサイト
- ポータルサイト
- ニュースサイト

## 改善の考え方

参照サイトからの流入を改善する際には、他サイトで提供するツールを確認することも大事ですが、気付きを発見するためには実際に流入元を自分の目で確認することが大切です。「あるサイト・文脈で紹介された場合にユーザーがたくさん流入して来た」などの事実が確認できれば、同様のリンクを多く貼っていただくよう流入元のサイトと交渉する、などの施策に繋げていきます。

**表2-7-2 併用するツール**

| 分析・改善に併用するツール | | 用途 | GA接続 |
|---|---|---|---|
| あ | Yahoo!ニュース Insights<br>※URLやアカウントは契約したサイトに通知されます | Yahoo!ニュースに配信した記事が「Yahoo!ニュースの画面上でどのくらい閲覧されているか？」、また「関連リンク（自サイトへのリンク）がクリックされたか？」などを調べることができます。1分ごとに更新されるリアルタイム機能も付いています | × |
| い | Gunosyインサイト<br>※URLやアカウントは契約したサイトに通知されます | Gunosyに配信した記事が「Gunosyの画面上でどのくらい閲覧されているか？」、また「収益がどのくらい上がっているか？」を確認できます | × |

**表2-7-3 指標と計測ツール**

| NO. | 改善指標 | 確認できるツールなど |
|---|---|---|
| 1 | 流入元サイトの閲覧数 | 「あ」「い」などの外部ツール |
| 2 | 流入元サイト、ページ | GA |
| 3 | リンク名、表示タイトル | なし（実際にリンクが貼られているサイトを見に行きます） |
| 4 | ランディングページ | GA |
| 5 | 流入数 | GA |
| 6 | 離脱率 | GA |
| 7 | コンバージョン数 | GA |

※Google アナリティクスを「GA」と略しています。

## 参照サイトからの流入・改善のステップ

「Referral」のレポートではURLまで分析できますので、通常はリンクの貼られたページまで特定することが可能です。流入元のランキングを確認した後、URLを把握してページを確認しに行きましょう。

### Step 1. 参照元ごとの特徴を発見する

#### ■使用レポート「集客➡すべてのトラフィック➡チャネル」

「**集客➡すべてのトラフィック➡チャネル**」のレポートにアクセスしたら、表にある「Referral」の文字列をクリックすると、参照元の一覧を見ることが可能です。

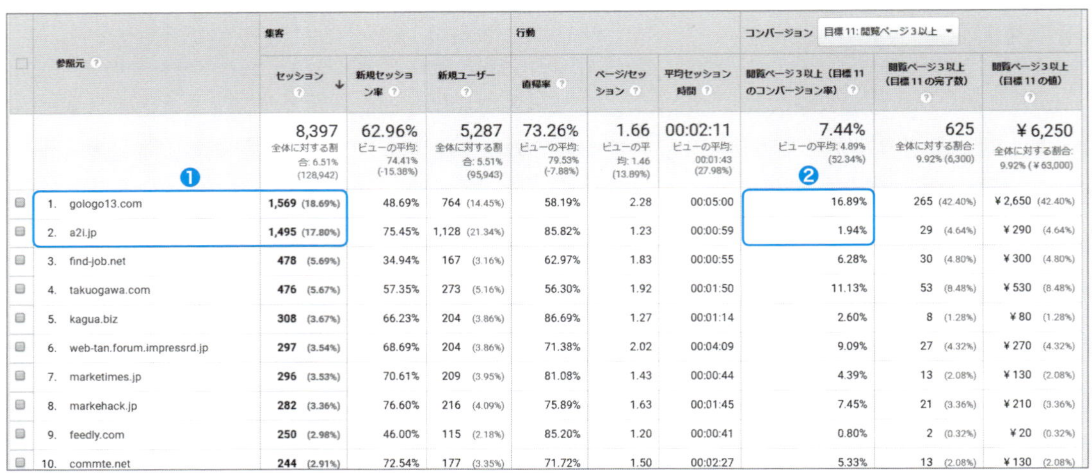

| 参照元 | 集客: セッション | 新規セッション率 | 新規ユーザー | 行動: 直帰率 | ページ/セッション | 平均セッション時間 | コンバージョン 目標 11: 閲覧ページ3以上: 閲覧ページ3以上（目標 11 のコンバージョン率） | 閲覧ページ3以上（目標 11 の完了数） | 閲覧ページ3以上（目標 11 の値） |
|---|---|---|---|---|---|---|---|---|---|
| | 8,397 全体に対する割合: 6.51% (128,942) | 62.96% ビューの平均: 74.41% (-15.38%) | 5,287 全体に対する割合: 5.51% (95,943) | 73.26% ビューの平均: 79.53% (-7.88%) | 1.66 ビューの平均: 1.46 (13.89%) | 00:02:11 ビューの平均: 00:01:43 (27.98%) | 7.44% ビューの平均: 4.89% (52.34%) | 625 全体に対する割合: 9.92% (6,300) | ¥6,250 全体に対する割合: 9.92% (¥63,000) |
| 1. gologo13.com | 1,569 (18.69%) | 48.69% | 764 (14.45%) | 58.19% | 2.28 | 00:05:00 | 16.89% | 265 (42.40%) | ¥2,650 (42.40%) |
| 2. a2i.jp | 1,495 (17.80%) | 75.45% | 1,128 (21.34%) | 85.82% | 1.23 | 00:00:59 | 1.94% | 29 (4.64%) | ¥290 (4.64%) |
| 3. find-job.net | 478 (5.69%) | 34.94% | 167 (3.16%) | 62.97% | 1.83 | 00:00:55 | 6.28% | 30 (4.80%) | ¥300 (4.80%) |
| 4. takuogawa.com | 476 (5.67%) | 57.35% | 273 (5.16%) | 56.30% | 1.92 | 00:01:50 | 11.13% | 53 (8.48%) | ¥530 (8.48%) |
| 5. kagua.biz | 308 (3.67%) | 66.23% | 204 (3.86%) | 86.69% | 1.27 | 00:01:14 | 2.60% | 8 (1.28%) | ¥80 (1.28%) |
| 6. web-tan.forum.impressrd.jp | 297 (3.54%) | 68.69% | 204 (3.86%) | 71.38% | 2.02 | 00:04:09 | 9.09% | 27 (4.32%) | ¥270 (4.32%) |
| 7. marketimes.jp | 296 (3.53%) | 70.61% | 209 (3.95%) | 81.08% | 1.43 | 00:00:44 | 4.39% | 13 (2.08%) | ¥130 (2.08%) |
| 8. markehack.jp | 282 (3.36%) | 76.60% | 216 (4.09%) | 75.89% | 1.63 | 00:01:45 | 7.45% | 21 (3.36%) | ¥210 (3.36%) |
| 9. feedly.com | 250 (2.98%) | 46.00% | 115 (2.18%) | 85.20% | 1.20 | 00:00:41 | 0.80% | 2 (0.32%) | ¥20 (0.32%) |
| 10. commte.net | 244 (2.91%) | 72.54% | 177 (3.35%) | 71.72% | 1.50 | 00:02:27 | 5.33% | 13 (2.08%) | ¥130 (2.08%) |



❶セッションは「gologo13.com」と「a2i.jp」の上位2サイトが全体の35%を占めていることがわかります。この流入に対して、コンバージョン率の違いを見てみると、大きな開きがあることがわかります。❷「gologo13.com」は16.89%、「a2i.jp」は1.94%となっています。このように流入が多い参照元、成果に繋がっている参照元をまずは特定しましょう。そして原因や気付きを発見するために内訳を見ていきます。

## Step 2. 特定参照元の参照URLを見てページを確認する

コンバージョン率が高い「gologo13.com」ではどこから流入が多いのか。「gologo13.com」のリンクをクリックすると、❸URL単位での流入を見ることができます。内訳を見てみたところ、ほぼ1つの記事からの流入となっていました。

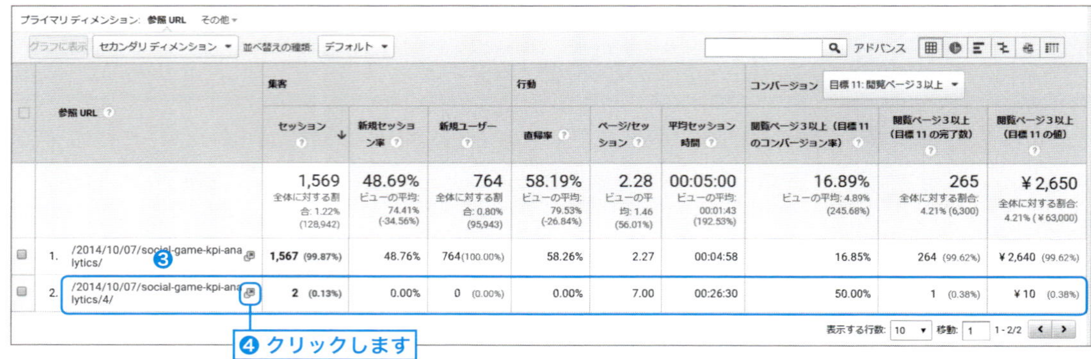

プライマリディメンション: 参照 URL その他
グラフに表示 セカンダリディメンション 並べ替えの種類: デフォルト アドバンス

| 参照 URL | 集客: セッション | 新規セッション率 | 新規ユーザー | 行動: 直帰率 | ページ/セッション | 平均セッション時間 | コンバージョン 目標 11: 閲覧ページ3以上: 閲覧ページ3以上（目標 11 のコンバージョン率） | 閲覧ページ3以上（目標 11 の完了数） | 閲覧ページ3以上（目標 11 の値） |
|---|---|---|---|---|---|---|---|---|---|
| | 1,569 全体に対する割合: 1.22% (128,942) | 48.69% ビューの平均: 74.41% (-34.56%) | 764 全体に対する割合: 0.80% (95,943) | 58.19% ビューの平均: 79.53% (-26.84%) | 2.28 ビューの平均: 1.46 (56.01%) | 00:05:00 ビューの平均: 00:01:43 (192.53%) | 16.89% ビューの平均: 4.89% (245.68%) | 265 全体に対する割合: 4.21% (6,300) | ¥2,650 全体に対する割合: 4.21% (¥63,000) |
| 1. /2014/10/07/social-game-kpi-analytics/ | 1,567 (99.87%) | 48.76% | 764 (100.00%) | 58.26% | 2.27 | 00:04:58 | 16.85% | 264 (99.62%) | ¥2,640 (99.62%) |
| 2. /2014/10/07/social-game-kpi-analytics/4/ | 2 (0.13%) | 0.00% | 0 (0.00%) | 0.00% | 7.00 | 00:26:30 | 50.00% | 1 (0.38%) | ¥10 (0.38%) |

表示する行数: 10 移動: 1 1 - 2/2



❹URLに横にあるアイコンをクリックすると、❺URLが表示されページを確認することができます。

❺ 該当ページが表示されます

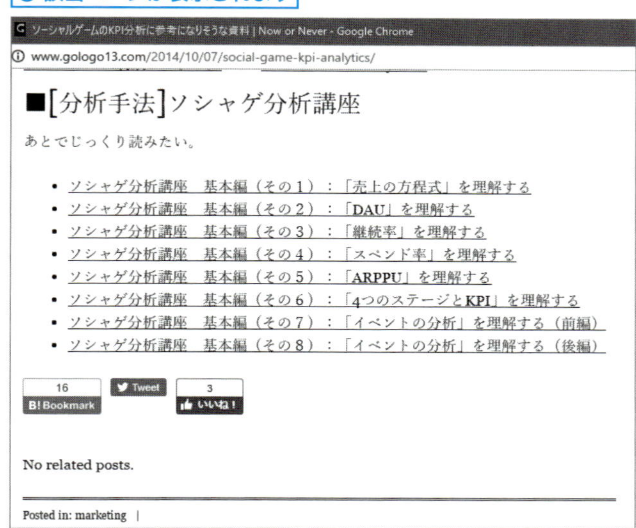


2014年の記事ですが、まとめて連載記事へのリンクを貼っていただいたおかげで、複数の記事を閲覧してくれているようです。その結果がコンバージョン率（訪問時3ページ以上閲覧）に繋がっています。このように一括で紹介してもらうために、リンクを一括で貼れるHTMLソースを用意しても良いかもしれません。続いて、「a2i.jp」の方も見てみましょう（下図）。

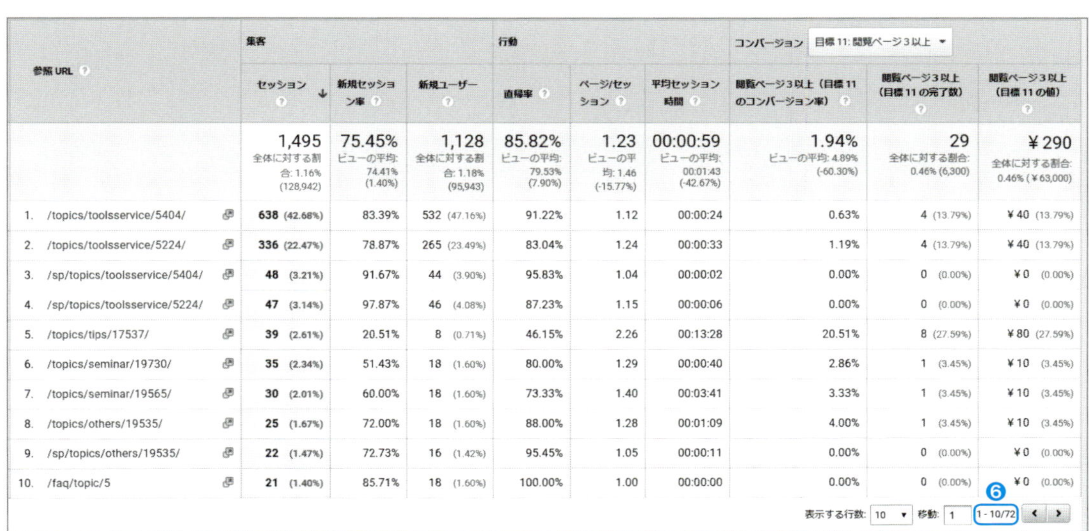

| 参照 URL | 集客: セッション | 新規セッション率 | 新規ユーザー | 行動: 直帰率 | ページ/セッション | 平均セッション時間 | コンバージョン 目標 11: 閲覧ページ３以上: 閲覧ページ３以上（目標 11 のコンバージョン率） | 閲覧ページ３以上（目標 11 の完了数） | 閲覧ページ３以上（目標 11 の値） |
|---|---|---|---|---|---|---|---|---|---|
| | 1,495 全体に対する割合: 1.16% (128,942) | 75.45% ビューの平均: 74.41% (1.40%) | 1,128 全体に対する割合: 1.18% (95,943) | 85.82% ビューの平均: 79.53% (7.90%) | 1.23 ビューの平均: 1.46 (-15.77%) | 00:00:59 ビューの平均: 00:01:43 (-42.67%) | 1.94% ビューの平均: 4.89% (-60.30%) | 29 全体に対する割合: 0.46% (6,300) | ¥290 全体に対する割合: 0.46% (¥63,000) |
| 1. /topics/toolsservice/5404/ | 638 (42.68%) | 83.39% | 532 (47.16%) | 91.22% | 1.12 | 00:00:24 | 0.63% | 4 (13.79%) | ¥40 (13.79%) |
| 2. /topics/toolsservice/5224/ | 336 (22.47%) | 78.87% | 265 (23.49%) | 83.04% | 1.24 | 00:00:33 | 1.19% | 4 (13.79%) | ¥40 (13.79%) |
| 3. /sp/topics/toolsservice/5404/ | 48 (3.21%) | 91.67% | 44 (3.90%) | 95.83% | 1.04 | 00:00:02 | 0.00% | 0 (0.00%) | ¥0 (0.00%) |
| 4. /sp/topics/toolsservice/5224/ | 47 (3.14%) | 97.87% | 46 (4.08%) | 87.23% | 1.15 | 00:00:06 | 0.00% | 0 (0.00%) | ¥0 (0.00%) |
| 5. /topics/tips/17537/ | 39 (2.61%) | 20.51% | 8 (0.71%) | 46.15% | 2.26 | 00:13:28 | 20.51% | 8 (27.59%) | ¥80 (27.59%) |
| 6. /topics/seminar/19730/ | 35 (2.34%) | 51.43% | 18 (1.60%) | 80.00% | 1.29 | 00:00:40 | 2.86% | 1 (3.45%) | ¥10 (3.45%) |
| 7. /topics/seminar/19565/ | 30 (2.01%) | 60.00% | 18 (1.60%) | 73.33% | 1.40 | 00:03:41 | 3.33% | 1 (3.45%) | ¥10 (3.45%) |
| 8. /topics/others/19535/ | 25 (1.67%) | 72.00% | 18 (1.60%) | 88.00% | 1.28 | 00:01:09 | 4.00% | 1 (3.45%) | ¥10 (3.45%) |
| 9. /sp/topics/others/19535/ | 22 (1.47%) | 72.73% | 16 (1.42%) | 95.45% | 1.05 | 00:00:11 | 0.00% | 0 (0.00%) | ¥0 (0.00%) |
| 10. /faq/topic/5 | 21 (1.40%) | 85.71% | 18 (1.60%) | 100.00% | 1.00 | 00:00:00 | 0.00% | 0 (0.00%) | ¥0 (0.00%) |

表示する行数: 10　移動: 1　❻ 1 - 10/72

様々なページからリンクを貼っていただいています。❻右下のカウントを見ると「72ページ」あります。実際にページを確認すると、記事更新時にリンクを貼っていただいています。そのため基本的には単体の記事紹介となるため、3ページ以上閲覧というコンバージョンの観点で見ると、達成率が低くなってしまいます。しかし、サイトを知っていただく良いきっかけにはなっているので、今後も継続的な紹介を期待したいところです。

このように**参照サイトに関しては実際にページを見に行き気付きを発見することが大切**です。どのように皆さんの商品やサービスを紹介してくれるとサイトへの流入があり、そこから直帰せずにサイト内遷移やコンバージョンをしてくれるのか。自分たちの商品やサービスを想像していた内容とは違った切り口で紹介されており、それが興味関心をもたらしている可能性もあります。

筆者も以前、参照サイトを見に行き、そこで気に入った説明を「メルマガの件名やチラシのキャッチコピーとして使うのはどうか？」という提案をしました。参照サイトをすぐに閉じず、よく観察して気付きを発見することで、ユーザーの購買フローで活用できる可能性があります。アクセス解析ではデータに基づく気付きを発見する分野ですが、このような定性的な気付きもぜひ発見して、改善施策に活かしましょう。



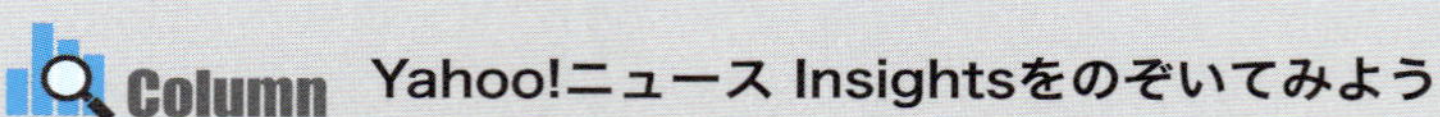

## Column Yahoo!ニュース Insightsをのぞいてみよう

例えばニュース配信社がYahoo!ニュースに記事を提供している場合、Yahoo!ニュースのサイト内（つまり外部のサイト内）で「どのくらい記事が読まれたか？」、また「どのリンクのCTR（クリック率）が良かったか？」などの情報を提供するツールを利用できます。図2-7-Aはあるニュースメディアの「記事一覧」の画面です。

**図2-7-A Yahoo!ニュース Insightsの画面**

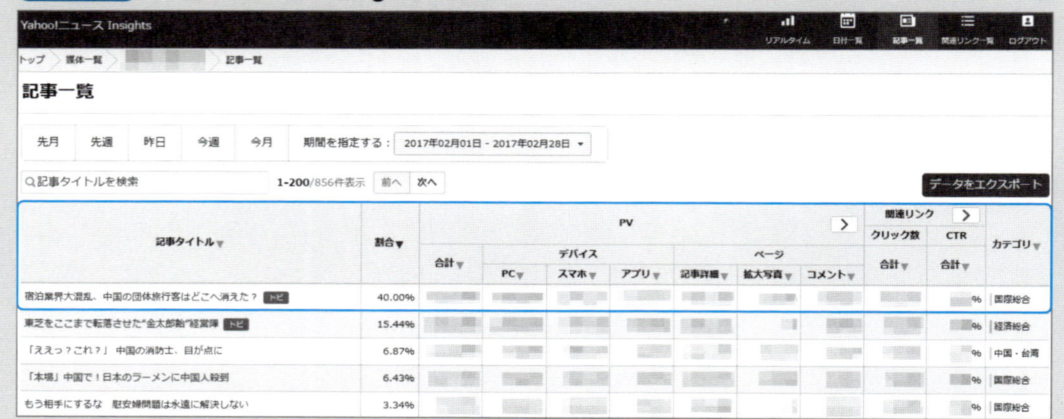

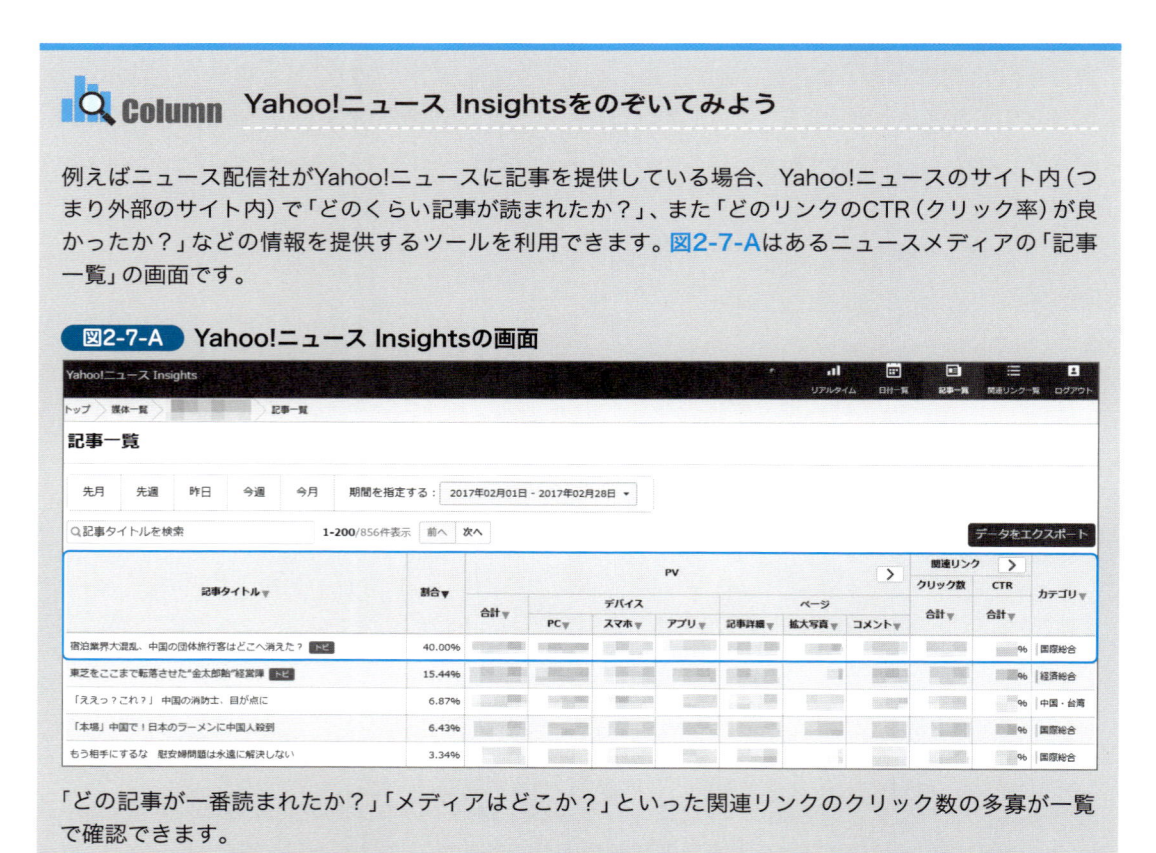

「どの記事が一番読まれたか？」「メディアはどこか？」といった関連リンクのクリック数の多寡が一覧で確認できます。

※「トピ」というマークはYahoo! JAPANトップページの「トピックス欄」に掲載されたことを示します。

次ページへ続く

さらに、図2-7-Bは「関連リンク一覧」の画面です。

**図2-7-B Yahoo!ニュース Insightsの関連リンク一覧**

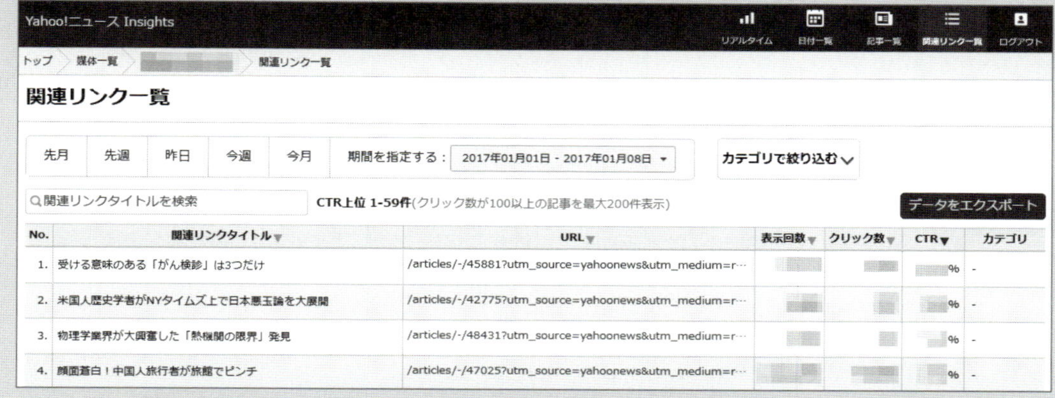

Yahoo!ニュース Insights
リアルタイム 日付一覧 記事一覧 関連リンク一覧 ログアウト
トップ 媒体一覧 関連リンク一覧

関連リンク一覧

先月 先週 昨日 今週 今月 期間を指定する：2017年01月01日 - 2017年01月08日 カテゴリで絞り込む

関連リンクタイトルを検索 **CTR上位 1-59件**(クリック数が100以上の記事を最大200件表示) データをエクスポート

| No. | 関連リンクタイトル | URL | 表示回数 | クリック数 | CTR | カテゴリ |
|---|---|---|---|---|---|---|
| 1. | 受ける意味のある「がん検診」は3つだけ | /articles/-/45881?utm_source=yahoonews&utm_medium=r… | [illegible] | [illegible] | [illegible]% | - |
| 2. | 米国人歴史学者がNYタイムズ上で日本悪玉論を大展開 | /articles/-/42775?utm_source=yahoonews&utm_medium=r… | [illegible] | [illegible] | [illegible]% | - |
| 3. | 物理学業界が大興奮した「熱機関の限界」発見 | /articles/-/48431?utm_source=yahoonews&utm_medium=r… | [illegible] | [illegible] | [illegible]% | - |
| 4. | 顔面蒼白！中国人旅行者が旅館でピンチ | /articles/-/47025?utm_source=yahoonews&utm_medium=r… | [illegible] | [illegible] | [illegible]% | - |

記事に貼られた自サイトへのリンクの表示回数、クリック数、CTRを確認できます。
このように、外部サイトからインサイトなどで詳細な情報が提供されている場合は、「関連リンクをCTRの高いものに置き換えていく」などの施策を講じて、流入量を伸ばしていくことができます。

Section 狙ったターゲット層に広告を出稿し、効果を確認したい！

# 2-8 広告からの流入を分析して改善する

使用レポート ▶▶▶ 集客 ➡ キャンペーン

広告をクリックしてサイトに来るユーザーを増やす際、施策は出稿する金額を増やすことだけではありません。「どんな媒体に・どんなクリエイティブで・どんなランディングページで？」など、効果に直結する広告を効率よく出稿する方法を考えます。



## 広告流入チャネルの特徴

**広告の流入を計測するデフォルトチャネルは「Paid Search」の他に、「Display」「Affiliates」「Other Advertising」の3つがあります**。流入元「Display」は、Google 広告の「ディスプレイネットワーク」などの流入を計測するチャネルです。「Affiliates」はアフィリエイト広告、「Other Advertising」はその他の広告流入を計測します。ソーシャルメディアでの広告出稿も広告パラメータを付与していた場合は、広告の中に含まれます（付与していない場合はSocialに分類されます）。

表2-8-1 広告流入の分析ポイント

| チャネル名称 | Display、Affiliates、Other Advertising | | |
|---|---|---|---|
| 流入元 | ・Display：Google 広告の「ディスプレイネットワーク」の流入を計測<br>・Affiliates：アフィリエイト広告の流入を計測<br>・Other Advertising：その他の広告の流入を計測 | | |
| 有料・無料 | 有料 | キャンペーン設定（Section2-2➡P.70） | 必要（Google 広告の「ディスプレイネットワーク」は不要） |
| ユーザー特徴 | ユーザーの特徴は広告の種類によって様々です。大きく潜在層向けと顕在層向けに分けて説明します。潜在層向けの広告については、「今までサイトのことを知らなかった」新規のお客様や見込み客を対象としたものですので、その分、サイトに入ってきてすぐ直帰する可能性も高くなります。初めて来た方にもわかりやすくサイトのことを説明し、コンバージョンさせるためのランディングページが重要になってきます。<br>一方、顕在層向けの広告としては、すでに興味のあるユーザーになりますので、広告配信対象者の適切なターゲティングや、コンバージョンに近い商品やキャンペーンへの誘導が大切です。<br>※後述する「広告の種類と評価指標」もあわせて参照してください（➡P.130）。 | | |
| 分析・改善に併用するツール | | | GA接続 |
| あ | Google 広告　https://adwords.google.com/ | | ○ |
| い | Facebook広告マネージャ<br>https://www.facebook.com/business/products/ads | | × |
| う | Twitter 広告マネージャー　https://ads.twitter.com/ | | × |

※他、各種広告提供元が提供する出稿ツールおよびログ確認ツールを使用します。
※Google 広告で広告を出稿する場合は、Section2-6➡P.110を参考に、Google 広告と接続することでGoogle アナリティクスのレポートで見られるデータが多くなります。

## ディスプレイ広告

特定サイトの特定場所を指定して広告を配信する方式です。「Yahoo ！ディスプレイネットワーク（YDN）」や「Googleディスプレイネットワーク（GDN）」「フリークアウト」「マイクロアド」などのシステムに広告の情報を登録し出稿します。配信条件やターゲティングを行うことができるのが特徴です。そのため広告出稿したら終わるのではなく、運用をする必要があります（そのため「運用型広告」と呼ばれることもあります）。ディスプレイ広告は動画・画像・テキストなど様々な形態での広告出稿が可能です。

以下はあるメディアサイトですが、枠で囲んだ部分がディスプレイ広告のエリアになります。

**図2-8-1** メディアサイトに表示されたディスプレイ広告

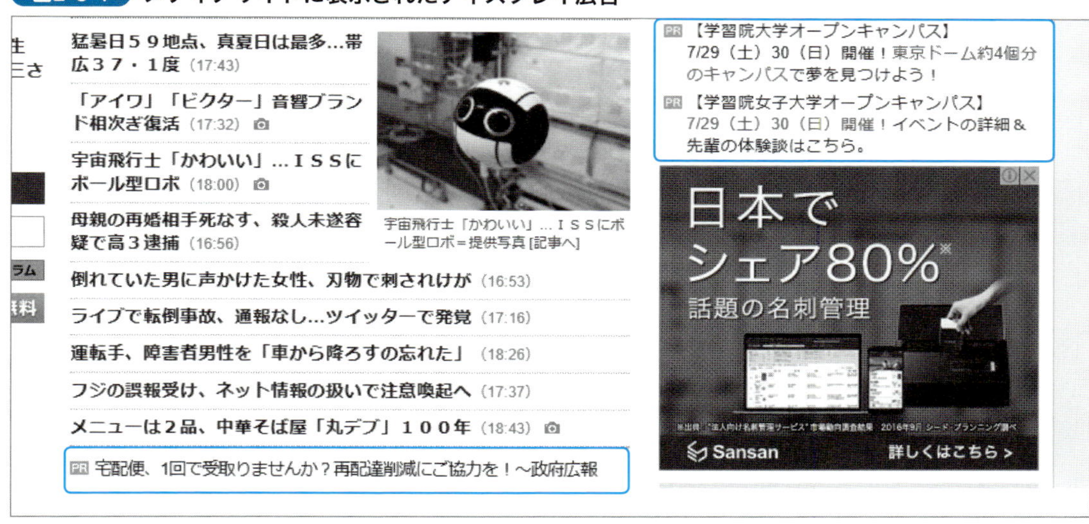


広告出稿は自ら各ツール内で設定することも可能ですし、広告代理店などを通じて行う事もできます。予算規模・人的リソースなどによって運用の仕方は変わってきます。

広告主（あるいは代理店）が広告出稿のために利用するツールをDSP（Demand Side Platform）と呼びます。ターゲットや予算を設定し、バナーを入稿すれば、あらかじめプログラミングされたロジックで各ネットワークに入札し、オークション形式で広告を配信する権利を確定して広告を配信します。その処理は非常にわずかな時間（0.1秒など）で行われます。

簡単で効率的な運用が可能ですが、各DSPの入札および配信ロジックや配信メディアを束ねるSSP（Supply Side Platform）が管理するメディアの内容やSSP側の広告選択ロジックなどをあらかじめ確認する必要があります。広告配信の仕組みやロジックなどを詳しく知りたい方は、拙書『あなたのアクセスはいつも誰かに見られている』（扶桑社）をお読みください。

## ソーシャル広告

こちらもディスプレイ広告の一種です。広告の出稿は各ソーシャルメディアでの広告出稿画面にて行います。代表的なものはFacebook、Twitter、LinkedIn、Instagramなどです。ソーシャル広告でも配信者のターゲティングを細かく行えます。以下の画像はFacebook広告の設定画面で、広告配信対象者を選ぶ箇所です。地域・年齢・性別・詳細ターゲットなどを設定可能です。

**図2-8-2** ソーシャル広告の出稿

## 純広告

特定のページの特定の枠に表示する広告です。ターゲティングなどはできませんが、掲載場所や表示回数などが保証されるといったメリットがあります。オフラインで今まで新聞・雑誌等で行われていた広告と似ています。以前は純広告が主流でしたが、ターゲティングなどが利用できることから、今はディスプレイ広告が主流となっています。主に新聞社やポータルサイト、メディアサイトで現在も提供されています。

## アフィリエイト広告

アフィリエイト広告とは、Webページやメールマガジンなどの広告媒体から広告主のWebサイトなどへリンクを貼り、媒体を閲覧した人がそのリンクを経由して広告主のサイトでコンバージョンすると、媒体運営者に一定の料率に従って報酬が支払われる仕組みです。広告主から見た場合支払いが表示やクリックではなく、コンバージョン時のみに発生するため、利益を出しやすい（費用対効果が良い）広告媒体になります。

「Amazonアソシエイト」や「楽天アフィリエイト」のように広告主がアフィリエイトの仕組みを提供するケース、「a8.net」「リンクシェア」など様々な広告主の広告案件をまとめ、ユーザーがその中から広告したい広告主の商品を選んで掲載する「ASP（アフィリエイトサービスプロバイダー）」という仕組みがあります。企業が自社商品の広告を紹介者（アフィリエイターと言います）に紹介してもらいたい場合は、ASPに自社商品やサービスを登録することになります。

以下は筆者のブログで、右側で拙書を「Amazonアソシエイト」を使って紹介しています。このリンクをクリックして書籍が売れた場合、私に一定の料率（書籍価格の数%程度）の金額が振り込まれます。

**図2-8-3 アフィリエイト広告**

広告は多種多様な形式があり、全てを同時に行うのは予算や手間なども考えると大変です。獲得をしたいユーザーを定義した上で、予算にあった広告を選択していきましょう。

## 広告の成果は、潜在層向けと顕在層向けを分けて考える

Paid Searchを除く広告には、**顕在層向けと潜在層向けの広告**があります（図2-8-4）。大半は、潜在層向け広告となり、「今までサイトのことを知らなかった」新規のお客様や見込み客へのサイトや商品の認知拡大や呼び込みを目的としたものです。また「年齢」「性別」「属性」などを絞り込んで配信する「ターゲティング広告」も増えています。さらに、効率よく成果を出したい場合は、一度サイトに来たユーザーをリスト化し、広告を配信するリマーケティング広告などと呼ばれるものもあります。もちろん、これも顕在層向けの広告です。

図2-8-4 潜在層・顕在層に応じた広告出稿

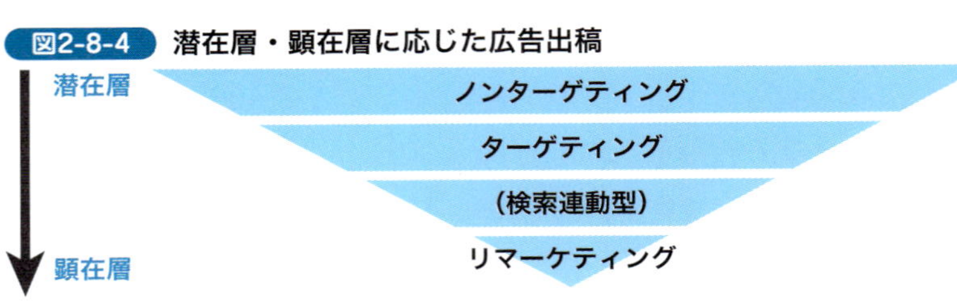


すぐにコンバージョンなどの成果を出したい場合は、顕在客向けの広告が効率的です。Googleでは「リマーケティング」、Yahoo!では「サイトリターゲティング」などと呼ばれている広告が、顕在層向け広告となります。

これらの広告の種類ごとに、どのような目的を達成するために適切な出稿を行うべきか評価指標をまとめると、表2-8-2のようになります。

表2-8-2 広告の種類と評価指標

| 対象 | 種類 | 説明 | 目的（評価指標） |
|---|---|---|---|
| 潜在 | ノンターゲティング | 対象の絞り込みを行わない広告 | サイトや商品名の**認知** |
| | ターゲティング | ・**カテゴリターゲット、コンテンツターゲット**<br>サイトのカテゴリを指定<br>・**プレースメントターゲット**<br>掲出場所の指定（指定のキーワードが使われている箇所のみなど）<br>・**地域、属性ターゲット**<br>年齢性別などの属性・地域の指定<br>・**インタレストカテゴリ**<br>ユーザーの興味や関心などを指定<br>・**オーディエンスターゲット**<br>サイト（他の複数のサイト）の訪問ログを指定<br>・**サーチターゲット**<br>検索傾向を指定 | サイト訪問（流入） |
| 顕在 | 検索連動型<br>（Paid search） | 興味のあるキーワードを入力してサイトを探しているユーザーに表示する（2-6➡**P.108**） | サイト訪問（流入）、<br>コンバージョン |
| | リマーケティング | 以前にサイトを訪問したユーザーに対して表示する | **コンバージョン** |

このように対象とするユーザーが潜在層か顕在層か全く異なる広告に出稿した場合、「顕在層向けのリマーケティング広告だけがコンバージョンに有用で、他は全く役立たなかった」などの一元

的な考察を導くのは誤りです。潜在層にアプローチした場合は、コンバージョンが発生しなくても「サイトや商品の認知に貢献したか？」という観点（例えば、自然検索でサイトや商品名の検索による流入が増えた）などの成果を重視していく必要があります。それぞれの**広告の種類に合った評価指標を適用すること**に注意が必要です。



## 改善の考え方

広告をクリックして来るユーザーの改善施策で大事なのは、まず目的に合った広告出稿先を選ぶ事です。例えばスマートフォンアプリのダウンロード数を増やしたい場合に、パソコンのみで表示されるディスプレイ広告に多くの費用を割くのは効率が悪いといえます。その場合は、例えばスマートフォンのアプリ上に広告を掲出し、ワンクリックでアプリのダウンロード画面まで案内してくれるような出稿先に費用を割くのが賢明です。また複数の広告を出稿している場合は、「費用と効果のバランス」を評価していくことも大事です。CPC、CPM、CPA、ROAS、ROIなどのコスト指標を使って評価してみましょう。

**表2-8-3 指標と計測ツール**

| NO. | 改善指標 | 確認できるツール |
|---|---|---|
| 1 | 出稿先の選択：掲載メディア、ネットワーク、掲載面・位置、ターゲティング手法や対象 | 広告出稿ツール（「あ」「い」を含む） |
| 2 | 表示回数（インプレッション数） | 広告出稿ツール（「あ」「い」を含む） |
| 3 | 流入数（クリック数） | GA |
| 4 | クリック率 | 広告出稿ツール（「あ」「い」含む） |
| 5 | コンバージョン数 | GA |
| 6 | コンバージョン率 | GA |
| 7 | 他コスト指標としてはCPC、CPM、CPA、ROAS、ROIがあり、それらは表2-8-4コスト関連用語で詳述 | GA及び広告出稿ツールのデータをエクスポートして行う |

※Google アナリティクスを「GA」と略しています。
※Google アナリティクスで確認する場合は、キャンペーン設定が必須です（Google 広告以外）。

## 改善のステップ

### Step 1. 広告の種類や出稿先の選定

流入元サイトの内容、表示面（ページや位置）、ターゲティングに依存することが多いので**広告種類の選択や出稿先の選定**がまず重要です。本Sectionの説明などを参考に、自分のサイト規模・運用コストや特徴に見合った広告を選択しましょう。自ら広告配信を試してみたい場合は、ソーシャルメディアやGDN（Google ディスプレイネットワーク）、YDN（Yahoo!ディスプレイアドネットワーク）の利用を推奨します。

## Step 2. 費用対効果を確認する

### ■使用レポート「集客➡キャンペーン➡コスト分析」

費用に対し、「得られる収益が見合っているかどうか？」という**コスト管理に関する指標が重要**となります。そこで表2-8-4を参考に、CPCやCPMといった費用対効果を把握するために使われる指標・用語を理解しましょう。この考え方はリスティング広告でも有用です。

**表2-8-4** コスト関連用語

| 用語 | 日本語名 | 計算式と意味 |
|---|---|---|
| **CPC**<br>Cost Per Click | 平均クリック単価 | **CPC＝広告費÷クリック数**<br>広告1回のクリックに対して支払う広告費の平均単価 |
| **CPM**<br>Cost Per Mille | インプレッション単価 | **CPM＝広告費÷インプレッション数×1000**<br>表示回数1,000 回あたりの単価<br>※Google 広告などで、CPM方式を採用しています。 |
| **CPA**<br>Cost Per Action<br>(Acquisition) | コンバージョン単価 | **CPA＝広告費用÷コンバージョン数**<br>商品購入や会員登録、資料請求など、自らが設定した目標（コンバージョン）1件あたりにかかった費用 |
| **ROAS**（ロース）<br>Return On Ad Spend | 広告の投資対効果 | **ROAS＝広告で達成した売上額÷広告費用×100%**<br>広告費用を使って、広告主が設定した商品販売などの目標を達成した場合の売上額の割合<br>※ROASが高ければ高いほど広告の費用対効果が高くなります |
| **ROI**<br>Return On Investment | 投資収益率 | **ROI＝利益÷投資広告費用×100%**<br>投資した広告費用に対して得られる利益の割合<br>※利益が出ていない場合、100%を下回ります。<br>※ROASが100%以上だったとしても、ROIが100%未満の場合は利益が出ていないため、費用対効果が悪いと言えます。 |

Google アナリティクスの指標に限らず、このような計算式を参考にコスト管理を行っていく必要があります。以下、具体例として、Google アナリティクスのレポートで「Display」広告のコスト分析をしてみます。

まずは左メニューから「**集客➡キャンペーン➡コスト分析**」をクリックしてレポートを開きます。❶ディメンションを「キャンペーン」にすると、キャンペーンごとのレポートが表示されます。

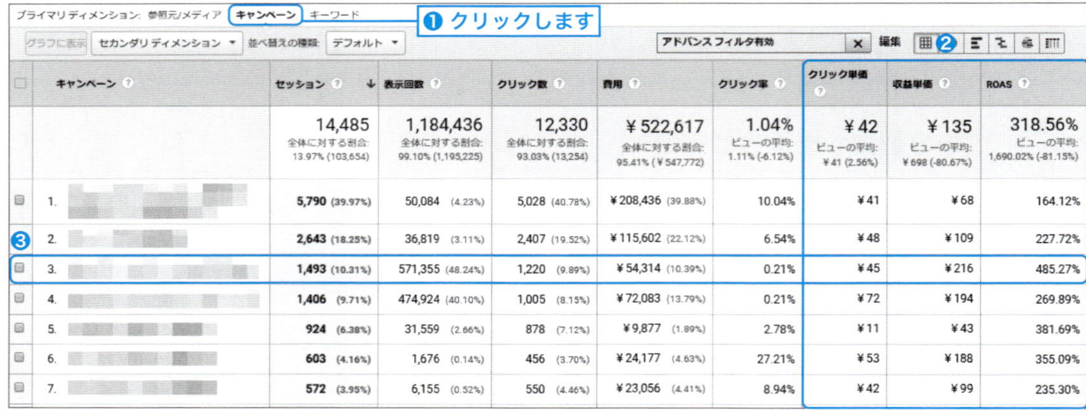


| | キャンペーン | セッション | 表示回数 | クリック数 | 費用 | クリック率 | クリック単価 | 収益単価 | ROAS |
|---|---|---|---|---|---|---|---|---|---|
| | | 14,485<br>全体に対する割合: 13.97% (103,654) | 1,184,436<br>全体に対する割合: 99.10% (1,195,225) | 12,330<br>全体に対する割合: 93.03% (13,254) | ¥522,617<br>全体に対する割合: 95.41% (¥547,772) | 1.04%<br>ビューの平均: 1.11% (-6.12%) | ¥42<br>ビューの平均: ¥41 (2.56%) | ¥135<br>ビューの平均: ¥698 (-80.67%) | 318.56%<br>ビューの平均: 1,690.02% (-81.15%) |
| | 1. | **5,790** (39.97%) | 50,084 (4.23%) | 5,028 (40.78%) | ¥208,436 (39.88%) | 10.04% | ¥41 | ¥68 | 164.12% |
| | 2. | **2,643** (18.25%) | 36,819 (3.11%) | 2,407 (19.52%) | ¥115,602 (22.12%) | 6.54% | ¥48 | ¥109 | 227.72% |
| | 3. | **1,493** (10.31%) | 571,355 (48.24%) | 1,220 (9.89%) | ¥54,314 (10.39%) | 0.21% | ¥45 | ¥216 | 485.27% |
| | 4. | **1,406** (9.71%) | 474,924 (40.10%) | 1,005 (8.15%) | ¥72,083 (13.79%) | 0.21% | ¥72 | ¥194 | 269.89% |
| | 5. | **924** (6.38%) | 31,559 (2.66%) | 878 (7.12%) | ¥9,877 (1.89%) | 2.78% | ¥11 | ¥43 | 381.69% |
| | 6. | **603** (4.16%) | 1,676 (0.14%) | 456 (3.70%) | ¥24,177 (4.63%) | 27.21% | ¥53 | ¥188 | 355.09% |
| | 7. | **572** (3.95%) | 6,155 (0.52%) | 550 (4.46%) | ¥23,056 (4.41%) | 8.94% | ¥42 | ¥99 | 235.30% |

❷「クリック単価」「収益単価」「ROAS」というコストの指標が一覧で表示されます。この場合、❸上から3番目の「リマーケティング」広告のROASが485%となり、収益（売上）に対する費用対効果が一番いいことがわかります。すぐに収益を上げるためには、このキャンペーンを拡大する施策が効率的です。

さらに、左メニューから「**集客➡キャンペーン➡すべてのキャンペーン**」をクリックします。

プライマリディメンション: キャンペーン　参照元　メディア　参照元/メディア　その他

グラフに表示　セカンダリディメンション　並べ替えの種類: デフォルト　アドバンス ❹

| キャンペーン | 集客 セッション | 新規セッション率 | 新規ユーザー | 行動 直帰率 | ページ/セッション | 平均セッション時間 | コンバージョン eコマース eコマースのコンバージョン率 | トランザクション数 | 収益 |
|---|---|---|---|---|---|---|---|---|---|
| | 32,316 全体に対する割合: 31.18% (103,654) | 47.42% ビューの平均: 66.69% (-28.90%) | 15,324 全体に対する割合: 22.17% (69,131) | 48.28% ビューの平均: 66.92% (-27.86%) | 5.86 ビューの平均: 3.79 (54.53%) | 00:01:55 ビューの平均: 00:01:25 (35.73%) | 0.42% ビューの平均: 0.52% (-17.86%) | 137 全体に対する割合: 25.61% (535) | ¥ 全体に対する割合: 26.93% (¥ ) |
| 1. | 9,297 (28.77%) | 74.52% | 6,928 (45.21%) | 44.61% | 6.01 | 00:01:47 | 0.16% | 15 (10.95%) | ¥ (9.37%) |
| 2. | 5,790 (17.92%) | 63.30% | 3,665 (23.92%) | 36.44% | 7.03 | 00:01:57 | 0.35% | 20 (14.60%) | ¥ (13.72%) |
| 3. | 4,089 (12.65%) | 3.30% | 135 (0.88%) | 61.82% | 4.15 | 00:01:29 | 0.15% | 6 (4.38%) | ¥ (5.65%) |
| 4. | 2,643 (8.18%) | 62.43% | 1,650 (10.77%) | 44.08% | 6.10 | 00:01:45 | 0.45% | 12 (8.76%) | ¥ (10.56%) |
| ❺ 5. | 2,199 (6.80%) | 11.32% | 249 (1.62%) | 57.25% | 4.55 | 00:02:27 | 0.64% | 14 (10.22%) | ¥ (10.82%) |
| 6. | 1,493 (4.62%) | 4.42% | 66 (0.43%) | 65.91% | 4.68 | 00:02:07 | 0.74% | 11 (8.03%) | ¥ (10.57%) |

この画面では、広告からコスト指標である❹「コンバージョン率」「トランザクション数」「収益」を確認できます。ROASだけではなく、収益の総額を確認することで特定の施策が収益全体に与える影響を確認できます。また、先ほどのROASが高かった❺リマーケティング広告は直帰率が66%と高いことがわかります。この場合、セカンダリディメンションで「ランディングページ」を掛け合わせるなどして確認し、

- 流入するページがユーザーのニーズに合っていないのではないか？
- 広告のクリエイティブに対し、流入ページが期待に反するものになっているのではないか？

といった部分を点検することで、この広告の効果をさらに高めることができます。

## Column Twitter / Facebook広告管理画面の紹介

ソーシャルメディア上で広告を行う時の代表格はTwitterとFacebookではないでしょうか。この2つのプラットフォームの広告管理画面を見ながら、どのように評価をすればよいかを紹介いたします。

### ■ Twitter広告管理画面

Twitterのアカウントに紐づいて広告を配信・管理することができます。

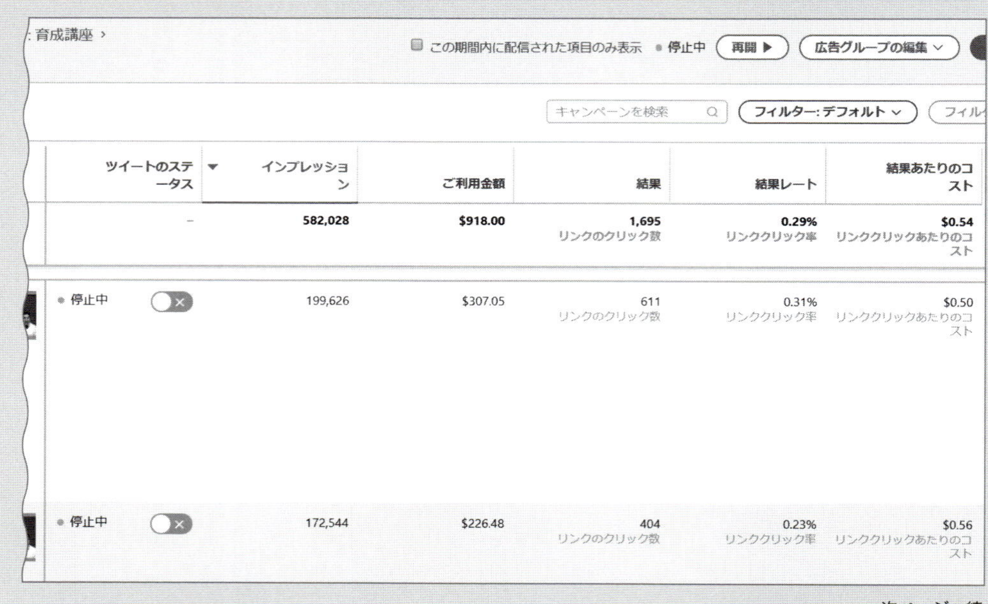


| ツイートのステータス | インプレッション | ご利用金額 | 結果 | 結果レート | 結果あたりのコスト |
|---|---|---|---|---|---|
| – | 582,028 | $918.00 | 1,695 リンクのクリック数 | 0.29% リンククリック率 | $0.54 リンククリックあたりのコスト |
| 停止中 | 199,626 | $307.05 | 611 リンクのクリック数 | 0.31% リンククリック率 | $0.50 リンククリックあたりのコスト |
| 停止中 | 172,544 | $226.48 | 404 リンクのクリック数 | 0.23% リンククリック率 | $0.56 リンククリックあたりのコスト |

次ページへ続く

広告ごとに表示される数値は「インプレッション」「利用金額」「結果」「結果レート」「結果あたりのコスト(=CPC)」が中心となります。インプレッションと利用金額は出ているのでCPMなども計算可能です。「結果」は広告作成時に設定が可能です。本例ではクリックですが、特定ページへの訪問、動画再生、フォローしてもらうなどもゴールに設定することができます。

またターゲットを設定して（興味関心・キーワード・特定のTwitterアカウントのフォロワー）配信する事ができるのもユニークですね。このターゲット単位での結果も確認することが可能です。

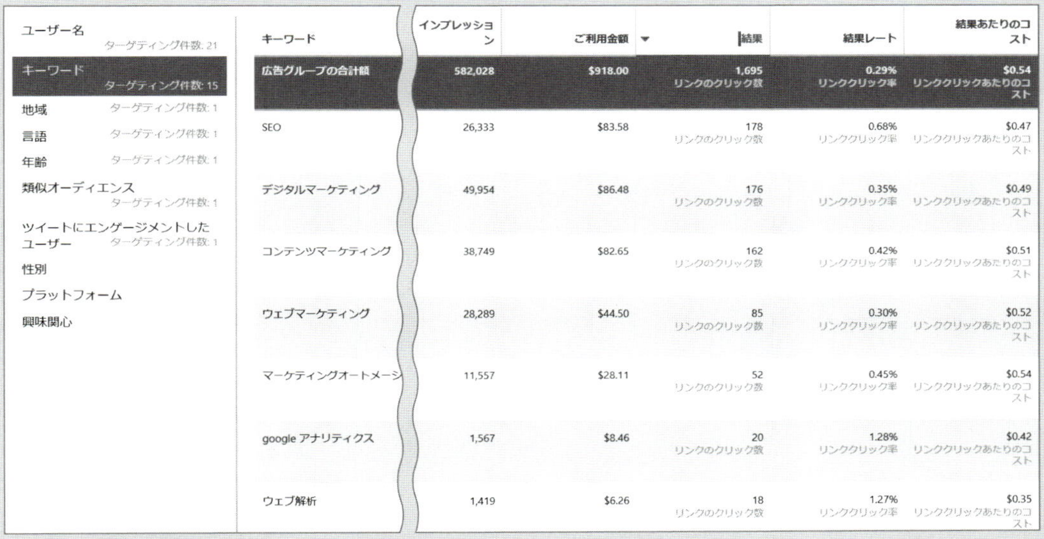

- ユーザー名　ターゲティング件数: 21
- キーワード　ターゲティング件数: 15
- 地域　ターゲティング件数: 1
- 言語　ターゲティング件数: 1
- 年齢　ターゲティング件数: 1
- 類似オーディエンス　ターゲティング件数: 1
- ツイートにエンゲージメントしたユーザー　ターゲティング件数: 1
- 性別
- プラットフォーム
- 興味関心

| キーワード | インプレッション | ご利用金額 | 結果 | 結果レート | 結果あたりのコスト |
|---|---|---|---|---|---|
| 広告グループの合計額 | 582,028 | $918.00 | 1,695 リンクのクリック数 | 0.29% リンククリック率 | $0.54 リンククリックあたりのコスト |
| SEO | 26,333 | $83.58 | 178 リンクのクリック数 | 0.68% リンククリック率 | $0.47 リンククリックあたりのコスト |
| デジタルマーケティング | 49,954 | $86.48 | 176 リンクのクリック数 | 0.35% リンククリック率 | $0.49 リンククリックあたりのコスト |
| コンテンツマーケティング | 38,749 | $82.65 | 162 リンクのクリック数 | 0.42% リンククリック率 | $0.51 リンククリックあたりのコスト |
| ウェブマーケティング | 28,289 | $44.50 | 85 リンクのクリック数 | 0.30% リンククリック率 | $0.52 リンククリックあたりのコスト |
| マーケティングオートメーシ | 11,557 | $28.11 | 52 リンクのクリック数 | 0.45% リンククリック率 | $0.54 リンククリックあたりのコスト |
| google アナリティクス | 1,567 | $8.46 | 20 リンクのクリック数 | 1.28% リンククリック率 | $0.42 リンククリックあたりのコスト |
| ウェブ解析 | 1,419 | $6.26 | 18 リンクのクリック数 | 1.27% リンククリック率 | $0.35 リンククリックあたりのコスト |

上記の例では、クリック数は「SEO」が一番多い、Google アナリティクスはクリック率が高いが表示回数は少ないといった結果がわかります。今後の配信先や条件の選定に役立つ情報です。

## ■Facebook広告

Facebook広告は大前提として、Facebookページが必要になります。個人のタイムラインで広告を出すというような用途ではありません。Facebook配下のInstagramに関しても、Facebook広告の管理画面から広告出稿が可能です。

レポートのフォーマットに関してはTwitterとは大きく変わりません。Facebookの場合より細かいデータ取得ができるのが特徴ですが、やはり大切なのは使った広告費に対してのリターンという意味では必要なデータだけを中心に見るとよいでしょう。

次ページへ続く

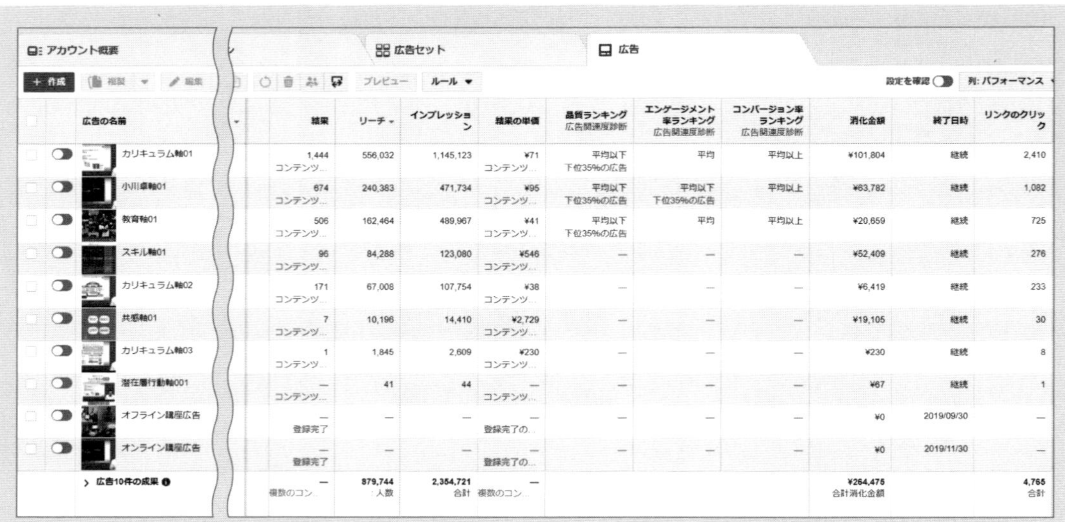

| 広告の名前 | 結果 | リーチ | インプレッション | 結果の単価 | 品質ランキング 広告関連度診断 | エンゲージメント率ランキング 広告関連度診断 | コンバージョン率ランキング 広告関連度診断 | 消化金額 | 終了日時 | リンクのクリック |
|---|---|---|---|---|---|---|---|---|---|---|
| カリキュラム軸01 | 1,444 コンテンツ... | 556,032 | 1,145,123 | ¥71 コンテンツ... | 平均以下 下位35%の広告 | 平均 | 平均以上 | ¥101,804 | 継続 | 2,410 |
| 小川卓軸01 | 674 コンテンツ... | 240,383 | 471,734 | ¥95 コンテンツ... | 平均以下 下位35%の広告 | 平均以下 下位35%の広告 | 平均以上 | ¥63,782 | 継続 | 1,082 |
| 教育軸01 | 506 コンテンツ... | 162,464 | 489,967 | ¥41 コンテンツ... | 平均以下 下位35%の広告 | 平均 | 平均以上 | ¥20,659 | 継続 | 725 |
| スキル軸01 | 96 コンテンツ... | 84,288 | 123,080 | ¥546 コンテンツ... | — | — | — | ¥52,409 | 継続 | 276 |
| カリキュラム軸02 | 171 コンテンツ... | 67,008 | 107,754 | ¥38 コンテンツ... | — | — | — | ¥6,419 | 継続 | 233 |
| 共感軸01 | 7 コンテンツ... | 10,196 | 14,410 | ¥2,729 コンテンツ... | — | — | — | ¥19,105 | 継続 | 30 |
| カリキュラム軸03 | 1 コンテンツ... | 1,845 | 2,609 | ¥230 コンテンツ... | — | — | — | ¥230 | 継続 | 8 |
| 潜在層行動軸001 | — コンテンツ... | 41 | 44 | — コンテンツ... | — | — | — | ¥67 | 継続 | 1 |
| オフライン講座広告 | — 登録完了 | — | — | — 登録完了の... | — | — | — | ¥0 | 2019/09/30 | — |
| オンライン講座広告 | — 登録完了 | — | — | — 登録完了の... | — | — | — | ¥0 | 2019/11/30 | — |
| 広告10件の成果 | — 複数のコン... | 879,744 人数 | 2,354,721 合計 | — 複数のコン... | | | | ¥264,475 合計消化金額 | | 4,765 合計 |

ユニークなのが「品質ランキング」「エンゲージメント率ランキング」「コンバージョン率ランキング」ですね。算出方法は詳しく公開されていませんが、他の広告と比較して相対的な評価を行ってくれます。

配信の際に設定できる内容、ターゲット条件、広告の種類が多く慣れは必要ですが、カスタマイズの幅が広いのが良いですね。ピンポイントの層を狙いたい場合はFacebookのほうが向いています。

設定画面の例。配信先や種別などを細かく設定できます。

Section 「Direct」「ノーリファラー」ってどこからの流入？

# 2-9 ノーリファラーからの流入の種類を把握し内訳を知る

使用レポート ▶▶▶集客 ➡ すべてのトラフィック ➡ チャネル

ノーリファラー、つまり流入元「Direct」はどんな流入元なのですか？という質問は著者が良く受ける質問です。サイトによって割合が異なりますが8つの原因を説明します。また、計測に問題があってノーリファラーになっているケースがないか、点検しましょう。

## Directチャネルの特徴

流入元が「Direct」で表示されるのはリンク元が判別できない流入です。「ノーリファラー」と呼ばれることもあります。分析のポイントを表にまとめると以下のようになります。

表2-9-1 Directチャネル分析のポイント

<table>
<tr><td>チャネル名称</td><td colspan="3">Direct</td></tr>
<tr><td>流入元</td><td colspan="3">ブックマーク経由などの直接流入</td></tr>
<tr><td>有料・無料</td><td>無料</td><td>キャンペーン設定<br>(Section2-2➡P.70)</td><td>できるだけ設定する（特にメールやスマートフォン向けアプリなどブラウザ以外からの流入時に注意）</td></tr>
<tr><td>ユーザー特徴</td><td colspan="3">ブックマークからのユーザーなどであれば、すでにサイトに愛着のあるユーザー。離脱が少なく、コンバージョンしやすいユーザーと言える。ただし今回紹介するケースによって特徴は変わる</td></tr>
</table>

例えば、以下のような場合、流入元がノーリファラー（Direct）として集計されます。

### 1. ブックマークからの流入

ブラウザの「お気に入り」登録からサイト名をクリックしてサイトを表示した場合に「ノーリファラー」になります。

## 2. URL直接入力

URLを直接ブラウザのアドレスバーに入力してサイトを表示した場合も同様です。

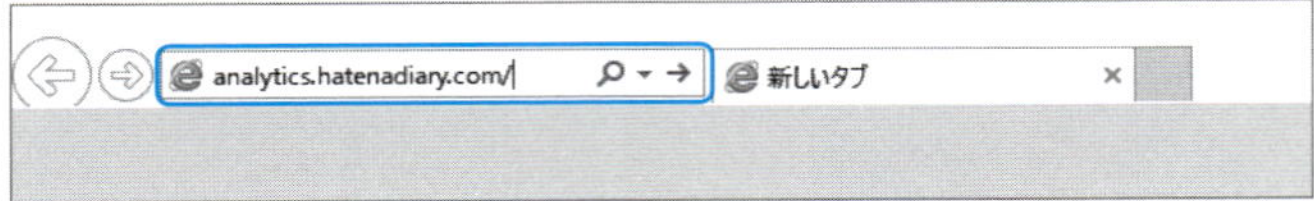


## 3. ブラウザのURLサジェスト機能

例えば、ブラウザのアドレス欄に「y」と入力しただけで以下のように「http://yahoo.co.jp」が類推され、そのまま【Shift】＋【Enter】キーを押す、あるいはリストから選択してサイトに流入した場合。

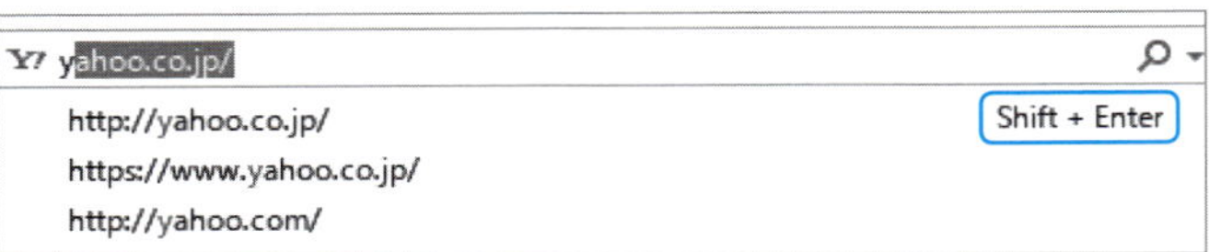


## 4. メールソフト

メールソフト内のリンクをクリックしてサイトに流入した場合。

## 5. プログラム（Word／Excel等）

WordやExcelなどのファイルに記載されたリンクをクリックしてサイトに流入した場合。

## 6. 「https://」のページから「http://」のページへのリンクの場合

HTTPの仕様上、ブラウザは、SSL（https://）のページから通常のHTTP（http://）のページへとリンクされる場合、リファラを送信しません。従って、「https://」から「http://」のページへのアクセスは、ノーリファラーとなります。

## 7. アプリ

スマートフォンなどのアプリから直接サイトに流入した場合。

特にスマートフォンからのアクセスの増加に伴い、**スマートフォンアプリからのアクセスに起因するノーリファラー（かつ新規訪問）の増加**が顕著です。そのため、セグメント機能などを使ってデバイスごとに流入元を確認することが大事です。

## 8. QRコード

QRコードからサイトに流入した場合。

**Point 問題があってノーリファラーになる場合**

Directが流入チャネルで一番割合が多いなど、流入比率が高い場合は以下の3点を確認しましょう。

**・サイトの各ページにトラッキングコードが間違って貼られている、あるいはそもそも貼られていない**

正しく貼られていないと、本来はサイト内を回遊しているだけのユーザーがノーリファラーからの流入と見なされてしまいます。

**・キャンペーンURLが正しく設定されていない**

「utm_source パラメータが正しく割り当てられていない」などキャンペーンパラメーターに問題がある場合、本来は参照元があるのに問題があって計測されず、ノーリファラーに入ります。

**・関係者の流入**

また、関係者の流入もお気に入り登録やURL入力でサイトに入ることが多いためにノーリファラーになりがちです。そのような関係者の流入を一緒に計測してしまうと、ユーザーの行動補足がわかりづらくなりますので、厳密にユーザー行動を計測したい場合は、社内IPアドレスからの流入を除外するなどの設定をオススメします。

## できるだけキャンペーンコードを付けよう

ユーザーのブックマークやURL直接入力などは対処の方法がなく、内訳を見ることができません。しかし、自分たちが広告などURLを決めて出稿している場合は、キャンペーンコードを付与することでどこから流入してきたかを特定できます。Section2-2➡P.70の手順に従ってキャンペーンタグを付けて計測しましょう。以下は、ノーリファラーとして計測されないために、キャンペーンタグをつけたメールマガジンの例です。

**図2-9-1 キャンペーンタグをつけたメールマガジン**

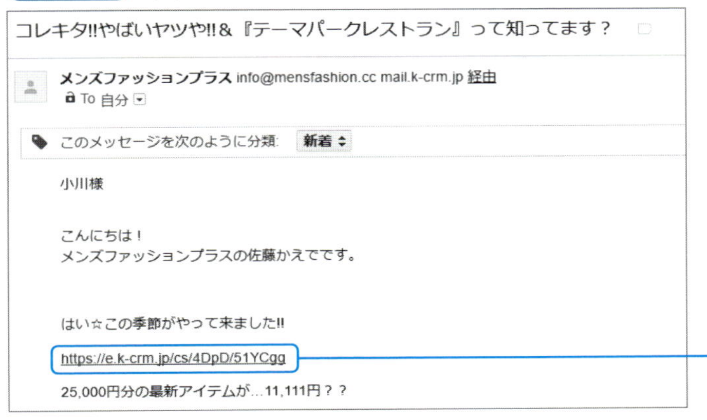

## Google アナリティクスでの確認方法

左メニューから「**集客➡すべてのトラフィック➡チャネル**」をクリックして画面を表示し、さらに「Direct」をクリックします。

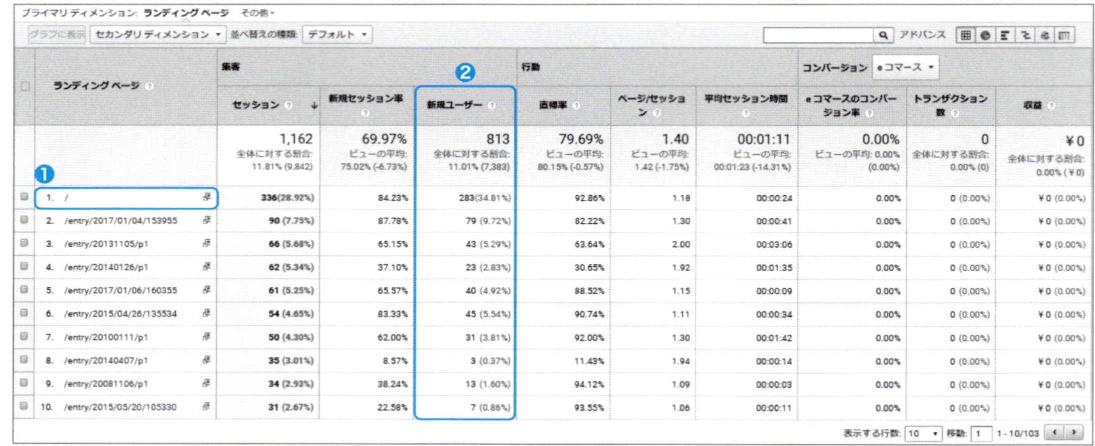

プライマリディメンション: ランディングページ　その他

グラフに表示　セカンダリディメンション　並べ替えの種類: デフォルト　アドバンス

| ランディングページ | 集客 セッション | 新規セッション率 | 新規ユーザー | 行動 直帰率 | ページ/セッション | 平均セッション時間 | コンバージョン eコマース eコマースのコンバージョン率 | トランザクション数 | 収益 |
|---|---|---|---|---|---|---|---|---|---|
| | 1,162 全体に対する割合: 11.81% (9,842) | 69.97% ビューの平均: 75.02% (-6.73%) | 813 全体に対する割合: 11.01% (7,383) | 79.69% ビューの平均: 80.15% (-0.57%) | 1.40 ビューの平均: 1.42 (-1.75%) | 00:01:11 ビューの平均: 00:01:23 (-14.31%) | 0.00% ビューの平均: 0.00% (0.00%) | 0 全体に対する割合: 0.00% (0) | ¥0 全体に対する割合: 0.00% (¥0) |
| 1. / | 336(28.92%) | 84.23% | 283(34.81%) | 92.86% | 1.18 | 00:00:24 | 0.00% | 0 (0.00%) | ¥0 (0.00%) |
| 2. /entry/2017/01/04/153955 | 90 (7.75%) | 87.78% | 79 (9.72%) | 82.22% | 1.30 | 00:00:41 | 0.00% | 0 (0.00%) | ¥0 (0.00%) |
| 3. /entry/20131105/p1 | 66 (5.68%) | 65.15% | 43 (5.29%) | 63.64% | 2.00 | 00:03:06 | 0.00% | 0 (0.00%) | ¥0 (0.00%) |
| 4. /entry/20140126/p1 | 62 (5.34%) | 37.10% | 23 (2.83%) | 30.65% | 1.92 | 00:01:35 | 0.00% | 0 (0.00%) | ¥0 (0.00%) |
| 5. /entry/2017/01/06/160355 | 61 (5.25%) | 65.57% | 40 (4.92%) | 88.52% | 1.15 | 00:00:09 | 0.00% | 0 (0.00%) | ¥0 (0.00%) |
| 6. /entry/2015/04/26/135534 | 54 (4.65%) | 83.33% | 45 (5.54%) | 90.74% | 1.11 | 00:00:34 | 0.00% | 0 (0.00%) | ¥0 (0.00%) |
| 7. /entry/20100111/p1 | 50 (4.30%) | 62.00% | 31 (3.81%) | 92.00% | 1.30 | 00:01:42 | 0.00% | 0 (0.00%) | ¥0 (0.00%) |
| 8. /entry/20140407/p1 | 35 (3.01%) | 8.57% | 3 (0.37%) | 11.43% | 1.94 | 00:00:14 | 0.00% | 0 (0.00%) | ¥0 (0.00%) |
| 9. /entry/20081106/p1 | 34 (2.93%) | 38.24% | 13 (1.60%) | 94.12% | 1.09 | 00:00:03 | 0.00% | 0 (0.00%) | ¥0 (0.00%) |
| 10. /entry/2015/05/20/105330 | 31 (2.67%) | 22.58% | 7 (0.86%) | 93.55% | 1.06 | 00:00:11 | 0.00% | 0 (0.00%) | ¥0 (0.00%) |

表示する行数: 10　移動: 1　1 - 10/103



❶ノーリファラーからのランディングページが表示されます。ブックマークや直接URLを打ち込むなどしたユーザーが多い場合は

- トップページへの流入が多い
- リピーターが多い

などの傾向があります。❷新規ユーザーが多い場合やトップページ以外の特定のページの流入が多い場合には、先述した計測の問題を疑ってみてもいいかもしれません。

また特定の期間だけ訪問が増えているなどの場合は、オフラインでの施策が影響しているかもしれません。「検索エンジンからの流入があわせて増えていないか？」など、他の施策との流入割合や比率を確認することも忘れないようにしましょう。

Section 2-10 FacebookやTwitterなどから来るユーザーを増やしたい

# ソーシャルメディアからの流入を分析して改善する

使用レポート ▶▶▶集客 ➡ すべてのトラフィック ➡ チャネル

**ユーザーがFacebookやTwitterやInstagram などのソーシャルネットワークに費やす時間が大きく増えています。各サイトへの流入割合も年々増加し、存在感を増しているのが、このSectionで触れる「Social」というチャネルです。この流入元の特徴や分析手法について説明します。**

## Socialチャネルの特徴

流入元「Social」で表示されるのは、Twitter、Facebookなど、「ソーシャルメディア」と呼ばれるサービスからの流入です。分析のポイントを表にまとめると以下のようになります。

**表2-10-1 Socialチャネル分析のポイント**

| チャネル名称 | Social | | |
|---|---|---|---|
| 流入元 | ソーシャルメディアからの流入 | | |
| 有料・無料 | 無料 | キャンペーン設定<br>(Section2-2➡P.70) | 不要<br>※メディアごとの流入はキャンペーン設定なしで計測できるが(LINE以外)、**個別の投稿を確認するためにはキャンペーン設定が必要** |
| ユーザー特徴 | すでに友人が「いいね」など関心を持ったページなので、信頼度が高くコンバージョンしやすい | | |
| | 分析・改善に併用するツール | | GA接続 |
| あ | Twitterアナリティクス<br>https://business.twitter.com/ja/analytics.html | | × |
| い | Faceebookインサイト | | × |
| う | Instagramインサイト | | × |
| え | YouTube アナリティクス | | × |
| お | LinkedIn Analytics | | × |

※Google アナリティクスを「GA」と略しています。
※各ソーシャルネットワークサービスが分析ツールを提供している場合がありますので、そのツールを合わせて確認する必要があります(「あ」「い」「う」「え」「お」は一例)。

皆さんよく目にすると思いますが、図2-10-1のようなリンクを経由した流入元がソーシャルメディア(Social)として集計されます。

**図2-10-1** ソーシャルからの流入例

**Twitterの投稿例**

**Facebookの投稿例**

**Point** ユーザーの特徴についての補足

以下、TwitterやFacebookを中心に説明します。
ソーシャルメディアであるTwitterやFacebookで、図2-10-1のようなサイトの「投稿」を他の人のタイムラインに表示させるためには以下のアクションが必要です。

- A. 事前に、自分がサイトに対して**アクション（Twitterではフォロー、Facebookではページへのいいね）**をした場合
- B. 友人やフォローしている人など、**すでに自分と繋がりのある人**がアクション（Twitterではリツイート、Facebookでは「いいね」や「シェア」）をした場合

そのため、Aに関してはサイトへの愛着があるユーザーと言えます。またBの場合でも「友人がおすすめしたサイト」であるため、すでにある程度の信頼を得られている状況です。ユーザーの動きとしては、いわゆる直帰が少なく、エンゲージメント（サイトへの愛着・信頼）が高い、コンバージョンしやすい傾向があります（ただし投稿内容とコンバージョンの組み合わせにより大きく変わります）。

## 主要なソーシャルネットワークサービスとGoogle上の自動判別

日本で使われている主なソーシャルネットワークサービスは、キャンペーン設定なしでもGoogle アナリティクス上で「Social」として自動判別されます。ただしLINEはアプリのため判別されません。そのため、広告キャンペーンコードを設置し、メディア（utm_medium）の値に判別用の文字列を設定する必要があるのでご注意ください。

### ● 主に判定されるソーシャルメディア（アルファベット順：2020年6月時点）

**Ameba、Blogger、cocolog、Facebook、FC2、goo blog、Google+、Hatena Bookmark、Hatena Diary、Instagram、Instagram Stories、Line、LinkedIn、livedoor Blog、mixi、Naver、Netvibes、Nico Nico Douga、Pinterest、Pocket、Quora、reddit、Twitter、Yammer、YouTube 等**

## 改善の考え方

ソーシャルネットワーク上では「いいね」や「シェア」など、SNSサービス内で完結するアクションがユーザー行動の多くを占めています。これらはGoogle アナリティクスで捕捉することができないため、他ツール（あ〜お）上で確認しましょう。Google アナリティクスでは、SNS上のリンクをクリックして流入したユーザーのサイト流入後の行動について、「何時に、どのリンクをクリックし、その後サイト内でどのような行動を取ったか？」を確認し、改善施策に繋げます。SNSに投稿するリンクにはキャンペーンパラメータ（➡P.70）を付けて流入を把握することも重要です。

**表2-10-2 併用するツール**

| 分析・改善に併用するツール | | Google アナリティクスとの接続 |
|---|---|---|
| あ | Twitterアナリティクス<br>https://business.twitter.com/ja/analytics.html | × |
| い | Facebookインサイト | × |
| う | Instagramインサイト | × |
| え | YouTube アナリティクス | × |
| お | LinkedIn Analytics | × |

※上記は各ソーシャルネットワークサービスが提供する分析ツールの一例です。

**表2-10-3 指標と計測ツール**

| NO. | 改善指標 | 確認できるツール |
|---|---|---|
| 1 | ページ・ファン数・投稿のいいね、ツイート、コメント | 「あ」「い」「う」「え」「お」<br>GA（ただしソーシャルプラグインの設定をした場合） |
| 2 | 投稿時間・曜日・タイトル・説明・画像ごとのサイト流入数など | 「あ」「い」「う」「え」「お」<br>GA（ただしキャンペーンURLの設定が必要） |
| 3 | 直帰率などの行動指標 | GA |
| 4 | コンバージョン数などの成果指標 | GA |

※Google アナリティクスを「GA」と略しています。

「いいね」や「コメント」などSNS上だけで完結する行動については、Google アナリティクスではわかりません。そのため、各SNSサービスが提供している計測指標を使って成果を確認していく必要があります。

**Hint**

自社メディアについてはGoogleタグマネージャーなどを使って「ソーシャルプラグイン設定」をすることで、計測ができるようになります（「集客➡ソーシャル➡プラグイン」設定に表示）。

ただし、Google アナリティクスの**「キャンペーン設定」を行うことで投稿ごとの流入情報など多くの情報をGoogle アナリティクス上で確認できるようになります**。例えば、キャンペーンパラメータを使って投稿時間や投稿タイトルごとの流入数を比較するだけでも、流入数を増やす施策に有益な情報が得られる場合があります。ぜひキャンペーン設定を行いましょう。

## ソーシャル流入の分析と改善プロセス

「どんな投稿内容(画像・投稿文)の時に読まれたか?」「曜日や時間や頻度は適切か?」など、サイトによって最適な投稿のタイミングは異なってきますので、1投稿ごとに数値を確認していくことが大事です。また、先述の通り、流入したユーザーはサイトに愛着・信頼を持っているユーザーなので、上手にコンバージョンまで導いてあげる事が大事です。

### Step 1. どのメディアからの流入が多いのか大まかに確認する

**「集客➡すべてのトラフィック➡チャネル」**をクリックし、表示された画面で「Social」をクリックします。以下のようなレポートで、ソーシャルネットワークごとの行動がわかります。

プライマリディメンション: ソーシャルネットワーク　ランディングページ　その他
グラフに表示　セカンダリディメンション　並べ替えの種類: デフォルト

| ソーシャルネットワーク | 集客 セッション | 新規セッション率 | 新規ユーザー | 行動 直帰率 | ページ/セッション | 平均セッション時間 |
|---|---|---|---|---|---|---|
| ❶ | 1,442 全体に対する割合: 14.65% (9,842) | 77.53% ビューの平均: 75.02% (3.35%) | 1,118 全体に対する割合: 15.14% (7,383) | 82.04% ビューの平均: 80.15% (2.36%) | 1.26 ビューの平均: 1.42 (-11.50%) | 00:00:34 ビューの平均: 00:01:23 (-59.20%) |
| 1. Facebook | 1,197 (83.01%) | 80.20% | 960 (85.87%) | 83.04% | 1.24 | 00:00:28 |
| 2. Twitter | 181 (12.55%) | 66.30% | 120 (10.73%) | 85.08% | 1.20 | 00:00:14 |
| 3. Hatena Bookmark | 30 (2.08%) | 56.67% | 17 (1.52%) | 53.33% | 1.63 | 00:03:53 |
| 4. Pocket | 10 (0.69%) | 50.00% | 5 (0.45%) | 40.00% | ❷ 1.80 | 00:03:14 |
| 5. Ameba | 8 (0.55%) | 50.00% | 4 (0.36%) | 37.50% | 2.25 | 00:04:41 |
| 6. OKWave | 8 (0.55%) | 87.50% | 7 (0.63%) | 87.50% | 1.12 | 00:01:05 |
| 7. Digg | 2 (0.14%) | 100.00% | 2 (0.18%) | 100.00% | 1.00 | 00:00:00 |
| 8. FC2 | 2 (0.14%) | 50.00% | 1 (0.09%) | 50.00% | 2.00 | 00:01:32 |
| 9. Hatena Diary | 2 (0.14%) | 50.00% | 1 (0.09%) | 100.00% | 1.00 | 00:00:00 |
| 10. Netvibes | 1 (0.07%) | 0.00% | 0 (0.00%) | 0.00% | 2.00 | 00:07:23 |

まずは大まかな流入量を把握しましょう。上記の場合は、❶Facebookからの流入が全体の8割以上を占めています。そのため、改善のターゲットはまずFacebookと考えてよいでしょう。また、「直帰率」や「ページ/セッション」の値の大小も確認しておきましょう。例えば、❷Amebaからのユーザーは、流入量は少ないものの直帰率が低く、1セッションあたりのページビューも高くなっており、良いユーザーが来ていると言えます。その場合は、Amebaの「流入量を増やしていく」という施策も考えられます。

### Step 2. 流入の多い時間帯や投稿内容がどんなものだったか確認しよう

次ページの表は、先ほどのレポートに対して、さらにセカンダリディメンションに❸**「行動➡ラ**

ンディングページ」を掛け合わせた結果です。

プライマリディメンション: ソーシャル ネットワーク　ランディング ページ　その他
グラフに表示　セカンダリ ディメンション: ランディング ページ ❸　並べ替えの種類: デフォルト　アドバ

| | ソーシャル ネットワーク | ランディング ページ ❹ | 集客<br>セッション | <br>新規セッション率 | <br>新規ユーザー | 行動<br>直帰率 | <br>ページ/セッション | <br>平均セッション時間 |
|---|---|---|---|---|---|---|---|---|
| | | | 1,442<br>全体に対する割合: 14.65% (9,842) | 77.53%<br>ビューの平均: 75.02% (3.35%) | 1,118<br>全体に対する割合: 15.14% (7,383) | 82.04%<br>ビューの平均: 80.15% (2.36%) | 1.26<br>ビューの平均: 1.42 (-11.50%) | 00:00:34<br>ビューの平均: 00:01:23 (-59.20%) |
| 1. | Facebook | /entry/2017/01/04/153955 | **989** (68.59%) | 88.47% | 875 (78.26%) | 84.33% | 1.23 | 00:00:22 |
| 2. | Twitter | /entry/2017/01/04/153955 | **130** (9.02%) | 74.62% | 97 (8.68%) | 85.38% | 1.18 | 00:00:13 |
| 3. | Facebook | /entry/2017/01/05/111010 | **83** (5.76%) | 38.55% | 32 (2.86%) | 72.29% | 1.36 | 00:01:33 |
| 4. | Facebook | /entry/2017/01/06/160355 | **76** (5.27%) | 42.11% | 32 (2.86%) | 78.95% | 1.26 | 00:00:34 |
| 5. | Twitter | / | **20** (1.39%) | 0.00% | 0 (0.00%) | 90.00% | 1.15 | 00:00:17 |
| 6. | Facebook | /entry/2016/12/28/085220 | **16** (1.11%) | 43.75% | 7 (0.63%) | 87.50% | 1.12 | 00:00:09 |
| 7. | Facebook | / | **13** (0.90%) | 0.00% | 0 (0.00%) | 69.23% | 1.38 | 00:00:35 |
| 8. | OKWave | /entry/20090205/p1 | **8** (0.55%) | 87.50% | 7 (0.63%) | 87.50% | 1.12 | 00:01:05 |
| 9. | Twitter | /entry/20100111/p1 | **6** (0.42%) | 100.00% | 6 (0.54%) | 100.00% | 1.00 | 00:00:00 |
| 10. | Hatena Bookmark | /entry/20140719/1405781912 | **5** (0.35%) | 80.00% | 4 (0.36%) | 80.00% | 1.40 | 00:00:12 |

流入元の「Facebook」も「Twitter」も❹ある1つの記事から集中的に流入していることがわかります。例えばブログサイトなどで回遊を促すことが目的の場合は、このランディングページに適切な回遊向けのリンクを貼るなどの施策が考えられます。

### Point 「参照元/メディア」のレポートには要注意

「参照元/メディア」のレポートでは、ソーシャルからの流入はメディアが「referral」に分類されてしまいます。ソーシャルメディア上の広告等でURLを自ら設定し、広告パラメータで「utm_medium=social」などを指定している場合は「Social」に分類されます。ソーシャルメディアからの流入を見る場合には、「参照元/メディア」のレポートを利用することは推奨しません。

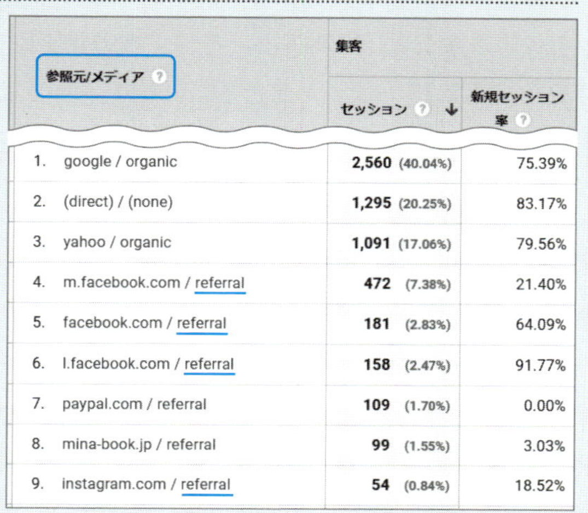

| 参照元/メディア | 集客<br>セッション | <br>新規セッション率 |
|---|---|---|
| 1. google / organic | **2,560** (40.04%) | 75.39% |
| 2. (direct) / (none) | **1,295** (20.25%) | 83.17% |
| 3. yahoo / organic | **1,091** (17.06%) | 79.56% |
| 4. m.facebook.com / referral | **472** (7.38%) | 21.40% |
| 5. facebook.com / referral | **181** (2.83%) | 64.09% |
| 6. l.facebook.com / referral | **158** (2.47%) | 91.77% |
| 7. paypal.com / referral | **109** (1.70%) | 0.00% |
| 8. mina-book.jp / referral | **99** (1.55%) | 3.03% |
| 9. instagram.com / referral | **54** (0.84%) | 18.52% |

## Step 3. 間接効果への貢献を確認してみよう

ソーシャルメディアの投稿内容によっては、流入は**必ずしもコンバージョンに直接貢献しませ**

ん。まずは認知・興味をもってもらうことが重要な場合も多いからです。ソーシャルに関しては間接効果もしっかり把握をしておきましょう。レポートで「**集客➡ソーシャル➡概要**」を見ると、ソーシャルメディアの終点コンバージョン(その訪問でのコンバージョン)や、間接効果(アシスト+終点)のコンバージョンなどを確認することができます。

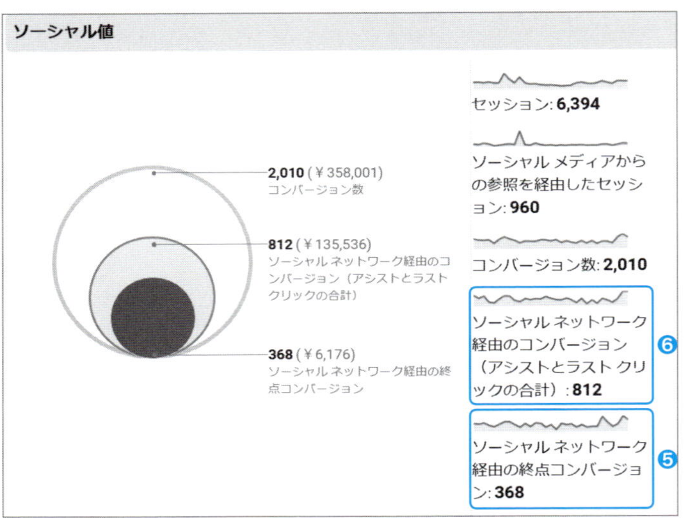


右上の図ではコンバージョン全体に対して、❺終点コンバージョンは368件と全コンバージョンの18.4%となりますが、❻アシストとラストクリックも含めると812件と全体の40.4%にも貢献しています。このサイトではソーシャルからの流入の新規率がサイトの平均を大きく超えており、**ソーシャルメディアをきっかけにサイトに初めて訪れている**こともわかります。

## 自社運営のソーシャルを強化するか、自然流入に注力するか

ソーシャルメディアの分析で大切なのは、**自社運営のFacebookページやTwitterアカウント等からの流入なのか、投稿等による流入なのか区別して分析する**点です。前者に関しては投稿時に可能な限り広告パラメータを付与し、キャンペーンのレポートもあわせて見ることをオススメします。そして、どういった投稿が流入に繋がりやすいのか把握しましょう。多くのソーシャルメディアでは「テキスト+リンク」のみの投稿より、「画像+リンク」の投稿のほうが流入数やクリック率が高くなる傾向になります。自社サイトにとって流入や拡散を増やすための取り組みを行いましょう。

自社でソーシャルメディアを運営していない、あるいはまだフォロワー数が少ない(その結果、サイトへの流入数が全体の1%も満たない)というケースの場合は、あまり分析に時間を使ってはいけません。それよりも他に流入元が多い施策に注力するか、自然流入(他の人がサイトへのURLを貼ってくれ、そこから流入があった)の傾向をつかむために推移をチェックしておく程度で良いでしょう。また、ソーシャルメディア上で自社ドメインを検索して、どういう発言がされているかを見ておくのも定性的な気付きを発見できるかもしれません。

サイトの種別によってソーシャルメディアへの重要度は変わってきます。まずはボリュームをチェックし、**ソーシャルの優先順位を決めましょう**。

## Column ソーシャルメディア側のツールのデータの見方

ソーシャルメディア側の解析ツールを利用することも改善案を考える上では外せません。そこで各ソーシャルメディア側でどのような数値を確認することができるのか。チェックしておきましょう。

### ■Twitter

Twitterアナリティクスでは投稿ごとの細かい数値を確認することが可能です。

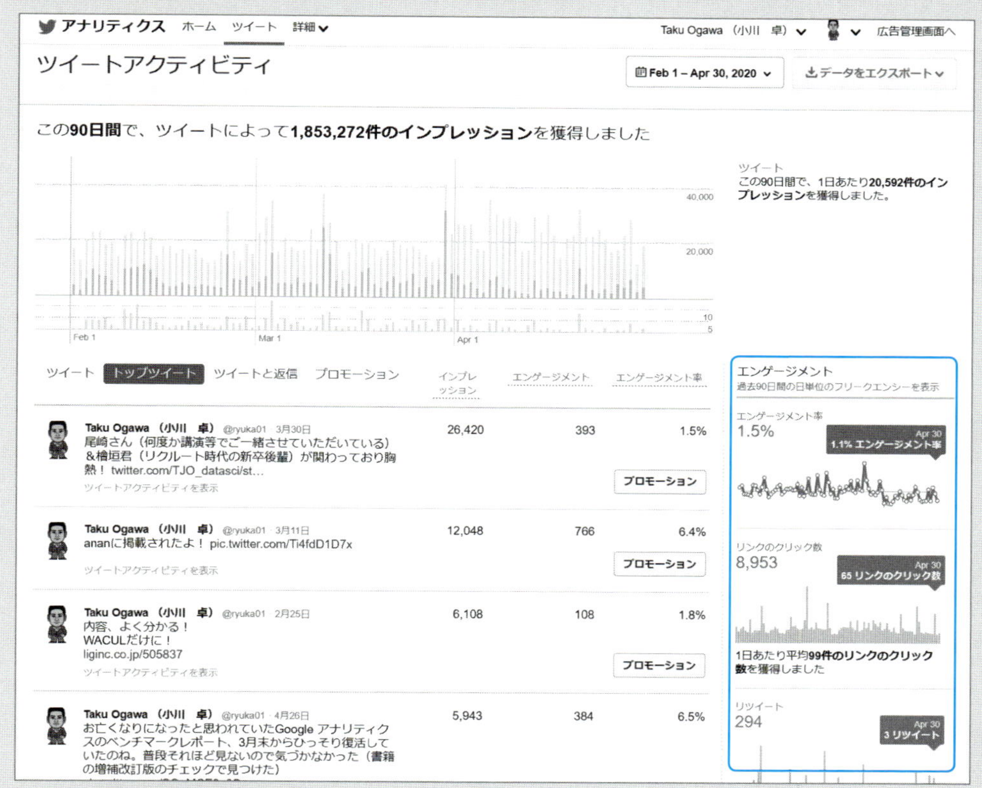


全体の推移や、個々の投稿の数値をわかりやすい形で確認できます。投稿をクリックするとさらに詳細が表示されます（例：リンクのクリック数・いいね数・動画の再生数・コメント数）など。ウェブサイト等への流入を増やすために、どのような投稿をすれば良いかを見つけるヒントになるでしょう。

その中で最も重要なのはエンゲージメント（特にリツイート）です。インプレッションを増やすために一番確実なのはフォロワー数を増やすことですが、一朝一夕では実現できません。しかしフォロワー数が多い方や多くの方にリツイートして貰えれば、インプレッションは一気に伸びますし、結果的にフォロワー数が増えることになります。どういった投稿がエンゲージメントが高いのか、ぜひチェックしながら投稿を最適化していきましょう。

次ページへ続く

## ■Facebook

Facebookは大前提として個人の投稿に関して結果を見る機能は用意されていません（各投稿の画面に出てくるいいね！数などは別）。Facebookの分析機能（Facebookインサイト）はFacebookページに対して利用するものになります。

それでは早速、Facebookインサイトの画面を見てみましょう。

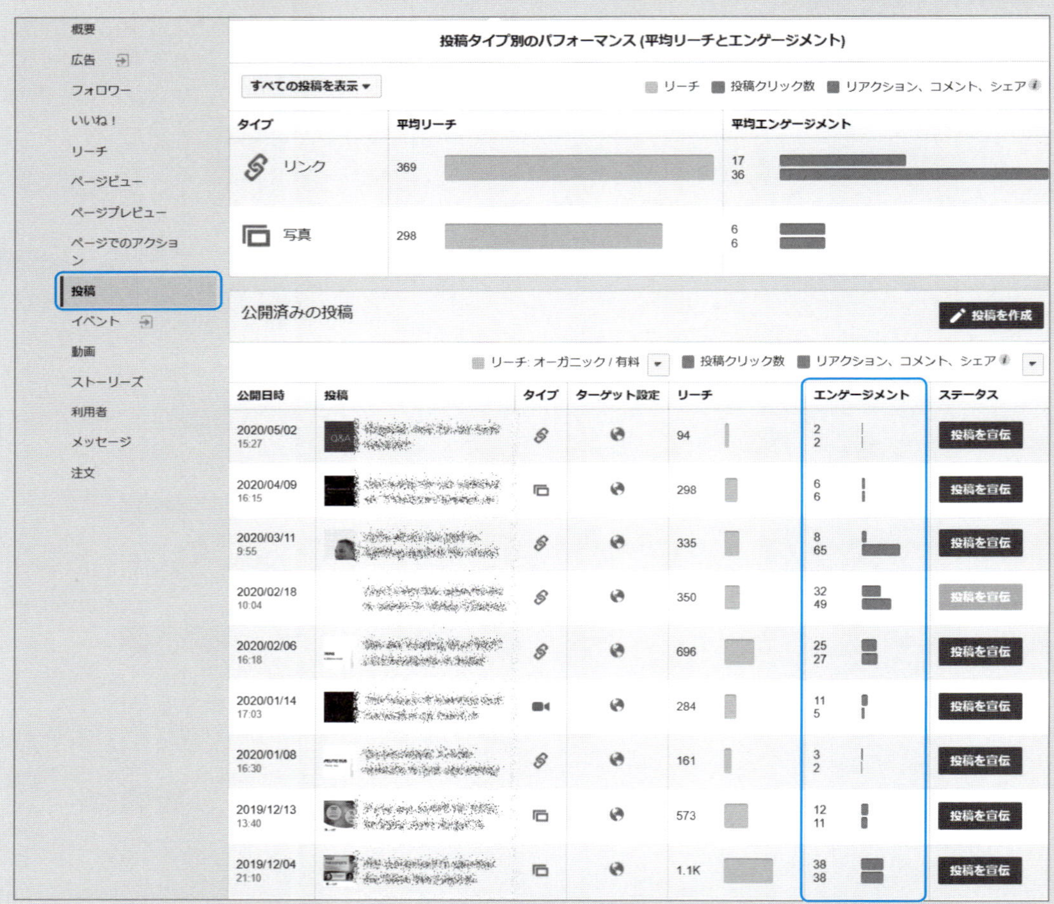


左側のメニューから項目を選ぶと詳細が出てくるのですが、たくさんのメニューがあり見ることができる情報も多彩です。Facebookページの場合、ポイントとなるのは大きく分けて２つです。

まずは「Facebookページ自体の評価」。これは「いいね！」や「ページビュー」の所を中心に見ましょう。ページが何回表示されたのか、Facebookページに対しての「いいね！」数の推移はどうなっているのか、Facebookページから自社サイトへの流入はどれくらいあるのか。このような所を押さえておきましょう。

次ページへ続く

もう１つは「投稿ごとの評価」。こちらは「投稿（前画像を参照）」や「（利用していれば）動画」を中心に確認しておきましょう。Twitterと同様にエンゲージメントを見ることがポイントです。見てもらうだけではなくどれくらいの割合が反応したかがソーシャルでの認知向上とサイト誘導においては欠かせません。毎月どの投稿が反応よかったかをチェックしてみましょう。

## ■LinkedIn

日本での利用者も増え続けている、ソーシャルネットワークLinkedIn。こちらもFacebookと同様に企業のページを持つことができ、LinkedIn Analyticsで分析を行うことが可能です。

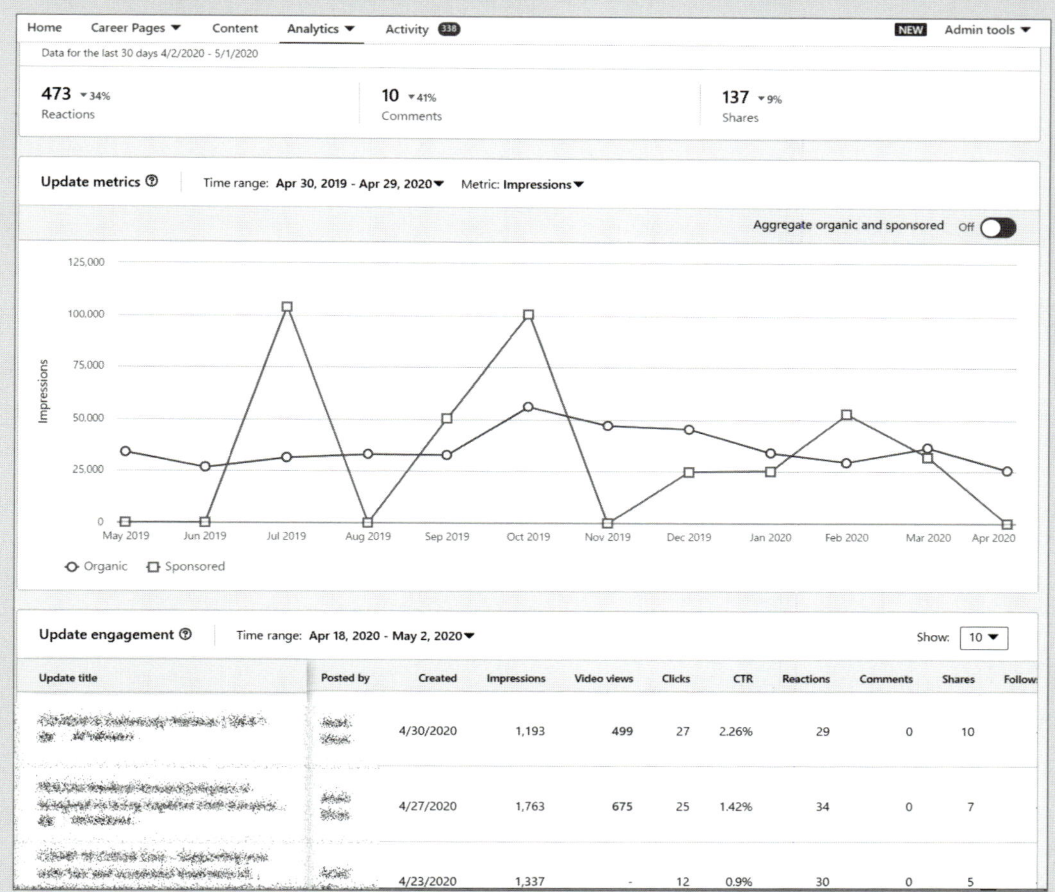


見ることができる項目はFacebookと似ており、ページの評価と投稿の評価どちらも確認することができます。上記画像の例では、投稿ごとの結果を表示しております。表示回数・動画再生数・クリック・リアクション・エンゲージメントなどを見ることができます。

またユニークなのが、LinkedInページを見ている人があわせて良く見ているLiInkedInページを表示する機能です。

次ページへ続く

Companies to track ⓘ　Time range: Apr 30, 2019 - Apr 29, 2020▼

| Company | Total followers | New followers | Number of updates | Engagement rate |
|---|---|---|---|---|
| PENTAX Medical EMEA (Europe, Middle East, Africa) Your company | 8,331 | 2,847 | 160 | 3.19% |
| [illegible] | 14,838 | 3,446 | 157 | 5.09% |
| [illegible] | 2,996 | 889 | 0 | - |
| [illegible] | 3,213 | 340 | 0 | - |
| [illegible] | 5,475 | 2,861 | 121 | 3.28% |
| [illegible] | 62,189 | 10,833 | 299 | 7.45% |
| [illegible] | 8,863 | 8,829 | 79 | 2.21% |
| [illegible] | 11,403 | 2,893 | 20 | 2.36% |

一番上が自社で、それ以下があわせて見られている他のページです。それぞれのページの累計フォロワー・新規フォロワー・投稿回数・エンゲージメント率を見ることができるため、同業他社と比較して自分達のページの状況が良いか悪いかを簡単に判断できます。この数値をベンチマークにして見るのも良いかもしれませんね。

## ■ YouTube

最後に紹介するのがYouTube アナリティクスです。他のソーシャルメディアとは違い動画がメインになりますから、分析において見る事ができる項目は変わってきます。いくつか特徴的なレポートを紹介しておきます。

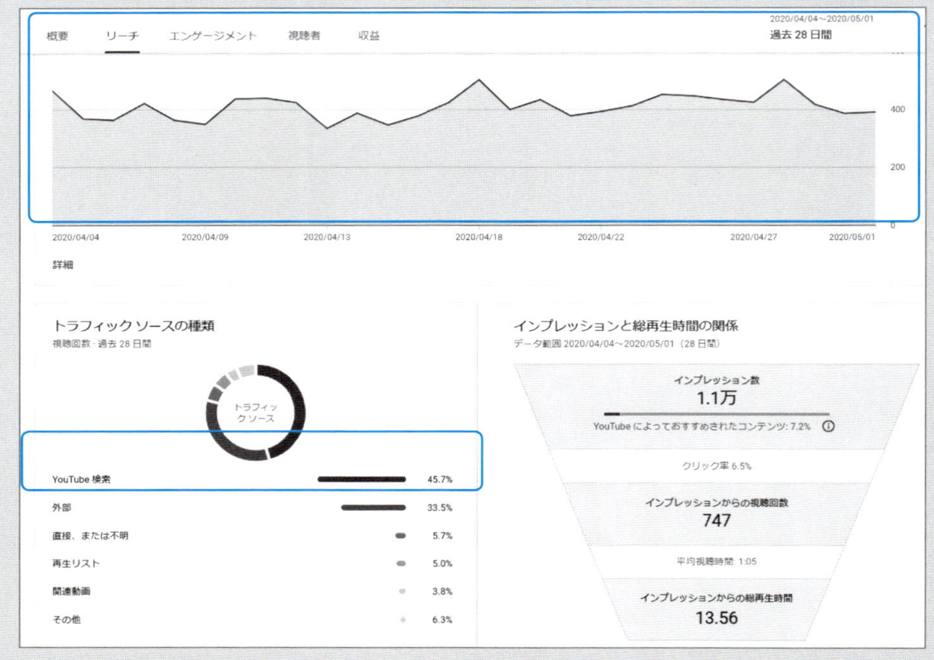


次ページへ続く

こちらのレポートは動画の視聴回数と、その流入元や再生時間の関係です。重要な指標が一つにまとまっております。注目はやはりトラフィックソースですね。YouTube内で検索されたものなのか、外部からの流入なのか（外部は内訳を見ることができます）。何がきっかけで動画を見てくれたかを把握することが可能です。YouTubeに広告や誘導を行っていた場合の効果はこのレポートで見るとよいでしょう。

また動画単位での分析レポートも特徴的です。特に見ておきたいのは「視聴維持率」というレポートです。こちらは動画を再生し始めた人が、どこまで見続けてくれたのかという割合を表示するレポートです。最初の数秒でどれくらい離脱しているのか？　最後まで見てくれていたのは何％いるのか？　こういった事を簡単に確認することができ、次の動画を作成する上でのヒントになるかもしれません。例えばこの内容は離脱率が高いから別の内容に差し替えてみようといった形です。

主要なソーシャルメディアのレポートを紹介してきました。見る項目やツールも多く大変そうに見えますが、本Sectionで紹介してきた数値を中心にまずはチェックして、さらに深堀りしたい場合はこれらのツールを活用していくと良いでしょう。

# Chapter 3

# 新規・リピートを分析する

この章では、ユーザーを新規訪問者と再訪問者（リピーター）に分けて分析していきます。多くのサイトで新規とリピーターが取るサイト内での行動は変わります。行動の違いを理解し、再訪やコンバージョンを促す方法を見ていきましょう。Section3-2～3-4はリピーターをより深堀りしていきます。一度分析方法を覚えれば、ユーザーへの理解が一層深まります。ぜひチャレンジしてみてください。

Section ソーシャル経由でリピーターの獲得はできているのか？

# 3-1 新規とリピートの比率を把握し特徴を確認する

使用レポート ▶▶▶ユーザー ➡ 行動 ➡ 新規顧客とリピーター

Webサイトを「新規で訪問した人」と「何度も繰り返し訪問している人（リピーター）」は、それぞれサイトの中でどんな行動を取っているのでしょうか？　Googleアナリティクスのユーザーレポートでは、ユーザーを新規とリピーターに分けて行動を捕捉することができます。

## 新規とリピーターの割合はどのくらいが正しい？

筆者が講演などでよく聞かれるのは「新規とリピーターはどのくらいの割合であるべき？」という質問です。

図3-1-1 新規とリピーターの割合

| 新規 | リピーター |
|---|---|

この答えについては、**新規もリピートもどちらも大切で、どちらの割合が高い＝良いというわけではない**とお答えしています。ブログサイトなどでは、検索エンジンから流入する新規ユーザーが7～8割であることも一般的です。しかしその一方、ECサイトでは新規訪問者よりリピーターのほうがコンバージョン（商品購入）に結びつきやすいという傾向があるため、リピーターが少ないことのほうが問題になります。

このように、新規とリピーターの割合は一義的に答えがあるわけではなく、「どういった流入元が新規の人を連れてくるのか、あるいはリピーターを連れてくるのか」という視点で自分のWebサイトのユーザーの特徴を把握しましょう。そして、「新規ユーザー向けのページは新規の人がきちんと見てくれているのか」「リピーター獲得のためのキャンペーンを行った時にリピート率は上がっているのか」など、施策を評価するという観点で確認するのが正しい見方です。

しかし、1つ言えることがあります。**サイトの規模を大きくしていくとなると、リピーターの割合を増やしていくことは欠かせません。**下記のグラフは、Google アナリティクスの「ベンチマーク」機能のレポートから取得できる、「1日の訪問回数」別の指標です。

**図3-1-2 サイト規模による新規率の傾向**

| 1日平均訪問数 | サイト数 | 新規率 | ページ/セッショ | 平均セッション時間 | 直帰率 |
|---|---|---|---|---|---|
| 0-99 | 11,373 | 65.3% | 2.74 | 0:01:58 | 59.3% |
| 100-499 | 11,992 | 60.5% | 2.93 | 0:02:09 | 58.4% |
| 500-999 | 9,780 | 57.8% | 2.97 | 0:02:16 | 58.5% |
| 1000-4999 | 10,244 | 54.3% | 3.07 | 0:02:26 | 57.8% |
| 5000-9999 | 3,192 | 49.5% | 3.23 | 0:02:34 | 57.3% |
| 10000-99999 | 4,082 | 41.9% | 3.64 | 0:03:01 | 54.1% |
| 100000+ | 760 | 25.6% | 4.33 | 0:03:58 | 48.0% |

見ての通り、サイト規模が大きくなると、新規率が下がる（＝リピート率が上がる）傾向にあります。対象としている業種やサイト種別によって新規で集められる訪問数には限界があります。従って、はじめは新規訪問者の獲得に注力し、徐々にリピート獲得へと優先順位を上げていく必要があります。

この章では、新規・リピーターについての、サイトの特徴の把握、最適なリピート回数の確認、リピートに繋がる流入元やコンテンツを探っていきます。

## 自社サイトの新規・リピーターの特徴を把握する

Google アナリティクスのレポートを見ながら、以下の3ステップを踏みながら、新規とリピーターの特徴を捉えてみます。

- **Step 1.** Webサイト全体の傾向を探る
- **Step 2.** ページごとに確認する
- **Step 3.** 集客元ごとに確認する

## Step 1. Webサイト全体の傾向を探る

まずは、Webサイト全体の数値を確認してみましょう。Google アナリティクスの左メニューより「**ユーザー➡行動➡新規顧客とリピーター**」をクリックします。右側に「新規とリピーター」のレポートが表示されます。

ページ下部の表部分で「円グラフ」を表示するボタンをクリックすると、割合がわかりやすくなります。❶まず、このサイトでは訪問者の約64%が新規訪問者であることがわかります。

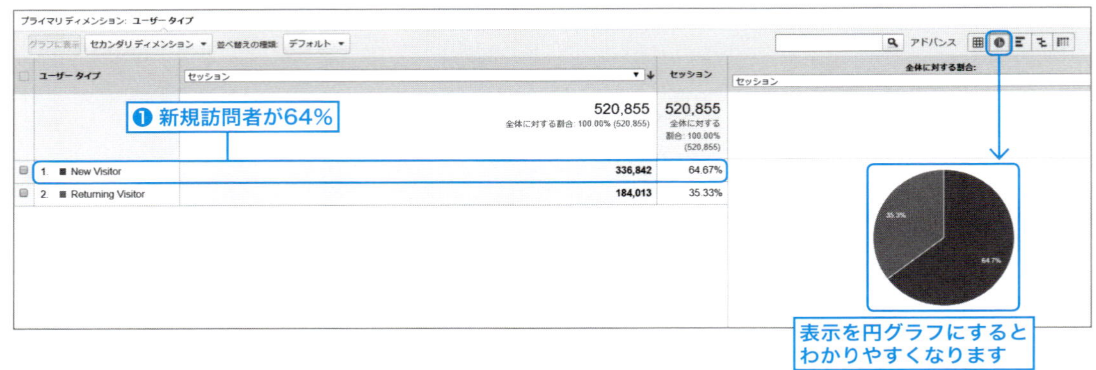


表示を「表形式」に戻して、詳細に数字を確認してみましょう。

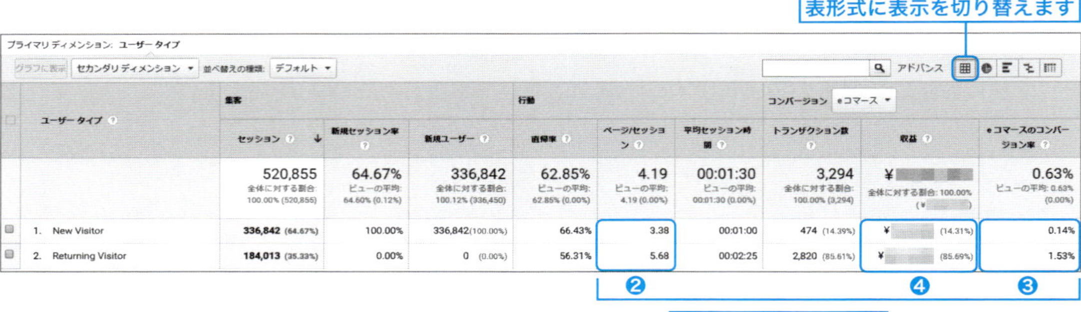


| ユーザー タイプ | 集客: セッション | 新規セッション率 | 新規ユーザー | 行動: 直帰率 | ページ/セッション | 平均セッション時間 | コンバージョン: トランザクション数 | 収益 | eコマースのコンバージョン率 |
|---|---|---|---|---|---|---|---|---|---|
| | 520,855<br>全体に対する割合: 100.00% (520,855) | 64.67%<br>ビューの平均: 64.60% (0.12%) | 336,842<br>全体に対する割合: 100.12% (336,450) | 62.85%<br>ビューの平均: 62.85% (0.00%) | 4.19<br>ビューの平均: 4.19 (0.00%) | 00:01:30<br>ビューの平均: 00:01:30 (0.00%) | 3,294<br>全体に対する割合: 100.00% (3,294) | ¥<br>全体に対する割合: 100.00% (¥ ) | 0.63%<br>ビューの平均: 0.63% (0.00%) |
| 1. New Visitor | 336,842 (64.67%) | 100.00% | 336,842(100.00%) | 66.43% | 3.38 | 00:01:00 | 474 (14.39%) | ¥ (14.31%) | 0.14% |
| 2. Returning Visitor | 184,013 (35.33%) | 0.00% | 0 (0.00%) | 56.31% | 5.68 | 00:02:25 | 2,820 (85.61%) | ¥ (85.69%) | 1.53% |

直帰率に大きな差はないですが、❷1セッションあたりのページビュー数はリピーターのほうが2ページ以上多いことがわかります。コンバージョン欄を確認してみましょう。❸「eコマースのコンバージョン率」の列では、新規訪問者のコンバージョン率が0.14%である一方、リピーターのコンバージョン率が1.53%と10倍以上の差が出ています。❹さらに「収益」の列に注目してみると、収益の85%以上がリピーターによるものであることがわかります。**このサイトではリピーターを増やすことが収益アップに繋がる**、という考察が考えられます。

## Step 2. ページごとに確認する

今度は各ページの新規ユーザーとリピーターの割合を確認してみましょう。

左のメニューで「**ユーザー➡行動➡新規顧客とリピーター**」をクリックした後、❺表の上のセカンダリディメンションで「**行動➡ページ**」を指定します。これで、セッション数の多いページ順に新規とリピーターを確認できます。次に、❻「新規ユーザー」というラベル名をクリックして、新規ユーザーの多い順に並べてみましょう。

❺ セカンダリディメンションは「ページ」を指定します

❻ クリックして多い順に並べ替えます

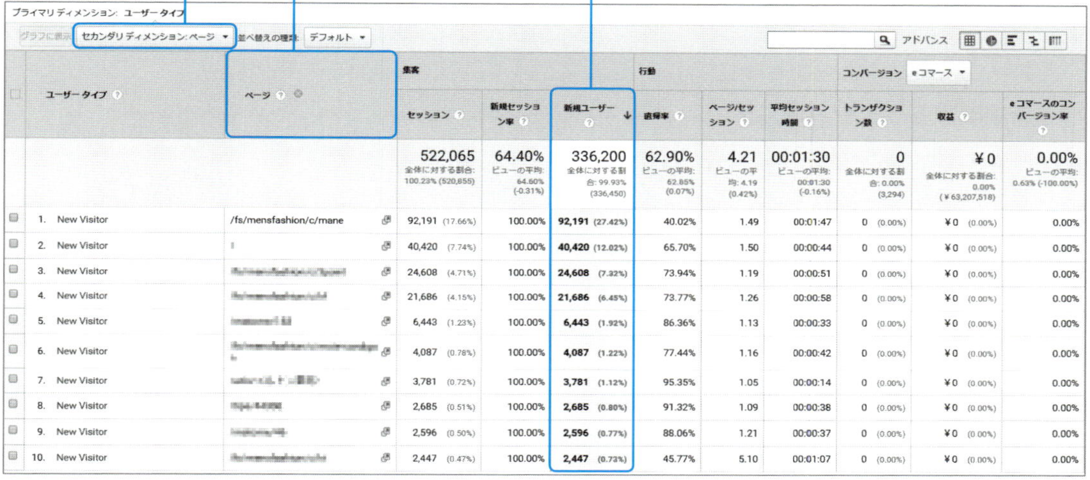

プライマリディメンション: ユーザータイプ

グラフに表示　セカンダリディメンション:ページ ▾　並べ替えの種類: デフォルト ▾　　アドバンス

| | 集客 | | | 行動 | | | コンバージョン eコマース ▾ | | |
|---|---|---|---|---|---|---|---|---|---|
| ユーザータイプ / ページ | セッション | 新規セッション率 | 新規ユーザー ↓ | 直帰率 | ページ/セッション | 平均セッション時間 | トランザクション数 | 収益 | eコマースのコンバージョン率 |
| | 522,065 全体に対する割合: 100.23% (520,855) | 64.40% ビューの平均: 64.60% (-0.31%) | 336,200 全体に対する割合: 99.93% (336,450) | 62.90% ビューの平均: 62.85% (0.07%) | 4.21 ビューの平均: 4.19 (0.42%) | 00:01:30 ビューの平均: 00:01:30 (-0.16%) | 0 全体に対する割合: 0.00% (3,294) | ¥0 全体に対する割合: 0.00% (¥63,207,518) | 0.00% ビューの平均: 0.63% (-100.00%) |
| 1. New Visitor /fs/mensfashion/c/mane | 92,191 (17.66%) | 100.00% | 92,191 (27.42%) | 40.02% | 1.49 | 00:01:47 | 0 (0.00%) | ¥0 (0.00%) | 0.00% |
| 2. New Visitor / | 40,420 (7.74%) | 100.00% | 40,420 (12.02%) | 65.70% | 1.50 | 00:00:44 | 0 (0.00%) | ¥0 (0.00%) | 0.00% |
| 3. New Visitor [illegible] | 24,608 (4.71%) | 100.00% | 24,608 (7.32%) | 73.94% | 1.19 | 00:00:51 | 0 (0.00%) | ¥0 (0.00%) | 0.00% |
| 4. New Visitor [illegible] | 21,686 (4.15%) | 100.00% | 21,686 (6.45%) | 73.77% | 1.26 | 00:00:58 | 0 (0.00%) | ¥0 (0.00%) | 0.00% |
| 5. New Visitor [illegible] | 6,443 (1.23%) | 100.00% | 6,443 (1.92%) | 86.36% | 1.13 | 00:00:33 | 0 (0.00%) | ¥0 (0.00%) | 0.00% |
| 6. New Visitor [illegible] | 4,087 (0.78%) | 100.00% | 4,087 (1.22%) | 77.44% | 1.16 | 00:00:42 | 0 (0.00%) | ¥0 (0.00%) | 0.00% |
| 7. New Visitor [illegible] | 3,781 (0.72%) | 100.00% | 3,781 (1.12%) | 95.35% | 1.05 | 00:00:14 | 0 (0.00%) | ¥0 (0.00%) | 0.00% |
| 8. New Visitor [illegible] | 2,685 (0.51%) | 100.00% | 2,685 (0.80%) | 91.32% | 1.09 | 00:00:38 | 0 (0.00%) | ¥0 (0.00%) | 0.00% |
| 9. New Visitor [illegible] | 2,596 (0.50%) | 100.00% | 2,596 (0.77%) | 88.06% | 1.21 | 00:00:37 | 0 (0.00%) | ¥0 (0.00%) | 0.00% |
| 10. New Visitor [illegible] | 2,447 (0.47%) | 100.00% | 2,447 (0.73%) | 45.77% | 5.10 | 00:01:07 | 0 (0.00%) | ¥0 (0.00%) | 0.00% |

これで新規ユーザーの訪問が多いページがわかります。このサイトでは「/fs/mensfashion/c/mane」というページに新規ユーザーが27%ほど集中していることがわかります。その場合、**このページで新規ユーザーにサイトでできることをしっかり伝えた上で、サイト内を回遊していただくことが重要となります**。新規ユーザーの多いページが、リピーターを前提としたコンテンツ・機能・ページになっていないか確認しましょう。

### Point ページを指定して確認する方法

「『初めての方へ』といったサイト概要ページ」など、調べたいページが決まっている場合、以下のようにページのURLを指定すると該当ページのみが表示されるため見やすくなります。

上記レポートと同様、「**ユーザー➡行動➡新規顧客とリピーター**」のレポートを表示した後、セカンダリディメンションで「**行動➡ページ**」を設定します。

表の上部の、❶「アドバンス」というリンクをクリックします（一度設定すると「編集」にリンク名が変わります）。❷表示されるテキストボックスにページのURLを入力します（一部でも構いません）。「含む」や「一致」などを選択し、❸「適用」ボタンをクリックします。

次ページへ続く

プライマリディメンション: ユーザー タイプ

❶ ここから条件を絞り込めます

❷

❸

## Step 3. 集客元ごとに確認する

左のメニューで「**ユーザー➡行動➡新規顧客とリピーター**」をクリックした後、表の上の「セカンダリディメンション」ボタンをクリックして❼「**集客➡デフォルトチャネルグループ**」を指定します。

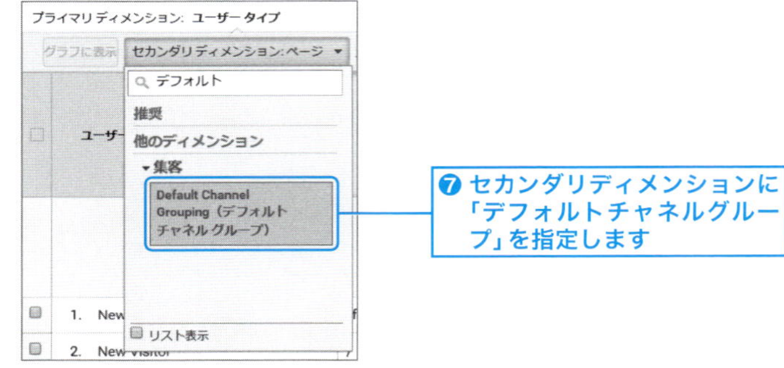


レポートが表示されました。❽さらに表の上部の「アドバンス」（一度設定すると「編集」となります）リンクをクリックし、❾ディメンションに「ユーザータイプ」を選択します。❿テキストボックスに「New Visitor」（文字列の一部でも可）と入力して、⓫「適用」をクリックし、表示を絞り込みます。

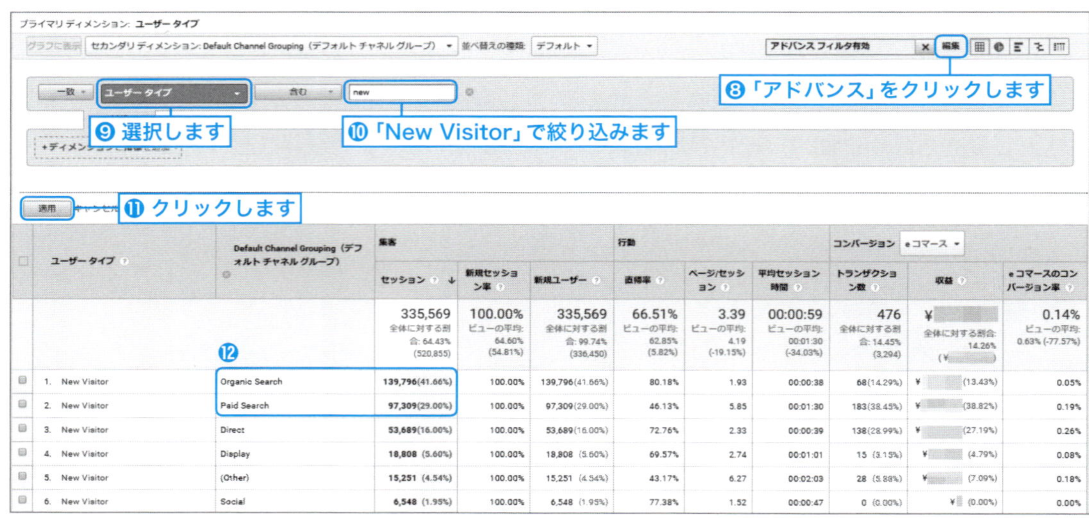


| ユーザー タイプ | Default Channel Grouping（デフォルト チャネル グループ） | セッション | 新規セッション率 | 新規ユーザー | 直帰率 | ページ/セッション | 平均セッション時間 | トランザクション数 | 収益 | eコマースのコンバージョン率 |
|---|---|---|---|---|---|---|---|---|---|---|
| | | 335,569 全体に対する割合: 64.43% (520,855) | 100.00% ビューの平均: 64.60% (54.81%) | 335,569 全体に対する割合: 99.74% (336,450) | 66.51% ビューの平均: 62.85% (5.82%) | 3.39 ビューの平均: 4.19 (-19.15%) | 00:00:59 ビューの平均: 00:01:30 (-34.03%) | 476 全体に対する割合: 14.45% (3,294) | ¥ 全体に対する割合: 14.26% (¥) | 0.14% ビューの平均: 0.63% (-77.57%) |
| 1. New Visitor | Organic Search | 139,796(41.66%) | 100.00% | 139,796(41.66%) | 80.18% | 1.93 | 00:00:38 | 68(14.29%) | ¥ (13.43%) | 0.05% |
| 2. New Visitor | Paid Search | 97,309(29.00%) | 100.00% | 97,309(29.00%) | 46.13% | 5.85 | 00:01:30 | 183(38.45%) | ¥ (38.82%) | 0.19% |
| 3. New Visitor | Direct | 53,689(16.00%) | 100.00% | 53,689(16.00%) | 72.76% | 2.33 | 00:00:39 | 138(28.99%) | ¥ (27.19%) | 0.26% |
| 4. New Visitor | Display | 18,808 (5.60%) | 100.00% | 18,808 (5.60%) | 69.57% | 2.74 | 00:01:01 | 15 (3.15%) | ¥ (4.79%) | 0.08% |
| 5. New Visitor | (Other) | 15,251 (4.54%) | 100.00% | 15,251 (4.54%) | 43.17% | 6.27 | 00:02:03 | 28 (5.88%) | ¥ (7.09%) | 0.18% |
| 6. New Visitor | Social | 6,548 (1.95%) | 100.00% | 6,548 (1.95%) | 77.38% | 1.52 | 00:00:47 | 0 (0.00%) | ¥ (0.00%) | 0.00% |

この表では流入元（Google アナリティクスが設定する「デフォルトチャネル」➡P.73）ごとの新

規・リピーターの訪問数を確認することができます。例えば前ページ下の画像では、⑫新規ユーザーの42％は「Organic Search」（検索エンジン）から流入し、次いで29％は「Paid Search」（有料検索）から流入していることがわかります。

流入元がわかると、例えば、新規ユーザーを増やすためには「検索エンジンへの上位表示を強化していこう」とか「有料検索に集客コスト投下しよう」など、課題に対する対策が明確になります。

同様にリピーターの流入元も見てみましょう。⑬再度表の上の「編集」ボタンをクリックし、⑭ディメンションに「ユーザータイプ」を選択し、⑮今度は「Returning Visitor」（文字列の一部でも可）にして、⑯「適用」をクリックし、絞り込みます。

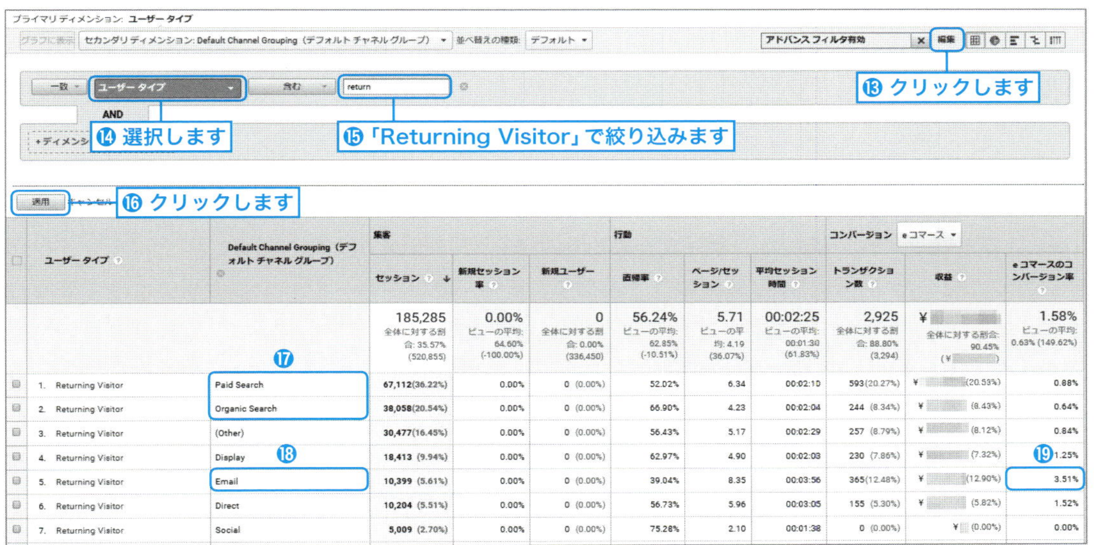


| ユーザー タイプ | Default Channel Grouping（デフォルト チャネル グループ） | 集客: セッション | 新規セッション率 | 新規ユーザー | 行動: 直帰率 | ページ/セッション | 平均セッション時間 | コンバージョン eコマース: トランザクション数 | 収益 | eコマースのコンバージョン率 |
|---|---|---|---|---|---|---|---|---|---|---|
| | | 185,285 全体に対する割合: 35.57% (520,855) | 0.00% ビューの平均: 64.60% (-100.00%) | 0 全体に対する割合: 0.00% (336,450) | 56.24% ビューの平均: 62.85% (-10.51%) | 5.71 ビューの平均: 4.19 (36.07%) | 00:02:25 ビューの平均: 00:01:30 (61.83%) | 2,925 全体に対する割合: 88.80% (3,294) | ¥ 全体に対する割合: 90.45% (¥ ) | 1.58% ビューの平均: 0.63% (149.62%) |
| 1. Returning Visitor | Paid Search | 67,112(36.22%) | 0.00% | 0 (0.00%) | 52.02% | 6.34 | 00:02:10 | 593(20.27%) | ¥ (20.53%) | 0.88% |
| 2. Returning Visitor | Organic Search | 38,058(20.54%) | 0.00% | 0 (0.00%) | 66.90% | 4.23 | 00:02:04 | 244 (8.34%) | ¥ (8.43%) | 0.64% |
| 3. Returning Visitor | (Other) | 30,477(16.45%) | 0.00% | 0 (0.00%) | 56.43% | 5.17 | 00:02:29 | 257 (8.79%) | ¥ (8.12%) | 0.84% |
| 4. Returning Visitor | Display | 18,413 (9.94%) | 0.00% | 0 (0.00%) | 62.97% | 4.90 | 00:02:03 | 230 (7.86%) | ¥ (7.32%) | 1.25% |
| 5. Returning Visitor | Email | 10,399 (5.61%) | 0.00% | 0 (0.00%) | 39.04% | 8.35 | 00:03:56 | 365(12.48%) | ¥ (12.90%) | 3.51% |
| 6. Returning Visitor | Direct | 10,204 (5.51%) | 0.00% | 0 (0.00%) | 56.73% | 5.96 | 00:03:05 | 155 (5.30%) | ¥ (5.82%) | 1.52% |
| 7. Returning Visitor | Social | 5,009 (2.70%) | 0.00% | 0 (0.00%) | 75.28% | 2.10 | 00:01:38 | 0 (0.00%) | ¥ (0.00%) | 0.00% |

⑰リピーターのほうの上位2つは新規ユーザーと同様に「Paid Search」（有料検索）と「Organic Search」（検索エンジン）ですが、順位が逆転しており、36％が有料検索から流入しています。さらに特徴的なのは、⑱「Email」（メールマガジンなど）からの流入が5.61％となっており、新規の0.54％と比べて10倍の割合となります。⑲さらに「eコマースのコンバージョン率」列を見ると、3.51％となり飛びぬけて高いこともわかります。

## 新規とリピーターの注意点

- Google アナリティクスで計測を始めた際には、はじめはすべて「新規ユーザー」となることに注意しましょう。
- Google アナリティクスでサイトの計測を始めてから、Webサイトを2回以上訪問した事がある人（正確にはCookieなので使用ブラウザごとの数値となります）が「リピーター」となります。
- 「新規とリピーター」の数値は「ユーザーの人数」ではなく、「訪問回数」です。実際の「ユーザー数」とは異なる点にご注意ください。

Section 何回目の訪問が、一番購入に繋がりやすいのか？

# 3-2 コンバージョンに繋がる最適なリピート回数を把握する

使用レポート ▶▶▶ユーザー ➡ 行動 ➡ リピートの回数や間隔

前Sectionの冒頭で、新規・リピートの割合の正解値はないと説明しましたが、ここでは「コンバージョンしてもらうための最適な訪問回数は何回か？」という観点で回数を割り出します。さらに応用編では2つ以上のコンバージョンについて考察します。複数のコンバージョン指標を持っているサイトは参考にしてください。

## リピーターの特徴をもう少し考察してみる

ECサイトなどでは、新規ユーザーよりもリピーターのほうがコンバージョンに繋がりやすい傾向があります。ただ、**必ずしもその限りではなく、サイトやコンバージョンの種類によって変わります**。たくさん来ている人はウィンドウショッピングや情報収集が目的で、購入やお問い合わせ率が下がる可能性があります。では、いったい何回目の訪問が一番コンバージョンに繋がるのでしょうか？　このSectionでは「リピーター」についてもう少し深く考えていきましょう。

## サイトの最適なリピート回数を確認しよう

4つのステップでリピーターを理解していきます。Step 1でリピート回数の全体傾向を把握した後、Step 2・3でコンバージョンの観点から見た最適な訪問回数を割り出し、応用編で2種類以上のコンバージョンがある場合について考察します。

- Step 1.　訪問回数の全体傾向を把握する
- Step 2.　コンバージョンの多い訪問回数を把握する（回数）
- Step 3.　コンバージョンしやすい訪問回数を割り出す（割合）
- 応用編　2種類のコンバージョンが存在する場合の最適な訪問回数を割り出す

## Step 1. 訪問回数の全体傾向を把握する

左のメニューから「**ユーザー➡行動➡リピートの回数や間隔**」を開きます。まずはこのレポートで、サイトのリピート回数の傾向をつかみましょう。

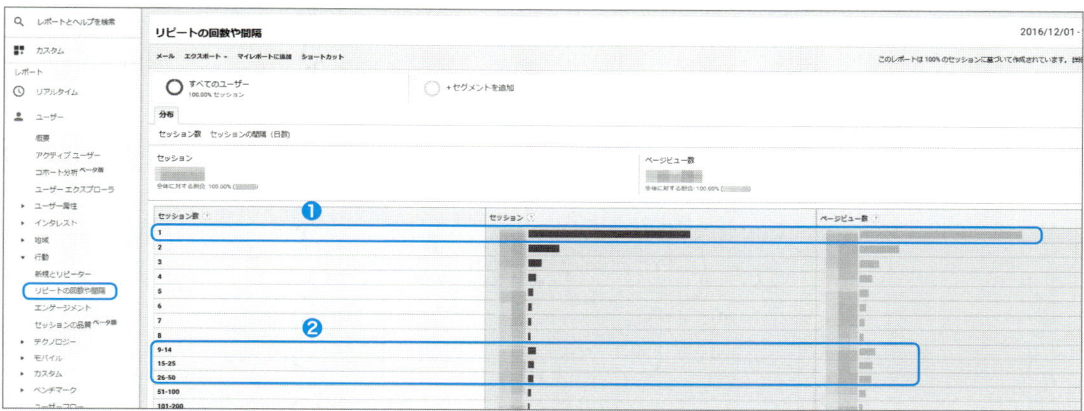


このサイトの場合は、❶セッション数が「1」の人が多数を占めていますが、❷飛んで9～50回にも若干の山ができていることがわかります。

### Hint　ばらつきがわかる

ユーザーレポートの「概要」などでは、ユーザーのセッションは「合計値」が確認できますが、こちらの「リピートの回数や間隔」レポートでは「数値のばらつき」がわかるところが良い点です。

## Step 2. コンバージョンの多い訪問回数を把握する（回数）

さらにコンバージョンしたというセグメントを掛け合わせます。❶グラフ上部の「＋セグメントを追加」ボタンをクリックし、❷「コンバージョンに至ったユーザー」を選択して❸「適用」をクリックします。その際、「すべてのユーザー」のチェックは外しておきます。

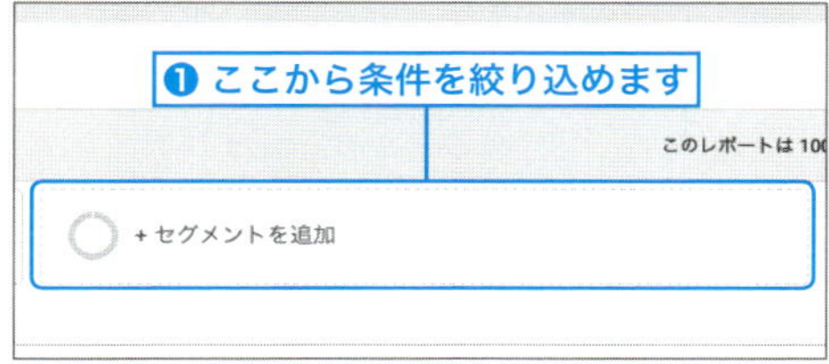


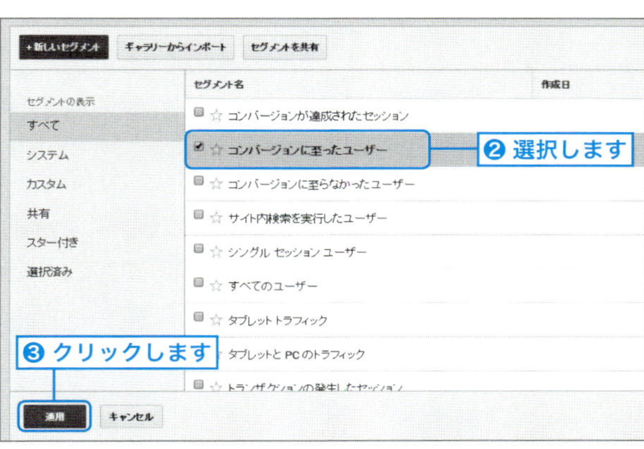

すると、以下のような棒グラフが表示されます。

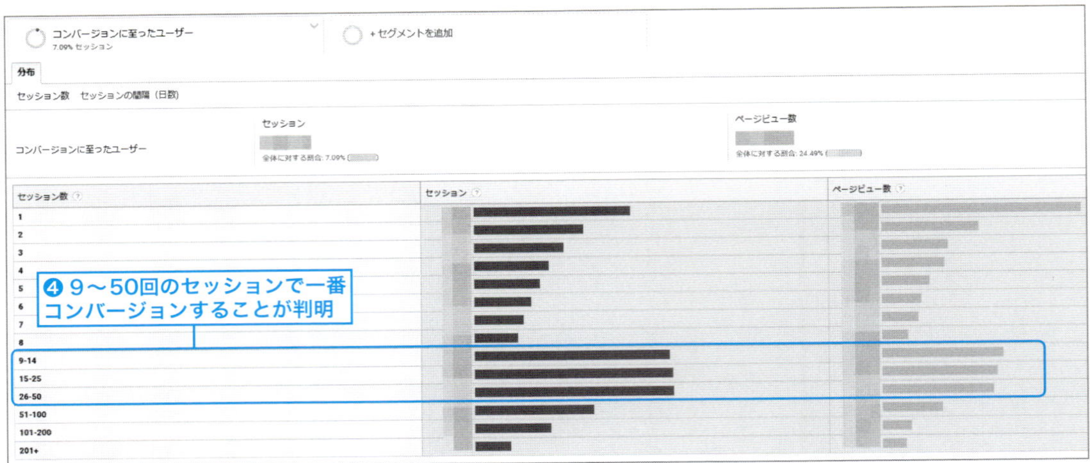


ユーザー全体の訪問数は「1セッションが多数」でしたが、❹コンバージョンしたユーザーは「9～50回のセッションで一番コンバージョンする」ことがわかります。

## Step 3. コンバージョンしやすい訪問回数を割り出す（割合）

今度は割合を見てみましょう。再度セグメントの欄を開き、❶今度は「コンバージョンに至ったユーザー」と「すべてのユーザー」をどちらもチェックし、「適用」をクリックします。

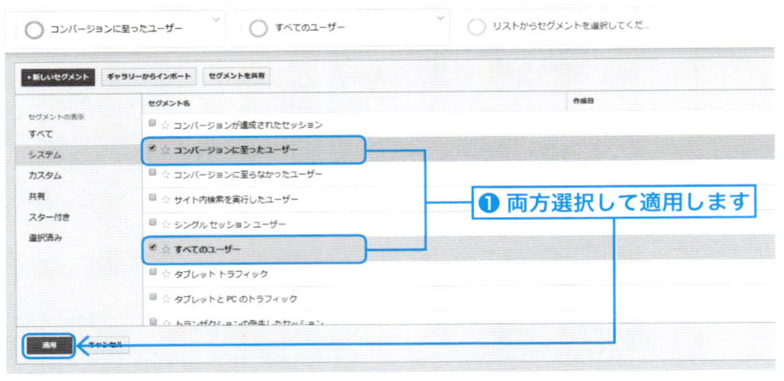


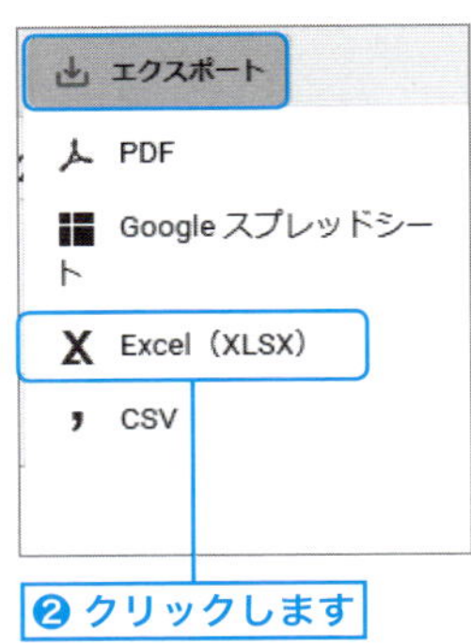


上記のデータをExcelファイルに出力し、より詳細な考察をしていきましょう。❷グラフ上部の「エクスポート→Excel（XLSX）」をクリックし、ファイルを出力します。

次のようなファイルが出力されました。

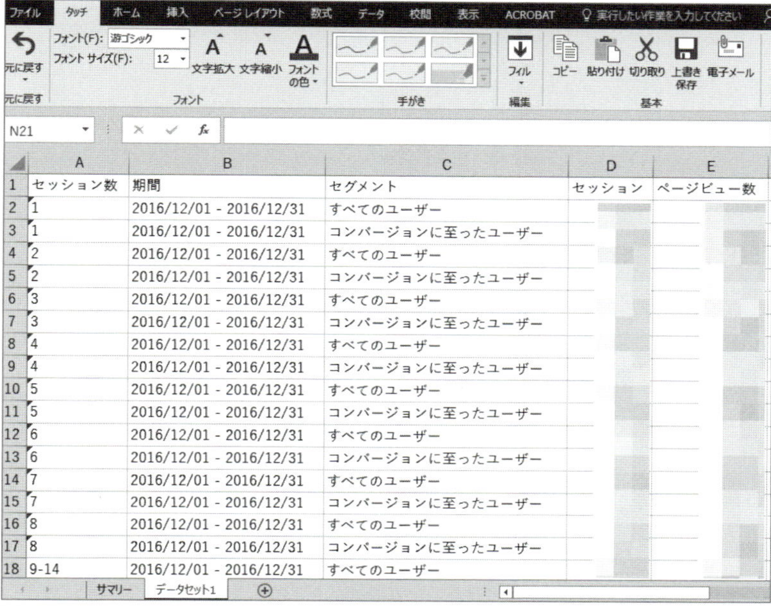

| | A | B | C | D | E |
|---|---|---|---|---|---|
| 1 | セッション数 | 期間 | セグメント | セッション | ページビュー数 |
| 2 | 1 | 2016/12/01 - 2016/12/31 | すべてのユーザー | | |
| 3 | 1 | 2016/12/01 - 2016/12/31 | コンバージョンに至ったユーザー | | |
| 4 | 2 | 2016/12/01 - 2016/12/31 | すべてのユーザー | | |
| 5 | 2 | 2016/12/01 - 2016/12/31 | コンバージョンに至ったユーザー | | |
| 6 | 3 | 2016/12/01 - 2016/12/31 | すべてのユーザー | | |
| 7 | 3 | 2016/12/01 - 2016/12/31 | コンバージョンに至ったユーザー | | |
| 8 | 4 | 2016/12/01 - 2016/12/31 | すべてのユーザー | | |
| 9 | 4 | 2016/12/01 - 2016/12/31 | コンバージョンに至ったユーザー | | |
| 10 | 5 | 2016/12/01 - 2016/12/31 | すべてのユーザー | | |
| 11 | 5 | 2016/12/01 - 2016/12/31 | コンバージョンに至ったユーザー | | |
| 12 | 6 | 2016/12/01 - 2016/12/31 | すべてのユーザー | | |
| 13 | 6 | 2016/12/01 - 2016/12/31 | コンバージョンに至ったユーザー | | |
| 14 | 7 | 2016/12/01 - 2016/12/31 | すべてのユーザー | | |
| 15 | 7 | 2016/12/01 - 2016/12/31 | コンバージョンに至ったユーザー | | |
| 16 | 8 | 2016/12/01 - 2016/12/31 | すべてのユーザー | | |
| 17 | 8 | 2016/12/01 - 2016/12/31 | コンバージョンに至ったユーザー | | |
| 18 | 9-14 | 2016/12/01 - 2016/12/31 | すべてのユーザー | | |

出力したデータに対し、❸「セッション回数」ごとに

**コンバージョンに至ったユーザーのセッション数÷すべてのユーザーのセッション数**

という計算式を挿入します。計算結果はパーセンテージの表示にしておきましょう。

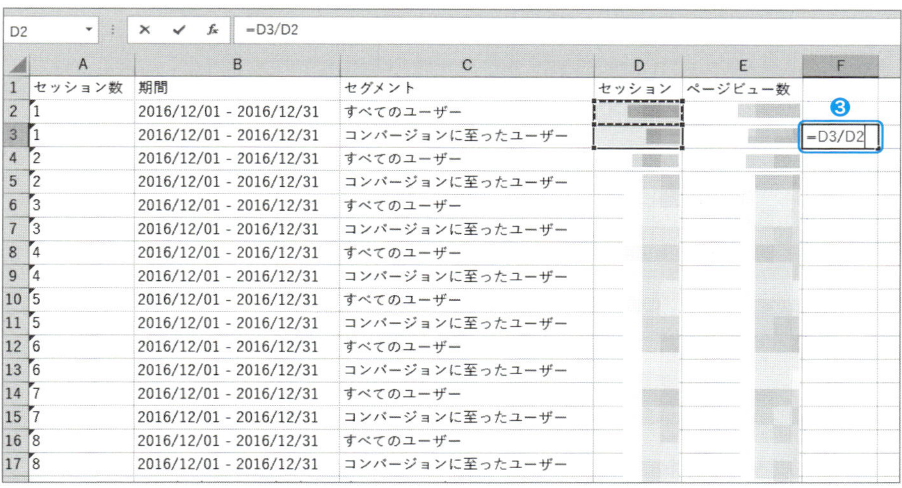

D2 =D3/D2

| | A | B | C | D | E | F |
|---|---|---|---|---|---|---|
| 1 | セッション数 | 期間 | セグメント | セッション | ページビュー数 | |
| 2 | 1 | 2016/12/01 - 2016/12/31 | すべてのユーザー | | | ❸ |
| 3 | 1 | 2016/12/01 - 2016/12/31 | コンバージョンに至ったユーザー | | | =D3/D2 |
| 4 | 2 | 2016/12/01 - 2016/12/31 | すべてのユーザー | | | |
| 5 | 2 | 2016/12/01 - 2016/12/31 | コンバージョンに至ったユーザー | | | |
| 6 | 3 | 2016/12/01 - 2016/12/31 | すべてのユーザー | | | |
| 7 | 3 | 2016/12/01 - 2016/12/31 | コンバージョンに至ったユーザー | | | |
| 8 | 4 | 2016/12/01 - 2016/12/31 | すべてのユーザー | | | |
| 9 | 4 | 2016/12/01 - 2016/12/31 | コンバージョンに至ったユーザー | | | |
| 10 | 5 | 2016/12/01 - 2016/12/31 | すべてのユーザー | | | |
| 11 | 5 | 2016/12/01 - 2016/12/31 | コンバージョンに至ったユーザー | | | |
| 12 | 6 | 2016/12/01 - 2016/12/31 | すべてのユーザー | | | |
| 13 | 6 | 2016/12/01 - 2016/12/31 | コンバージョンに至ったユーザー | | | |
| 14 | 7 | 2016/12/01 - 2016/12/31 | すべてのユーザー | | | |
| 15 | 7 | 2016/12/01 - 2016/12/31 | コンバージョンに至ったユーザー | | | |
| 16 | 8 | 2016/12/01 - 2016/12/31 | すべてのユーザー | | | |
| 17 | 8 | 2016/12/01 - 2016/12/31 | コンバージョンに至ったユーザー | | | |

数式の入力が済んだら、❹F列を「空白以外のセル」などでフィルタをかけて表示します。F列には「訪問回数ごとのコンバージョン率」という列名を付けました。

❹「空白以外」でフィルタします

| | A | B | C | D | E | F |
|---|---|---|---|---|---|---|
| 1 | セッション数 | 期間 | セグメント | セッション | ページビュー数 | 訪問回数ごとのコンバージョン率 |
| 3 | 1 | 2016/12/01 - 2016/12/31 | コンバージョンに至ったユーザー | 3928 | 103928 | 1.2% |
| 5 | 2 | 2016/12/01 - 2016/12/31 | コンバージョンに至ったユーザー | 2755 | 50239 | 4.3% |
| 7 | 3 | 2016/12/01 - 2016/12/31 | コンバージョンに至ったユーザー | 2241 | 34485 | 8.3% |
| 9 | 4 | 2016/12/01 - 2016/12/31 | コンバージョンに至ったユーザー | 1878 | 32324 | 12.2% |
| 11 | 5 | 2016/12/01 - 2016/12/31 | コンバージョンに至ったユーザー | 1645 | 24825 | 16.1% |
| 13 | 6 | 2016/12/01 - 2016/12/31 | コンバージョンに至ったユーザー | 1416 | 20397 | 19.4% |
| 15 | 7 | 2016/12/01 - 2016/12/31 | コンバージョンに至ったユーザー | 1223 | 18773 | 22.4% |
| 17 | 8 | 2016/12/01 - 2016/12/31 | コンバージョンに至ったユーザー | 1074 | 13280 | 24.4% |
| 19 | 9-14 | 2016/12/01 - 2016/12/31 | コンバージョンに至ったユーザー | 4903 | 63336 | 31.4% |
| 21 | 15-25 | 2016/12/01 - 2016/12/31 | コンバージョンに至ったユーザー | 4988 | 59964 | 40.5% |
| 23 | 26-50 | 2016/12/01 - 2016/12/31 | コンバージョンに至ったユーザー | 5011 | 58036 | 45.2% |
| 25 | 51-100 | 2016/12/01 - 2016/12/31 | コンバージョンに至ったユーザー | 2989 | 31133 | 48.9% |
| 27 | 101-200 | 2016/12/01 - 2016/12/31 | コンバージョンに至ったユーザー | 1909 | 15087 | 50.2% |
| 29 | 201+ | 2016/12/01 - 2016/12/31 | コンバージョンに至ったユーザー | 900 | 12161 | 51.0% |
| 31 | | 2016/12/01 - 2016/12/31 | コンバージョンに至ったユーザー | 36860 | 537968 | 7.1% |

上記の表のA列とF列などをコピーして別のシートに貼り付け、「棒グラフ」を作成するとよりわかりやすくなります。

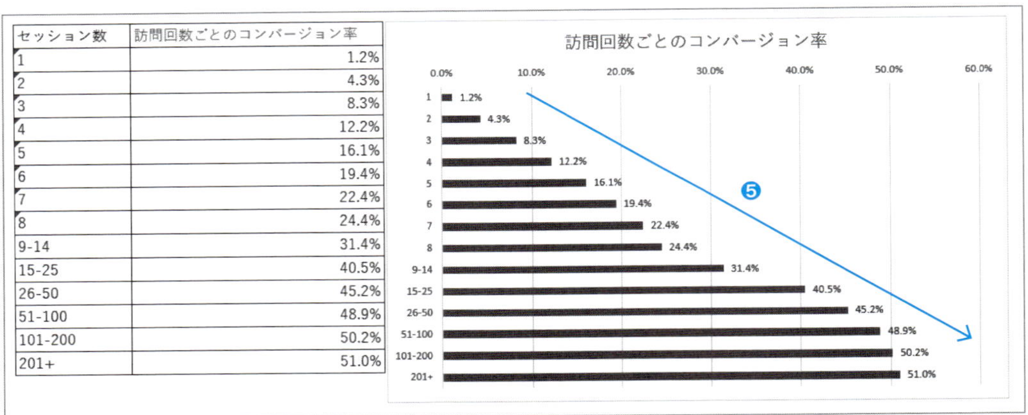

| セッション数 | 訪問回数ごとのコンバージョン率 |
|---|---|
| 1 | 1.2% |
| 2 | 4.3% |
| 3 | 8.3% |
| 4 | 12.2% |
| 5 | 16.1% |
| 6 | 19.4% |
| 7 | 22.4% |
| 8 | 24.4% |
| 9-14 | 31.4% |
| 15-25 | 40.5% |
| 26-50 | 45.2% |
| 51-100 | 48.9% |
| 101-200 | 50.2% |
| 201+ | 51.0% |



「コンバージョンしやすい訪問回数」を割り出すことができました。❺棒グラフでは、訪問回数が多くなるごとにコンバージョン率が段階的に高くなっていく様子がわかります。9回以上訪問している人は30%が、さらに15回以上になると40%がコンバージョンすることがわかりました。リピートの重要性が強調されるグラフとなりました。

こちらのECサイトでは、たくさん訪問してもらうほどコンバージョンに結びつくことがわかります。その場合は会員制のメールマガジンの施策を強化したり、季節ごとに商品の見せ方をこまめに変えたりするなど、リピーター向けの施策が重要になります。

### Hint 訪問回数が極端に多いユーザーは自社や同業他社のメンバーである可能性も

「リピート回数が非常に多いが、コンバージョンしない」というユーザーの動きが見つかった場合、それは**自社の社員や同業他社が確認している**ため、などの可能性もあります。正確に利用者の動きのみを把握したい場合は、IPアドレスなどでフィルタをかけるなどの対応が必要です。詳細は付録1-2➡**P.409**を参照してください。

## 応用編：2種類のコンバージョンに対する最適な訪問回数を割り出す

2種類以上の目標指標がある場合の最適な訪問回数を割り出してみましょう。それぞれの目標に対し、**Step 3.**の流れでExcelをダウンロードして割合を算出してみましょう。

### ある保険販売サイトの場合

下記グラフは保険を販売しているサイトのデータになります。グラフの線はそれぞれ「問合せ（第2軸）」「見積り依頼（第1軸）」となっています。

**図3-2-1** 保険販売サイトの訪問回数別コンバージョン率

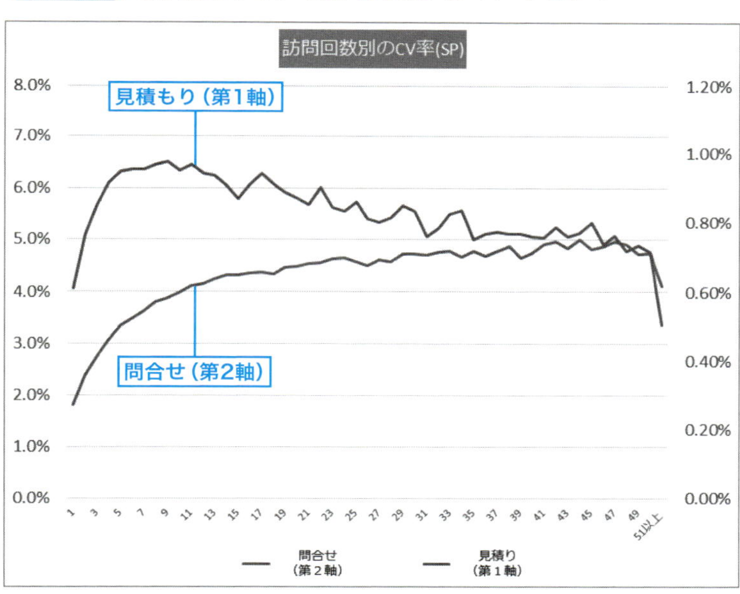


上記サイトの例だと、問い合わせは先ほどの例と同じように、訪問回数が増えるとコンバージョン率が上がっていく形になります。逆に見積りに関しては、5回〜10回目くらいがピークとなっています。ここから見えてくるのは

- **最初の数回は比較検討や調査などを行うためコンバージョン率が低く、複数回訪問してもらえることが大切**である
- 見積りの方がお問合せより先にコンバージョンする可能性が高い

という事です。いきなり「お問合せ」を促すのではなく、まずは見積もりをしていただくように促す方がコンバージョン数や率の増加に繋がるのではないでしょうか。従って、そのようなサイト構成にするというのも施策の1つとなってくるでしょう。

## ある結婚情報サイトの場合

次の事例は結婚情報サイトの訪問回数別コンバージョン数になります。このサイトに6つのコンバージョンがあります。それを横軸に訪問回数、縦軸にコンバージョン数を表しています。相対数値となるため、各コンバージョンで最もコンバージョン数が多かった訪問回数を100%とし、残りを相対的に表しています。

図3-2-2 結婚情報サイトの訪問回数別コンバージョン数

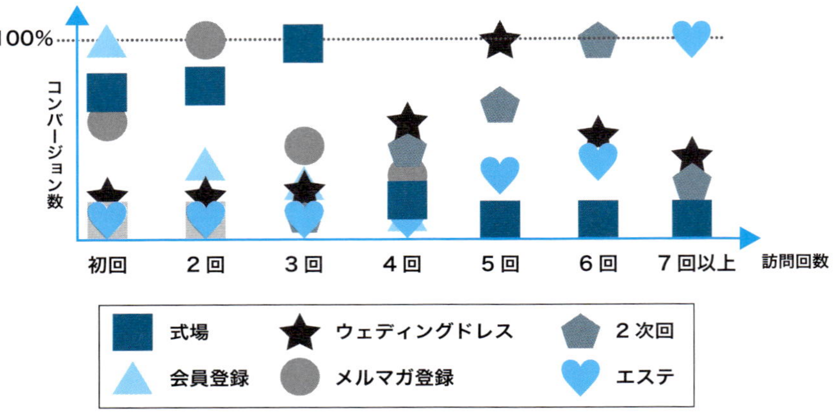


さて、このデータからどのような気付きが見つかるでしょうか？

まずは「訪問回数によって、コンバージョンしやすいコンバージョン内容が変わる」ということです。左側から順番に見ていくと、最初数回は式場の予約・会員登録・メルマガ登録が中心となっています。4回目は全体的にコンバージョン率が低く、その後はウェディングドレス・2次会・エステという順番でコンバージョンが発生します。

サイト利用者が結婚式までのプロセスを順番に進めていることがわかります。情報収集や予約を楽にするために、まずは会員登録やメルマガ登録を行い、そして式場を探し始めます。式場の場所や種類（教会式・人前式・レストランウェディング等）が決まらないと、どこでウェディングドレスを借り（購入す）ればよいか判断できません。また式場が決まって、ようやく2次会のことを考えられます。やはり式場と2次会の場所が遠いのは、参加される方にとっては不便ですからね。

訪問回数によって利用者の行動が違うことがわかれば、改善に活かせます。初めて送るメルマガに2次会やエステの案内をしても興味を持つ人はいないでしょう。また結婚式場が決まっている方に、トップページのバナーで「お得な結婚式場」や「試食会のご案内」を告知してもコンバージョンしないのは当然です。**訪問回数にあわせて最適なコンテンツを出すことがこのサイトにとっては何より重要**なのではないでしょうか。さらには4回目でのコンバージョンの減少を減らすために、式場＋ウェディングドレスのセット案内なども有効かもしれません。

Section リピーターはどの機能をよく利用しているのか？

# 3-3 リピーターが利用するコンテンツや機能を把握する

使用レポート ▶▶▶ 行動 ➡ サイトコンテンツ ➡ すべてのページ ▶▶▶ 行動 ➡ イベント ➡ 概要

リピーターを増やしたい、と考えたときにはまず何をすべきでしょう？ このSectionでは「5回以上リピートしたユーザー」など具体的にユーザーを絞り込み、読まれているページや機能を洗い出します。このページや機能を目立たせたり、強化することがリピーターを増やすヒントになります。ぜひ習得してみてください。

## リピーターはどのページを見ているのか？

ここまで、コンバージョンに繋がるリピート回数や流入元を探ってきました。このSectionでは、リピーターが見ているコンテンツ（ページ）や機能を探っていきましょう。

図3-3-1 リピーターの特徴を探る

リピーターは
何をしているのかな？
ページや機能単位で
リピーターの
特徴を把握しよう！



すでにSection3-1➡P.157でも説明した通り、「すべてのページ」のレポートにセカンダリディメンションで「新規」と「リピート」を掛け合わせる方法を利用することができます。

さらに、**リピートの回数によって違いを見る場合は「セグメント」を作成する必要があります**。ここでは訪問回数が「5回以上」のセグメントを作成してみましょう。

## リピーターがよく見るページを把握する

まずは左メニューから「**行動➡サイトコンテンツ➡すべてのページ**」を開き、❶表の上にある「＋セグメントを追加」をクリックします。画面が切り替わったら、❷左上の「＋新しいセグメント」をクリックします。

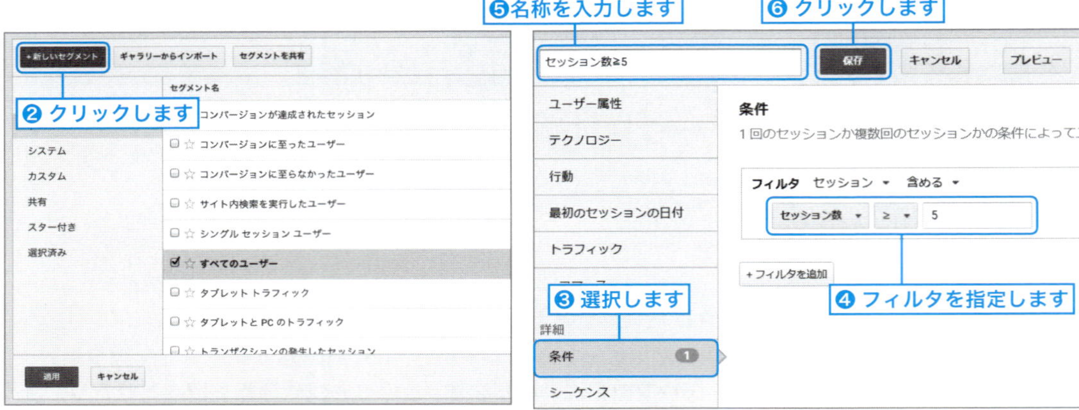


❸「条件」を選び、❹「フィルタ」のプルダウンから「ユーザー➡セッション数」「≧」「指定したい回数（ここでは5）」を選択して、❺「セグメント名」（ここでは「セッション数≧5」）をつけ、❻「保存」をクリックします。

同様に、❼「セッション数≧2 AND セッション数≦4」で設定し、セグメント名「セッション数2-4」とつけたセグメントを作成します。

条件
1 回のセッションか複数回のセッションかの条件によって
フィルタ セッション 含める
セッション数 ≥ 2
AND
セッション数 ≤ 4
❼設定します

このような方法を利用することで、特定の訪問回数の訪問で見られたコンテンツを把握することができます。ページの種類が多い場合は、「**行動➡サイトコンテンツ➡ディレクトリ**」を使うのも良いでしょう。

下記は「2〜4回」と「5回以上」の2つのセグメントを反映したディレクトリレポートになります。

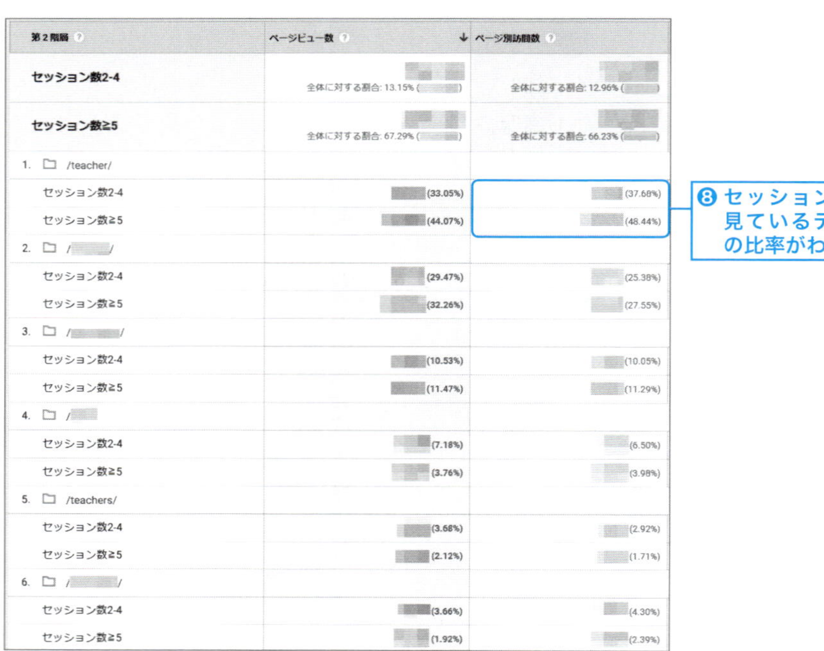

| 第 2 階層 | ページビュー数 | ページ別訪問数 |
| --- | --- | --- |
| セッション数2-4 | 全体に対する割合: 13.15% | 全体に対する割合: 12.96% |
| セッション数≥5 | 全体に対する割合: 67.29% | 全体に対する割合: 66.23% |
| 1. /teacher/ | | |
| セッション数2-4 | (33.05%) | (37.68%) |
| セッション数≥5 | (44.07%) | (48.44%) |
| 2. / / | | |
| セッション数2-4 | (29.47%) | (25.38%) |
| セッション数≥5 | (32.26%) | (27.55%) |
| 3. / / | | |
| セッション数2-4 | (10.53%) | (10.05%) |
| セッション数≥5 | (11.47%) | (11.29%) |
| 4. / | | |
| セッション数2-4 | (7.18%) | (6.50%) |
| セッション数≥5 | (3.76%) | (3.98%) |
| 5. /teachers/ | | |
| セッション数2-4 | (3.68%) | (2.92%) |
| セッション数≥5 | (2.12%) | (1.71%) |
| 6. / / | | |
| セッション数2-4 | (3.66%) | (4.30%) |
| セッション数≥5 | (1.92%) | (2.39%) |

❽セッション回数が5回以上のページは「/teacher/」を見る割合が2～4回と比べて高いことがわかります(48.44%対37.68%)。このように訪問回数によってサイトの利用状況が変化することがわかります。

## データをダウンロードして比較する

別のサイトでも、Google アナリティクスで同様のセグメントを作って比較し、そのデータを「エクスポート」でExcel形式でダウンロードして、図3-3-2のような表を作成してみました。

**図3-3-2 あるサイトの訪問回数と閲覧比率**

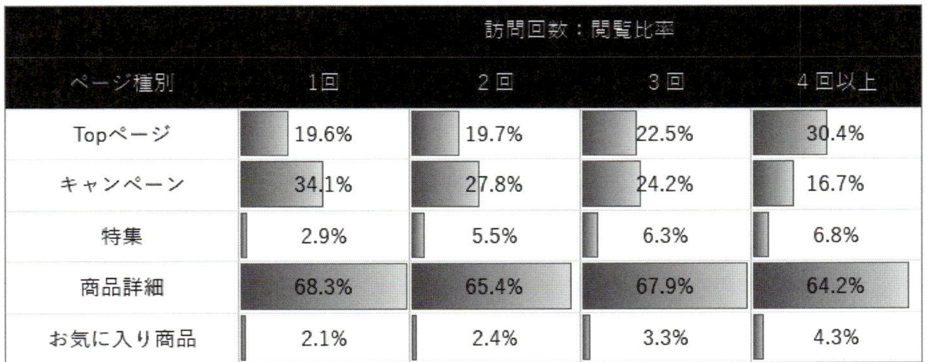

| | 訪問回数：閲覧比率 | | | |
|---|---|---|---|---|
| ページ種別 | 1回 | 2回 | 3回 | 4回以上 |
| Topページ | 19.6% | 19.7% | 22.5% | 30.4% |
| キャンペーン | 34.1% | 27.8% | 24.2% | 16.7% |
| 特集 | 2.9% | 5.5% | 6.3% | 6.8% |
| 商品詳細 | 68.3% | 65.4% | 67.9% | 64.2% |
| お気に入り商品 | 2.1% | 2.4% | 3.3% | 4.3% |

こちらのデータから言えることは

- 訪問回数が増えると利用しやすくなるページ：Topページ・特集・お気に入り商品
- 訪問回数が増えると利用しなくなるページ：キャンペーン
- 訪問回数に依存しないページ：商品詳細

ということになります。

訪問回数が増えると利用しやすくなるTopページに関しては、リピート率も確認した上でリピート率が高ければ相性が良い「特集」への誘導をするのが良いでしょう。逆に新規の人がよく見るページには、「キャンペーン」の案内が「特集」より効果的かもしれません。コンバージョン率のデータとも掛け合わせて見ることで、その中でどの特集をピックアップするかを考えてみるのも良いでしょう。**相性が良いページを見つけ、相互に誘導する**ことをぜひ検討してみてください。

# ページ単位では把握しきれないリピーターの行動を把握する

これまではページ単位での利用状況を把握してきましたが、サイト内の「機能」を計測するという考え方もあります。ここでいう「機能」とは「ページ単位では把握できない行動」となります。例としでは、以下のような行動が挙げられます。

### ● サイト内の「機能」の例

- ファイルのダウンロード
- ページ遷移しないボタンの押下
- 外部サイトへのリンククリック

これらの行動を取得するためには「イベント」機能を利用する必要があります。イベントに関しては第6章➡P.265で詳しく触れますが、計測のための実装を行った上で、**「行動➡イベント➡概要」**レポートを活用すると、新規・リピートや訪問回数別の機能利用率も確認することができます。

**図3-3-3　イベント機能によるレポートの例**

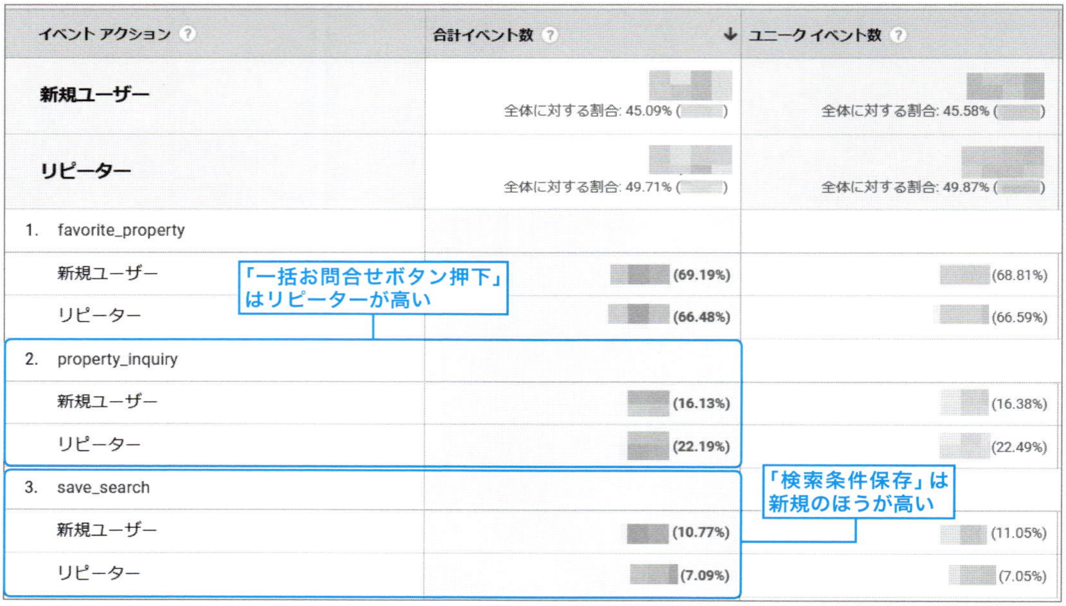

| イベント アクション | 合計イベント数 | ユニーク イベント数 |
|---|---|---|
| **新規ユーザー** | 全体に対する割合: 45.09% ( ) | 全体に対する割合: 45.58% ( ) |
| **リピーター** | 全体に対する割合: 49.71% ( ) | 全体に対する割合: 49.87% ( ) |
| 1. favorite_property | | |
| 新規ユーザー | (69.19%) | (68.81%) |
| リピーター | (66.48%) | (66.59%) |
| 2. property_inquiry | | |
| 新規ユーザー | (16.13%) | (16.38%) |
| リピーター | (22.19%) | (22.49%) |
| 3. save_search | | |
| 新規ユーザー | (10.77%) | (11.05%) |
| リピーター | (7.09%) | (7.05%) |

「一括お問合せボタン押下」はリピーターが高い

「検索条件保存」は新規のほうが高い

一番下の「save_search（検索条件保存）」は、新規の訪問のほうが利用比率は高く（新規10.77% vs. リピート7.09%）、真ん中にある「property_inquiry（一括お問合せボタン押下）」はリピーターのほうが利用率は高い（新規16.13% vs. リピート22.19%）ことがわかります。

新規・リピート、そしてリピートの内訳を元にサイトがどのように利用されているかを把握することは大切です。コンテンツや機能を作成する上で欠かせない情報であることはもちろんですが、新規やリピーターにとって効果がある特徴を見つけることができれば、集客施策のクリエイティブの作成や、どのページにランディングさせるかなどにも活用することができますので、ぜひ上記のような分析を行ってみましょう。

Section ユーザー維持率の高い流入元を知るには？

# 3-4 リピートに繋がる流入を把握する

使用レポート ▶▶▶ユーザー ➡ コホート分析

Google アナリティクスの「コホート分析」は、煩雑な設定をせずにユーザーの維持率を見ることができる便利な機能です。このSectionでは、流入元ごとのユーザー維持率を見ていきます。コホート分析を上手に使いこなせば、ユーザーを定着させ、リピーターを増やす施策のヒントが得られます。

## どうやったらリピーターをサイトに集められるのか？

Section3-2と3-3では、リピーターについての分析方法を紹介しました。それでは、リピートユーザーをたくさん呼び込みたいと考えた場合、どのような施策が考えられるでしょうか？　もし「バナーを見たユーザーが翌月に再訪問している」など、リピートに効果がある流入元や行動を割り出すことができれば、施策はずっと打ちやすくなります。

図3-4-1 リピート効果のある流入元とは？

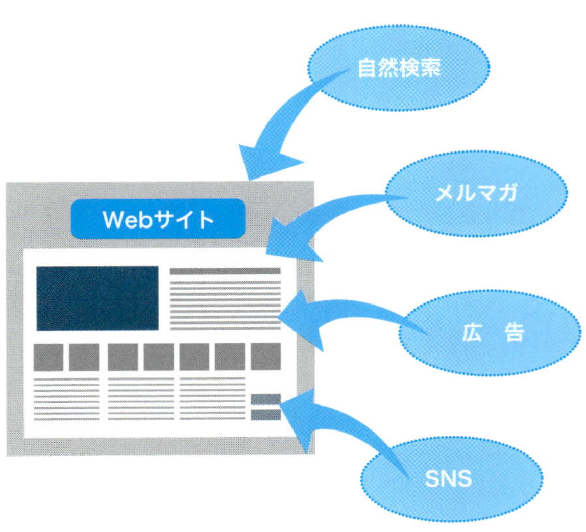

## コホート分析とは

この分析では、Google アナリティクスの「コホート分析」を使って確認します。「コホート(cohort)」という言葉はもともと古代ローマの歩兵隊の単位で、数百人程度の部隊を指す言葉だそうです。Google アナリティクスにおけるコホート分析レポートは、共通の特性を持つユーザーをグループに分けて分析していくものです。ディメンションの値が「日別」「週別」「月別」という3つの期間となりますので、それぞれ該当する期間のユーザーが同じグループ(コホート)になります。

**表3-4-1 コホート分析のポイント**

| | | |
|---|---|---|
| コホートのサイズ | 日別、週別、月別<br>(これがディメンションとなります) | |
| 指標 | ユーザーごと | ユーザーあたりのセッション<br>ユーザーあたりのセッション継続時間<br>ユーザーあたりのトランザクション<br>ユーザーあたりのページビュー<br>ユーザーあたりの収益<br>ユーザーあたりの目標完了数 |
| | 合計 | セッション<br>セッション時間<br>トランザクション数<br>ページビュー数<br>ユーザー数<br>収益<br>目標の完了数 |
| | 定着率 | ユーザー維持率 |
| 期間<br>(コホートのサイズによって異なります) | サイズが「日別」の時 | 過去7日、14日、21日、30日 |
| | サイズが「週別」の時 | 先週、過去3週、6週、9週、12週 |
| | サイズが「月別」の時 | 先月、過去2か月、過去3か月 |

### Point コホート分析の制限や注意点

- 設定の追加などは必要なく使い始めることができます。
- セグメントは4つまで指定することができます。
- 期間を任意で指定することができません(日別・週別・月別など決められた選択肢から選ぶ形です)。コホート分析では3か月以上先のデータを見ることができません。
- 表は5つの色で表現されています。最も暗い色は最も高い指標を、最も明るい色は低い指標を表しています。各色の値の相対範囲は同じです。例えば、表の中で一番高い値が100%で低い値が0%の場合、0%から20%ごとに濃い色に塗り分けられます。

## 「コホート分析」を使って再訪問した流入元を割り出してみよう

以下、**コホート分析レポートに対して、流入元などのセグメントを掛け合わせる**ことでリピートに効果のある流入元を割り出す方法を紹介します。

左のメニューより「**ユーザー➡コホート分析**」をクリックし、レポートを表示します。

まずグラフ上部にて、❶コホートのサイズを「週別」に設定してみましょう。その他の指標はそのままでかまいません（ただし、指標が「ユーザー維持率」に設定されいなければ、再設定してください）。

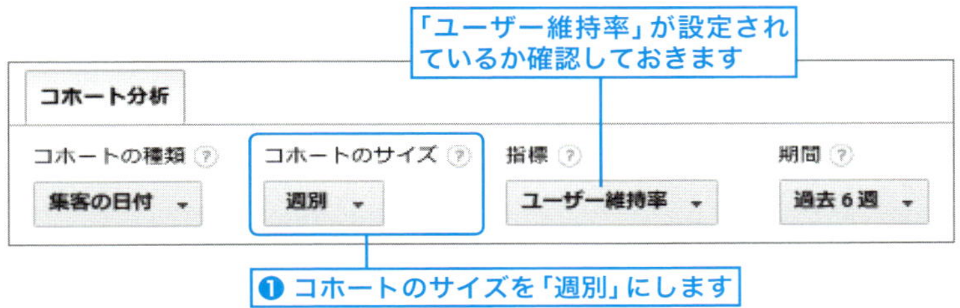


さらに、セグメントを掛け合わせます。上部の「＋セグメントを追加」ボタンをクリックします。開いた画面で、「すべてのユーザー」のセグメントのチェックを外し、❷「ノーリファラー」「参照トラフィック」「自然検索トラフィック」の3つをチェックし、「適用」ボタンをクリックします。

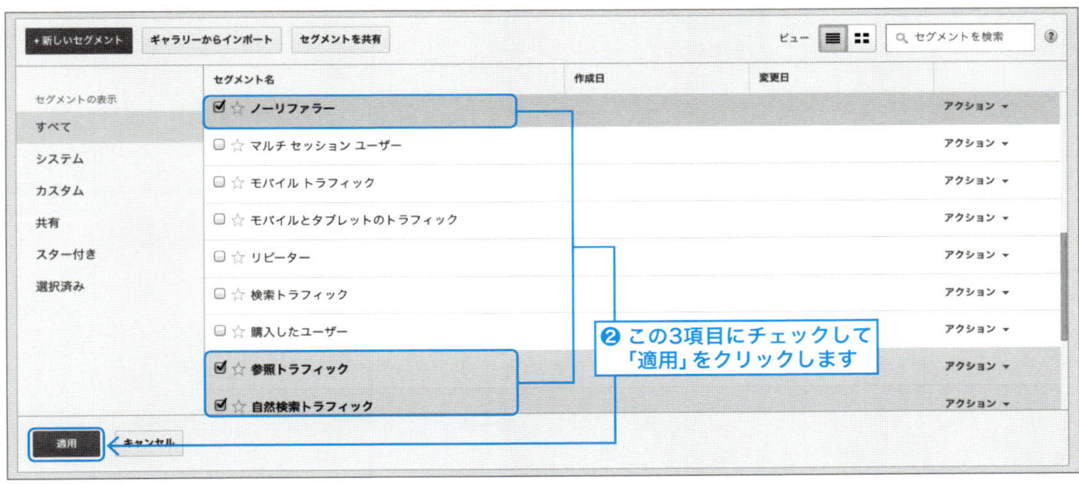


すると図3-4-2のようなレポートが表示されます。

**図3-4-2** コホート分析レポート

❶ 第1週のユーザー維持率

❷ 第2～6週のユーザー維持率

| | 第0週 | 第1週 | 第2週 | 第3週 | 第4週 | 第5週 | 第6週 |
|---|---|---|---|---|---|---|---|
| **ノーリファラー**<br>52,445 人のユーザー | **99.97%** | **2.53%** | **1.27%** | **1.10%** | **0.72%** | **0.44%** | **0.38%** |
| 2017/03/05 - 2017/03/11<br>8,058 人のユーザー | 99.91% | 2.74% | 1.23% | 1.27% | 0.97% | 0.63% | 0.38% |
| 2017/03/12 - 2017/03/18<br>8,044 人のユーザー | 99.91% | 2.78% | 1.69% | 1.44% | 0.81% | 0.25% | |
| 2017/03/19 - 2017/03/25<br>8,915 人のユーザー | 100.00% | 2.86% | 1.37% | 0.99% | 0.42% | | |
| 2017/03/26 - 2017/04/01<br>9,122 人のユーザー | 100.00% | 2.42% | 1.15% | 0.78% | | | |
| 2017/04/02 - 2017/04/08<br>9,976 人のユーザー | 99.97% | 2.73% | 0.99% | | | | |
| 2017/04/09 - 2017/04/15<br>8,330 人のユーザー | 100.00% | 1.63% | | | | | |
| **参照トラフィック**<br>7,784 人のユーザー | **94.73%** | **6.22%** | **2.78%** | **1.88%** | **1.88%** | **1.02%** | **0.77%** |
| 2017/03/05 - 2017/03/11<br>1,809 人のユーザー | 94.75% | 4.53% | 2.65% | 2.43% | 1.71% | 1.33% | 0.77% |
| 2017/03/12 - 2017/03/18<br>1,221 人のユーザー | 93.04% | 7.53% | 3.60% | 1.64% | 2.54% | 0.57% | |
| 2017/03/19 - 2017/03/25<br>1,173 人のユーザー | 92.50% | 7.25% | 3.15% | 1.71% | 1.45% | | |
| 2017/03/26 - 2017/04/01<br>1,180 人のユーザー | 94.83% | 8.05% | 2.29% | 1.44% | | | |
| 2017/04/02 - 2017/04/08<br>1,340 人のユーザー | 94.70% | 7.39% | 2.31% | | | | |
| 2017/04/09 - 2017/04/15<br>1,061 人のユーザー | 99.06% | 2.92% | | | | | |
| **自然検索トラフィック**<br>352,685 人のユーザー | **99.29%** | **2.25%** | **1.24%** | **0.98%** | **0.83%** | **0.63%** | **0.46%** |
| 2017/03/05 - 2017/03/11<br>54,335 人のユーザー | 98.81% | 2.54% | 1.60% | 1.23% | 1.14% | 0.82% | 0.46% |
| 2017/03/12 - 2017/03/18<br>57,682 人のユーザー | 99.07% | 2.41% | 1.37% | 1.07% | 0.96% | 0.46% | |
| 2017/03/19 - 2017/03/25<br>62,791 人のユーザー | 99.18% | 2.39% | 1.35% | 1.03% | 0.44% | | |
| 2017/03/26 - 2017/04/01<br>58,135 人のユーザー | 99.38% | 2.35% | 1.18% | 0.58% | | | |
| 2017/04/02 - 2017/04/08<br>63,339 人のユーザー | 99.49% | 2.34% | 0.76% | | | | |
| 2017/04/09 - 2017/04/15<br>56,403 人のユーザー | 99.76% | 1.45% | | | | | |

## 流入元ごとのユーザー維持率を見てみる

図3-4-2の指標として使った定着率の指標「ユーザー維持率」は、指定した期間に戻ってきたユーザーの数をコホート内のユーザー総数で割った数です。

❶まず「第1週」の列を比較してみましょう。第1週（つまり翌週）に戻ってきたのは

- ノーリファラー……2.53%
- 参照トラフィック……6.22%
- 自然検索トラフィック……2.25%

となり、翌週の定着率は、参照トラフィックが一番高いとわかります。

❷続いて「第2～6週」の数字を見てみます。

- ノーリファラー……1.27%→0.38%
- 参照トラフィック……2.78%→0.77%
- 自然検索トラフィック……1.24%→0.46%

こちらも参照トラフィックが長く定着することがわかりますが、次いで6週目まで長く残るのは自然検索トラフィックとわかります。

この結果、リピートを促す流入元は「参照トラフィック」（他のサイトからの流入）ということがわかります。このサイトでは実際、参照トラフィックの流入数は多くなかったのですが、この数字を大きくすることが、リピートを促す施策の1つとして検討できます。

このように、コホート分析を使えば、時期ごとのユーザーの定着率を流入元ごとに把握することができます。使える機能に制限がありますが、煩雑な設定をせずに定着率を確認できるのはこのレポートの優れている点です。

## Column 月ごとのユーザー維持率を見て、その月の集客や施策を評価しよう

応用編として、**月ごとのユーザー維持率**を見るという方法を紹介いたします。下図はあるECサイトのデータになります。

**図3-4-A あるECサイトの月間リピート率**

| SP | User | | | | | |
|---|---|---|---|---|---|---|
| 初回訪問 | Jun-16 | Jul-16 | Aug-16 | Sep-16 | Oct-16 | Nov-16 |
| Jun-16 | 100.0% | 17.3% | 7.8% | 7.4% | 7.0% | 5.3% |
| Jul-16 | | 100.0% | **8.0%** | 7.4% | 7.5% | 4.3% |
| Aug-16 | | | 100.0% | 11.1% | 8.3% | 6.2% |
| Sep-16 | | | | 100.0% | **15.7%** | 9.6% |
| Oct-16 | | | | | 100.0% | 10.5% |

見ての通り、月によって翌月に戻ってくる割合が変わっています。例えば2016年7月に初回訪問した人は、翌月に8%の訪問者しか戻ってきていません。しかし、2016年9月に初回訪問した人は15.7%と、およそ2倍の訪問者がサイトに戻ってきています。2016年7月の集客施策やキャンペーンに課題があったかもしれません。

次にデータをコンバージョン率に変えてみましょう。データの出し方としては、「コンバージョンに至ったユーザー」でセグメントをして、ユーザー継続数と割り算をすることで取得しています。

次ページへ続く

**図3-4-B** **月間コンバージョン率の比較**

| SP<br>初回訪問 | CV率<br>Jun-16 | Jul-16 | Aug-16 | Sep-16 | Oct-16 | Nov-16 |
|---|---|---|---|---|---|---|
| Jun-16 | 10.90% | 10.02% | 15.40% | 12.59% | 11.19% | 12.41% |
| Jul-16 | | 6.12% | 11.40% | 9.72% | 8.11% | 11.44% |
| Aug-16 | | | 11.42% | 11.39% | 11.22% | 12.69% |
| Sep-16 | | | | 8.01% | 7.26% | 9.14% |
| Oct-16 | | | | | 7.31% | 9.40% |

こちらのデータを見ると、前述の2016年7月・9月で再訪問の割合に違いはありましたが、コンバージョン率で見るとどちらも低いことがわかります。逆に2016年6月は再訪問の割合も高く、コンバージョン率も高いです。2016年6月にどのような取り組みをしたのか振り返り、それを再度実現できないか検討すると良いでしょう。

さらにもう1つだけデータを見てみましょう。利用したセグメントは「購入回数」です。3か月の間で「購入回数＝0」「購入回数＝1」「購入回数＝2」「購入回数≧3」という4つのセグメントを作成し、週別のコホート分析レポートを見てみました。

**図3-4-C** **週別のコホート分析**

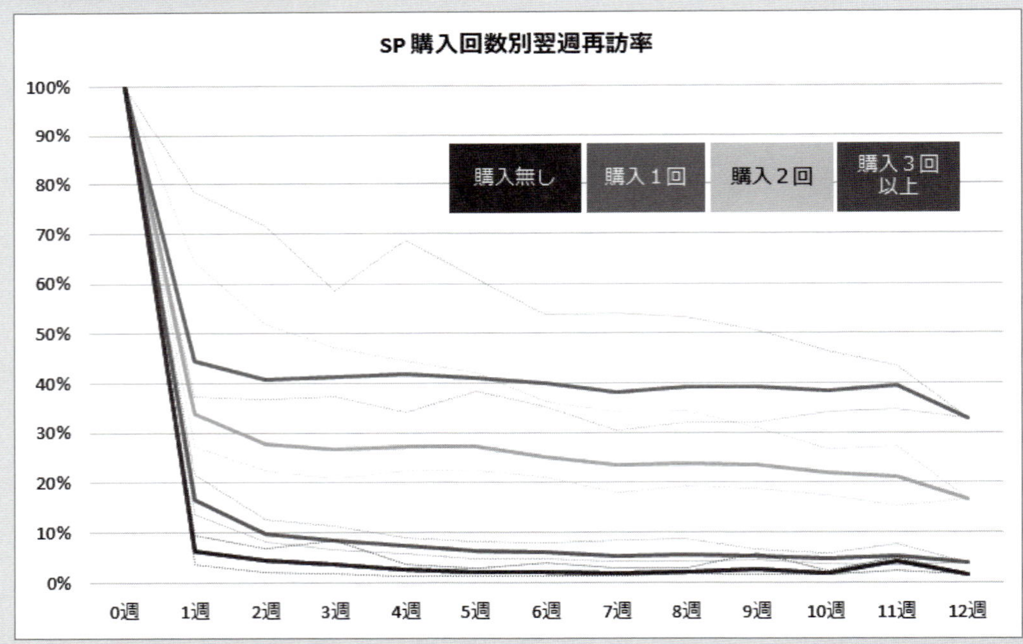


**購入回数と翌週の再訪率に明確な関係性**があることがわかります。購入なしから購入回数が多くなるにつれ、１週目の再訪率が大きく変わります。複数回購入を促すためには、まずは翌週に戻ってきてもらうための施策（メルマガ施策・リターゲティング施策等）が重要になりそうです。

# Chapter 4

# 入口と出口を分析する

Webサイトを訪れる人は、必ずどこかのページから入り、どこかのページから出ていきます。コンビニエンスストアとは違い、必ずしも同じところから入って出るわけではありません。どのページも入口と出口の対象になります。特に入口ページとその「直帰率」を知ることはWebサイト改善の第一歩です。お店に入って最初に蜘蛛の巣を目にしたとしたら、いくら素敵な商品があってもすぐに帰ってしまいませんか？

Section 改善すべきランディングページの優先順位のつけ方は？

# 4-1 流入が多いランディングページと課題となるページを発見する

使用レポート ▶▶▶行動➡サイトコンテンツ➡ランディングページ

まずはサイトに来てくれた人が一番はじめにどのページを見たのか？　そのようなページを「ランディングページ」と言いますが、それを確認してみましょう。ランディングページごとの直帰率を見ることで、改善すべきページを洗い出してみましょう。「加重」並び替えの効果的な使い方も指南します。

## ランディングページの重要性

**ランディングページ（入口ページ）は、Webサイトの第一印象を決定付ける重要なページ**です。第一印象が悪いと、ユーザーはすぐに離脱してしまいます。その先に良いコンテンツや情報があってもそこに辿り着かなければ価値はありませんし、サイトのゴールはランディングページだけで達成できることはまずありません。ランディングページを改善するための考え方を本章では紹介します。

## 「直帰率」を確認する

ランディングページがユーザーにどのように評価されているのかを知るための指標で、最も大切なのは「直帰率」です。ブログの記事や用語の説明など1ページで完結していて、流入してきたユーザーが内容に満足して直帰することもあるので一概には断定できないのですが、基本的に「直帰率」が高いページは、「ユーザー評価が低い」と考えましょう。**直帰率が高くてよいことは一部の例外を除いて基本的にはありません**。直帰率が高い理由として以下のことが考えられます。

### ● 直帰率が高い理由

- 求めている情報がなかった（あるいは、少なかった）
- 次のページへの導線がなかった（あるいは、わかりにくい）
- 用意されている導線に興味がなかった
- ページの表示速度が遅い、見づらいなどの不満があり離脱した
- 該当ページだけでニーズを満たせた（＝ユーザーにとっては満足した状態）

直帰率はGoogle アナリティクスのレポートで確認することができます。左メニューから「**行動**

**➡サイトコンテンツ➡ランディングページ**」をクリックし、レポートを見てみましょう。

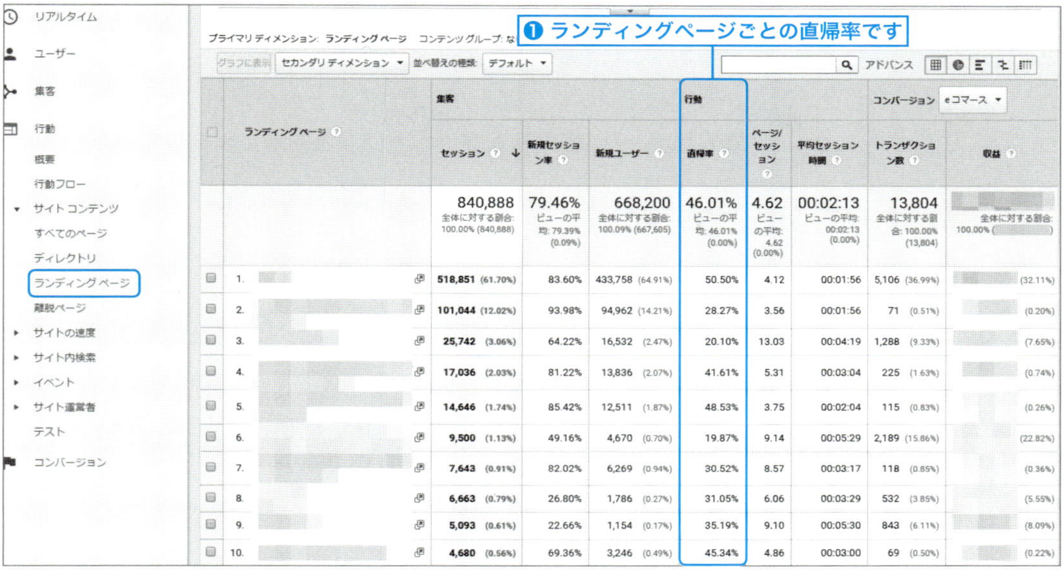

リアルタイム
ユーザー
集客
行動
概要
行動フロー
サイトコンテンツ
すべてのページ
ディレクトリ
ランディングページ
離脱ページ
サイトの速度
サイト内検索
イベント
サイト運営者
テスト
コンバージョン

プライマリ ディメンション: ランディング ページ　コンテンツ グループ: な

グラフに表示　セカンダリ ディメンション ▾　並べ替えの種類: デフォルト ▾　アドバンス

❶ランディングページごとの直帰率です

| ランディング ページ | 集客 セッション ↓ | 新規セッション率 | 新規ユーザー | 行動 直帰率 | ページ/セッション | 平均セッション時間 | コンバージョン eコマース トランザクション数 | 収益 |
|---|---|---|---|---|---|---|---|---|
| | 840,888 全体に対する割合: 100.00% (840,888) | 79.46% ビューの平均: 79.39% (0.09%) | 668,200 全体に対する割合: 100.09% (667,605) | 46.01% ビューの平均: 46.01% (0.00%) | 4.62 ビューの平均: 4.62 (0.00%) | 00:02:13 ビューの平均: 00:02:13 (0.00%) | 13,804 全体に対する割合: 100.00% (13,804) | 全体に対する割合: 100.00% ( ) |
| 1. | 518,851 (61.70%) | 83.60% | 433,758 (64.91%) | 50.50% | 4.12 | 00:01:56 | 5,106 (36.99%) | (32.11%) |
| 2. | 101,044 (12.02%) | 93.98% | 94,962 (14.21%) | 28.27% | 3.56 | 00:01:56 | 71 (0.51%) | (0.20%) |
| 3. | 25,742 (3.06%) | 64.22% | 16,532 (2.47%) | 20.10% | 13.03 | 00:04:19 | 1,288 (9.33%) | (7.65%) |
| 4. | 17,036 (2.03%) | 81.22% | 13,836 (2.07%) | 41.61% | 5.31 | 00:03:04 | 225 (1.63%) | (0.74%) |
| 5. | 14,646 (1.74%) | 85.42% | 12,511 (1.87%) | 48.53% | 3.75 | 00:02:04 | 115 (0.83%) | (0.26%) |
| 6. | 9,500 (1.13%) | 49.16% | 4,670 (0.70%) | 19.87% | 9.14 | 00:05:29 | 2,189 (15.86%) | (22.82%) |
| 7. | 7,643 (0.91%) | 82.02% | 6,269 (0.94%) | 30.52% | 8.57 | 00:03:17 | 118 (0.85%) | (0.36%) |
| 8. | 6,663 (0.79%) | 26.80% | 1,786 (0.27%) | 31.05% | 6.06 | 00:03:29 | 532 (3.85%) | (5.55%) |
| 9. | 5,093 (0.61%) | 22.66% | 1,154 (0.17%) | 35.19% | 9.10 | 00:05:30 | 843 (6.11%) | (8.09%) |
| 10. | 4,680 (0.56%) | 69.36% | 3,246 (0.49%) | 45.34% | 4.86 | 00:03:00 | 69 (0.50%) | (0.22%) |

流入数が多いページ順に表示され、❶行動の中に「直帰率」というデータが表示されます。サイト全体の平均は46.01%です。当然ではありますが、**ランディングページによって直帰率が変わります**。20%を切るようなページもあれば、50%を超えるようなページもあり、倍以上の差となっています。

課題となるページを発見するために、直帰率が高い順に並べてみましょう。❷表の「直帰率」の文字列をクリックすると、直帰率の降順で並べることができます。その結果が以下の画像です。

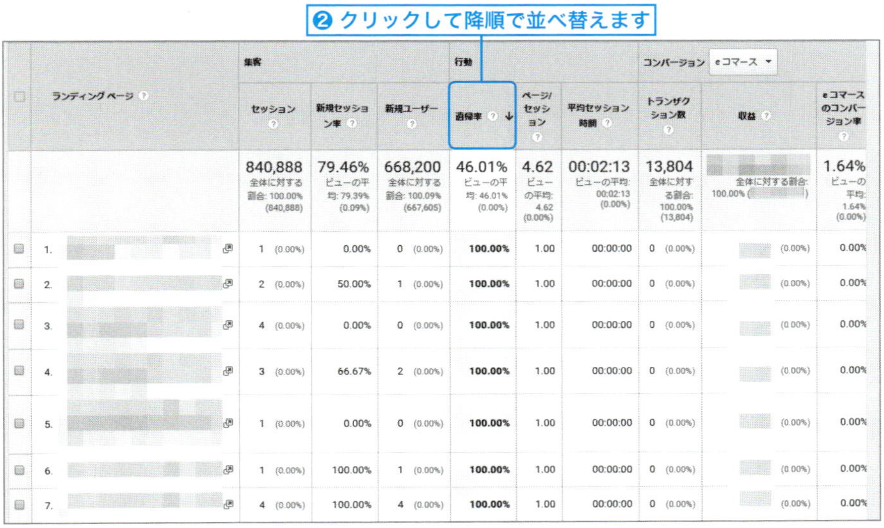

❷クリックして降順で並べ替えます

| ランディング ページ | 集客 セッション | 新規セッション率 | 新規ユーザー | 行動 直帰率 ↓ | ページ/セッション | 平均セッション時間 | コンバージョン eコマース トランザクション数 | 収益 | eコマースのコンバージョン率 |
|---|---|---|---|---|---|---|---|---|---|
| | 840,888 全体に対する割合: 100.00% (840,888) | 79.46% ビューの平均: 79.39% (0.09%) | 668,200 全体に対する割合: 100.09% (667,605) | 46.01% ビューの平均: 46.01% (0.00%) | 4.62 ビューの平均: 4.62 (0.00%) | 00:02:13 ビューの平均: 00:02:13 (0.00%) | 13,804 全体に対する割合: 100.00% (13,804) | 全体に対する割合: 100.00% ( ) | 1.64% ビューの平均: 1.64% (0.00%) |
| 1. | 1 (0.00%) | 0.00% | 0 (0.00%) | 100.00% | 1.00 | 00:00:00 | 0 (0.00%) | (0.00%) | 0.00% |
| 2. | 2 (0.00%) | 50.00% | 1 (0.00%) | 100.00% | 1.00 | 00:00:00 | 0 (0.00%) | (0.00%) | 0.00% |
| 3. | 4 (0.00%) | 0.00% | 0 (0.00%) | 100.00% | 1.00 | 00:00:00 | 0 (0.00%) | (0.00%) | 0.00% |
| 4. | 3 (0.00%) | 66.67% | 2 (0.00%) | 100.00% | 1.00 | 00:00:00 | 0 (0.00%) | (0.00%) | 0.00% |
| 5. | 1 (0.00%) | 0.00% | 0 (0.00%) | 100.00% | 1.00 | 00:00:00 | 0 (0.00%) | (0.00%) | 0.00% |
| 6. | 1 (0.00%) | 100.00% | 1 (0.00%) | 100.00% | 1.00 | 00:00:00 | 0 (0.00%) | (0.00%) | 0.00% |
| 7. | 4 (0.00%) | 100.00% | 4 (0.00%) | 100.00% | 1.00 | 00:00:00 | 0 (0.00%) | (0.00%) | 0.00% |

確かに直帰が高い順には並んでいますが、ちょっとイメージしていた表とは違うかもしれません。上位の表示されるページはセッション数も少なく、改善をしてもサイト全体へのインパクトは極めて低そうです。サイト改善に大切なのは「直帰率が高いページを改善すること」であるのは間違いないのですが、あわせて流入が多いページという考え方も取り入れる必要があります。

効率的に改善するためには「**流入数があり、直帰率が高いページを優先的に改善していく**」という考え方を採用しましょう。Google アナリティクスでは、前述の考え方に適応した「加重」並び替えという機能が用意されています。

## 「加重」並び替えを行うメリット

「加重」並び替え機能を活用するメリットは、「流入数」を考慮して改善するべきページを自動的に並び替えてくれる点にあります。つまり、ランディングページを**「改善効果が高い順」に抽出**してくれるということです。

操作方法は、以下の手順となります。

❶下図のように、「直帰率」の降順をソートした状態から、

❷「並び替えの種類」のプルダウンを押し、「加重」を選択します。

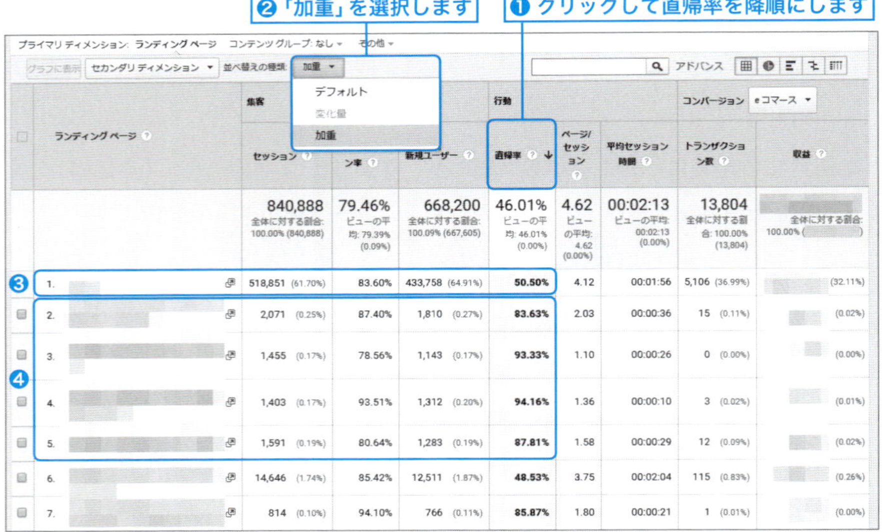


改めて表を見てみると、❸1位のページの直帰率はサイトの平均に近いですが、流入量が多いため優先度が高いページとなっています。❹2～5位のページは6位のページより流入数が少ないものの、直帰率が高いため、次に優先順位が高いページ群になっています。

「加重」の並び替えを活用することで、どのページから対策を行えばよいかわかるようになりまし

た。このようにまずは**改善するべきランディングページを特定**しましょう。



## Point 加重並び替えってどういうルールで順番が決まっているの？

ひと言でまとめると「ランディングページの直帰率とサイト全体の直帰率を一定の比率で混ぜ合わせて計算した数値が、加重並び替えで表示される数値」です。混ぜ合わせの比率はランディングページのセッションが多いほど、「ランディングページの直帰率」の比率を大きくし、セッションが少ないほど「サイト全体の直帰率」の比率を大きくします。このように計算された指標を「**想定直帰率**」とし、想定直帰率の降順で並べられます。

以下は具体的な計算方法なので興味がない方はスキップして、次のページに進んでいただいても大丈夫です。

### ■計算の元となるデータの例

- **ランディングページAの直帰率：30%**
- **ランディングページBの直帰率：70%**

- **ランディングページAの相対訪問回数：0.05**
- **ランディングページBの相対訪問回数：0.85**

※「相対的な訪問回数」は訪問回数が多いほど1、少ないほど0になる値です

- **サイト全体の直帰率：50%**

### ■ランディングページＡの「想定直帰率」の計算

- **想定直帰率＝(0.05×30%)＋((1-0.05)×50%)＝0.49**

### ■ランディングページＢの「想定直帰率」の計算

- **想定直帰率＝(0.85×70%)＋((1-0.15)×50%)＝0.67**

ランディングページAの想定直帰率では、ページAの訪問回数が少ないため、ランディングページAの直帰率は0.05しか考慮されず、サイト全体の直帰率が0.95考慮されるという考え方です。

Section 4-2

なぜ、このランディングページは直帰率が高いのか？

# 課題となるページを改善するための方針を決める

使用レポート ▶▶▶行動 ➡ サイトコンテンツ ➡ ランディングページ

前Sectionでは課題となるランディングページを洗い出しました。ここではその理由を分析していきます。原因を理解しないことには対策も立てられないためです。「直帰率の高さは参照元やユーザー区分（新規またはリピート）ごとに違うのか？」などといった疑問に対して考察を深め、原因を特定する方法をお教えします。

## 直帰率が高い原因を探るには？

前Sectionのレポートにより、改善が必要なランディングページを発見することができました。しかし、なぜそのページは直帰率が高いのでしょうか？　まず原因の分析が必要です。**Google アナリティクスのセカンダリディメンションを活用して「ページ×参照元」や「ページ×ユーザーの行動区分（新規・リピート）」を掛け合わせ、問題の原因を特定**していきます。

図4-2-1　なぜユーザーが直帰してしまうのか

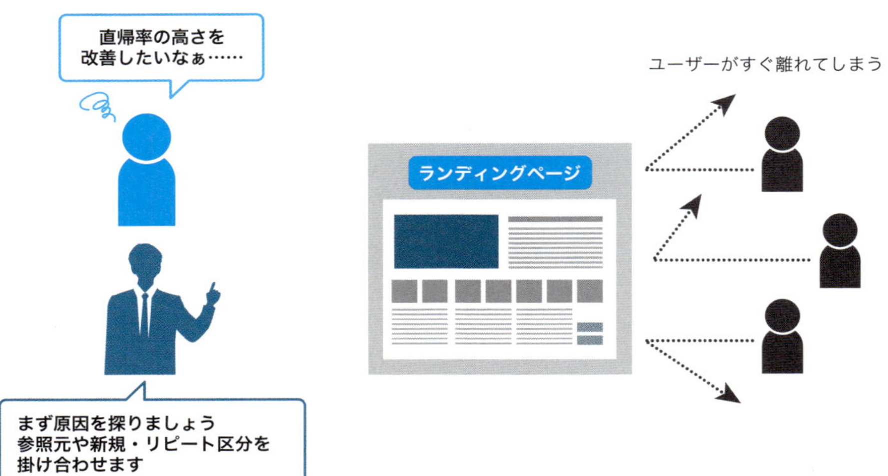

## 原因を探る方法1：流入元ごとにランディングページの直帰率を調べる

操作手順は以下のとおりです。Google アナリティクスの左のメニューより「**行動➡サイトコンテンツ➡ランディングページ**」をクリックし、レポートを開きます。

❶セカンダリディメンションに「**集客➡参照元/メディア**」を設定します。

❷表の上の「アドバンス」リンクをクリックし、❸該当ページのURLの一部などをテキストボックスに入力し、ページを絞り込みます。入力したら❹「適用」ボタンをクリックします。

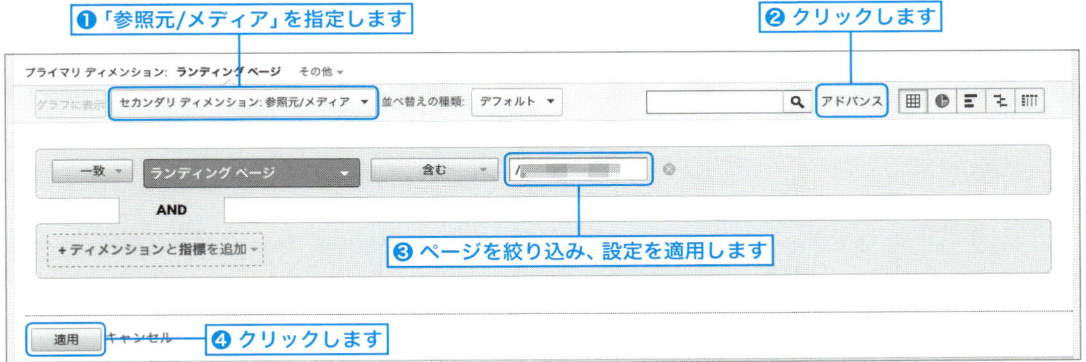


設定すると、次のようなレポートが表示されます。

| | ランディングページ | 参照元/メディア | 集客<br>セッション ↓ | 新規セッション率 | 新規ユーザー | 行動<br>直帰率 | ページ/セッション | 平均セッション時間 |
|---|---|---|---|---|---|---|---|---|
| | | | 38,884<br>全体に対する割合: 3.87% (1,005,815) | 82.51%<br>ビューの平均: 33.97% (142.88%) | 32,084<br>全体に対する割合: 9.39% (341,698) | 83.33%<br>ビューの平均: 50.85% (63.87%) | 1.44<br>ビューの平均: 4.05 (-64.35%) | 00:00:50<br>ビューの平均: 00:02:32 (-67.23%) |
| 1. | | google / organic | 17,160 (44.13%) | 83.10% | 14,260 (44.45%) | 83.32% | 1.40 | 00:00:52 |
| 2. | | yahoo / organic | 15,361 (39.50%) | 82.60% | 12,688 (39.55%) | 84.85% | 1.40 | 00:00:42 |
| 3. | | (direct) / (none) | 3,226 (8.30%) | 82.80% | 2,671 (8.33%) | 81.62% | 1.62 | 00:01:01 |
| 4. | | | 1,324 (3.40%) | 90.63% | 1,200 (3.74%) | 81.65% | 1.61 | 00:00:49 |
| 5. | | | 1,077 (2.77%) | 77.34% | 833 (2.60%) | 75.67% | 1.71 | 00:01:17 |
| 6. | | | 366 (0.94%) | 75.96% | 278 (0.87%) | 77.60% | 1.58 | 00:01:03 |
| 7. | | | 52 (0.13%) | 0.00% | 0 (0.00%) | 73.08% | 2.25 | 00:01:19 |
| 8. | | | 30 (0.08%) | 0.00% | 0 (0.00%) | 73.33% | 3.03 | 00:01:19 |
| 9. | | | 26 (0.07%) | 76.92% | 20 (0.06%) | 69.23% | 1.85 | 00:01:06 |
| 10. | | | 26 (0.07%) | 92.31% | 24 (0.07%) | 84.62% | 1.23 | 00:00:23 |

このページの場合、どの流入元からも直帰率が高くなっています。その場合、直帰率の高い原因はページそのものにある、と言えます。表4-2-1に原因と対策をまとめました。

**表4-2-1** 直帰率の高いランディングページの原因と対策

| | 1. どこから流入しても直帰率が高い | 2. 流入元により直帰率が大きく違う |
|---|---|---|
| 原因 | **ページそのものに根本的な問題**があります<br><br>【例】リンクがわかりづらい位置にある、遷移すべきリンクがないなど | **流入元の誘導文とランディングページがマッチしていない**などの問題が考えられます<br><br>【例】「こんな素敵なマンションが2,000万円」というバナーをクリックしたときに表示されたのが、新築マンション検索サイトのトップページ |
| 対策 | ・直帰率が低いランディングページなど**他の似たページと比較して違いを発見**して改善ポイントがないかを探りましょう。特に次に進んでほしいページへの誘導ができているかを確認しましょう<br>・似たページがない場合は、ページの内容やレイアウトを大きく変えてみる必要があります | ・広告等を出稿している場合は、掲載先の情報とランディングページの内容がマッチしているかを確認しましょう。デザイン・文章・ランディングページ先の変更が必要かもしれません<br>・広告出稿を取りやめる、または直帰率が低い出向先に変更するなども検討しましょう<br>・自分で出稿していない場合(他サイトに掲載された場合など)は修正をお願いするなどの対応も必要です |

**Point** 参照元ごとの改善の仕方

参照元の種類ごとに原因と対策は様々です。以下に改善の考え方を整理します。

**表4-2-A** 参照元ごとの改善策

| 参照元の種類 | 原因 | 対策 |
|---|---|---|
| 検索キーワード | 検索ワードとランディングページのアンマッチ | ランディングページを検索キーワードに合わせて見直す |
| リスティング | | 出稿キーワードの変更、またはランディングページの見直し |
| ソーシャル | 誘導文や写真とランディングページのアンマッチ | 誘導文またはランディングページの見直し |
| その他ブログなど | | リンクを掲載していただいた他サイトの運営者に連絡を取り、誘導文を変更していただくなど |

## 原因を探る方法2：新規とリピーターごとにランディングページの直帰率を調べる

続いて「新規・リピート」と掛け合わせてみましょう。「原因を探る方法1」と同様、まずは「**行動➡サイトコンテンツ➡ランディングページ**」をクリックし、レポートを開きます。

続いて、セカンダリディメンションで「**ユーザー➡ユーザータイプ**」を設定します。さらに、表の上の「アドバンス」リンクをクリックし、該当のページのURLの一部などをテキストボックスに入力したら、ページを絞り込みます。入力したら「適用」ボタンをクリックします。

すると、次ページのようなレポートが表示されます。

| ランディングページ | ユーザータイプ | 集客 | | | 行動 | | |
|---|---|---|---|---|---|---|---|
| | | セッション | 新規セッション率 | 新規ユーザー | 直帰率 | ページ/セッション | 平均セッション時間 |
| | | 48,157 全体に対する割合: 100.00% (48,157) | 39.25% ビューの平均: 39.23% (0.04%) | 18,900 全体に対する割合: 100.04% (18,892) | 59.81% ビューの平均: 59.81% (0.00%) | 2.21 ビューの平均: 2.21 (0.00%) | 00:01:43 ビューの平均: 00:01:43 (0.00%) |
| 1. /mutual/ | Returning Visitor | **15,016** (31.18%) | 0.00% | 0 (0.00%) | 74.74% | 1.73 | 00:01:46 |
| 2. / | New Visitor | **7,679** (15.95%) | 100.00% | 7,679 (40.63%) | 38.22% | 3.28 | 00:02:03 |
| 3. / | Returning Visitor | **5,110** (10.61%) | 0.00% | 0 (0.00%) | 25.83% | 3.24 | 00:02:13 |
| 4. [illegible] | Returning Visitor | **3,718** (7.72%) | 0.00% | 0 (0.00%) | 57.83% | 1.88 | 00:01:33 |
| 5. /mutual/ | New Visitor | **3,182** (6.61%) | 100.00% | 3,182 (16.84%) | 51.89% | 2.48 | 00:02:12 |

❶1位と5位の同じページ同士を比較すると、リピーターの訪問が新規の5倍近く多いですが、直帰率は「74.74% vs. 51.89%」とリピーターの直帰率が高くなっています。❷また、サイトのTopページである2位と3位の同じページ同士を比較すると、こちらは新規の方が多いにも関わらず、直帰率は「38.22% vs. 25.83%」と新規の直帰率が高くなっています。

このようにサイト内の同じページでも新規・リピートで見る割合は違い、直帰率も変わってきます。ページを改修するときに、流入が多いユーザー群を意識したページ作りを行いましょう。新規が多いのであれば、新規の方に向けたリンクなどを複数用意し、新規の直帰率を下げることを狙います。

## Column ヒートマップツールの活用

さて、改善対策に「コンテンツの見直しが必要」などと書きましたが、実際にどの部分を直すべきかを考える際、ヒートマップツールが便利です。

**図4-2-B 株式会社UNCOVER TRUTH提供「USERDIVE」のマウスヒートマップ (https://www.uncovertruth.co.jp/service/userdive/)**

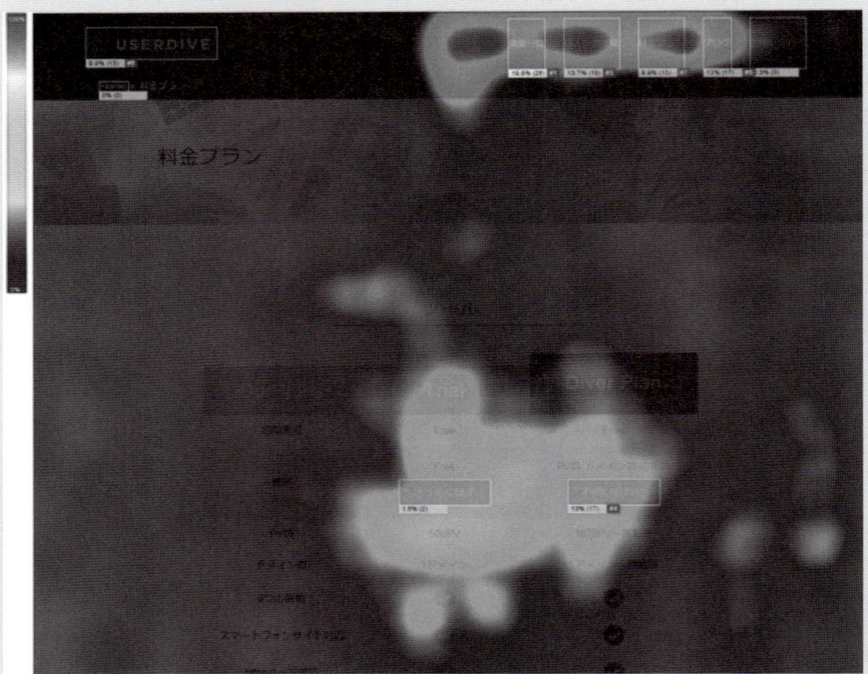


本書はGoogle アナリティクスを中心に解説しているため、詳しい説明は割愛しますが、サーモグラフィのように「ユーザーがページのどこを見ているか」「どこまでスクロールしているか」「具体的にどの場所をタップしているのか」などを把握することができます。

例えば、直帰率が高いといっても「ページをほとんどスクロールせずに直帰している」「ページを最後までスクロールしている訪問が多いが、直帰している」とでは、考えられる施策の方針が変わってきます。他にも「リンクがないのにタップをしている」「あるコンテンツを境にスクロールが大きく減っている」などを把握することが可能です。

Google アナリティクスで簡易的にスクロールを取る方法は第6章➡**P.265**でも紹介しますが、広告のランディングページを多数作成している、あるいはコンテンツが中心のサイトのようなケースの場合は、ヒートマップツールを活用した分析の優先順位は高まります。

興味のある方はぜひヒートマップツールの導入を検討してみてはいかがでしょうか。

Section キャンペーンページに入った人は次にどのページを見る？

# 4-3 ランディングページからの遷移先とコンバージョン貢献を知る

使用レポート ▶▶▶ 行動 ➡ サイトコンテンツ ➡ ランディングページ

**ところで直帰しなかった人はサイト内のどこに向かったのでしょうか？　前Sectionまでは、「ランディングページごとの直帰率の高さ」をページの良し悪しを判断する物差しとしましたが、このSectionでは、直帰しなかった訪問の遷移先を追うことで直帰率以外の指標でランディングページを再評価してみます。**

**「直帰率が高くてもサイトに貢献しているページ」や「直帰率が低くてもゴールに貢献していないページ」も存在します。**直帰率以外の指標も同時に確認して、総合的にランディングページの力を判断しましょう。

## 優秀なランディングページとはどのようなものか？

以下の観点で確認していきます。

● **良いランディングページのポイント**

- Point 1. 直帰せずに遷移している流入はどのページに遷移しているか？
- Point 2. コンバージョンや収益に貢献しているか？

### Point 1.直帰せずに遷移している流入はどのページに遷移しているのか？

まずはPoint 1について説明します。

例えば図4-3-1のような2枚のランディングページ、AとBがあるとします。直帰率だけで見るとBのほうが40%と低く、一見良いページに思えます。しかし、送客先（遷移先のページ）を見てみましょう。Aのほうがコンバージョンに繋がる重要なページに送客しており、Bの場合は重要でないページに送客しているとしたら、総合的にサイトの収益を上げるのはAページの可能性が高くなります。そのため、ランディングページから次にどのページに遷移しているかを把握することは利用者の把握にも繋がり、リンク場所や内容の変更のヒントになります。

**図4-3-1** ランディングページの比較

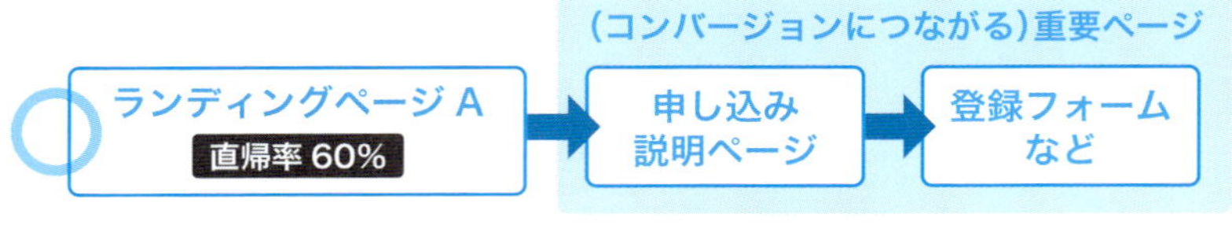

### ● 遷移先のページの確認方法：「入口からの遷移」レポート

左のメニューより「**行動➡サイトコンテンツ➡ランディングページ**」をクリックします。

❶表内のランディングページを1つ選択し、URLのリンクをクリックします。

| | | 集客 | | | 行動 |
|---|---|---|---|---|---|
| | ランディング ページ | セッション ↓ | 新規セッション率 | 新規ユーザー | 直帰率 |
| | ❶ 遷移先を確認したいランディングページをクリックします | 9,842 全体に対する割合: 100.00% (9,842) | 75.02% ビューの平均: 75.02% (0.00%) | 7,383 全体に対する割合: 100.00% (7,383) | 80.15% ビューの平均: 80.15% (0.00%) |
| | 1. /entry/2017/01/04/153955 | 1,344 (13.66%) | 85.79% | 1,153 (15.62%) | 83.33% |
| | 2. /entry/2015/04/26/135534 | 1,029 (10.46%) | 86.10% | 886 (12.00%) | 94.36% |
| | 3. / | 800 (8.13%) | 67.00% | 536 (7.26%) | 73.25% |

❷さらにグラフの上部にある「入口からの遷移」タブをクリックします。

すると、次のようなレポートが表示されます。

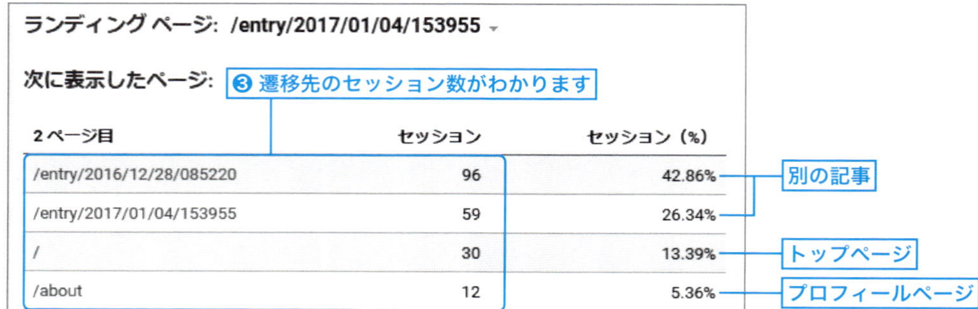
ランディング ページ: /entry/2017/01/04/153955

次に表示したページ: ❸ 遷移先のセッション数がわかります

| 2 ページ目 | セッション | セッション (%) |
|---|---|---|
| /entry/2016/12/28/085220 | 96 | 42.86% |
| /entry/2017/01/04/153955 | 59 | 26.34% |
| / | 30 | 13.39% |
| /about | 12 | 5.36% |

**❸ランディングページ「/entry/2017/01/04/153955」からどのページに遷移したのか、遷移先の情報が上位10位まで確認できます**。11位以降は表示されていませんが、検索ボックスがありますので特定のページのURLを入力して確認することは可能です。

このグラフでは、約69%（42.86%+26.34%）が別の記事に遷移し、13%がトップページ、5%がプロフィールページに遷移したことがわかります。あるページから次にどこに進んでいるのかを網羅的に見たい場合にオススメの手順です。

## Point 2. コンバージョンや収益に貢献しているか？

続いてPoint 2について説明します。

以下のレポートはあるECサイトのランディングページのレポートです。

| ランディングページ | 集客 | | | 行動 ❶ | | | コンバージョン eコマース ▾ ❹ | | ❷ |
|---|---|---|---|---|---|---|---|---|---|
| | セッション ↓ | 新規セッション率 | 新規ユーザー | 直帰率 | ページ/セッション | 平均セッション時間 | トランザクション数 | 収益 | eコマースのコンバージョン率 |
| | 1,429,851<br>全体に対する割合: 19.80% (7,219,702) | 55.83%<br>ビューの平均: 67.81% (-17.66%) | 798,357<br>全体に対する割合: 16.31% (4,895,940) | 66.79%<br>ビューの平均: 59.83% (11.63%) | 3.65<br>ビューの平均: 3.45 (5.74%) | 00:01:40<br>ビューの平均: 00:01:18 (28.08%) | 全体に対する割合: 57.36% | ¥<br>全体に対する割合: 56.77% (¥ ) | 1.15%<br>ビューの平均: 0.40% (189.61%) |
| 1. /ka | 89,142 (6.23%) | 72.63% | 64,741 (8.11%) | 77.56% | 2.02 | 00:00:57 | (0.28%) | ¥ (0.27%) | 0.05% |
| 2. /mote-cardigan | 56,919 (3.98%) | 75.61% | 43,037 (5.39%) | 78.30% | 1.72 | 00:00:50 | (0.10%) | ¥ (0.07%) | 0.03% |
| 3. /3point | 47,479 (3.32%) | 86.37% | 41,007 (5.14%) | 74.75% | 2.57 | 00:01:04 | (0.40%) | ¥ (0.49%) | 0.14% |

❸ 流入数が低くても購入回数や収益の高いランディングページ

3つのページランディングページの❶直帰率は75%前後と同じくらいですが、コンバージョン率が大きく違います。❷1位の「/ka」は0.05%、2位の「/mote-cardigan」は0.03%、そして3位の「/3point」は0.14%となります。そのため、❸流入数は3位の「/3point」がトランザクション数（購入回数）や収益で見ると最も良いという事になります。

このようにページを見た後、「ユーザーはどこに向かっているのか？」「より重要なページにユーザーを送っているのか？」という観点で確認したり（Point 1）、サイトの収益を生み出しているページを確認したり（Point 2）することで、**サイトの収益に貢献しているランディングページを発見できます**。収益が発生しないサイトでは、表の見出しにある❹「コンバージョン『eコマース』」のプルダウンから、確認したい目標を選んで比較を行いましょう。

さらに、2つのPointを組み合わせたレポートを作成することも可能です。次はその方法を見てみましょう。

## 複数の指標から良いランディングページを確認する方法

他の指標もあわせて確認したい場合はこちらの方法をオススメします。左のメニューより「**行動➡サイトコンテンツ➡ランディングページ**」をクリックします。さらに、表内のランディングページを1つ選択し、URLのリンクをクリックします（ここまでは「遷移先のページの確認方法」と同様です）。

❶開いた表で、「**セカンダリディメンション➡行動➡2ページ目**」を指定すると、このようなレポートが表示されます。

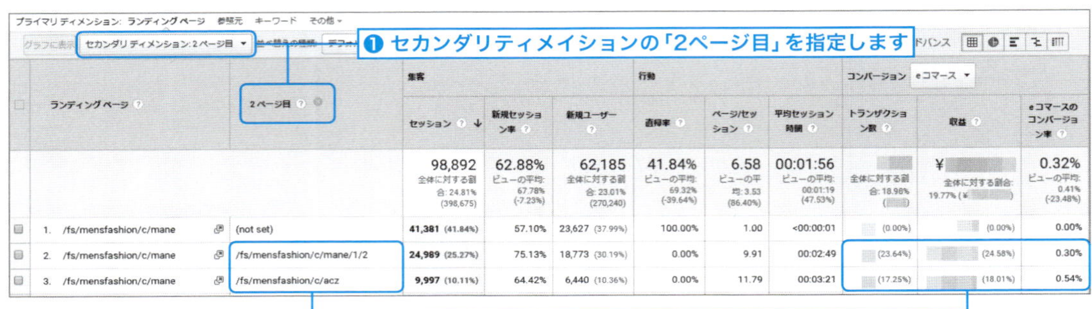


※(not set)は直帰した数を表しています。

ランディングページ「/fs/mensfashion/c/mane」の2ページ目を表示しました。

これはあるECサイトのレポートですが、❷「…1/2」ページ（一覧ページの2ページ目です）や「…acz」ページ（こちらはコート・ジャケットの特集ページ）に進んだ場合に大きな収益を生み出したことがわかります。このレポートから、例えば、以下のような収益アップ施策を検討できます。

### ● 2ページ目の収益アップ施策例

- 2ページ目へ遷移するボタンを大きくする
- 「コート・ジャケット」の大型バナーを設置する

このような施策の案を出して、実際に試していくことで収益アップに繋がる改善ができます。また、実際にユーザーがランディングページを見た後にどこに動いたかを見ることは、ページのデザインなどの**ユーザーインターフェースを検討する上でも大切なこと**です。遷移先のページをしっかり確認しましょう。

**Point サイト全体の直帰率はどれくらいが適正値なのか？**

「自社サイトの直帰率は45%だけど、高いの？低いの？」という疑問は、セミナー等でよく聞かれる質問です。様々な調査が出ており、本書でもSection1-5でGoogle アナリティクスのベンチマーク機能でサイト規模➡**P.58**や、業種別の直帰率（48%～63%）➡**P.62**を紹介しました。しかし、これらもあくまで参考情報で明確な正解はありません。ページの種類や行っている広告の種類などによっても変わってきます。

筆者は、ブログ・ニュース・用語辞典など1ページで完結するページが多いサイトを除くと、「50%を超えているうちは直す余地がある」という答え方をしています。単純に半分以上がすぐに帰ってしまっているという事なので、過半数を満足させることができていないと言えるからです。

直帰率の改善は一時的な対策で終わるものではありません。半年や1年に一度、流入が多くて直帰率が高いページ群をピックアップして、継続的に改善を進める事をオススメいたします。

Section サイトを訪れた人は、どのページから帰ってしまうの？

# 4-4 離脱が多いページを発見し改善するための方針を決める

使用レポート ▶▶▶行動 ➡ サイトコンテンツ ➡ 離脱ページ

ここまで、入口ページについて考察してきました。このSectionからはユーザーがサイトを離れたページ（出口ページ）を確認していきます。「ユーザーは満足してサイトを離れたのか？」「何か不満があって別のサイトに遷移していったのか？」などを推測していくことで、サイトの改善点を洗い出します。

前ユーザーがあなたのサイトを離れるときに**最後に閲覧したページを「離脱ページ」**といいます。つまり、ユーザーがそれ以上あなたのサイトを読むのを止めてしまったページです。サイトの中で離脱率が高いページを確認していく必要がありますが、そこで注意が必要なのは、**離脱率が高いページ＝悪いページではない**、という点です。

図4-4-1 離脱率が高いページを改善する

企業概要ページの
離脱率が非常に高いんです

離脱しても問題ない
ページもあります。
改善対象のページを
見極めましょう！


## 離脱ページとは？

**離脱ページとは、そのページがセッションの最後のページになった**ことを指します。

離脱率は、そのページのページビューの中で離脱ページとなった割合で、以下の計算で求められます。

**離脱率 ＝ 離脱ページ数 ÷（該当ページの）ページビュー数**

離脱ページは、ユーザーがサイト内でそれ以上読むのをやめてしまったページです。離脱率が高いページはその割合が高いということになります。しかし、離脱率が高いページがそのまま悪いページとは言えません。必要な情報が見つかればサイトを去るのは自然な行為です。セッションごとに必ずどこかのページが離脱ページになるわけで、「そのページが意図するものか？」「意図しないものか？」を見極めることが重要です。

**図4-4-2 離脱ページを見極める**

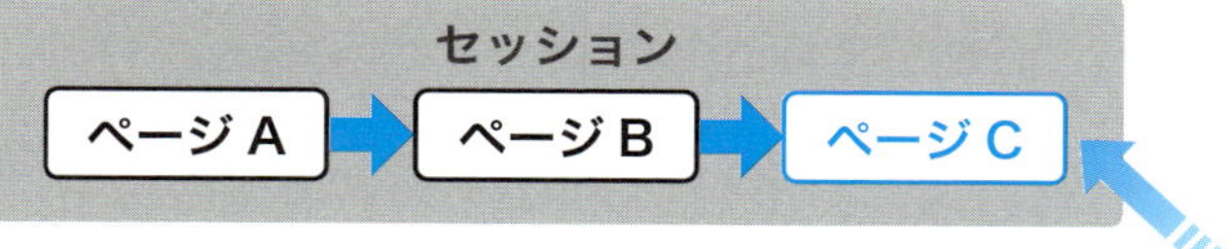

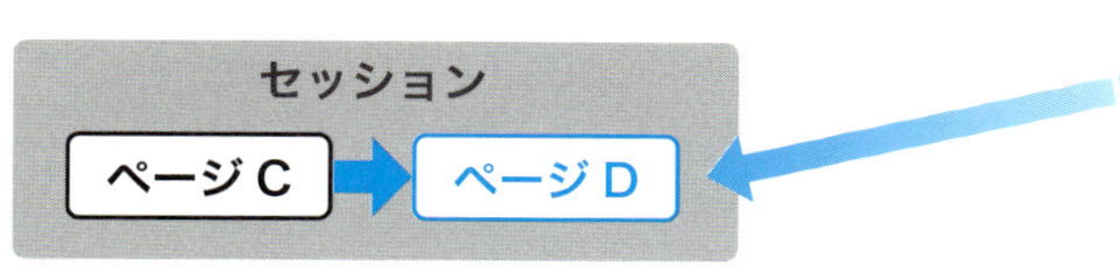




## Point 離脱ページに対する離脱理由と判断の例

例えば以下のような理由が想定されます。

**表4-4-A 離脱する理由と判断**

| 判断 | ページ名の例 | 想定される離脱理由 |
|---|---|---|
| ○<br>離脱率が高くても致し方ないページ | **企業概要** | 所在地や連絡先を確認した |
| | **フォーム入力完了** | アクションを完了した |
| | **FAQ** | 疑問点を解消した |
| ×<br>離脱率が高い場合、即改善が必要なページ | **トップページ** | ・メニューが使いづらく、どのページに遷移すればよいのかわからない<br>・新着情報が更新されていない |
| | **フォーム入力途中** | フォームの入力項目が多すぎる |
| | **一覧ページ** | 一覧が使いづらく、必要なページを探せない |

※理由はサイトによって異なりますので、必ずページを1つずつ開いて考察していく必要があります。

上記のように企業概要ページやアクション完了ページなど、離脱しても仕方がないページは存在します。「離脱ページ」を調べる際には、**そのようなページを取り除いた上で、離脱防止が大切なページを突き止める**ことが必要です。

## 「離脱ページ」のレポートを確認しよう

左のメニューから「**行動➡サイトコンテンツ➡離脱ページ**」をクリックします。離脱数が多いページ順でレポートが表示されます。

**図4-4-3 改善が必要な離脱ページを特定**

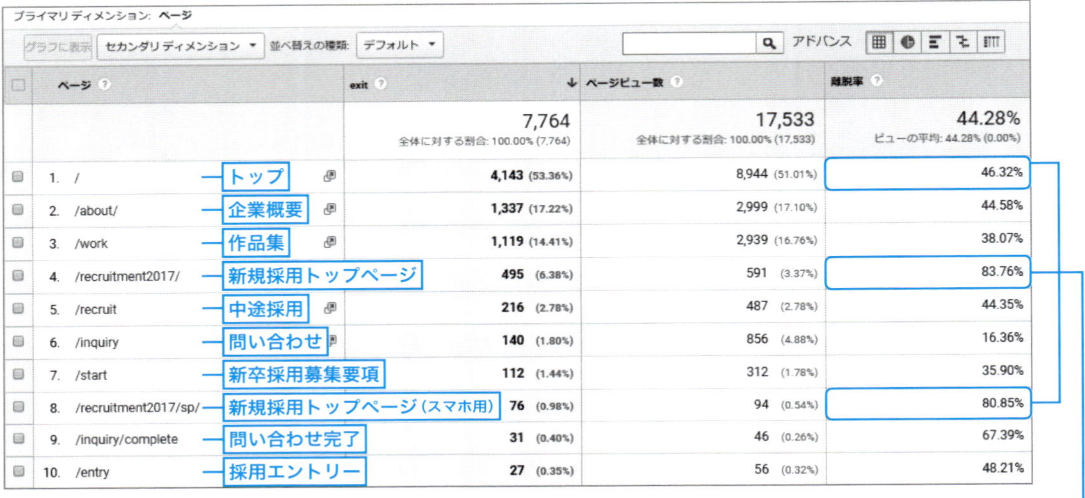

プライマリディメンション: ページ

グラフに表示　セカンダリディメンション ▼　並べ替えの種類: デフォルト ▼　アドバンス

| | ページ | exit ↓ | ページビュー数 | 離脱率 |
|---|---|---|---|---|
| | | 7,764<br>全体に対する割合: 100.00% (7,764) | 17,533<br>全体に対する割合: 100.00% (17,533) | 44.28%<br>ビューの平均: 44.28% (0.00%) |
| 1. | / | 4,143 (53.36%) | 8,944 (51.01%) | 46.32% |
| 2. | /about/ | 1,337 (17.22%) | 2,999 (17.10%) | 44.58% |
| 3. | /work | 1,119 (14.41%) | 2,939 (16.76%) | 38.07% |
| 4. | /recruitment2017/ | 495 (6.38%) | 591 (3.37%) | 83.76% |
| 5. | /recruit | 216 (2.78%) | 487 (2.78%) | 44.35% |
| 6. | /inquiry | 140 (1.80%) | 856 (4.88%) | 16.36% |
| 7. | /start | 112 (1.44%) | 312 (1.78%) | 35.90% |
| 8. | /recruitment2017/sp/ | 76 (0.98%) | 94 (0.54%) | 80.85% |
| 9. | /inquiry/complete | 31 (0.40%) | 46 (0.26%) | 67.39% |
| 10. | /entry | 27 (0.35%) | 56 (0.32%) | 48.21% |



例えば上記の離脱レポートを確認してみましょう。こちらはあるBtoBサイトの企業ホームページです。この中で、**「企業概要」ページは会社所在地などを確認する利用者がいることを想定すると、離脱率が高くても必要な情報を得たと想定し、問題ない**と考えます。また**「問い合わせ完了」ページの離脱率は67%と高いですが、アクションを完了しているので問題ありません**。このレポートでは、サイト平均より高く流入も多い「トップ」ページや、「新規採用トップページ」の離脱率が80%を超える点が改善ターゲットとなってきます。

## デバイスごとの離脱率を把握する

さらに、上記のレポートに「タブレットとPCのトラフィック」と「モバイル」の2つのセグメントを設定し、デバイスごとの離脱の状況を確認しましょう。

**図4-4-4** デバイスごとの改善点を探す

| ページ | exit | ページビュー数 | 離脱率 |
|---|---|---|---|
| タブレットと PC のトラフィック | 6,564<br>全体に対する割合: 84.54% (7,764) | 15,248<br>全体に対する割合: 86.97% (17,533) | 43.05%<br>ビューの平均: 44.28% (-2.79%) |
| モバイル トラフィック | 1,200<br>全体に対する割合: 15.46% (7,764) | 2,285<br>全体に対する割合: 13.03% (17,533) | 52.52%<br>ビューの平均: 44.28% (18.59%) |
| 1. / | | | |
| タブレットと PC のトラフィック | 3,418 (52.07%) | 7,547 (49.50%) | 45.29% |
| モバイル トラフィック | 725 (60.42%) | 1,397 (61.14%) | 51.90% |
| 2. /about/ | | | |
| タブレットと PC のトラフィック | 1,127 (17.17%) | 2,676 (17.55%) | 42.12% |
| モバイル トラフィック | 210 (17.50%) | 323 (14.14%) | 65.02% |
| 3. /work | | | |
| タブレットと PC のトラフィック | 1,028 (15.66%) | 2,725 (17.87%) | 37.72% |
| モバイル トラフィック | 91 (7.58%) | 214 (9.37%) | 42.52% |

モバイル向けの改善が必要かどうか判断できます

例えばこのようにモバイルだけ切り出した際に目立って離脱率が高い場合、「トップページのメニュー表示がわかりづらくないか？」「表示が遅くないか？」などの観点で確認していく必要があります。

以上のように、離脱ページを確認する際は、離脱率が高いページ＝悪いページと考えずに、致し方ないページを取り除いた上で、離脱防止の対策が必要なページを突き止めることが大切です。

離脱率を改善するためには、「該当ページの次に何を見て欲しいか、進んで欲しいか」を決め、そこへの誘導をしっかり用意することが大切です。**ページが行き止まりにならないように気を付けましょう。特に該当ページの内容を読み終わった・理解した後の導線設計が重要**です。自分でサイトを利用し、引っ掛かりがないかを確認するというのも有効な方法の1つです。

コンテンツに関しては第8章で取り上げており、その中で離脱を防ぐためのチェックリストをSection8-3➡P.364に記載しました。オウンドメディアや記事を中心としたサイトはこちらもあわせてご覧ください。

Section 良い直帰と悪い直帰の違いって何？

# 4-5 ユーザーのアクションを見極め直帰をより正確に計測する

使用レポート ▶▶▶行動 ➡ サイトコンテンツ

出口ページについての考察をさらに深めていきましょう。1ページを見てすぐ帰った訪問は「直帰した」訪問となりますが、同様に1ページを見た後、資料をダウンロードして帰った訪問も「直帰」と考えていいでしょうか？　本Sectionでは良い直帰と悪い直帰について考えてみます。

前Sectionでは「離脱しても問題ないページ」を取り上げましたが、同様に「ページを一定時間読んだ」、あるいは「ファイルをダウンロードした」などの**ユーザーがページの中で行ったアクションがあれば、直帰とカウントしない**という考え方があります。これを計測できるようにすることで、ユーザーの離脱原因をより正確にとらえることができます。

図4-5-1 アクションがあれば直帰ではない

ユーザーが必要な
アクションをしたなら
直帰しても問題ないですか？
はい、Google アナリティクスでも
「直帰にカウントしない」という
設定が選べます



## 「良い直帰」と「悪い直帰」とは？

一般的に「直帰の多いページ＝悪いページ」と考えがちですが、実際には一概にそうとは言えません。直帰しても**「良い直帰」と「悪い直帰」**があります。

例えば「ページを開いてすぐに別のサイトに遷移した人」と「ページのコンテンツをじっくり最後まで読んで別のサイトに遷移した人」の意味合いは大きく違います。じっくり読んで直帰したユーザーの方はサイトの情報に満足して帰っていった可能性が大きいため、悪い直帰として問題にするべきではありません。

● **良い直帰の例**

- 商品紹介などの**リンクをクリックして外部サイトに遷移**した場合
- ランディングページから**ファイルをダウンロード**して離脱した場合
- ページを**特定の秒数以上見て、内容を理解したうえで直帰**した場合

このような場合は「良い直帰」と考えてもいいのではないでしょうか。ユーザーの視点で言えば「1ページで必要な情報にアクセスできて、帰る」ことはユーザーの貴重な時間を節約したという観点ではむしろ非常に価値のあることです。

**図4-5-2** **ユーザーが満足すれば良い直帰**

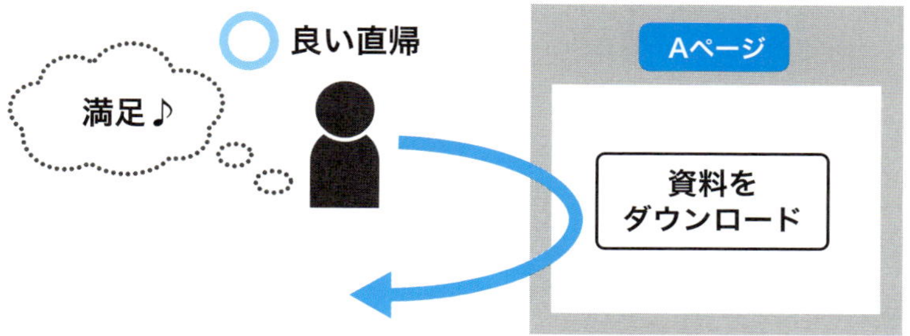


上記のような「良い直帰」を**単なる「直帰」とみなさないように、Google アナリティクスを設定する**ことができます。ユーザー行動の実態に即した設定をすることで、問題となる直帰を正確に洗い出すことができます。

## 「良い直帰」を直帰にカウントしない設定をしよう

さっそく、Google アナリティクスでの実装・設定方法を説明します。Google アナリティクスの計測記述やページのソースコードを修正する必要があるので、担当者に事前に相談をしましょう。

### 設定例1：ページを特定の秒数以上見ていた場合は直帰扱いにしない

Google アナリティクスで「一定時間閲覧した訪問を直帰率に含まない」設定にしましょう。

下記のように**Google アナリティクスのトラッキングコードに次のような1行を追加**します。

「ga('send', 'pageview');」の直後の行に追加すると良いでしょう。

● **設定例**

```
ga('send', 'pageview');
setTimeout("ga('send', 'event', 'view','30sec',);",30000);
```

追加します

Google アナリティクスの「イベント」機能を利用して計測を行っています。イベント機能に関しては、第6章➡P.265で詳しく紹介します。青色の部分が任意で変更できる箇所になります。

上記のように記述することで、指定した時間（設定例では30秒）以上に滞在した場合、直帰率にカウントされません。また、記述に入っている値は「ミリ秒単位」となり、1000=1秒となります。

### 設定例2：ページ内でリンクをクリックした場合は直帰扱いにしない

続いて、ページ内でリンクをクリックした場合は直帰扱いにしない場合の設定例です。この設定もイベント変数を利用します。ソースコードのリンク部分に「onClick」からはじまる以下のような記述を追加します。

● **設定例（青字部分はリンクの種類に応じて個別に設定）**

```
<a href="http://xxxxxxx" onClick="ga('send','event','カテゴリ','アクション','ラベル', 値);">リンク</a>
```

通常のページ遷移に関しては直帰扱いになりません。ここで設定するのは主に「外部サイトへのリンク」「ファイルのダウンロード」「ページが遷移しないリンク（例：ページ内リンク・ポップアップやモーダル表示）」などになります。

※実際に設定する際には第6章の内容も確認の上、システム担当者と相談してコードを作成してください。

## イベントと直帰の関係を理解しよう

紹介した2つの設定例では、サイトに入って来て30秒以上経った、あるいはファイルをダウンロードした後に他のページを見ずに離脱しても「直帰」扱いとはなりません。

実はこのような行動を直帰とするかしないかは、設定によって変えることができます。

### ■「インタラクション」の概念

**表4-5-1** インタラクションとノンインタラクション

| | | イベント設定 | |
|---|---|---|---|
| | | インタラクション | 非（ノン）インタラクション |
| 直帰扱い | | 直帰扱いしない<br>（デフォルトはこちら） | 直帰扱いする |
| イベント設定方法 | コードに直接設定する<br>（ユニバーサルアナリティクス） | 追加記述不要 | **「値」の後に{'nonInteraction': 1}**を設定します※1<br>（次ページの設定例参照） |
| | Googleタグマネージャー※2 | 「イベント」タイプのタグの設定時に「非インタラクションヒット」を「偽」に設定<br>（デフォルトはこちら） | 「イベント」タイプのタグの設定時に**「非インタラクションヒット」を「真」**に設定<br>（図4-5-3参照） |

※1：ユニバーサルアナリティクスの非インタラクション設定。

※2：タグマネージャーに関しては付録2で詳しく触れます。

● **設定例(イベントをクリックしても直帰とみなす場合の設定)**

```
<a href="http://xxxxxxx" onClick="ga('send','event','カテゴリ','アクション','ラベル', 値, {'nonInteraction': 1});">リンク</a>
```

**図4-5-3 Googleタグマネージャーの設定画面**

以上のように、直帰率のカウントを意識して適切に設定することで、良い直帰が取り除かれ、直帰率のレポートで本当に注目すべき問題を洗い出すことができます。また、**「ただスクロール率を図るために入れたイベントトラッキングコードにより直帰率が0に近くなってしまった」などという落とし穴にはまらない**ためにも「インタラクション」の概念を覚えておくことが大切です。

なお、詳細はGoogle アナリティクスヘルプ「非インタラクションのイベント」をご確認ください。

https://support.google.com/analytics/answer/1033068#NonInteractionEvents

提示したコードはあくまで一例です。実際に設定する際にはGoogle アナリティクスのイベント変数についてのヘルプを確認したり、システム担当者と相談したりしてコードを作成してください。

Section 4-6

# 書いたコンテンツは最後まで読まれているの？

# スクロール・読了・滞在を利用してページ内の評価を細かく行う

使用レポート ▶▶▶ 行動 ➡ イベント ➡ 概要

ページを表示して3秒で離脱しても、10分しっかり読んだ後に帰ってもどちらもページビュー数は1です。しかしユーザーの理解度は大きく違うのではないでしょうか？　そこで「ページをしっかり読んでくれたのか？」を評価するために取得するべきデータを3つ紹介いたします。

ページを定量的に評価する上でページビュー数は欠かせませんが、そのページの質を見るには不十分です。Section4-2のコラムで紹介したヒートマップツールも便利ですが、Google アナリティクス内で完結させる方法もあります。ページの質を評価するためにGoogle アナリティクスで取得するべき３つの指標とその考え方を紹介いたします。それぞれのデータの取得方法に関しては付録2にて説明しておりますので、このSectionでは取得したデータをどのように見て活用すればよいかに注力します。

## スクロールの計測と活用

ページの高さを100%とした時に、どこまでスクロールが行われたかを見るのがスクロール計測の特徴です。ユーザーがページをスクロールしてXX%ごと(例：20%、40%、60%、80%、100%）の位置に辿り着いたらGoogle アナリティクスにデータが送られます。図にすると図4-6-1の通りです。

例えばページの表示が500回あって、20%までスクロールしたのが350回、40%までスクロールしたのが300回、60%までスクロールしたのが280回といった形で見ていきます。

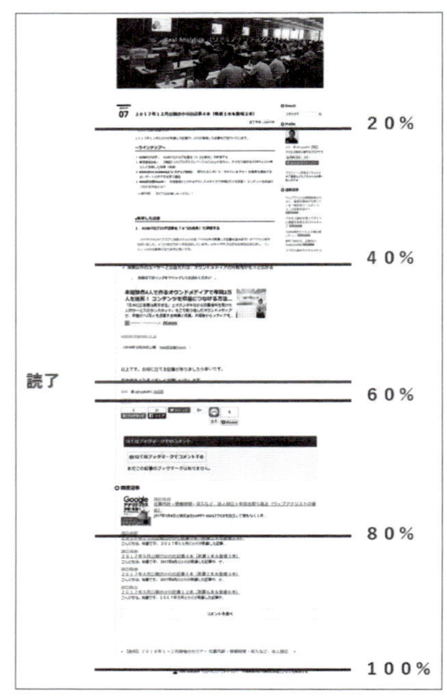


図4-6-1 スクロール率（%表示）と読了の違い

ページの内容やレイアウトにもよりますが、より下のほうまでスクロールしてくれた割合が高いほど、読ませる力があったという形で評価を行います。

それではGoogle アナリティクスのレポートを見ながら、詳しい評価方法を説明していきます。付録2-3➡**P.445**に記載の方法で実装を行っていれば、イベントのレポートから確認を行えます。

左のメニューから❶「**行動➡イベント➡上位のイベント**」をクリックしてレポートを表示します。❷表の中にある「Scroll（あるいはGoogleタグマネージャーで設定した名称）」を選択してください。

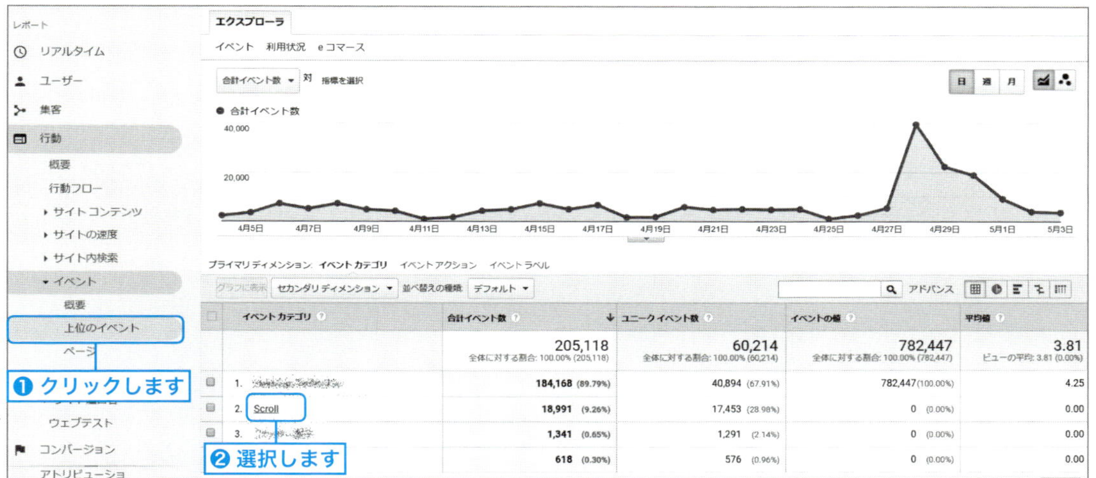


Scrollを選択すると、スクロール率を計測しているURLの一覧が出てきますので、❸見たいページを選択します。

グラフに表示　セカンダリディメンション ▼　並べ替えの種類:　デフォルト ▼

❸ クリックします

| | イベント アクション | 合計イベント数 ↓ | ユニークイベント数 |
|---|---|---|---|
| | | 18,991<br>全体に対する割合: 9.26% (205,118) | 17,453<br>全体に対する割合: 28.98% (60,214) |
| | 1. /entry/2020/04/28/120557 | 7,621 (40.13%) | 7,282 (41.72%) |
| | 2. / | 1,139 (6.00%) | 832 (4.77%) |
| | 3. /entry/2019/12/27/150033 | 954 (5.02%) | 913 (5.23%) |
| | 4. /entry/20131118/p1 | 910 (4.79%) | 767 (4.39%) |
| | 5. /entry/20131105/p1 | 519 (2.73%) | 433 (2.48%) |
| | 6. /entry/20131224/p1 | 470 (2.47%) | 402 (2.30%) |

ページを選択するとスクロール率のレポートが出てきます。

| | イベント ラベル | 合計イベント数 | ユニークイベント数 |
|---|---|---|---|
| | | 7,621<br>全体に対する割合: 3.72% (205,118) | 7,282<br>全体に対する割合: 12.09% (60,214) |
| | 1. 0% | **2,720** (35.69%) | 2,523 (34.65%) |
| | 2. 20% | **1,701** (22.32%) | 1,640 (22.52%) |
| | 3. 40% | **1,297** (17.02%) | 1,259 (17.29%) |
| | 4. 60% | **1,050** (13.78%) | 1,024 (14.06%) |
| | 5. 80% | **745** (9.78%) | 729 (10.01%) |
| | 6. 100% | **108** (1.42%) | 107 (1.47%) |

これでページ単位のスクロール情報がわかるようになりました。上記の例であれば（0%＝ページ表示回数）が2,523に対して、80%まで進んでいるのが729回。つまり729/2,523＝29%が辿り着いていることがわかります。

### Point 合計イベント数とユニークイベント数の違い

似たような用語で合計イベント数のほうが数が多いので、つい合計イベント数を使いたくなります。この２つの指標の違いを正しく理解して使い分けることをオススメします。**合計イベント数＝ページビュー数、ユニークイベント数＝訪問回数**と捉えると理解がしやすいかなと（厳密には違うのですが）。例えばAというページを訪問中に2回表示して、片方がスクロールが20%まで、もう片方がスクロール60%まで表示されたとしましょう。その時に記録されるデータは右の通りです。

| | 合計イベント数 | ユニークイベント数 |
|---|---|---|
| 0% | 2 | 1 |
| 20% | 2 | 1 |
| 40% | 1 | 1 |
| 60% | 1 | 1 |
| 80% | 0 | 0 |
| 100% | 0 | 0 |

合計イベント数は単純な足し算になりますが、ユニークイベントは同じ訪問で同じ内容のデータが送られた場合は重複として見なし1回しかカウントしないという事です。これによって結果も変わってきますので、どちらを使うべきかを、そのつど判断しましょう。今回はその訪問でどこまで見たのかを判断したく、ユニークイベント数を利用しました。

大切なのはページ１つを見て議論するより、複数ページ同士を見て比較する事です。似たような特集ページが4つあったとしたら、よりスクロールされているのはどのページなのかを参考にレイアウトの改善案を考えてみましょう。

## 読了の計測と活用

スクロールの計測は便利で様々なページの評価に使えるのですが、唯一向いていないのが記事関連のページです。記事を評価する際に「最後まで読んだ」というのを評価項目として使いたいケースがあります。しかし記事の長さによって読み終わるところのページの%高さは変わります。長い記事であれば縦に対して85%が読了の位置で、短い記事であれば70%が読了の位置かもしれません。

後で分析をする時に記事ごとにチェックするのは手間ですし、スクロール率の計測を1%刻みとかで取得していないと確認ができないでしょう。これでは時間がかかってしまいます。そこで利用するのが読了率という考え方です。具体的には「画面に何かが表示されたらGoogle アナリティクスにデータを送る」という機能を利用します。

**図4-6-2 ソーシャルボタンが表示されたら読了とするなど、記事共通の読了ポイントを決める**

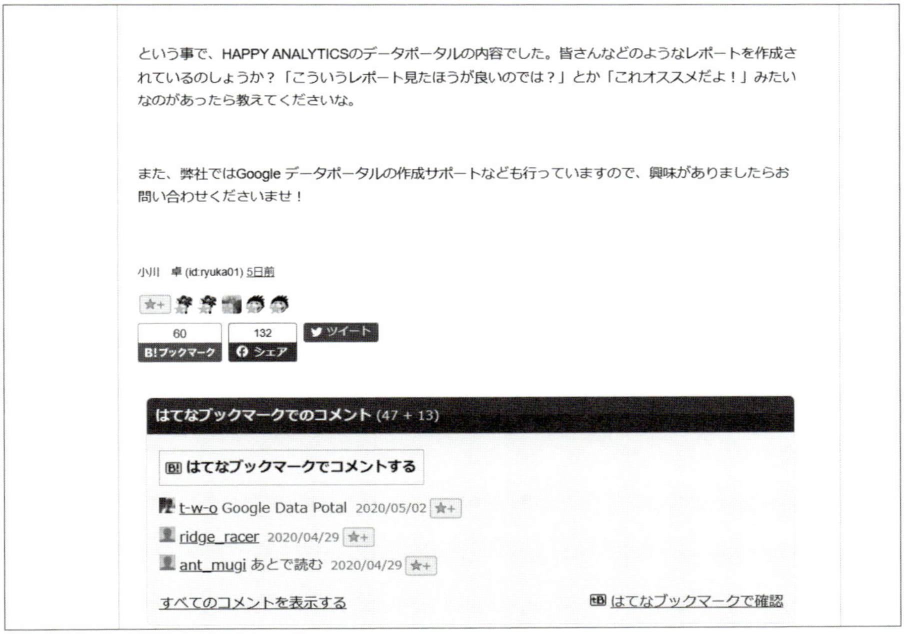

記事やコンテンツは記事終わりに「何か共通で入っている」ケースが多いです。上記画像の例であれば、記事の終わりに私の名前やソーシャルボタンが入っています。これらが表示された時にGoogle アナリティクスにデータを送るという実装を行えば、記事の長さに関係なく読み終わったタイミングでデータを送ることができます。こちらの実装方法についてもGoogleタグマネージャーで行います(付録2-3➡P.448)。

それではデータが計測できたとして、Google アナリティクスで確認してみましょう。❶左のメニューから「**行動➡イベント➡上位のイベント**」をクリックしてレポートを表示します。❷表の中にある「フッター表示（あるいはGoogleタグマネージャーで設定した名称、例えばフッター表示）」を選択してください。

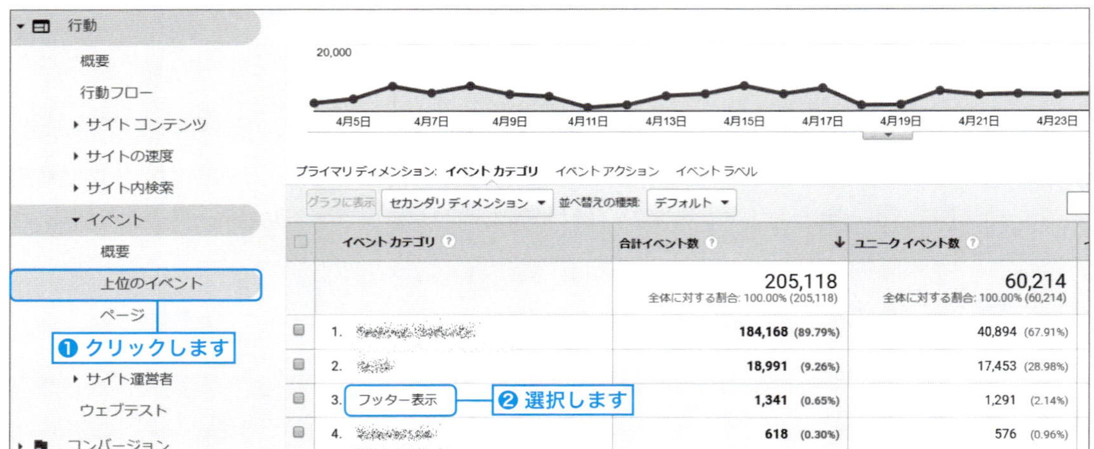


そうするとページ一覧が出てきます。これがそれぞれのページの読了回数になります。

グラフに表示　セカンダリ ディメンション ▾　並べ替えの種類: デフォルト ▾

| イベント アクション | 合計イベント数 | ユニーク イベント数 |
|---|---|---|
| | 1,341<br>全体に対する割合: 0.65% (205,118) | 1,291<br>全体に対する割合: 2.14% (60,214) |
| 1. /entry/2020/04/28/120557 | **571** (42.58%) | 569 (44.07%) |
| 2. / | **158** (11.78%) | 128 (9.91%) |
| 3. /entry/20131105/p1 | **57** (4.25%) | 53 (4.11%) |
| 4. /entry/2020/03/03/092424 | **32** (2.39%) | 32 (2.48%) |
| 5. /entry/20131118/p1 | **29** (2.16%) | 29 (2.25%) |
| 6. /entry/2019/12/27/150033 | **25** (1.86%) | 25 (1.94%) |
| 7. /entry/2020/03/27/103533 | **24** (1.79%) | 24 (1.86%) |
| 8. /entry/2020/04/06/143133 | **22** (1.64%) | 22 (1.70%) |

後はここで得られた読了回数を、「行動➡サイトコンテンツ➡すべてのページ」で取得できるページビュー数（合計イベント数を使う場合）あるいはページ別訪問回数（ユニークイベント数を使う場合）で割り算すると「読了率」が計算できます。読了回数の表と、すべてのページの表を「エクスポート」からExcel形式でダウンロードして、Excelなどで集計してしまうのが良いでしょう。

| イベント アクション | ユニーク イベント数 | ページ別訪問数 | 読了率 |
|---|---|---|---|
| /entry/2020/04/28/120557 | 569 | 2566 | 22% |
| / | 368 | 1179 | 31% |
| /entry/2020/02/07/084801 | 217 | 561 | 39% |
| /entry/2020/03/27/103533 | 193 | 524 | 37% |
| /entry/20131105/p1 | 155 | 603 | 26% |
| /entry/2017/07/04/193954 | 155 | 1424 | 11% |
| /entry/2020/03/03/092424 | 111 | 302 | 37% |
| /entry/2020/02/26/093821 | 97 | 296 | 33% |
| /entry/20140126/p1 | 87 | 335 | 26% |
| /entry/20131224/p1 | 85 | 530 | 16% |

※それぞれの数値をダウンロードしてExcelのVLOOKUPでデータをまとめ、ユニークイベント数÷ページ別訪問数＝読了率として計算する。

この例ですと、ページ別訪問数が2番目に多い2017/07/04/193954の記事は、読了数でみると順位が低く、11%しか読了していません。しかし3行目の記事はページ別訪問数はそれほど多くないものの、39%と約3.5倍の読了率があることがわかります。良い記事と悪い記事に何かしら傾向や特徴がないかを探ってみましょう。

## 滞在時間の計測と活用

Google アナリティクスのレポートではページごとの平均滞在時間が出てきますが、あくまでも平均なので実体を評価する上では少し不便です。例えば、以下２つのページ平均滞在時間はどちらも1分になってしまいます。

**ページA：1分・50秒・65秒・65秒**
**ページB：3分・30秒・20秒・10秒**

そしてGoogle アナリティクス上ではこの2つの区別がつきません。そこで追加で実装して取得する事をオススメするのが「ページ表示して何秒以上経ったらGoogle アナリティクスにデータを送る」という内容です。

再度上記の例を参考に、例えば「40秒以上表示されたらGoogle アナリティクスにデータを送る」という設定をしたとしましょう。そうするとページAは4回、ページBは1回となります。同じ平均滞在時間でもばらつきが大きいのはページBである事がわかります。

Section6-5➡P.282を参考に、付録2の内容に基づいて実装を行ったら、Google アナリティクスでデータを確認してみましょう。確認方法は今までの２つの方法と一緒です。

❶左のメニューから「**行動➡イベント➡上位のイベント**」をクリックしてレポートを表示します。❷表の中にある「20秒表示（あるいはGoogleタグマネージャーで設定した名称）」を選択してください。

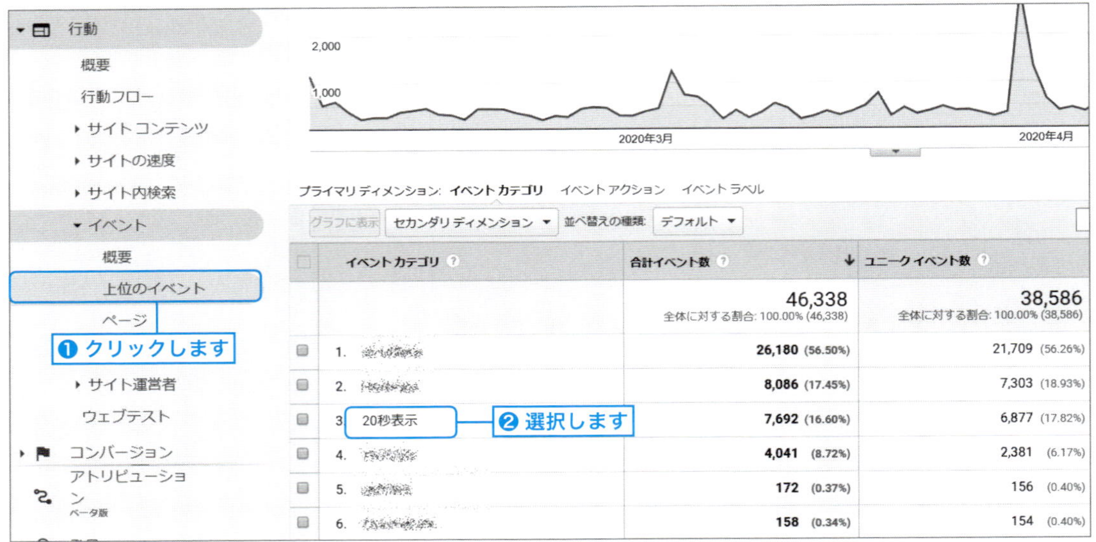


そうすると設定した秒数が出てくるのでそちらを選択してください（例えば20秒と60秒表示の両方を取得していた場合、複数行出てきます）。

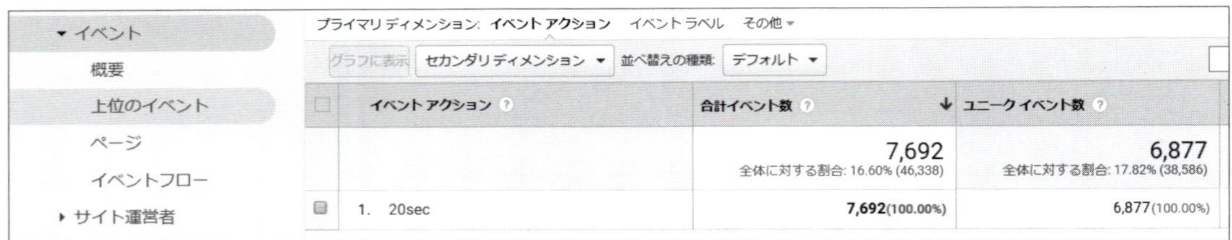


クリックするとページ一覧が出てきます。これがそれぞれのページの20秒以上閲覧回数になります。後は読了率で見たようにページの表示回数と割り算すると良いでしょう。

この方法のよい所は動画がメインのサイトやページでも利用できるという事です。動画の場合はスクロールは少なく、離脱も高いという事で、今回紹介したスクロール率や読了率ではあまり参考となるデータを取得できません。しかし、ここで紹介した方法を使えば平均滞在時間以外の方法で動画の視聴を間接的に評価する事ができます。

ページの質を評価する方法を３つ紹介いたしました。全てのページに全3種類を実装する必要はありませんが、ページ種別において適切なデータを取得を行ってみましょう。ページビュー数・離脱・滞在以外の指標でページの評価を行えるようになります。

Section 4-7

読み込みが遅いページは離脱や直帰に影響を与えている？

# ページの速度と直帰・離脱の関係を把握する

使用レポート ▶▶▶ 行動 ➡ サイトの速度 ➡ ページ速度

Google アナリティクスには、ページの速度を確認する機能も備えられています。それだけ表示速度が各指標に影響を与えるためです。このSectionでは実際に自分のサイトの表示速度を確認し、表示速度と各指標の関係性を把握してみましょう。Excelの「散布図」を使ってデータを可視化する手法もお教えします。

ページの表示速度を気にしていますか？　ここまで考察を深めてきた**「直帰率」や「離脱率」の高さもページの表示速度と関連性がある可能性が高いです**。サイトの表示速度が遅くなるごとに、ユーザーが離脱しがちになり、収益も下がる傾向があります。**表示速度が遅ければ、いくら良い機能を入れてもユーザーは見てくれません。特にスマートフォンサイトではその傾向が顕著**になりますので、デバイスごとに表示速度が適正かどうか確認していきましょう。

## ページの表示速度と離脱率の関係

読者の皆さんはアクセスしたサイトの表示速度が遅いことが気になり、サイト閲覧を断念したことはありませんか？　国内や海外でも以下のような談話が公開されています。

### ● 影響事例

- ECサイトの表示が3秒以上かかると、ユーザーの40%以上が離脱する※1
- 米ウォールマートではページの表示速度が1秒速くなるごとにコンバージョン率が2%良くなる※2
- Amazonはページの表示速度が1秒遅くなるごとに16億ドルの収益損失をもたらす※3
- Googleはページ表示速度がSEOに影響することを公表している。2010年からGoogleの検索順位を決めるアルゴリズムに「表示速度」の項目が追加されている※4

【参考】

※1：Neil Patelブログ「How Loading Time Affects Your Bottom Line」
https://neilpatel.com/blog/loading-time/?wide=1

※2：Walmart.comが公開したデータより（2012年）
https://www.slideshare.net/devonauerswald/walmart-pagespeedslide

※3：Fast Company「How One Second Could Cost Amazon $1.6 Billion In Sales」
https://www.fastcompany.com/1825005/how-one-second-could-cost-amazon-16-billion-sales

※4：海外SEO情報ブログ「ページの表示速度はレンダリングとクローリングの2つの側面でSEOに関係する」
https://www.suzukikenichi.com/blog/two-aspects-to-look-at-server-speed/

表示速度の改善は、特にECサイトでは、収益に直結する非常に重要な要素の1つです。特に**スマートフォンでは待ち時間に対するユーザーの耐性が低く離脱率に影響**します。表示速度はユーザーが使っているインターネット回線の影響もあり、防ぎきれない部分はあります。しかし、サイト側の努力で改善できる部分についてはできる限りの施策を打つことで、ユーザーにとって快適な閲覧環境を提供し、結果として直帰率や離脱率を下げることにも繋がります。

## ページの表示速度を確認してみよう

Google アナリティクスのレポートで確認してみましょう。

### サイト全体の概要を確認する

左のメニューから「**行動➡サイトの速度➡概要**」をクリックしてレポートを表示します。このレポートではまず、❶「平均読み込み時間」や❷日別トレンドに変化がないか、❸またブラウザごとの差を確認しておきましょう。他の指標については後述します。

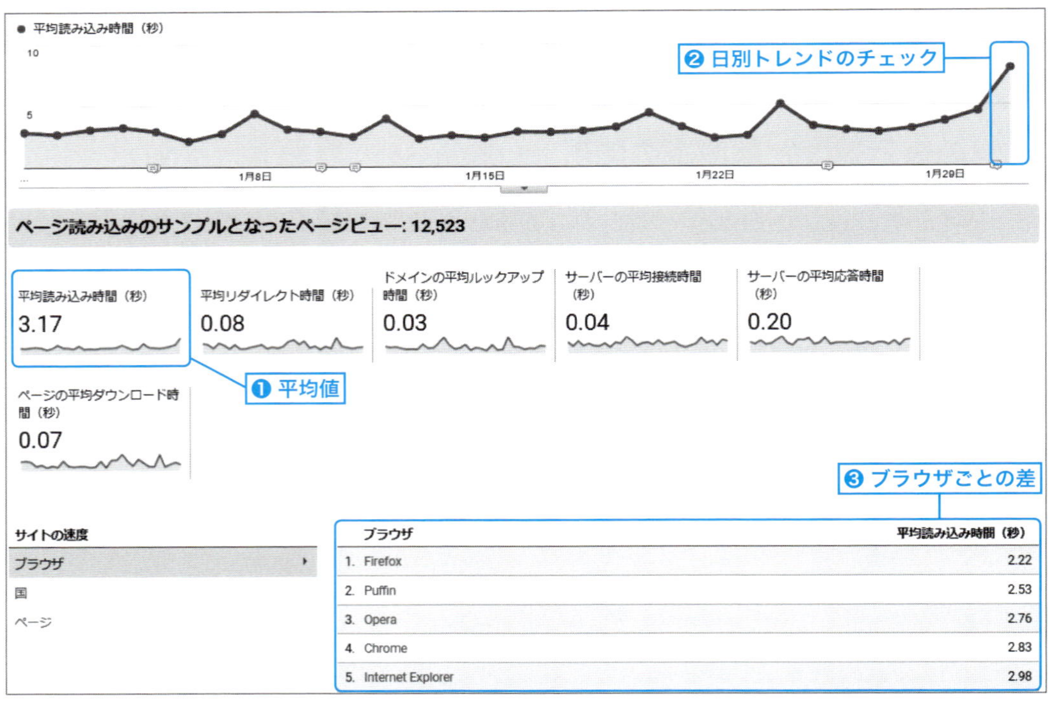

## スマートフォンにおけるページごとの表示速度を確認する

左のメニューより「**行動➡サイトの速度➡ページ速度**」をクリックし、レポートを開きます。このレポートでは**ページごとのページ読み込み速度**のレポートが表示されます。

❶次に、セカンダリディメンションで「ユーザー➡デバイス カテゴリ」を掛け合わせます。❷さらに「アドバンス」のリンクをクリックし、❸「mobile」のみで絞り込みをかけて「適用」ボタンをクリックすると、スマートフォンのみの絞り込み表示となり、さらに見やすくなります。

❶「デバイス カテゴリ」を指定します
❷ クリックします
❸「mobile」と入力して適用します

以下のようなレポートが表示されます。

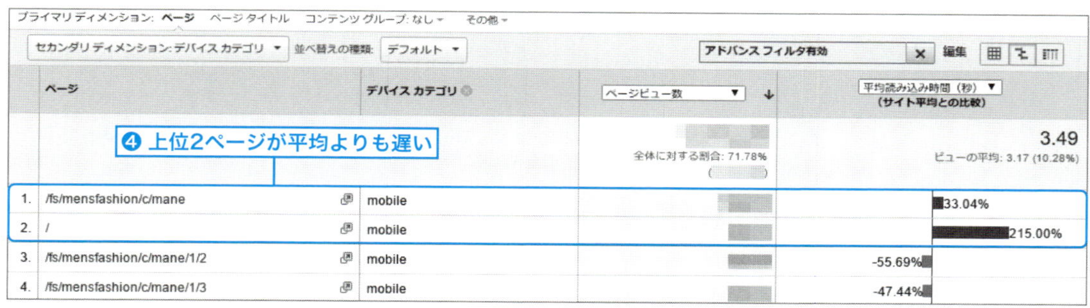


❹ページビューが多い順の上位2つのページの平均読み込み時間がサイト平均より遅いことがわかります。特にトップページ（/）の表示が遅いことがわかります。

※サイト平均より早い場合は緑色の棒グラフ、遅い場合は赤色の棒グラフで示されます。

## 技術レポートを確認する

グラフ上部にある❶**「エクスプローラ」タブの「技術」リンク**をクリックしてみましょう。ページ速度に関する各指標のうち、ネットワークとサーバーに関する指標を確認できます。

※このレポートには「ブラウザでの時間」、つまりブラウザでJavaScriptを解析・実行してページを表示する時間が含まれません。

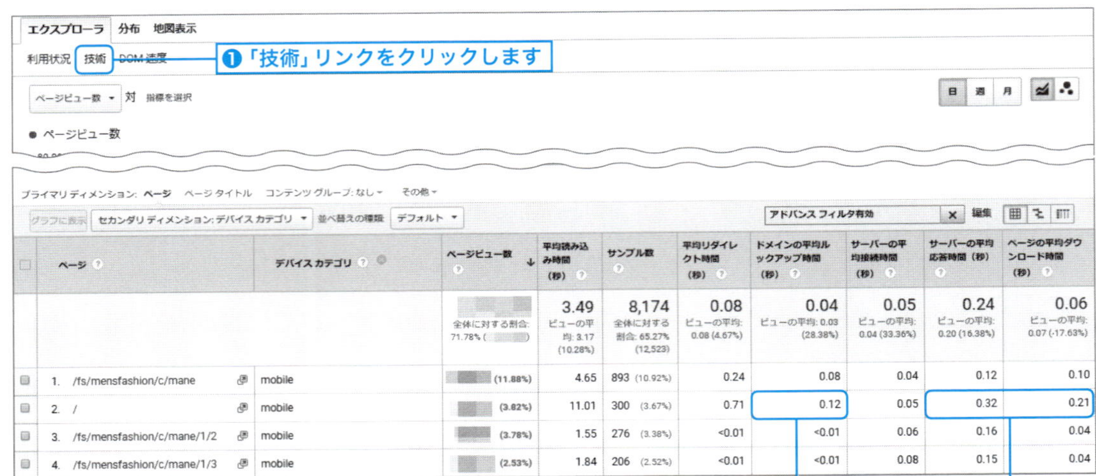


内訳をみると、❷トップページは「ドメインの平均ルックアップ時間」「サーバーの平均応答時間」「ページの平均ダウンロード時間」が平均より遅いことがわかります。以下に、ネットワークとサーバーに関する指標について、表にまとめましたので参考にしてください。

**表4-7-1 ネットワークとサーバーに関する指標について**

| | |
|---|---|
| 平均読み込み時間 | ページの読み込みにかかった平均時間(秒数)。ページビューの開始(ページへのリンクがクリックされたときなど)から、ブラウザで読み込みが完了するまでの時間です<br>※平均読み込み時間には、「ネットワークとサーバーとの時間」と「ブラウザでの時間」があります。「エクスプローラ」タブの「技術」セクションでは、ネットワークとサーバーに関する指標を確認できます。残りの時間(「ブラウザでの時間」)は、ブラウザでJavaScript を解析、実行してページを表示する時間です |
| 平均リダイレクト時間 | ページを取得する前のリダイレクトにかかった時間です。リダイレクトが発生しない場合、この指標値は0になります |
| ドメインの平均ルックアップ時間 | そのページのDNSルックアップにかかった平均時間です |
| サーバーの平均接続時間 | ユーザーがサーバー接続に要した時間 |
| サーバーの平均応答時間 | サーバーがユーザーリクエストに応答するまでの時間。ユーザーの所在地からサイトのサーバーにアクセスするネットワーク通信時間も含まれます |
| ページの平均ダウンロード時間 | ページのダウンロードにかかった時間です |

※詳細は、Google アナリティクスヘルプ 「サイトの速度レポートの分析」をご覧ください。
https://support.google.com/analytics/answer/2383341?hl=ja

## 対策を考えるには、「速度についての提案」レポートを活用しよう

さらに、「**行動➡サイトの速度➡速度についての提案**」をクリックし、レポートを開きます。

このレポートでは**ページ速度の改善についての具体的な対策**が提示されます。❶**「PageSpeed の提案」列にある**リンクをクリックしてみましょう。提案画面が表示されます。

❶ リンクをクリックします

| | ページ | ページビュー数 | 平均読み込み時間（秒） | PageSpeed の提案 | PageSpeed スコア |
|---|---|---|---|---|---|
| 1. | | | 3.98 | 合計 7 個 | 44 |
| 2. | | | 7.38 | 合計 6 個 | 37 |
| 3. | | | 1.55 | 合計 7 個 | 43 |
| 4. | | | 1.99 | 合計 7 個 | 43 |
| 5. | | | 1.57 | 合計 7 個 | 44 |
| 6. | | | 5.69 | 合計 6 個 | 29 |
| 7. | | | 1.45 | 合計 7 個 | 44 |
| 8. | | | 1.51 | 合計 7 個 | 42 |
| 9. | | | 1.69 | 合計 7 個 | 78 |
| 10. | | | 1.35 | 合計 7 個 | 44 |

1 - 10/30931

右図は筆者のブログの改善レポートです。❷「モバイル」「パソコン」それぞれのタブに分けて、❸具体的な改善提案が表示されます。「改善できる項目」をクリックして具体的な提案を読んでみましょう。

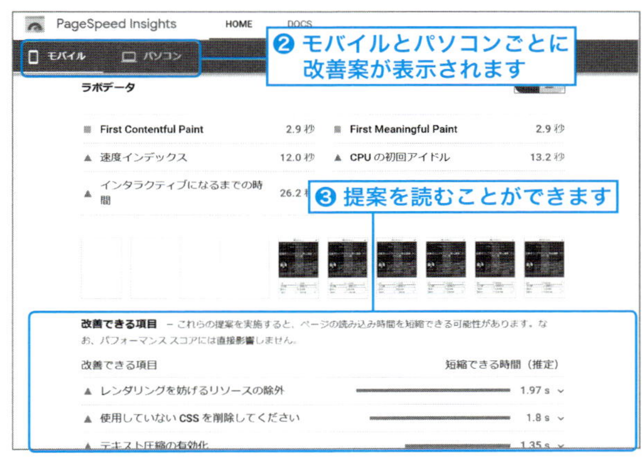


## Point Google Developersツール「PageSpeed Insights」

上記のレポートは、Google Developersツールの「PageSpeed Insights」の画面です。右のURLを開き、調べたいページのURL（自社サイト以外も含む）を入力する方法でも確認可能です。

画面を開いたら、調べたいページのURLを入力し、「分析」をクリックしてください。

このようにGoogle アナリティクスや周辺ツールを駆使して、ページ表示速度の改善に取り組むことができます。

・PageSpeed Insights
https://developers.google.com/speed/pagespeed/insights/?hl=ja

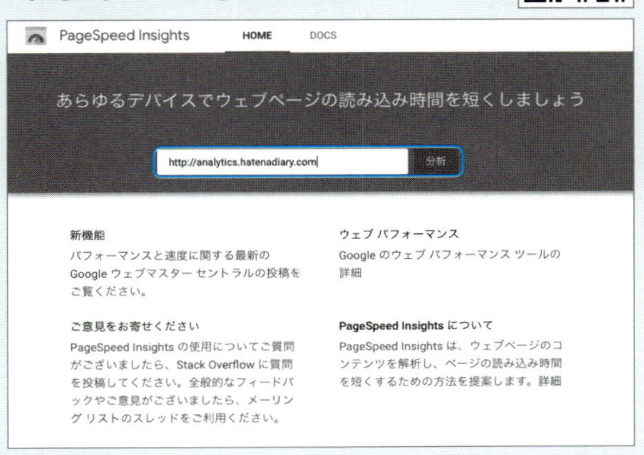

## 離脱率・直帰率と速度の関係を散布図で確認する

あなたのページの平均読み込み時間と離脱率・直帰率との関係を確認するために、**Excelの散布図を使って確認**してみましょう。

### ■ 操作方法

**Step 1.** 「**行動➡サイトの速度➡ページ速度**」をクリックし、レポートを開きます。

**Step 2.** セカンダリディメンションで「よく使われるディメンションと指標」の「デバイス カテゴリ」を掛け合わせます。

**Step 3.** 「アドバンス」リンクをクリックし、「mobile」あるいは「desktop」のみで絞り込みをかけ、「適用」ボタンをクリックします。

**Step 4.** 以下のレポートが表示されますので、表のアイコンをクリックし、リスト形式表示に切り替えます。

クリックして表に切り替えます

プライマリ ディメンション: ページ　ページ タイトル　コンテンツ グループ: なし　その他

セカンダリ ディメンション: デバイス カテゴリ　並べ替えの種類: デフォルト　アドバンス フィルタ有効　編集

| | ページ | デバイス カテゴリ | ページビュー数 | 平均読み込み時間（秒）（サイト平均との比較） |
|---|---|---|---|---|
| | | | 全体に対する割合: 71.78% | 3.49 ビューの平均: 3.17 (10.28%) |
| 1. | | mobile | | 33.04% |
| 2. | | mobile | | 215.00% |
| 3. | | mobile | | -55.69% |
| 4. | | mobile | | -47.44% |

**Step 5.** 表の下部で、「表示する行数」を100とします（こちらはプロットしたいページの数を任意で選択してください）。

**Step 6.** グラフ上部の「エクスポート」ボタンをクリックし、Excel形式でエクスポートします。

**Step 7.** 出力したExcelの「平均読み込み時間（秒）」と「『直帰率』or / and『離脱率』の列を別のシートなどに抜き出します。

**Step 8.** 抜き出した2列を選択した状態でグラフの挿入（散布図）をクリックし、グラフを作成します。

※Step7と8はExcelの操作になりますので詳細の説明は割愛させていただきます。

### ■ 散布図で相関性を確認しよう

上記のステップを踏むと、以下のようなグラフが出力されます。スマートフォンでの表示で、ページビューの多い上位100ページをプロットしました。

次ページへ続く

■例1：ECサイト　上位100ページの平均読み込み時間と離脱率の散布図

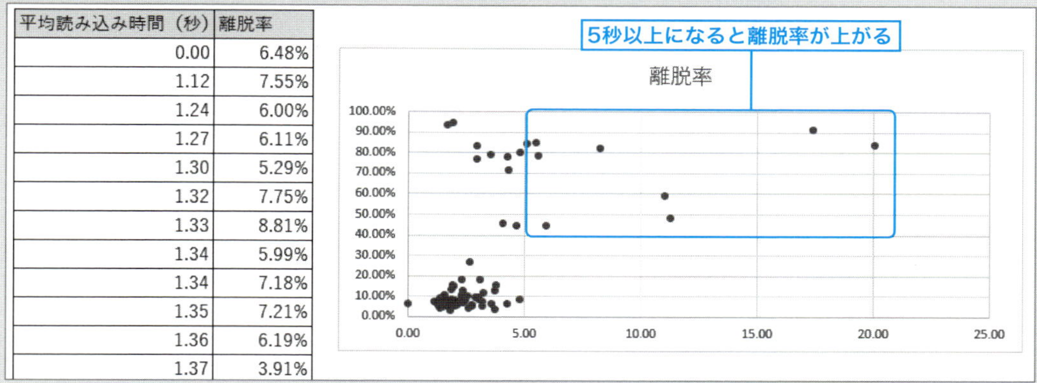

| 平均読み込み時間（秒） | 離脱率 |
|---|---|
| 0.00 | 6.48% |
| 1.12 | 7.55% |
| 1.24 | 6.00% |
| 1.27 | 6.11% |
| 1.30 | 5.29% |
| 1.32 | 7.75% |
| 1.33 | 8.81% |
| 1.34 | 5.99% |
| 1.34 | 7.18% |
| 1.35 | 7.21% |
| 1.36 | 6.19% |
| 1.37 | 3.91% |



ページの表示速度はおおむね5秒以内で、特に2秒前後に集中しており、良好です。表示に5秒以上かかったページの離脱率はすべて40%以上となっていることがわかります。

最後にあるBtoCサイトの平均読み込み時間と直帰率の関係を紹介します。**平均読み込み時間と直帰率の相関が見て取れます**。2016年4月は直帰率47%・読み込み時間2.2秒、1年後の2017年4月では直帰率は34%・読み込み時間1.8秒と、2016年6月に行ったページ読み込み時間短縮の施策が直帰率の改善に一躍買っています。

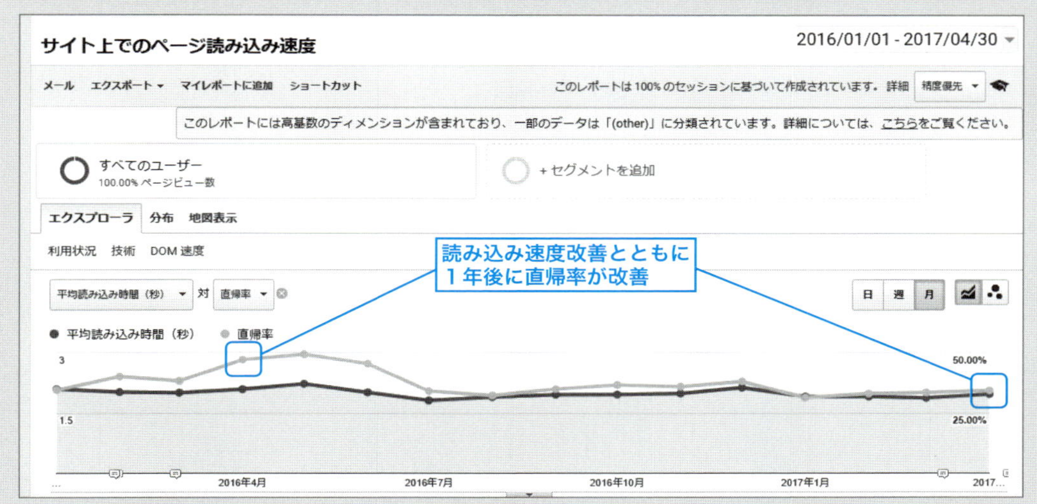


このように、関係性と結果を確認することで、自分自身も**関係性を客観的にとらえる**ことができる上、**上長や組織に説得力のあるデータを提示してチームを動かす**ことにも繋がります。

# Chapter 5

# ページ閲覧と導線を分析する

この章ではサイト内のページ閲覧そして、サイト内をどのように回遊しているかの分析方法と活用方法を紹介します。ページがサイトのゴールにどのように貢献しているのか、利用者がどのようにサイトを使っているのかを把握するために重要な内容となります。

Section 新しく作ったページが見られているのか知りたい！

# 5-1 ページの閲覧状況を把握する

使用レポート ▶▶▶ 行動 ➡ サイトコンテンツ ➡ すべてのページ

Webサイトを改善する上で大切なのは、ページがどのように閲覧されているかを理解することです。どのページがよく見られ、何分滞在しているのか。そしてページはサイトの成果に貢献しているのか。改善案を見つける王道として、似たページの数値同士を比較して違いを見つけることも大切です。

## ページレポートの基本的な見方

ページごとの基本指標は「**行動➡サイトコンテンツ➡すべてのページ**」のレポートで確認できます（図5-1-1）。

**URLだと、どのページかわかりにくいという場合は、表の上部にあるプライマリディメンションを「ページ」から「ページタイトル」に変えましょう。**HTMLのTITLEタグで設定している文字列ごとに数値を見ることができます。ただし複数URLで同じページタイトルを付けている場合は、同じタイトル名ということで１行にまとまってしまいます。

図5-1-1 「すべてのページ」レポート

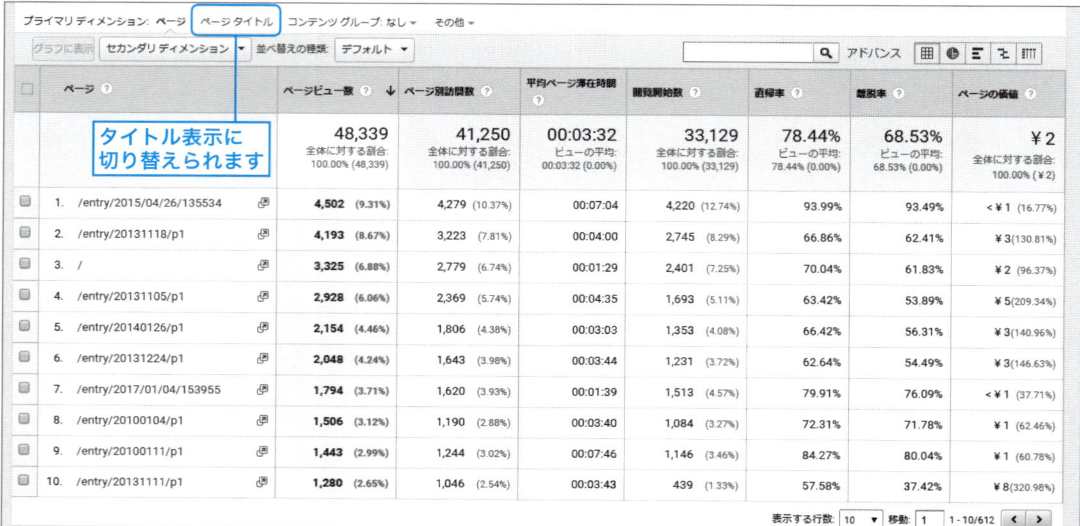


| | ページ | ページビュー数 | ページ別訪問数 | 平均ページ滞在時間 | 閲覧開始数 | 直帰率 | 離脱率 | ページの価値 |
|---|---|---|---|---|---|---|---|---|
| | | 48,339 全体に対する割合: 100.00% (48,339) | 41,250 全体に対する割合: 100.00% (41,250) | 00:03:32 ビューの平均: 00:03:32 (0.00%) | 33,129 全体に対する割合: 100.00% (33,129) | 78.44% ビューの平均: 78.44% (0.00%) | 68.53% ビューの平均: 68.53% (0.00%) | ¥2 全体に対する割合: 100.00% (¥2) |
| 1. | /entry/2015/04/26/135534 | 4,502 (9.31%) | 4,279 (10.37%) | 00:07:04 | 4,220 (12.74%) | 93.99% | 93.49% | <¥1 (16.77%) |
| 2. | /entry/20131118/p1 | 4,193 (8.67%) | 3,223 (7.81%) | 00:04:00 | 2,745 (8.29%) | 66.86% | 62.41% | ¥3(130.81%) |
| 3. | / | 3,325 (6.88%) | 2,779 (6.74%) | 00:01:29 | 2,401 (7.25%) | 70.04% | 61.83% | ¥2 (96.37%) |
| 4. | /entry/20131105/p1 | 2,928 (6.06%) | 2,369 (5.74%) | 00:04:35 | 1,693 (5.11%) | 63.42% | 53.89% | ¥5(209.34%) |
| 5. | /entry/20140126/p1 | 2,154 (4.46%) | 1,806 (4.38%) | 00:03:03 | 1,353 (4.08%) | 66.42% | 56.31% | ¥3(140.96%) |
| 6. | /entry/20131224/p1 | 2,048 (4.24%) | 1,643 (3.98%) | 00:03:44 | 1,231 (3.72%) | 62.64% | 54.49% | ¥3(146.63%) |
| 7. | /entry/2017/01/04/153955 | 1,794 (3.71%) | 1,620 (3.93%) | 00:01:39 | 1,513 (4.57%) | 79.91% | 76.09% | <¥1 (37.71%) |
| 8. | /entry/20100104/p1 | 1,506 (3.12%) | 1,190 (2.88%) | 00:03:40 | 1,084 (3.27%) | 72.31% | 71.78% | ¥1 (62.46%) |
| 9. | /entry/20100111/p1 | 1,443 (2.99%) | 1,244 (3.02%) | 00:07:46 | 1,146 (3.46%) | 84.27% | 80.04% | ¥1 (60.78%) |
| 10. | /entry/20131111/p1 | 1,280 (2.65%) | 1,046 (2.54%) | 00:03:43 | 439 (1.33%) | 57.58% | 37.42% | ¥8(320.98%) |

表示する行数: 10 ▾　移動: 1　1 - 10/612

本レポートで閲覧できる情報は以下の内容となります。詳しい用語の意味は付録3➡P.457をご覧ください。

● 「すべてのページ」レポートの詳細

- ページビュー数…………ページが表示された回数
- ページ別訪問数…………訪問時に閲覧された回数（複数回閲覧されても1回）
- 平均ページ滞在時間……ページが平均で表示されていた時間
- 閲覧開始数………………ランディングページになった回数
- 直帰率……………………該当ページにランディングして、そのページだけ見て離脱した割合
- 離脱率……………………本ページが最後のページになった割合
- ページの価値※…………該当ページが閲覧されるごとにどれくらいの金額価値が発生するか

※eコマースや目標で値を設定している場合に計測されます。

どの指標も大切ですが、**まず見ておくべき指標は「ページビュー数・離脱率・ページの価値」です**。「**ページビュー数**」は単純にアクセスが多いページを表しています。改善をした時に効果が高いページという事でもあります。また「**離脱率**」に関しては最後のページになった割合で、「**直帰率**」と近い数値を取ることが多いです。直帰率と同じように離脱率が高いページは、離脱してしかるべきページ以外は改善優先度が高いページになります。

「ページの価値」に関しては、eコマースや目標の値を設定しておくと数値を確認できます。ここで表示される金額は、該当ページが1度表示されるごとに、どれくらいの売上が期待できるかを算出しています。ページの価値が高いページへしっかり誘導を行う事、あるいはページの価値が高いページの特徴を見つけて、似たようなページを増やすという事がサイトの収益増加に繋がります。

## 同じタイプのページを比較して改善点を探る

ページの価値に限らず、「すべてのページ」のレポートを利用してページ同士を「比較」する場合は、同じタイプのページを比較する必要があります。

例えば商品一覧ページとカートページでは、多くの場合「カートページ」のほうがゴールに近いので、ページの価値が高くなります。そのため、商品一覧ページよりカートページのほうが価値は高いという当たり前の結果しか出ません。大切なのは似たようなページを比較することです。コンテンツや特集同士の比較、あるいは一覧の表示方法（例：フリーワード検索・カテゴリ検索・ランキング・新着）同士の比較などを行いましょう。これは他の指標に関しても同様です。

次ページの図5-1-2は、あるサイトの❶コンテンツだけに絞り込んだ場合のレポートになります。

図5-1-2 同じタイプのページを比較

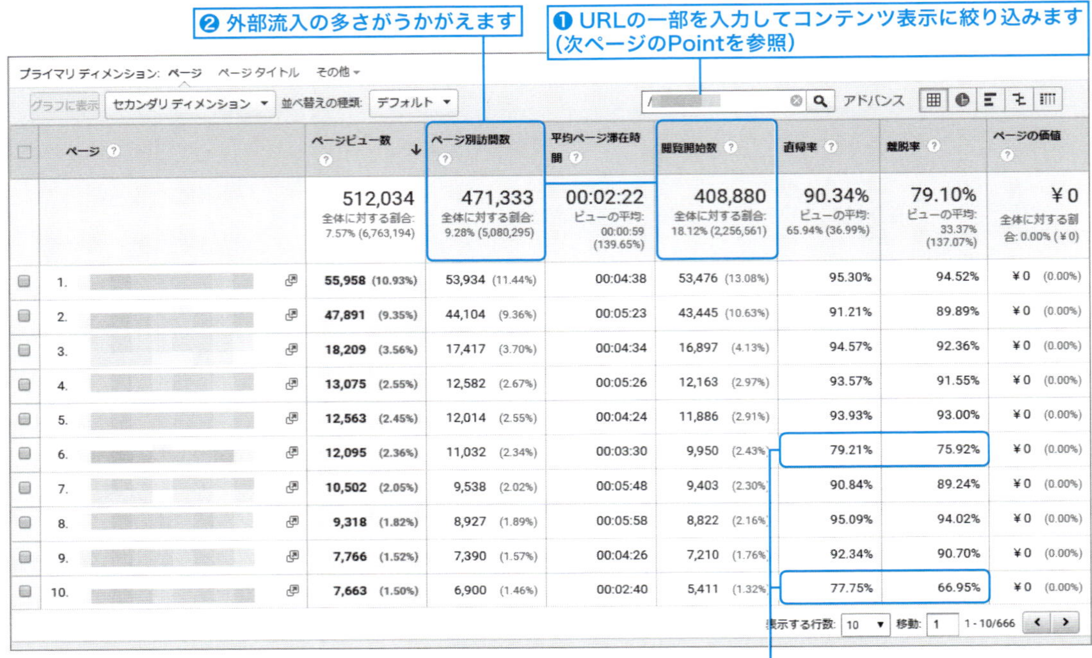


| | ページ | ページビュー数 | ページ別訪問数 | 平均ページ滞在時間 | 閲覧開始数 | 直帰率 | 離脱率 | ページの価値 |
|---|---|---|---|---|---|---|---|---|
| | | 512,034 全体に対する割合: 7.57% (6,763,194) | 471,333 全体に対する割合: 9.28% (5,080,295) | 00:02:22 ビューの平均: 00:00:59 (139.65%) | 408,880 全体に対する割合: 18.12% (2,256,561) | 90.34% ビューの平均: 65.94% (36.99%) | 79.10% ビューの平均: 33.37% (137.07%) | ¥0 全体に対する割合: 0.00% (¥0) |
| 1. | | 55,958 (10.93%) | 53,934 (11.44%) | 00:04:38 | 53,476 (13.08%) | 95.30% | 94.52% | ¥0 (0.00%) |
| 2. | | 47,891 (9.35%) | 44,104 (9.36%) | 00:05:23 | 43,445 (10.63%) | 91.21% | 89.89% | ¥0 (0.00%) |
| 3. | | 18,209 (3.56%) | 17,417 (3.70%) | 00:04:34 | 16,897 (4.13%) | 94.57% | 92.36% | ¥0 (0.00%) |
| 4. | | 13,075 (2.55%) | 12,582 (2.67%) | 00:05:26 | 12,163 (2.97%) | 93.57% | 91.55% | ¥0 (0.00%) |
| 5. | | 12,563 (2.45%) | 12,014 (2.55%) | 00:04:24 | 11,886 (2.91%) | 93.93% | 93.00% | ¥0 (0.00%) |
| 6. | | 12,095 (2.36%) | 11,032 (2.34%) | 00:03:30 | 9,950 (2.43%) | 79.21% | 75.92% | ¥0 (0.00%) |
| 7. | | 10,502 (2.05%) | 9,538 (2.02%) | 00:05:48 | 9,403 (2.30%) | 90.84% | 89.24% | ¥0 (0.00%) |
| 8. | | 9,318 (1.82%) | 8,927 (1.89%) | 00:05:58 | 8,822 (2.16%) | 95.09% | 94.02% | ¥0 (0.00%) |
| 9. | | 7,766 (1.52%) | 7,390 (1.57%) | 00:04:26 | 7,210 (1.76%) | 92.34% | 90.70% | ¥0 (0.00%) |
| 10. | | 7,663 (1.50%) | 6,900 (1.46%) | 00:02:40 | 5,411 (1.32%) | 77.75% | 66.95% | ¥0 (0.00%) |

❷「閲覧開始数」と「ページ別訪問数」の値がほぼ一緒なことから、外部からの流入がほとんどであることがわかります。外部流入比率の算出の仕方は、以下の式で求められます。

### ● 外部流入比率の計算

閲覧開始数÷ページ別訪問数

外部流入が多くを占めるため、直帰率や離脱率が軒並み高いですが、❸他のページと比較して6位と10位のページは離脱率や直帰率が15%ほど低いことがわかります。これらのページ内にどのような誘導を行っているかをチェックして、他ページに活かせないか考えてみるというような使い方ができます。

また**比較をページ同士ではなく、セグメント同士で行うのも重要**です。デバイスごとの比較、新規・リピートでの比較、流入元での比較なども有効です。セグメント機能を利用する、あるいはセカンダリディメンションで条件を設定すると良いでしょう。

**Point 比較したいページ同士を絞り込むための方法**

比較を行うためには、絞り込み機能を利用すると良いでしょう。表の上にある検索ボックスにURLの文字列を入れると部分一致で検索を行うことができます。また、「アドバンス」をクリックすると、以下のような設定画面が出てきます。

図5-1-A

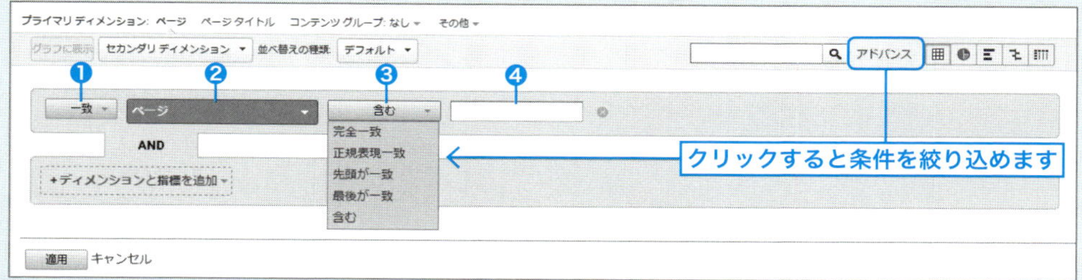


ページのさらなる絞り込みは、次の4つの設定から行えます。

❶「一致」「除外」……❷〜❹の条件に一致したものを表示するか（一致）、表示しないか（除外）を選択します

❷「ページ」…………条件に使うディメンションや指標を選びます。ページ、そして表に出ている各列の指標を条件に使うことができます

❸検索条件……………「含む」「完全一致」「正規表現一致」「先頭が一致」「最後が一致」を選ぶことができます。指標の場合は「超える」「未満」「等しい」を選べます

❹条件入力……………条件を入力します

またANDで複数条件をつけることもできます。ORはできませんが、これは正規表現一致を使う形で記述するのが良いでしょう。

## ページレポートに表示されない指標を見るには？

「すべてのページ」レポートで表示されない指標の代表例に、ユーザー数があります。ページビュー数と訪問数は表示されるのに、ユーザー数は見ることができません。このように**レポートに含まれていない項目を見るためには「カスタムレポート」を利用する必要があります**。カスタムレポートに関しては第1章でも紹介していますが（➡P.37、39）、自分で項目を選択してレポートを作ることができる機能です。

筆者はページレポートから「閲覧開始数」「直帰率」を除外し、「ユーザー」「新規セッション率」を追加したレポートを使うことが多いです（「ページの価値」に関しては設定されていれば追加、設定されていなければ外しています）。

**図5-1-3** ユーザー数を含むカスタムレポートの作成

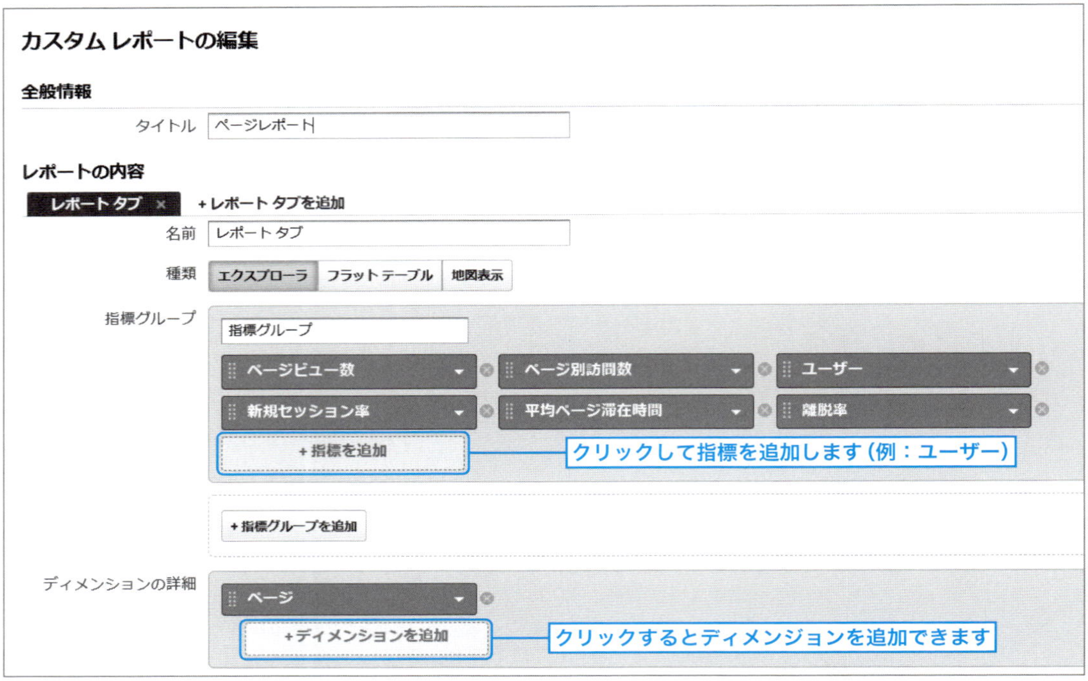

カスタム レポートの編集
全般情報
タイトル　ページレポート
レポートの内容
レポート タブ ×　+レポート タブを追加
名前　レポート タブ
種類　エクスプローラ　フラット テーブル　地図表示
指標グループ　指標グループ
ページビュー数　ページ別訪問数　ユーザー
新規セッション率　平均ページ滞在時間　離脱率
+指標を追加　クリックして指標を追加します（例：ユーザー）
+指標グループを追加
ディメンションの詳細　ページ
+ディメンションを追加　クリックするとディメンションを追加できます

上記のカスタムレポートを作成すると、図5-1-4のように「ユーザー（数）」を含むページレポートを見ることができます。

**図5-1-4** 「ユーザー」を含むページレポート

| ページ | ページビュー数 | ページ別訪問数 | ユーザー | 新規セッション率 | 平均ページ滞在時間 | 離脱率 |
|---|---|---|---|---|---|---|
| 1. /mutual/ | 13,384 (37.61%) | 8,791 (32.48%) | 2,923 (17.44%) | 17.97% | 00:01:44 | 49.53% |
| 2. / | 6,113 (17.18%) | 4,946 (18.27%) | 3,868 (23.08%) | 66.63% | 00:01:07 | 45.46% |
| 3. /mutual/gen.html | 2,968 (8.34%) | 2,501 (9.24%) | 1,431 (8.54%) | 38.30% | 00:02:00 | 60.34% |
| 4. /mutual/prm.html | 2,190 (6.15%) | 1,845 (6.82%) | 1,022 (6.10%) | 34.53% | 00:02:14 | 63.61% |
| 5. /company/outline.html | 1,370 (3.85%) | 1,145 (4.23%) | 1,034 (6.17%) | 75.78% | 00:01:19 | 46.28% |
| 6. /company/ | 892 (2.51%) | 589 (2.18%) | 552 (3.29%) | 68.63% | 00:00:21 | 8.86% |
| 7. /mutual/ags.html | 882 (2.48%) | 725 (2.68%) | 484 (2.89%) | 45.74% | 00:02:15 | 57.26% |
| 8. /mutual/hana.html | 861 (2.42%) | 714 (2.64%) | 462 (2.76%) | 51.98% | 00:02:07 | 55.40% |
| 9. /news/ | 813 (2.28%) | 642 (2.37%) | 534 (3.19%) | 26.14% | 00:00:59 | 25.22% |
| 10. /mutual/stw.html | 695 (1.95%) | 595 (2.20%) | 467 (2.79%) | 65.96% | 00:02:35 | 52.95% |

表示する行数: 10　移動: 1　1 - 10/93

ページビュー数が多い順に並んでいますが、４列目の「ユーザー」でみると、実は最もユーザー数が多いのは「/」のトップページになっています。

これは1人あたりのページビュー数が大きく違うということです。トップページは1ユーザー平均1.6ページビューですが、「/mutual/」は4.6であり、複数回見られていることがわかります。つまり、定期的に訪問したくなるページということができるでしょう。

### Hint　離脱が多いページを一覧で見たい場合

カスタムレポートを使って離脱数のレポートを作るのもよいのですが（その場合は「離脱数」という指標がないので「exit」という指標を使います）、「**行動 ➡ サイトコンテンツ ➡ 離脱ページ**」という専用のレポートが用意されていますので、そちらのレポートを確認しましょう。

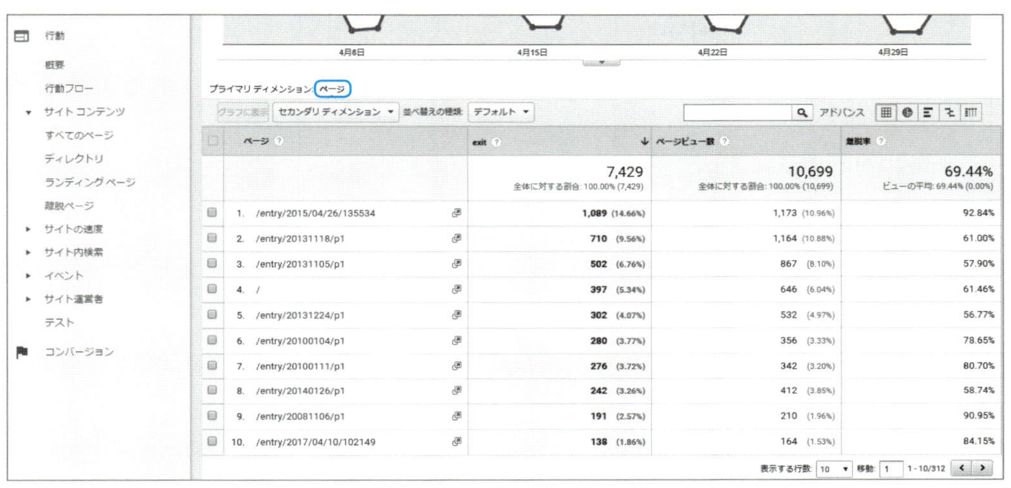


なお、このレポートに関しては「ページ」形式でのみの表示となり、「ページタイトル」での表示はできません。ページタイトルで見たい場合は、やはりカスタムレポートを使うと良いでしょう。

2017年6月に追加された機能では、「**行動➡サイトコンテンツ➡すべてのページレポート**」でページごとのユーザー数を表示することも可能となりました。

一部指標が入れ替わるため、使う際には注意が必要です。詳細は付録1-2**➡P.405**をご覧ください。

## Column Googleアナリティクスでよく利用する正規表現

セグメント作成・フィルタの利用・表での絞り込みなどをする際に「正規表現」の書き方を覚えておくと便利です。特にURLの絞り込みに使うケースが多いかと思いますので、代表的な正規表現の例を紹介いたします。

### ■OR条件

**special|tokushu|kikaku**

「|」で区切るとor条件になります。上記の場合はURLに上記３つのうちいずれかが含まれているものを抽出できます。

### ■一部だけをOR条件にする

**special(2018|2019)**

special2018あるいはspecial2019が含まれるものだけを抽出します。

### ■正規表現ではないことを示す「\」

**google\.com**

「.」や「/」や「?」や「-」はURLでよく利用されます。しかしこれらの記号は正規表現として利用されているため、そのままでは望むデータが取得できません。そこで正規表現ではないことを表すために「\」が利用されます。とりあえずわかりやすいルールとしては、正規表現で何かを取得する際に条件に「.」や「/」や「?」や「-」が入っている場合は、その前に「\」をつけるということを覚えておきましょう（細かい例外はありますが）。

### ■先頭を条件にする

**^\/special**

「^」を利用すると先頭を条件にできます。上記の場合/special/content1.htmlと/list/special.htmlの2つのURLが合った場合、前者のみを取得できるようになります。

### ■末尾を条件にする

**column\/$**

「$」を利用すると末尾を条件にできます。URLが「column/」で終わるものを取得します。URLの途中にcolumn/が入っていても抽出対象にはなりません

### ■特定の数値の範囲を条件にする

**20[0-1][0-9]**

[X-Y]という書き方をすると、XとYの間の数値（XとY含む）が条件になります。上記の例だとURLに2000から2019が含まれているもの全てが抽出対象となります。

### ■特定の桁数の文字列を取得する

**\d{2,}**

上記の例は2桁以上の数値が含まれているURLを取得してきます。\dは＝数値という条件になり、{2,}

次ページへ続く

の部分が2桁以上という形になります。{2,8}とすれば2桁〜8桁になりますし、{,5}とすれば、5桁以下の数値になります。dを大文字のDにすると数値ではなく文字を条件にすることができます。

正規表現が正しく設定できているかの確認をするためには、チェックツールなどを使うことをオススメします。正規表現と抽出したいURLを入れてチェックすると、マッチするかを確認できます。

● **WEB ARCH LABO Tools**

**https://weblabo.oscasierra.net/tools/regex/**

**WEB ARCH LABO Tools**
WEB開発サポートツール

{.*} 正規表現チェッカー
& HTMLエスケープ

正規表現チェッカー

**正規表現チェッカー**は、指定した正規表現と一致する箇所をわかりやすく確認できるツールです。 下のフォームに、正規表現と検証する対象文字列を入力してください。

**正規表現**
entry.html$ ―― 正規表現を入力します

**検証対象文字列**
/contact/entry.html

**結果**
/contact/entry.html ―― 結果がハイライトされます

© OSCA.

条件とURLが一致すると、URLの該当箇所がハイライトされます。

正規表現はとっつきにくいですが、皆さんの作業を楽にしてくれる便利な考え方です。まずは上記に紹介した内容から使ってみてはいかがでしょうか？

Section 5-2 商品ページが合計でどれくらい見られているか知りたい！

# ページより大きい単位でユーザー行動を可視化する

使用レポート ▶▶▶行動 ➡ サイトコンテンツ ➡ ディレクトリ ▶▶▶行動 ➡ サイトコンテンツ ➡ すべてのページ

**ECサイトのように商品ページがたくさんあるサイトや、宿予約サイトでエリアごとに一覧ページが存在するなど、役割は一緒だけどURLが違うケースもあります。この時に商品詳細の合計数値を見ようとすると、毎回集計するため面倒になります。そこで複数ページをグルーピングして見る方法を紹介します。**

データを見る時にページ単位では「小さすぎる」といったケースがあります。例えば商品ごとにURLが違う場合、商品全体のページビュー数を見るために毎回集計するのは大変です。またURLに「campaign」が含まれるページをまとめてみたいというようなケースもあるでしょう。以下の3つのケースに該当することはありませんか？

## ケース1

**ディレクトリごとにコンテンツやページ群が分かれている**ときに、ページ単位ではなくディレクトリ単位で見たいというニーズがあるのではないでしょうか。ページレポートで絞り込み機能を使って調べることも可能ですが、毎回作成するのは手間がかかります。

## ケース2

**URLがパラメータで分かれている**場合です。例えば一覧ページの表示形式が3種類あり、それぞれURLのパラメータが違うとしましょう。

### ● パラメータによる表示の違い

- **http://test.com/list.php?listtype=01**……テキスト表示
- **http://test.com/list.php?listtype=02**……画像表示
- **http://test.com/list.php?listtype=03**……タイル形式表示

このようなケースの場合、ページのレポートではそれぞれ別のページとして計測されます（URLが違うため）。しかし、これら3つをまとめて「一覧」として指標を見たい場合もあるかと思います。ディレクトリ同様、絞り込んで数値を見ることも可能ですが、手間がかかりますし、一部の指標は

「足し上げ」となってしまうため、数値の意味が変わってきてしまいます。

## ケース3

最後はディレクトリやパラメータに関係なく、**URLに含まれる文字列などでグルーピングをしたい**場合です。

以上、ページ単位ではなかなか見えてこないユーザーの状況を把握するために、このSectionでは上記3つのケースに関する解決方法を紹介していきます。

## ケース1への対策：ディレクトリごとに基本指標を確認する方法

左のメニューより「**行動➡サイトコンテンツ➡ディレクトリ**」をクリックしてレポートを開くと、ディレクトリごとに集計された値を見ることができます。本レポートではページレポートと違い、表示される列は「ページビュー数」「ページ別訪問数」「平均ページ滞在時間」「直帰率」「離脱率」になります。その他の指標も見たい場合は、カスタムレポートを利用する必要があります。

**図5-2-1** 「ディレクトリ」レポート

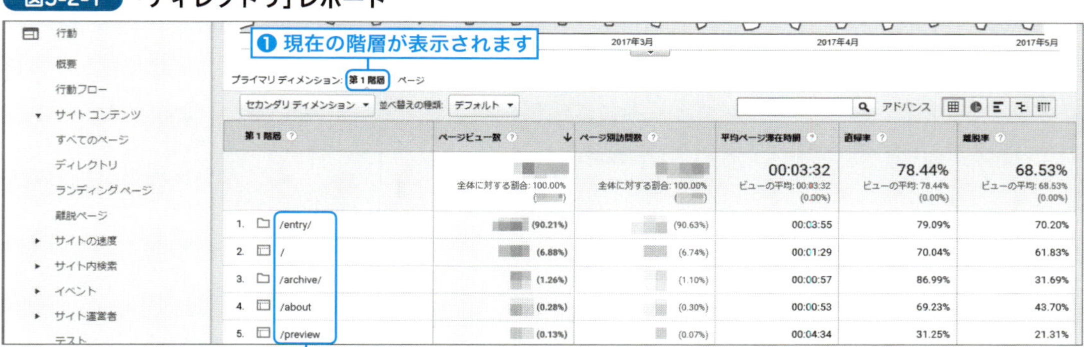


デフォルトで表示されるのが❶「第1階層」になります。❷レポート内の第1階層をクリックすると、その中の「第2階層」を見ることができます。下記のように、URLで見れば、ディレクトリはスラッシュで区切られていることがわかります。

以下はあるサイトの第2階層のデータです。

**図5-2-2** 第2階層のレポート

| 第2階層 | ページビュー数 | ページ別訪問数 | 平均ページ滞在時間 | 直帰率 | 離脱率 |
|---|---|---|---|---|---|
| | 全体に対する割合: 62.03% | 全体に対する割合: 63.94% | 00:01:12<br>ビューの平均: 00:01:14<br>(-1.75%) | 45.66%<br>ビューの平均: 44.58%<br>(2.42%) | 35.53%<br>ビューの平均: 35.13%<br>(1.14%) |
| 1. /hobbies/ | (21.57%) | (20.44%) | 00:00:59 | 40.70% | 35.02% |
| 2. /games/ | (15.57%) | (14.73%) | 00:00:43 | 33.98% | 22.25% |
| 3. /lifestyle/ | (7.43%) | (6.90%) | 00:00:54 | 38.14% | 30.58% |
| 4. /education/ | (3.24%) | (3.02%) | 00:00:56 | 39.86% | 32.66% |
| 5. /customizations/ | (2.10%) | (1.98%) | 00:00:58 | 44.92% | 37.12% |
| 6. /business/ | (1.84%) | (1.68%) | 00:01:06 | 41.31% | 34.04% |
| 7. /sports/ | (1.78%) | (1.64%) | 00:00:55 | 38.10% | 31.44% |
| 8. /love/ | (1.76%) | (1.74%) | 00:01:25 | 48.67% | 47.46% |
| 9. /sns/ | (1.74%) | (1.68%) | 00:01:02 | 44.35% | 35.28% |
| 10. /maps/ | (1.44%) | (1.42%) | 00:00:55 | 47.14% | 39.66% |

ディレクトリごとに人気のジャンルがわかります

URLの一部を見てわかる通り、ジャンルごとの閲覧状況を確認することができます。ページ単位だと細かすぎてジャンルごとの特徴を発見することは面倒ですが、ディレクトリごとに見れば人気のジャンル（hobbies）、離脱が低いジャンル（games）を把握することができます。

## ケース2への対策：パラメータ付きのURLをまとめる方法

ページレポートでパラメータ前のURLを絞り込んで検索することも可能ですが、毎回設定が必要になります。また、複数のページがある場合は作業時間が増大してしまいます。そこでオススメなのが**「除外するURLクエリパラメータ」を設定**する方法です。

### ● 注意点

- 該当ビューの編集権限が必要です
- 設定を行うとパラメータが除外されたデータが集計されます。元に戻すことはできません
- 設定を行ったタイミングからの反映となります

なお、本機能を利用する場合は、パラメータ単位で見ることが今後絶対にない場合は同じビューに設定しても良いのですが、**パラメータ単位でも見たいというニーズがある場合は、現在のビューはそのまま残し、新しいビューを作成**してそこで設定を行いましょう。新しいビューの作成方法については付録1-2➡P.406をご覧ください。

「除外するURLクエリパラメータ」は管理画面から設定することができます。左のメニューから「管理」を開き、「ビュー」の欄にある「ビュー設定」にアクセスしましょう。その中に「除外するURLクエリパラメータ」を設定する箇所があります。

図5-2-3 除外するURLクエリパラメータの設定

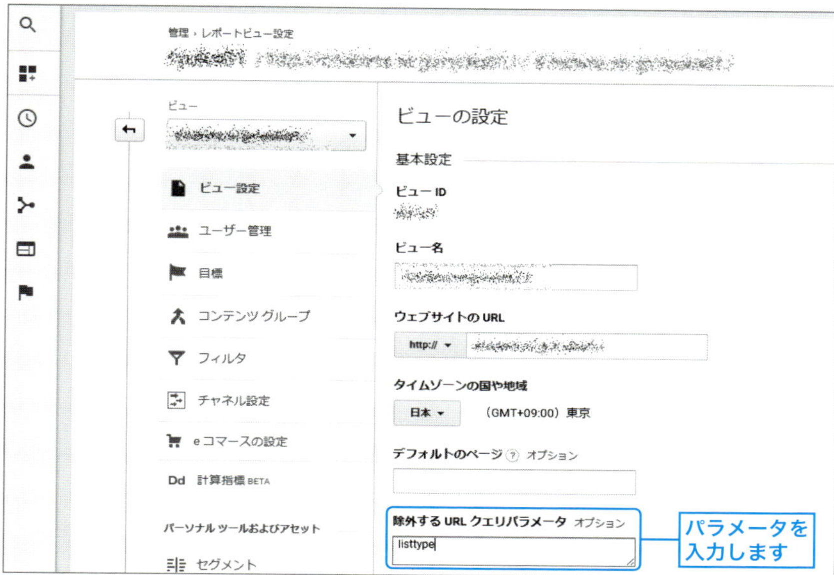


こちらにパラメータ名を入力します。複数入力したい場合は、カンマ区切りで追加しましょう。例えば下記のURLの場合、パラメータ名は「listtype」に当たります。末尾の「01」「02」「03」は「パラメータ値」なので設定しないようにしましょう。

● **パラメータ名の把握**

- **http://test.com/list.php?listtype=01**……テキスト表示
- **http://test.com/list.php?listtype=02**……画像表示
- **http://test.com/list.php?listtype=03**……タイル形式表示

設定を行った後に、「保存」をクリックすれば設定が反映され、そこからは新しいルールでの計測となります。ページのレポートでは、今まで

**/list.php?listtype=01**
**/list.php?listtype=02**
**/list.php?listtype=03**

と3行表示されていたページが

**/list.php**

という1つのページで表示される形になります。まとまって数値を見ることができる一方、分け

て見ることができなくなります。**なお、第2章で紹介した広告パラメータ「utm_campaign」等、Google指定の広告パラメータに関しては、ページのレポートでは除外された状態となり、パラメータ別の数値は「集客➡キャンペーン➡すべてのキャンペーン」のレポートで確認します。**



## ケース3への対策：URLをグルーピングする

ディレクトリやパラメータに関係なく、URLに特定の文字列が含まれているものをグルーピングしたいというケースもありえます。例えば、以下2つのページに関しては、同じ「特集」としてグルーピングしたいといったケースが当たります。

### ● グルーピングしたいページの例

http://test.com/special/campaign.html
http://test.com/lp/special/present.html

ディレクトリだと2つのページをまとめることができません。この場合、URLの文字列に「special」が含まれているという条件でグルーピングしたいという形です。この時に利用できる機能が**「コンテンツグループ」という機能です。複数のルールを設定し、そのルールに基づいてグルーピングを行う**という考え方です。

### ● 注意点

- 該当ビューの編集権限が必要です
- 設定を行ったタイミングからの反映となります
- 最大5種類のコンテンツグループを作成することができます

「コンテンツグループ」は管理画面から設定することができます。左のメニューから「**管理**」を開き、ビュー欄にある「**コンテンツグループ**」を選択し、「**新しいコンテンツグループ**」をクリックします。

**図5-2-4** コンテンツグループの作成

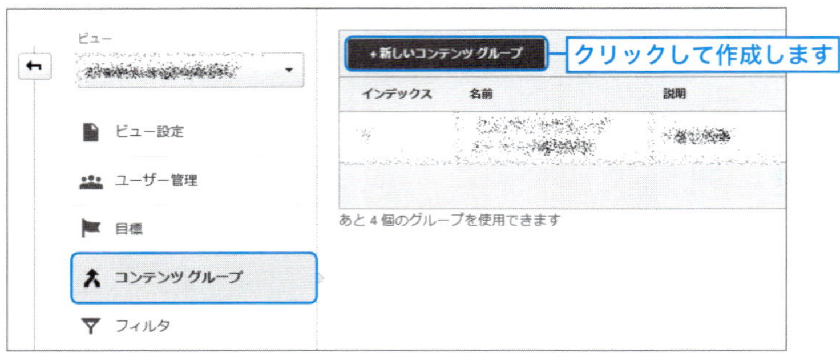


コンテンツグループを作成する方法は全部で3種類あります。

1. トラッキングコードの有効化
2. 抽出を使用するグループ
3. ルールの定義を使用するグループ

2と3番の方法に関しては機能がほぼ一緒で、設定の自由度から3番を使う事をオススメします。本書では、1番と3番についての設定方法を紹介します。

## 「3.ルールの定義を使用するグループ」を活用する

まずは一番わかりやすい3番目の「ルール定義を使用するグループ」から見ていきましょう。❶「ルールの定義を使用するグループ」の「+」ボタンをクリックすると、条件を入力する画面が表示されます。

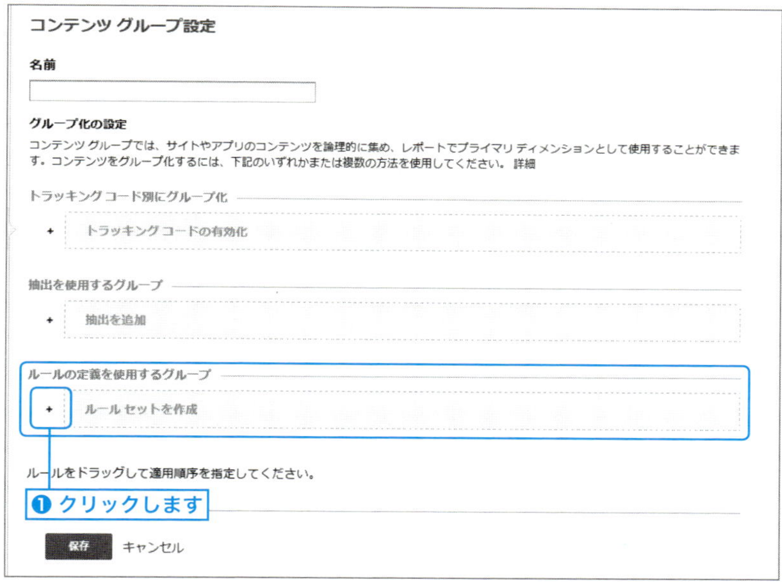


続いて❷ルールの名称を決め、❸3つの条件を選びます。条件の詳細は下記を参照してください。

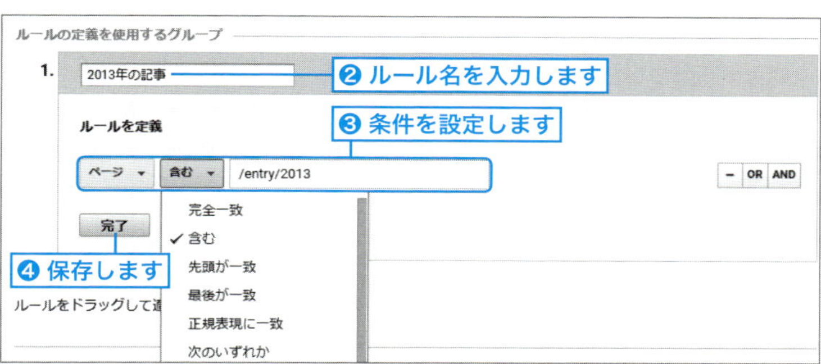

● **条件の絞り込み**

- ページ……ページ（URL文字列）、ページタイトル（ページ名）、スクリーン名（Google アナリティクスのアプリ版を使っている時の画面名称）から選択します
- 含む………抽出の種類を選択します
- 入力欄……条件にURLの一部を入力します

この例ではURLに「/entry/2013」を含むページという条件になります。その他、複数の条件を「OR」あるいは「AND」で追加することが可能です。❹「完了」をクリックして条件を保存します。

## ルールの入れ替え

**ルールは複数作成することができます。また順番を入れ替えることも可能です。**順番を入れ替えられるのには理由があります。これは1つのURLが2つの条件にマッチした場合、どちらのグループに振り分けるかを決めるためです。

**図5-2-5 ルールの順番を入れ替える**

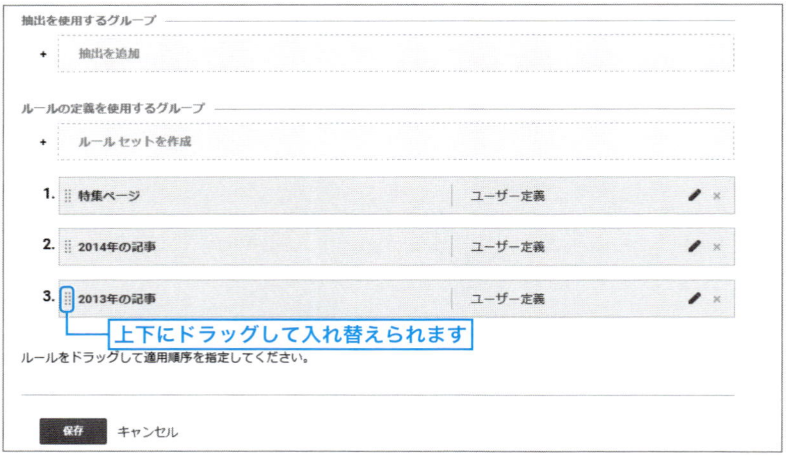

例えば以下のURLでは、

**http://test.com/2013/special/01.html**

というページがあり、「2013」が入っているから「2013年の記事」の条件に該当し、かつ「special」が入っているから「特集ページ」の条件にも該当するとしましょう。今回の場合は、並び順で「特集ページ」が一番上のため、このURLは特集ページのみにグルーピングされます。2013年の記事が特集ページより上の順番であれば「2013年の記事」に振り分けられます。

このように**順番が大切になってきますので、ルールを作成した後にどの順番で適用をしたいのか**

**を選択しましょう。**なお、**どのグループにも該当しないページは「(not set)」**として自動的に分類されます。

## 「1.トラッキングコードの有効化」を活用する

「コンテンツグループ」の設定のうち、1番目の「トラッキングコードの有効化」についても見てみましょう。名前の通りトラッキングコード(Google アナリティクスで計測するための記述)に記述を追加して、グルーピングを行う方法になります。

利用するためには❶「有効化」をオンにしましょう。❷インデックスに関しては、1～5を指定します。

インデックス番号は❸「コンテンツグループ」の設定画面トップで確認できます。作成順に番号が割り当てられるので、初めてコンテンツグループを作成する場合は「1」になります。

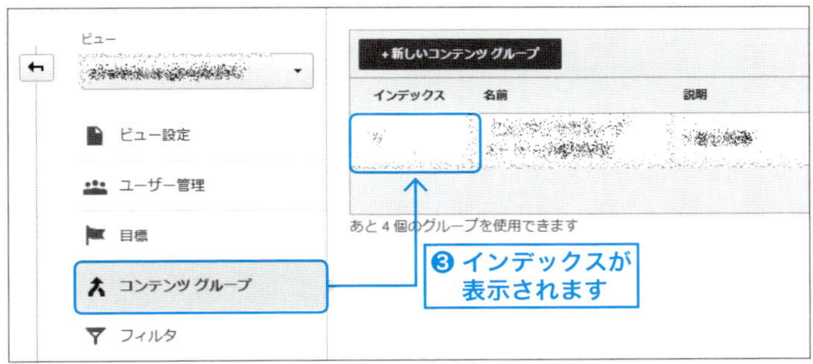


そして後はグルーピングしたいページに直接記述を追加する形になります。ユニバーサルアナリティクスを利用している場合は、以下のような記述を追加します。データを送信する「ga('send', 'pageview');」の記述の前あたりに入れると良いでしょう。なお、トラッキングコードの編集方法については、付録1-1➡P.398を参照してください。

```
ga('set', 'contentGroup1', 'My Group Name');
ga('send', 'pageview');
```

「contentGroup1」は対象インデックスになるので、インデックスの数値によって記述の数値も変わります。「My Group Name」とあるところは分類したいグループ名を記述してください（例：特集ページ・一覧ページ・キャンペーンページなど）。画面で表示される名称になります。

**トラッキングコード方式を使うメリットとしては、URLに依存しないグルーピングが可能**というのが一番大きいです。どのページにどのグループ名を出すかといった制御さえ行えれば、自由にグルーピングを行うことができます。逆にデメリットとしては実装の手間が挙げられます。

コンテンツグループごとの数値は、左のメニューから「**行動➡サイトコンテンツ➡すべてのページ**」をクリックすると確認できます。コンテンツグループを作成していると、表上部のプライマリディメンションに「コンテンツグループ」が追加されますので、その中から見たいコンテンツグループを選択します。

**図5-2-6** ページレポートで確認

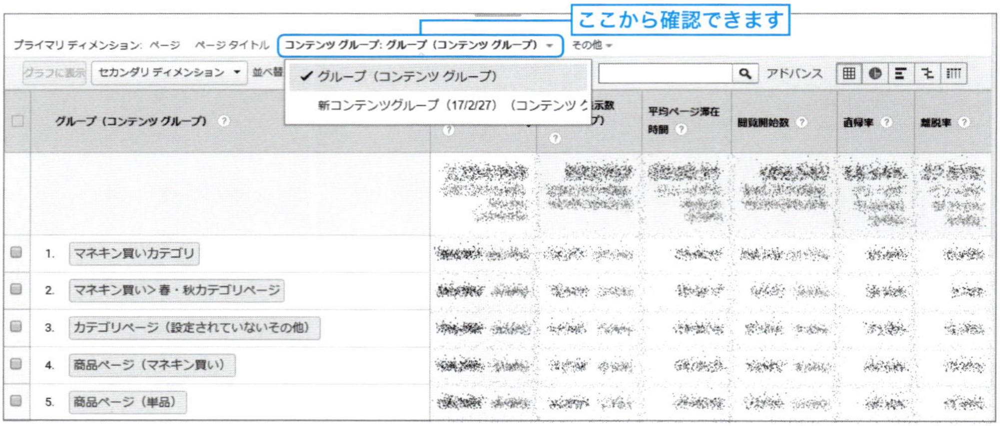

コンテンツグループを作成するメリットして、コンテンツグループ単位での遷移（グループ間の移動）を見ることができます。こちらはSection5-5で紹介します。またセグメントの条件として利用することもできるので、Google アナリティクスでビューを作成したタイミングで作成することをオススメします。まだ設定されていない方も、分類を考えた上で設計しておくと良いでしょう。

Section 特集のうち、最も成果に貢献しているページを知るには？

# 5-3 それぞれのページのコンバージョン貢献を探る

使用レポート ▶▶▶行動 ➡ サイトコンテンツ ➡ ランディングページ ▶▶▶ユーザ ➡ 概要

**ページを評価する上で、閲覧回数や離脱率・直帰率などを見ることは大切ですが、最も重要なのはそのページが成果に貢献しているかを知る事です。複数の特集記事のうち、どの記事が一番コンバージョンや収益が高いのか。それがわかれば、高収益のページに集客や誘導を増やすといった判断ができるようになります。**

## ページ経由のコンバージョン数やコンバージョン率を確認するには？

**ページレポートで「ページの価値」を見ることはできますが、ページ経由のコンバージョン数やコンバージョン率を見ることはできません。** Google アナリティクスの集計の仕様上、レポート形式でそのようなレポートを見ることはできないのです（カスタムレポートを使ったとしても同じです）。しかし、ページ経由のコンバージョン数やコンバージョン率を見たいというニーズは高いのではないでしょうか？　そこでそれらを確認するための方法を2つ紹介します。

### 方法1：ランディングページのレポートを利用する

**ランディングページのレポートでは、ページごとのコンバージョン数やコンバージョン率を見ることができます。** 左のメニューから「**行動➡サイトコンテンツ➡ランディングページ**」をクリックして、レポートを見てみましょう（図5-3-1）。

右側の列に「コンバージョン率」「コンバージョン数」「値」が表示されます。このレポートを見れば、コンバージョンに貢献しているページを特定することが可能です。例えば流入数が多い上位10ページのうち、❶3位と8位のページはコンバージョン率が10%を超える一方で、❷1位の記事はほとんどコンバージョンに貢献していない事がわかります。

しかし、このコンバージョン率は「**完了数÷ランディングページのセッション数**」で計算されています（8位の記事の場合は27÷256＝10.55%となります）。そのため、**あくまでもランディングページで見た時の評価**となります。

Google アナリティクスでは、セッション数はランディングしたページのみで計測されます。定義は似ていますが、ページのレポートで表示される「ページ別訪問数」とは意味が違います。「ページ別訪問」はセッションで見た場合にカウントするので、必ずしもランディングページである必要がありません。

**図5-3-1　コンバージョン率・コンバージョン数・値の確認**

コンバージョン率　コンバージョン数　値

| ランディングページ | 集客 セッション | 新規セッション率 | 新規ユーザー | 行動 直帰率 | ページ/セッション | 平均セッション時間 | コンバージョン 目標11: 閲覧ページ3以上 閲覧ページ3以上（目標11のコンバージョン率） | 閲覧ページ3以上（目標11の完了数） | 閲覧ページ3以上（目標11の値） |
|---|---|---|---|---|---|---|---|---|---|
| | 7,435 全体に対する割合: 100.00% (7,435) | 71.41% ビューの平均: 71.41% (0.00%) | 5,309 全体に対する割合: 100.00% (5,309) | 76.77% ビューの平均: 76.77% (0.00%) | 1.44 ビューの平均: 1.44 (0.00%) | 00:01:54 ビューの平均: 00:01:54 (0.00%) | 4.56% ビューの平均: 4.56% (0.00%) | 339 全体に対する割合: 100.00% (339) | ¥3,390 全体に対する割合: 100.00% (¥3,390) |
| ❷ 1. /entry/2015/04/26/135534 | 1,095 (14.73%) | 89.41% | 979 (18.44%) | 93.33% | 1.09 | 00:00:42 | 0.64% | 7 (2.06%) | ¥70 (2.06%) |
| 2. /entry/20131118/p1 | 752 (10.11%) | 63.30% | 476 (8.97%) | 66.62% | 1.78 | 00:02:26 | 8.64% | 65 (19.17%) | ¥650 (19.17%) |
| ❶ 3. /entry/20131105/p1 | 511 (6.87%) | 30.33% | 155 (2.92%) | 64.38% | 1.93 | 00:05:45 | 10.96% | 56 (16.52%) | ¥560 (16.52%) |
| 4. / | 480 (6.46%) | 59.58% | 286 (5.39%) | 65.62% | 1.75 | 00:01:09 | 8.12% | 39 (11.50%) | ¥390 (11.50%) |
| 5. /entry/20131224/p1 | 340 (4.57%) | 65.59% | 223 (4.20%) | 62.35% | 1.79 | 00:03:51 | 9.12% | 31 (9.14%) | ¥310 (9.14%) |
| 6. /entry/20100104/p1 | 272 (3.66%) | 89.34% | 243 (4.58%) | 72.79% | 1.28 | 00:01:12 | 1.47% | 4 (1.18%) | ¥40 (1.18%) |
| 7. /entry/20100111/p1 | 268 (3.60%) | 73.13% | 196 (3.69%) | 85.07% | 1.21 | 00:02:23 | 1.49% | 4 (1.18%) | ¥40 (1.18%) |
| ❶ 8. /entry/20140126/p1 | 256 (3.44%) | 67.97% | 174 (3.28%) | 68.36% | 1.79 | 00:02:37 | 10.55% | 27 (7.96%) | ¥270 (7.96%) |
| 9. /entry/20081106/p1 | 191 (2.57%) | 89.01% | 170 (3.20%) | 90.58% | 1.12 | 00:00:26 | 0.52% | 1 (0.29%) | ¥10 (0.29%) |
| 10. /entry/20100715/p1 | 141 (1.90%) | 87.94% | 124 (2.34%) | 64.54% | 1.32 | 00:01:13 | 1.42% | 2 (0.59%) | ¥20 (0.59%) |

いずれにせよ、ランディングページとしての価値となるため、評価できなくはありませんが、ランディングしにくいようなページ（例：カートのページ）の場合は、このレポートでは正しい評価が行いにくいです。そこで、もう1つの方法も見てみましょう。

## 方法2：セグメントの「シーケンス機能」を利用する

**図5-3-2　コンバージョン数を出すためのセグメント設定例**

セグメント機能を利用することで、特定ページ経由のコンバージョン数を出すことが可能です。「＋セグメントを追加」から「＋新しいセグメント」の「シーケンス」を選択します。図5-3-2は、その設定例ですが、**❶「/entry/20131105/p1」という記事を見た後に、❷目標11（3ページ以上閲覧）を達成したセッション**という形になります。「条件」を利用すると、順番を無視してしまうため「シーケンス」の利用を推奨します。

このセグメントを作成した後に、左のメニューから「**ユーザー➡概要**」をクリックしてサマリーを開きます。そこでセッション数を確認し、その数値を該当ページのページ別訪問数で割るとコンバージョン率を出すことができます。この方法であれば、見たいデータを見ることが可能です。

しかし、お気付きの方もいるとは思いますが、ページやディレクトリごとにセグメントを作成する必要があります。3種類のコンバージョンを見たい場合はページごとに3種類作成し、なおかつPCとスマートフォンで分けて見たい場合はページごとに3種類×2つのデバイスで、6つのセグメントを作成する必要があります。

このように**手間がかかる方法なので、重要なページのみセグメントを作成し**、全体の傾向は方法1の要領でランディングページから確認する、あるいは次Sectionで紹介する「ページの価値」で相対的に評価するという方法を筆者はオススメします。

**Section 5-4** ページが1回表示されるごとにどれくらい売上に繋がるのか？

# 「ページの価値」を利用してページビュー当たりの貢献を見る

**使用レポート** ▶▶▶ 行動 ➡ サイトコンテンツ ➡ すべてのページ

ページが1回見られたらどれくらいの売上貢献に繋がるのか。Google アナリティクスに用意されている「ページの価値」を利用すると、この情報を取得できます。利用には条件がありますが、便利な指標ですので、設定方法と見方を紹介いたします。

## ページの価値の定義

ページごとの評価を行う方法として、前Sectionでは「ランディングページで代替する」「シーケンス機能を利用する」という方法を紹介しました。両方とも一長一短ではありますが、役立つ情報であることは間違いありません。しかし、もう１つページの価値を測るための方法が存在します。それが「ページの価値」という指標です。

**「ページの価値」は該当ページの「ページ別訪問回数が1回あった時に期待できる売上」**という考え方になり、この数値はGoogle アナリティクスの「すべてのページ」のレポートで確認ができます。

**図5-4-1** 「行動➡サイトコンテンツ➡すべてのページ」内にある「ページの価値」

行動 / 概要 / 行動フロー / サイトコンテンツ / すべてのページ / ディレクトリ / ランディングページ / 離脱ページ / サイトの速度 / サイト内検索 / イベント / サイト運営者 / ウェブテスト / コンバージョン / アトリビューション ベータ版

プライマリ ディメンション: ページ　ページ タイトル　その他

グラフに表示　セカンダリ ディメンション　並べ替えの種類: デフォルト　アドバンス

| | ページ | ページビュー数 | ページ別訪問数 | 平均ページ滞在時間 | 閲覧開始数 | 直帰率 | 離脱率 | ページの価値 |
|---|---|---|---|---|---|---|---|---|
| | | 14,288 全体に対する割合: 100.00% (14,288) | 12,170 全体に対する割合: 100.00% (12,170) | 00:02:12 ビューの平均: 00:02:12 (0.00%) | 10,726 全体に対する割合: 100.00% (10,726) | 80.53% ビューの平均: 80.53% (0.00%) | 75.07% ビューの平均: 75.07% (0.00%) | ¥449 全体に対する割合: 99.80% (¥449) |
| 1. | /business/movie/pbwa.html | 4,905 (34.33%) | 4,567 (37.53%) | 00:04:16 | 4,435 (41.35%) | 88.03% | 89.95% | ¥210 (46.91%) |
| 2. | / | 1,560 (10.92%) | 1,108 (9.10%) | 00:01:14 | 887 (8.27%) | 47.95% | 47.50% | ¥439 (97.81%) |
| 3. | /schoolpbwa/ | 965 (6.75%) | 847 (6.96%) | 00:03:23 | 678 (6.32%) | 78.15% | 74.40% | ¥538 (119.87%) |
| 4. | /business/movie/ | 848 (5.94%) | 713 (5.86%) | 00:00:58 | 573 (5.34%) | 71.58% | 57.08% | ¥842 (187.84%) |
| 5. | /l/788993/2020-03-29/jt82 | 542 (3.79%) | 303 (2.49%) | 00:02:15 | 302 (2.82%) | 30.79% | 55.72% | ¥0 (0.00%) |
| 6. | /business/movie/google.html | 377 (2.64%) | 345 (2.83%) | 00:03:35 | 115 (1.07%) | 85.84% | 60.74% | ¥1,395 (310.97%) |
| 7. | /l/788993/2020-02-26/cj3y | 330 (2.31%) | 194 (1.59%) | 00:03:14 | 189 (1.76%) | 51.32% | 50.91% | ¥0 (0.00%) |
| 8. | /schoo02 | 248 (1.74%) | 130 (1.07%) | 00:02:32 | 104 (0.97%) | 48.08% | 46.77% | ¥0 (0.00%) |
| 9. | /l/788993/2020-04-09/kkx2 | 226 (1.58%) | 136 (1.12%) | 00:01:39 | 134 (1.25%) | 52.24% | 59.29% | ¥0 (0.00%) |
| 10. | /company/ceo_message/ | 200 (1.40%) | 170 (1.40%) | 00:01:36 | 111 (1.03%) | 53.64% | 54.00% | ¥3 (0.66%) |

「ページの価値」を計測するためには、売上に関する情報を取得しておく必要があります。売上を取得するために使える方法は２つです。

１つはオンラインで商品を購入できるなど直接収益が発生する場合に利用する「eコマース」という機能を利用する事です。こちらはサイトへの実装を伴います。eコマースの実装方法に関しては付録2-3➡P.454にて紹介しておりますので、そちらを参照してください。

もう１つの方法は「目標」設定をする時に「値」を設定する事です（詳細はSection7-1➡P.306参照）。目標の設定画面を見てみましょう。

**図5-4-2 「管理➡ビュー➡目標」で該当目標に対して値を設定する**

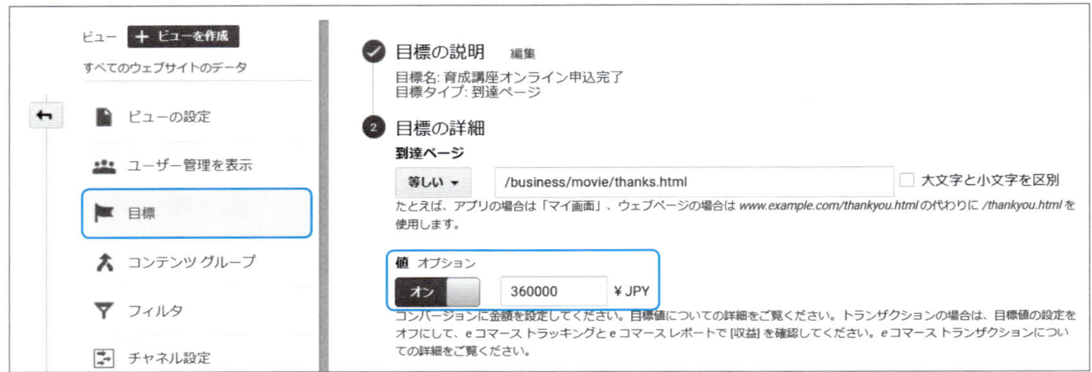


この値を設定しておくと、コンバージョンが発生した時に（疑似的な）売上が発生したとして記録されます。

ユーザーの行動を例に、もう少し詳しく計算方法を確認しておきましょう。

**●セッション1**

**ページA➡ページB➡ページC（目標の値＝100円）➡ページB➡ページE（300円の商品を購入）**

**●セッション2**

**ページB➡ページD➡ページF➡ページC（目標の値＝100円）**

**●セッション3**

**ページF➡（離脱）**

上記の３つの行動があったとしましょう。この時にそれぞれのページの「ページの価値」を計算してみましょう。

ページAはセッション1にしか存在せず、該当セッションで合計400円（100円＋300円）の売上が生まれました。この場合のページAの価値は「400円÷1訪問」で400円となります。

ページBは両方のセッションに存在します。2つのセッションで生まれた売上の合計は500円です。この場合のページBの価値は「500円÷2訪問」で250円になります。セッション1でページBは2回表示されていますが、単位はページビュー数ではなくページ別訪問になるので、同一セッションで何回見ているかは関係ありません。

ページCは250円、ページDは100円、ページEは400円、ページFは50円になります。ぜひ計算をしてみましょう。セッションの中でページを見た順番に関しては考慮されません。

## ページの価値はどのように活用すればよいのか？

ページの価値を利用する際に大切なのは、同じ種類のページを比較する事です。ページの価値は「コンバージョンページそのもの」あるいは「コンバージョンの際に（必ず）通るページ」の価値が高くなります。下記の画像のように、カートのページは必ず商品のページより価値が高くなります。

**図5-4-3** 成果に近いページはページの価値が高くなる傾向がある

| ページ | ページビュー数 ↓ | ページ別訪問数 | 平均ページ滞在時間 | 閲覧開始数 | 直帰率 | 離脱率 | ページの価値 |
|---|---|---|---|---|---|---|---|
| | 489,187 全体に対する割合: 100.00% (489,187) | 208,885 全体に対する割合: 100.00% (208,885) | 00:00:11 ビューの平均: 00:00:11 (0.00%) | 26,140 全体に対する割合: 100.00% (26,140) | 1.77% ビューの平均: 1.77% (0.00%) | 5.34% ビューの平均: 5.34% (0.00%) | ¥621 全体に対する割合: 100.00% (¥621) |
| [illegible] | **4,685** (0.96%) | 1,136 (0.54%) | 00:00:13 | 13 (0.05%) | 0.00% | 4.46% | ¥218 (35.10%) |
| [illegible] | **4,412** (0.90%) | 804 (0.38%) | 00:00:11 | 178 (0.68%) | 1.12% | 3.90% | ¥106 (17.00%) |
| [illegible] | **3,994** (0.82%) | 1,793 (0.86%) | 00:00:06 | 58 (0.22%) | 0.00% | 6.86% | ¥271 (43.55%) |
| [illegible] | **3,867** (0.79%) | 1,230 (0.59%) | 00:00:09 | 1,053 (4.03%) | 0.09% | 11.30% | ¥119 (19.10%) |
| [illegible] | **3,554** (0.73%) | 706 (0.34%) | 00:00:10 | 295 (1.13%) | 1.02% | 6.78% | ¥114 (18.30%) |
| [illegible] | **3,374** (0.69%) | 697 (0.33%) | 00:00:13 | 10 (0.04%) | 0.00% | 6.16% | ¥217 (34.92%) |
| [illegible] | **3,109** (0.64%) | 1,015 (0.49%) | 00:00:12 | 36 (0.14%) | 2.78% | 6.63% | ¥361 (58.12%) |
| /phone/cart/0/ | **3,108** (0.64%) | 953 (0.46%) | 00:00:10 | 43 (0.16%) | 0.00% | 4.50% | ¥4,051 (652.12%) |
| [illegible] | **3,092** (0.63%) | 2,386 (1.14%) | 00:00:43 | 72 (0.28%) | 6.94% | 32.44% | ¥504 (81.09%) |
| [illegible] | **3,064** (0.63%) | 915 (0.44%) | 00:00:12 | 101 (0.39%) | 0.99% | 6.43% | ¥357 (57.41%) |

カートのページは4,061円と他のページと桁が違います。これは事実としては正しいのですが、改善案を考える上では役に立ちません。

**そこで特集ページ同士の比較など、似たページ同士の比較を行いましょう。**表の検索ボックスでURLを絞り込んでチェックするとよいでしょう。

**図5-4-4** URLでページの絞り込みを行い、目的が同一のページ同士を比較する

| ページ | ページビュー数 | ページ別訪問数 | 平均ページ滞在時間 | 閲覧開始数 | 直帰率 | 離脱率 | ページの価値 |
|---|---|---|---|---|---|---|---|
| | 20,975<br>全体に対する割合: 4.29%<br>(489,187) | 5,361<br>全体に対する割合: 2.57%<br>(208,885) | 00:00:12<br>ビューの平均: 00:00:11<br>(11.66%) | 810<br>全体に対する割合: 3.10%<br>(26,140) | 1.98%<br>ビューの平均: 1.77%<br>(11.77%) | 5.56%<br>ビューの平均: 5.34%<br>(4.03%) | ¥366<br>全体に対する割合: 58.84%<br>(¥621) |
| 1. [illegible]/32 | 4,412 (21.03%) | 804 (15.00%) | 00:00:11 | 178 (21.98%) | 1.12% | 3.90% | ¥106 (28.89%) |
| 2. [illegible]/23 | 3,064 (14.61%) | 915 (17.07%) | 00:00:12 | 101 (12.47%) | 0.99% | 6.43% | ¥357 (97.57%) |
| 3. [illegible]/7 | 2,099 (10.01%) | 486 (9.07%) | 00:00:12 | 55 (6.79%) | 0.00% | 4.81% | ¥683 (187.00%) |
| 4. [illegible]/64 | 1,749 (8.34%) | 351 (6.55%) | 00:00:14 | 42 (5.19%) | 0.00% | 4.69% | ¥248 (67.76%) |
| 5. [illegible]/94 | 1,603 (7.64%) | 307 (5.73%) | 00:00:10 | 27 (3.33%) | 0.00% | 4.18% | ¥324 (88.55%) |
| 6. [illegible]/8 | 1,023 (4.88%) | 269 (5.02%) | 00:00:17 | 20 (2.47%) | 0.00% | 3.03% | ¥266 (72.86%) |
| 7. [illegible]/62 | 919 (4.38%) | 209 (3.90%) | 00:00:11 | 125 (15.43%) | 0.80% | 9.03% | ¥167 (45.62%) |
| 8. [illegible]/95 | 800 (3.81%) | 268 (5.00%) | 00:00:12 | 31 (3.83%) | 0.00% | 7.88% | ¥230 (62.88%) |
| 9. [illegible]/29 | 398 (1.90%) | 135 (2.52%) | 00:00:08 | 3 (0.37%) | 0.00% | 6.78% | ¥711 (194.39%) |
| 10. [illegible]/26 | 322 (1.54%) | 111 (2.07%) | 00:00:11 | 18 (2.22%) | 0.00% | 11.18% | ¥1,076 (294.42%) |

上記の画像は特集で絞り込んだ内容になります。「ページの価値」を見ると、特集によって大きく違うことがわかります。例えば1位のページは訪問は多いけれど成果に繋がりにくいことがわかります。3位のページは訪問は1位の半分ですが（804 vs. 486）、ページの価値は6倍(106円 vs. 683円)あることがわかります。サイトの収益に、より貢献しているのは3位のページと言えます。

コンバージョン率を出してくれるわけではないので、少しわかりにくい点はありますが、メリットとしては成果に重みづけができている指標であるということです。**コンバージョン率で見ると、コンバージョンの種別関係なくコンバージョン回数は１としてカウント**されますが、**ページの価値であればコンバージョンの種類によって100円や3000円、あるいは実際に購入した金額を元に算出**が行われます。

どちらの指標もページを評価する上では欠かせないので、チェックを行い改善に活かしていきましょう。

# Section 5-5 「進んで欲しいページ」に本当にユーザーを導けているのか？ あるページの前後の遷移を見る

使用レポート ▶▶▶ 行動 ➡ サイトコンテンツ ➡ すべてのページ ➡ ナビゲーションサマリー

ユーザーは商品ページにどこから来て、どこに向かっているのか。ページのレイアウトやリンクの配置を評価するうえで行き来を見ることは大切です。想定外のページに移動しないかどうか、遷移を確認してみましょう。

ページを分析する上で大切なのが、該当ページから次にどのページを見たのか、そしてあるページにどこからやって来たかを把握することです。進んでほしいページに誘導ができているのか、リンクを追加したときのそのリンクが利用されているのかなど、サイト内のユーザーインタフェースを評価・改善する上で欠かせないデータです。このSectionでは、ページの前後を分析するための方法を紹介します。

## ページの前後の遷移を見るには？

ある**ページの前後を見るために利用するのが「ナビゲーションサマリー」というレポート**です。こちらは左のメニューより「**行動➡サイトコンテンツ➡すべてのページ**」と進み、ページ上部にある❶「**ナビゲーションサマリー**」のタブを選択することで表示できます。

**図5-5-1** ナビゲーションサマリー

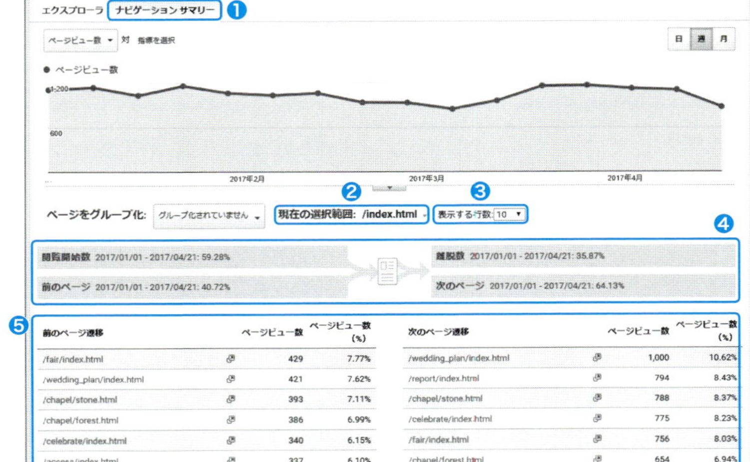


| 前のページ遷移 | ページビュー数 | ページビュー数 (%) |
|---|---|---|
| /fair/index.html | 429 | 7.77% |
| /wedding_plan/index.html | 421 | 7.62% |
| /chapel/stone.html | 393 | 7.11% |
| /chapel/forest.html | 386 | 6.99% |
| /celebrate/index.html | 340 | 6.15% |
| /access/index.html | 337 | 6.10% |
| /report/index.html | 308 | 5.58% |
| /party/index.html | 227 | 4.11% |
| /cuisine/index.html | 206 | 3.73% |
| /location/index.html | 197 | 3.57% |

| 次のページ遷移 | ページビュー数 | ページビュー数 (%) |
|---|---|---|
| /wedding_plan/index.html | 1,000 | 10.62% |
| /report/index.html | 794 | 8.43% |
| /chapel/stone.html | 788 | 8.37% |
| /celebrate/index.html | 775 | 8.23% |
| /fair/index.html | 756 | 8.03% |
| /chapel/forest.html | 654 | 6.94% |
| /access/index.html | 544 | 5.78% |
| /party/index.html | 488 | 5.18% |
| /cuisine/index.html | 328 | 3.48% |
| /ranking/index.html | 319 | 3.39% |

Chapter 5　ページ閲覧と導線を分析する

レポートの見方ですが、❷「現在の選択範囲」のところで起点となるページを選ぶことができます。その右隣の❸「表示する行数」で上位何件を表示するかを変更できます（最大500件まで表示可能）。そして、❹下のデータ部分の見方は、以下の通りとなります。

### ● ページ遷移データの見方

- 閲覧開始数……該当ページが入口ページだった割合（入口回数÷ページビュー数）で計算
- 前のページ……該当ページが別のページから遷移してきた割合（入口以外回数÷ページビュー数）で計算

※2つの数値を足すと100%になります。

- 離脱数……………該当が出口ページだった割合（出口回数÷ページビュー数）で計算
- 次のページ……該当ページから別のページに遷移した割合（遷移数÷ページビュー数）で計算

※2つの数値を足すと100%になります。

表❺では各ページからの遷移ページビュー数と遷移率を表しています。ただし、**「ページビュー数(%)」には注意が必要です。ここで表示される%は、遷移した割合を100%とした時の割合**になります。従って、**表のパーセンテージの合計は「前のページ」や「次のページ」の%とは一致しません。**

なお、ページを「リロード」あるいは同じURLが2回連続で表示された場合、「次のページ遷移」中で表示はされません。しかし「次のページ」の母数には含まれるため（ページビューとしては加算されるため）、数値のズレが若干発生します。

本レポートはどのページにより遷移しているかという傾向は見ることができます。施策実施前後で割合が変わっているかなどを確認すると良いでしょう。

## 活用事例：重要ページへの遷移元と遷移割合を把握する

分析としてオススメしたいのが、**サイトにとって重要なページにどこから遷移しているか**を把握するということです。例えば「お問い合わせページ」にはどのページから来やすいのかを把握するという方法です。データの取得と加工方法を紹介します。

❶重要ページを「ナビゲーションサマリー」の「現在の選択画面」で選びましょう。ここではお問い合わせフォーム（contact.php）を選んでいます。

❷レポート最上部のメニューから「**エクスポート➡Excel（XLSX）**」をクリックして、データをダウンロードします。

❸前のページのレポートを確認し、遷移率と遷移割合を計算します。**遷移割合**は、各行の遷移数（B列の値）と、対象ページ（今回はcontact.php）のページビュー数（B12のセルの値に記載）を割り算することで算出できます。

上位10ページのURLのページビュー数を「**行動➡サイトコンテンツ➡すべてのページ**」の「エクスプローラ」タブから取得します。その際、画面上で検索して直接数値を入力しても良いですし、データをダウンロードしてExcelのVLOOKUP関数を使ってもかまいません。

それを1つの表にまとめると図5-5-2のようなデータが確認できます。なお、表の作り方ですが、最初の3列は❹と同じになります。4列目のPV数は、ページのページビュー数を追加します。❺最後に、**遷移率**は「遷移数（2列目）÷PV数（4列目）」の計算をすることで作成できます。

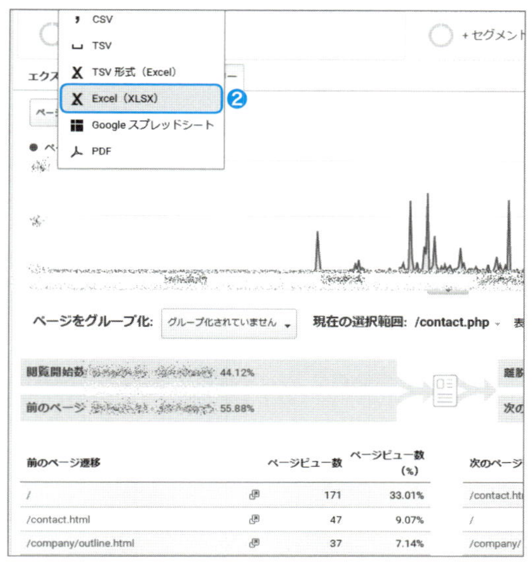


CORREL　=B2/B$12　❸

| | A | B | C |
|---|---|---|---|
| 1 | 前のページ遷移 | ページビュー数 | 遷移割合 |
| 2 | / | 171 | =B2/B$12 |
| 3 | /contact.html | 47 | 9.1% |
| 4 | /company/outline.html | 37 | 7.1% |
| 5 | /ir/ | 28 | 5.4% |
| 6 | /sitemap.html | 27 | 5.2% |
| 7 | /recruit/ | 25 | 4.8% |
| 8 | /company/ | 22 | 4.2% |
| 9 | /tv/ | 20 | 3.9% |
| 10 | /ir/letter/ | 19 | 3.7% |
| 11 | /press/ | 19 | 3.7% |
| 12 | | 518 | |
| 13 | | | |

❹

**図5-5-2 遷移データ**

| 前のページ遷移 | 遷移数 | 遷移割合 | PV数 | 遷移率 ❺ |
|---|---|---|---|---|
| / | 171 | 33.0% | 116,678 | 0.15% |
| /contact.html | 47 | 9.1% | 616 | 7.63% |
| /company/outline.html | 37 | 7.1% | 24,805 | 0.15% |
| /ir/ | 28 | 5.4% | 26,696 | 0.10% |
| /sitemap.html | 27 | 5.2% | 1,232 | 2.19% |
| /recruit/ | 25 | 4.8% | 4,691 | 0.53% |
| /company/ | 22 | 4.2% | 32,792 | 0.07% |
| /tv/ | 20 | 3.9% | 6,050 | 0.33% |
| /ir/letter/ | 19 | 3.7% | 2,599 | 0.73% |
| /press/ | 19 | 3.7% | 32,620 | 0.06% |
| 合計 | 518 | | | |

各項目の意味は以下の通りです。

● **遷移データの見方**

- 遷移数…………前のページからお問い合わせページに遷移した数
- 遷移割合……お問い合わせページへの遷移を100%とした時の比率（サイト内遷移のお問い合わせの33%がトップページからの遷移によってもたらされている）
- PV数……………該当期間でのページのページビュー数
- 遷移率…………遷移数÷PV数（この割合が高いほど前のページからのクリック率＝遷移率が高い）

図5-5-2の2位の転送ページである「contact.html」を除くと、「sitemap.html」からの遷移率が高い事がわかります。ページビュー数は1,232件と少ないですが、遷移数では全体の5%を占めます。もしかしたらお問い合わせへの遷移がどこにあるかがわからず、「sitemap.html」に来ているのかもしれません。他に「/ir/letter/」や「/recruit/」が相対的に高く、このページに来る人は他のページを見る人と比べてお問い合わせしたい気持ちが高いのかもしれません。逆にトップページや会社概要（/company/）を見ているタイミングでは、お問い合わせの欲求はほとんどない事がわかります。お問い合わせへの誘導を強化するために、「/ir/letter/」への案内や誘導を強めても良いかもしれません。

**また、本レポートに関しては、Section5-2でも触れた「コンテンツグループ」単位でチェックすることも可能**です。「ページをグループ化」のプルダウンから、確認したいコンテンツグループを選択しましょう。

**図5-5-3 コンテンツグループ単位で確認する**

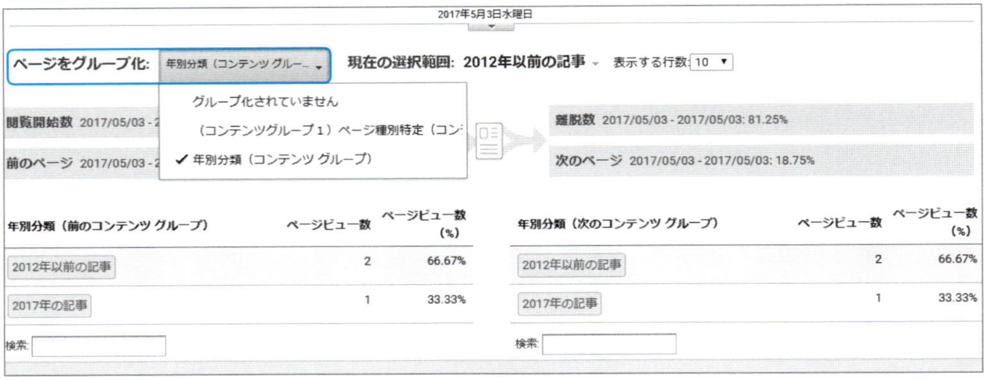

2017年5月3日水曜日

ページをグループ化: 年別分類（コンテンツ グル… 現在の選択範囲: 2012年以前の記事 表示する行数: 10

グループ化されていません
（コンテンツグループ1）ページ種別特定（コン
✓ 年別分類（コンテンツ グループ）

閲覧開始数 2017/05/03 - 2
前のページ 2017/05/03 - 2
離脱数 2017/05/03 - 2017/05/03: 81.25%
次のページ 2017/05/03 - 2017/05/03: 18.75%

| 年別分類（前のコンテンツ グループ） | ページビュー数 | ページビュー数（%） |
|---|---|---|
| 2012年以前の記事 | 2 | 66.67% |
| 2017年の記事 | 1 | 33.33% |

検索:

| 年別分類（次のコンテンツ グループ） | ページビュー数 | ページビュー数（%） |
|---|---|---|
| 2012年以前の記事 | 2 | 66.67% |
| 2017年の記事 | 1 | 33.33% |

検索:

**Point　あるページからリンクがないページに遷移している**

トップページから商品詳細へのリンクがないのに、「次のページ遷移」に表示される……というようなケースが時々存在します。いろいろな理由が考えられますが、**大きな理由の1つとしてブラウザのタブによる影響**が考えられます。以下のような遷移があったとしましょう。

1. **ページAを表示**
2. **ページBを別タブで表示**
3. **ページAのタブに戻り、ページCへのリンクを押す**

この時にページBにはページCのリンクはありません。しかしナビゲーションサマリーのレポートでは、

- **ページA→ページB……1件**
- **ページB→ページC……1件**

という形で計測されます。実際にはページAでページCのリンクを押しているのですが、時系列で見ると「ページA→ページB→ページC」となるため、ページBからページCに遷移したとGoogle アナリティクスでは計測されます。

## 視覚的にページ遷移を見る

ナビゲーションサマリーのレポートではURL単位で表示されるため、ページの上にあるリンクがクリックされているのか、下部のリンクがクリックされているのかなどを一目して判断することができません。しかし、視覚的に見るための機能がGoogle アナリティクスには用意されています。Google アナリティクスの画面上で確認はできないのですが、**Google Chromeのプラグインを追加し、閲覧権限を持っているサイトにアクセスすると、ページ上で数値を見ることができます**。以下、使い方を紹介します。

❶chromeウェブストアにアクセスして「Page Analytics」を検索します（URLが長いのでストアでの検索が早いです）。Google Chromeにこのプラグインをインストールします。

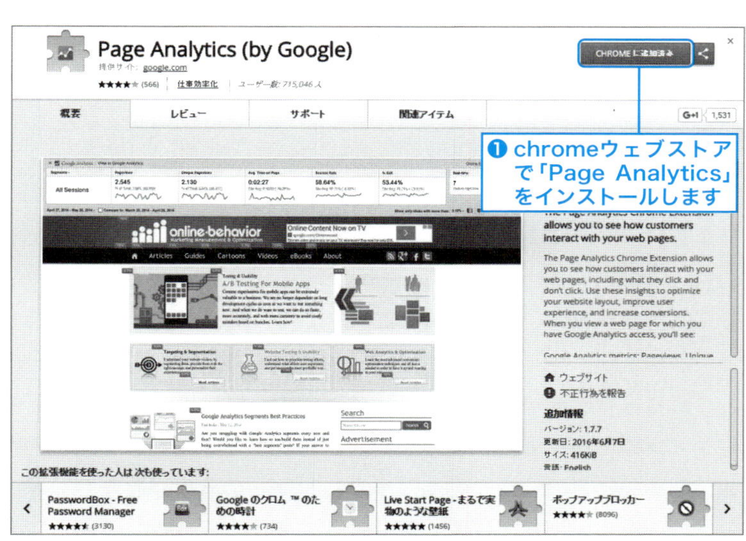


● **chromeウェブストア**

**https://chrome.google.com/webstore/category/extensions?hl=ja**

インストールした後に、Google アナリティクスでの閲覧権限があるサイトにアクセスしましょう。各種数値と❷リンクごとのクリック率が視覚的に確認できます。

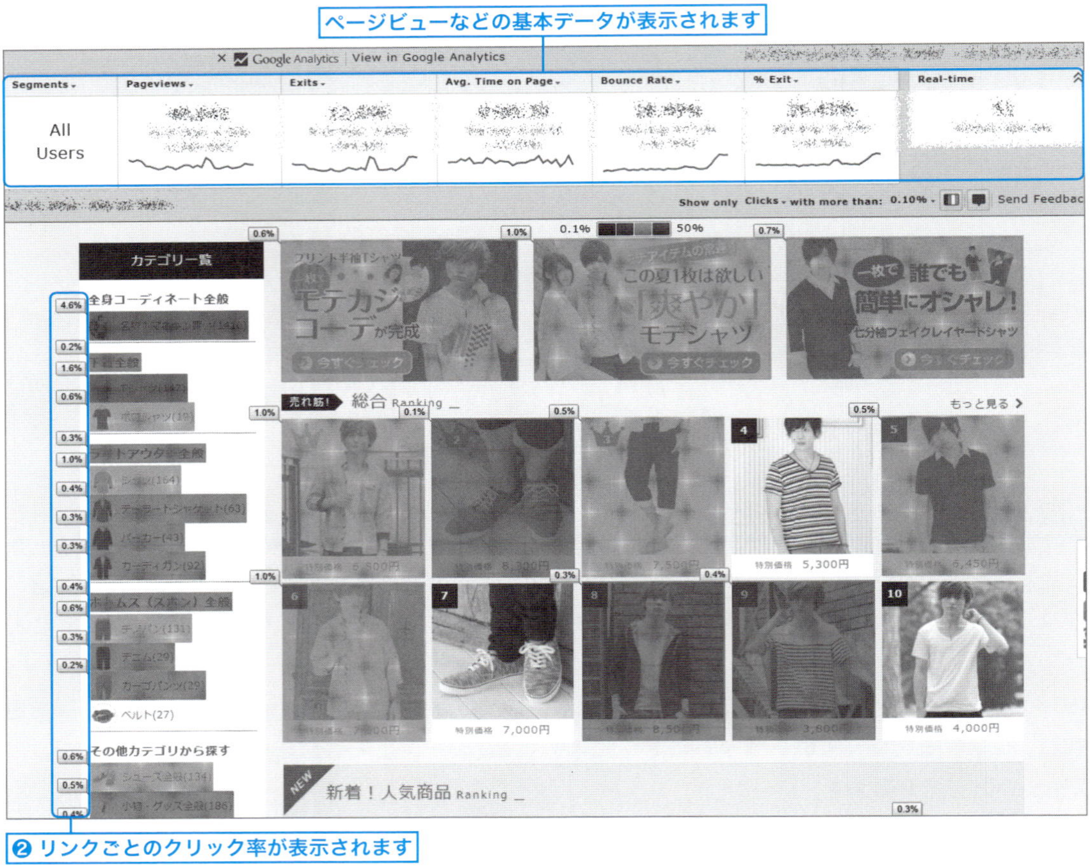

ページビューなどの基本データが表示されます

❷ リンクごとのクリック率が表示されます

❸画面上部の「Show Only Clicks」というプルダウンを選択すると、以下のようなメニューが表示されます。

❸ サイトの目標でデータを絞り込めます

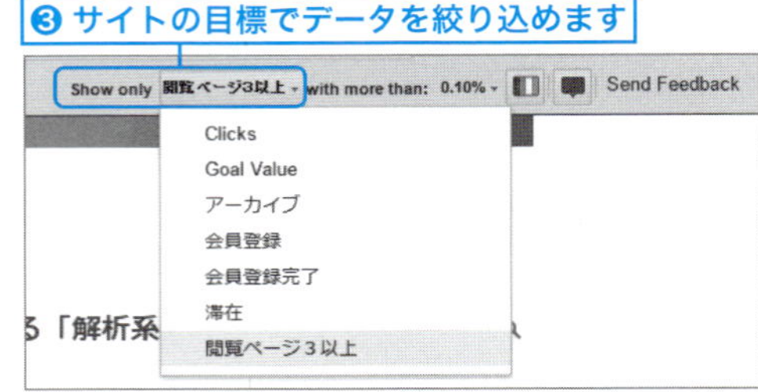


これらはサイトで設定されている目標の一覧です。ここで目標を選択すると、目標に繋がったセッションのデータに絞り込みを行い、その状態でのクリック率が表示されます。つまり**成果に辿り着いた訪問はどのリンクをクリックしたかという事がわかります。**全体の遷移率と比較して、よりコンバージョンしやすいリンクを発見するのに便利です。

## 活用事例：セグメント×ナビゲーションサマリー

ナビゲーションサマリーのレポートでは「セグメント」を掛け合わせることで遷移の条件を絞ることができます。例えばデバイスの種別がデスクトップとモバイルではレイアウトが異なるページが多いことから遷移先が大きく変わる可能性があります。モバイルではハンバーガーメニュー内に入っているリンクはクリックされにくいなどがあるかもしれません。

このようにセグメントを分けることで得られる気付きはまた変わってきます。筆者がよく利用するセグメントの条件は「新規・リピート」「デバイス」「CV有無」になります。

まずはGoogle アナリティクスのレポートでのデータ取得例を見てみましょう。左のメニューより「**行動➡サイトコンテンツ➡すべてのページ**」と進み、「ナビゲーションサマリー」のレポートに移動します。画面上部の「＋セグメントを追加」をクリックし、ここでは「新規ユーザー」と「リピーター」をチェックし「適用」をクリックします。

**図5-5-4** 「新規・リピート」で比較を行った、Topページのナビゲーションサマリーレポート

ページをグループ化: グループ化されていません　現在の選択範囲: /　表示する行数: 10

閲覧開始数
新規ユーザー: 52.19%
リピーター: 58.24%

前のページ
新規ユーザー: 47.81%
リピーター: 41.76%

離脱数
新規ユーザー: 42.87%
リピーター: 40.69%

次のページ
新規ユーザー: 57.13%
リピーター: 59.31%

| 前のページ遷移 | ページビュー数 | ページビュー数(%) |
|---|---|---|
| /schoolpbwa/ | | |
| 新規ユーザー | 92 | 13.51% |
| リピーター | 42 | 16.80% |
| /business/seminar/ | | |
| 新規ユーザー | 89 | 13.07% |
| リピーター | 25 | 10.00% |
| /business/movie/pbwa.html | | |
| 新規ユーザー | 83 | 12.19% |
| リピーター | 32 | 12.80% |
| /business/consluting/ | | |
| 新規ユーザー | 80 | 11.75% |
| リピーター | 24 | 9.60% |
| /company/ceo_message/ | | |
| 新規ユーザー | 69 | 10.13% |
| リピーター | 22 | 8.80% |

| 次のページ遷移 | ページビュー数 | ページビュー数(%) |
|---|---|---|
| /business/movie/ | | |
| 新規ユーザー | 143 | 16.55% |
| リピーター | 97 | 25.39% |
| /business/seminar/ | | |
| 新規ユーザー | 141 | 16.32% |
| リピーター | 33 | 8.64% |
| /business/consluting/ | | |
| 新規ユーザー | 130 | 15.05% |
| リピーター | 47 | 12.30% |
| /schoolpbwa/ | | |
| 新規ユーザー | 122 | 14.12% |
| リピーター | 89 | 23.30% |
| /business/movie/google.html | | |
| 新規ユーザー | 78 | 9.03% |
| リピーター | 26 | 6.81% |

見ての通り、新規ユーザーとリピーターで移動先が違う事がわかります。新規ユーザーは遷移がばらけており、例えば❶「business/seminar/」ではリピーターより高いことがわかります（13.07

% vs. 10.00%)。逆に❷リピーターに関しては約1/4ずつが、「/business/movie/」(25.39%)と「/schoolpbwa/」(23.30%)に移動していることがわかります。

このように新規ユーザーとリピーターでは動きに違いが出ることが多いです。特にTopページやカテゴリページなどを見てみると、それぞれのニーズがわかるようになります。新規ユーザー・リピーター双方に100%最適なページは難しいですが、ここで得られた情報を元にTopページに掲載する情報の配分やリンクの目立たせ方などを工夫できそうですね。

データを「エクスポート」でExcel形式でダウンロードしExcelで集計すると、以下のような表を作ることもできます。

**図5-5-5 新規ユーザーとリピーターの遷移先の違いをExcelで視覚化**

| トップページからの遷移先 | コンテンツ内容 | 新規ユーザーの遷移率(①) | リピーターの遷移率(②) | 新規遷移率とリピーター遷移率の差分(①−②) |
|---|---|---|---|---|
| /course-and-cost/ | 中学・高校留学のコース・費用 | 6.5% | 2.3% | 4.2 |
| /experience/3748/ | 留学体験談(フィジーでの変化) | 2.9% | 1.6% | 1.3 |
| /experience/739/ | 留学体験談(次の力へ) | 1.3% | 0.5% | 0.8 |
| /next-stage/ | 卒業後の進路 | 2.0% | 1.2% | 0.8 |
| /applications/ | 応募方法 | 1.7% | 1.7% | 0.0 |
| /for-all-parents/ | 保護者の皆様へ | 1.7% | 2.1% | -0.4 |
| / | トップページ | 5.7% | 7.8% | -2.1 |
| /seminar/ | 留学説明会 | 4.7% | 7.6% | -3.0 |
| /for-enrolled-student-parent/ | 在校生・保護者の方へ | 4.0% | 9.9% | -5.9 |
| /blog/ | ブログの記事一覧 | 3.8% | 19.7% | -15.9 |

左側から順番にトップページからの遷移先、遷移先の内容、新規ユーザーの遷移率、リピーターの遷移率となっており、最後に新規ユーザーとリピーター遷移率の引き算をしています。**数値のプラスが大きいほど「より新規ユーザーが移動しやすいページ」、マイナスが大きいほど「よりリピーターが移動しやすいページ」**という表現方法になります。

上記の例ですと新規の方はコースや費用を見る傾向があり、リピーターはブログや在校生・保護者の方へを見ています。新規の人がまず気になるのはお値段や体験談ということがわかりますね。

セグメントの条件を「PC」「スマートフォン」「PC×コンバージョンしたセッション」「SP×コンバージョンしたセッション」の4つを利用すれば、遷移率とコンバージョン率(CV率)を見ることができます。上記と同じ作り方で、以下のデータを出してみました。

※PC(デスクトップ)、SP(モバイル)と略しています。

**図5-5-6 デバイス別の遷移先と遷移した場合のコンバージョン率**

| ❶ | ❷ SP | ❸ | ❹ PC | ❺ |
|---|---|---|---|---|
| 遷移先 | 遷移率 | CV率 | 遷移率 | CV率 |
| シリーズから探す | 6.7% | 5.5% | 2.5% | 6.9% |
| カテゴリーから探す | 10.5% | 8.2% | 4.2% | 8.5% |
| 目的から探す | 0.2% | 0.0% | 1.0% | 9.4% |
| キーワード検索 | 5.4% | 8.2% | 5.6% | 7.8% |
| 商品詳細 | 17.1% | 6.6% | 18.2% | 11.1% |
| シリーズ 商品一覧 | 14.0% | 7.4% | 12.4% | 11.9% |
| カテゴリー 商品一覧 | 3.1% | 6.8% | 16.9% | 10.2% |
| 目的から探す 商品一覧 | 0.0% | 0.0% | 1.5% | 4.0% |
| キャンペーン詳細 | 5.9% | 6.5% | 5.7% | 13.0% |
| キャンペーン一覧 | 0.3% | 10.3% | 2.5% | 8.6% |

左側から順番に、

❶「トップページからの遷移先」
❷「SPの該当ページへの遷移率（SPセグメントでの遷移数÷トップページのSPでのページビュー数）」
❸「SPから該当ページに遷移した時のCV率（SPコンバージョンセグメントでの遷移数÷SPセグメントでの遷移数）」
❹「PCの該当ページへの遷移率（PCセグメントでの遷移数÷トップページのPCでのページビュー数）」
❺「PCから該当ページに遷移した時のCV率（PCコンバージョンセグメントでの遷移数÷PCセグメントでの遷移数）」

という内容になっています。

このレポートを見ればデバイスごとに、どのページに遷移しているのか、そしてどのページに遷移するとコンバージョンに繋がりやすいかがわかります。例えばSPであれば、遷移先として一番多いのは「商品詳細」ですが、「カテゴリーから探す」に遷移してもらったほうがCV率が高いことがわかります。

逆にPCに関しては、「商品詳細」と「カテゴリー商品一覧」が遷移先の上位2つに入っており、どちらもCV率が高いことがわかります。そして「カテゴリーから探す」のCV率はSPと違い、「商品詳細」のCV率より低くなっています。

このようにセグメントとナビゲーションサマリーをあわせて使うことによって新たな気付きを発見することができるようになります。ぜひ活用してみてください。

## AページからBページへのリンクが2か所ある場合に区別をつける方法

ランディングページから購買フォームへの遷移や、商品詳細ページからカート投入ボタンなど、次のページに遷移するためのリンクやボタンが同じページに複数個所あるというケースが多いのではないでしょうか。

ところが、前述までのナビゲーションサマリーやPage Analyticsでは、区別をすることができません。**ページ上部のボタンを押してフォームに遷移したのか、ページ下部のボタンをしてフォームに遷移したかの内訳がわからず**、Page Analyticsではリンクの場所が違っても飛び先が一緒であれば同じ数値が表示されます。

この問題を解決するための方法が2つあります。１つは**「拡張リンクアトリビューション」**という設定と実装を行う方法。もう1つは**「イベント」実装**を行うという方法です。イベントに関しては、第6章（➡P.265参照）で詳しく紹介しますので、ここでは「拡張リンクアトリビューション」を紹介します。

● **注意点**

- 拡張リンクアトリビューションはPage Analyticsのレポートにしか反映されず、ナビゲーションサマリーやその他のGoogle アナリティクスのレポートには反映されません
- 拡張リンクアトリビューションの設定・実装を行った後のデータにのみ適用され、過去に遡って再集計はされません

まずは「拡張リンクアトリビューション」を使えるようにしましょう。左のメニューより「管理」をクリックし、プロパティ欄にある「プロパティ設定」を開き、❶設定画面内にある「拡張リンクアトリビューションを使用する」を「オン」にします。

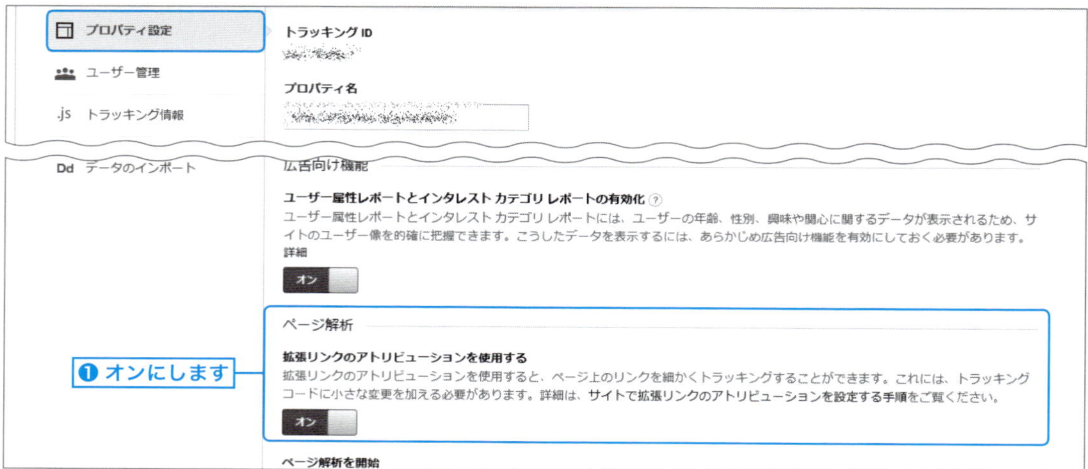


❷リンクを分けたいページのGoogle アナリティクスの記述に追加を行います（青い文字の1行を追加）。

```
ga('create', 'UA-XXXXX-Y', 'auto');
ga('require', 'linkid');
ga('send', 'pageview');
```

これでPage Analyticsで見た時に、遷移先が同じでも数値を分けて見ることができます。

「拡張リンクアトリビューション」の詳しい仕様に関しては、以下の公式ヘルプもあわせてご覧ください。

● **参考：Google アナリティクスヘルプ「拡張リンクのアトリビューション」**

**https://developers.google.com/analytics/devguides/collection/analyticsjs/enhanced-link-attribution?hl=ja**

「ナビゲーションサマリー」「Page Analytics」「拡張リンクアトリビューション」機能は、ページ内のリンクをわかりやすく視覚的に表示してくれる機能です。そのため、**ただ数値を見せるよりは、他の人（特に上司やお客さんに対して）は伝わりやすく、Google アナリティクスの中でもわかりやすいレポートの1つ**になります。

しかし、1つずつページを見ていく手間であったり、表示された結果を解釈する必要があったりと、一目してすんなり理解できるような分析手段ではありません。その意味で、よく考えてから利用しましょう。「目標だけに絞り込む」「セグメント機能を活用する」などして使わないと、単に「なるほど」と思っただけで終わってしまいます。ぜひ、特定のページをしっかり分析したい時に使ってみてください。

Section 5-6 サイト内の主要ステップで離脱が最も多いのはどこ？

# ユーザーにたどってほしい主要導線のファネルを作成する

使用レポート ▶▶▶行動 ➡ サイトコンテンツ ➡ ランディングページ　▶▶▶ユーザ ➡ 概要

**多くのサイトでは、利用者にたどってほしいフローがあります。不動産情報サイトなら、「サイト流入→物件一覧→物件詳細→フォーム入力→お問合わせ完了」です。各ページの訪問数と、次のステップに進む割合を見ることでサイト全体でのユーザーの動きを把握できます。離脱が高いところは改善優先順位が高くなります。**

## 主要導線ページの遷移率を確認する

サイトには主要なページがいくつかあります。ECサイトであれば「商品一覧」「商品詳細」「カート」「決済開始」「購入完了」といった具合です。これらサイトにおける**重要なチェックポイントの遷移率を知ることは重要**です。どのステップで離脱が多いのか、デバイスや新規・リピートで比較した時にどのような違いがあるのか……といった疑問点を解消できます。遷移を確認するために**セグメントのシーケンス機能を使って以下のような図を作成**してみましょう。

図5-6-1 ファネルレポートの例1

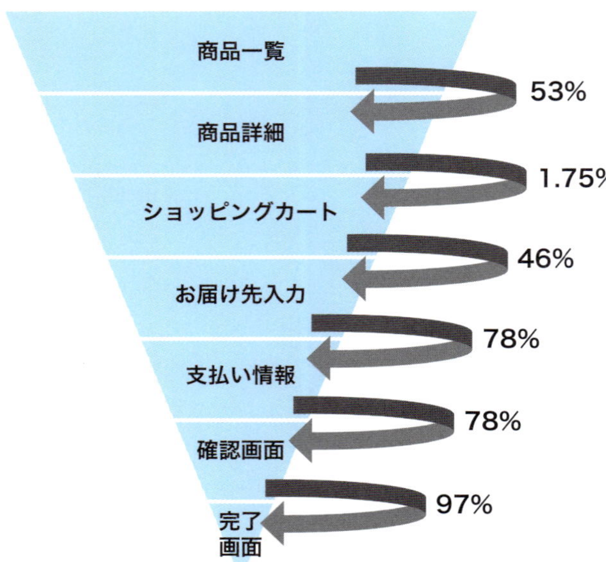

図5-6-2 ファネルレポートの例2

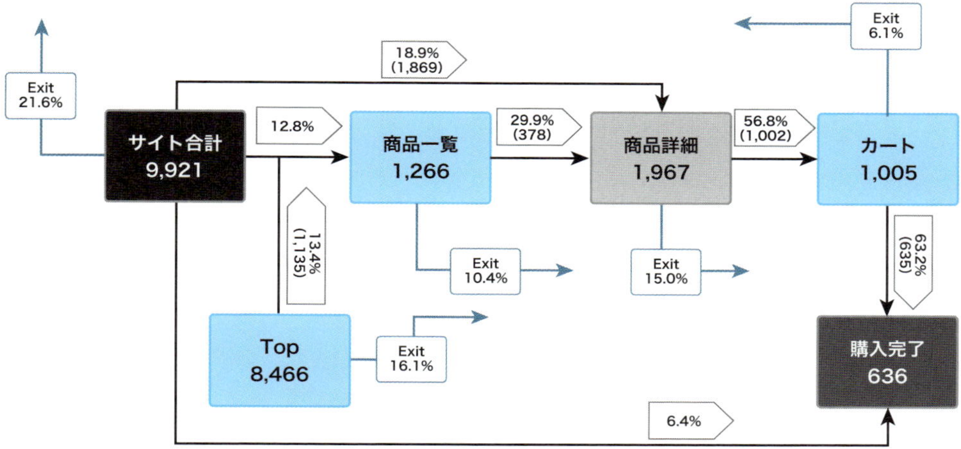


## セグメントのシーケンス機能を利用する理由

ページ間の遷移であれば、前Sectionで紹介した「ナビゲーションサマリー」機能を使えば良いと考える方もいるのではないでしょうか？ **ナビゲーションサマリーはあくまでもすぐ次のページしか見ることができません。対してファネルレポートで見たいのは、途中で他のページを挟んだとしても、該当ページに辿り着いた割合**になります。つまり、「**商品一覧→特集ページ→商品詳細**」と遷移した時に、ナビゲーションサマリーでは「商品一覧」から「商品詳細」に遷移したことはわかりません。セグメント機能の「シーケンス」を使うことで、「商品一覧→商品詳細」に遷移したというユーザー行動が把握できます。

# シーケンス機能を利用したファネルレポートの作成

最初に重要なチェックポイントのページ一覧とURL条件を洗い出しましょう。例えば、次のようなページが目安となります。

### Step 1. 重要なページの洗い出し

- 商品一覧……URLに「/list/」を含む
- 商品詳細……URLに「/detail/」を含む
- ショッピングカート……URLが「/function/cart.php」に一致する

(以下略)

## Step 2. 洗い出したページのデータを取得する

いずれかの方法で洗い出したページの訪問回数と離脱率を取得しましょう。

- 1：「**行動➡サイトコンテンツ➡すべてのページ**」の「ページ別訪問数」と「離脱率」の値（Topページのように単体URLの場合）
- 2：「**行動➡サイトコンテンツ➡ディレクトリ**」の「ページ別訪問数」と「離脱率」の値（一覧や詳細ページなど特定のディレクトリの場合）
- 3：セグメントで「条件」を設定（図5-6-3）し「**行動➡概要**」の「ページ別訪問数」と「離脱率」の値（ページをグルーピングするのに条件が複雑な場合に利用）

図5-6-3 商品詳細のセグメントを作成する

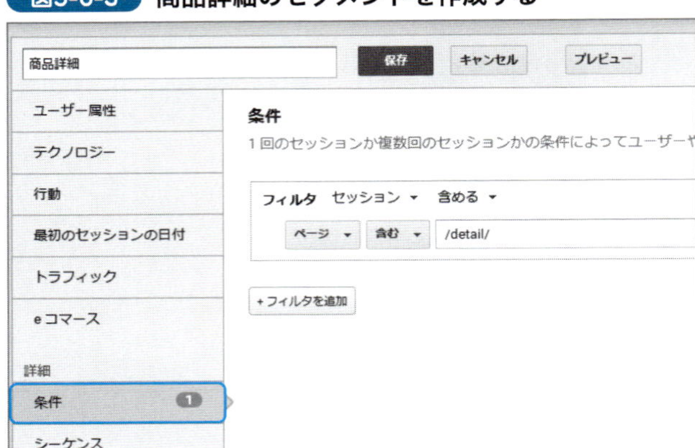


これにより、図5-6-2の各ページのページ別訪問回数（長方形の枠内の数値）と離脱率（Exit内の数値）を取得できます。

## Step 3 シーケンスを利用して遷移率を取得する

セグメント機能を利用して重要なページ間の遷移率を取得します。左のメニューより「**ユーザー➡概要**」のレポートを開き、セグメント機能の「シーケンス」を利用して、図5-6-4のようなセグメントを作成しましょう（上記「重要なページの洗い出し」で紹介した、**商品詳細→ショッピングカート**のURL例です）。

図5-6-4 シーケンスを利用したセグメントの作成

設定のポイントは以下のようになります。

❶**フィルタの部分は「セッション」**にしています。同じ訪問内で遷移した時にのみカウントする方式です。「ユーザー」にすると、初回の訪問で「商品一覧」までたどり着き、2回目の訪問で「商品詳細」に直接入ってきた場合に、「**商品一覧→商品詳細**」でカウントされます（セッションの設定の場合はカウントされません）。どちらで見たいかは分析したい内容によりますが、まずはセッション単位で見て、訪問内のUI評価を行うのが良いでしょう。検討期間が長い場合や1ページに30分以上滞在するようなサイトの場合は、「ユーザー」を利用しても良いかもしれません。

❷また**ステップ間は「の次のステップは」**にしています。この設定であれば、間に他のページが挟まったとしても、訪問内で遷移すればカウントをしてくれます。「の直後のステップは」を選択するとナビゲーションサマリーのような考え方で、すぐ次に見たページのみとなります。今回の用途としては適していないので選ばないようにしましょう。

❸セグメントを作成したら「保存」をクリックし、左のメニューより「**ユーザー➡概要**」のレポートを開き、「セッション数」を確認しましょう。この数が遷移数となります。遷移率は以下のように計算できます。

● **遷移率の計算**

**遷移率 ＝ 遷移数 ÷ 元ページのページ別訪問回数**

ステップごとにセグメントを作成すれば、ファネルレポート例1（図5-6-1）や例2（図5-6-2）のような遷移図を作成することができます。初回の作成には少し手間がかかりますが、一度セグメントを作成してしまえば、２回目の作業からは期間を変えてデータを出すだけなので作業としてはかなり楽になります。

本レポートはただ見るのではなく、施策実施前後の評価に適したレポートです。また最初に書いた通り、デバイス、流入元、新規・リピートでセグメントして見るという方法も有効です。いずれにせよ、サイト内改善において重要なレポートになりますので、明確なチェックポイントがあるサイトは遷移レポートの作成と定期的なチェックを強く推奨します。

# Section 5-7 たくさん商品を見てもらうことは購買に繋がるの？ セグメントのシーケンス機能とコンバージョンの関係を分析する

使用レポート ▶▶▶ユーザー ➡ 概要

複数の商品を取り扱っている、あるいは複数の事例やコンテンツなどを用意している。こういったサイトの場合は、色々な商品を見てもらうほうが成果に繋がるのか、あるいはオススメの１つだけを見て一直線に進んでもらったほうが良いのか？　悩みますよね。商品を見た回数とコンバージョンの関係を把握しましょう。

## 複数回の商品閲覧による価値は？

ECサイトでは商品詳細のページによく「レコメンド枠」が入っています。Amazonはその代表例かもしれません。

図5-7-1　Amazonの商品詳細ページでの「レコメンド枠」例

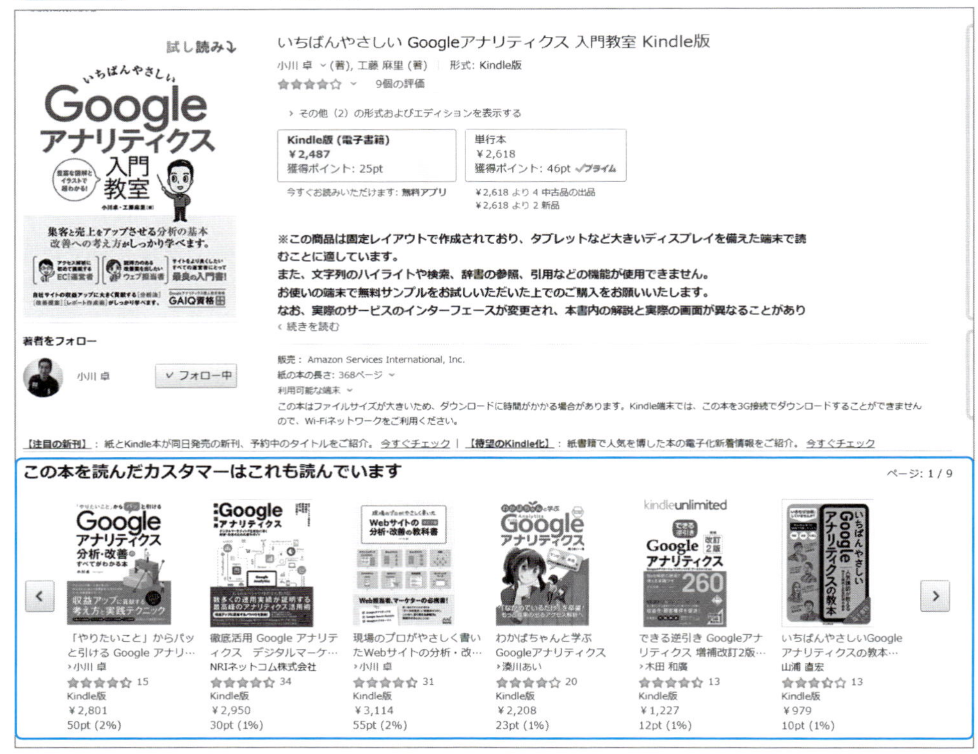

図5-7-1のように書籍に対して他の書籍を案内してくれます。しかし、この仕組みは本当に効果があるのでしょうか？　他の商品に誘導せず、目的の商品をいきなりカートに入れてもらったほうが良いかもしれません。

こちらを可視化するためにGoogle アナリティクスを利用します。分析を行うためには「セグメント」機能を利用します。具体的な手順を見ていく前に、まずは自社ページの「詳細ページ」を特定するURL条件を確認しましょう。

詳細ページには必ず「/detail/」という文字列が入っている、あるいは「商品番号を表す数値5桁」が入っているといった具合です。この「詳細を見た」の条件が特定できたら、セグメントの作成に入れます。

それではセグメントの作成画面で、どのようなセグメントを作成するのか。まずは「1個だけ見た」という条件を作ってみましょう。左のメニューより「**ユーザー➡概要**」のレポートを開き、「＋セグメントを追加」の「＋新しいセグメント」をクリックして、以下のように設定します。

**図5-7-2** 「＋新しいセグメント」を選び設定を行う

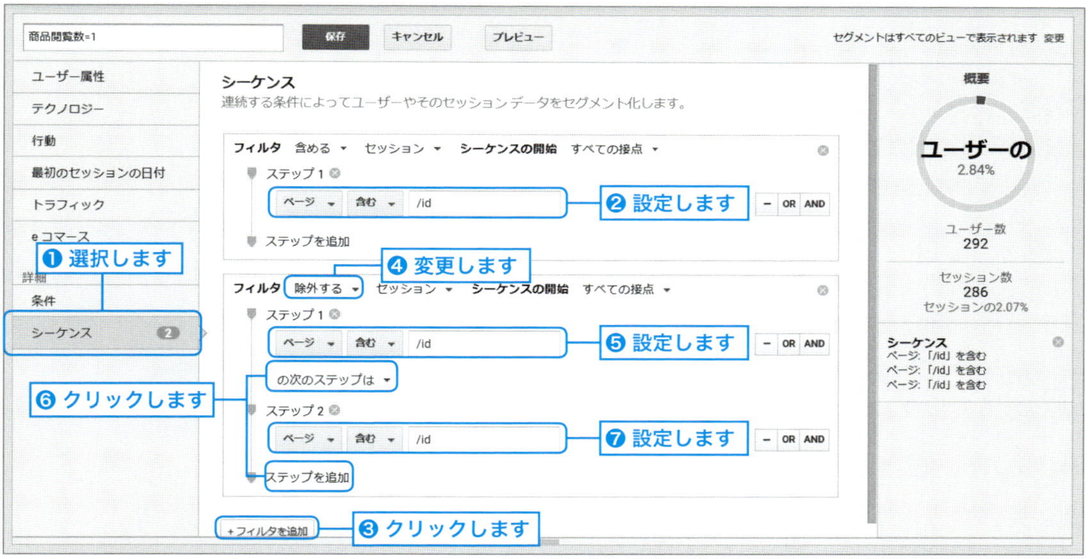

設定の内容としては、

- ❶「シーケンス」を利用する
- ❷1つ目の箱のステップ1に「ページ」「含む」「詳細を特定するURL条件」を入れる
- ❸「＋フィルタを追加」をクリックして2つ目の箱を作る
- ❹フィルタの横にある「含める」を「除外する」に変更する
- ❺2つ目の箱のステップ1に「ページ」「含む」「詳細を特定するURL条件」を入れる
- ❻「ステップを追加する」をクリックしてステップ2が入力できるようにする
- ❼2つ目の箱のステップ2に「ページ」「含む」「詳細を特定するURL条件」を入れる

といった内容になります。

それでは解説をしていきます。1つ目の箱は「詳細ページを1個以上見た」という条件になります。つまり商品ページを1回でも見ていればセグメントの抽出対象となります。しかし今回みたいのは、1個だけ商品を見たという条件になります。そこで2つ目の箱では**「商品ページを見た後に商品ページを見た（＝つまり2個以上見た）」を除外**するという設定を行っています。これにより、

- **1個だけ見ていた場合＝**

1つ目の箱の条件を満たし（1個以上見ているので）、2つ目の箱の条件は満たしません。しかし2個目の箱は「除外」の条件のため（フィルタの横の「除外する」に注目）、満たさないことにより除外されずセグメントの抽出対象となります。

- **2個見ていた場合＝**

1つ目の箱の条件を満たし、2個目の箱の条件も満たします。しかし、2個目の箱の条件を満たした場合は除外されるため、セグメントの抽出対象とはなりません。

- **3個以上見ていた場合＝**

2個見ていた場合と同じになりますので、抽出対象となりません。

**結果として「1個だけ見ていた場合」のみが抽出されます。**

2個見たという条件を作成したい場合は、1つ目の箱はステップ2まで条件を追加し、2つ目の箱はステップ3まで条件を追加すれば取得できます。

取得できたら、あとは左メニューから「**コンバージョン➡目標➡概要**」や「**コンバージョン➡eコマース➡概要**」でコンバージョン数や率などを確認しましょう。図5-7-3の例は、商品閲覧を1、2、3、4以上の4つのセグメントを反映して、eコマースのレポートを確認してみました。

※「コンバージョン」レポートを見るには、「目標」設定（Section7-1➡**P.302**）や「eコマース」設定（Section7-2➡**P.313**）を終えている必要があります。

**図5-7-3** 商品閲覧数ごとのセグメントを反映させて「コンバージョン➡eコマース➡概要」レポート

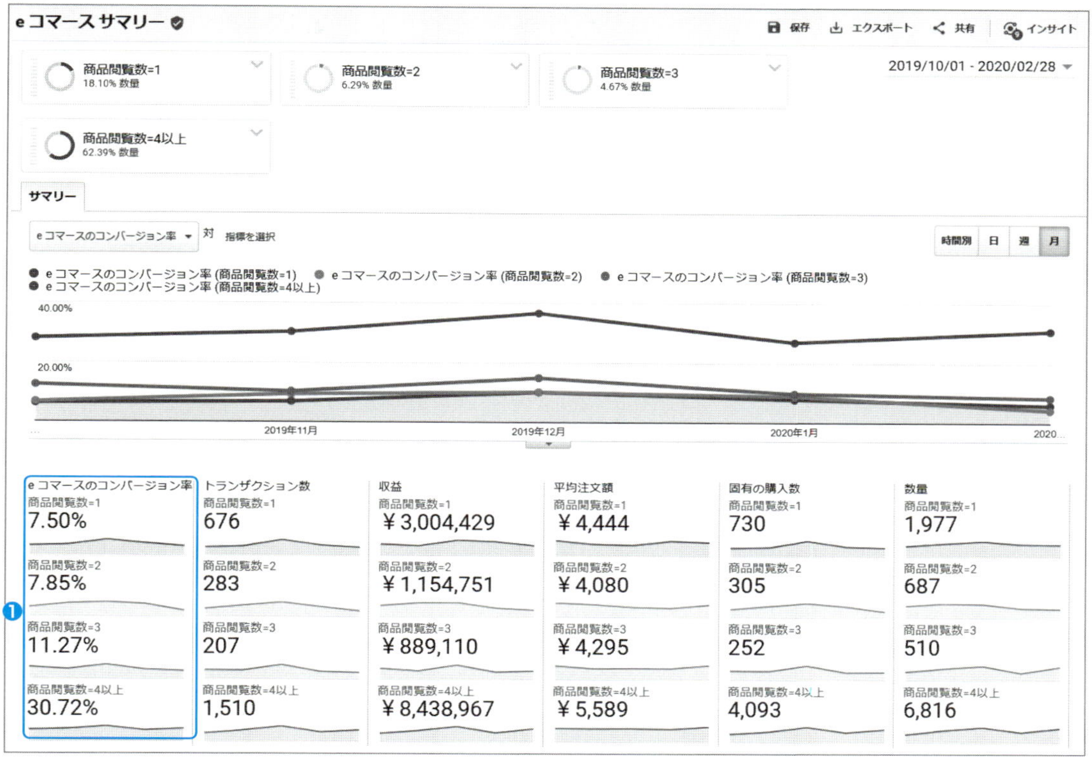

| | eコマースのコンバージョン率 | トランザクション数 | 収益 | 平均注文額 | 固有の購入数 | 数量 |
|---|---|---|---|---|---|---|
| 商品閲覧数=1 | 7.50% | 676 | ￥3,004,429 | ￥4,444 | 730 | 1,977 |
| 商品閲覧数=2 | 7.85% | 283 | ￥1,154,751 | ￥4,080 | 305 | 687 |
| 商品閲覧数=3 | 11.27% | 207 | ￥889,110 | ￥4,295 | 252 | 510 |
| 商品閲覧数=4以上 | 30.72% | 1,510 | ￥8,438,967 | ￥5,589 | 4,093 | 6,816 |

❶一番左側のeコマースのコンバージョン率（CV率）を見てわかる通り、CV率は商品閲覧数が増えると上がっていくことがわかります。商品を4個以上見てもらえればCV率は3割と、非常に高いことがわかりますし、平均注文額がも上がりますね（複数商品を購入している可能性が上がるため）。

ただ商品閲覧数＝1でも、収益300万円は確保できているので、指名買いの方もいそうです。それを検証するためには、商品閲覧数＝１のセグメントを反映した状態で「**コンバージョン➡eコマース➡商品の販売状況**」を見てみるとよいでしょう（図5-7-4）。❷商品を1個しか見ていない訪問でどの商品を買ったかがわかります。

**図5-7-4** 「コンバージョン➡eコマース➡商品の販売状況」で購入した商品を確認

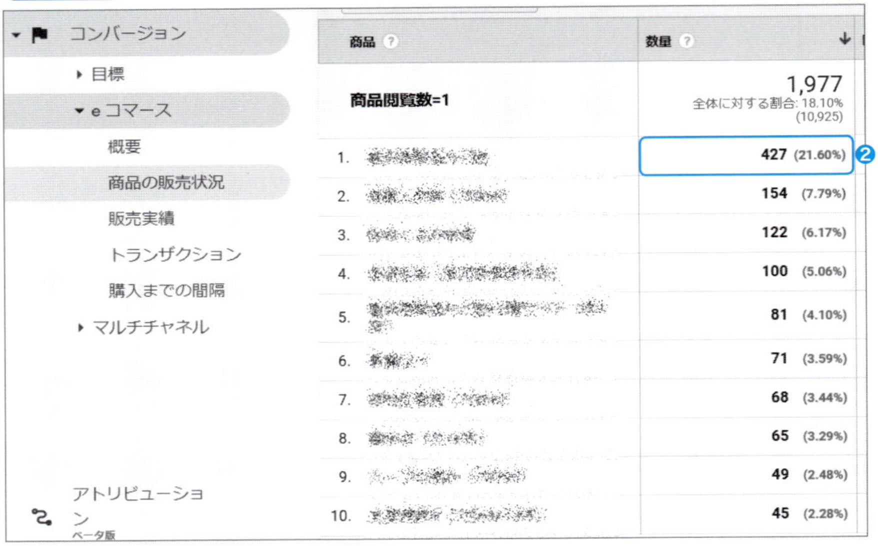

| 商品 | 数量 |
|---|---|
| 商品閲覧数=1 | 1,977 全体に対する割合: 18.10% (10,925) |
| 1. | 427 (21.60%) ❷ |
| 2. | 154 (7.79%) |
| 3. | 122 (6.17%) |
| 4. | 100 (5.06%) |
| 5. | 81 (4.10%) |
| 6. | 71 (3.59%) |
| 7. | 68 (3.44%) |
| 8. | 65 (3.29%) |
| 9. | 49 (2.48%) |
| 10. | 45 (2.28%) |

ある特定の商品が、購入された全数量の2割に貢献している事がわかります。この商品はどうやら指名買いが多そうです。

今回はECサイトを例に紹介しましたが、BtoBのサイトであれば複数の事例閲覧が成果に繋がるのか、求人サイトであれば複数の求人閲覧が成果に繋がるのか、といった形で応用範囲が広い分析手法になります。

Section 5-8

お客さんはサイト内で何を探しているのか？

# サイト内検索キーワードを取得して分析する

使用レポート ▶▶▶行動 ➡ サイト内検索

**検索エンジンのキーワードとは違い、サイト内の検索キーワードはユーザーのニーズをより的確に表します。検索からのキーワードが「宿　予約」「ホテル　予約」だとしたら、サイト内は「部屋露天　群馬」「岩盤浴　貸し切り」のように具体的になります。サイト内検索キーワードを取得して分析する方法を学びましょう。**

## サイト内検索キーワードを把握するには？

サイト内検索は、サイト利用者が具体的に何を探しているのかを把握するための情報として、貴重なデータです。検索エンジンからの流入キーワードが、Google アナリティクスでほぼ取得できない状況ですので、**サイト内検索キーワードの利用価値は高まっています**。ここでは、サイト内検索のデータをどのように取得し利用すればよいかを紹介していきます。

### Hint　設定前の注意点

キーワードを取得するためにはサイト内検索が存在し、検索したときの結果URLに「http://test.com/search.php?q=検索キーワード」というような形でURL内にクエリパラメータで検索キーワードが入っている必要があります。自社サイトがこのような形式になっているかをまずは確認しましょう。また、計測が可能になるのは設定後となります。

## サイト内検索を取得するための設定方法

左のメニューより「管理」をクリックし、「ビュー」列にある「ビュー設定」のメニューにアクセスします。その中の❶「サイト内検索のトラッキング」をオンにします。

❷クエリパラメータで検索キーワードが入っているパラメータ名を設定しています。上記のURL例であれば「q」がパラメータ名となるので、そちらを追加します。

❸「URLからクエリパラメーターを削除」をチェックします。

❹パラメータに「サイト内検索カテゴリ」のパラメータ名が存在する場合、「オン」にしてパラメータ名を設定しましょう（ほとんどのサイトでは存在しないかと思われます）。

❺最後に「保存」をクリックすれば、サイト内検索キーワードが取得できるようになります。

**サイト内検索のレポートは、「行動➡サイト内検索」内にある各レポートで確認を行うことができます**。サイト内検索利用の有無、検索されたキーワード、検索を行ったページなどの情報を見ることが可能です。

図5-8-1 サイト内検索のレポート

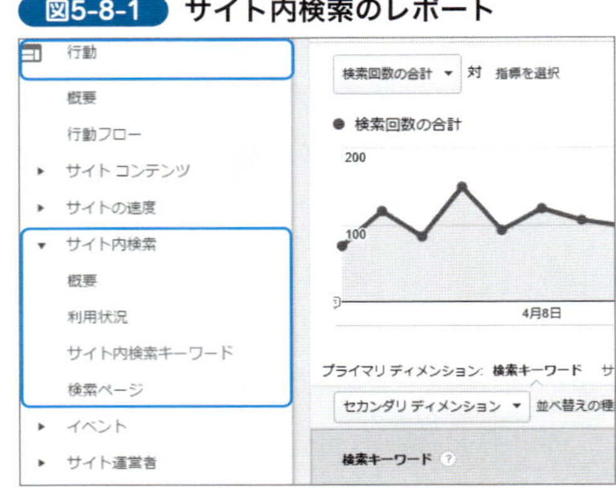

## Point 「自然検索からの流入キーワード」と「サイト内検索で取得できるキーワード」の違い

自然検索時のキーワードとサイト内検索でのキーワードは明確に違います。以下はある不動産サイトのサイト内検索の例です（※物件名のみ隠しています）。これらのキーワードで検索エンジンで検索しても、このサイトに辿り着くことはないでしょう。

| 検索キーワード | 検索回数の合計 |
|---|---|
| | 49,366<br>全体に対する割合: 100.00% (49,366) |
| 1. 防音 | 1,407 (2.85%) |
| 2. 大型犬 | 243 (0.49%) |
| 3. 都市ガス | 157 (0.32%) |
| 4. 不動産の窓口 | 123 (0.25%) |
| 5. 鉄筋 | 122 (0.25%) |
| 6. [illegible] | 107 (0.22%) |
| 7. 武蔵小山 | 105 (0.21%) |
| 8. カウンターキッチン | 103 (0.21%) |
| 9. [illegible] | 99 (0.20%) |
| 10. 独立洗面台 | 96 (0.19%) |

図5-8-A サイト内検索は「さらに知りたいこと」の探求

サイト内検索で取得できるキーワードには、主に以下の2つの特徴があります。

1つ目は「サイト内で探したいものを探すためのキーワード」という当たり前の事実です。検索エンジンで大きくキーワードで絞り込み、そこからさらに知りたいことを絞り込むために利用しているのを意味します。

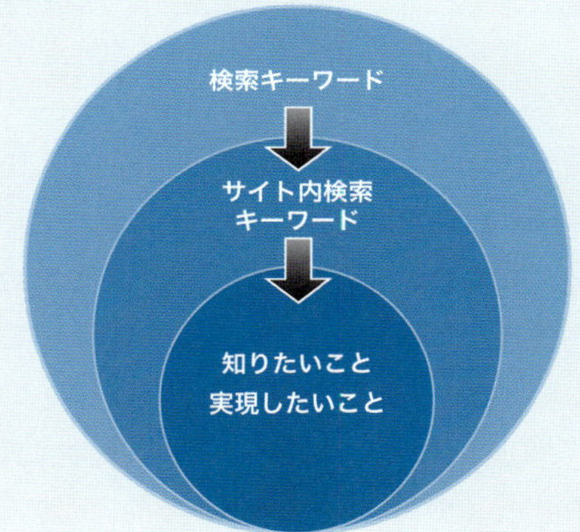


そのため「サイト内検索」で取得できるキーワードは検索時のキーワードとは違い、より**ユーザーにとってのゴール（あるいはサイトのコンバージョン）に近い内容**だという風に理解しましょう。

もう1つの特徴は、**「単一語での検索が多い傾向にある」**ということです。サイト内に入ってきてニーズが具体化しているため、必要なキーワードだけを入れる傾向が多いです。特にスマートフォンの場合は入力の手間も考慮するとより顕著になります。

## サイト内検索結果データの活用方法1：「検索結果は利用者にとって適切だったのか？」を分析し改善に活かす

適切な場合は検索結果を選んで遷移していきますし、不適切な場合は「離脱」あるいは「再検索」をしてしまいます。先ほどのサイトのデータを改めてみてみましょう。

**図5-8-2** 「行動➡サイト内検索➡サイト内検索キーワード」のレポート

| 検索キーワード | 検索回数の合計 | 結果のページビュー数/検索 | 検索による離脱数の割合 | 再検索数の割合 | 検索後の時間 | 平均検索深度 |
|---|---|---|---|---|---|---|
| | 49,366<br>全体に対する割合: 100.00% (49,366) | 3.64<br>ビューの平均: 3.64 (0.00%) | 22.27%<br>ビューの平均: 22.27% (0.00%) | 9.03%<br>ビューの平均: 9.03% (0.00%) | 00:05:50<br>ビューの平均: 00:05:50 (0.00%) | 6.61<br>ビューの平均: 6.61 (0.00%) |
| 1. 防音 | **1,407** (2.85%) | 3.86 | 66.38% | 1.12% | 00:03:33 | 2.70 |
| 2. 大型犬 | **243** (0.49%) | 3.47 | 18.93% | 1.90% | 00:04:25 | 7.06 |
| 3. 都市ガス | **157** (0.32%) | 3.39 | 17.83% | 3.00% | 00:06:44 | 10.19 |
| 4. 不動産の窓口 | **123** (0.25%) | 1.40 | 98.37% | 0.00% | 00:00:24 | 0.76 |
| 5. 鉄筋 | **122** (0.25%) | 2.70 | 13.93% | 12.46% | 00:06:55 | 11.61 |
| 6. [illegible] | **107** (0.22%) | 1.07 | 64.49% | 5.22% | 00:00:36 | 0.44 |
| 7. 武蔵小山 | **105** (0.21%) | 6.41 | 47.62% | 1.34% | 00:04:53 | 5.14 |
| 8. カウンターキッチン | **103** (0.21%) | 3.48 | 19.42% | 1.96% | 00:07:09 | 11.28 |
| 9. [illegible] | **99** (0.20%) | 1.40 | 89.90% | 0.00% | 00:01:44 | 0.18 |
| 10. 独立洗面台 | **96** (0.19%) | 2.78 | 31.25% | 1.50% | 00:05:32 | 9.27 |

❶「防音」「不動産の窓口」そして6位の物件名の離脱が50%を超えています。これらのキーワードに関しては、検索をしても満足いく結果が得られなかった可能性が高いです。実際にサイトでそのキーワードを使って検索をして、内容を確認してみましょう。

物件名に関しては物件が存在しない場合は仕方がありません。「不動産の窓口」に関しては検索結果で物件を出してもコンバージョンにはつながらなさそうです。検索ボックスの近くに窓口向けのページがあれば、そちらに誘導するのが良さそうです。

「防音」に関しては実際に検索をしてみたところ、検索結果件数が多すぎてそこから該当する物件を探すのが難しそうでした。まだ「防音」に関する**特集コンテンツがないので、コンテンツを作る**のも良いかもしれません。❷ちなみに再検索率が高い「鉄筋」に関しても検索結果件数が多すぎて活用できませんでした。こちらは**絞り込み条件の1つとして追加**することが可能であれば、追加してあげるのが良さそうです。

**まずは離脱率・再検索率をチェックすること**を忘れないようにしましょう。

## サイト内検索結果データの活用方法2：「どのページで検索を行っているのか？」を分析し改善に活かす

次に把握しておきたい情報は「**検索ページ**」です。これは実際にユーザーがどのページで検索を行ったのかを確認することができます。例えばトップページで検索を行い、検索結果ページが別のURLで表示された場合、「検索ページ」はトップページになります。

**図5-8-3 「行動➡サイト内検索➡検索ページ」のレポート**

| 開始ページ | 検索回数の合計 ↓ | 結果のページビュー数/検索 | 検索による離脱数の割合 | 再検索数の割合 | 検索後の時間 | 平均検索深度 |
|---|---|---|---|---|---|---|
| | 49,366<br>全体に対する割合: 100.00% (49,366) | 3.64<br>ビューの平均: 3.64 (0.00%) | 22.27%<br>ビューの平均: 22.27% (0.00%) | 9.03%<br>ビューの平均: 9.03% (0.00%) | 00:05:50<br>ビューの平均: 00:05:50 (0.00%) | 6.61<br>ビューの平均: 6.61 (0.00%) |
| 1. /index.html | **12,495** (25.31%) | 1.15 | 6.77% | 18.91% | 00:02:14 | 2.18 |
| 2. (entrance) | **4,716** (9.55%) | 1.00 | 37.70% | 4.22% | 00:01:40 | 0.93 |
| 3. [illegible] | **2,521** (5.11%) | 1.05 | 8.41% | 13.34% | 00:01:31 | 1.49 |
| 4. /region/pf13/index.html | **1,297** (2.63%) | 1.07 | 4.39% | 10.55% | 00:01:28 | 1.60 |
| 5. [illegible] | **403** (0.82%) | 4.05 | 29.78% | 14.99% | 00:04:46 | 4.38 |
| 6. /region/pf27/index.html | **379** (0.77%) | 1.12 | 3.96% | 7.76% | 00:02:18 | 1.83 |
| 7. /region/pf14/index.html | **374** (0.76%) | 1.07 | 6.95% | 7.71% | 00:01:47 | 2.11 |
| 8. /browsed/index.html | **372** (0.75%) | 1.31 | 9.41% | 10.29% | 00:02:48 | 2.91 |
| 9. [illegible] | **371** (0.75%) | 4.01 | 20.22% | 10.55% | 00:06:19 | 7.86 |
| 10. [illegible] | **299** (0.61%) | 1.08 | 6.02% | 18.89% | 00:01:43 | 1.43 |

❶ トップページ
❷ ランディングページ
❸ 閲覧履歴のページ

ここからどのページでサイト内検索が行われたかがわかります。❶1位はトップページです。サイトに入ってきて、既に調べたいものが明確に決まっている場合です。❷2位の（entrance）は、サイト外から入って来た時のランディングページがサイト内検索結果ページだった場合を指します。つまり前のページは「サイト外」という場合に該当します。サイト内にいてもセッションが切れていれば（entrance）に含まれます。

**トップページ以外にも、どういったページでサイト内検索が発生しやすいのかを確認することは大切です。そのページではさらに商品（この場合は物件）を探すというニーズが高かったページと言えるからです。**❸例えば8位のページは「閲覧履歴」のページです。閲覧履歴を見るユーザーは物件をしっかり探している可能性が高く（通常「閲覧履歴」を見る訪問は見ない訪問よりコンバージョン率が高い傾向にあり）、真剣に物件を探していることがわかります。セカンダリディメンションを活用して、実際にどういったキーワードを活用しているかを確認してみましょう。

## サイト内検索結果データの活用方法3：「成果に繋がっているのか？」を分析し改善に活かす

キーワードと検索ページ、両方の観点で成果に繋がっている内容を探してみましょう。それぞれのレポートで「目標セット」を選ぶことでコンバージョン率をチェックできます。

ページ別のコンバージョン率を見ると、8位の「閲覧履歴」と9位のページが2桁台%と他ページと比較してコンバージョン率が高いことがわかります。

これらのページではサイト内検索のニーズがあり、コンバージョンに繋がりやすい可能性が高いので、よりわかりやすい位置に置く、あるいはサイト内検索キーワードの提案などを行うといった施策に繋がるかもしれません。

図5-8-4 コンバージョン率を確認する

| 開始ページ | 検索回数の合計 | サイト検索の目標コンバージョン率 |
|---|---|---|
| | 49,366 全体に対する割合: 100.00% (49,366) | 8.70% ビューの平均: 272.17% (-96.80%) |
| 1. /index.html | 12,495 (25.31%) | 3.41% |
| 2. (entrance) | 4,716 (9.55%) | 2.10% |
| 3. [illegible] | 2,521 (5.11%) | 1.94% |
| 4. /region/pf13/index.html | 1,297 (2.63%) | 2.70% |
| 5. [illegible] | 403 (0.82%) | 7.20% |
| 6. /region/pf27/index.html | 379 (0.77%) | 2.64% |
| 7. /region/pf14/index.html | 374 (0.76%) | 2.14% |
| 8. /browsed/index.html | 372 (0.75%) | 11.02% |
| 9. [illegible] | 371 (0.75%) | 14.02% |
| 10. [illegible] | 299 (0.61%) | 1.34% |

サイト内検索のデータは毎日見るものではありませんが、月に一度、あるいは四半期に1回程度チェックすることをオススメします。

キーワードはその時のニーズやトレンドによって変わるので、利用者の傾向をつかむのにも便利です。また、どういったニーズや思いをもってサイトを利用しているのか（そして何が成果に繋がるのか）を確認できる、ユーザーからの「入力」によって作られる数少ないレポートです。

検索キーワードとはイコールではないものの、**ユーザーのニーズを把握するためには欠かせない情報**です。

# Chapter 6

# サイト内のアクションとユーザー状態を分析する

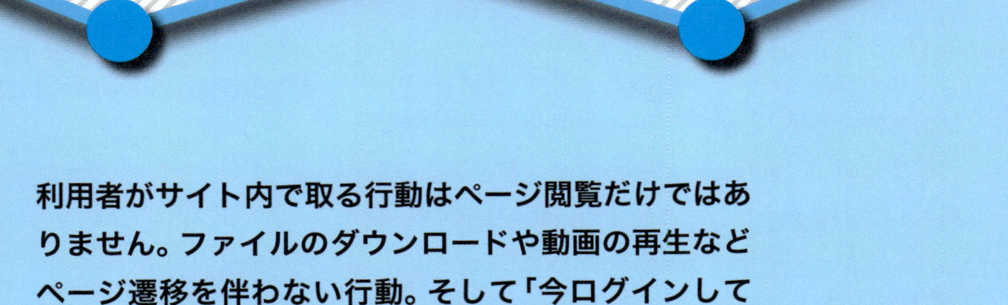

利用者がサイト内で取る行動はページ閲覧だけではありません。ファイルのダウンロードや動画の再生などページ遷移を伴わない行動。そして「今ログインしているのか」「ポイントを何ポイント持っているのか」といったユーザー状態を把握することも、分析と改善に役立ちます。本章ではこのようなデータをどのように取得し、分析していけば良いのかを紹介します。

Section ボタンのクリックなどを計測することは可能？

# 6-1 特別なユーザー行動を計測する：イベント機能の活用

使用レポート ▶▶▶行動 ➡ イベント ➡ 上位のイベント

Google アナリティクスは、基本的にページ単位でデータを見ることができます。しかし、ページ遷移を伴わない行動やアクションを見たいことも多いのではないでしょうか？　具体的なページ遷移を伴わない行動の例と、それら行動の取得方法を本Sectionでは学びましょう。

## 集計されないユーザー行動とは

Google アナリティクスのデータ集計は、基本的に「ページ」単位で行われています。最初に閲覧したページ、人気があるページ、そしてあるページから次にどのページへ移動したかなどを確認することが可能です。しかし、ユーザーがサイト内で行う行動はページの行き来だけではありません。Webサイト上の行動においてページ遷移を伴わない行動はたくさんあります。

### ● ページ遷移を伴わない行動の例

- ファイルのダウンロード
- ボタンのクリック（商品のお気に入り追加、電話ボタンなど）
- 動画の再生
- 画像の表示
- 外部サイトのリンククリック
- ソーシャルボタンのリンク
- 商品一覧の並び替え操作
- ページ内でのスクロール

これらは全て、ページ遷移とは関係ないユーザーによる行動です。しかし、これらの行動を計測することができれば、**よりユーザーがサイトをどのように利用しているか、そしてこれらの行動がコンバージョンに繋がっているかを把握する**ことができます。

Google アナリティクスには**「イベント」という機能があり、この機能を活用すると上記で紹介した行動データを全て取得することが可能**です。また上記以外にも、ページAからページBへのリンクが2か所ある場合、Google アナリティクスではどちらが何回押されたかはわかりませんが、「イベント」機能を使うことで区別が可能です。

図6-1-1 イベント機能の効用

通常の集計方法では
ページ間の遷移は把握できても
どちらのボタンがクリック
されたかはわからない
ページA
ページB
リンク 1
リンク 2
イベント機能を使えば
ボタンクリックを把握できる

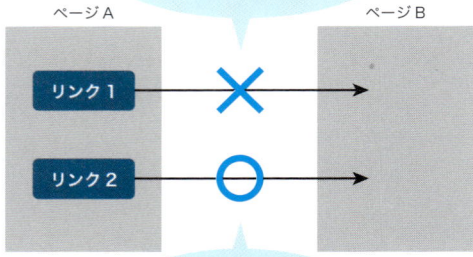

まずイベント機能とはどういったものなのかを紹介し、具体的な活用シーンを紹介していきます。

## イベント機能とは？

**ユーザーがサイトで行動をおこしたその時に、Google アナリティクスにデータを送る**機能です。Google アナリティクスに送ることができるデータは「4種類」あります。

### ● イベント機能で送信できるデータ

- カテゴリ（必須）
- アクション（必須）
- ラベル（任意）
- 値（任意。数値のみ設定可能）

どういったデータを送るかは、各行動で決める必要があります。固定値を入れることも可能ですし、「クリックしたURL」や「流入元」といった変数を設定することも可能です。

一番わかりやすい例として、「**リンクをクリックした**」という行動をどのように計測するかを見ていきましょう。この計測手法は、**外部リンクのクリックやファイルのダウンロードなどにも利用することができます**。

## Step 1.「イベントアクション」レポートの確認方法

Google アナリティクスでは**「イベント」のレポートがあり、作成したイベントで取得されたデータを確認することが可能**です。左メニューより❶「**行動➡イベント➡上位のイベント**」を開き、「プライマリディメンション」の中の❷「イベントアクション」レポートをクリックします。「イベントカテゴリ」や「イベントラベル」を見たい場合はプライマリディメンションを切り変えてください。

図6-1-2 イベントアクションレポート

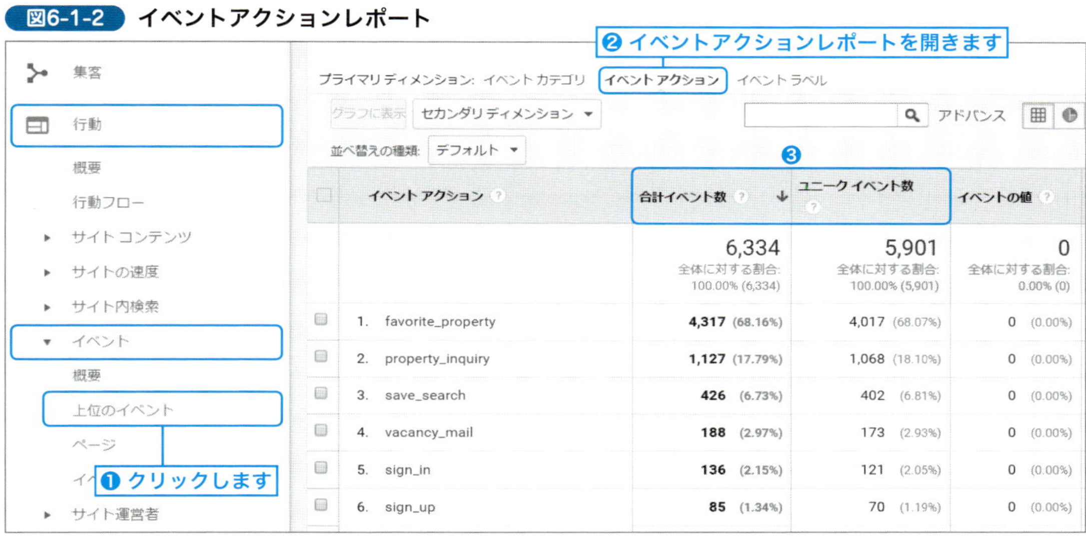


| | イベント アクション | 合計イベント数 | ユニーク イベント数 | イベントの値 |
|---|---|---|---|---|
| | | 6,334<br>全体に対する割合: 100.00% (6,334) | 5,901<br>全体に対する割合: 100.00% (5,901) | 0<br>全体に対する割合: 0.00% (0) |
| 1. | favorite_property | 4,317 (68.16%) | 4,017 (68.07%) | 0 (0.00%) |
| 2. | property_inquiry | 1,127 (17.79%) | 1,068 (18.10%) | 0 (0.00%) |
| 3. | save_search | 426 (6.73%) | 402 (6.81%) | 0 (0.00%) |
| 4. | vacancy_mail | 188 (2.97%) | 173 (2.93%) | 0 (0.00%) |
| 5. | sign_in | 136 (2.15%) | 121 (2.05%) | 0 (0.00%) |
| 6. | sign_up | 85 (1.34%) | 70 (1.19%) | 0 (0.00%) |

ここでは❸「合計イベント数」と「ユニークイベント数」を見ることができます。**同じ訪問内で同じリンクを2回クリックしていた場合、合計イベント数は2、ユニークイベント数は1というように計測されます**。

## Step 2. イベントを設計する

イベント機能を使うのであれば、**「どのアクションのデータを取得したいのか？」といった目的の整理から始める必要があります**。ネーミングルールや取得箇所を決めておかないと、後からわかりにくかったり、使い勝手が悪かったりする事態が発生してしまいます。

どのページでどういったイベントを取得しているかという管理表を作成することを強く推奨します。次のSectionでは具体的なページをピックアップして、どのような値を設定したら良いのか実例を紹介しますので、参考にしてみてください。

## Step 3. イベントを作成し、行動を計測する

自社サイトのあるページに、ファイルのダウンロードへのリンクがあるとしましょう。ファイルのダウンロードを計測するためには、ファイルのダウンロードを指定しているHTMLタグを編集する必要があります。該当ページのHTMLファイルを開き、ダウンロードのリンクが記載されている箇所を確認しましょう。以下のような記述になっているのではないでしょうか。

```
<a  href="リンク先のURL">リンクテキスト</a>
```

該当部分の記述を以下のような形に変更します。

```
<a href="リンク先のURL" onclick="ga('send', 'event', 'カテゴリ', 'アクション', '
ラベル', 値);">リンクテキスト</a>
```

このようにリンクをクリックしたとき（oncflick時）にデータを送るという内容になります、この中の「カテゴリ」「アクション」「ラベル」「値」を任意の内容に置き換えます。例えば、以下のように置き換えることができます。

```
<a href="リンク先のURL" onclick="ga('send', 'event', 'コンバージョン', 'ダウンロ
ード', 'this.href', 100);">リンクテキスト</a>
```

このように記述すると、リンクをクリックした時に、

- **カテゴリは「コンバージョン」**
- **アクションは「ダウンロード」**
- **ラベルは「クリックしたファイルのURL」（this.hrefというJavaScriptの記述を使用）**

・**値は「100」**

となります。値はクリックしたことでどれくらいの「金額価値があったのか」といった設定に利用できます。該当イベントを「目標」で設定すると**「行動➡イベント➡ページ」**のレポートなどで「ページの価値」として値が表示されるようになります。さらに、イベントを利用するにはいくつかの「仕様」を理解しておく必要があります。以下のPointにルールをまとめたので参考にしてください。

なお計測記述に関しては、このように直接リンクに書き込む方法もありますが、複数のリンクがある場合は設定の手間やミスが発生してしまうので、Googleタグマネージャーを使って一括で設定することが一般的です。Googleタグマネージャーでの設定方法に関しては付録2-3➡**P.441**で紹介していますので、あわせて参照してください。

### Point イベントの仕様

イベントを利用するための主な仕様は以下の通りです。

- イベントで取得する値は日本語も英語も利用可能です。
- 1回の訪問でイベントやページビューなどは、最大500回までGoogle アナリティクスはデータを受け付けます。これを超えるとその訪問内でのデータ集計は行われません(イベントをたくさん設定すると上限に到達するリスクがあります)。

**●参考URL　Google Developers「Googleアナリティクスのデータ収集上限」**
**https://developers.google.com/analytics/devguides/collection/analyticsjs/limits-quotas**

- タップやクリックの計測などはブラウザ依存により古いバージョンのブラウザ等では正しく取得できないケースもあり、100%の精度を保証するものではありません。
- サイトに流入し、1ページ目で外部リンクをクリックしてサイトを出ていった場合は、通常「直帰」扱いになります。外部リンクをクリックしたときにイベント計測を行った場合は、デフォルトでは「直帰していない」という扱いになります。これを今まで通り「直帰」扱いにしたい場合は、記述を以下のように変更する必要があります(Section4-5➡**P.198** を参照)。

```
<a href="リンク先のURL" onclick="ga('send', 'event', 'コンバージョン', 'ダウンロード', 'this.href', 100, {'nonInteraction':1});">リンクテキスト</a>
```

Section 商品の「一覧」と「詳細」ページでイベントを設定するとしたら？

# 6-2 イベント取得・実践編：一覧と詳細ページでイベントを活用する

使用レポート ▶▶▶ 行動 ➡ イベント ➡ 上位のイベント

前Sectionではイベントの設定方法を紹介しました。しかし、実際にどういった時にイベントを取得すれば良いのかをわかりやすく説明するために、「実践編」として「一覧」と「詳細」ページを例に、具体的にどういったイベントを取得するべきかを紹介します。ぜひ皆さんの設計の参考にしてください。

## 事例1：物件サイトでイベントを作成するなら？

ここからはイベント機能の実践編になります。具体的な例に基づき、イベントをどのように設計するかを考えてみましょう。

図6-2-1はある物件サイトの「一覧ページ」になります。筆者がもしこのサイトでイベント取得の設計をするとしたら、**以下の3つに関しては必ず計測したいと考えます。**

### 1. ページ遷移しない重要アクション

❶「お気に入り」「検索条件を保存する」「閲覧履歴」などは、クリックしてもページ遷移をしませんが重要アクションです。これらの機能が「どれくらい利用されているのか？」、また「利用した人は利用していない人と比較してお問い合わせ率が高いのか？」などをチェックします。

図6-2-1 このサイトでイベント設定をするなら？

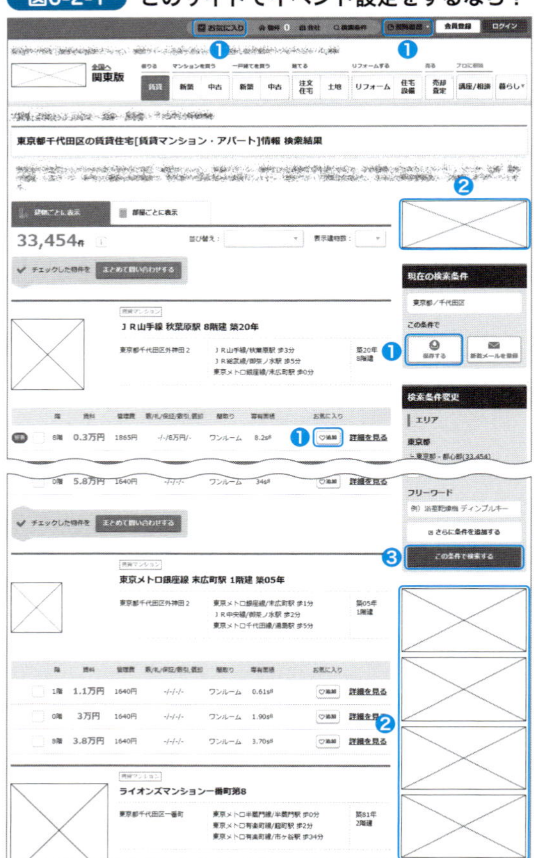

● **設定例**

●カテゴリ……お気に入り　●アクション……物件追加
●ラベル……お気に入り追加　●値……設定なし

## 2. クリックした広告の内容と掲載位置

❷右側のサイドバー右上にある枠と、右下にある4つの枠は広告枠になります。こちらの広告をクリックすると、掲載されている物件の物件詳細ページに飛びます。広告でイベント枠を設定しないと、検索結果から詳細ページに遷移したのか、広告から詳細ページに遷移したかがわからず、Google アナリティクス上での広告効果測定が難しくなってしまいます。

そこで、広告枠に関しては以下のような設定を行い、どの広告がクリックされたかを取得できるようにしておきましょう。

● **設定例**

●カテゴリ……広告　●アクション……詳細遷移
●ラベル……右サイドバー上部広告枠　●値……300

## 3. 「この条件で検索する」「検索結果の2ページ目以降を見る」リンクの利用

❸右サイドバーの下部に「この条件で検索」するというボタンがあります。こちらをクリックすると、その上で選択した条件に基づいて再検索が行われます。ページは再度読み込まれるため、ページビュー数は計測できるのですが、URLのパラメータ部分を除くとURLは一緒です。

そのためページ単位では「一覧ページを見た後に一覧ページを見た」という状態になってしまい、区別がつかなくなってしまいます。そこで区別をつけるためにイベントの利用をオススメします。

● **設定例**

●カテゴリ……一覧表示　●アクション……再検索
●ラベル……右サイドバー下部　●値……設定なし

## イベントはよく考えてから作成する

上記で紹介した3か所以外にも、実装をしっかり行えば「一覧の何個目の物件をお気に入りに追加した」「一覧の何個目の物件をクリックして詳細に遷移した」「保存した検索条件の情報（エリア名・絞り込み条件など）」「クリックした広告の物件ID」「再検索時にどの条件を選択したか」などを設定することも可能です。

しかし、**これらを実装して取得する場合は「それをどう改善施策に活かせるのか」を考える必要があります**。前述したとおり、1回のセッションで送れるヒット数は500件という上限があるため、何でもイベントを取得すればよいというものではありません。**とりあえず取得しておくという考え方はありますが、最初の実装や更新の手間も大変になってしまいます**。得られたデータを元に、分析と改善施策がイメージできるものだけを取得しましょう。



## 事例2：ECサイトでイベントを作成する場合はどうする？

次に、あるECサイトのスマートフォン向け「商品詳細」ページの一部を見てみましょう。

どのような設計をするかを考えてみます。

### 1.「カートに入れる」ボタン

❶複数ある「カートに入れる」ボタンの中でどれが一番クリックされているかを把握します。ページ内には複数のボタンが存在します。横幅の半分くらいの大きさのボタン、画面横幅いっぱいのボタン、画面スクロールに追尾する右下にあるアイコン。どれが一番利用されているかを把握することは、ボタンの位置を考える上でも大切です。

● **設定例**

- カテゴリ……購入
- アクション……カート追加
- ラベル……追尾アイコン（などリンクごとに変更）
- 値……設定なし

### 2. アコーディオン形式などで隠れているコンテンツ

❷「レビュー件数」の横に＋のアイコンがあり、こちらをクリックすると口コミを確認することができます。リンクをクリックしている人は、口コミをしっかり読んで商品の購入を真剣に検討しているのかもしれません。

スマートフォンでは縦長になりがちなため、ページの高さを短くするため、このようにコンテンツを隠した状態で最初に表

図6-2-2
このECサイトでイベント設定をするなら？

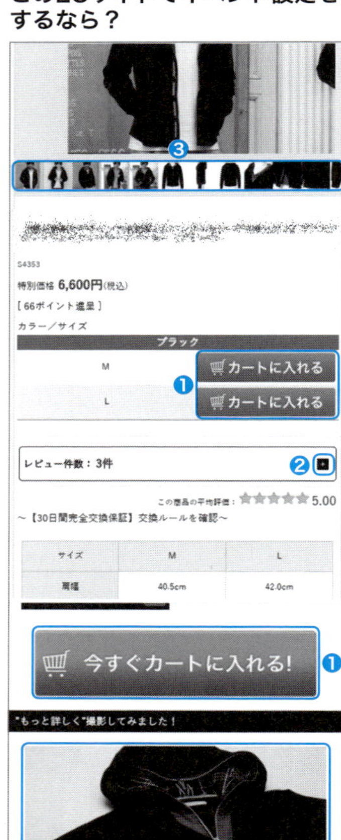

示するサイトは多いです。

それを利用者が気付き、「実際に利用しているのか？」、また「利用している割合は何％くらいなのか？」を確認するようにしましょう。

● **設定例**

- カテゴリ……レビュー
- アクション……レビュー表示
- ラベル……設定なし
- 値……設定なし

単純に表示をするという機能の利用で、ページ内に一か所しかないためラベルの設定はなくてもよいかと思います。ページ内に複数ある場合はラベルで区別がつくようにしましょう。

### 3. 商品画像のクリックを把握する

❸ページ上部には小さな画像（サムネイル）が並んでおり、クリックすると直上のエリアで拡大され表示されます。また、ページ下部の大きな画像もクリックすると、別ウィンドウで画像だけが表示されます。詳しく商品を見ようとしているユーザーは、これらアクションをしているのかもしれません。こちらも計測できるようにしておきましょう。

● **設定例**

- カテゴリ……画像表示
- アクション……サムネイルクリック
- ラベル……設定なし
- 値……設定なし

## カテゴリ・アクション・ラベルのルールを決める

今回紹介した方法は、カテゴリ・アクション・ラベルそれぞれ別の値が入っている形にしました。これを階層構造にして利用することも可能です。

● **階層構造の例**

- カテゴリ……画像表示
- アクション……画像表示_サムネイルクリック
- ラベル……画像表示_サムネイルクリック_商品ID

どちらの方法を使うにせよ大切なのはわかりやすさと、ルールが統一されていることの2点になります。ぜひ今回のような実例を参考に、イベント計測を行う前に方針やルールを事前に決めてから設計を行いましょう。

Section
ランディングページでイベントを設定するとしたら？

# 6-3 イベント取得・実践編：ランディングページでイベントを活用する

使用レポート ▶▶▶ 行動 ➡ イベント ➡ 上位のイベント

1ページで完結するタイプのページでは多くのユーザーが離脱をしてしまいます。ページの表示回数や離脱・直帰だけ見ていてもユーザーの動きをほとんど把握することができません。「ランディングページ」ページを例に、具体的にどういったイベントを取得するべきかを紹介します。ぜひ皆さんの設計の参考にしてください。

## 事例1：ランディングページでイベントを作成するなら？

図6-3-1は筆者の会社のセミナー告知ページです。イベントで取得するべき項目は大きく分けて4つを考えてみました。

### 1. どの内容に興味があるのか

❶11個のメニューの中で、どの内容を見たい割合が高いのか。クリックしたデータを取得すればユーザーのニーズが見えてきます。こういった縦長のページで目次やタブなどを利用して、ページの途中まで案内している場合はデータとして取得しておきましょう。

- カテゴリ……ページ内リンク
- アクション……ページのURL
- ラベル……クリックしたリンクの名称
- 値……設定なし

### 2. どちらの応募ボタンを押したのか

❷複数の応募ボタンがある場合、どのボタンを押したかを把握することは重要です。こちら

図6-3-1 このサイトでイベント設定をするなら？

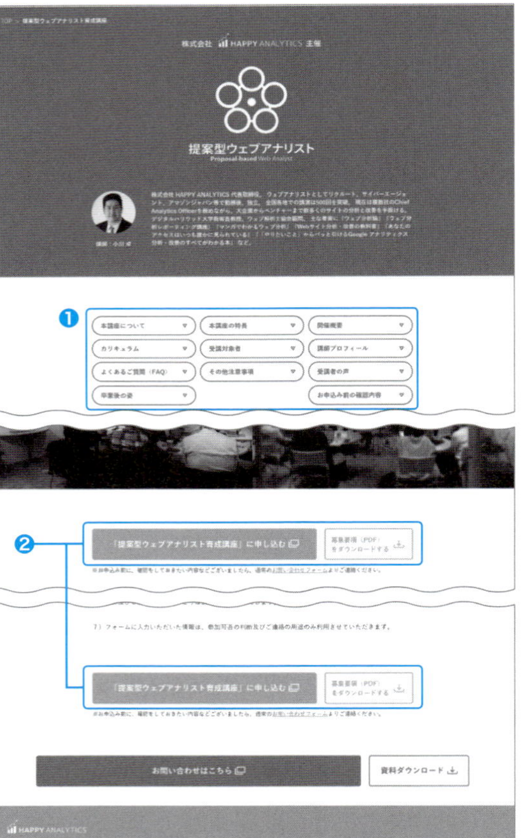

に関しては前Sectionの詳細ページで「カートに入れる」のどちらのボタンが押されたかを見た時と同じ考え方になります。そのタイミングで応募の気持ちが高まったということがわかるので、ボタンの直前のコンテンツの評価が高くなります。

- カテゴリ……申込ボタンボタンクリック　　アクション……ページのURL
- ラベル……クリックしたボタンの場所（上から順番に「1」「2」と数値を付ける、あるいは「上ボタン」「下ボタン」でも良いでしょう

## 3. ボタンの表示回数とクリック率の計測

こちらは読了率の機能（Section4-6➡P.203にて紹介。実装方法は付録2参照）を使います。上記（2.）でボタンの押された回数は取得できます。ラベルの発生回数（＝ボタンクリック数）を「**行動➡イベント➡上位のイベント**」で確認します。しかし、ボタンが表示されていなければそもそも押すことはできません。なのでユーザーのブラウザに表示された回数を取得しましょう。

ついでに、上記のクリック数と割り算して「クリック率」も出しましょう。

ボタンクリック数（2.で取得した数値）÷ ボタン表示数（3.で取得した数値）＝ クリック率

- カテゴリ……申込ボタン表示　　アクション……ページのURL
- ラベル……表示されたボタンの場所

## 4. 何秒以上の滞在

こちらに関してもSection4-6で紹介した機能を利用します。ページの内容を理解するのにかかるであろう最低の時間を定義し（例えば2分読めばだいたいわかるなど）、その時間が経ったらGoogleアナリティクスにデータを送ります。ページ別訪問回数と割り算すれば「理解率」のような指標を算出することができます。

- カテゴリ……ページ表示　　アクション……ページのURL
- ラベル……表示された秒数（例：120秒）

上記4つを紹介しましたが、他にもページに含まれる内容を元に取るべきデータを決めましょう。例えば何かしらのファイルがダウンロードできるのであればそのダウンロードを計測する（付録2にて実装方法を紹介）、YoutubeなどのPR動画を埋め込んでいる場合はその再生回数や視聴完了率（Section6-5の「イベント活用ガイド」参照）などを見るのも良いでしょう。1つのページで完結するからこそ、そのページ内での情報取得をぜひ工夫してみてください。

Section 6-4

「お気に入り」に商品を追加すると購入に繋がりやすい？

# イベント分析・実践編：利用とコンバージョンの関係をチェックする

使用レポート ▶▶▶行動 ➡ イベント ➡ 上位のイベント

イベント機能を使ってデータを取得するのは手段であって目的ではありません。取得したデータをどのように確認して、分析をすればよいのか。Google アナリティクスでの画面の見方と分析方法を紹介します。特にコンバージョンへの貢献を見ることは必須ですので、計測をしたら真っ先に確認しましょう。

## イベントの利用動向を分析する

イベントデータを取得できるようになったら、今度はその結果をレポート画面で確認し、分析と改善に活かしましょう。イベントでは大きく**「イベントの利用動向」と「イベントのコンバージョンへの貢献」を確認**しましょう。左のメニューより「**行動➡イベント➡上位のイベント**」をクリックしてレポートを開き、さらに見たい値の種類を選択します（図6-4-1）。

図6-4-1 イベントの利用動向

このように、どのイベントが利用されているかを確認することができます。**「値」を設定している場合は、その合計値と平均値にも数値が入ってきます。サイト全体のセッション数とユニークイベント数を割り算することで、訪問の何%がイベントを利用したかを把握**しましょう。

また「セカンダリディメンション」を活用して「行動➡ページ」を選ぶことにより、イベントがGoogle アナリティクスに送られたページとイベントのカテゴリ・アクション・ラベルなどを掛け合わせすることも可能です。図6-4-3は、セカンダリディメンションから「ページ」を追加し、「favorite_property」の文字列で絞り込んだ例となります。文字列での絞り込みは、❶「アドバンス」リンクをクリックし、❷絞り込みを行いたい文字列「favorite_property」を入力し、条件は❸「一致」、❹「ページ」、❺「含む」を選択し、❻「適応」をクリックしました。

**図6-4-2** 文字列で絞り込み

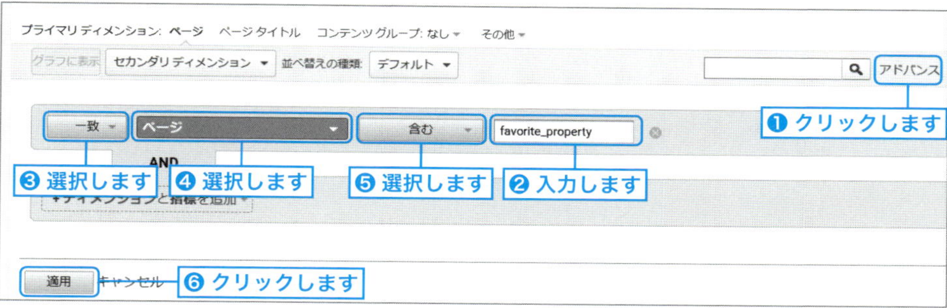


**図6-4-3** セカンダリディメンションで絞り込み

プライマリ ディメンション: イベント アクション　イベント ラベル　その他

イベントのカテゴリ・アクション・ラベルと掛け合わせられます

グラフに表示　セカンダリ ディメンション: ページ　アドバンス フィルタ有効

並べ替えの種類: デフォルト

ページで絞り込むことができます

| | イベント アクション | ページ | 合計イベント数 | ユニーク イベント数 |
|---|---|---|---|---|
| | | | 10,108<br>全体に対する割合: 40.17% (25,162) | 9,530<br>全体に対する割合: 40.83% (23,340) |
| 1. | favorite_property | /browsed/index.html | 239 (2.36%) | 224 (2.35%) |
| 2. | favorite_property | /favorites/index.html | 60 (0.59%) | 54 (0.57%) |
| 3. | favorite_property | /mypage/new_recommend/index.html | 36 (0.36%) | 32 (0.34%) |
| 4. | favorite_property | [illegible] | 24 (0.24%) | 24 (0.25%) |
| 5. | favorite_property | [illegible] | 18 (0.18%) | 12 (0.13%) |
| 6. | favorite_property | [illegible] | 16 (0.16%) | 16 (0.17%) |
| 7. | favorite_property | [illegible] | 14 (0.14%) | 14 (0.15%) |
| 8. | favorite_property | [illegible] | 12 (0.12%) | 12 (0.13%) |

こちらを利用すれば、どのページでの機能利用率が高いかを確認することができます。また、「合計イベント数÷ページビュー数」の計算式により、ページ表示時の機能利用率をページごとに出してランキングを作ることも可能です。

**Hint　ランキングの作り方**

ランキングを作るためには、本レポートの数値を「エクスポート」からExcel形式でダウンロードしましょう。そしてページ別のページビュー数を「**行動➡サイトコンテンツ➡すべてのページ**」から、同様にダウンロードしましょう。ページごとにイベント数とページビュー数を割り算することで利用率を見ることができます。

## イベントのコンバージョンへの貢献を確認する

イベントの利用動向を把握したら、次に大切なのはコンバージョンに貢献をしているかどうかを確認することです。**コンバージョンへの貢献が高い行動があるのであれば、「リンクの追加」や「レ**

**イアウトの変更」といった、機能利用をさらに促進するための取り組みができます**。また、複数のボタンがある中で、利用されていないボタンがあるのであれば、該当ボタンの見直し(デザインや掲載可否)に役立ちます。

しかし、先ほど紹介したレポートからもわかる通り、イベントのレポートでは(流入元やランディングページのように)コンバージョン数や率が表示されません。そこで「セグメント」を利用しましょう。

「+セグメントを追加」をクリックして、コンバージョンをしたというセグメントを追加します。「目標」で設定した全てのコンバージョンを対象にしたい場合は「コンバージョンが達成されたセッション」にチェックを入れて「適応」をクリックします。複数の目標を設定していてどれが1つを選びたい場合は新たにセグメントを作成しましょう。図6-4-4では作成したセグメント「XX問合せ」を利用した例になります。

図6-4-4 「問合せ」のセグメントを追加

| イベント アクション | 合計イベント数 | ユニーク イベント数 |
|---|---|---|
| すべてのユーザー | 18,446<br>全体に対する割合: 77.37% (23,840) | 17,136<br>全体に対する割合: 77.57% (22,092) |
| [illegible] 問合せ | 1,058<br>全体に対する割合: 4.44% (23,840) | 978<br>全体に対する割合: 4.43% (22,092) |
| 1. favorite_property | | |
| すべてのユーザー | 15,161 (82.19%) | 14,098 (82.27%) |
| [illegible] 問合せ | 964 (91.12%) | 896 (91.62%) |
| 2. save_search | | |
| すべてのユーザー | 2,343 (12.70%) | 2,183 (12.74%) |
| [illegible] 問合せ | 58 (5.48%) | 50 (5.11%) |
| 3. vacancy_mail | | |
| すべてのユーザー | 691 (3.75%) | 639 (3.73%) |
| [illegible] 問合せ | 20 (1.89%) | 16 (1.64%) |

こちらを利用すると、イベントごとにコンバージョンに繋がった合計イベント数やユニークイベント数を見ることができます。**ユニークイベント数の数値を割り算すれば、機能ごとのコンバージョン貢献を見ることができます**。実際に図6-4-4のイベントを例に計算してみましょう。

### ● コンバージョン貢献率　計算式

- favorite_property(お気に入り追加)……… 896 ÷ 14098 = 6.36%
- save_search(検索条件の保存)………………… 50 ÷ 2183 = 2.29%
- vacancy_mail(新着メールの登録)…………… 16 ÷ 639 = 2.50%

この3つの機能の中では、「お気に入り追加」が最もコンバージョン率が高い事がわかります。そして、このコンバージョン率をサイト全体のコンバージョン率（あるいは、より厳密には機能を利用していない訪問のコンバージョン率）と比較をしてみましょう。サイト全体のコンバージョン率より高い場合は、機能の利用促進を促すことがコンバージョン率の改善に繋がるかもしれません。



## Column さらに詳細な分析をするためのTips

イベントとコンバージョンの関係をより精緻に見るために、以下2つの方法についても理解をしておきましょう。

### ■イベントとコンバージョンの順番を考慮する

「コンバージョンした訪問」のセグメントを利用する場合、イベントとコンバージョンの順番は考慮されません。同訪問内で、「イベント計測→コンバージョン」あるいは「コンバージョン→イベント計測」のどちらでもセグメントの条件には合致します。イベントの種類に応じて（コンバージョン前に発生しやすいのか、発生しにくいのか）、この方法が適切かを判断してください。もし、順番も考慮したいという場合は、セグメントの「シーケンス」機能を利用して、「イベント計測の後にコンバージョン達成」というセグメントを作成し、その訪問回数を取得しましょう。

### ■ユーザー単位でイベントを分析する

今回のセグメントはあくまでも「セッション単位」で見ています。しかし、ユーザー単位で見たほうが良いイベントもあります。前述の「新着メールの登録」もそれに該当します。新着メールを登録し、そのメールが後日届き、サイトに訪れて問い合わせをした場合は、新着メールの登録が問い合わせの成果としてみなされません（別セッションになるため）。イベントとコンバージョンの間に期間が発生しそうなものは、セグメントの「シーケンス」機能を利用して、「ユーザー」単位のセグメントを作成しましょう。

以下の図は、❶「シーケンス」で❷「新着メールの登録」後に❸「問合わせ」をした❹「ユーザー」を設定した例です。「セグメント名」はわかりやすい名称（例えば「新着メール登録後に問合せしたユーザー」）を付けましょう。

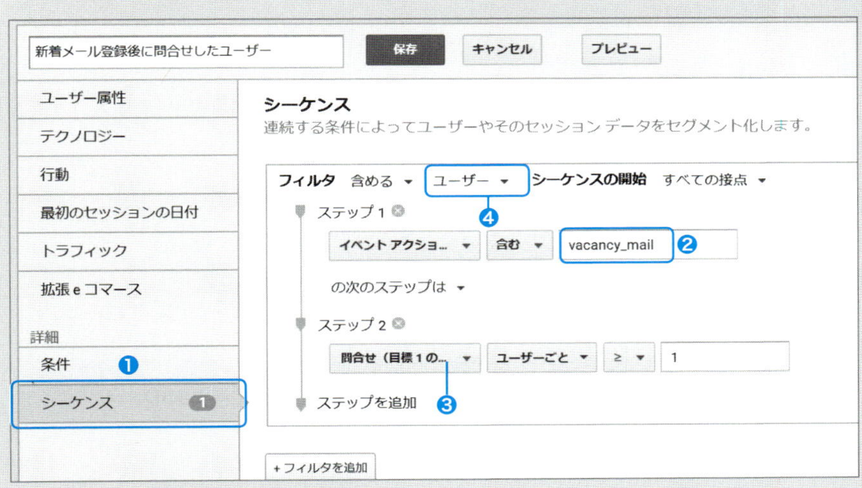

Section 6-5 スクロール計測や動画再生、メルマガ開封なども取得できる?

# こんな使い方でもできる! イベント活用ガイド

使用レポート ▶▶▶ 行動 ➡ イベント ➡ 上位のイベント

イベントの活用方法は多岐にわたります。本Sectionで紹介する内容は「こんなデータもイベントを使えば取得できる」といった例になります。ただし、いずれも実装やJavaScriptなどの理解が必要となります。興味がある計測があれば、ぜひ社内エンジニアや制作会社に相談して実装を進めてください。

## 自社サイトに適したイベントを取り入れよう

イベントは様々な「アクション」を取得することができます。ここでは、どういったイベント活用シーンがあるのかを紹介します。具体的なコードなどに関しては参考のリンク先に譲る形とし、まずはどういったことが可能なのかを把握し、自分のサイトで役立たせることができるかどうかを考えてみましょう。

前述の通り、1回の訪問で送れるヒット数に上限があるため、なんでもかんでも取得する必要はありません。また、取得する内容が増えれば増えるほど管理が大変になるため、**必要な情報のみに絞り込みましょう**。

## 1. スクロールを計測する

ページの表示だけではなく、スクロール量や割合を分析するためにイベントを利用することができます。**スクロール計測に関しては2種類の考え方**があります。

**Ⓐ どこまでスクロールしたかを計測したい(=スクロール率)**
**Ⓑ 特定の位置までスクロールしたことを検知したい(=読了率)**

両方の手法を、筆者が書いた記事で紹介していますので、ご覧ください。

15分で設定完了! Google Tag Managerで記事の「読了率」と「スクロール率」を取得しよう【小川卓のブログ分析入門 第2回】
**https://blog.hatenablog.com/entry/2018/02/28/143000**

## Ⓐ どこまでスクロールしたかを計測したい

100ページビューに対して、ページ全体の25％までスクロールしたページビュー数が62、最後までスクロールしたページビューは24……といったようなデータを取得したい場合に利用します。ユーザーの傾向を把握したい場合に利用することをオススメします。

**図6-5-1** 筆者のブログでのスクロール計測例

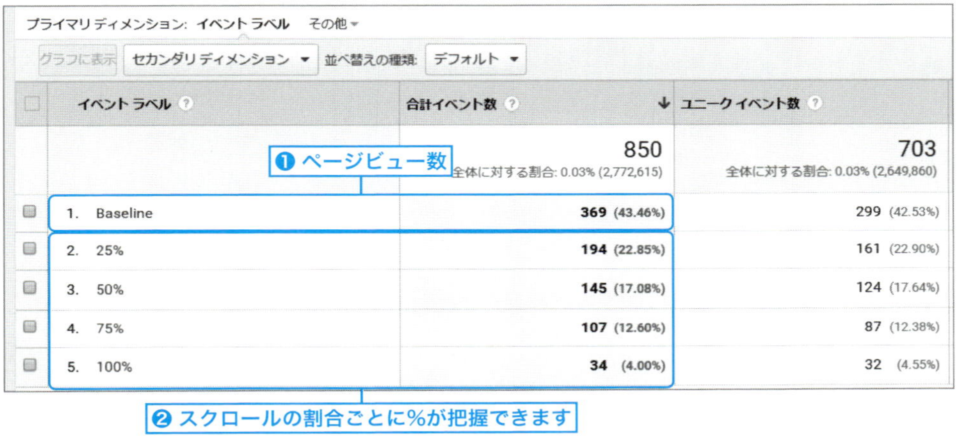

プライマリディメンション: イベント ラベル　その他

グラフに表示　セカンダリディメンション　並べ替えの種類: デフォルト

| | イベント ラベル | 合計イベント数 | ユニーク イベント数 |
|---|---|---|---|
| | | 850<br>全体に対する割合: 0.03% (2,772,615) | 703<br>全体に対する割合: 0.03% (2,649,860) |
| | 1. Baseline | 369 (43.46%) | 299 (42.53%) |
| | 2. 25% | 194 (22.85%) | 161 (22.90%) |
| | 3. 50% | 145 (17.08%) | 124 (17.64%) |
| | 4. 75% | 107 (12.60%) | 87 (12.38%) |
| | 5. 100% | 34 (4.00%) | 32 (4.55%) |

❶ ページビュー数

❷ スクロールの割合ごとに%が把握できます

図6-5-1の例では、❶「Basline＝ページビュー数（369件）」となり、❷そのうちページ全体の25％の位置までスクロールしたのが194件という計測方法になります。％の刻みを変えたり、ピクセル数を表示したりすることも可能です。

## Ⓑ 特定の位置までスクロールしたことを検知したい

ブログ記事やコンテンツのようにページの長さが違う場合、大切なのは何％までスクロールしたのかではなく、「読了率」になります。つまり、記事の最後まで表示されたらGoogle アナリティクスにデータを送り、イベントで計測するという考え方です。

図6-5-2 記事ごとの記事読了回数の計測例

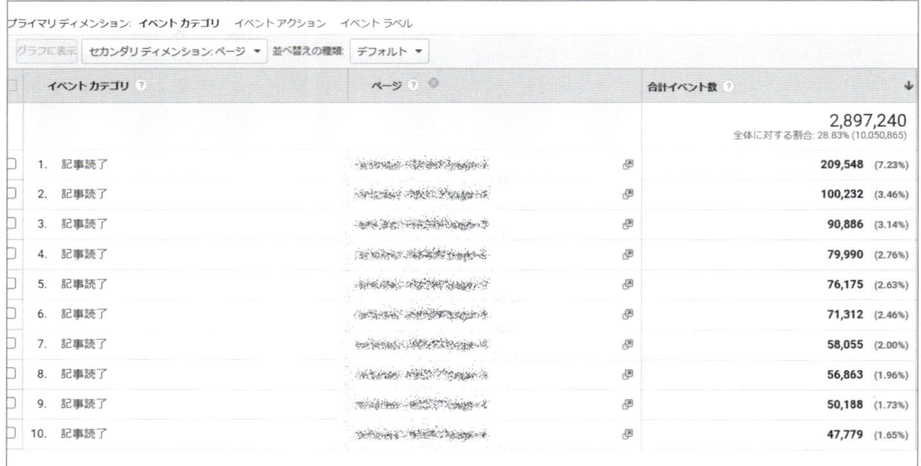

プライマリディメンション: イベントカテゴリ　イベントアクション　イベントラベル

グラフに表示　セカンダリディメンション: ページ　並べ替えの種類: デフォルト

| | イベントカテゴリ | ページ | 合計イベント数 |
|---|---|---|---|
| | | | 2,897,240<br>全体に対する割合: 28.83% (10,050,865) |
| 1. | 記事読了 | | 209,548 (7.23%) |
| 2. | 記事読了 | | 100,232 (3.46%) |
| 3. | 記事読了 | | 90,886 (3.14%) |
| 4. | 記事読了 | | 79,990 (2.76%) |
| 5. | 記事読了 | | 76,175 (2.63%) |
| 6. | 記事読了 | | 71,312 (2.46%) |
| 7. | 記事読了 | | 58,055 (2.00%) |
| 8. | 記事読了 | | 56,863 (1.96%) |
| 9. | 記事読了 | | 50,188 (1.73%) |
| 10. | 記事読了 | | 47,779 (1.65%) |

ⒶとⒷの2つのスクロールで得られる気付きは違うため、どちらを利用するかを決めましょう。併用も可能ですが、ヒット数が増えてしまうため注意が必要です。

## 2. ページが特定の時間表示されたことを計測する

ページをスクロールしたとしても、しっかり読んでスクロールした人と、ページ表示2秒後にスクロールした人では理解度合いも違うでしょう。そこで、イベントを活用して特定の時間、ページを開いていた場合にイベントでデータを取得（滞在時間の計測）することをオススメします。

### ● ページが表示された時間を取得する方法

「記事が『しっかり読まれている』かを確認するために、Google アナリティクス「ページ表示時間」を計測する」
https://www.jbpress.co.jp/articles/-/42

## 3. 画像やバナー等が表示されたことを計測する

ページを読み込む際に画像もあわせて読み込まれますが、スクロールしないと見ることができない、つまりファーストビューにない画像に関しては本当に見られているか判別することができません。しかし、**イベントを利用することで「画像」が表示された時に、Google アナリティクスにデータを送ることができます**。

画像のクリックとあわせて使用することで、「クリック数÷ページビュー数」ではなく、「クリック数÷表示数」での（より精度の高い）クリック率を取得することができます。ページ内に広告も含め、画像を活用している場合はこちらの計測手法を利用すると良いでしょう。

● **Google Analyticsのイベントトラッキングでバナーのインプレッション数を計測する**

https://www.tam-tam.co.jp/tipsnote/seo/post11244.html

## 4. 動画の再生や再生時間を計測する

**動画に関してもイベントを活用することで計測が可能になります**。他の計測と比べて実装に注意が必要なものの、videoタグで埋め込んだ動画の計測、YouTube iframe APIで埋め込んでの動画の計測が可能です。なお、YouTube動画のより詳細な分析を行いたい場合は、YouTubeの公式分析サービス「YouTube Analytics」を利用しましょう（ただしGoogle アナリティクスとのデータ連携はできません）。

● **videoタグで設置した動画が再生された回数をアナリティクスでカウントする**

http://mori-coding.blog.jp/archives/8189375.html

● **Google AnalyticsでYoutubeの動画がどれだけ再生されたかを分析する**

https://qiita.com/ssaita/items/6e831f054b9026e086f8

## 5. HTMLメールマガジンの開封を計測する

Google アナリティクスの利用はWebサイトに留まりません。Google アナリティクスにデータを送ることができれば、Webサイト以外の計測も可能です。こちらを利用すれば**メールマガジンの開封を計測することができます**。

Google アナリティクスでは<img>タグ（画像表示用のタグ）を利用して画像が表示された時にデータを送ることができます。HTMLメールマガジンに「1x1ピクセル」の空白画像を入れるなどして、メールが開封されたタイミングでGoogle アナリティクスにデータを送りましょう。例えば

- イベントカテゴリ…………メール
- アクション……………………開封
- ラベル……………………………配信日やメルマガ名

などを入れると良いでしょう。

● **メール トラッキング - Measurement Protocol**

https://developers.google.com/analytics/devguides/collection/protocol/v1/email?hl=ja

● **メルマガの開封・クリックをGoogleアナリティクスで測定する方法**

https://www.cuenote.jp/library/marketing/analytics-mail.html

## まとめ

このようにイベントを使うと様々なデータを取得することが可能です。しかし、「できそうだから取得する」という事はオススメしません。設定の手間がかかるので、時間の無駄に終わってしまう可能性もあります。

自社サイト改善のために必要なデータかどうかを確認した上で、取得するかを検討しましょう。

Section 6-6 ログインしている人としていない人でサイト内行動は違う?

# ユーザーの状態を取得して分析する：カスタム定義の活用

使用レポート ▶▶▶管理 ➡ プロパティ ➡ カスタム定義 ➡ カスタムディメンション
▶▶▶カスタム ➡ カスタムレポート

**ユーザーの「行動」を計測する方法として、イベントを紹介しました。しかし行動を伴わないデータを取得する事はできません。そこで用意されているのが「カスタム定義」という機能です。カスタム定義を活用すると、行動を伴わない任意の情報が取得できます。カスタム定義で何ができるか、そして取得方法を確認しましょう。**

## ログイン・未ログイン状態を取得するには？

本章ではページ単位でデータを取得する以外にユーザーの「行動」を計測する方法として、イベントを紹介してきました。しかし、イベントだけではサイトのユーザー情報を全て把握することができません。イベント機能ではその人が「ログインしている」、あるいは「ログインしていない」という情報はわかりません。このような**行動を伴わない情報をイベントは取得することができない**のです。

そこで用意されているのが「**カスタム定義**」という機能です。具体的には以下のような情報を（実装・設定すれば）取得できるようになります。

● **カスタム定義で取得できるユーザーの情報**

- ログイン有無
- 所持ポイント数
- 検索結果件数
- 記事の執筆者ID
- 記事のカテゴリ
- 商品の詳細情報（値段・在庫有無など）
- 口コミの数や点数

**イベントとは違い、ユーザーの何かしらの「行動」を取得するのではなく「状態」を取得できることが大きな違い**です。それでは、この機能についてもう少し詳しく見てみましょう。

## カスタム定義とは？

カスタム定義とは（通常は）、ページ読み込み時のタイミングでGoogle アナリティクスに任意の情報を送るための機能です。また、**カスタム定義は2種類に分かれ、「カスタムディメンション」と「カスタム指標」になります**。ディメンションと指標の違いについては付録3➡P.463～464の解説に譲りますが、ディメンションでは集計が必要ない「文字列」を取得することが多く、「指標」に関しては集計（合計や平均）などを見るために「値」を取得することが多いのです。**例えば、カスタムディメンションでは「ログイン有無」を取り、カスタム指標ではレビューの「点数」を取得します**。

## カスタム定義を作成する

**利用するためには、画面上での設定と記述の追加が必要**となります（イベントの場合は特に画面上の設定は必要ありません）。まずは設定ですが、Google アナリティクスの左メニューより「管理」画面へ進み、どういったデータを取得するかを登録します（図6-6-1）。

図6-6-1 カスタム定義

❶「プロパティ」欄にある「**カスタム定義➡カスタムディメンション**（あるいは「カスタム指標」）」のレポートにアクセスします。❷「＋新しいカスタムディメンション」のボタンをクリックし、❸「名前」「範囲」「アクティブ」を入力します。名前は画面上で表示される変数名、範囲は表6-6-1を参照してください。該当ディメンションを使う場合は「アクティブ」のチェックを入れておいたままで大丈夫です（通常、外すことはないと思われます）。

図6-6-2 条件を設定する

**表6-6-1** カスタムディメンションの「範囲」

| 範囲 | 意味・利用例 |
|---|---|
| ヒット | ページやアクセス単位ごとに値の取得を行いたい場合。【例】ページごとに口コミ件数を取得するなど |
| セッション | 訪問ごとに値の集計を行いたい場合。【例】ログインか未ログインか。訪問内で値が変わった場合は、その訪問時の値は最新の値に上書きされます |
| ユーザー | ユーザーごとに集計を行いたい場合。【例】初回購入日・会員IDなど |
| 商品 | 商品が変わるごとに集計を行いたい場合（商品IDを計測している場合に利用）。【例】商品ごとにページ表示時の在庫あり・なしなど |

※上記の仕様について詳しく理解されたい方は公式ページを参照してください。
https://support.google.com/analytics/answer/2709828?hl=ja

設定が終わると❹番号が付与されます（図6-6-3）。この番号は実装時に必要となります。例えば、口コミ件数を取得する場合は「3」を利用します。

**図6-6-3** 設定完了

| カスタムディメンション名 | インデックス | 範囲 |
|---|---|---|
| ログインID | 1 | ユーザー |
| 契約ステータス | 2 | ユーザー |
| 口コミ件数 | 3 | ヒット |

+新しいカスタムディメンション　検索

❹ 実装時に必要な番号が付与されます

## カスタム定義を実装する

実装に関しては、Googleタグマネージャーのところでも触れますが、**直接ページ内に記述する場合は以下のような記述を使います**。Google アナリティクスへの追加方法は付録1-1➡P.398をご覧ください。

```
ga('create', 'UA-XXXX-Y', 'auto');
ga('set', 'dimension3', '12');
ga('send', 'pageview');
```

ここではdimesion3に「12」という値が入っています。これは、口コミ件数が「12件」であったことを意味しています。この値に関しては、ページ表示時に実際の口コミ件数を取得してセットする必要があります。そのため正しい値が入るような実装が必要です。ページ上にこの情報が既に出ていれば比較的取得を行いやすいので、社内エンジニアや制作会社の方に相談をしてみるのが良いかもしれません。なお、Googleタグマネージャーを利用する場合は、データレイヤーに値を出力する方法を推奨します。詳しくは付録2-3➡P.451をご覧ください。

# Google アナリティクスでの確認方法

Google アナリティクスで**カスタムディメンション（あるいは指標）は、通常のメニューの中に用**

**意されておらず、左メニューより「カスタム➡カスタムレポート」と進んで、項目を選択する必要があります。**例えば「口コミ」なら、カスタムレポートの作成画面で❶「＋ディメンションを追加」をクリックし、❷名称で検索すると表示されるので、そこから追加してレポートを作る形になります。

図6-6-4 カスタムレポート作成画面

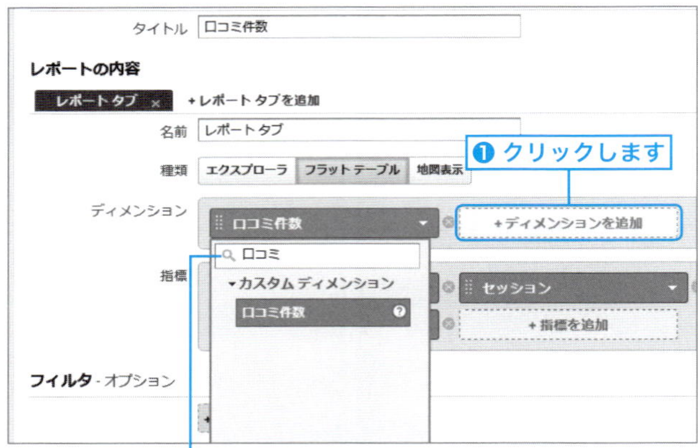


カスタム定義は分析の幅を大きく広げる便利な機能です。その代わり、しっかり実装を行う必要があり、「範囲」を決める必要もあるため、イベントと同様に事前に何を取るかを決め、取得する値も整理する必要があります。

次のSectionでイベントの時と同様に、どういうデータを取得するべきかを実例をもとに紹介いたします。

Section 検索結果件数によって、商品ページへの遷移率は変わるの？

# 6-7 カスタム定義取得・実践編：一覧と詳細ページでカスタム定義を活用する

使用レポート ▶▶▶カスタム ➡ カスタムレポート

前Sectionではカスタム定義の考え方を紹介しました。それでは具体的にどこでどういったデータを取得すればよいのでしょうか。イベント同様に設計をまず行う必要があります。6-2と同じ「一覧」と「詳細」ページを例に実践編として具体的な取得例と考え方を紹介します。ぜひ自社サイトでの取得の参考にしてください。

## 事例1：物件サイトでカスタム定義を作成するなら？

ここからはカスタム定義の実践編に入ります。実サイトを例に、具体的にカスタム定義をどのように設計するかを考えてみましょう。

図6-7-1はイベント取得の事例でも取り上げた、ある物件サイトの一覧ページになります。ここでどのようなカスタム定義が取得できるのかを考えてみましょう。

### 1. 検索結果件数

**まず、取得しておきたいのが❶「検索結果件数」です**。そもそも何件くらいの検索結果が表示されることが多いのか（その手前でどれくらいの件数に絞り込まれるのか）、また件数によってユーザーの行動が変わるのかどうかを分析するために役立ちます。

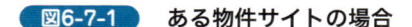

図6-7-1 ある物件サイトの場合

検索結果の件数により、商品詳細ページへの遷移率やコンバージョン率が高いのかどうかを把握することができます。件数が多い時に、適切な件数に絞り込むためのレコメンド機能などの施策に繋がるかもしれません。

## 2. ログイン・未ログイン状態

また❷ログイン状態に関しても（一覧ページに限らず）ですが、取得しておくと良いでしょう。**ログイン状態なのか未ログイン状態なのかによって、一覧ページの使い方が違うかどうかなどのチェックができます**。



## 3. 検索条件の指定状況

そして、❸検索条件をカスタム定義で取得するのも良いでしょう。一覧のページで、どのエリア・どの間取り・どういった賃料の物件が見られているかなどをセットする形になります。条件の種類が多く、それぞれにディメンションを用意するのは大変な作業なので、

- 施策に活かせる可能性がある。例えば、特集ページ作りの参考になりそうな気付きが得られそうなもの
- 物件を決めるのに重要だと思われる要素に絞り込んで取得する

という方針を決めて実行するのが良いのではないでしょうか。

図6-7-2

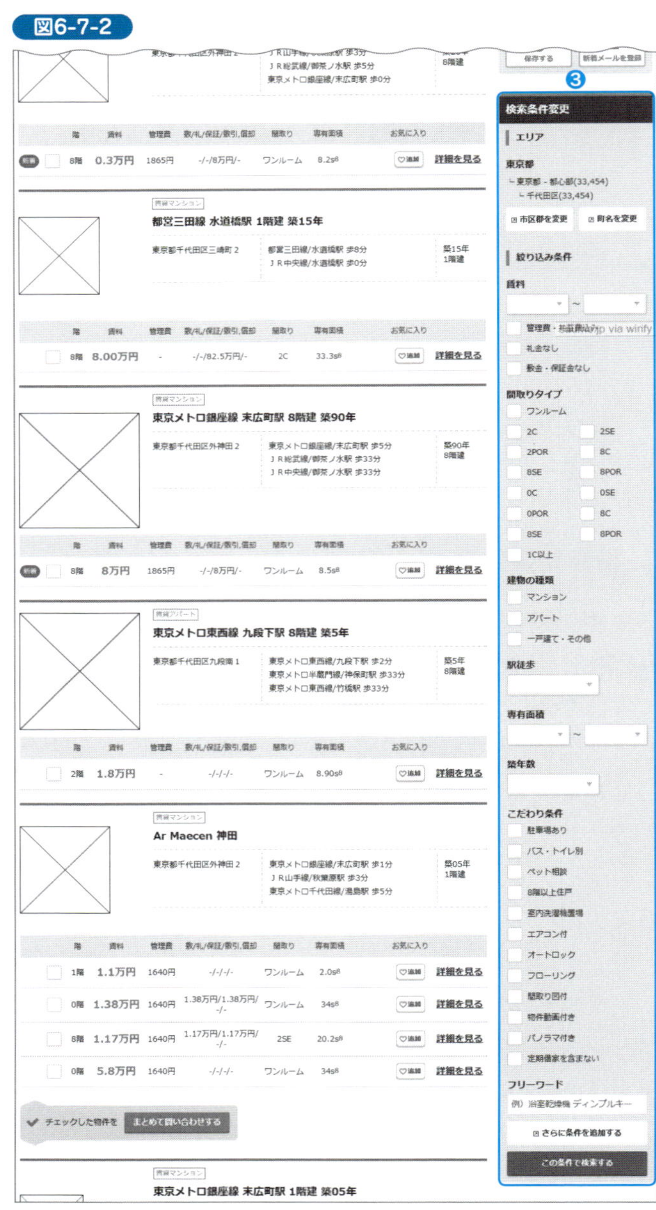


これまでの考えをまとめると、以下のような設定例が考えられます。

### ● カスタム定義の例

- **カスタムディメンション**…………名前：検索結果件数／範囲：ヒット／値の例：42
- **カスタムディメンション**…………名前：ログイン状態／範囲：セッション／値の例：ログイン
- **カスタムディメンション**…………名前：検索条件／範囲：ヒット／値の例：2DK, >50000, <10min

## 事例2：ECサイトでカスタム定義を作成するなら？

次は、ECサイトのスマートフォン向け「商品詳細」ページ（図6-7-3）で取得するべき情報について考えてみましょう。

### 1. 商品に関する情報

❶まずは**商品に関する情報を取得することをオススメします**。

**商品カテゴリ・商品の在庫ありなし・商品の値段・色・サイズなどが考えられます**。これらを取得しておくことにより、商品単体ではなくグルーピングした状態での閲覧やカートへの追加、コンバージョンなどの情報を見ることができます。ちなみに商品に関しては「拡張eコマース」（Section7-2➡P.314）というECサイト向けのカスタム定義を利用することができるので、そちらを利用するのも選択肢です。

### 2. 商品画像の枚数

❷あわせて**商品画像の枚数を取得しておいても面白いかもしれません**。画像が多いとコンバージョンに繋がるのか、あるいは特定の枚数以下だとコンバージョン率が大きく下がってしまう……といった特徴が読み取れるかもしれません。しきい値があれば、「最低その枚数だけの画像は必ず用意する」といったようなルール作りが可能かもしれません。

### 3. 口コミ情報

❸**口コミに関する情報も取得をしておくと良いでしょう**。ここでは主に「口コミ件数」「口コミの平均点数」が対象になります。この情報を取得することにより、これらの数や点数がコンバージョンにどれくらい影響があるのかを把握することができます。

図6-7-3 あるECサイトの場合

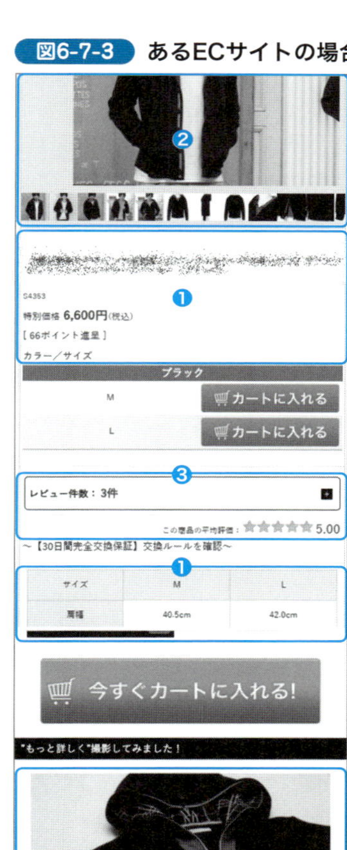

以上の考察をもとにすると、以下のようなカスタム定義の変数設計が良いのではないでしょうか。

## ● カスタム定義の例

- **カスタムディメンション**………名前：商品カテゴリ／範囲：ヒット／値の例：Tシャツ
- **カスタムディメンション**………名前：商品在庫ありなし／範囲：ヒット／値の例：在庫あり
- **カスタム指標**……………………名前：口コミ件数／範囲：ヒット／値の例：7
- **カスタム指標**……………………名前：口コミ平均点／範囲：ヒット／値の例：3.50
- **カスタム指標**……………………名前：商品画像枚数／範囲・ヒット／値の例：8



# 事例3：中古車の販売ページでカスタム定義を作成する

最後にもう1つ事例を見てみましょう。中古車の販売ページの詳細ページです。

ここでも取得できる情報はたくさんありそうですね。すでに2つの例を見ているので、ここでは箇条書きでポイントだけを紹介いたします。

## ● ポイント

❶評価点・外装評価・内装評価：評価点数によってCVが変わるのか

❷本体価格：どの価格帯のページがよく見られ、「見積依頼」や「お問合せ」に繋がっているのか

❸年式や走行距離：新しい車や走っている距離が短い車のほうが見積依頼されやすいのか

❹画像枚数：画像枚数によって滞在時間やその後の遷移率に影響があるか

❺タグ：ここでは「NEW」「展示」を指します。これらの有り・なしがお問い合わせに影響を与えているのか、また「NEW」があるのとないのでは、見られ方が違うのか

**図6-7-4** ある中古車販売店の場合

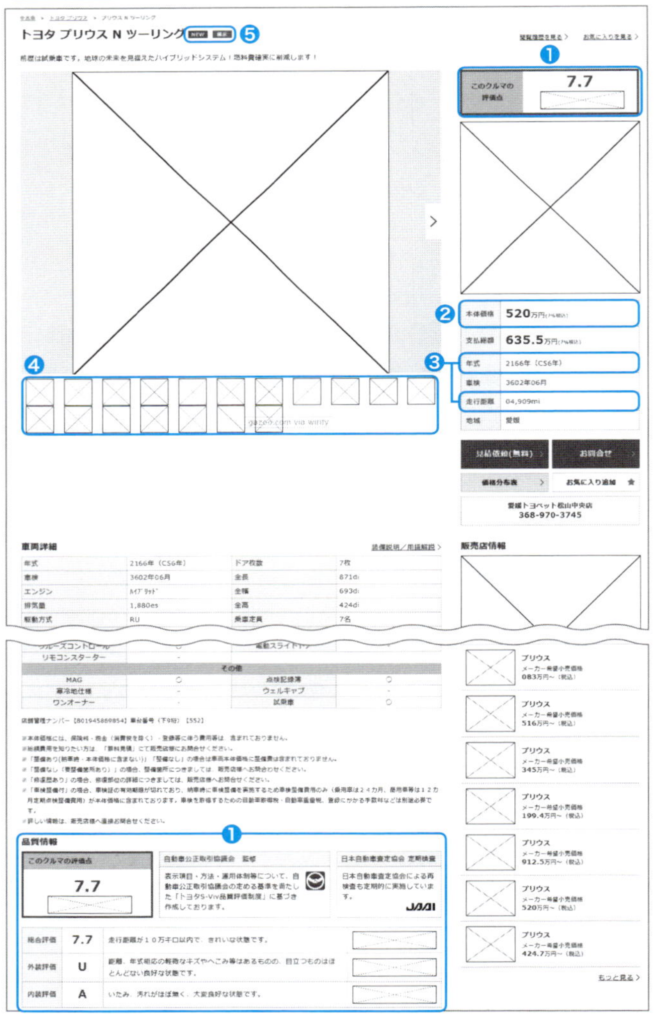

**データを取得する際に、ページ内に情報が既に表示されている(例：検索結果件数)場合はエンジニアに取って取得の難易度は下がります。**表示されていない情報は新たに取得の設定をする必要があるため難易度が高くなるかもしれません。

右側のコードは、ある不動産会社で取得しているカスタム定義の一例になります。コードは記載例で、必ずしもこのような書き方でなければいけないということではありません。コードの具体的な例に関しては付録2➡P.427で解説しています。見ての通り、物件に関する様々な情報を取得していますが、これらの情報の多くはページ上に元々記載されている内容のため、取得難易度は低くなります。

まずは、既にサイトに表示されている情報をもしGoogle アナリティクスで取得できれば、どのような分析に役立つかを考えてみましょう。

```
<!-- dataLayer -->
<script type="text/javascript">
/* <![CDATA[ */
var google_tag_params = {
    pagetype: 'product',
    prefecture: '広島県',
    city: '広島市佐伯区',
    locid: 'ＪＲ山陽本線',
    station: '五日市駅',
    itemid: '116253',
    pvalue: '未定',
    pvalue_high: '未定',
    distance: '15',
    floorplan: '2LDK、3LDK',
    exclusivearea: '60.20～71.17',
    totalnumber: '27',
    floor: '10',};
(後略)
```

Section どのカテゴリやライターの記事が一番人気なの？

# 6-8 カスタム定義取得・実践編：記事ページでカスタム定義を活用する

使用レポート ▶▶▶カスタム ➡ カスタムレポート

メディアやニュースサイトのように記事がたくさんあるページでは、記事に関する情報を取得することが大切です。URLやタイトルからではわかることが少なく、大量のURLを１つずつ見ていくことは現実的ではありません。カスタム定義を使って具体的な取得例と考え方を紹介します。

## 事例：記事ページで取得するべき情報

記事ページにおいて大切なのはURLを１つずつ見て評価していく事ではありません。特に大量の記事がある場合は現実的ではないでしょう。そこでカスタム定義を利用して、記事をグルーピングするために様々な情報を取得します。それではある記事を例にどういった情報を取得するべきかを見ていきましょう。

### 1. 日付の情報

❶どの日に記事が公開されたかを取得することしておく事は重要です。今月公開された記事のランキングや、公開から何日経っているかなどのレポートを作成する時に便利です。

URLに日付を特定する文字列が入っていない時に、この情報を取得しておかないと上記のような分析ができなくなります。

### 2. 著者名

❷著者名を取得することにより、著者単位での集計や分析が容易になります。著者1記事あたりの平均ページビュー数などを簡単にチェックできるため、複数ライターがいる場合の集計や評価も楽になるでしょう。

図6-8-1 ある記事ページの場合

## 3. カテゴリやタグ情報

❸記事が属しているカテゴリや付与されているタグ（記事の属性を表す単語）を取得しておきましょう。こちらも記事単位ではなく、カテゴリやタグ単位で評価したい時に便利です。どのカテゴリの記事が人気なのか、訪問が減ったり増えたりした時にはどのタグの記事が増えたのかを把握しやすくなります。

URLからは判別できないケースも多く、特に１つの記事に複数のタグが付与されている場合は、カンマ区切りなので全て取得しておくとよいでしょう。

## 4. 総ページ数と現ページ

❹記事が複数ページにまたがる場合、累計何ページの記事なのか、そして現在何ページにいるのかを把握しておくとよいでしょう。このデータを取得しておくことで、総ページ数ごとの読了率（イベントで読了率を取得し、カスタムディメンションで総ページ数を取得し掛け合わせる）を見ることも可能です。

あるいは何ページ目かのデータを元に次ページへの遷移率を見ることも可能です（３ページ目から４ページ目に移動した割合など）。ページを何分割に分けるかの参考情報としての活用もできます。

上記に紹介した以外にも「サブタイトル」や「ログインの有無」などを取得しても良いでしょう。

### ● カスタム定義の例

- **カスタムディメンション……… 名前：日付/範囲：ヒット/値の例：2020/04/01**
- **カスタムディメンション……… 名前：著者名/範囲：ヒット/値の例：小川卓**
- **カスタムディメンション……… 名前：タグ/範囲：ヒット/値の例：スポーツ, サッカー**
- **カスタムディメンション……… 名前：総ページ数/範囲：ヒット/値の例：5**
- **カスタムディメンション……… 名前：現ページ数/範囲：ヒット/値の例：2**
- **カスタムディメンション……… 名前：ログイン/範囲：セッション/値の例：非ログイン**

カスタム定義はユーザーの事を深く知るうえで欠かせない機能です。ぜひ皆さんも、今回紹介した例を参考に、自分のサイトならどういうデータを取得するかを考えて設計してみましょう。その時に大切なのは、何でも取得するのではなく、そのデータを分析や改善に活かせるイメージを事前に持てるかです。

# Section 6-9 口コミの点数が高いと購入率は上がるもの？

# カスタム定義分析・実践編：利用とコンバージョンの関係をチェックする

**使用レポート** ▶▶▶カスタム ➡ カスタムレポート

イベントと同様に、カスタム指標もデータを取得するのは手段であって目的ではありません。取得したデータをどのように確認して、分析をすればよいのか。カスタディメンションと値のそれぞれの分析例を紹介いたします。「自社だったらこのように分析するかも」とイメージしながら読み進めてみてください。

## 記事のページ数によって指標はどう変化するのか？

カスタム定義を活用した分析事例を紹介していきます。**カスタム定義のメインの活用方法の1つは、「どれくらい利用されているかの把握」と「コンバージョンとの関係性」を見るところにあります**。ここでは「記事のページ数に応じて、セッションがどう変化するのか」というカスタム定義のレポートを例に考察してみます。図6-9-1を見てみましょう。

**図6-9-1** カスタムレポートの作成例

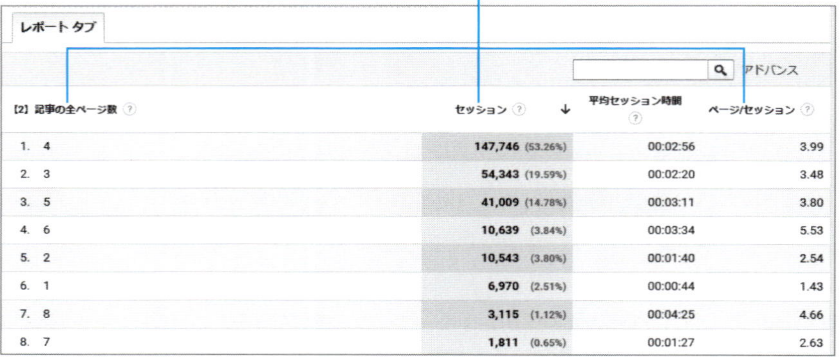
記事のページ数によって「セッション」や「ページ/セッション」がどう変化するのか確認しています
レポート タブ
アドバンス

| 【2】記事の全ページ数 | セッション | 平均セッション時間 | ページ/セッション |
|---|---|---|---|
| 1. 4 | 147,746 (53.26%) | 00:02:56 | 3.99 |
| 2. 3 | 54,343 (19.59%) | 00:02:20 | 3.48 |
| 3. 5 | 41,009 (14.78%) | 00:03:11 | 3.80 |
| 4. 6 | 10,639 (3.84%) | 00:03:34 | 5.53 |
| 5. 2 | 10,543 (3.80%) | 00:01:40 | 2.54 |
| 6. 1 | 6,970 (2.51%) | 00:00:44 | 1.43 |
| 7. 8 | 3,115 (1.12%) | 00:04:25 | 4.66 |
| 8. 7 | 1,811 (0.65%) | 00:01:27 | 2.63 |

こちらのレポートでは、「1つの記事が何ページあるのか」という指標によって、「平均セッション時間」や「ページ/セッション」がどのように変わるのかを確認しています。カスタムディメンションで「記事のページ数」を取得し、あわせて3つの指標をカスタムレポートで追加しました。

順不同になってしまっていますが、記事のページ数が増えるとやはり「ページ/セッション」や

「平均セッション時間」が伸びていることがわかるかと思います。こちらのサイトの場合は1ページで表示する文章の量がほぼ同じなので、このような形で比例する形式になっています。記事によって1ページあたりの文字数が違う場合は、また違った傾向が出るかもしれません。

このレポートに関してはセグメントをかけることができます。そこで「タブレットとPCのトラフィック」「モバイルトラフィック」でセグメントをかけたみたところ、図6-9-2のような結果になりました。

**図6-9-2 カスタムレポートにデバイス別のセグメントを掛け合わせた例**

❶ 3ページの場合「ページ/セッション」に大きな差は見られません

| 【2】記事の全ページ数 | セッション ↓ | 平均セッション時間 | ページ/セッション |
|---|---|---|---|
| 1. 4 | | | |
| タブレットと PC のトラフィック | 63,959 (51.95%) | 00:03:45 | 4.68 |
| モバイル トラフィック | 83,623 (54.28%) | 00:02:20 | 3.47 |
| 2. 3 | | | |
| タブレットと PC のトラフィック | 25,640 (20.82%) | 00:02:49 | 3.74 |
| モバイル トラフィック | 28,758 (18.67%) | 00:01:55 | 3.24 |
| 3. 5 | | | |
| タブレットと PC のトラフィック | 16,355 (13.28%) | 00:04:25 | 4.48 |
| モバイル トラフィック | 24,535 (15.93%) | 00:02:24 | 3.37 |
| 4. 6 | | | |
| タブレットと PC のトラフィック | 5,571 (4.52%) | 00:04:34 | 6.87 |
| モバイル トラフィック | 5,081 (3.30%) | 00:02:29 | 4.02 |
| 5. 2 | | | |
| タブレットと PC のトラフィック | 4,830 (3.92%) | 00:01:58 | 2.40 |
| モバイル トラフィック | 5,771 (3.75%) | 00:01:24 | 2.65 |
| 6. 1 | | | |
| タブレットと PC のトラフィック | 3,299 (2.68%) | 00:00:51 | 1.38 |
| モバイル トラフィック | 3,674 (2.38%) | 00:00:36 | 1.46 |
| 7. 8 | | | |
| タブレットと PC のトラフィック | 1,911 (1.55%) | 00:04:57 | 5.01 |
| モバイル トラフィック | 1,110 (0.72%) | 00:03:44 | 4.37 |

❷ 6ページの場合「モバイルトラフィック」が落ち込む傾向が見られます

傾向は似ていますが、モバイルは全般的に「平均滞在時間」が短く、「ページ/セッション」が短いことがわかります。また記事の全ページビュー数が増えるにつれ、「ページ/セッション」の差がデバイス間で広がっていきます。

例えば、❶3ページの記事の場合は「タブレットとPCのトラフィック」で3.74、「モバイルトラフィック」は3.24と、0.5ページ分の差があります。❷また、6ページの記事の場合は、「タブレットと

PCのトラフィック」で6.87、「モバイルトラフィック」は4.02と2.8ページ分の差があります。**これはスマートフォンのほうがページ間で離脱している可能性が高いと言えそうです。**スマートフォンの場合は、ページ数を少なくする工夫が必要かもしれません。

画面上からこのように気付きを発見することもできますが、データを「エクスポート」からExcel形式でダウンロードして加工したほうが、気付きは発見しやすいかもしれません。他の例も見てみましょう。



## 商品表示回数とコンバージョン率の関係を分析する

図6-9-3は、あるサイトのレビュー評点別の商品表示回数とコンバージョン率を表したデータになります。評点をカスタム指標で取得しています。

図6-9-3 製品表示回数（棒グラフ）とコンバージョン率（折れ線グラフ）

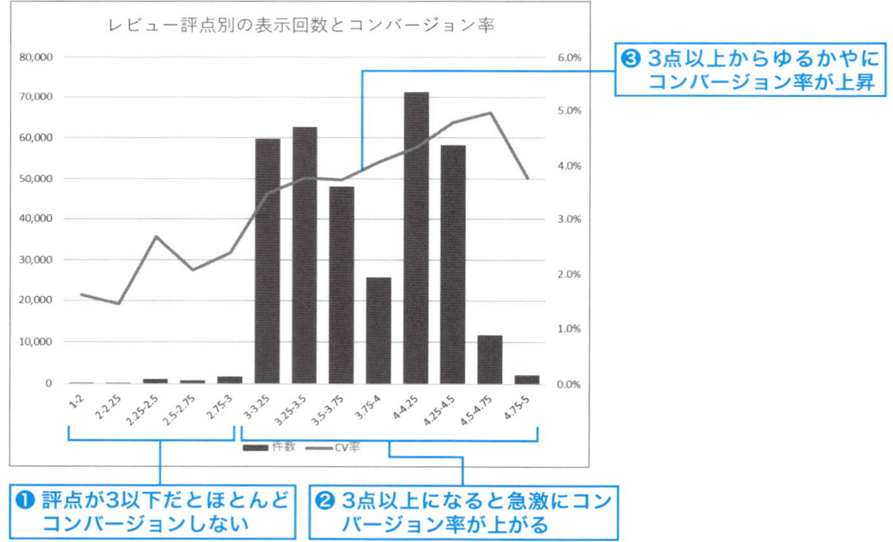


こちらのレポートを見ると、いろいろな気付きがあります。まず、**点数が3点より低い商品へのアクセスがそもそも少ない**ということです。これは単純に評点が少ない商品が少ない可能性もあるので、この期間での評点ごとの商品数などを別データで取得すれば、さらに気付きを深堀りすることが可能です。いずれにせよ、表示回数はかなり偏っていることがわかります。

また評点とコンバージョン率の関係を見てみると、いくつかの気付きがあります。❶まずは3点未満だとコンバージョン率が低く、❷3点になった瞬間にコンバージョン率が1.5倍程度上がるという事実です。そして、❸そこからは評点が上がると、ゆるやかにコンバージョン率が上がる傾向があります。ただし（件数が少ないのも要因かもしれませんが）、4.75～5点の場合は少しコンバージョン率が下がります。いずれにせよ、**利用者は最低限の評点はクリアしていることがコンバージョンの条件としては大切と言えそうです。**

## 閲覧記事カテゴリ同士の相関を見る

図6-9-4のレポートでは、メディアサイトで閲覧した記事ジャンルのデータになります。左側が訪問時に最初に見た記事ジャンル、上側が他のどの記事ジャンルを見たかというのが表示されています。

**図6-9-4 あるメディアサイトの閲覧記事ジャンルと遷移先のデータ**

| | | 遷移先 | | | | | | | |
|---|---|---|---|---|---|---|---|---|---|
| | | 国際 | 政経 | 国内 | ビジ | 産業 | ライフ | キャリ | 地域 |
| 遷移元 | 国際 | **62%** | 16% | 8% | 2% | 6% | 2% | 1% | 1% |
| | 政経 | 42% | **67%** | 28% | 6% | 15% | 3% | 1% | 2% |
| | 国内 | 36% | 54% | **70%** | 7% | 4% | 4% | 2% | 5% |
| | ビジ | 18% | 15% | 10% | **57%** | 6% | 4% | 6% | 2% |
| | 産業 | 64% | 61% | 20% | 10% | **75%** | 6% | 2% | 2% |
| | ライフ | 35% | 26% | 25% | 15% | 12% | **50%** | 5% | 4% |
| | キャリ | 11% | 9% | 11% | 14% | 3% | 7% | **60%** | 4% |
| | 地域 | 36% | 37% | 43% | 12% | 7% | 9% | 7% | **53%** |

例えば「国際」のジャンルを見た訪問は、同じ「国際」ジャンルの記事を見た割合が62%、「国際」の後に「政経」を見たのが16%となります。1回の訪問で3ジャンル以上見ていることもあるので、列の合計は100%を超えます。ジャンルをカスタムディメンションで取得しセグメントのシーケンス機能を使って数値を計算しています。

このデータから見えてくることがいくつかあります。1つは基本同じジャンルの記事を見ている訪問が多いということ。そして特定のカテゴリ同士で相性の良さがあるという事です。例えば「産業」であれば、複数記事を見た人の60%近くが「国際」や「政経」を見ています。ジャンル同士の相性が悪いものもあります。例えば「国際」を見た人が次に「ビジネス」を見るパーセンテージは2%と、ビジネスの列を縦に見ていく最も低いことがわかります。記事をレコメンドする際の重要なデータになるのではないでしょうか。

カスタムディメンションはGoogle アナリティクスでは通常気付けないことを発見する上で非常に便利な機能です。実装が伴うため検討は必要ですが、今までとは違った気付きを発見できるので、イベントとあわせて「何を取得しどう活かすか」を決めてから取り組んでみてはいかがでしょうか？

# Chapter 7

# コンバージョンと購入を分析する

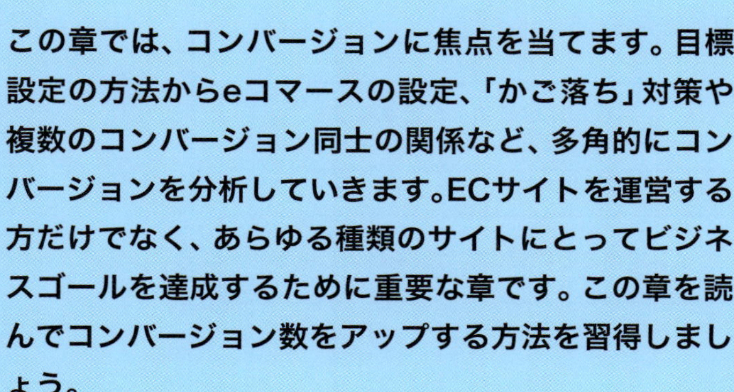

この章では、コンバージョンに焦点を当てます。目標設定の方法からeコマースの設定、「かご落ち」対策や複数のコンバージョン同士の関係など、多角的にコンバージョンを分析していきます。ECサイトを運営する方だけでなく、あらゆる種類のサイトにとってビジネスゴールを達成するために重要な章です。この章を読んでコンバージョン数をアップする方法を習得しましょう。

# Section 7-1 サイトの目標には何を設定すれば良いのか？
# サイト種別：目標の設定例と設定方法

使用レポート ▶▶▶コンバージョン ➡ 目標 ➡ 概要

**Google アナリティクスを使い始めたら、必ず目標設定をしましょう。と言っても「目標は何を設定すればいいのですか？」という読者の皆さんのために、サイトの種別ごとに具体的な目標設定を例示しました。また、Google アナリティクスでの目標設定の手順を詳細に説明します。**

## 目標設定の大切さ

Google アナリティクスのレポートを見るだけで満足していませんか？

筆者が講演などで申し上げるのは「**データを確認したり、分析したりする時間は会社に貢献しているわけではなく、改善をしてはじめて会社に貢献することができる**」ということです。Webサイトを運営する上では、サイト分析を行い、改善施策を打つことで「ビジネスゴール」(例えば、売上および利益のアップなどの会社の目標）を達成するという意志を持つことが大切です。

Google アナリティクスの**「コンバージョン」レポートは、その目標達成度合いを可視化するレポート**です。まずは目標を設定し、このコンバージョンレポートを使いこなすことが目標達成への第一歩です。「Google アナリティクスを使っているけれど、目標設定はしていない」という状態では、サイト改善はまだスタートラインに立っていないも同然です。まだ設定していない方は、ぜひこのSectionを読んで**目標設定を必ず行いましょう**。

図7-1-1 目標を設定しよう

目標設定は必須なんですね！
でも・・・何を設定すればいいのでしょうか？

サイト種別ごとに具体的に説明しましょう！

## KPIを検討しよう

注意が必要なのは、**会社の売上アップなどの「ビジネスゴール」だけがそのままGoogle アナリティクスの目標設定項目になるわけではない**、ということです。ビジネスゴールとは別に、目標達成に貢献する指標で、定期的に計測することができる「Key Performance Indicator（重要業績指標）」（以降、KPIと略す）を設定し、その**KPIもGoogle アナリティクスの目標として設定**しましょう。KPI設定方法の詳細は、本書の内容から外れるため、事例を紹介するにとどめます。具体的な設定方法に関しては、拙書『Webサイトの分析・改善の教科書（マイナビ出版）』『入門 Web分析論：増補改訂版（SBクリエイティブ社）』などをご覧ください。

図7-1-2 ビジネスゴールとKPIを目標とする

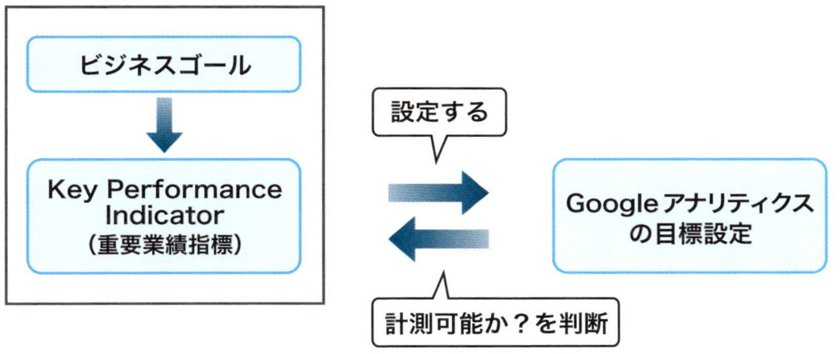


KPIを設定したら、Google アナリティクスの「目標（コンバージョン）」として設定します。

## Google アナリティクスでの具体的な目標例

Google アナリティクスでの具体的な目標設定例をサイト種別ごとに提示します。

ECサイトのように、サイト内で売上が発生するものもあれば、BtoBサイトのように、サイトの外で商談が行われ、成約に至って初めて売上が発生するものもあります。また、コーポレートサイトは売上に直接つながらない「認知・信頼」などの定量的には計測しづらい指標がビジネスゴールになることもあります。どんなサイトでも、**Google アナリティクスでは「サイト内の」「計測可能な」目標を設定するのがまずは鉄則**となります。そのため、以下から紹介する4つの例を参考に、担当サイトで何を目標に設定するかを考えてみましょう。Google アナリティクスで目標設定を行う際には、「ビジネスゴール」と「KPI」の両方を設定するようにしましょう。

**Hint　表の見方について**

表内の【】はGoogle アナリティクスの4つの目標タイプ（到達ページ・滞在時間・ページビュー数/スクリーンビュー数・イベント）を示します。設定時の参考にしてください。タイプの説明は「4つの目標タイプの違い」（➡P.307）にて後述します。

## 1. ECサイトの場合

ECサイトの場合、**商品の購入が最も重要なゴール**であることは間違いありません。売れた商品や売上を取得するためには、**eコマースという機能（Section7-2➡P.313）を利用し、売上に関する情報を取得**することが大切です。同じ購入でも、5,000円の商品の購入と、50,000円の商品の購入ではビジネスに与える影響は変わります。購入してもらうために、サイト内の重要な行動を目標設定するようにしましょう。また、購入だけではなく、その手前のチェックポイントになり得る「商品ページ閲覧」や「カートに商品を追加」といった目標も設定しておきましょう。

**表7-1-1** ECサイトの目標例

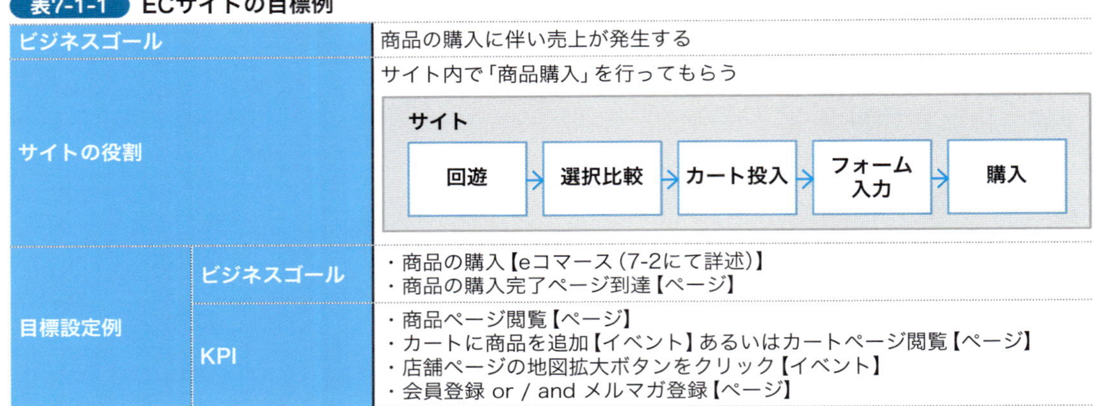

| ビジネスゴール | | 商品の購入に伴い売上が発生する |
|---|---|---|
| サイトの役割 | | サイト内で「商品購入」を行ってもらう<br>サイト<br>回遊 → 選択比較 → カート投入 → フォーム入力 → 購入 |
| 目標設定例 | ビジネスゴール | ・商品の購入【eコマース（7-2にて詳述）】<br>・商品の購入完了ページ到達【ページ】 |
| | KPI | ・商品ページ閲覧【ページ】<br>・カートに商品を追加【イベント】あるいはカートページ閲覧【ページ】<br>・店舗ページの地図拡大ボタンをクリック【イベント】<br>・会員登録 or / and メルマガ登録【ページ】 |

## 2. BtoBサイトの場合

**お問い合わせなどの「リード獲得」をゴールとすることが多い**のがBtoBのサイトです。Webのお問い合わせ完了はもちろんのこと、**電話に関してもなるべくGoogle アナリティクスで補足**できるように設計を行いましょう（例：スマートフォンで閲覧し、電話アイコンや電話番号をタップした時にGoogle アナリティクスにイベント機能を利用してデータを送るなど）。最終的なビジネスゴールはオフラインで発生しますが、どこから問い合わせした人が成約しやすいかを把握することで、お問い合わせの質を上げることができます。

**表7-1-2** BtoBサイトの目標例

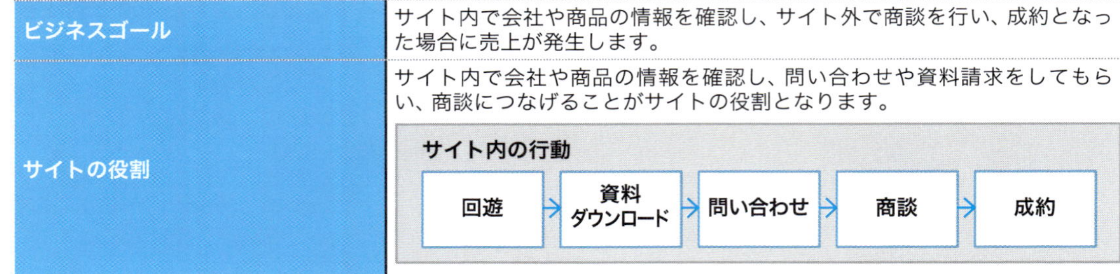

| ビジネスゴール | サイト内で会社や商品の情報を確認し、サイト外で商談を行い、成約となった場合に売上が発生します。 |
|---|---|
| サイトの役割 | サイト内で会社や商品の情報を確認し、問い合わせや資料請求をしてもらい、商談につなげることがサイトの役割となります。<br>サイト内の行動<br>回遊 → 資料ダウンロード → 問い合わせ → 商談 → 成約 |

| | | |
|---|---|---|
| 目標設定例 | ビジネスゴール | ・お問合せ数【ページ】<br>・お問合せ電話番号のクリック【イベント】 |
| | KPI | ・資料やカタログダウンロード【イベント】<br>・事例ページの閲覧【ページ】<br>・メルマガ登録【ページ】<br>・よくある質問の閲覧【ページ】 |

## 3. メディアサイトの場合

メディアサイトは**マネタイズの方法が多種多様なため、ビジネスモデルにあわせた目標設定**が重要になります。また、記事などを読んでもらえる訪問やユーザーを増やすことも大切なため、**記事閲覧に関連する指標**を目標として設定することを意識しましょう。

**表7-1-3** メディアサイトの目標例

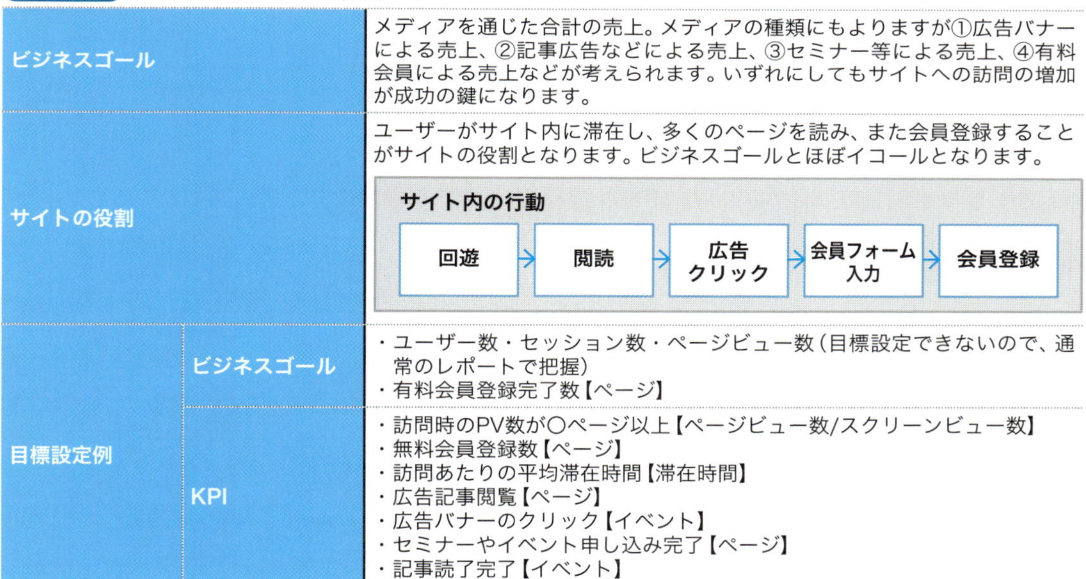

| | | |
|---|---|---|
| ビジネスゴール | | メディアを通じた合計の売上。メディアの種類にもよりますが①広告バナーによる売上、②記事広告などによる売上、③セミナー等による売上、④有料会員による売上などが考えられます。いずれにしてもサイトへの訪問の増加が成功の鍵になります。 |
| サイトの役割 | | ユーザーがサイト内に滞在し、多くのページを読み、また会員登録することがサイトの役割となります。ビジネスゴールとほぼイコールとなります。<br>サイト内の行動<br>回遊 → 閲読 → 広告クリック → 会員フォーム入力 → 会員登録 |
| 目標設定例 | ビジネスゴール | ・ユーザー数・セッション数・ページビュー数（目標設定できないので、通常のレポートで把握）<br>・有料会員登録完了数【ページ】 |
| | KPI | ・訪問時のPV数が○ページ以上【ページビュー数/スクリーンビュー数】<br>・無料会員登録数【ページ】<br>・訪問あたりの平均滞在時間【滞在時間】<br>・広告記事閲覧【ページ】<br>・広告バナーのクリック【イベント】<br>・セミナーやイベント申し込み完了【ページ】<br>・記事読了完了【イベント】 |

## 4. コーポレートサイトの場合

**コーポレートサイトは目標やKPIを設定しづらいサイトの代表例**です。いろいろな目的の方がサイトに訪れるためです。その中で**注力して増やしたい行動があればそれをゴールとして設定**するのが良いでしょう。しかし最も大切なのは、訪れた人がその訪れた目的を達成できたかどうかです。そういった意味では、**複数の目標の数値を合算し、目標達成率を見る**というのが重要かもしれません。

**表7-1-4** コーポレートサイトの目標例

| | | |
|---|---|---|
| ビジネスゴール | | 「利用者が知りたかった情報を得ることができたか」または「自社取り組みの理解・認知拡大」など、ユーザー視点と企業視点でのゴールが存在します。 |
| サイトの役割 | | ユーザーが目的のページにたどり着き、必要な情報を（なるべく早く）提供することが役目です。良い体験を通じて認知・信頼を作ります。<br>サイト内の行動：回遊／情報の確認 → 認知・信頼 |
| 目標設定例 | ビジネスゴール | ・お問い合わせ数【ページ】<br>・求人エントリー数【ページ】 |
| | KPI | ・IR資料のダウンロード【イベント】<br>・プレスリリースの閲覧【ページ】<br>・求人案件の閲覧【ページ】<br>・CSR活動ページの閲覧【ページ】 |

## 目標を設定しよう

以下、Google アナリティクスでの目標設定方法について、手順を追って説明していきます。まずは目標の制限事項を確認してから（下記Point参照）、具体的な設定ステップに進んでください。

### Point　Google アナリティクスの目標に対する制限

**・1つのビューにつき、最大20個まで作成できる**

目標を21個以上設定したい場合には、該当のプロパティに追加のビューを作成するか、不要になった目標を編集して20個以内に収める必要があります。

**・一度作成した目標の削除はできない**

目標をたくさん作って不要なものが出てきたとしても、削除はできません。ただし、変更や非表示は可能です。

**・設定してから計測が始まる**

あくまで設定してからの計測スタートです。過去にさかのぼって計測することはできません。

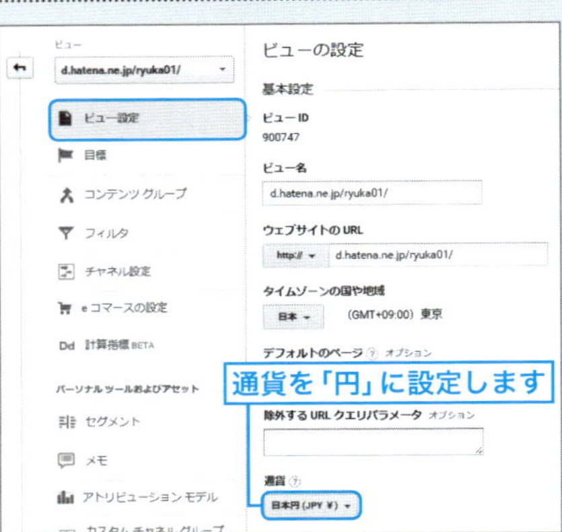


**・通貨を「円」にするには設定が必要**

目標の値を設定する場合、初期設定で金額は「ドル」となっています。円にするには管理画面の「ビュー」列で「ビュー設定」を開き、通貨設定を「円」に変更する必要があります。

**・目標達成のカウントは一度の訪問につき1回**

**目標は訪問時に目標が達成された場合にカウントを一度だけ行います。例えば、お問い合せを目標として設定していった際に、一度の訪問で複数回お問い合わせされても、カウントは1となります。複数回のカウントをしたい場合は該当ページのページビュー数を確認する、あるいはより精緻に見るのであれば、自社のデータベースを確認しましょう。**

**・目標の種類が違えば、それぞれカウントされる**

複数の目標が設定されている場合、一度の訪問で複数の目標が達成された場合でも、それぞれカウントされます。例えば、1回の訪問で目標1と目標2を達成した場合、それぞれカウントは1回となります。

## 基本的な設定方法

❶左のメニューより「管理」ページを開きます。「ビュー」列の「目標」をクリックします。

❷「新しい目標」ボタンをクリックします。

**Hint**

目標を設定する際には該当プロパティの「編集」権限が必要となります。

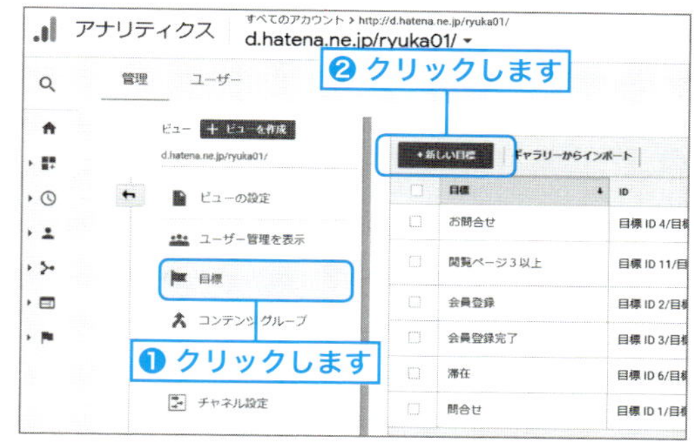


❸目標設定の画面で「カスタム」を選んで❹「続行」をクリックしてください。「目標の説明」欄が開くので、❺名称を入力し、❻タイプを選択します。選択後、❼「続行」ボタンをクリックします。

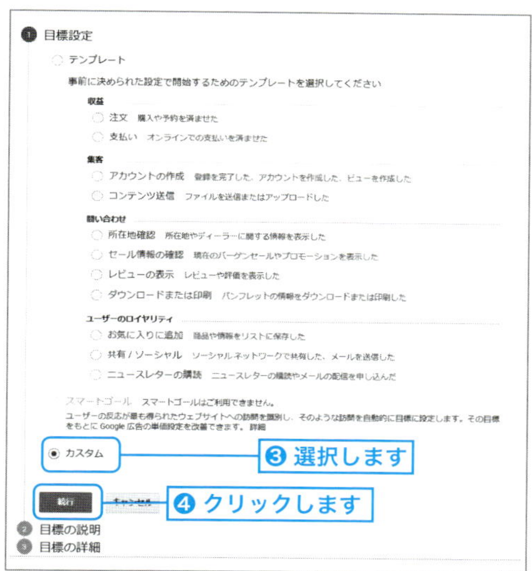


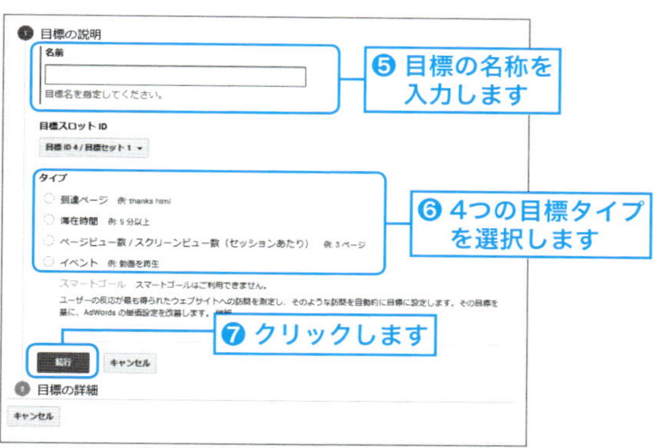


**Point** 4つの目標タイプの違いについて

目標設定では、測定するユーザー行動に応じて4種類の目標タイプを設定することができます。以下に4タイプの説明をします（詳細は後述）。

**表7-1-A** 4つの目標タイプ

| 目標のタイプ | 説明 |
|---|---|
| 1. 到達ページ | あるページへ到達したことをコンバージョンとして計測できます。 |
| 2. 滞在時間 | Webサイトでの滞在時間をコンバージョンとして計測できます。 |
| 3. ページビュー数/スクリーンビュー数 | 「1セッションあたりのページビュー」の数をコンバージョンとして計測できます。 |
| 4. イベント | サイトやアプリでのユーザー操作をコンバージョンとして計測します。実装が前提となります。イベントの実装や設定方法は第6章➡P.265参照 |

## 「タイプ1：到達ページ」で「目標の詳細」を設定する

「目標の詳細」欄にて値を入力していきます。以降は、**4種の目標タイプごとに設定方法が異なりますので、1つずつ説明**していきます。

**表7-1-5 「タイプ1：到達ページ」の詳細**

| 目標のタイプ | 説明 |
|---|---|
| 1. 到達ページ | WebページのURLを「到達ページ」欄に入力することで、あるページへ到達したことをコンバージョンとして計測できます。<br>URLに対しては、「等しい」「先頭が一致」「正規表現」のいずれかを選択できます。<br>**Hint**<br>**到達ページに至るまでのページURLを「目標到達プロセス」に指定**すると、より詳細の分析が可能です。目標達成プロセスも合わせて設定することをおすすめします。 |

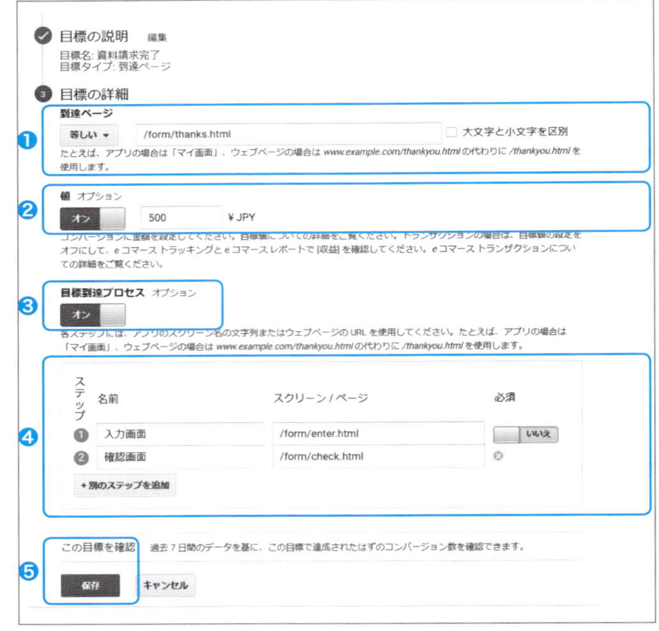

❶「到達ページ」を設定します。ドメイン以外のURLを入力し、「等しい」「先頭が一致」「正規表現」のいずれかを選択します（**必須**）。

❷「値」はコンバージョンが発生したときの金銭的な価値を固定値で入力します（**任意**）。

❸さらに「目標到達プロセス」をオンにします（入力は**任意**ですが、入力するとより詳細の分析が可能です）。

❹目標到達プロセスのステップごとに「＋別のステップを追加」をクリックして、ページ名やアプリのスクリーン名を「到達ページ」欄と同じように入力します。さらに右側のスイッチで「必須」かどうかを選びます。

例えば、入力フォームであれば「入力画面のページ」「確認画面のページ」を入力します。目標に設定しているページ（例：入力完了ページ）に関しては、❹では設定する必要がありません。

**Point 「目標の詳細」設定時の注意点**

- 目標到達プロセスのステップは、「到達ページ」と同じマッチタイプを使用してください。たとえば、「到達ページ」に正規表現を指定した場合は、目標到達プロセスのすべてのステップで同じ正規表現を使用してください。
- 目標到達プロセスのステップには、到達ページの設定は不要です。
- 目標到達プロセスのステップを「必須：はい」にした場合、「目標到達プロセス」レポートのコンバージョン数には、必須にしたステップからプロセスに入って目標に到達したユーザーのみが計測されます。「必須：いいえ」の場合は、目標のコンバージョン数はすべてのレポートで同じになります。

❺入力したら、「この目標を確認」リンクをクリックし、数値が取得できるかを確認しましょう。問題なければ「保存」ボタンをクリックします。

上記の例では、目標（到達）ページを著者紹介ページである「http://www.example.com/profile.html」と設定し、目標プロセスの1つめのステップを「イベントページ１（/event1.html）」、2つめのステップを「イベントページ２（/event2.html）」としています。

## 「タイプ2：滞在時間」で「目標の詳細」を設定する

**表7-1-6 「タイプ2：滞在時間」の詳細設定**

| 目標のタイプ | 説明 |
|---|---|
| 2. 滞在時間 | 訪問時の滞在時間をコンバージョンとして計測できます。時間の単位は「時間」「分」「秒」で指定できます。設定した数よりも長い時間滞在した場合にコンバージョンに至ったと見なされます。 |

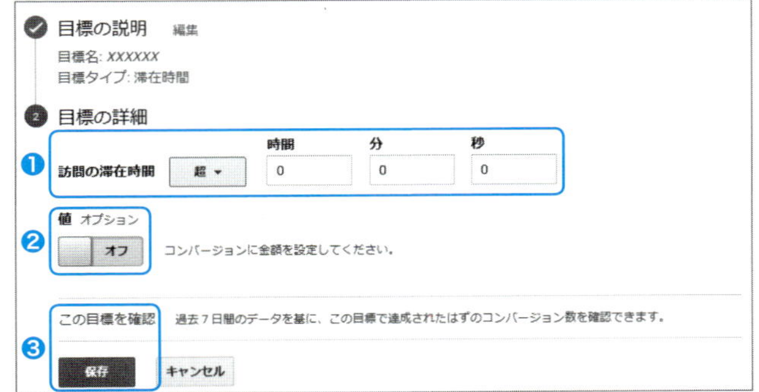


❶目標とするページ滞在時間を「時間」「分」「秒」欄に入力します。ここで指定した時間よりも長くページ上に滞在する訪問がコンバージョンに至ったと見なされます（**必須**）。

❷「値」はコンバージョンが発生したときの金銭的な価値を固定値で入力します（**任意**）。

❸入力したら、「この目標を確認」のリンクをクリックし、数値が取得できるかを確認しましょう。問題なければ「保存」ボタンをクリックします。

## 「タイプ3：ページビュー数/スクリーンビュー数」で「目標の詳細」を設定する

**表7-1-7** 「タイプ3：ページビュー数/スクリーンビュー数（セッションあたり）」の詳細設定

| 目標のタイプ | 説明 |
|---|---|
| 3. ページビュー数/スクリーンビュー数（セッションあたり） | **「1セッションあたりのページビュー」の数**をコンバージョンとして計測できます。設定した数よりも多くページやスクリーンにアクセスした場合、コンバージョンに至ったと見なされます。 |

❶目標とする「セッションあたりのページビューやスクリーンビュー」の整数を入力します（**必須**）。

❷「値」はコンバージョンが発生した時の金銭的な価値を固定値で入力します（**任意**）。

❸入力したら、「この目標を確認」リンクをクリックし、数値が取得できるかを確認しましょう。問題なければ「保存」ボタンをクリックします。

❶の入力項目に関しては注意が必要です。条件が「超」となっておりこれは「より大きい」を意味します。**例えば3ページ以上見たを目標として設定したい場合、記入するべき数値は「3」ではなく「2」になります。**「3」と設定してしまうと「3より大きい」を意味するため、実際には4ページ以上見たときに目標達成となり、誤った数値が出てしまいますので注意をしましょう。

## 「タイプ4：イベント」で「目標の詳細」を設定する

**表7-1-8** 「タイプ4：イベント」の詳細設定

| 目標のタイプ | 説明 |
|---|---|
| 4. イベント | サイトやアプリでの**ユーザー操作をコンバージョンとして計測**します。「イベント」目標を使用するには、「イベント条件」として「カテゴリ」「アクション」「ラベル」「値」のいずれかあるいは複数を設定します。 |

❶イベント条件を入力します（**必須**）。4つの条件のうち1つは入力必須になります。複数入力した場合、複数の条件を両方とも満たした場合に目標としてカウントされます。

❷「コンバージョンの目標値としてイベント値を使用」を「はい」に設

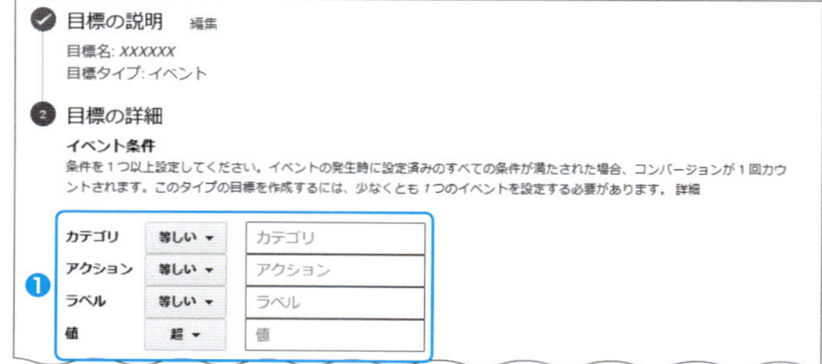

定します。イベント値を使用すると、目標達成時に値が売上として見なされ、「ページの価値」に値が設定されるようになります。

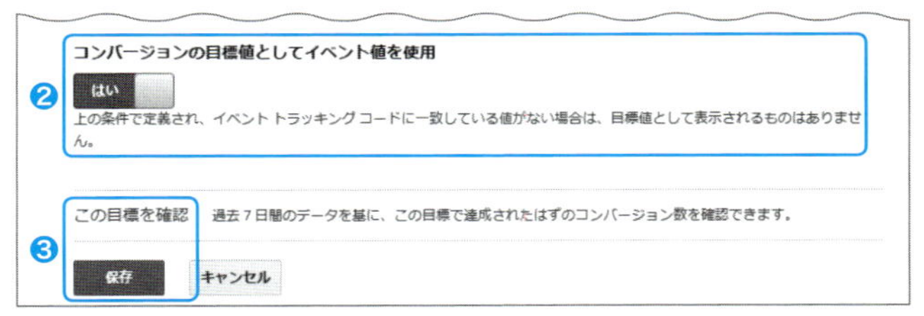


❸入力したら、「この目標を確認」のリンクをクリックし、数値が取得できるかを確認しましょう。問題なければ「保存」ボタンをクリックします。

以上、目標4タイプの詳細設定について説明しました。

## Point イベント条件の設定例

あるサイトでは3種類のファイルがダウンロードできます。それぞれのカテゴリ・アクション・ラベルは以下の通りに設定されています。

**・ファイル1**

●カテゴリ：PDF　●アクション：ダウンロード　●ラベル：事例集

**・ファイル2**

●カテゴリ：PPT　●アクション：ダウンロード　●ラベル：事例集（IT業界編）

**・ファイル3**

●カテゴリ：PPT　●アクション：ダウンロード　●ラベル：基本操作

3つのファイルのいずれかをダウンロードしたことを目標設定にしたい場合は、アクションの行を「等しい」「ダウンロード」としましょう。
最初の2つのファイルのみを目標設定にしたい場合は、ラベルの行を「含む」「事例集」とすると設定ができます。

ちなみに、「カテゴリ＝PDF」、「ラベル＝基本操作」と設定すると、ファイル１～３どれも該当しない形になります。この設定の場合は、「カテゴリがPDF　かつ　ラベルが基本操作」という条件になります。ファイル１～３を見てみると、この条件を両方とも満たすものは１つもありません。イベントの目標を設定したのに0件になってしまう場合は、ここの設定ミスのケースが多いです。

## 設定された目標を確認しよう

目標を設定したら、実際にデータが取得できているか確認しましょう。左メニューより「**コンバージョン➡目標➡概要**」とクリックし、表示されたレポートで設定した目標が確認できます（図7-1-3）。

計測が正しく行われているかを確認する際に「**リアルタイム➡目標**」のレポートを使うことも可能ですが、念のために目標の行動を行った次の日に前日のデータを見て、計測ができていたかを必ず確認してください。

**図7-1-3　目標の計測を確認**

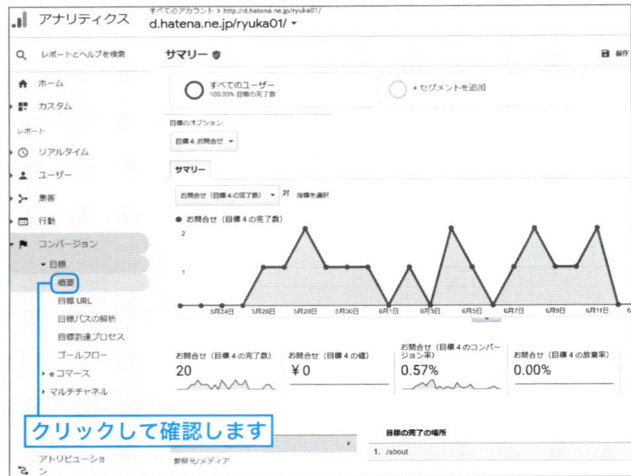

Section 「どの商品がいくら売れたのか？」を具体的に知りたい

# 7-2 コンバージョンの内訳：eコマースレポートの活用

使用レポート ▶▶▶コンバージョン ➡ eコマース ➡ 概要

目標を設定するとコンバージョンの数は取得できますが、「売上金額」「売れた商品の名前」などは確認することができません。このSectionで紹介する「eコマース」機能を使うと、そのようなコンバージョンの内訳が確認できるようになります。Google アナリティクスの「eコマース」の設定を具体的に紹介します。

## 購入回数だけではなく、購入金額も取得しよう

Google アナリティクスでは、目標設定をすることでその達成回数（コンバージョン数）を確認できます。しかし、「実際にどの商品が売れたのか？」「何円の売上があったのか？」といった売上に関する詳細な情報については、目標設定では確認できません。1回のコンバージョンで100円の商品が売れたのか、1万円の商品が売れたのかによって、コンバージョンの回数は同じ1回でも、売上への貢献度は100倍の差が付きます。

このSectionでは、**「eコマース」の設定および実装を行うことで、1つのコンバージョンに対して「売上金額」の重みづけをしたり、具体的な「商品名称」を確認できたりするレポート**について説明します。なおeコマースに関しては、必ずしもECサイトでないと使えないというわけではありません。**ECサイトでなくても、サイト分析でeコマースを使うということは問題ありません。**

図7-2-1 売れた商品の情報を細かく計測する

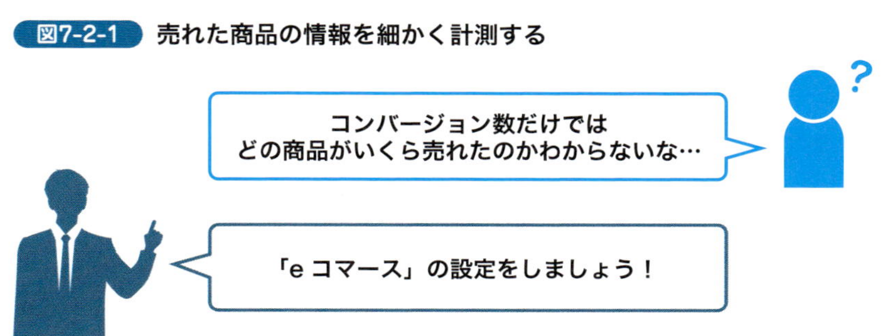

● **売上情報を取得することによってできること**

- 商品金額の設定によって、1コンバージョンごとの売上金額がわかります。どのような経路で流入し、行動した人が高額商品を購入するのかといった具体的な分析に繋がります。
- 商品名の設定によって、同じ商品を何度も購入しているといったリピート購入の実態を把握し、改善に繋げていくことができます。

## 拡張eコマースとは？

**拡張eコマースとは、2014年に登場した、従来のeコマースより計測情報が豊富になったeコマース計測プラグイン**です。非常に豊富なデータを取得できるため、改善に繋がる情報も多くなる一方、対応できないサイトも多く、導入できているのは少数のサイトというのが実情です。

**表7-2-1** 2つのeコマース

| | |
|---|---|
| 標準のeコマース | 以下2種のデータを計測します。<br>・トランザクションデータ（ユーザーの購買行動データ）<br>・アイテムデータ（商品名、カテゴリ、価格などの商品情報） |
| 拡張eコマース | 以下5種のデータを計測します。<br>・インプレッションデータ（表示された商品に関する情報）<br>・トランザクションデータ（ユーザーの購買行動データ）<br>・商品データ（詳細画面で閲覧されたり、カートに追加されたりした商品の情報）<br>・アクションデータ（ユーザーの購買行動データ）<br>・プロモーションデータ（広告やクーポンなどの情報） |

**※1つのサイトにおいて、「eコマース」あるいは「拡張eコマース」のいずれか1つしか利用することができません。**

## eコマースの実装と設定方法

eコマースの設定は次の3ステップです。

● **設定手順**

- **Step 1.** Google アナリティクスで「eコマース設定」を行う
- **Step 2.** 商品購入完了ページにコードを記述する
- **Step 3.** レポートを確認する

**Step 2.**ではHTMLにタグを挿入する作業が入ります。サイト管理者担当者と相談して実装しましょう。eコマースの設定をGoogleタグマネージャー上で行うことも可能です。詳しくは付録2-3➡P.454で紹介します。

## Step 1. Google アナリティクスで「eコマース設定」を行う

❶左のメニューより管理画面を開き、「ビュー」列の「eコマースの設定」を選択します。

❷eコマースの設定を「オン」にして「次のステップ」をクリックします。ここで拡張eコマースを選択する場合は、❸拡張eコマースの設定も「オン」にしてください。❹「送信」ボタンをクリックして設定を終えます。

## Step 2. 商品購入完了ページにコードを記述する

購入完了ページに計測のための記述をHTML上に追加する必要があります。サイト管理者や担当者と相談して実装しましょう。

以下の例は、「標準のeコマース」を「ユニバーサルアナリティクス版のGoogle アナリティクス」に設定する場合のコード記述例です。

例えば、図7-2-2のように、あるユーザーが「ABC affiliate」というサイトからあなたのサイトに流入し、税込2,160円のTシャツを1枚購入したとします。

このような購入が行われたときに、計測のための記述がどうなるかを確認していきましょう。

図7-2-2 あるサイトから流入したユーザーがTシャツを買う場合

### ■スクリプトを設定する

コードは、大別して以下4つの項目によって構成されています。

**❶「eコマース プラグイン」の読み込み** ：**プラグインを読み込みます**
**❷トランザクションの追加** ：**合計金額・送料・税金などの情報を送ります**
**❸アイテムの追加** ：**購入された各商品の情報を送ります**
**❹データの送信** ：**Google アナリティクスにデータを送信します**

以下、❶～❹の項目について、1つずつ説明します。

「❶eコマース プラグインの読み込み」と「❹データの送信」は固定の文言になりますので、再度アナリティクスガイドの最新情報（➡P.318参照）を確認の上、指定の文言を記述してください。ここでは❷❸の項目に設定すべき値を説明します。

まず「❷トランザクションの追加」は、合計金額・送料・税金などの情報を送るトランザクションの設定項目となります（表7-2-2）。

**表7-2-2 「❷トランザクションの追加」の設定項目**

| キー | 型 | 必須 | 説明 | 例 |
|---|---|---|---|---|
| id | 文字列 | 必須 | トランザクション ID<br>※1回のトランザクションごとのIDです | 1234 |
| affiliation | 文字列 | 任意 | このトランザクションの発生源となった店舗または<br>アフィリエイト | ABC affiliate |
| revenue | 通貨 | 任意 | トランザクションで発生した**合計収益額か合計販売額** | 2000 |
| shipping | 通貨 | 任意 | トランザクションに伴う送料の総計を指定します | 500 |
| tax | 通貨 | 任意 | トランザクションに伴う税金の総計を指定 | 160 |

「❸アイテムの追加」は、購入された各商品の情報を送るアイテムの設定項目となります（表7-2-3）。複数種類のアイテムを同時に購入した場合は、商品ごとにコードを追加します。

**表7-2-3 「❸アイテムの追加」の設定項目**

| キー | 値の型 | 必須 | 説明 | 例 |
|---|---|---|---|---|
| id | 文字列 | 必須 | トランザクション ID<br>※**このIDによってアイテムと関連するトランザクションがリンクされます** | 1234 |
| name | 文字列 | 必須 | アイテム名 | Tシャツ |
| sku | 文字列 | 任意 | SKUアイテムコードを指定します<br>※SKUとは、**Stock Keeping Unit**の略で、在庫を管理するための最小の分類単位を指します（LMSサイズごとに白黒2色の商品があれば、「黒色のL」を1つのSKUとする、というように使います） | A001 |
| category | 文字列 | 任意 | アイテムが属するカテゴリ | トップス |
| price | 通貨 | 任意 | それぞれのアイテムの個々の単価 | 2000 |
| quantity | 整数 | 任意 | トランザクションで購入された個数。<br>※「1.5」などの整数以外の値がこのフィールドに渡された場合は、小数点以下を四捨五入して最も近い整数値が割り当てられます | 1 |

上記2項目のうち、ほとんどの設定ではトランザクションとアイテムの両方のデータが送信されますが、どちらか一方のみを送信することも可能です。トランザクションなしでアイテムヒットのみを送信した場合は、IDのみのトランザクション ヒットが自動的に送信されます。

❹も❶と同様、固定の文言を記述します。

## ■スクリプト例

以下のようなスクリプトができ上がります。青色の文字部分はコメント欄で、スクリプトの動作には影響がありません。不必要であれば削除をしてください。

```
<script>

ga('require', 'ecommerce', 'ecommerce.js');    ❶「eコマース プラグイン」の読み込み
```

次ページへ続く

```
ga('ecommerce:addTransaction', {
  'id': '1234',                        // トランザクションID【必須】
  'affiliation': 'ABC affiliate',      // アフィリエーションコード
  'revenue': '2000',                   // 総合計
  'shipping': '500',                   // 送料
  'tax': '160'                         // 消費税
});
```

❷トランザクションの追加

```
ga('ecommerce:addItem', {
  'id': '1234',                 // トランザクションID【必須】
  'name': 'Tシャツ',            // 商品ID【必須】
  'sku': 'A001',                // 商品コード
  'category': 'トップス',       // 商品カテゴリ
  'price': '2000',              // 商品単価
  'quantity': '1'               // 購入個数
});
```

❸ アイテムの追加

```
ga('ecommerce:send');
```

❹ データの送信

```
</script>
```



## ■挿入場所

作成したスクリプトは、**Webページの HTMLの</head> 終了タグの直前**に貼り付けます。ページ閲覧情報などを送信する、通常の**Google アナリティクスのスクリプト(<script> (中略) ga('send', 'pageview'); </script>)の下**などに貼り付けると良いでしょう。詳細は、ヘルプページなどの最新情報を参照しながら設定してください。

※出典:Google アナリティクスガイド「e コマース測定」
https://developers.google.com/analytics/devguides/collection/analyticsjs/ecommerce?hl=ja

**Hint 「トランザクション」と「コンバージョン」の違い**

以下のように意味合いが異なるため、2つの言葉を使い分けています。

・コンバージョン……1セッションあたり(1目標に対し)1回のみ計測される

・トランザクション……1セッションあたり何回でも計測される

※出典:Google アナリティクスヘルプ「アナリティクスとGoogle 広告のコンバージョン指標の違い」

https://support.google.com/analytics/answer/2679221/?hl=ja

## Step 3. レポートを確認する

スクリプトを設定して商品購入のログが取れ始めたら、さっそくレポートを確認してみましょう。❶左メニューより「**コンバージョン➡eコマース➡概要**」を開きます。

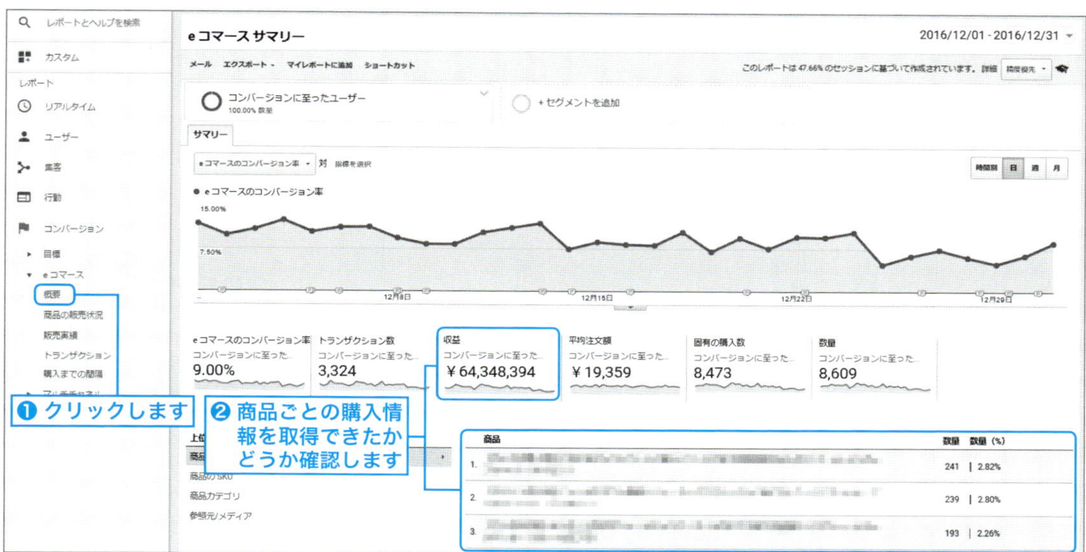


❷実際に商品名や金額が表示されていることを確認できれば、設定は完了です。

# レポートを具体的に分析していこう

標準のeコマースのレポートを順番に確認し、分析していきましょう。

## 「商品の販売状況」レポート

左メニューより「**コンバージョン➡eコマース➡商品の販売状況**」を開きます。

プライマリ ディメンション: 商品　商品の SKU　商品カテゴリ ❶

| 商品カテゴリ | 数量 | 固有の購入数 | 商品の収益 | 平均価格 | 平均数量 |
|---|---|---|---|---|---|
| ❷ | 8,488<br>全体に対する割合: 100.00% (8,488) | 8,410<br>全体に対する割合: 100.00% (8,410) | ¥63,197,618<br>全体に対する割合: 100.00% (¥63,197,618) | ¥7,446<br>ビューの平均: ¥7,446 (0.00%) | 1.01<br>ビューの平均: 1.01 (0.00%) |
| 1. 長袖（ロングスリーブ） | 3,110 (36.64%) | 3,048 (36.24%) | ¥14,593,050 (23.09%) | ¥4,692 | 1.02 |
| 2. [illegible] | 901 (10.61%) | 896 (10.65%) | ¥4,451,000 (7.04%) | ¥4,940 | 1.01 |
| 3. [illegible] | 597 (7.03%) | 595 (7.07%) | ¥11,872,600 (18.79%) | ¥19,887 | 1.00 |
| 4. [illegible] | 511 (6.02%) | 511 (6.08%) | ¥5,208,200 (8.24%) | ¥10,192 | 1.00 |
| 5. [illegible] | 349 (4.11%) | 349 (4.15%) | ¥3,466,600 (5.49%) | ¥9,933 | 1.00 |
| 6. [illegible] | 338 (3.98%) | 337 (4.01%) | ¥3,056,800 (4.84%) | ¥9,044 | 1.00 |
| 7. [illegible] | 314 (3.70%) | 314 (3.73%) | ¥2,391,400 (3.78%) | ¥7,616 | 1.00 |
| 8. [illegible] | 230 (2.71%) | 230 (2.73%) | ¥2,569,308 (4.07%) | ¥11,171 | 1.00 |
| 9. [illegible] | 224 (2.64%) | 224 (2.66%) | ¥550,550 (0.87%) | ¥2,458 | 1.00 |
| 10. [illegible] | 204 (2.40%) | 203 (2.41%) | ¥1,599,550 (2.53%) | ¥7,841 | 1.00 |

このレポートでは実際に売れた❶**商品・SKU・商品カテゴリ**が確認できます。例えば上記の表では、❷「長袖（ロングスリーブ）」の商品カテゴリが期間中に3,110点売れたことがわかり、合計金額が確認できます。

## 「販売実績」レポート

左メニューより「**コンバージョン➡eコマース➡販売実績**」を開きます。

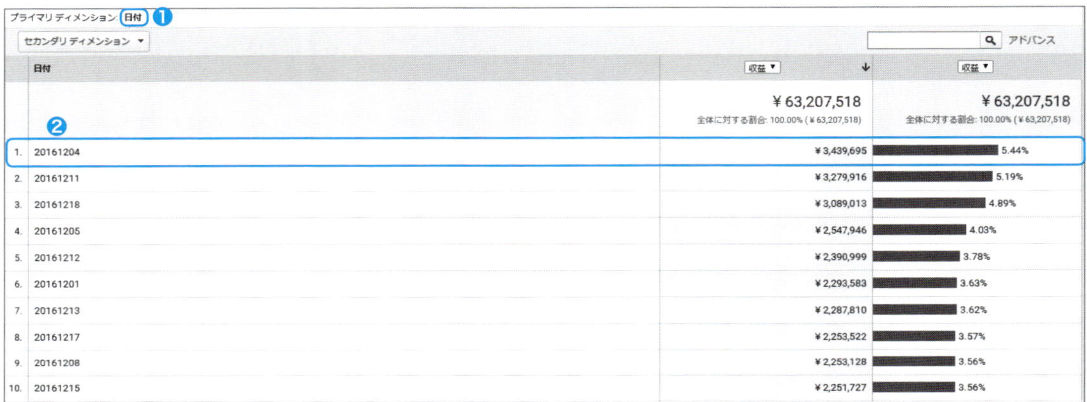

プライマリ ディメンション: 日付 ❶

セカンダリ ディメンション ▼ アドバンス

| | 日付 | 収益 | 収益 |
|---|---|---|---|
| | | ¥63,207,518<br>全体に対する割合: 100.00% (¥63,207,518) | ¥63,207,518<br>全体に対する割合: 100.00% (¥63,207,518) |
| 1. | 20161204 | ¥3,439,695 | 5.44% |
| 2. | 20161211 | ¥3,279,916 | 5.19% |
| 3. | 20161218 | ¥3,089,013 | 4.89% |
| 4. | 20161205 | ¥2,547,946 | 4.03% |
| 5. | 20161212 | ¥2,390,999 | 3.78% |
| 6. | 20161201 | ¥2,293,583 | 3.63% |
| 7. | 20161213 | ¥2,287,810 | 3.62% |
| 8. | 20161217 | ¥2,253,522 | 3.57% |
| 9. | 20161208 | ¥2,253,128 | 3.56% |
| 10. | 20161215 | ¥2,251,727 | 3.56% |

こちらのレポートでは収益を❶**日付ごと**に確認できます。上記の例では、❷2016年12月4日に一番収益が高く、12月では全体収益の5.44%を占めることがわかります。

## 「トランザクション」レポート

左メニューより「**コンバージョン➡eコマース➡トランザクション**」を開きます。

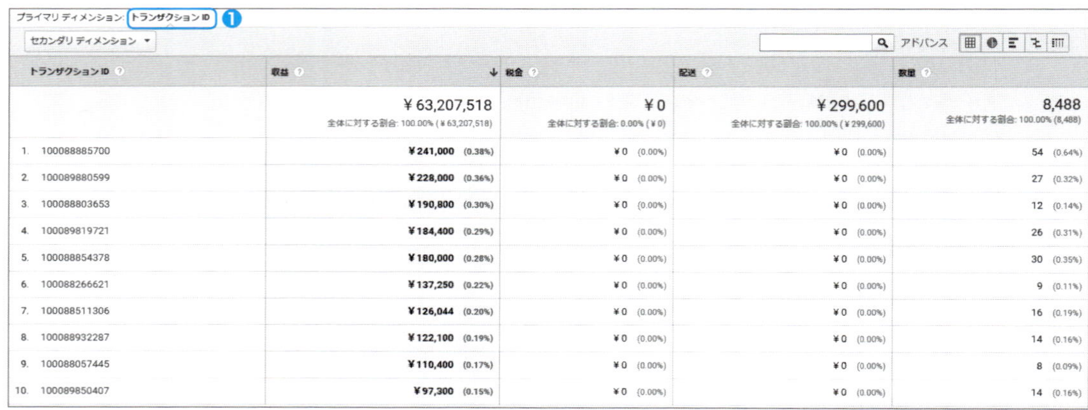

プライマリ ディメンション: トランザクション ID ❶

セカンダリ ディメンション ▼ アドバンス

| | トランザクション ID | 収益 | 税金 | 配送 | 数量 |
|---|---|---|---|---|---|
| | | ¥63,207,518<br>全体に対する割合: 100.00% (¥63,207,518) | ¥0<br>全体に対する割合: 0.00% (¥0) | ¥299,600<br>全体に対する割合: 100.00% (¥299,600) | 8,488<br>全体に対する割合: 100.00% (8,488) |
| 1. | 100088885700 | ¥241,000 (0.38%) | ¥0 (0.00%) | ¥0 (0.00%) | 54 (0.64%) |
| 2. | 100089880599 | ¥228,000 (0.36%) | ¥0 (0.00%) | ¥0 (0.00%) | 27 (0.32%) |
| 3. | 100088803653 | ¥190,800 (0.30%) | ¥0 (0.00%) | ¥0 (0.00%) | 12 (0.14%) |
| 4. | 100089819721 | ¥184,400 (0.29%) | ¥0 (0.00%) | ¥0 (0.00%) | 26 (0.31%) |
| 5. | 100088854378 | ¥180,000 (0.28%) | ¥0 (0.00%) | ¥0 (0.00%) | 30 (0.35%) |
| 6. | 100088266621 | ¥137,250 (0.22%) | ¥0 (0.00%) | ¥0 (0.00%) | 9 (0.11%) |
| 7. | 100088511306 | ¥126,044 (0.20%) | ¥0 (0.00%) | ¥0 (0.00%) | 16 (0.19%) |
| 8. | 100088932287 | ¥122,100 (0.19%) | ¥0 (0.00%) | ¥0 (0.00%) | 14 (0.16%) |
| 9. | 100088057445 | ¥110,400 (0.17%) | ¥0 (0.00%) | ¥0 (0.00%) | 8 (0.09%) |
| 10. | 100089850407 | ¥97,300 (0.15%) | ¥0 (0.00%) | ¥0 (0.00%) | 14 (0.16%) |

こちらは❶**トランザクションIDごとの収益と数量**が確認できます。１回での購入金額や購入回数が多かった決済がわかります。

## 「購入までの間隔」レポート1（購入までの日数）

左メニューより「**コンバージョン➡eコマース➡購入までの間隔**」を開きます。

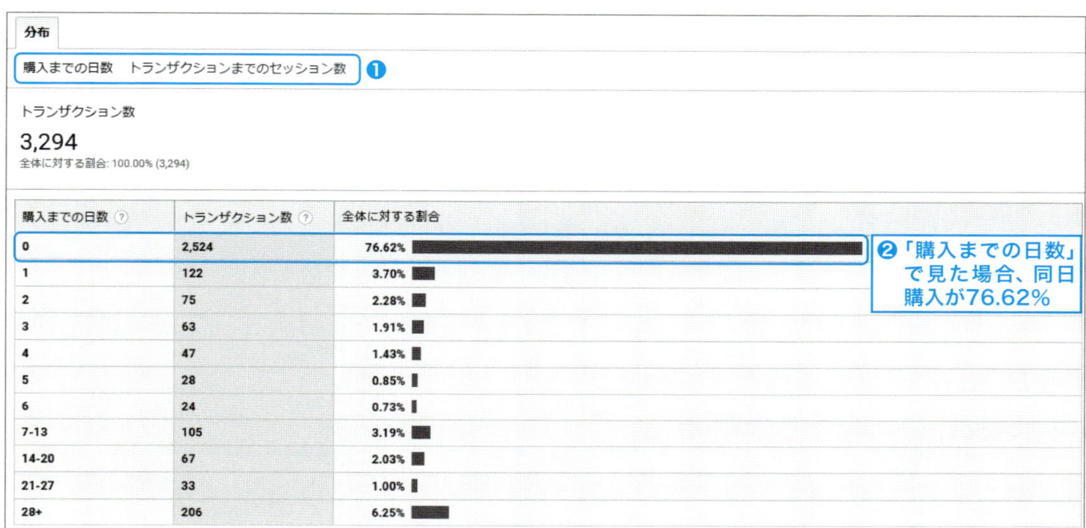

分布

購入までの日数　トランザクションまでのセッション数

トランザクション数

3,294

全体に対する割合: 100.00% (3,294)

| 購入までの日数 | トランザクション数 | 全体に対する割合 |
|---|---|---|
| 0 | 2,524 | 76.62% |
| 1 | 122 | 3.70% |
| 2 | 75 | 2.28% |
| 3 | 63 | 1.91% |
| 4 | 47 | 1.43% |
| 5 | 28 | 0.85% |
| 6 | 24 | 0.73% |
| 7-13 | 105 | 3.19% |
| 14-20 | 67 | 2.03% |
| 21-27 | 33 | 1.00% |
| 28+ | 206 | 6.25% |



購入までの間隔レポートでは、❶**「初回訪問から購入までの日数」と「トランザクションまでのセッション数」**の2種の値を確認できます。上記の例では、❷76.62%がサイトへ初回訪問して同日内で商品購入に至っていることがわかります。

## 「購入までの間隔」レポート2（トランザクションまでのセッション数）

左メニューより「**コンバージョン➡eコマース➡購入までの間隔**」を開きます。

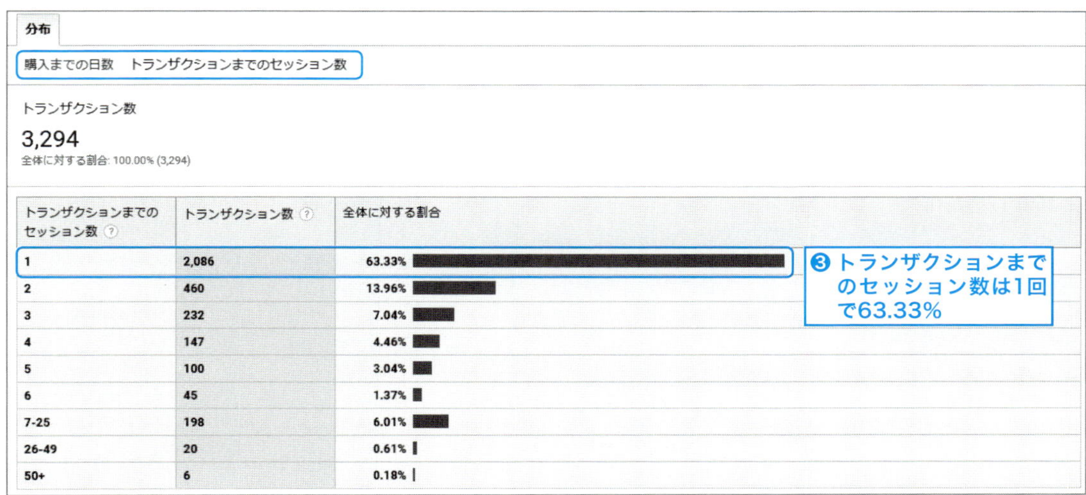

分布

購入までの日数　トランザクションまでのセッション数

トランザクション数

3,294

全体に対する割合: 100.00% (3,294)

| トランザクションまでのセッション数 | トランザクション数 | 全体に対する割合 |
|---|---|---|
| 1 | 2,086 | 63.33% |
| 2 | 460 | 13.96% |
| 3 | 232 | 7.04% |
| 4 | 147 | 4.46% |
| 5 | 100 | 3.04% |
| 6 | 45 | 1.37% |
| 7-25 | 198 | 6.01% |
| 26-49 | 20 | 0.61% |
| 50+ | 6 | 0.18% |



❸トランザクションまでのセッション数は、1回（初回訪問）が63.33%であることがわかります。

## eコマースでセグメントも使ってみよう

セグメント機能でもeコマースで設定した項目を使うことができます。例えば図7-2-3では「10万円以上購入したユーザー」という条件を入れています。高額購入のユーザーの流入元調査や指定した商品を購入したユーザーがどのページを見ていたかなどを調べるなど、様々な用途で使ってみましょう。

図7-2-3 セグメントの使用例

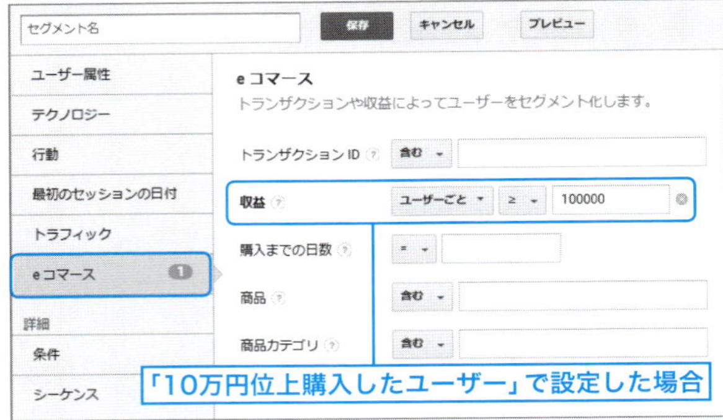


## 拡張eコマースでできること

拡張eコマースを利用すると、eコマースに関する新たな分析を2つ行えるようになります。1つはショッピング行動の可視化です。ファネル形式で、「全ての訪問➡商品表示➡カート追加➡決済開始➡購入完了」といった訪問の流れを見ることができるようになり、どこで離脱しているかを把握することが容易になります。また。決裁プロセスの遷移も1つずつ見ることが可能です。

図7-2-4 「eコマース➡ショッピング行動」のレポート

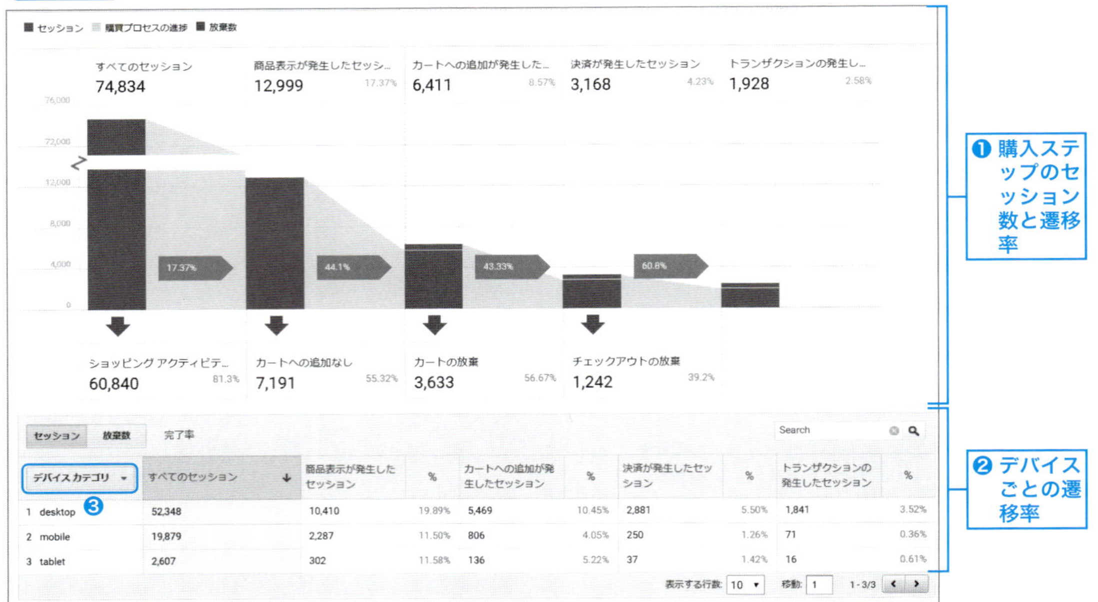


| デバイスカテゴリ | すべてのセッション | 商品表示が発生したセッション | % | カートへの追加が発生したセッション | % | 決済が発生したセッション | % | トランザクションの発生したセッション | % |
|---|---|---|---|---|---|---|---|---|---|
| 1 desktop | 52,348 | 10,410 | 19.89% | 5,469 | 10.45% | 2,881 | 5.50% | 1,841 | 3.52% |
| 2 mobile | 19,879 | 2,287 | 11.50% | 806 | 4.05% | 250 | 1.26% | 71 | 0.36% |
| 3 tablet | 2,607 | 302 | 11.58% | 136 | 5.22% | 37 | 1.42% | 16 | 0.61% |

❶各ステップのセッション数と遷移率を確認することができます。また、❷下の表ではデバイス

ごとの遷移率を確認することができ、デスクトップの遷移率が最も高く、その後にモバイル、タブレットと続くことがわかります。❸表の左上にあるプルダウンを利用することで、流入元・キーワード・新規/リピートの内訳を簡単に見ることができますし、セグメントを追加することも可能なので、特定のキャンペーンや特集コンテンツを見た訪問だけの同データを出すことが可能です。

このように拡張eコマースは、遷移のどこにボトルネックがあるのかを確認したり、サイト改修を行った際に遷移率がどのように変わったかを確認したりというのが利用用途となります。

## 商品リストのレポート

その他、拡張eコマースでは商品リストごとの結果を確認できます。「リスト」とは商品一覧の表示方法になります。例えば「フリーワード検索結果」「カテゴリ」「関連商品」「特集」など商品一覧を表示する方法は様々です。表示方式ごとに商品が何回閲覧され、そこからのクリック率、カート投下率、購入率などを確認できます。このデータを「リストの種類ごと」「商品ごと」「リストでの掲載位置ごと」などでチェックできます。

**図7-2-5 「eコマース➡商品リストの販売状況」、商品リスト名別の数値**

プライマリ ディメンション: **商品リスト名** 商品リスト位置 商品 商品の SKU

セカンダリ ディメンション ▾ アドバンス

| 商品リスト名 | 商品リストの閲覧回数 ↓ | 商品リストのクリック数 | 商品リストのクリック率 | 商品がカートに追加された回数 | 商品の決済回数 | 固有の購入数 | 商品の収益 |
|---|---|---|---|---|---|---|---|
| | 1,223,256 全体に対する割合: 100.00% (1,223,256) | 41,227 全体に対する割合: 100.00% (41,227) | 3.37% ビューの平均: 3.37% (0.00%) | 14,894 全体に対する割合: 100.00% (14,894) | 11,345 全体に対する割合: 100.00% (11,345) | 4,550 全体に対する割合: 100.00% (4,550) | $451,448.72 全体に対する割合: 100.00% ($451,448.72) |
| 1. Category | **1,134,649** (92.76%) | 39,449 (95.69%) | 3.48% | 11,240 (75.47%) | 4,257 (37.52%) | 1,827 (40.15%) | $199,130.14 (44.11%) |
| 2. Related Products | **58,669** (4.80%) | 0 (0.00%) | 0.00% | 0 (0.00%) | 0 (0.00%) | 0 (0.00%) | $0.00 (0.00%) |
| 3. Search Results | **29,926** (2.45%) | 1,778 (4.31%) | 5.94% | 541 (3.63%) | 251 (2.21%) | 118 (2.59%) | $12,309.00 (2.73%) |
| 4. Fun | **12** (0.00%) | 0 (0.00%) | 0.00% | 0 (0.00%) | 0 (0.00%) | 0 (0.00%) | $0.00 (0.00%) |
| 5. (not set) | **0** (0.00%) | 0 (0.00%) | 0.00% | 3,113 (20.90%) | 6,837 (60.26%) | 2,605 (57.25%) | $240,009.58 (53.16%) |

**図7-2-6 「eコマース➡商品リストの販売状況」、商品の掲載位置別の数値**

| 商品リスト位置 | 商品リストの閲覧回数 ↓ | 商品リストのクリック数 | 商品リストのクリック率 | 商品がカートに追加された回数 | 商品の決済回数 | 固有の購入数 | 商品の収益 |
|---|---|---|---|---|---|---|---|
| | 1,223,256 全体に対する割合: 100.00% (1,223,256) | 41,227 全体に対する割合: 100.00% (41,227) | 3.37% ビューの平均: 3.37% (0.00%) | 14,894 全体に対する割合: 100.00% (14,894) | 11,345 全体に対する割合: 100.00% (11,345) | 4,550 全体に対する割合: 100.00% (4,550) | $451,448.72 全体に対する割合: 100.00% ($451,448.72) |
| 1. 1 | **137,272** (11.22%) | 1,353 (3.28%) | 0.99% | 1,765 (11.85%) | 878 (7.74%) | 365 (8.02%) | $38,626.13 (8.56%) |
| 2. 2 | **135,722** (11.10%) | 886 (2.15%) | 0.65% | 1,090 (7.32%) | 571 (5.03%) | 264 (5.80%) | $33,595.66 (7.44%) |
| 3. 3 | **125,414** (10.25%) | 865 (2.10%) | 0.69% | 1,229 (8.25%) | 531 (4.68%) | 226 (4.97%) | $30,268.80 (6.70%) |
| 4. 4 | **108,824** (8.90%) | 896 (2.17%) | 0.82% | 1,038 (6.97%) | 487 (4.29%) | 219 (4.81%) | $23,767.80 (5.26%) |
| 5. 5 | **106,987** (8.75%) | 946 (2.29%) | 0.88% | 1,151 (7.73%) | 260 (2.29%) | 90 (1.98%) | $5,225.41 (1.16%) |
| 6. 6 | **97,414** (7.96%) | 625 (1.52%) | 0.64% | 811 (5.45%) | 186 (1.64%) | 77 (1.69%) | $6,436.30 (1.43%) |
| 7. 7 | **93,122** (7.61%) | 405 (0.98%) | 0.43% | 326 (2.19%) | 136 (1.20%) | 60 (1.32%) | $7,433.35 (1.65%) |
| 8. 8 | **90,121** (7.37%) | 312 (0.76%) | 0.35% | 342 (2.30%) | 91 (0.80%) | 36 (0.79%) | $1,588.62 (0.35%) |
| 9. 9 | **86,302** (7.06%) | 307 (0.74%) | 0.36% | 296 (1.99%) | 85 (0.75%) | 31 (0.68%) | $754.53 (0.17%) |

掲載位置が高いほどクリック率が高い傾向にあり、7位以降はクリック率が下がることがわかります。これはこのサイトでは商品が6個ずつ表示され、次の商品リストを見るためにはスクロール

あるいはボタンを押す必要があるからです。

他にもサイト内キャンペーン・プロモーション・クーポンコードの利用（例：特集ページ経由の購入や購入時のクーポンコード利用回数と売上）のデータなども取得することが可能です。

**図7-2-7 「eコマース➡概要レポート」（拡張eコマース利用時のみ表示される数値）**

マーケティング

| キャンペーン | サイト内プロモーション | オーダー クーポン コード |
|---|---|---|
| 27 トランザクション | 434,736 表示回数 | 21 トランザクション |
| $5,332.12 収益 | | $94,027.32 収益 |
| $197.49 平均注文額 | | $4,477.49 平均注文額 |

これらの取得に関してはGoogle アナリティクスが自動で行ってくれるわけではなく、スクリプトの記述が必要になります。例えば、商品一覧ページである商品を見たいというデータを取得したい場合、以下のような記述を行います（Google アナリティクスの記述を直接ページに入れていた場合）。

```
ga('create', 'UA-XXXXX-Y');
ga('require', 'ec');                             //拡張eコマースを利用するための記述

ga('ec:addImpression', {
  'id': '0000001',                               //商品ID【必須】
  'name': 'HappyAnalytics Logo T-shirts',        //商品名【必須】
  'category': 'T-Shirt',                         //商品カテゴリ
  'brand': 'HappyAnalytics',                     //商品ブランド
  'variant': 'Blue',                             //商品バリエーション
  'list': 'FreeWord Search',                     //表示リスト
  'position': 3                                  //表示順位
});

ga('send', 'pageview');
```

上記は1つの商品だけが表示された時に必要な記述ですが、同時に商品が5個紹介された場合、「ga('ec:addImpression', {【中略】});」の記述が5つ必要になります。また多種多様なページへの実装が必要なため、eコマースと比較すると浸透していないのが現状です。しかし、ECサイトを本格的に分析していく必要があるサイトの場合は、利用者の購買前の行動をより正確に追うことができるため、新たな気付きをたくさん得ることができるでしょう。

実装に関しては以下のヘルプページをご覧ください。特に「完全なサンプルコード」のエリアを見ることで、実装イメージをつかんでいただけるのではないでしょうか。

● **拡張eコマース**

**https://developers.google.com/analytics/devguides/collection/analyticsjs/enhanced-ecommerce?hl=ja#example**

Section 7-3

コンバージョンをセグメントで絞り込むには？

# 年齢や性別、デバイス別にコンバージョンを確認する

使用レポート
▶▶▶ユーザー ➡ ユーザー属性 ➡ 年齢
▶▶▶ユーザー ➡ ユーザー属性 ➡ 性別
▶▶▶ユーザー ➡ モバイル ➡ 概要
▶▶▶ユーザー ➡ 行動 ➡ リピートの回数や間隔

**コンバージョン数を増やす第一歩は、まずコンバージョンしたユーザーやセッションを分析することです。このSectionでは年齢や性別・デバイス・訪問回数の３つの観点でコンバージョンしたユーザーを分析する方法をお教えします。改善のヒントに繋げましょう。**

## コンバージョンするユーザーの特徴をつかもう

コンバージョンを総数で見ていませんか？　コンバージョンを総数で見ても、事実だけで終わってしまい、気付きに繋がりません。**改善施策に結び付けるには、コンバージョンしたユーザーやセッションを全体と分けて（＝セグメントして）評価することが大切**です。セグメントしてみることで、どんなユーザーが（男性か女性か、年代は？）、どんな端末で（PCか、スマートフォンか？）、さらには何回訪問した際にコンバージョンしたかといった「コンバージョンするユーザーの特徴」をつかむことができます。そのデータによって、サイト改善への効果的な施策に繋がります。

図7-3-1 ユーザーについて知る

?
コンバージョンを増やしたいのですが
どうすればいいですか？

まずはコンバージョンするユーザーの
特徴をつかみましょう。



ここでは、以下の3つのセグメント例を具体的に紹介していきます。

**A) 性別や年齢で見る……「ユーザー➡ユーザー属性➡性別・年齢」レポート**
**B) デバイスで見る………「ユーザー➡モバイル」レポート**
**C) 訪問回数別で見る……「ユーザー➡行動➡リピートの回数や間隔」レポート**

## A) 性別や年齢で見る

❶左のメニューより「**ユーザー➡ユーザー属性➡概要**」レポートを表示します。❷「＋セグメントを追加」ボタンをクリックします。

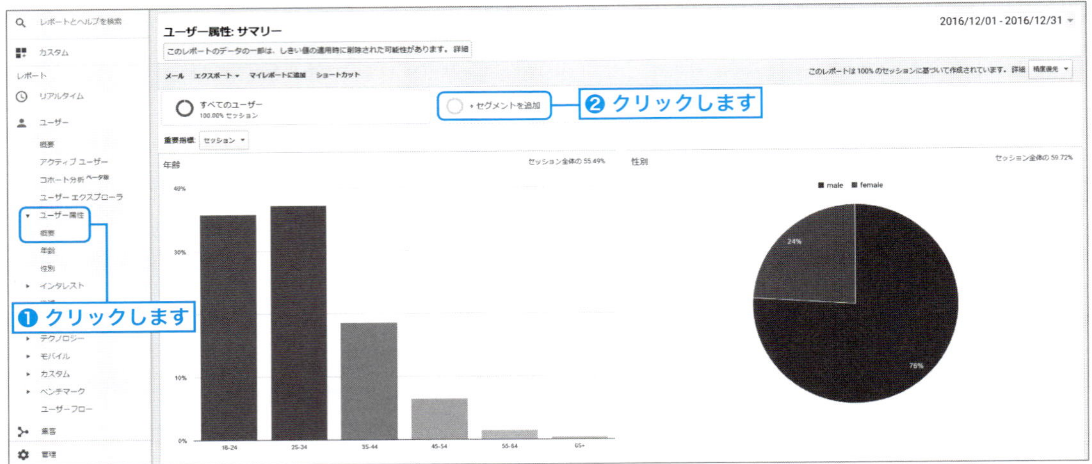


❸「システム」を開き、❹**セグメントは「コンバージョンに至ったユーザー」「コンバージョンに至らなかったユーザー」の2つ**のチェックボックスにチェックを入れてみましょう（「すべてのユーザー」のチェックは外します）。このセグメントはGoogle アナリティクスが標準で用意したものなので、どのサイトでもすぐに利用することができます。

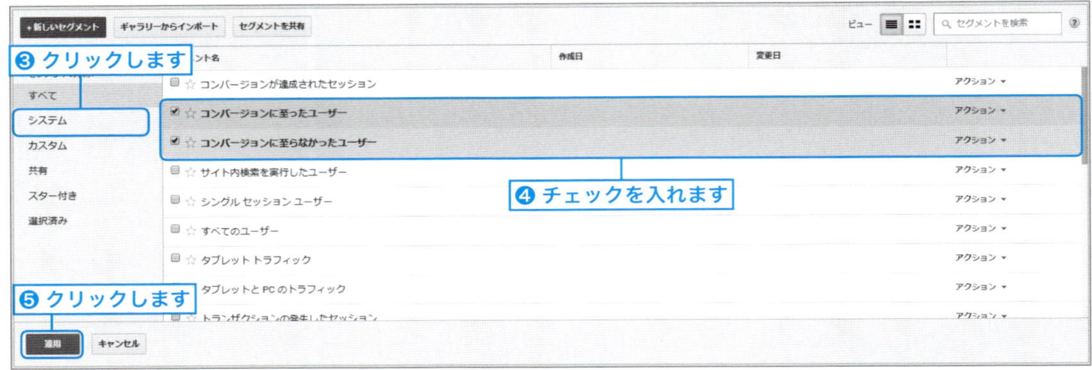


❺選択したら、「適用」ボタンをクリックします。これでセグメントが設定されました。

## 「概要」レポート

ユーザー属性のサマリー画面で「コンバージョンに至ったユーザー」「コンバージョンに至らなかったユーザー」の属性を比較してみます。

図7-3-2 ユーザー特徴を探る

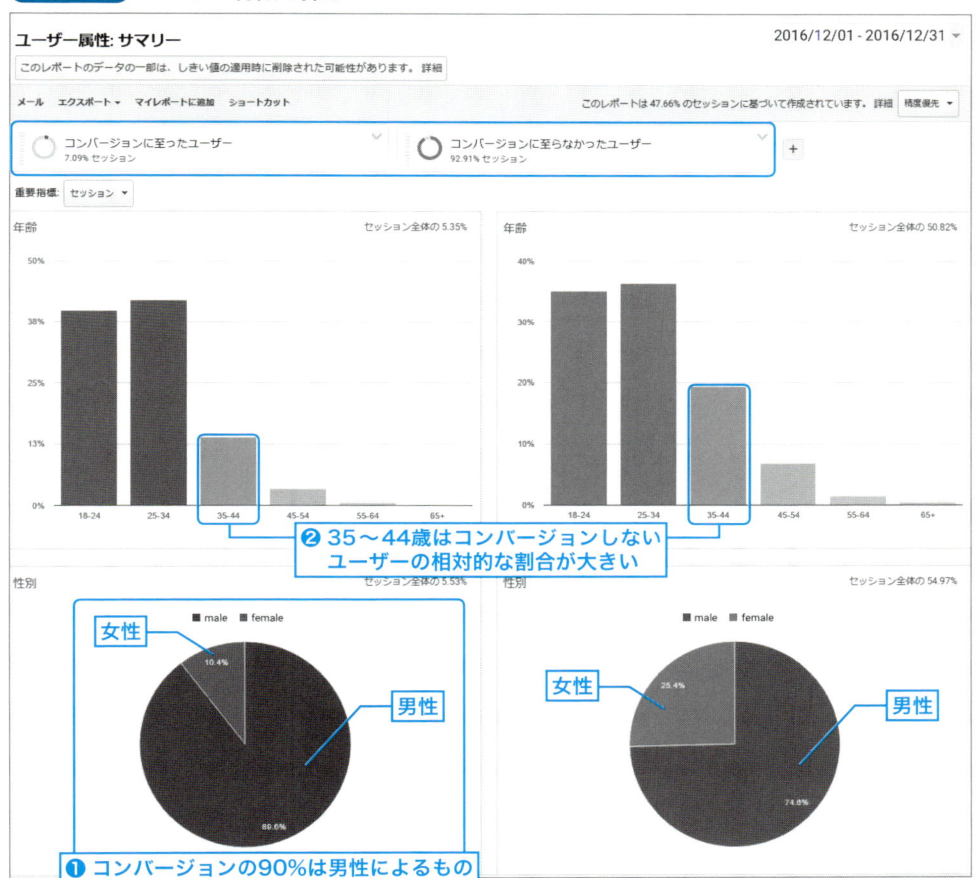


左が「コンバージョンに至ったユーザー」、右が「コンバージョンに至らなかったユーザー」です。コンバージョンに至ったユーザーは❶90%弱が男性で、18～34歳未満が大半であることがわかります。コンバージョンありとなしの、❷35～44歳の比率を確認するとコンバージョンしていない割合がより高いことがわかります。この年代の方のコンバージョン率は少し低いようです。

## 「年齢」レポート

左のメニューより「**ユーザー➡ユーザー属性➡年齢**」を開き、レポートを見てみましょう。図7-3-3では、データの表示方法を棒グラフに設定しています。

**図7-3-3** ユーザー特徴を年齢で把握する

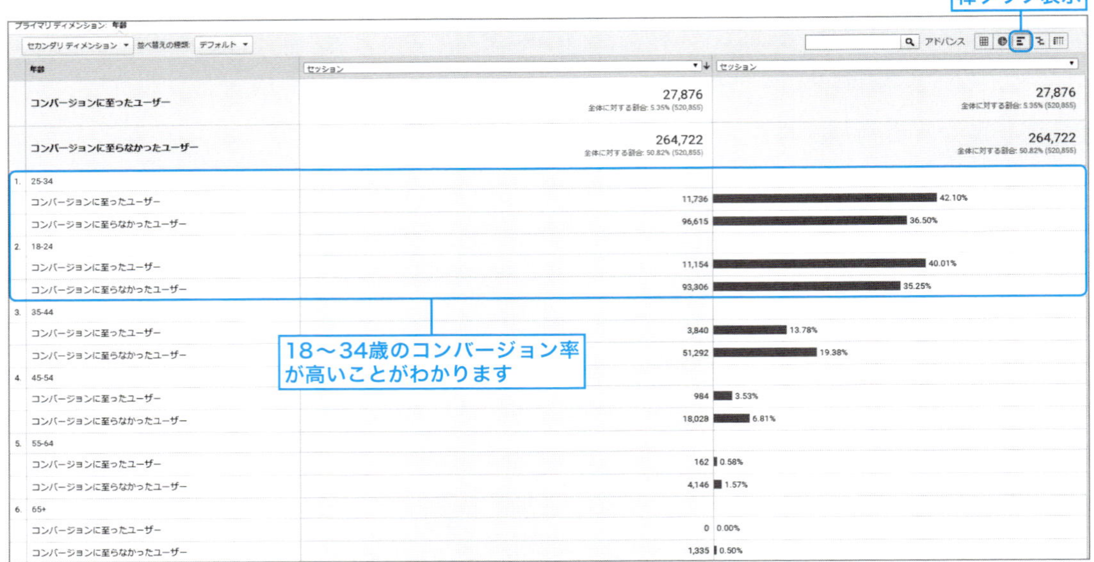


このようなレポートでは、年代別にコンバージョンのしやすさを比較することができます。18～34歳未満はコンバージョンに至ったユーザーのセッション数が、コンバージョンに至っていないユーザーのセッション数より多いことがわかります。

## 「性別」レポート

左のメニューより「**ユーザー➡ユーザー属性➡性別**」も同様に確認してみます。

**図7-3-4** ユーザー特徴を性別で把握する

棒グラフ表示

プライマリ ディメンション: 性別　セカンダリ ディメンション　並べ替えの種類: デフォルト　アドバンス

| 性別 | セッション | セッション |
|---|---|---|
| コンバージョンに至ったユーザー | 28,814<br>全体に対する割合: 5.53% (520,855) | 28,814<br>全体に対する割合: 5.53% (520,855) |
| コンバージョンに至らなかったユーザー | 286,339<br>全体に対する割合: 54.97% (520,855) | 286,339<br>全体に対する割合: 54.97% (520,855) |
| 1. male | | |
| コンバージョンに至ったユーザー | 25,807 | 89.56% |
| コンバージョンに至らなかったユーザー | 213,705 | 74.63% |
| 2. female | | |
| コンバージョンに至ったユーザー | 3,007 | 10.44% |
| コンバージョンに至らなかったユーザー | 72,634 | 25.37% |

コンバージョンに至るのは男性が多いことがわかります

こちらも同様に、男性はコンバージョンに至るユーザーが、至らないユーザーよりセッション数が多いことがわかります。

以上のようなデータによって、このサイトで商品購入や売上を増やすには「18～34歳未満の男性」をターゲットにすることが一番効率的とわかります。

## B) デバイスで見る

続いて、デバイスごとに確認してみます。左のメニューより「**ユーザー➡モバイル➡概要**」レポートを開きます。**セグメントは、「コンバージョンが達成されたセッション」「すべてのユーザー」の2つ**に設定します。

**図7-3-5 ユーザー特徴をデバイスから把握する**

| デバイスカテゴリ | 集客 セッション | 新規セッション率 | 新規ユーザー | 行動 直帰率 | ページ/セッション | 平均セッション時間 |
|---|---|---|---|---|---|---|
| すべてのユーザー | 520,855 全体に対する割合: 100.00% (520,855) | 65.05% ビューの平均: 65.05% (0.00%) | 338,817 全体に対する割合: 100.00% (338,817) | 63.04% ビューの平均: 63.04% (0.00%) | 4.16 ビューの平均: 4.16 (0.00%) | 00:01:30 ビューの平均: 00:01:30 (0.00%) |
| コンバージョンが達成されたセッション | 10,864 全体に対する割合: 2.09% (520,855) | 23.76% ビューの平均: 65.05% (-63.48%) | 2,581 全体に対する割合: 0.76% (338,817) | 3.67% ビューの平均: 63.04% (-94.17%) | 32.23 ビューの平均: 4.16 (675.56%) | 00:13:36 ビューの平均: 00:01:30 (804.63%) |
| 1. mobile | | | | | | |
| すべてのユーザー | 386,578 (74.22%) | 65.07% | 251,564 (74.25%) | 62.96% | 4.02 | 00:01:22 |
| コンバージョンが達成されたセッ… | 7,625 (70.19%) | 25.64% | 1,955 (75.75%) | 4.64% | 29.77 | 00:12:09 |
| 2. desktop | | | | | | |
| すべてのユーザー | 113,317 (21.76%) | 63.45% | 71,902 (21.22%) | 61.65% | 4.74 | 00:02:01 |
| コンバージョンが達成されたセッ… | 2,980 (27.43%) | 18.39% | 548 (21.23%) | 1.24% | 38.41 | 00:16:52 |
| 3. tablet | | | | | | |
| すべてのユーザー | 20,960 (4.02%) | 73.24% | 15,351 (4.53%) | 71.93% | 3.41 | 00:01:16 |
| コンバージョンが達成されたセッ… | 259 (2.38%) | 30.12% | 78 (3.02%) | 3.09% | 33.45 | 00:18:19 |

デバイスごとに見ると、❶全体の70%超がスマートフォンからの流入とわかります。❷コンバージョンが達成されたセッションについてもスマートフォンが70%と、ほぼ全体のユーザー割合と比例しています。

その他、コンバージョンが達成されたセッションの数字を確認すると、❸新規セッション率が少なく、❹1セッションあたりのページビューもスマートフォンでは38ページと、コンバージョンしなかったセッションの平均と比べると10倍程度の大きな差がついていることがわかります。

このサイトでは、スマートフォンユーザーをリピーターにして、サイトを回遊してもらうことがコンバージョンを増やすうえで重要だとわかります。

## C) 訪問回数別で見る

今度は訪問回数でコンバージョンしやすいユーザーの特徴を探っていきましょう。

## 「新規とリピーター」レポート

左のメニューより「**ユーザー➡行動➡新規とリピーター**」のレポートを開きます。**セグメントは、「コンバージョンに至ったユーザー」と「コンバージョンに至らなかったユーザー」**の2つに設定し、画面の表示形式は円グラフにしました。

**図7-3-6** 新規とリピーター

円グラフの青がリピーター、緑が新規ユーザーです。コンバージョンに至るユーザーはリピーターが多いことがわかります。

## 「リピートの回数や間隔」レポート

さらに、具体的なリピート回数を調べていきます。左のメニューより「**ユーザー➡行動➡リピートの回数や間隔**」レポートを開きます。**セグメントは「コンバージョンが達成されたセッション」「すべてのユーザー」の2つ**に設定します。

**図7-3-7** リピートの回数や間隔

ただ、このレポートだと割合が若干見えづらいので、Excelファイルをエクスポートして、グラフにしてみます。Excelの操作方法はSection3-2➡P.162を参照してください。

**図7-3-8　グラフ化したリピートの回数や間隔**

| セッション数 | コンバージョンしたセッション数 | コンバージョン率 |
|---|---|---|
| ❶ 1 | 2581 | 0.8% |
| 2 | 1210 | 1.9% |
| 3 | 878 | 3.3% |
| 4 | 674 | 4.5% |
| 5 | 536 | 5.5% |
| 6 | 382 | 5.4% |
| 7 | 322 | 6.0% |
| 8 | 274 | 6.3% |
| ❷ 9-14 | 1185 | 7.6% |
| 15-25 | 1094 | 8.9% |
| 26-50 | 978 | 8.7% |
| 51-100 | 510 | 7.7% |
| 101-200 | 179 | 5.3% |
| 201+ | 71 | 4.7% |

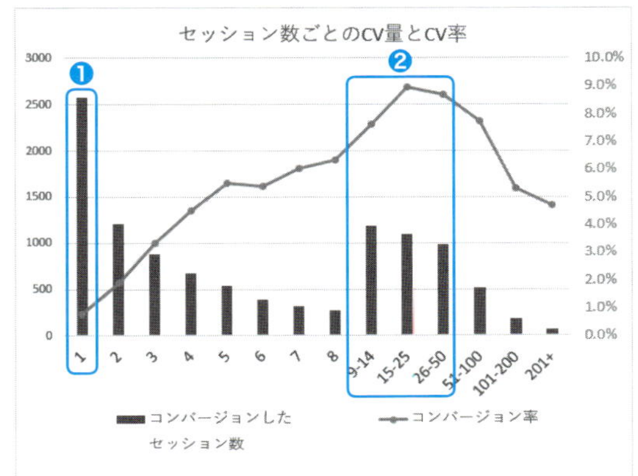


一見すると、❶1セッションでコンバージョンに至るユーザーの量が多いことがわかりますが、全体のセッション量から見るとコンバージョンに至る割合は1%未満です。❷セッション数が9〜50回のユーザーのコンバージョンする割合は8%程度と高いことがわかります。このサイトでは、訪問回数が増えれば増える（ただし期間での101回以上の訪問は除く）ほどコンバージョン率が上がるという前提で、集客の評価やプロモーション計画を行うとよいでしょう。

いかがでしたか？　コンバージョンするユーザーの特徴はサイトごとに大きく異なりますので、自分のサイトを分析してどんなユーザーがコンバージョンするのか確認することが大事です。ここで紹介した「ユーザー」レポート以外にも、「流入元」や「よく見ているページ」などでもセグメント機能などを使って分析していくことがコンバージョン数アップの要となります。

**Hint　「コンバージョンに至ったユーザー」「コンバージョンが達成されたセッション」の違い**

似たような名前がついていますが、それぞれ意味が違います。1回目の訪問で検索エンジンから流入、2回目の訪問にソーシャルから流入してコンバージョンしたユーザーがいたとしましょう。この際、「コンバージョンに至ったユーザー」では1回目と2回目、両方の訪問がセグメントの対象となります（「ユーザー」単位のため）。「コンバージョンが達成されたセッション」では2回目の訪問のみがセグメントの対象となります（「セッション」単位のため）。その結果、それぞれのセグメントでのセッション数は2（コンバージョンに至ったユーザー）と1（コンバージョンが達成されたセッション）になります。どのような分析を行うかによって利用するセグメントを決めましょう。コンバージョンした人の全ての訪問データを見たい場合は前者を使うことになります。

Section 7-4 お客様の「やっぱり買うのやめた」を減らしたい！

# 「かご落ち」への対策：コンバージョンプロセスを可視化する

使用レポート ▶▶▶ コンバージョン ➡ 目標 ➡ 目標到達プロセス

**カートに商品を入れたお客様全員が購入に至ることは稀です。しかし、もしサイトの表示やボタンの位置などが原因でお客様がサイトから離れていたら残念ですよね。ここではユーザーがコンバージョンに至るプロセスを可視化する方法をお教えします。サイト起因でのカゴ落ちがないか？　自分のサイトを点検しましょう。**

## 「かご落ち」問題への対策

ユーザーがサイトを回遊し、カートに商品を入れて、いざ購入しようとした後にサイトを離れてしまうような現象があれば、非常にもったいないですよね？　そのような**「購入しようとしてから購入完了するまで」のコンバージョンプロセスを可視化し、対策を講じていくことでコンバージョン数の漏れを減らす**ことができます。ゴールに近い場所での改善活動なので、効果に反映されやすく、**売上アップの近道**となります。このSectionを読んで実際に分析を行い、コンバージョンアップを図ってみてください。

図7-4-1 コンバージョンプロセスを可視化しよう

お客様がどの段階で「買い」をためらうのか、
把握することはできますか？

可視化することができますよ。
「かご落ち」対策を講じましょう

Hint

このレポートを確認するためには、目標設定時に「目標到達プロセス」を設定しておく必要があります。詳細はSection7-1➡P.302を参照してください。

## コンバージョンファネルレポートを確認する

以下、「目標到達プロセス」「ゴールフロー」「目標パスの解析」という3つのレポートを例示しながら、「かご落ち」問題解決のための分析・改善方法を考察していきます。

### 「目標到達プロセス」レポート

左のメニューより「**コンバージョン➡目標➡目標到達プロセス**」のレポートを開きます。

**図7-4-2 「目標到達プロセス」の見方**

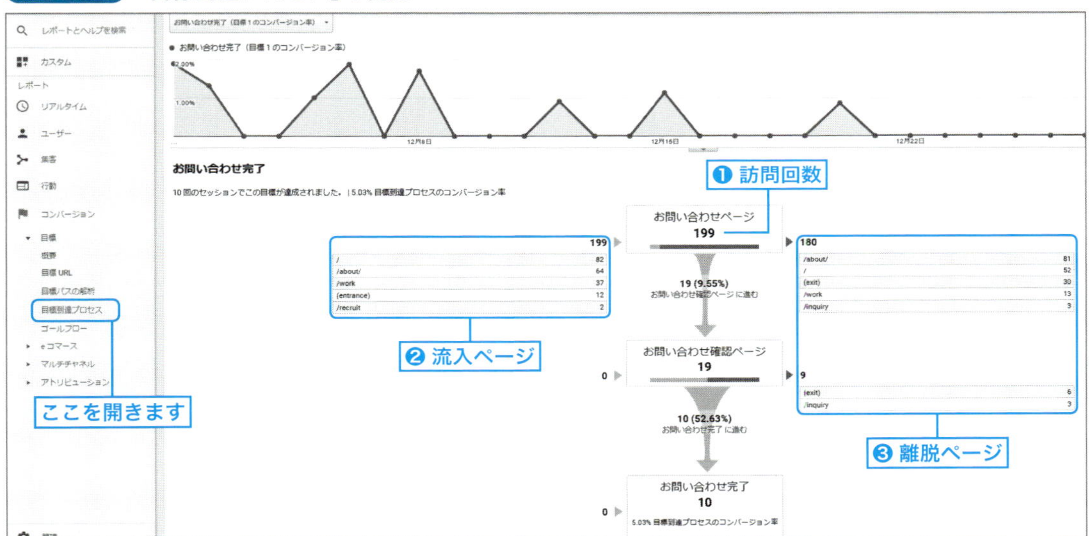


**設定した目標プロセスの各ステップに対するデータを見ることができます。**❶ステップ名の下にあるのが「訪問回数」となります。そして各ステップの左右にあるのが、❷該当ページへの流入ページのセッション数と❸離脱ページのセッション数になります。あるステップの訪問回数は「1つ前のステップからの訪問回数」＋「流入ページの訪問回数」の合計になります。

図7-4-3のように目標設定時に「最初のステップ」を「必須」にしていると、2ステップ目以降の流入は全て0になります。

**図7-4-3 ステップの必須設定**

目標到達プロセス オプション

オン

各ステップには、アプリのスクリーン名の文字列またはウェブページの URL を使用してください。たとえば、アプリの場合は「マイ画面」、ウェブページの場合は *www.example.com/thankyou.html* の代わりに */thankyou.html* を使用します。

| ステップ | 名前 | スクリーン / ページ | 必須 |
|---|---|---|---|
| 1 | 入力 | /regist/enter.php | はい |
| 2 | 確認 | /regist/check.php | |

+ 別のステップを追加

この目標を確認　過去 7 日間のデータを基に、この目標で達成されたはずのコンバージョン数を確認できます。

保存　キャンセル

目標到達プロセスではどのステップでの離脱が多いのかを把握し、特に離脱率が高いところに対して施策を行うことが大切になります。そして施策を行った結果、期間の前後比較で遷移率が改善したかをチェックしてみましょう。

図7-4-4はあるECサイトの事例です。2017年3月30日〜4月28日とその前の期間を比較しています。

**図7-4-4 あるECサイトの商品購入プロセス**

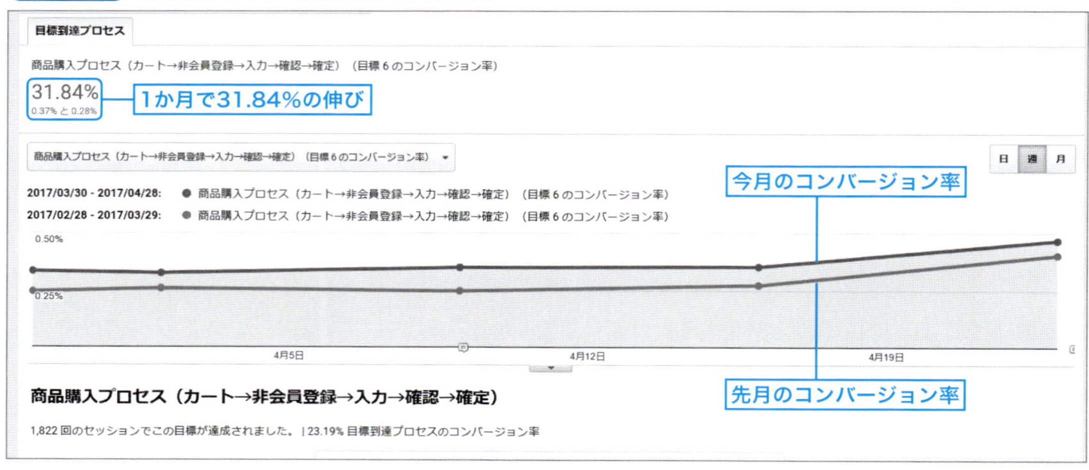


見ての通り、サイト全体のコンバージョン率が0.28%から0.37%と、31.84%の改善を見せています。各ステップの遷移率もあわせて確認してみましょう（図7-4-5）。

**図7-4-5** あるECサイトの各ステップの遷移率

● **施策実施前**

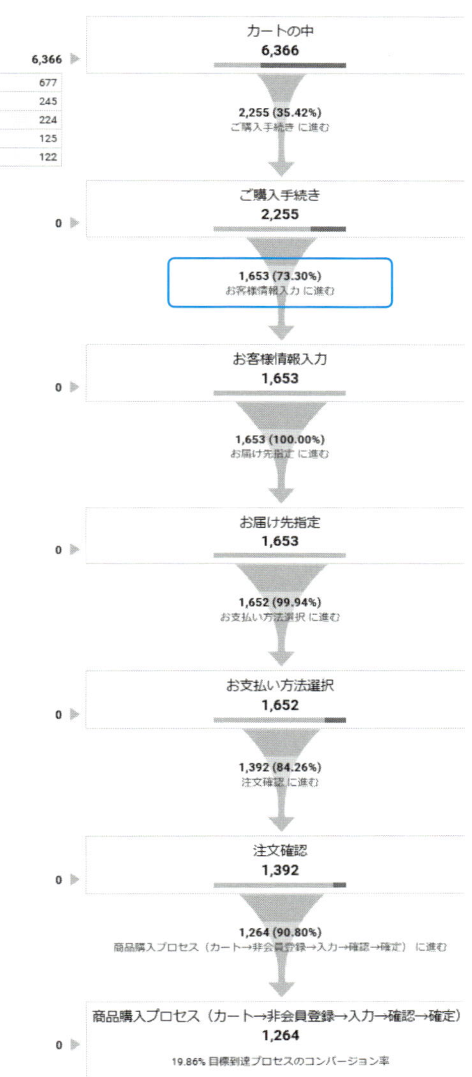


● **施策実施後**

このサイトではデータを見て2番目に遷移が低い「**ご購入手続き➡お客様情報入力**」の部分を修正することにしました。今回選んだ期間は施策実施前後の期間となります。「ご購入手続き」のページでは、「会員の方はこちら」「非会員の方はこちら」のように会員登録の有無などによって選んでもらうメニューですが、そのレイアウトを変更しました。以前は非会員の方が多かったのですが、現在は会員の購入比率のほうが高いため、会員のリンクを上に持ってきて、ボタンのレイアウトや見せ方なども変えています。

その結果、施策実施前後で遷移率が73.30%から78.84%まで改善することができました。プロセス全体で見ても、施策実施前のコンバージョン率は19.85%（1,264/6,366）から23.19%（1822/7857）と大きく改善をしています。このように本レポートは数値を見るだけではなく、課題を見つけて施策の実行と評価に活かすことが大切です。

**目標到達プロセスのレポートは事前にチェックポイントとなるページを設定する必要がありますが、設定しておくことによって各プロセスをわかりやすく見る**ことができます。

**Point** **目標到達プロセス利用の注意点**

- 本レポートでは「セグメント」を利用することができません。
- **間に他のページが入っても遷移した事になります。**図7-4-5**で「カートの中➡詳細ページ➡ログインページ➡ご購入手続き」と進んでも、「カートの中」から「ご購入手続き」に遷移したという形で表示されます。**
- 途中のステップを飛ばしてもカウントされます。図7-4-5で、「**お届け先指定➡注文確認➡完了**」と遷移した場合、間で飛ばされた「お支払い方法選択」にも遷移したという形でカウントされます。
- ステップの順番が違った場合も計測されます。「**お客様情報入力➡お支払い方法選択➡お届け先指定**」と設定したステップの順番通りでなかったとしても、設定したステップ通りに遷移したとしてカウントされます。

少々わかりづらい仕様ですが、課題を発見するという意味では特に気にする必要はないと思います。数値が合わないなどの要因の説明になるということでご理解ください。

## 「ゴールフロー」レポート

目標到達プロセスは、サイトの構造や仮説を元にステップを事前に登録しておきます。しかし、ステップを登録し忘れていた場合、設定を行ったとしても設定タイミングからの集計となります。また、**「設定した導線以外での遷移が多かった」というような想定外の気付きを発見したいという場合に便利なのが、ゴールフロー**のレポートです。

ゴールフローのレポートでは事前設定をしていなくても、ゴールまでの遷移を確認することができます。またセグメント機能を利用することや、参照元ごとに見るといった分析が可能になります。レポートを見てみましょう。

❶左のメニューより「**コンバージョン➡目標➡ゴールフロー**」をクリックしてレポートを開きます。

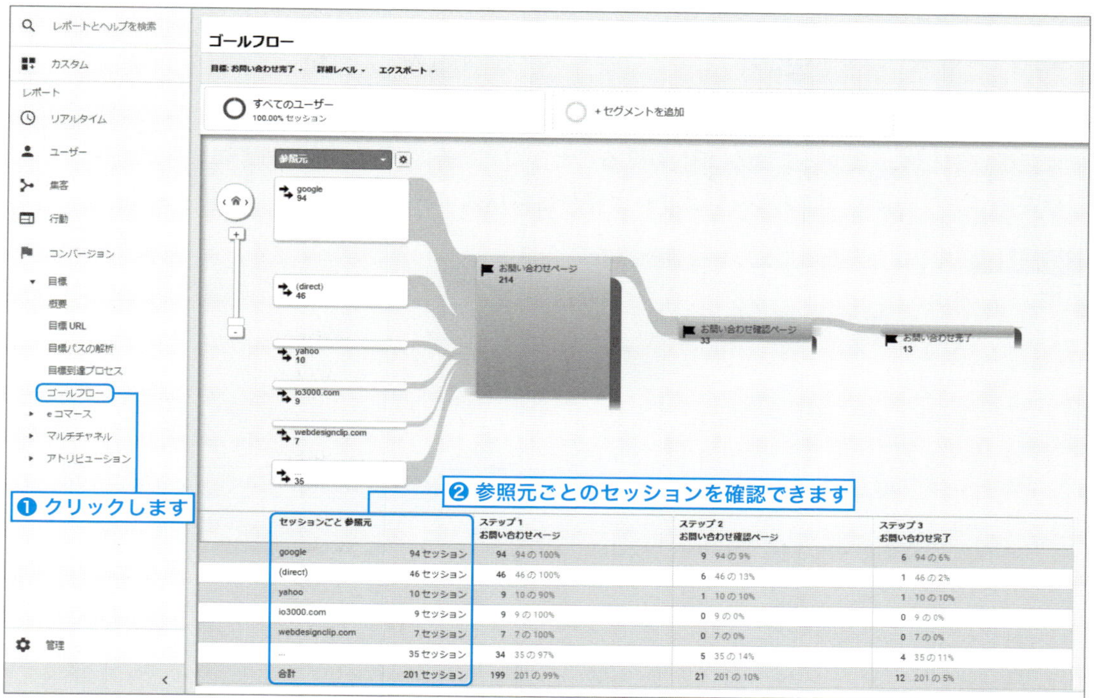


このレポートでは様々なディメンションごとに目標到達プロセスを確認できます。❷初期設定は参照元ごとになっています。

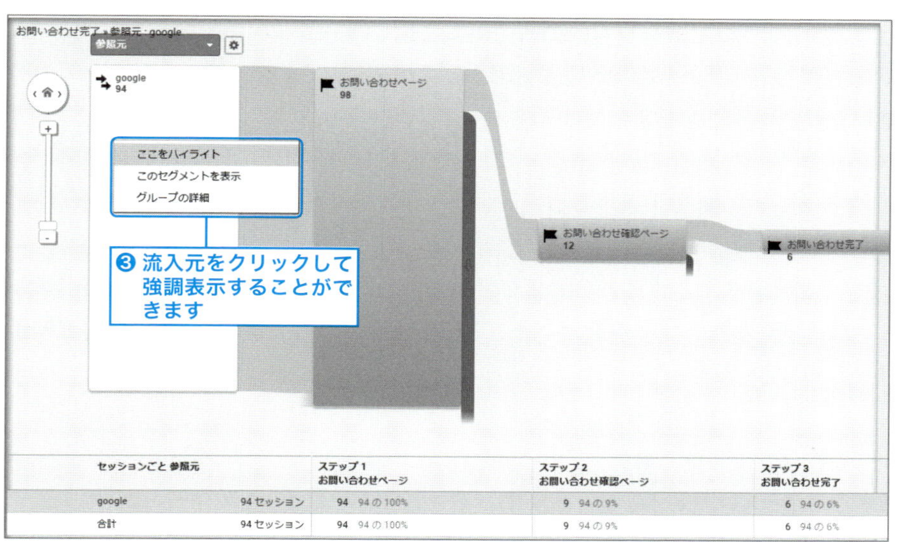

❸クリックするとメニューが表示され、ある流入元のみ強調して表示することも可能です。ゴールに向けて最も遷移が多い導線を確認するためには便利なレポートです。

## 「目標パスの解析」レポート

もう1つ活用できるレポートとして「目標パスの解析」というレポートがあります。このレポートでは**目標に対して、3つ前までのURLを見る**ことができ、そのパスごとの完了数を確認できます。

❶左のメニューより「**コンバージョン➡目標➡目標パスの解析**」のレポートを開きます。

図7-4-6 入り口に当たるステップを見極める

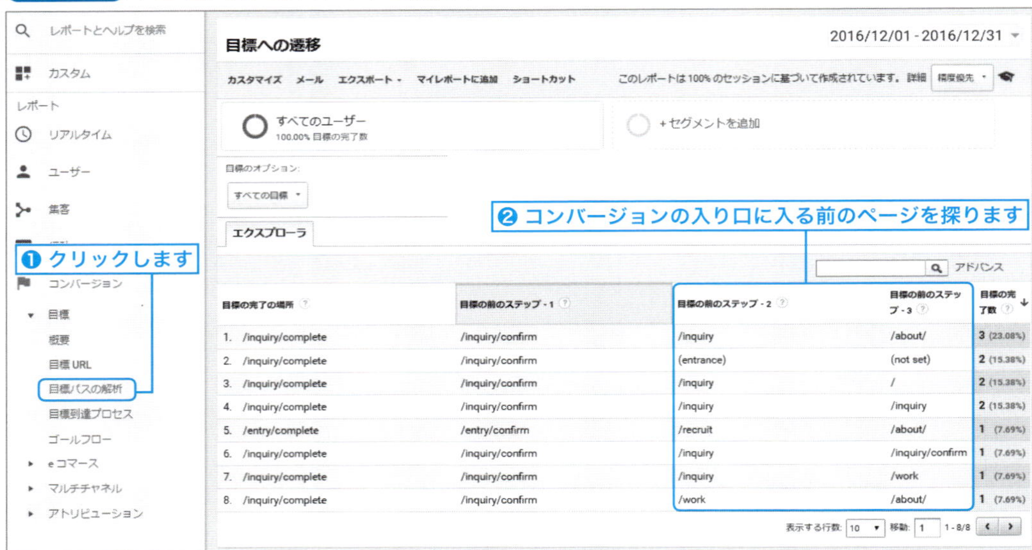


このレポートで大事なのは、**「コンバージョンの入口に入る前のページ」**の把握です。つまり、「資料請求申し込み入力➡確認完了」という導線がある場合、どのページから「資料請求申し込み入力ページ」に来ているのかを把握することが重要です。

❷「目標の前のステップ-2」や「目標の前のステップ-3」を確認してみましょう。流入数の多いページがあればコンバージョンへの誘導を強めるヒントが見つかる可能性があります。

セグメントを利用することができ、想定外の導線を発見できる「ゴールフロー」や「目標パスの解析」レポート、そして自ら設定したチェックポイントで確認できる「目標到達プロセス」。用途に応じて使い分けるのが良いでしょう。

Section 7-5

2つ以上のコンバージョンのどちらに注力すれば良いの？

# セグメントを利用して コンバージョン同士の関係を見る

使用レポート ▶▶▶ユーザー ➡ 概要

**２つ以上のコンバージョンを指標としている場合、「二兎を追う者は一兎をも得ず」という半端な状態にならないよう、複数のコンバージョンの注力するタイミングを心得ておくと、効果的な施策を打つことができます。本Sectionではユーザー視点からコンバージョン同士の「重複」と「順番」に注目して実態を把握します。**

## ユーザー視点でコンバージョンを分析する

例えば、あなたのサイトに「資料請求」と「問い合わせ」の2つのコンバージョンがあるとします。この2つのコンバージョンを上げようと、いろんなページ改修施策を行うとします。そこで一度立ち止まってみましょう。コンバージョン同士の重複や順番はあるのでしょうか？　Google アナリティクスのコンバージョンレポートではコンバージョンを達成した回数を見ることができますが、その関係を見ることはできません。コンバージョンを追っていると一見忘れがちなのが、1人1人のユーザーへの視点です。本項では**ユーザー視点でコンバージョンを見るための方法**を紹介します。

## コンバージョンの重複を見るための方法

ユーザーの**コンバージョン重複を見るためにはセグメントの条件機能**を活用しましょう。左メニューより「**ユーザー➡概要**」を開き、表の上部にある「＋セグメントを追加」➡「＋新しいセグメント」とボタンをクリックし「条件」を選ぶと図7-5-1の画面が表示されます。設定例は以下の通りです。

図7-5-1　セグメントの設定例

条件　❷ フィルタを「ユーザー」に設定します
1 回のセッションか複数回のセッションかの条件によってユーザーやその訪問データをセグメ
フィルタ　ユーザー　含める
お気に入り（目標 5 の完了数）　セッションごと　=　1
－　OR　AND
AND
検索条件に保存（目標 6 の完了数）　セッションごと　=　1
－　OR　AND
❶ 2つのコンバージョンを指定します
概要
ユーザーの
0.08%
ユーザー数
1,026
セッション数
4,767
セッションの0.26%
条件
お気に入り（目標 5 の完了数） = 1
検索条件に保存（目標 6 の完了数） = 1

ここでは❶「お気に入り」と「検索条件に保存」の2つのコンバージョンを達成したユーザーの割合を確認しています。❷大切なのはフィルタの横にある条件を「セッション」ではなく「ユーザー」でセグメントすることです。このようなセグメントを作成することで、2つの重複を確認することができます。

また「お気に入り」あるいは「検索条件に保存」をしたユーザー数と割り算を行うことで重複率を確認することができます。

本サイトでは「検索条件に保存」するユーザーは4,254人います（このユーザー数は、該当目標だけのセグメントを作成することで確認できます）。そうすると、検索条件保存をした訪問者の24.1%（1026/4254）はお気に入り機能も利用していることがわかります。このような形でコンバージョン同士の重複率を確認できます。

相性が良いコンバージョンの組み合わせがあるかを確認しましょう。

## コンバージョンの順番を見るための方法

ユーザーの**コンバージョン順番を見るためにはセグメントのシーケンス機能**を活用しましょう。以下のような設定を行います。

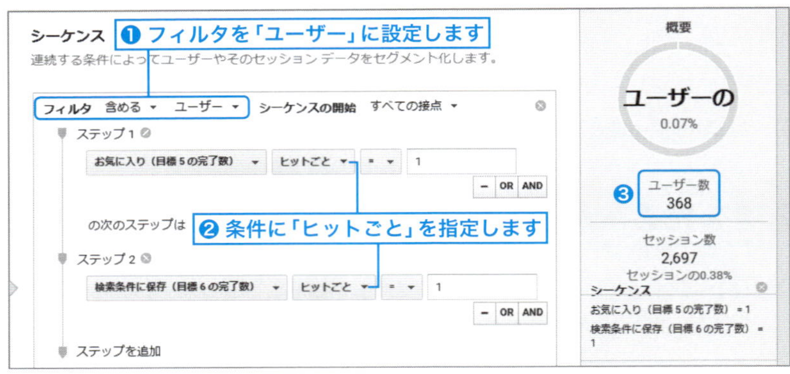


ここではあるユーザーが「お気に入り」の後に「検索条件に保存」を実行したというユーザー数の抽出を行っています。❶フィルタの横にある条件は「ユーザー」を利用し、❷各シーケンスでの条件は「ヒットごと」を利用しましょう。セッションを利用してしまうと同セッション内で「お気に入り➡検索条件に保存」と遷移したデータを取得することができません。

ここでは❸368人が、このような遷移をしていることがわかります。「検索条件に保存」の後に「お気に入り」を入れたユーザー数を見ると、267人でした。したがってサイト利用者、「お気に入り」を先に行う傾向のほうが高いと言えそうです。

## 活用事例：4つのコンバージョンから気付きを得る

以下はある新車販売サイトのデータです。ここでは4つのコンバージョンがあります。

**表7-5-1 ある新車販売サイトのデータ**

| コンバージョン | 見積もり | 店舗検索 | カタログ | お問合わせ |
|---|---|---|---|---|
| 見積もり | | 32.4% | 4.8% | 2.5% |
| 店舗検索 | 12.5% | | 2.4% | 4.5% |
| カタログ | 29.7% | 4.2% | | 9.8% |
| お問い合わせ | 0.5% | 0.9% | 2.1% | |

1. 見積り………金額の見積り機能を利用する
2. 店舗検索………該当車種が販売している店舗検索を利用し、店舗詳細まで辿り着く
3. カタログ……カタログをダウンロードする
4. お問い合わせ……お問い合わせフォームの完了ページを閲覧

データの見方ですが、左の項目の後に、上の項目を実行した割合になります。例えば右上の「2.5%」は見積もりを行った人が100%とした時に、その後にお問い合わせを行った割合を表しています。

このデータからいくつかの気付きが見えてきます。

A) 「見積もり」の後に最も行われる行動は「店舗検索」である。「見積もり」完了画面から、「店舗検索」への誘導を行うものよさそうです。
B) 「店舗検索」の後は「カタログ」請求より「お問い合わせ」に進む可能性のほうが高い
C) 「見積もり」の後に「カタログ」(4.8%)より、「カタログ」の後に「見積もり」(29.7%)の割合が高い
D) 「カタログ」請求というアクションが、その後の「お問い合わせ」に繋がる可能性が一番高い(9.8%)
E) 「お問い合わせ」の後に他のコンバージョンが実行される割合はほぼない

といった形です。これらの気付きを活用し、サイト内でどういう順番でコンバージョンしてもらうか、あるいは導線の貼り方などを考えてみましょう。

セグメントを応用すれば、以下のようなデータを出すこともできます(シーケンスの条件で特定のコンバージョンが発生していないを追加します)。

**表7-5-2 セグメントの応用例**

| コンバージョン | 最初のコンバージョン | 間のコンバージョン | 最後のコンバージョン |
|---|---|---|---|
| 店舗検索 | 48% | 31% | 21% |
| カタログ | 24% | 40% | 36% |
| お問い合わせ | 28% | 29% | 43% |

どのコンバージョンがどういう順番で発生しているかを確認するためにオススメな分析方法です。ぜひ活用してみてください。

Section ユーザー1人1人は実際どのようにコンバージョンしたの？

# 7-6 1人のユーザーのコンバージョンまでの動きを見る

使用レポート ▶▶▶ユーザー ➡ ユーザーエクスプローラ

Google アナリティクスは「平均」や「総数」などの“マクロ分析”を得意とするツールです。その中で「ユーザーエクスプローラ」機能は“ミクロ分析”ともいえるユーザー1人1人の動きを確認できる数少ない機能です。ユーザーの実際のユーザーの動きを見ることが、問題の原因究明や効果的な施策に繋がります。



## ユーザーエクスプローラ機能でユーザーの動きを把握

「ユーザーエクスプローラ」は2016年3月から提供された機能です。このレポートでは、**集計されたセッションの行動ではなく、「1人のユーザーがどんな流れでサイトを見て、コンバージョンしているか？」といった個別のユーザーの行動を分析できます。**ユーザーエクスプローラ機能を使って、1人1人のユーザーの動きを確認してみましょう。

### 「ユーザーエクスプローラ」レポートの見方

左のメニューより「**ユーザー➡ユーザーエクスプローラ**」のレポートを開きます。❶初期状態では、セッションが多い**クライアントID（ユーザー）の順**に並んでいます。

ユーザーIDはどの期間に変更しても、「最大」10,001件までが表示されます。セッションが多い上位10,001件というわけではありません。

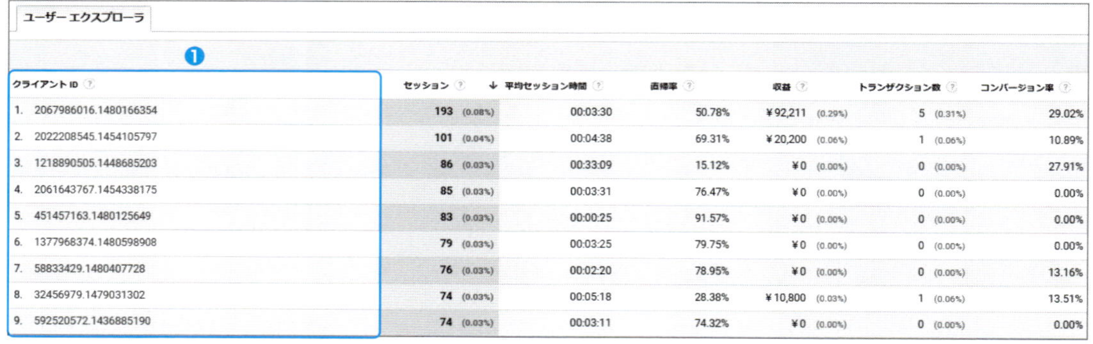

ユーザー エクスプローラ

❶

| クライアント ID | セッション | ↓ 平均セッション時間 | 直帰率 | 収益 | トランザクション数 | コンバージョン率 |
|---|---|---|---|---|---|---|
| 1. 2067986016.1480166354 | 193 (0.08%) | 00:03:30 | 50.78% | ¥92,211 (0.29%) | 5 (0.31%) | 29.02% |
| 2. 2022208545.1454105797 | 101 (0.04%) | 00:04:38 | 69.31% | ¥20,200 (0.06%) | 1 (0.06%) | 10.89% |
| 3. 1218890505.1448685203 | 86 (0.03%) | 00:33:09 | 15.12% | ¥0 (0.00%) | 0 (0.00%) | 27.91% |
| 4. 2061643767.1454338175 | 85 (0.03%) | 00:03:31 | 76.47% | ¥0 (0.00%) | 0 (0.00%) | 0.00% |
| 5. 451457163.1480125649 | 83 (0.03%) | 00:00:25 | 91.57% | ¥0 (0.00%) | 0 (0.00%) | 0.00% |
| 6. 1377968374.1480598908 | 79 (0.03%) | 00:03:25 | 79.75% | ¥0 (0.00%) | 0 (0.00%) | 0.00% |
| 7. 58833429.1480407728 | 76 (0.03%) | 00:02:20 | 78.95% | ¥0 (0.00%) | 0 (0.00%) | 13.16% |
| 8. 32456979.1479031302 | 74 (0.03%) | 00:05:18 | 28.38% | ¥10,800 (0.03%) | 1 (0.06%) | 13.51% |
| 9. 592520572.1436885190 | 74 (0.03%) | 00:03:11 | 74.32% | ¥0 (0.00%) | 0 (0.00%) | 0.00% |

### Point クライアントIDとは

ここで表示される「クライアントID」とはGoogle アナリティクスがブラウザごとに発行しているIDになり、Cookieの仕組みを利用しています(「_ga」というCookieに保存されている値と同一です)。Google アナリティクスは、このCookie IDを利用して「ユーザー」を特定しています。

つまり上図に出ているクライアントIDは、ユーザー単位の値になるということです。もちろんCookieの通常の制約を受けるため、デバイスやブラウザが違えば別ユーザーという扱いになります。

なお、Google アナリティクスのUser-ID機能(会員IDを取得する機能)を利用している場合は、クライアントIDではなく、User-IDが本レポートでは利用されるため、会員IDをキーに自社のデータベースの情報とあわせて確認することも可能です。

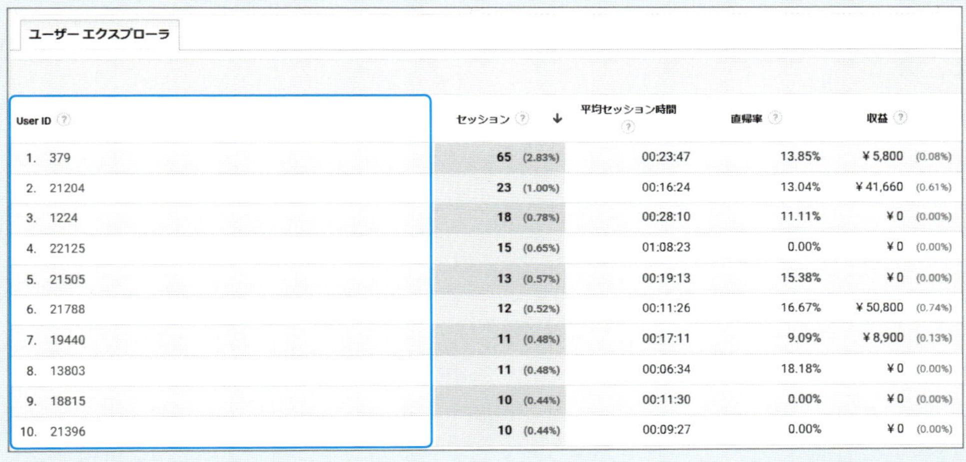


| User ID | セッション ↓ | 平均セッション時間 | 直帰率 | 収益 |
|---|---|---|---|---|
| 1. 379 | 65 (2.83%) | 00:23:47 | 13.85% | ¥5,800 (0.08%) |
| 2. 21204 | 23 (1.00%) | 00:16:24 | 13.04% | ¥41,660 (0.61%) |
| 3. 1224 | 18 (0.78%) | 00:28:10 | 11.11% | ¥0 (0.00%) |
| 4. 22125 | 15 (0.65%) | 01:08:23 | 0.00% | ¥0 (0.00%) |
| 5. 21505 | 13 (0.57%) | 00:19:13 | 15.38% | ¥0 (0.00%) |
| 6. 21788 | 12 (0.52%) | 00:11:26 | 16.67% | ¥50,800 (0.74%) |
| 7. 19440 | 11 (0.48%) | 00:17:11 | 9.09% | ¥8,900 (0.13%) |
| 8. 13803 | 11 (0.48%) | 00:06:34 | 18.18% | ¥0 (0.00%) |
| 9. 18815 | 10 (0.44%) | 00:11:30 | 0.00% | ¥0 (0.00%) |
| 10. 21396 | 10 (0.44%) | 00:09:27 | 0.00% | ¥0 (0.00%) |

「ユーザーエクスプローラ」レポートでもセグメントが使用できます。❷さっそく「コンバージョンに至ったユーザー」というセグメントをかけて、ユーザーを絞り込んでみましょう。

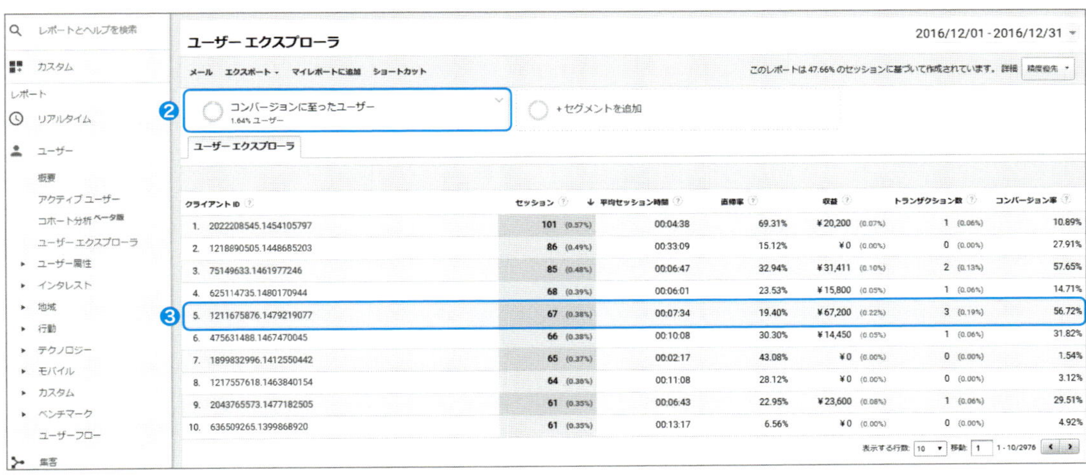


| クライアント ID | セッション | ↓ 平均セッション時間 | 直帰率 | 収益 | トランザクション数 | コンバージョン率 |
|---|---|---|---|---|---|---|
| 1. 2022208545.1454105797 | 101 (0.57%) | 00:04:38 | 69.31% | ¥20,200 (0.07%) | 1 (0.06%) | 10.89% |
| 2. 1218890505.1448685203 | 86 (0.49%) | 00:33:09 | 15.12% | ¥0 (0.00%) | 0 (0.00%) | 27.91% |
| 3. 75149633.1461977246 | 85 (0.48%) | 00:06:47 | 32.94% | ¥31,411 (0.10%) | 2 (0.13%) | 57.65% |
| 4. 625114735.1480170944 | 68 (0.39%) | 00:06:01 | 23.53% | ¥15,800 (0.05%) | 1 (0.06%) | 14.71% |
| 5. 1211675876.1479219077 | 67 (0.38%) | 00:07:34 | 19.40% | ¥67,200 (0.22%) | 3 (0.19%) | 56.72% |
| 6. 475631488.1467470045 | 66 (0.38%) | 00:10:08 | 30.30% | ¥14,450 (0.05%) | 1 (0.06%) | 31.82% |
| 7. 1899832996.1412550442 | 65 (0.37%) | 00:02:17 | 43.08% | ¥0 (0.00%) | 0 (0.00%) | 1.54% |
| 8. 1217557618.1463840154 | 64 (0.36%) | 00:11:08 | 28.12% | ¥0 (0.00%) | 0 (0.00%) | 3.12% |
| 9. 2043765573.1477182505 | 61 (0.35%) | 00:06:43 | 22.95% | ¥23,600 (0.08%) | 1 (0.06%) | 29.51% |
| 10. 636509265.1399868920 | 61 (0.35%) | 00:13:17 | 6.56% | ¥0 (0.00%) | 0 (0.00%) | 4.92% |

トランザクション数が3回の❸のユーザーを選んでみます。クライアントIDをクリックしましょう。

## ■ユーザーレポート

すると、あるユーザーのレポートが開きました。

❹左側は、初めて訪問した日付（2018年11月9日）と集客チャネル（Direct）、デバイスカテゴリ（desktop）などユーザーに紐づいた様々な情報が並んでいます。
❺画面上部ではセッション・セッション時間・収益・トランザクション数が表示されます。
❻中央の表部分では、ユーザーがアクセスした日付が降順に並んでいます。日付をクリックすると1日ごとの各セッションの詳細が表示されます。

ここでは「2020年6月10日」の行をクリックしてみました。

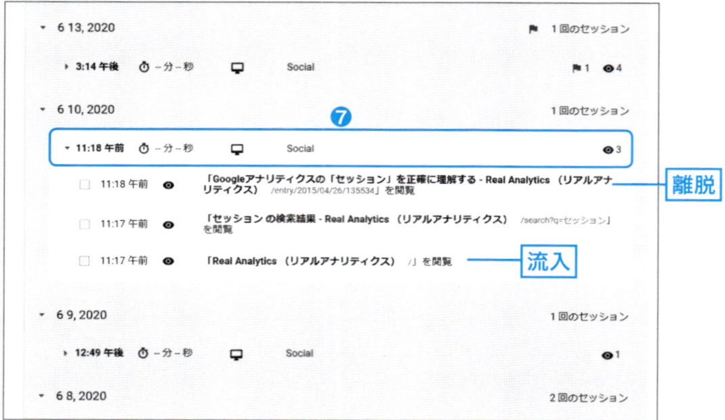


このユーザーは❼午前11時17分にソーシャル(Social)から流入し、3ページ見た後に離脱したことがわかります。

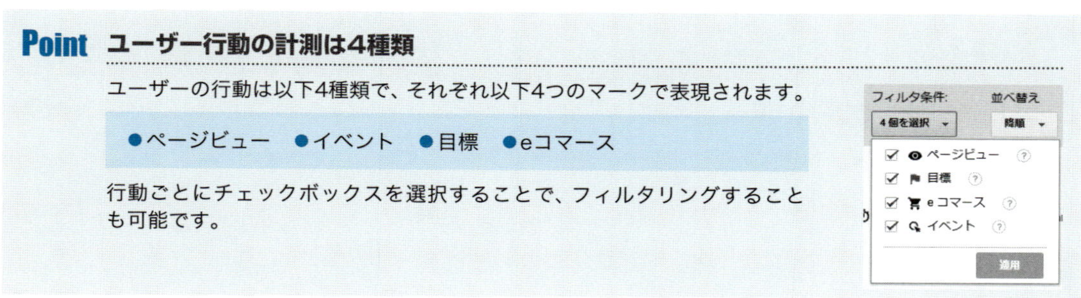

Point ユーザー行動の計測は4種類
ユーザーの行動は以下4種類で、それぞれ以下4つのマークで表現されます。
●ページビュー ●イベント ●目標 ●eコマース
行動ごとにチェックボックスを選択することで、フィルタリングすることも可能です。
フィルタ条件:
並べ替え
4 個を選択
降順
ページビュー
目標
e コマース
イベント
適用


これまで取り上げたレポートのうち、「2016年12月25日」のユーザーレポートも見てみます。

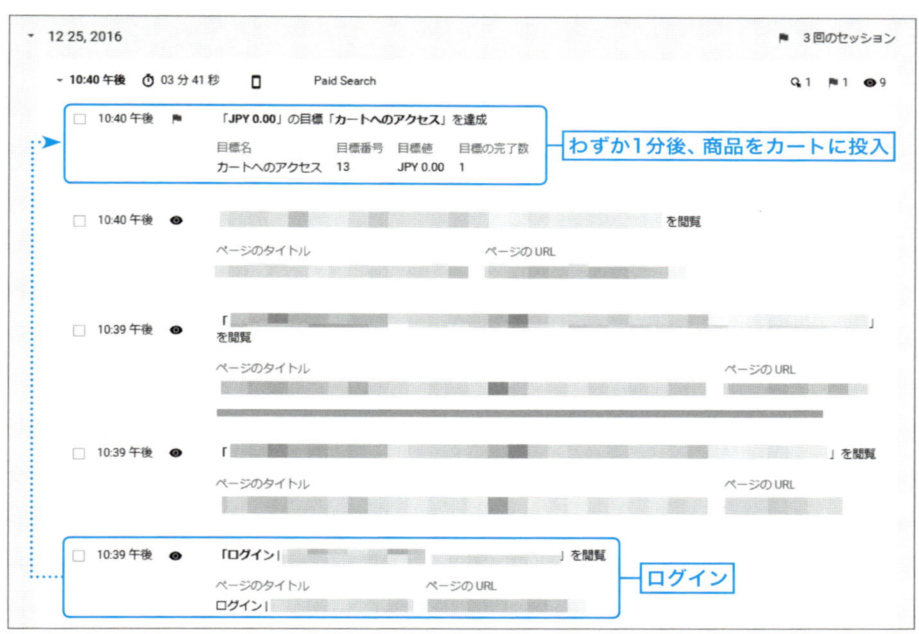


こちらのレポートでは最初にログインし、商品をカートに投入したことがわかります。このように、「ユーザーエクスプローラ」では詳細なユーザーの動きを追うことができます。

## ユーザーエクスプローラでセグメントを活用する

ユーザーの中で**「気になる行動」を見つけた場合、その行動をセグメントの条件として設定することが可能**です。❶ユーザーの行動の中から気になった行動に対して「チェック」を入れると、レポートの上部にある「セグメントを作成」を利用することが可能になります。

2 14, 2015　2 回のセッション

8:40 午後　-- 分 -- 秒　Direct　1

❶ 8:40 午後　Inlink での「topv5_lite_outer_ranking_pc」イベント

| イベント カテゴリ | イベント アクション | イベント ラベル | イベント数 | イベントの値 |
| --- | --- | --- | --- | --- |
| Inlink | topv5_lite_outer_ranking_pc | S3039 | 1 | 0 |

7:51 午後　-- 分 -- 秒　Direct　1

❶ 7:51 午後　Inlink での「head_nav_pc」イベント

| イベント カテゴリ | イベント アクション | イベント ラベル | イベント数 | イベントの値 |
| --- | --- | --- | --- | --- |
| Inlink | head_nav_pc | mane | 1 | 0 |

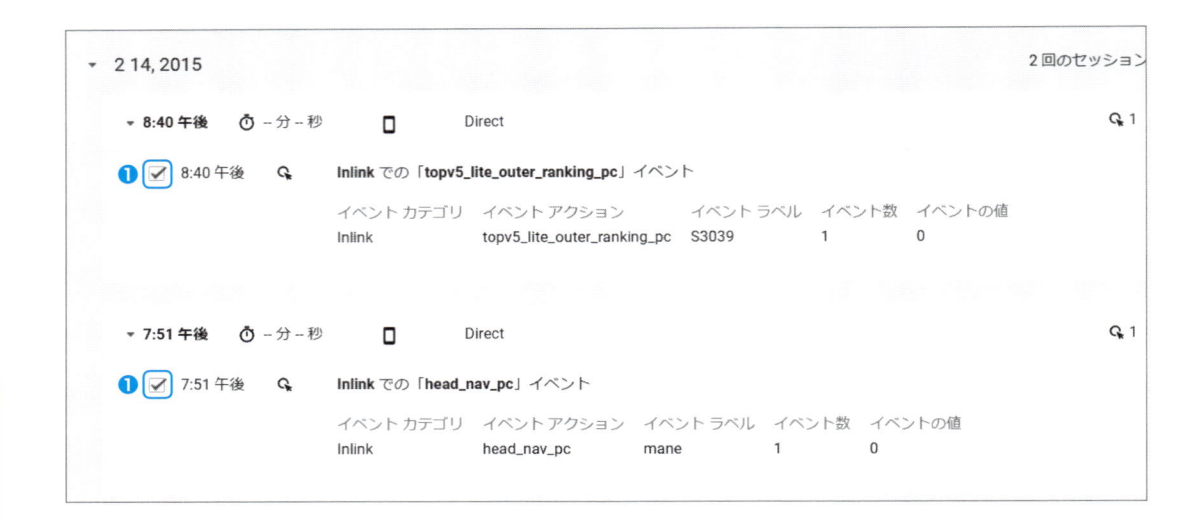

「セグメントを作成」を選択すると、❷セグメント設定画面が表示されます。

❸名称や条件等を確認して保存しましょう。なお、ここで作成されるセグメントは「ユーザー単位」かつ「複数条件をチェックしていた場合はシーケンスではなくAND条件になる」という事に注意が必要です。

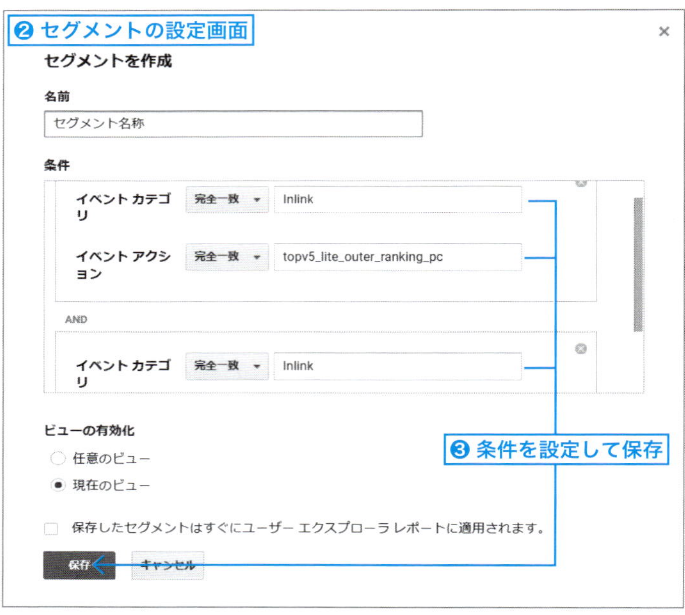


## ● ユーザーエクスプローラの制約

- 集計対象期間は2016年3月9日以降しか選択できません。
- 2020年6月時点でこのレポートをベースにカスタムレポートを作成することはできません。
- エクスポート機能がありません。

## 活用例：購買「後」のユーザー動きを比較する

通常コンバージョンの分析をする際には、コンバージョンしたセッションや、その前の動きを見ることが多いです。しかし、**ユーザーエクスプローラ機能を使えば購買「後」の動きに絞り込んで分析**をすることが可能です。

右はあるユーザーの購入前後の動きです。この方は、❶購入後にすぐに注文履歴を確認しています。❷また、購入翌日（購入日は3月31日）にサイトに訪れ、別の商品だけを見て離脱しています。❸しかし、またその翌日にサイトに訪れ、購入した商品の詳細ページを確認した後に、ログインしてマイページから、❹注文履歴一覧と注文履歴詳細を見ています。

図7-6-1 ユーザーの動きを詳細に分析

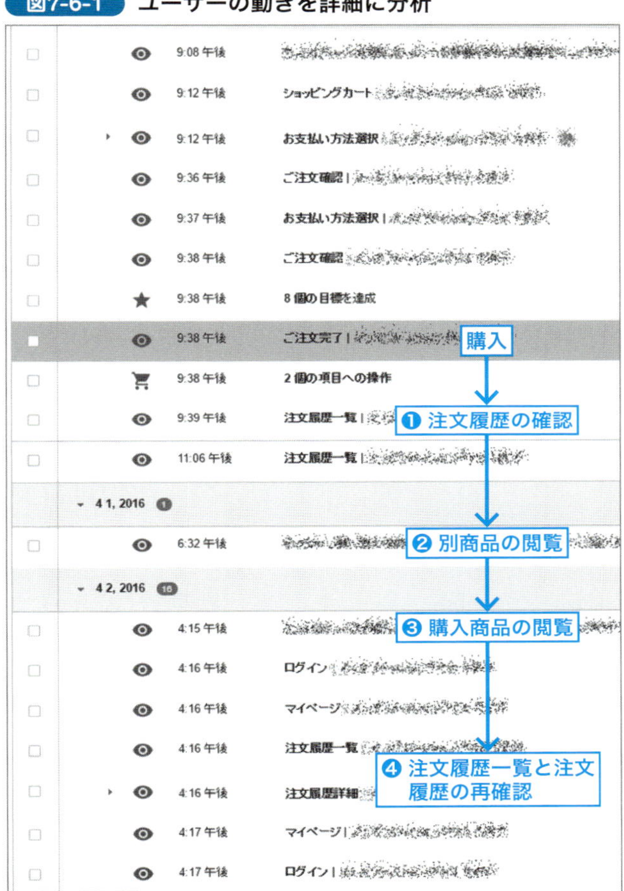


なぜ、このような形で「注文履歴を購入後に複数回見ている」のでしょうか？　この人に注文履歴へのリンクがあるメールを送っていたら、そこからクリックして確認しに来ているという可能性があります。逆にメールなどを送っていない場合は、本当に注文できたのか気になってサイトに訪れているのかもしれません。もしかしたら、いつごろ届くのか知りたいのかもしれません。

このように**ユーザーの行動を見ながら、何故ユーザーがこのような行動を取っているのかを考えることで、サイト改善のポイントやユーザーの思いを読み取れる**かもしれません。ユーザーエクスプローラのレポートでは、1人ずつの行動しか見ることができませんが、似たような動きをされる人（購入後に注文履歴）がどれくらいいるかを確認するために、この動きのセグメントを作成し、購入者における割合を確認してみるのも良いでしょう。

**ユーザーエクスプローラを利用することでユーザー単位の「ミクロ」な分析を行い、そこで得た知見をサイト全体の「マクロ」な分析で活かす**ことができます。ぜひ本レポートを活用してみてください。

# Chapter 8

# コンテンツを分析する

この章では、コンテンツの分析方法と改善の考え方を紹介いたします。コンテンツマーケティングやオウンドメディアなどの言葉に代表されるように、自社サイトにおけるコンテンツの重要性は業種問わず高まっています。コンテンツをどのように評価して改善すればよいのか──本章では、その考え方を紹介します。

## Section 8-1 今月公開した10本の記事のうち、もっとも「良い」記事はどれ？

# コンテンツを評価するための「4つの力」

自社サイトのコンテンツを評価する際にどの数値を見ればよいのでしょうか？　ページごとに取れる数値は多種多様です。本章では「4つの力」を活用してコンテンツを評価する方法を紹介します。重要な指標だけに注力して数値に溺れないようにしましょう。

## 評価指標が多すぎると、かえって伝わらないことも……

Webサイトで作成される様々なコンテンツ。評価の仕方はいろいろあります。ページビューや訪問者数、ソーシャル上でのシェア数、コンバージョンへの貢献、滞在時間などがその一例として挙げられます（図8-1-1）。

図8-1-1 様々な評価指標

| ページ タイトル | PV数 | 訪問数 | 滞在時間 | 閲覧開始数 | 直帰率 | 未直帰率 | ソーシャル | 再来訪訪問 | 再来訪訪問 | 本体誘導 | 誘導率 |
|---|---|---|---|---|---|---|---|---|---|---|---|
| 【絶対いらない】Amazonで買えるモテるために置いておきたいインテリア10選 | 23,161 | 20,410 | 128 | 18,701 | 89.17% | 10.83% | 657 | 4893 | 24.0% | 341 | 1.7% |
| 【保存版】首都圏のJR線の始発駅を全てまとめてみた！（その土地の平均家賃相場つき） | 18,811 | 17,571 | 212 | 17,206 | 91.25% | 8.75% | 1060 | 1927 | 11.0% | 289 | 1.6% |
| 安い！早い！うまい！男の激ウマぶっかけごはん5選 | 2,856 | 2,698 | 67 | 1,037 | 85.54% | 14.46% | 158 | 1022 | 37.9% | 260 | 9.6% |
| 賃貸なら冷蔵庫をDIYだ！10分程でできる簡単テクニック6選 | 2,342 | 2,181 | 94 | 962 | 84.10% | 15.90% | 28 | 597 | 27.4% | 149 | 6.8% |
| 100円ショップがあなどれない！フル活用して1万円節約しましょう | 2,275 | 2,130 | 87 | 153 | 67.97% | 32.03% | 12 | 621 | 29.2% | 163 | 7.7% |
| 【保存版】首都圏の主な地下鉄・私鉄の始発駅をまとめてみた（その土地の平均家賃相場つき）Part① | 2,181 | 1,907 | 137 | 1,674 | 81.24% | 18.76% | 159 | 316 | 16.6% | 124 | 6.5% |
| 【男性編】今年も一人…！？恋人ができなくなる10の予兆 | 1,527 | 1,425 | 138 | 1,309 | 85.79% | 14.21% | 128 | 230 | 16.1% | 28 | 2.0% |
| 可能な限りアイロンは使いたくない！誰でもきるシワができにくい洗濯の仕方と干し方 | 1,196 | 1,126 | 77 | 54 | 79.63% | 20.37% | 16 | 342 | 30.4% | 77 | 6.8% |
| 少しでも多く敷金に戻ってきて欲しい！そのために知っておくべき敷金の基礎知識 | 996 | 926 | 130 | 67 | 65.67% | 34.33% | 6 | 320 | 34.6% | 106 | 11.4% |
| まるで海外のインテリア？一人暮らしの部屋でもおしゃれにする方法3つ | 869 | 812 | 151 | 591 | 87.82% | 12.18% | 100 | 162 | 20.0% | 40 | 4.9% |
| 敷金返還のポイントは入居前。1円でも多く敷金を取り戻すためにやっておきたい5つのこと | 781 | 725 | 123 | 428 | 87.15% | 12.85% | 180 | 233 | 32.1% | 70 | 9.7% |
| 【女性編】今年も一人…！？恋人ができなくなる10の予兆 | 497 | 468 | 127 | 401 | 77.81% | 22.19% | 62 | 44 | 9.4% | 3 | 0.6% |
| 100円で家中がピカピカ！絶対揃えておきたい100円ショップの掃除グッズ10選 | 427 | 401 | 98 | 343 | 86.59% | 13.41% | 116 | 44 | 11.0% | 10 | 2.5% |
| 忙しい朝はおにぎらずがオススメ！おにぎりよりも簡単な絶品おにぎらずレシピ6選 | 386 | 359 | 126 | 325 | 88.92% | 11.08% | 135 | 13 | 3.6% | 1 | 0.3% |
| 【保存版】引越し前＆引越し後に必要となる手続き全まとめ〜一人暮らし編〜 | 306 | 280 | 106 | 228 | 84.21% | 15.79% | 368 | 31 | 11.1% | 9 | 3.2% |

しかし、このようにいろいろな指標を並べてしまうと、どの指標をどのように比較すればよいかがわかりにくくなってしまいます。また、上司やクライアントに共有するときにも、上記の表を提出しても伝わらないのではないでしょうか。

## 「集客力」「閲覧力」「誘導力」「成果力」でコンテンツを評価する

そこで筆者は、**コンテンツを評価するために「4つの力」**で考えることをオススメします。それは**「集客力」「閲覧力」「誘導力」「成果力」**です。これら4つの力に指標をまとめることで、コンテンツ同士の比較を容易に行えるようになります。

**図8-1-2　4つの力で評価した例(ミエルカより)**

| # | ページ一覧 | | Low Evaluate Score | 総合点 | 集客力 | 閲覧力 | 誘導力 | 成果力 |
|---|---|---|---|---|---|---|---|---|
| 9 | | | Not check | 61 | 65 | 71 | 50 | 58 |
| 4 | | | Not check | 60 | 74 | 56 | 52 | 61 |
| 5 | | | Not check | 59 | 67 | 66 | 52 | 53 |
| 10 | | | Not check | 54 | 70 | 59 | 35 | 52 |
| 23 | | | Not check | 54 | 50 | 63 | 55 | 51 |
| 8 | | | Not check | 53 | 64 | 58 | 41 | 52 |
| 7 | | | Not check | 52 | 67 | 46 | 43 | 55 |
| 33 | | | Not check | 52 | 48 | 52 | 56 | 52 |
| 42 | | | Not check | 52 | 47 | 54 | 56 | 51 |
| 26 | | | Not check | 51 | 50 | 41 | 58 | 55 |

筆者が社外取締役を務めている株式会社Faber Companyが提供する「**ミエルカ**」では、記事ごとに4つの力とそれらの平均である「総合点」の5つの指標を表示する機能を持っています。

● **ミエルカ**
**https://mieru-ca.com/**

この値を実数ではなく指標化して、0～100の値になるようにしています。もちろん、「ミエルカ」のようなツールを使っていただいても良いですが、Google アナリティクスのデータを「エクスポート」でExcel形式でダウンロードして作成することも可能です(Section8-2、Section8-3で説明します)。まずは4つの力の意味を確認してみましょう。

## 「4つの力」とは?

### ■集客力

**訪問を集める力**。より多くの人に見てもらえることができるようなテーマや内容になっているのか。また間接的にソーシャルメディアのシェアによる流入増などもこの集客の一部として考えられます。

### ■閲覧力

**コンテンツがしっかり読まれているか**。主に最低限の文章量の有無、途中飽きさせないような工夫がコンテンツやレイアウト面で行われているかなどが重要になってきます。

### ■誘導力

**コンテンツを読み終わった後に他のコンテンツやページへの誘導が行われているか**を表します。関連コンテンツへのリンク有無（またはその精度）、それ以外ページへの誘導がわかりやすい位置に置かれているかなどがこの数値に影響を与えます。

### ■成果力

**サイトで設定されているコンバージョン（目標）の達成率**を表します。コンテンツとサイトのゴール内容がマッチしているか、コンバージョンへの導線が適切に貼られているかなどを評価する事ができます。

例えば、以下の2つの記事の総合点は一緒ですが、その性質は大きく変わります。

**図8-1-3　総合点は同じでも性質の異なる事例（ミエルカより）**

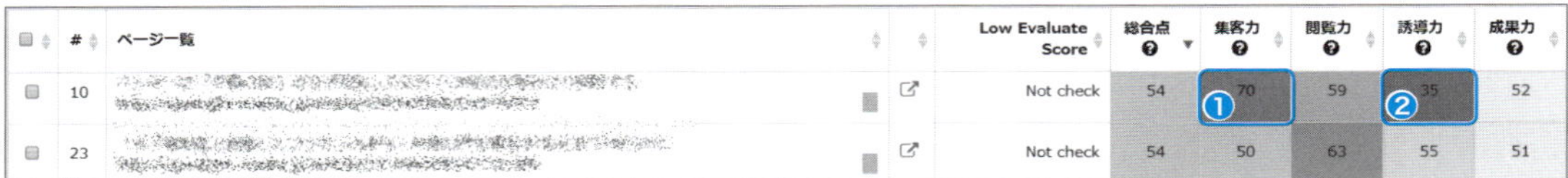

| | # | ページ一覧 | | Low Evaluate Score | 総合点 | 集客力 | 閲覧力 | 誘導力 | 成果力 |
|---|---|---|---|---|---|---|---|---|---|
| | 10 | [illegible] | | Not check | 54 | ❶ 70 | 59 | ❷ 35 | 52 |
| | 23 | [illegible] | | Not check | 54 | 50 | 63 | 55 | 51 |

どちらも総合点は一緒ですが、4つの力には違いがあります。❶10番の記事は集客力が高い（70）のですが、❷誘導力が低い（35）という事が見てとれます。つまり流入は多く、ユーザーのニーズがある記事なのですが、読み終わった後に離脱してしまう可能性が高いということです。

せっかく流入を確保できているのに、誘導できていないということは、関連記事がなかったり、あったとしても実際にはそれほど関連性がなかったり……という可能性があります。改善を行うためには、実際に記事を確認して、記事の最後に手動で関連記事を入れる、新たに記事を執筆するなどが考えられます。

**Point 数値の計算方法**

数値の出し方に正解はありませんが、一番わかりやすいのは「順位」を付けてしまう方法です。4つの力を実数で出して、それに対して順位をける形です。50記事あれば、1位の記事が50点、2位の記事が49点という考え方です。

量による重みづけを行いたい場合はデータに対して「偏差値」を計算するという方法もオススメです。「ミエルカ」では偏差値をベースに独自の計算を行っています。Excelでデータに対して偏差値を計算する方法は以下の記事が一番シンプルでわかりやすいです。

**プラウ Office 学習所：Excel（エクセル）での偏差値の求め方**
https://prau-pc.jp/excel/deviation-value/

ただアクセス解析のデータは正規分布することはほとんどないので、偏りが出てしまいます（平均が50であることは変わりませんが）。

## 4つの力をどのような順番で改善に活かすか

4つの力はファネル（漏斗）のように見るべきものだと考えています。まずは人を集め（集客力）、そしてコンテンツを読んでもらい（閲覧力）、その後に他の記事やページも見てもらい（誘導力）、最終的にゴールに繋げる（成果力）といった形です。そのため、大切なのは**「４つの力」を同列に扱うのではなく、順番に改善していくという考え方**です。

図8-1-4 順番に改善する

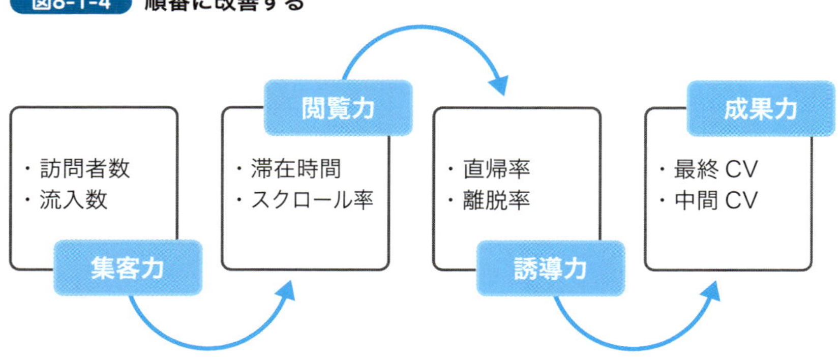


サイトを立ち上げた、あるいはコンテンツを作り始めたタイミングでは「集客力」を最重要視しましょう。そして集客量やサイト全体の中で占める訪問の割合（例：10%～20%）になったら、次の「閲覧力」に進むといった形です。このあたりについては、本章の最後に事例を紹介いたします。

次のSectionからは、4つの力の意味と改善の考え方を事項によって紹介していきます。

Section 私が書いた記事は、多くの人に読まれているのか？

# 8-2 ４つの力の強化プロセス：「集客力」と「閲覧力」を活用しよう

使用レポート ▶▶▶行動 ➡ サイトコンテンツ ➡ すべてのページ

４つの力のうち、最初に見るべき２つの力は「集客力」と「閲覧力」です。記事は人を集める力があるのか。そして人を集めても記事が読んでもらえなければ意味がありません。この２つの観点で記事を評価してみましょう。

## まず最初に「集客力」を上げる

コンバージョンやサイト内改善も大切ですが、まずは「集客力」を意識しましょう。

コンテンツがサイトあるいはビジネスの直接的なゴールに繋がることは、（特に最初は）少ないです。コンテンツ戦略を練っていく中で、ゴールを決めて意識することは大切ですが、**まずは人を集めないと、成果の対象となる人数も集まらないし、成果に辿り着いた人の分析もままなりません。**というわけで、コンテンツの運用を始めたら、まずは**集客力を上げることを第一の目標**にしましょう。

「作成したコンテンツをより多くの人に見てもらいたい」……誰もがそう思うはずですし、集客アップ術に関するWeb記事などもたくさんあります。もちろん、それらを参考にして記事を書くというのも良いのですが、一時的なアクセスアップ（「バズらせる」）を狙うのではなく、定期的に一定量のアクセスを増やすことを考えるのであれば、欠かせないのがSEOと分析の観点になります。

### バズらせるよりも、検索流入が安定を生む

ソーシャルメディアやソーシャルブックマーク、キュレーションメディアからの流入による大量アクセスは派手でわかりやすいのですが、多くの記事ではその後のサイト定着には繋がっていません。皆さんも利用しているニュースアプリなどから見た記事が、どのサイトだったかを覚えていることはまれだと思います。しかし、検索エンジンからの流入は、爆発的な威力はないかもしれませんが、利用者が能動的にキーワードで検索をしてサイトに流入しているため、そのキーワード自体に需要があれば、継続的に流入があり、今後紹介していく、「閲覧力」「誘導力」「成果力」も高い傾向にあります。

そして集客力が高い記事は、サイトごとに変わってきます。「時事ネタを取り入れればよい」「感情をあおるようなタイトルや、よくある『オススメ●●選』のようなタイトルがいい」という事ではありません。そこで、まず**大切なのは自社サイトのコンテンツで、集客力が高い記事の共通項を見**

**つけること**です。

## 集客力の定義

**集客力は2つの指標で評価を行います。1つはコンテンツの「流入回数」**です。サイト外からの流入回数が高いほど集客力が高い記事になります。より多くの人がサイト外から入ってくることは、その記事が話題性やシェアしたくなる要素を持っていると言えます。**もう1つはコンテンツの「訪問者」**です。こちらはサイト外からの流入だけではなく、サイト内からの導線も含まれた人数ベースの数値になります。サイト内で注目されやすいコンテンツと言えるのではないでしょうか。

なお、ページビュー数に関しては集客力の中に入れていません。コンテンツや記事が複数ページにまたがるなどコンテンツ同士の比較が難しくなるためです。ページビューはKPIとするのではなく、結果指標の1つとして見ることをオススメするのは、第7章でも触れた通りです。

## 集客力の算出方法

Google アナリティクスの「**行動➡サイトコンテンツ➡すべてのページ**」にアクセスし、集客力を確認したい記事だけに絞り込み（例：URLに「/article/」含む）、表示する行数を見たい行数に変更（例：50件）。「エクスポート」を使ってExcel形式でファイルをダウンロードし、「ページ別訪問数」と「閲覧開始数」の列に対して偏差値あるいは順位をつけて数値を算出します。

**図8-2-1　集客力算出例**

I2　=RANK(C2,C:C)

| | A | C | E | I | J | K |
|---|---|---|---|---|---|---|
| 1 | ページタイトル | ページ別訪問数 | 閲覧開始数 | ページ別訪問数順位 | 閲覧開始数順位 | 1位=50点、2位=49点とした時の訪問数＋閲覧開始数の点数 |
| 2 | | 738,299 | 363,617 | 1 | 1 | 100 |
| 3 | | 501,110 | 288,518 | 3 | 2 | 97 |
| 4 | | 534,388 | 199,505 | 2 | 3 | 97 |
| 5 | | 262,235 | 93,068 | 4 | 4 | 94 |
| 6 | | 231,304 | 79,701 | 5 | 5 | 92 |
| 7 | | 164,027 | 52,853 | 6 | 7 | 89 |
| 8 | | 135,241 | 46,143 | 7 | 9 | 86 |
| 9 | | 133,358 | 59,842 | 8 | 6 | 88 |
| 10 | | 127,672 | 28,442 | 9 | 12 | 81 |
| 11 | | 121,107 | 52,039 | 10 | 8 | 84 |
| 12 | | 98,508 | 28,080 | 13 | 13 | 76 |
| 13 | | 102,942 | 23,617 | 11 | 15 | 76 |
| 14 | | 100,816 | 27,064 | 12 | 14 | 76 |
| 15 | | 94,742 | 19,549 | 14 | 17 | 71 |
| 16 | | 82,392 | 35,451 | 15 | 10 | 77 |
| 17 | | 72,158 | 29,963 | 16 | 11 | 75 |
| 18 | | 64,832 | 20,631 | 18 | 16 | 68 |
| 19 | | 63,190 | 19,121 | 19 | 18 | 65 |
| 20 | | 65,667 | 16,583 | 17 | 20 | 65 |
| 21 | | 50,005 | 7,466 | 20 | 30 | 52 |
| 22 | | 45,488 | 11,873 | 21 | 24 | 57 |

※上は記事ごとにランキングをつけた例。RANK関数を使ってランキングを取得し、1位=50点、2位=49点とした時に、2つの指標の点数の合計を算出しています。「=(50-I2+1)+(50-J2+1)」という式をK2のセルに入れています。

## 集客力の活用方法

集客力が高い記事を5つほどピックアップし、実際に自分の目で記事を確認してみましょう。逆に、集客力が低い記事も5つほどピックアップして、チェックしてみましょう。

作業時間としては**1記事5分くらいを目途に、集客力が高い・低い記事にどういった違いがあるのかを確認してみましょう。具体的には「テーマ」「文字量」「タイトルの付け方」「記事から得られる内容」「利用している画像」**などが挙げられます。簡単な比較表を作って、それを埋めていくという方法でも良いかと思います。以下は、サンプルの比較表になります。

**図8-2-2** 集客力の高い記事と低い記事の比較

| 記事名 | URL | 集客力 | テーマ | 記事のキーワード | 文字数 | 記事名の特徴 | コンテンツの特徴 | 画像有無 | 画像枚数 |
|---|---|---|---|---|---|---|---|---|---|
| ●●● | http:// | 85 | サッカー×トレーニング | トレーニング方法 | 4215 | 効果訴求 | 対談形式 | 有 | 10 |
| △△△ | http:// | 72 | フットサル×会場 | 基本的なデータ・他コートとの比較 | 2980 | 他との違い | 表・地図を使った説明、比較形式 | 有 | 4 |
| ◇◇◇ | http:// | 70 | バスケット×ルール | 基本・ファウル・トラベリング | 3205 | 初心者向け | 表・地図を使った説明 | 有 | 8 |
| ■■■ | http:// | 35 | 予約方法×バスケコート | 予約プロセス・探し方 | 1850 | 意外なポイント | 手順書 | 有 | 2 |

この比較法が有効なのは、なんとなく記事を見ながら特徴を探すのではなく、「なぜ、この記事は高いのだろう」「なぜ、この記事は低いのだろう」といった観点（＝事実）をもって評価ができるという事です。なんとなく最新の記事から眺めていっても、このような事実がないと良い気付きを発見することができません。

特徴を見つけたら、後はその特徴を元に「集客が期待できる記事」というのを1本狙って書いてみましょう。その結果を確認し、PDCAを回していくという考え方になります。

## 偏差値や順位付けすることのメリット

ある月で500件流入があった記事と、別の月で500件流入があった記事では集客力の値が変わります。これは非常に大切なことです。**サイト全体の流入が伸びてくると、500件の流入の価値は相対的に低くなっていきます。これは自然なことです。**絶対的な数値（訪問者数・訪問回数・ページビュー数）で見てしまうと500は同じ500ですが、偏差値化することによって、他の記事やサイト全体の数値の影響を受けます。

このような偏差値や順位での運用は、常に集客力の良い記事と悪い記事が必ず発生する（＝平均の点数が50になる、あるいは必ず1位～100位という相対評価になる）ため、1回改善して終わりではなく、常に良いと悪いを比較して、改善し続けられることになります。

### 集客チェックリスト

集客力を上げるためのチェックリストを用意しました。コンテンツや記事を下記の観点でチェックしてみてはいかがでしょうか？

| | |
|---|---|
| ☑ | 記事テーマの関連キーワードは記事内に複数用意されているか？<br>（テーマの上位サイトのコンテンツ確認・サジェストの活用等） |
| ☑ | 該当テーマは速報性があり、読者が今欲しい内容となっているか？<br>（旬のニーズを把握しているか？） |
| ☑ | あるいは該当テーマは普遍性があり、継続的なニーズが存在するか？ |
| ☑ | 特にサイトにとって重要なキーワードや情報は複数視点・複数記事が用意されているか？ |
| ☑ | 集客力が高い記事は、サイト内あるいは他記事からの誘導が行えているか？ |
| ☑ | ソーシャルでシェアするためのボタンは記事上部と下部に用意されているか？ |
| ☑ | ここだけは世の中のどの記事にも負けないという「ウリ」や「ポイント」が存在するか？ |
| ☑ | 記事は意見を表明したくなる「議論ポイント」「わかりやすいサマリー」「気付き」が用意されているか？ |
| ☑ | コンテンツを作成したときに、その内容を広報する場所やメディアを用意しているか？ |
| ☑ | ソーシャルでシェアする場合は画像が表示されるようになっているか？<br>（Open Graph protocol 設定ができているか？） |
| ☑ | 今もアクセスがある古い記事はコンテンツのアップデートやより最新の記事への誘導が行われているか？ |

## 「閲覧力」で記事の読まれ具合を確認する

閲覧力はコンテンツがどれくらい読まれているかを表す指標となります。**集客してページやコンテンツに人を集めても、読んでもらわなければ「ただ来ただけ」になってしまいます**し、閲覧者の態度変容を起こすこともできません。そのため、閲覧力を上げるというのはサイトを改善する上では重要なポイントです。

### 閲覧力の定義

**閲覧力は2つの指標で評価を行います。1つはコンテンツの「滞在時間」**です。滞在時間が長いほどコンテンツをしっかり読んでいると言えるのではないでしょうか。ただアクセス解析における滞在時間は次ページとの差分で見るため、本当に読んでいたのかという不透明さや、ページ内にある文字の長さによって左右されたりするため割と不安定な指標です。似た長さや内容同士のページを比較するのに向いています。また直帰の場合は滞在時間は取得することができません。

**もう1つの指標がスクロール率あるいは記事読了率**になります。スクロール率はページ全体の長さを100%とした時に、平均で何%までスクロールしたかを見るための指標です。記事読了率に関しては記事の最後までスクロールした割合を指します。記事の最後が表示されたらアクセス解析ツールのデータを送る形で計測します。スクロール率の計測方法に関しては、Section6-5➡P.280で紹介していますので確認してみましょう。

**Point 閲覧力の扱いには注意を！ ページ種別によっては高めないほうが良い**

**4つの力の中で唯一「改善することが必ずしも良いことではない」というのが実は、この閲覧力**になります。滞在時間が長いことは記事やコンテンツであれば良いのですが、「迷っている（あるいは行き先を探せない）から滞在時間が長い」ということは利用者にとってはよろしくないことです。結果的に、ユーザーにとってサイトにもう来たくないという負の感情を与えてしまう可能性があります。**具体的にはトップページや、一覧ページなどがこれらのページに該当**します。

そこで、閲覧力を分析する際にはサイト全体で分析を行うのではなく、**特定のディレクトリやページ群などで絞り込んでから分析**をしましょう。

## 閲覧力の算出方法

閲覧力を計算するために２種類のデータを取得しましょう。滞在時間に関しては「集客力の算出例」と取得の仕方は同じです。「エクスポート」でExcel形式でダウンロードしたデータから「平均ページ滞在時間」を利用しましょう。

スクロール率に関してはイベント機能での実装を行ってデータを別途取得していることが前提となります。イベント機能での実装を行っている場合は、「**行動➡サイトコンテンツ➡すべてのページ**」のレポートに対して「セカンダリディメンション」の中から、スクロールで利用しているイベントと掛け合わせることで、記事ごとの読了率を取得できます。

後は集客力と同じように、滞在時間やスクロール（完了）率に対して、順位付けあるいは偏差値を算出しましょう。

## 閲覧力がある記事を特定する

改善の考え方は、「集客力」と一緒です。閲覧力が高い記事を5つほどピックアップし、実際に自分の目で記事を確認してみましょう。逆に、閲覧力が低い記事も5つほどピックアップして、チェックしてみましょう。

作業時間としては1記事5分くらいを目途に、閲覧力が高い・低い記事にどういった違いがあるのかを確認してみましょう。具体的には「テーマ」「文字量」「タイトルの付け方」「記事から得られる内容」「利用している画像」などが挙げられます。簡単な比較表を作って、それを埋めていくという方法でも良いかと思います。実際の2つの記事で確認してみます。

● 閲覧力「88」の記事

【PC持ち込みOK ！】電源やWi-Fiが使えるオシャレ図書館まとめ
**https://cbchintai.com/singlehack/3202/**

● 閲覧力「40」の記事

超便利！ごちゃごちゃしやすい3点ユニットバスが快適になる7個のバスアイテム
**https://cbchintai.com/singlehack/3127/**

記事の長さももちろんそうですが、閲覧力が低い記事のほうは、文章を読まなくても画像だけ追っていけば内容は理解できるため閲覧力が短いという可能性がありそうです。閲覧力が高い記事に関しては、同じように写真はたくさんありますが、その間の文章や情報を読むことでより理解が促進されやすい文章になっているのではないでしょうか。

記事2つだけの比較なのですっきりこない部分もあるかと思いますが、このような**比較を閲覧力が高い記事と低い記事で複数記事行うと、自社サイトならではの「閲覧力」を上げるポイントが見えてきます。**

## 閲覧力チェックリスト

閲覧力を上げるためのチェックリストを用意しました。コンテンツや記事を下記の観点でチェックしてみてはいかがでしょうか？

| | |
|---|---|
| ☑ | 記事の要約を最初（ポイント）と最後（まとめ）に用意しているか？ |
| ☑ | 段落や写真などを追加し、メリハリがある文章となっているか？<br>（画像はセーブポイント・見出しはロードポイント）※次ページの「補足1」を参照 |
| ☑ | 見出しや強調などが用意され、重要なポイントがすぐにわかるようになっているか？ |
| ☑ | 理解を促し共有したくなるような表やグラフは用意されているか？ |
| ☑ | 自分が「書きたい」ではなく「読みたい」と思える文章になっているか？ |
| ☑ | 記事内の画像と文章が補完関係にあるか？<br>（画像とテキストに整合性があるか。画像に意味があるか？） |
| ☑ | ファーストビューからスクロールさせるための仕掛け作りはできているか？<br>（スクロールすると何があるかを明示できているか？） |
| ☑ | 想定読了時間の提示を行っているか？※次ページの「補足2」を参照 |
| ☑ | 記事が長すぎる場合はページ分割を行えているか？<br>（スクロール率やページ表示時間などを参考に） |
| ☑ | 一文が適切な長さで、長すぎて一行を読んでいる間に内容が理解できなくなっていないか？ |

## 補足1：段落や写真などを追加し、メリハリがある文章となっているか（画像はセーブポイント・見出しはロードポイント）

段落や写真をセットで効果的に活用することが大切です。見出しがあり、その後に文章があり、最後に写真があり、また次の見出しが始まるといった感じです。画像はそこまで読んだ文章を理解し休憩するための「セーブポイント」で、見出しから「よし次を読むか！」と思わせる「ロードポイント」です。このように適度な休憩や切り替えを入れることが、記事途中での離脱を防ぎます。

## 補足2：想定読了時間の提示を行っているか？

これは最近いくつかのブログやメディアで見るようになりましたが、この記事を読むのに「大体5分くらいかかります」といったような案内を出す方式です。出しておくことにより、「よしこれなら最後まで読んでもいいかも」と思ってもらい、読むことに対する心構えをしてもらうという方式です。3サイトほどで試しましたが（特に長い記事に関しては）、効果が出ています。サンプル数が少ないため、「絶対効く！」とまでは言えないのですが、JavaScriptのプラグインなどで簡単にできるので、試してみて損はないかと思います。

**図8-2-3** 筆者ブログでの実装例

● **参考例**

JavaScriptで記事本文の読了予測時間を自動で表示するjQueryプラグインを自作した
**https://hapilaki.net/wiki/jquery-plugin-dokuryo-yosoku-jikan**

Section どのコンテンツが回遊や成果につながっているのか？

# 8-3 コンテンツの強化プロセス：「誘導力」と「成果力」を活用する

使用レポート ▶▶▶行動 ➡ サイトコンテンツ ➡ すべてのページ

**コンテンツに求められるのは読んでもらうことだけではありません。記事を見た後に、更に興味を持って他の記事を読んでくれたり、サイトの成果に繋がったりという貢献をすることです。この貢献を図るために見るべき残り２つの力が「誘導力」と「成果力」になります。分析と改善方法を学び、ぜひコンテンツをビジネスゴールに繋げましょう。**

## 「次に進んでもらう」ための誘導力

誘導力はコンテンツやページを閲覧した後に、他のコンテンツやページにどれくらい回遊したか（移動したか）を表すための指標です。「直帰率」と「離脱率」を元に、誘導力の数値を計算しています。これらの2つの数値が低ければ低いほど、誘導力が高くなるということです。

購入完了ページや会員登録完了ページなど、サイトのゴールを達成するページでない限り、ユーザーの離脱をサイト運営者が望むことはないと思います。もちろん、利用者側での事情で離脱することはあるかと思いますが、**コンテンツやページのレイアウトなどサイト側の問題で離脱に繋がっている場合は、運営者にとっても利用者にとっても嬉しいことではありません。**

利用者がもっと同じテーマの記事を読みたいと思っており、サイト側でもそのような記事が提供しているにも関わらず、正しい提示の仕方が行われていないとすれば、その状況はお互いにとっての機会損失です。ぜひ誘導力を把握・改善していくことに取り組んでみましょう。

### 誘導力の定義

**誘導力は2つの指標で評価を行います。1つはページの「直帰率」**です。直帰率が低いほど誘導力が高いということになります。サイト外から入ってきたときに、読んで（あるいは読まずに）帰るのではなく、他のコンテンツやページに進んでもらうことが大切です。**もう1つの指標は「離脱率」**です。こちらも直帰率と考え方は一緒で、離脱率が低いほど誘導力が高いということになります。サイトのゴールとなるページを除いて、基本的には離脱されることはサイトにとっては良い事ではありません。最後のページにならないように適切なリンク等を貼って離脱を防ぐことは大切です。

## 誘導力の算出方法

直帰率と離脱率のデータは「集客力の算出方法」と同じ、「**行動➡サイトコンテンツ➡すべてのページ**」から取得できますので、作業としては集客力の算出方法と同じになります。ただし1点注意が必要です。直帰率と離脱率は数値が小さいほうが順位は高くなるということです。集客力の算出方法では順位を計算する関数としてRANK関数を紹介しました。誘導力でRANK関数を使う場合は「=RANK(C2,C:C)」ではなく「=RANK(C2,C:C,1)」と書きましょう。それによって昇順で順位をつけることが可能です。偏差値を使う場合は、(1－直帰率)と(1－離脱率)という数値を計算した上で偏差値を計算すると良いでしょう。

## 誘導力の活用方法

誘導力が高い記事を5つほどピックアップし、実際に自分の目で記事を確認してみましょう。逆に、誘導力が低い記事も5つほどピックアップして、チェックしてみましょう。閲覧力との掛け合わせで見ることもオススメします。右は「ミエルカ」➡P.351を使って出した散布図です。

見ての通り、**誘導力は必ずしも閲覧力に左右されるわけではありません。**記事が長い、あるいは読まれているからといって、次の記事を見に行くかというとそんなことはありません。そして、誘導力をさらに高めるためには、閲覧力が高い記事と低い記事を自分の目で見比べることで実現できます。ここからは筆者のブログを例に紹介いたします。

**図8-3-1** 閲覧力と誘導力の散布図(ミエルカより)

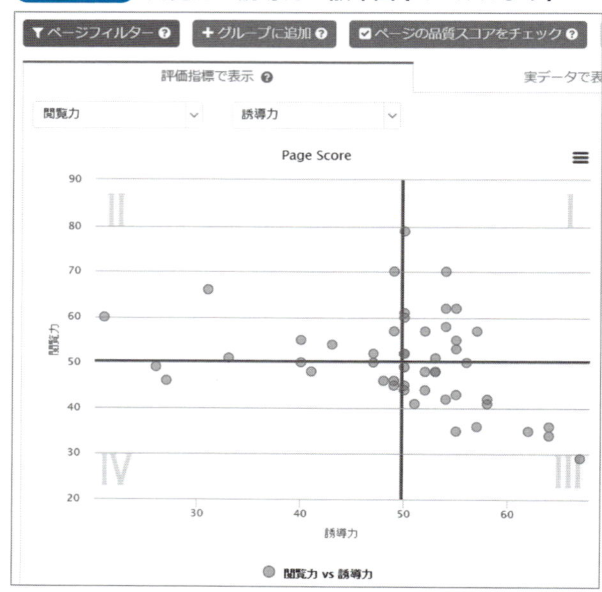


※閲覧力(Y軸)・誘導力(X軸)・分布している点はコンテンツを表し、集客力が高い上位50を表示。

筆者のブログ記事を4つピックアップしました。誘導力が高い記事と低い記事です。

### ● 誘導力73の記事

ソシャゲ分析講座　基本編(その2):「DAU」を理解する
**https://analytics.hatenadiary.com/entry/20131111/p1**

### ● 誘導力61の記事

アクセス解析やTwitter分析など、3年間でレビューした100個のツールをまとめた『ウェブ分析ツール大全』を公開！
**https://analytics.hatenadiary.com/entry/20110102/p1**

● **誘導力38の記事**

Google アナリティクスの「セッション」を正確に理解する
**https://analytics.hatenadiary.com/entry/2015/04/26/135534**

● **誘導力41の記事**

サイトへのリンク元の種類　及び　それらの計測方法と特徴
**https://analytics.hatenadiary.com/entry/20080902/p1**

読者の皆さんも、ぜひ誘導力が高い記事と低い記事を比較してみてください。主な気付きは以下の通りでした。

● **誘導力の比較による「気付き」**

- 「インパクトがある画像を最初に用意し、見出しを適切に入れることで途中での離脱を防止する（ことにより誘導力が高くなる）」
- 「ページの下部だけではなく、上部にも関連記事のリンクを入れる（ページ下部に関連記事があるのはブログの運営者しか知らないので、最初にも用意しておく）」
- 「単純な解説系の記事は、関連するキーワードへの誘導を行わないと、誘導力が低くなる」

このような気付きが挙げられます。そして、このような学び（自社サイトならではの「虎の巻」）を発見することができれば、効果の悪い記事のリライトや、新しい記事を書く際の参考にすることができます。

筆者のブログも、2013年1月にこのような分析を元に改修を進めた結果、2013年1月には**1.18だったページ/セッションも、2017年2月現在ではコンスタントに1.5**をキープするようになりました。

**図8-3-2　誘導力の「気付き」からブログを改善した例**

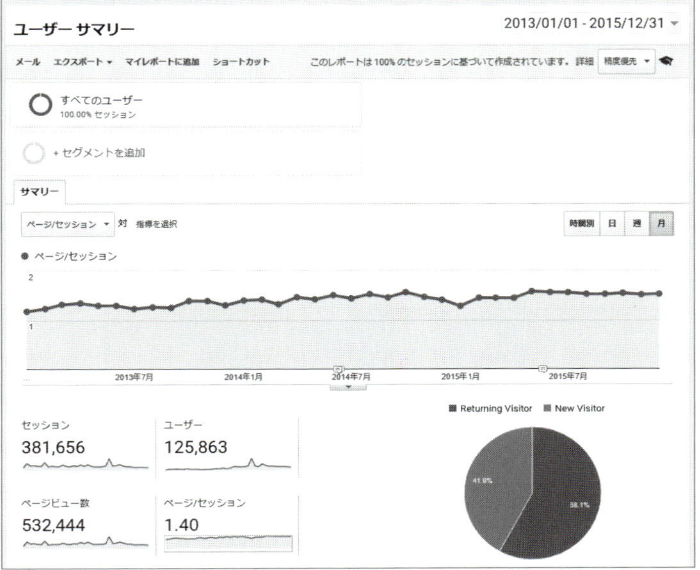

### 誘導力チェックリスト

誘導力を上げるためのチェックリストを用意しました。コンテンツや記事を下記の観点でチェックしてみてはいかがでしょうか？

| | |
|---|---|
| ☑ | 次に見てもらいたいページへの導線はわかりやすい位置に掲載されているか？<br>(記事の最後あるいは直下) |
| ☑ | ファーストビューに読まない・興味がない人向けの導線は用意されているか？ |
| ☑ | 次に見てもらいたい記事は、現在のページと関連がある内容になっているか？ |
| ☑ | 次に見てもらいたい記事は、リンクを押さなくてもどういう内容か明示されているか？ |
| ☑ | TOPページのカテゴリーTOPなど、一つ上の階層にいつでも戻れるか？<br>(追尾型ヘッダー・パン屑リンクなど) |
| ☑ | 関連記事やランキングなど複数の視点のコンテンツ提案は行い、クリック率が高いものを優先順位が高くなるように並べているか？ |
| ☑ | 必要に応じて、記事内で関連記事へのリンクを行っているか？ |
| ☑ | 関連記事へのリンクは、画像付きなど読まなくてもわかるものも用意されているか？ |
| ☑ | 新着記事などは「NEW」等のアイコンを付け、読者に伝わりやすくなっているか？ |
| ☑ | サイトに初めて流入した人にとって、どういうサイトかわかるようになっているか？<br>(あるいはリンクが用意されているか？) |
| ☑ | 記事が複数ページに渡る場合、ページ上部と下部でリンクが用意され、次ページに関しては見出し等が記載されているか？ |
| ☑ | 「記事」→「誘導したい本体サイト」などへのリンクは必ず用意されているか？ |
| ☑ | リンクはただのテキストではなく、目立つための工夫やボタン化などは行われているか？ |
| ☑ | 画像はクリック可能であることがわかる状態になっているか？<br>(例：画像下部にテキストリンク追加・枠を付ける・マウスオーバーで変化等) |
| ☑ | 過去の記事でアクセスが多い記事は、最新記事へのリンクが用意されているか？ |
| ☑ | アイコンを利用している場合、そのアイコンの意味が読者に伝わる内容となっているか？<br>(必要であればテキストも追加) |

## 成果力 ～最終的には成果に辿り着いてもらうことが大切～

成果力とはサイトにおけるビジネスゴールを指します。つまり、コンテンツを作成して人を集め、その結果サイトとして「実現したいこと」と言えるかもしれません。ECサイトであれば商品の購入、オンライン上のサービスであれば会員登録、BtoB企業であればお問い合わせやホワイトペーパーのダウンロードなども該当するでしょう。

いくら**集客・閲覧・誘導ができても、最終的に成果に辿り着いてもらうことがビジネスの目指すゴール**です。しかし、必ずしもその割合は高くありません。そこで最終的なゴールに辿り着かなかったとしても、「再来訪をしてくれた」「商品一覧までは見てくれた」といった**中間成果を設定して、コンテンツ同士を比較することも大切**です。最終コンバージョンの母数が少ない場合、「たまたまその記事で1件コンバージョンがあった」となりかねません。件数は少なくてもコンバージョンした事実はもちろん大切ですので、そのようなユーザーに関してはSection7-6➡P.342で紹介した「ユーザーエクスプローラ」を活用して、その背景の気持ちを探るのも良いでしょう。

### 成果力の定義

成果力はサイト種別・規模などによって変わってきます。基本的にはGoogle アナリティクスで設定している目標を使うと良いでしょう。ただ前述の通り母数が少ない場合は、手前のページを目標設定しておきましょう。例えば「購入」の件数が少ない場合は、その手前の「決済開始」や「カート投入」を使うといった具合です。

**図8-3-3** 成果へ至る流れ

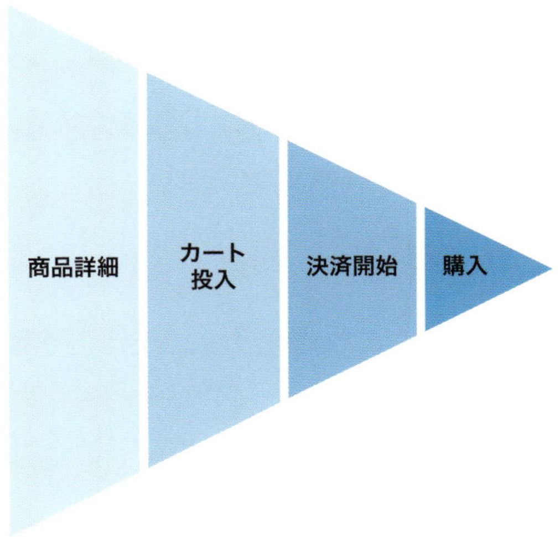

## 成果力の算出方法

成果力の算出方法はいくつかあります。一番汎用的なのは、「**行動➡サイトコンテンツ➡ランディングページ**」でデータを取得し、記事ごとのコンバージョン率を見ることです。ただしここには1つの制限があります。ページへの「訪問回数」ではなく「流入回数」がコンバージョン率を計算する上での分母となってしまうことです。記事ごとのページ別訪問数と閲覧開始数がほぼ同じの場合、影響は低いのでランディングページの数値を利用すると良いでしょう。

次は「**行動➡サイトコンテンツ➡すべてのページ**」で取得できる「ページの価値」を利用方法です。ページ閲覧ごとにどれくらいの収益が期待できるかを表した値です。eコマース実装を行っている、あるいは目標設定時に「値」を設定していれば利用が可能です。

**図8-3-4　「ページの価値」を設定している例**

| ページ | ページビュー数 | ページ別訪問数 | 平均ページ滞在時間 | 閲覧開始数 | 直帰率 | 離脱率 | ページの価値 |
|---|---|---|---|---|---|---|---|
| | 88,415 全体に対する割合: 5.37% (1,646,986) | 82,351 全体に対する割合: 6.41% (1,285,087) | 00:02:05 ビューの平均: 00:00:31 (305.46%) | 66,407 全体に対する割合: 13.48% (492,633) | 88.18% ビューの平均: 69.00% (27.80%) | 76.64% ビューの平均: 29.91% (156.21%) | ¥42 全体に対する割合: 5.56% (¥761) |
| 1. /tips/44720 | **6,812** (7.70%) | 6,389 (7.76%) | 00:05:45 | 6,298 (9.48%) | 93.51% | 92.48% | ¥0 (0.00%) |
| 2. /tips/44820 | **4,300** (4.86%) | 4,001 (4.86%) | 00:04:25 | 3,816 (5.75%) | 91.06% | 88.28% | ¥2 (3.61%) |
| 3. /tips/42107 | **3,988** (4.51%) | 3,782 (4.59%) | 00:02:54 | 3,546 (5.34%) | 85.59% | 81.77% | ¥4 (8.32%) |
| 4. /tips/5559 | **3,608** (4.08%) | 3,445 (4.18%) | 00:03:18 | 3,186 (4.80%) | 91.84% | 87.50% | ¥0 (0.00%) |
| 5. /tips/44711 | **3,026** (3.42%) | 2,926 (3.55%) | 00:03:11 | 2,889 (4.35%) | 95.08% | 94.38% | ¥0 (0.00%) |
| 6. /tips/45922 | **2,664** (3.01%) | 2,561 (3.11%) | 00:03:49 | 2,465 (3.71%) | 91.81% | 89.23% | ¥9 (20.32%) |
| 7. /tips/5332 | **2,277** (2.58%) | 2,124 (2.58%) | 00:02:20 | 2,012 (3.03%) | 81.76% | 80.54% | ¥0 (0.00%) |
| 8. /tips/15338 | **2,201** (2.49%) | 2,087 (2.53%) | 00:02:48 | 1,781 (2.68%) | 88.32% | 80.46% | ¥4 (9.75%) |

最後の方法は「セグメント」の「シーケンス機能」を使って、該当ページ経由のCV数を取得する方法です。この方法が最も実態に近く、理解しやすいのですが、記事ごとにセグメントを作る必要があるので負荷が大きいです。記事数が少ない場合に利用すると良いでしょう。

それぞれ取得方法にメリット・デメリットがあるので、Section5-3➡**P.233**とSection5-4➡**p.235**で紹介した内容も参考にしていただきつつ、どの方法を使うかを選んでください。

## 成果力の活用方法

上記にある通り、成果力はある程度母数が増えてくると利用することが可能です。一番わかりやすい考え方は**成果力が高い記事へのサイト内外からの誘導強化**です。サイト内であれば、ページへのリンクを増やしたり、より目立つ位置に配置するといった施策が良いでしょう。サイト外からの流入を増やすためには、コンテンツの増強やリライト、関連記事を新たに執筆する施策が考えられます。成果に繋がりやすいことがわかっているため、優先度を上げて実行するべき内容になります。

## 成果力チェックリスト

成果力を上げるためのチェックリストを用意しました。コンテンツや記事を下記の観点でチェックしてみてはいかがでしょうか？

| | |
|---|---|
| ☐ | 該当ページは、成果（コンバージョン）への理解促進に役立つ内容となっているか？ |
| ☐ | 成果に繋がるページ（例：入力フォーム・カート）への導線は用意されているか？ |
| ☐ | 再度、該当ページやサイトに戻ってくるための機能は用意されているか？<br>（ブックマーク・メルマガ・PUSH通知等） |
| ☐ | 成果到達に入力が必要な場合、入力フォームを該当ページ内に直接追加しているか？ |

## 「4つの力」のまとめ

**4つの力の重要度は、ビジネスやサイトの状態によって変わってきます。**

サイトのリリース初期のころには、まだ人が少ないので誘導力や成果力の分析をしてもあまり意味がありません。サイト内でレイアウトを変えて誘導力や成果力を上げたとしても、閲覧している人数が少なければ、そのインパクトというのは大きくありません。同じ10%の改善でも、10人が見ているページと1000人が見ているページでは、実数でのインパクトが大きく変わります。

リリース初期のころはまず「集客力」を軸に分析を行い、人を集めることを最重要視しましょう。そして、ある程度ボリュームが集まったら、閲覧力や誘導力に進むという風に進んでいきましょう。具体的にどれくらいのタイミングで見直していけばよいのかに関しては、Faber Companyのサイトの筆者へのインタビュー（下記サイト）でも詳しく紹介していますので、ぜひあわせてご覧ください。

● **オウンドメディアの成功のために**

**https://www.fabercompany.co.jp/interview/**

Section 4つの力を使った改善事例を知りたい

# 8-4 4つの力を活かしたコンテンツ改善例

第8章の最後に4つの力の考え方を活用して分析と改善事例を紹介します。 4つの力や考え方をどのように改善に活かしたのか、データに基づく考え方をお伝えします。実際の例を見てもらうことにより、どのような戦略でコンテンツを作成・改善していけばよいかわかりますので、皆さんのコンテンツ改善の参考にしてみてください。

## 改善事例：Webマガジン「SINGLE HACK」の場合

今回紹介するサイトは、一人暮らしを刺激するWebマガジン「SINGLE HACK（シングルハック)」です。運営元の「賃貸情報株式会社」は、賃貸情報サイト「キャッシュバック賃貸」を運営しており、SINGLE HACKはキャッシュバック賃貸への流入元の1つとして運用されています。つまりSINGLE HACKを読んでいただいた方が、直接的・間接的に引っ越しに興味を持っていただき、その後キャッシュバック賃貸に訪れてお問い合わせをしていただくという流れです。筆者が現在もコンサルティングを行っている会社の1つでもあります。

**図8-4-1 SINGLE HACKとキャッシュバック賃貸**

SINGLE HACKは2014年12月より運営が開始され、現在も週1～2回程度更新が行われているオウンドメディアです。SINGALE HACKでは4つの力を元にコンテンツを評価し、分析を筆者のほうで行っていました。

以下は記事ごとの4つの力、及び総合点数のレポートです（「ミエルカ」を利用し、集客力が多い上位100記事から算出）。

**図8-4-2** 4つの力の総合レポート(ミエルカより)

| # | ページ一覧 | 総合点 | 集客力 | 閲覧力 | 誘導力 | 成果力 |
|---|---|---|---|---|---|---|
| 1 | カードキーと普通の鍵はどちらの方が防犯性が高いの？メリットと注意点…<br>/singlehack/5689/index.html | 59 | 78 | 59 | 41 | 43 |
| 7 | 自宅を事務所にしても大丈夫なの？賃貸でSOHOを始める際の注意点まと…<br>/singlehack/6611/index.html | 54 | 47 | 66 | 50 | 48 |
| 4 | 「住みたい街ランキング」には入っていないけど、絶対住むべき街シリー…<br>/singlehack/5650/index.html | 52 | 46 | 41 | 71 | 71 |
| 6 | どこまで責任があるの？賃貸物件の「連帯保証人」が負う責任範囲｜SING…<br>/singlehack/4752/index.html | 51 | 47 | 62 | 45 | 43 |
| 5 | エアコンだけが冷房じゃない！真実の扇風機活用術5選｜SINGLE HACK<br>/singlehack/2490/index.html | 49 | 47 | 58 | 42 | 43 |
| 10 | 幸せな結婚生活をはじめるために！新婚の賃貸物件・間取り選びの9つのポ…<br>/singlehack/5147/index.html | 49 | 46 | 46 | 57 | 46 |
| 2 | 一人暮らしでも揚げ物ができる！ワンルームに最適な調理器具8選｜SINGL…<br>/singlehack/6215/index.html | 46 | 49 | 49 | 42 | 43 |
| 8 | 眠れないのには理由がある！眠りに悩みを抱える人が見直すべき睡眠環境…<br>/singlehack/6861/index.html | 46 | 46 | 36 | 56 | 67 |
| 9 | 広々スペースを独り占め！専用庭付き賃貸物件7個の魅力｜SINGLE HACK<br>/singlehack/3441/index.html | 46 | 46 | 39 | 53 | 53 |
| 3 | ウォークインクローゼットの収納力をフルに引き出す8個のアイデア｜SIN…<br>/singlehack/3416/index.html | 45 | 47 | 44 | 44 | 44 |

記事ごとに数値をチェックし、力が高い記事と低い記事の違いを見つけていきます。なお、**本サイトでの「成果力」はキャッシュバック賃貸への誘導**で見ていました。テーマの性質上、コンテンツを見た人がいきなりお問い合わせする事は少なく、お問い合わせでは評価は行いにくいため、まずは引っ越しに興味を持ってもらうという事をゴールとしています。

2つほど記事をピックアップして確認してみましょう。

- **「住みたい街ランキング」には入っていないけど、絶対住むべき街シリーズ ～第30回：綾瀬**

**https://cbchintai.com/singlehack/5650/**

- **集客力：46**　**閲覧力：41**
- **誘導力：71**　**成果力：71**

集客や閲覧は他記事と比べて低いですが、誘導や成果が高い回遊の効果が出ている記事です。集客力に関しては地域を絞っているため、綾瀬に興味ある人しか閲覧しないため致し方ない部分はあります。

**まとめ**

「治安が悪いんじゃない？」「だって足立区でしょ？」と何かと見くびられがちな綾瀬ですが、生活するにはもってこいの穴場スポットなのです。

今まで引っ越し先の候補地にも上がらなかったかもしれませんが、これを機にあなたの「住みたい街リスト」に綾瀬を入れてみてほしいと思います。

**｜基本情報**

**▷交通アクセス**
新宿まで……約30分
渋谷まで……約40分
大手町まで……約15分

**▷平均家賃相場**
ワンルーム……5.48万円
1K……5.93万円
1DK……6.45万円
1LDK……9.07万円
2K……6.36万円
2DK……7.91万円

参考：綾瀬の賃貸物件

記事の最後に「平均家賃相場」や「綾瀬の賃貸物件」についてのリンクを挿入

しかし成果力は高く、これは**記事の最後に「平均家賃相場」や「綾瀬の賃貸物件」へのリンクを本文内に入れているため**です。Section8-3で触れた誘導力のチェックリスト➡**P.364**にも記載されている内容ですね。また記事のテーマ自体が街に興味を持っていただく内容ということで、最後まで読んだ人は（途中までしか読まない人より）綾瀬に興味を持ってくれた可能性が高く、そこに適切なリンクが用意されていることは大切です。

本シリーズは成果力が高く、いろいろな街について書きやすいため、31本の記事があります。そのため**関連記事でも他の町の同シリーズが表示されるため、街シリーズに興味を持った人が遷移しやすく、誘導力が上がる**要因の1つになっています。

● **カードキーと普通の鍵はどちらの方が防犯性が高いの？ メリットと注意点まとめ**

**https://cbchintai.com/singlehack/5689/**

●**集客力：78** ●**閲覧力：59**
●**誘導力：41** ●**成果力：43**

こちらの記事は集客力が他の記事と比べて高く、実データで見ても他の記事の2倍以上の流入数がありました。また記事の構成がわかりやすく、**箇条書きでメリットと注意点を上げており、最後まで読みやすい見せ方**をしています。

しかし、誘導力と成果力に関しては低いという結果が出ています。最後のまとめで紹介しているリンクが「オートロック付き賃貸物件特集」であることが1つ。残念ながら現在は「カードキー付きの物件」という物件特集が存在しないため、それに近い内容へのリンクとなっているのですが、やはり違いがあるということが成果力の低い原因かもしれません。また関連記事もカードキーについてはこれしかないので、誘導力もあわせて低くなってしまいます。**カードキーの記事をもう1つ書き、まとめ内で紹介することで誘導力は改善**できるかもしれません。

## 4つの力を順番に増やしていく

SINGLE HACKでは本章で紹介した通り、**4つの力を順番に増やしていく**という考え方をとりました。まず注力するのは集客力です。開始から2015年4月までの最初の約半年は集客を増やしていきます(見ての通り、その後もセッション数・PV数は順調に伸びています)。

**図8-4-3** SINGLEHACKの集客力の伸び

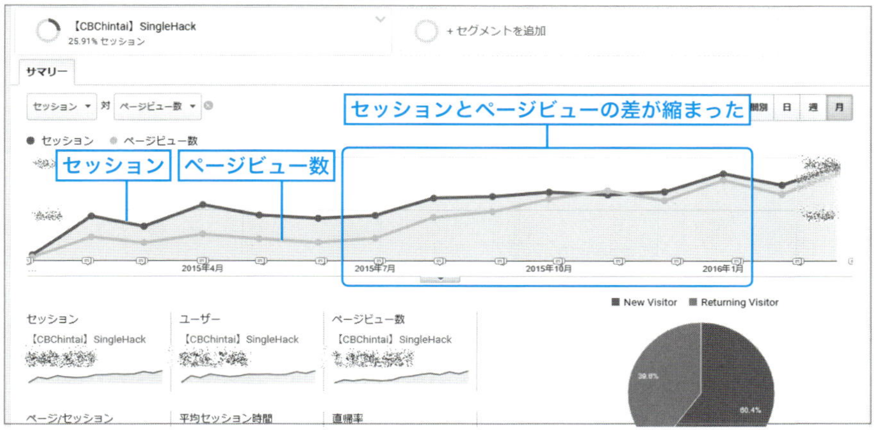


しかし、集客力を増やした結果、**「平均セッション時間(閲覧力)」や「ページ/セッション」「直帰率(誘導力)」などの数値が落ち始めたため、今度は閲覧力・誘導力の改善**を行いました。上のグラフでも差があったセッションとページビューが2015年７月〜10月あたりで一気に差が縮まっているのがご覧いただけます。また、次のグラフでも閲覧力や誘導力が改善していることがわかります。

**図8-4-4** SINGLEHACKの閲覧力と誘導力の伸び

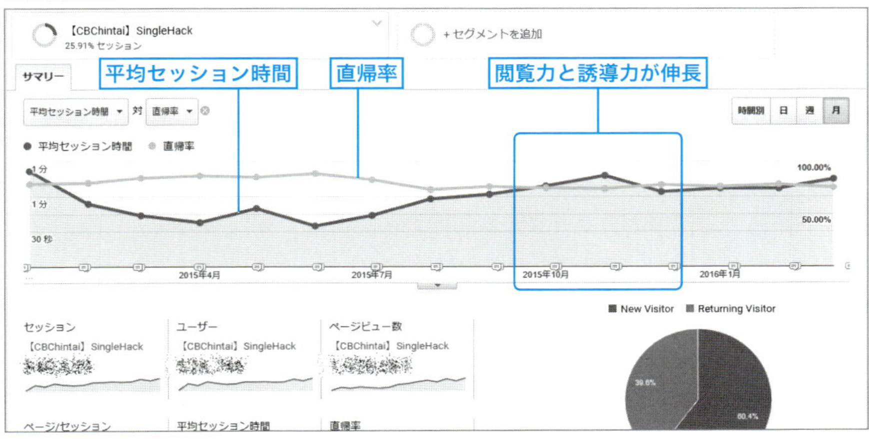


平均セッション時間に関しては、2015年1月〜4月まで下がり続けましたが、その後改善を重ね、35秒(2015年6月)から1分18秒(2015年11月)に回復し、その後も安定した数値となってい

ます。直帰率に関しても、89%(2015年6月)から74%(2015年11月)に回復し、こちらもその後悪くなっていません。このタイミングで行った閲覧力・誘導力の施策が効果を出しています。ちなみに平均閲覧ページ数も1.33から3.18と同期間で大きく増えています。

**集客が安定して、閲覧力と誘導力が改善したので、最後に大切なのは「成果力」**です。成果力を上げるため、記事の最後に「キャッシュバック賃貸」の関連する特集やページに誘導する、ページ下部やサイドメニュー(PC)にバナーを追加するなどの取り組みを行いました。

図8-4-5 SINGLEHACKの成果力の伸び

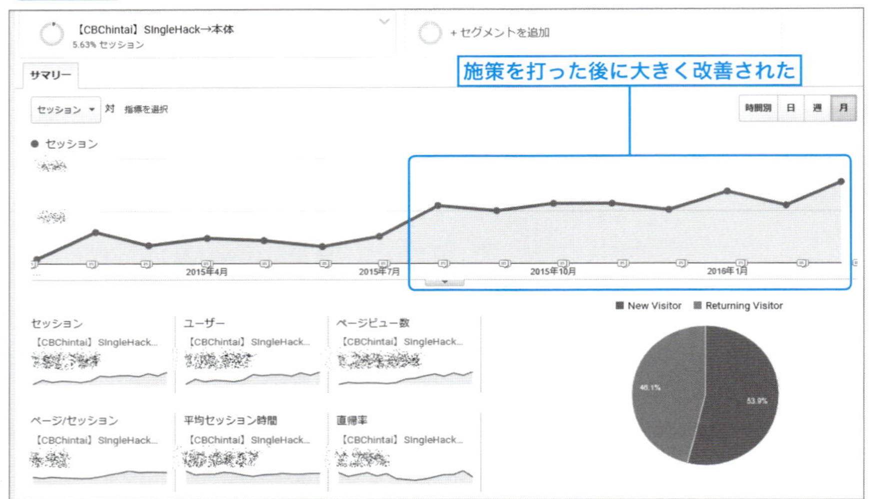


その結果、2015年8月からサイトへの遷移数が大きく改善していることがわかります。その後も安定して成果を増やすことができています。お問い合わせの直接貢献は大きくないものの、これをきっかけにサイトを知ってもらうことができたので、最終的なお問い合わせへの効果はコンテンツの「間接効果」で見ても良いかもしれません。

いずれにせよ**大切なのは、プランをもってオウンドメディアやコンテンツを作成**していくことです。なんとなく話題になりそうなコンテンツばかりを作るのではなく、データを元に気付きを発見し「レイアウトなどの修正」「過去の記事でアクセスがある内容の見直し」「新規記事を書く際に気付きを活用する」などを行いましょう。新しい記事を書くのに3時間使うところを、既存記事やUIの見直しに時間を使う方が効率は良いかもしれません。

**コンテンツは公開したら終わりではなく、公開してからが開始です。**ぜひデータと4つの力を活用してみてください。

# Chapter 9

# 改善施策の考え方

第1章～第8章まで多種多様な分析方法を紹介してきました。しかし、Webサイトの「分析」は目的ではなく、改善案を考えるための「手段」でしかありません。Webサイトに対して定量的な視点から改善案を提示することが、Webアナリストの役割かつ価値を発揮できるポイントになります。そこで第9章では改善案の考え方を学んでいきましょう。

Section 分析からどんなことがわかるの？

# 9-1 分析から得られる気付きを3つに分類しよう

紹介してきたデータの見方や分析を自社で試してみたところいろいろな気付きがあったのではないでしょうか。しかし、気付きの発見だけで終わっては意味がありません。得られた気付きを３種類に分類し、何から着手するべきかを考えましょう。改善に分析を活かすことで、はじめてビジネスの改善に貢献できるようになります。

Webサイトの**分析から得られる気付きは3つに分類**することが可能です。その3種類とは**「サイトの良い所を発見する」「サイトの悪い所を発見する」「特徴を見つける」**の3つです。以下、表9-1-1に具体例とともにまとめました。

表9-1-1 3つの気付き

| 種類 | 具体例 |
|---|---|
| サイトの良い所を発見する | ・5つのコンテンツの中でもっとも閲覧され、お問い合わせに繋がっているのは「導入インタビュー」である<br>・商品を2個以上見ている訪問は、商品を1個見ている訪問と比べて購入率が3倍高い<br>・商品一覧に流入するほうが、商品詳細に流入するより購入率が高い |
| サイトの悪い所を発見する | ・芸能人特集は流入数が多く、ランディングページの上位にあるが直帰率は92%とサイト平均よりかなり高く、問い合わせにも繋がっていない<br>・入力フォームから確認画面への遷移率が32%で、遷移しない訪問の2割がヘッダーにあるリンクを押してしまっている |
| サイトの特徴を見つける | ・「夏服」の検索回数と流入がゴールデンウィーク明けから一気に増える<br>・訪問回数が増えるとお問い合わせ率は4回目までは伸びるが、それ以降は伸びず逆に減少する傾向にある |

改善案を考える上でまずオススメしたいのは、得られた気付きを3つに分類することです。それぞれの種類の気付きを改善に活かすためには、以下の考え方が大切です。

### ● 改善への考え方

- サイトの良い所を発見する……… それをさらに伸ばすために何ができるか
- サイトの悪い所を発見する……… それを改善するためには何ができるか
- サイトの特徴を見つける…………… それをどのように活かすことができるか

つまり**強みを伸ばし、弱みを減らし、傾向に利用する**と言えます。それではこの3つのうち、まずはどこから取り組むべきでしょうか？　**最もオススメなのは「サイトの悪い所を直す」**ことです。そこから着手するべき理由は3つあります。

## 真っ先に「悪い所」から改善すべき理由

1つは「サイトの悪いところ」を改善する際に、サイト内にある**他のページが参考になる**というのが、その理由です。例えばランディングページが5つあり、その中の1つの直帰率が高い場合、他の4つのランディングページが参考になります。他の4つのランディングページと直帰率が高いランディングページでは、ページ内における要素やレイアウトが違うかもしれません。あるいは、流入元のクリエイティブや広告の流入比率が違うかもしれません。このように改善のヒントを他のページを見ることで探すことができるため、比較的対策が見つけやすいです。

もう1つは「**失敗確率が低い**」ということです。上記の気付きから続く内容ですが、ビジネスにおいて大切なのは失敗確率を下げることです。それは施策を実行するために時間や予算が限られていることが多いためです。良いページをさらに伸ばすというのは難易度が高く、傾向に関しても必ずしもすぐに活かせるとは限りません。まずは悪いところから手をつけましょう。

そして最後の理由は、「**悪いページを直さないと良いページに辿り着けない**」ということです。いくら良いコンテンツがあり、その内容をさらに充実させても、その手前で離脱をしていたらコンテンツをお届けできる人数が減ってしまいます。

サイトをバケツに例え、水を流入と例えるなら、サイトの悪い所とは「バケツに空いている大きな穴」です。まずはこの穴を塞ぐことを考えてみましょう。具体的には「アクセス数が多くて離脱が多いページ」「誘導したいページへの誘導率が低いページ」「流入は多いけど直帰率が高い、流入元やランディングページ」「コンバージョン率を下げる要因になっているページ」などが考えられます。このように穴を塞いだ上で水の量（＝流入量）を増やすと良いでしょう。

図9-1-1 サイトをバケツに例えると……

サイトの悪いところが改善できたら、コンバージョンや再来訪などに繋がっているコンテンツ・誘導・機能の改善をすすめていくと良いでしょう。

## 施策が行いやすいところから着手する

改善施策を行う際は、「**行いやすいところ手を付ける**」という考え方も大切です。「インパクトやボリュームがあるほうが大切なのでは？」という意見もあるでしょう。もちろんアクセス数が10,000あるページAと、1,000あるページBがあり、両方とも施策の実行難易度が同じであればページAから手を付けることをオススメします。

しかし、実行ができない、あるいは実行までに時間がかかる場合は、まずはページBで施策を行ってしまいましょう。サイトはほっておいても改善しません。何かしら気付きを発見し、改善を少しでも早く実行するために施策が行いやすいものを優先するのが良いのではないでしょうか。

**図9-1-2** 早いタイミングで改善・気付きのチャンスを得る

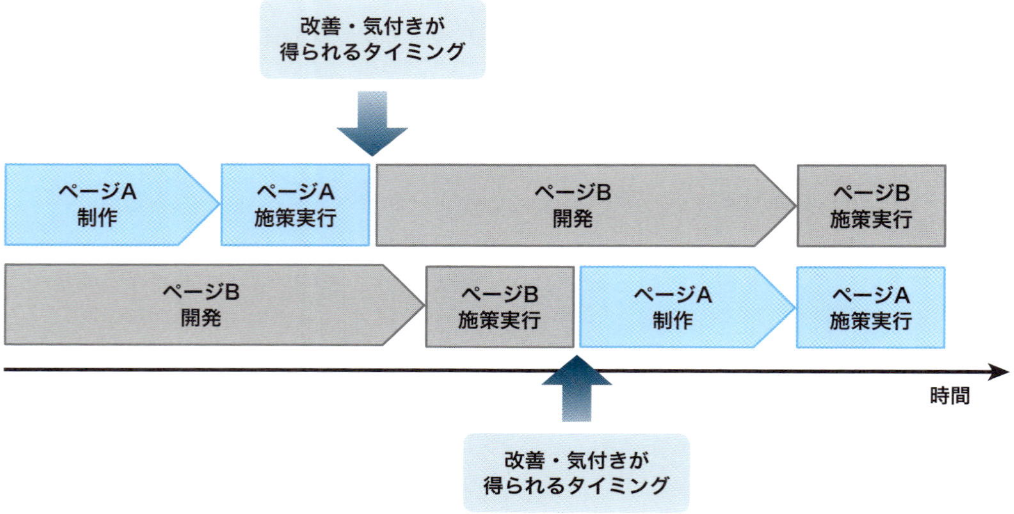

Section 9-2 自社を参考に、改善案の考え方を知りたい

# 具体的な「改善案」の考え方その1：自社サイトのデータを活用した改善

どういった気付きから改善を着手すれば良いかはわかった。しかし具体的な改善案はどのように考えればよいのか？　改善案を考える上で真っ先に参考するべきは、データが取得できている、自社サイトです。良いページと悪いページの違いを見つけながら改善案を考えていきましょう。

## 改善案はどのように考えるべきか

前Sectionでは、Webサイトの改善の考え方をお伝えしましたが、具体的な「改善案」はどのように考えればよいのでしょうか？　ここでは3つの方法を紹介します。この3つの方法を学ぶことで、ぜひ改善案を提案・実行できるようになりましょう。

1つ目の方法が「**サイト内の他のデータを参考にして気付きを見つける**」という方法です。例えば直帰率が高いページと低いページがある場合、それらをいくつかグルーピングして特徴を発見するといった具合です。「悪いページ群はどういう共通項があるのか？」「良いページ群にはどういう共通項があるのか？」を見るということです。

この方法の良い所は、それを**証明するデータがあり、気付きを発見しやすい**ということです。つまり2つのページを見て「なんとなくこっちのページのほうが良いのでは？」という定性的な議論になりにくいことです。アクセス解析のデータはユーザーの行動の「結果」です。その思惑は必ずしも理解できませんが、そこにある事実に嘘はありません。直帰率が高いページと直帰率が低いページには必ず差があり、理由があるはずです。

## 事例1：Webメディアの記事を比較して改善ポイントを探る

以下は筆者が連載をしているメディア「KOBIT」のデータです。アクセス解析に関する記事を定期的に書いています。ここでは筆者（小川）が書いた記事、そして筆者以外の方が書かれた記事のデータを出してみました。

## 図9-2-1 KOBITのアクセス解析

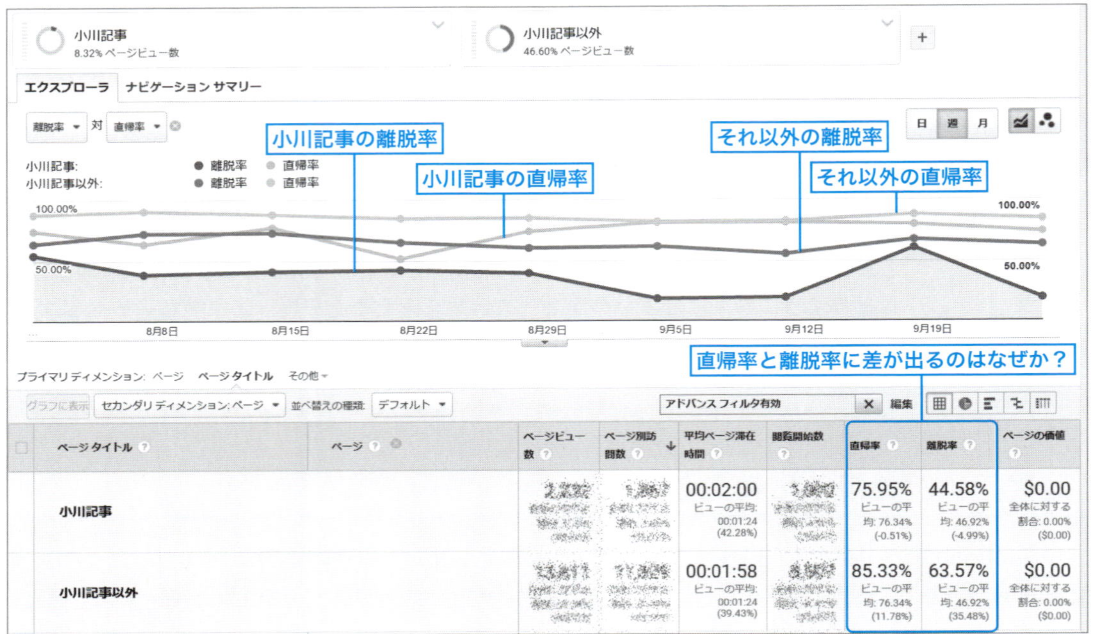


滞在時間はほぼ一緒ですが、筆者の記事のほうは直帰率が10ptほど低く、離脱率が20pt近く低いことがわかります。それでは「筆者の記事とそれ以外の記事は何が違うのか？」それを探るという分析方法です。

筆者が書いた離脱率が低い記事と、筆者以外の方が書かれた離脱率の高い記事をピックアップしてみました。どちらもアクセス数が3桁以上あるので、分析に耐えられるだけのボリュームもあります。

## 図9-2-2 今回比較する記事

| ページタイトル | ページ | ページビュー数 | ページ別訪問数 | 平均ページ滞在時間 | 閲覧開始数 | 直帰率 | 離脱率 |
|---|---|---|---|---|---|---|---|
| | | [illegible] | [illegible] | 00:02:41<br>ビューの平均: 00:01:24 (90.44%) | [illegible] | 90.17%<br>ビューの平均: 76.34% (18.12%) | 73.57%<br>ビューの平均: 46.92% (56.81%) |
| 1. 広告効果を測定したい？Google AdWordsにおけるコンバージョンタグの使い方 \| KOBIT | /archives/2200 | [illegible] | [illegible] | 00:07:01 | [illegible] | 93.58% | 91.56% |
| 2. ウェブサイト改善プロセスを学ぶ：Part4 解析ツールの設定を確認する \| KOBIT | /archives/4705 | [illegible] | [illegible] | 00:01:37 | [illegible] | 73.33% | 38.73% |

3つのポイントをピックアップしてみました。以下、それぞれのポイントについて具体的に説明していきます。

**Point 1.** 離脱率が低い記事には、記事の頭に関連記事へのリンクを入れている

**Point 2.** 離脱率が低い記事は、「記事」の最後にも関連記事へのリンクを入れている（かつ関連記事も相性が良い内容となっている）

**Point 3.** 離脱率が低い記事は、見出しを細かく分けて前半から画像を使っている

## Point 1. 記事の頭に関連記事へのリンクを追加

関連記事のリンクを最初に入れることで、ページを開いた人全員に案内を行うことができます。例えば、連載の記事で第4回の記事に流入してきた場合は、第1回から読みたいという方も多いのではないでしょうか。**最初に関連性が高い記事への誘導を入れる**ように筆者はしていました。

**図9-2-3　冒頭の関連記事リンク**

こんにちは。ウェブアナリストの小川卓です。

本連載では「ウェブサイトを分析して改善するためのプロセス」について紹介をしていきます。実際に筆者がどのようなプロセスでサイト分析をしているかをお見せできればと考えております！

「ウェブサイト改善プロセスを学ぶ」連載の記事一覧
ウェブサイト改善プロセスを学ぶ：Part8 改善提案レポートを構成して作成する
ウェブサイト改善プロセスを学ぶ：Part7 改善施策を考える
ウェブサイト改善プロセスを学ぶ：Part6 気付きから改善方針を決める
ウェブサイト改善プロセスを学ぶ：Part5 ウェブサイトの分析を行なう
ウェブサイト改善プロセスを学ぶ：Part4 解析ツールの確認を行う
ウェブサイト改善プロセスを学ぶ：Part3 分析の基本方針を決める
ウェブサイト改善プロセスを学ぶ：Part2 「2つの視点」でサイトを利用する（実例付き）
ウェブサイト改善プロセスを学ぶ：Part1 ヒアリングの実施（チェックシート付き）

## Point 2. 記事の最後に関連記事へのリンクを追加

筆者の記事は、図9-2-3と同じ内容のリンクが記事の最後にも入っています。読み終わった後に、他の記事を見る導線が記事の「本文内」に用意されています。

しかし、他の記事では図9-2-4の通り、関連記事のリンクが追加されていないことが多いです。ソーシャルボタンより下にある関連記事には、記事のテーマであるAdwords関連の記事がないことがわかります。これは離脱に繋がりやすい終わり方なのではないでしょうか。そして、**関連記事はソーシャルボタンの下より、まとめの中に入れることをオススメ**します。

**図9-2-4　他の記事の最後の部分**

まとめ

Google AdWordsでは広告キャンペーンに紐づいた投資対効果を測定できるコンバージョンタグの設定を支援しています。アクセス解析を目的としたGoogle Analyticsとは異なり、施策ごとの広告効果を対象にしているのが特徴です。自動生成されたプログラムを設置するだけで簡単に使用が可能できるのも魅力と言えるでしょう。

ここに関連記事を入れたほうが良い

B! Bookmark 0　いいね！14　シェア　ツイート

関連記事

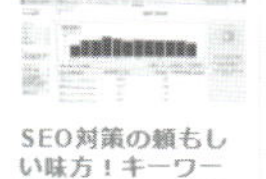
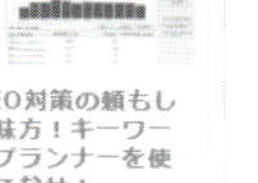
SEO対策の頼もしい味方！キーワードプランナーを使いこなせ！

リアルコンバージョンの衝撃。今後、来店したCPAを測定する時代が目の前に

はじめてのリマーケティング！リマーケティングをする際の手順やポイント

Googleアナリティクスを理解するための必須キーワード集

ヒートマップツールなどを使うとわかるのですが、ソーシャルボタンが表示されたタイミングでスクロール率が一気に減り、画面に関連記事のリンクが表示されるまでに離脱してしまう傾向があります（特にスマートフォン）。

## Point 3. 見出しを細かく分けて最初から画像を利用する

2つの記事の全体像です。左は離脱率が低い記事、右は離脱率が高い記事です。

**図9-2-5　記事全体の文章と画像バランス**

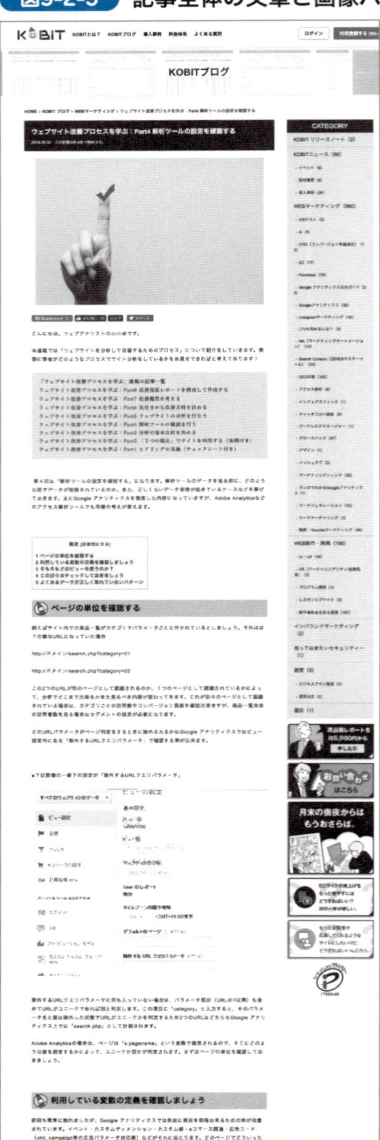


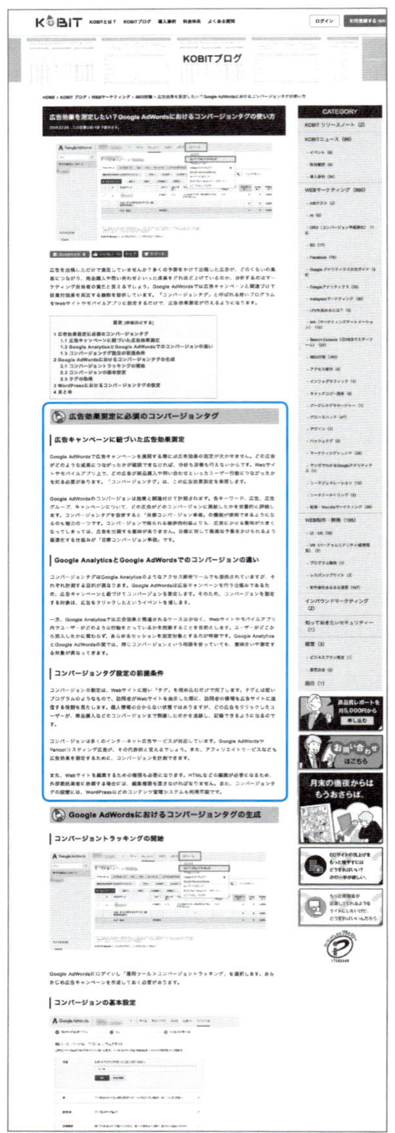

どちらも同じくらいの長さの記事となっていますが、右の記事のほうは前半に文章が多くなっています（枠で囲んだ部分）。パソコンでは1800ピクセルほど文章だけが続くので、読むのが大変になり、離脱の要因になっている可能性があります。細かく見出しで区切るのも、文章を読む上で離脱を下げる要因になります。

気付きさえ発見すれば具体的な改善施策に繋がります。**「アクセス数が多いけど直帰率や離脱率が悪い記事を見直す」そして「新しい記事を作成する時に学んだ知見を反映して、良い記事の割合を増やしていく」**ということです。

## 事例2：メールマガジンの改善ポイントを探る

もう1つ違った事例を見てみましょう。メールマガジンの改善事例です。こちらはあるECサイトのメールマガジンごとの流入とコンバージョンに関するデータです。

**図9-2-6** あるECサイトのデータ

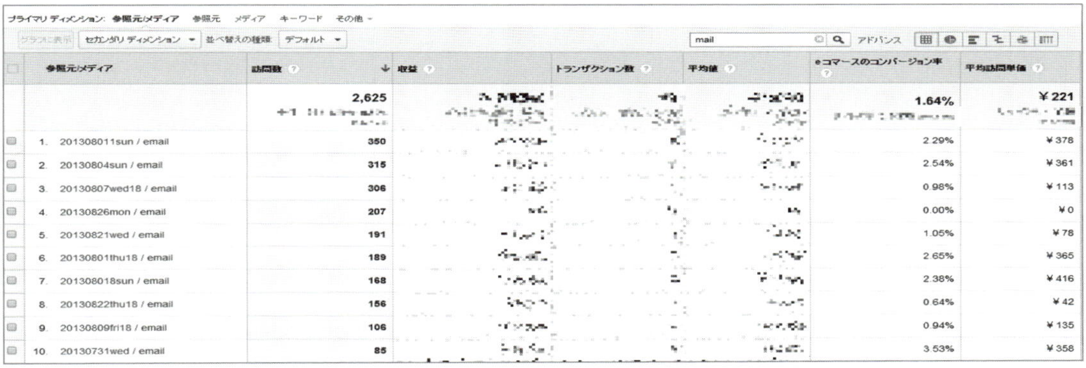

プライマリ ディメンション: 参照元/メディア　参照元　メディア　キーワード　その他

グラフに表示　セカンダリ ディメンション　並べ替えの種類: デフォルト　mail　アドバンス

| 参照元/メディア | 訪問数 | 収益 | トランザクション数 | 平均値 | eコマースのコンバージョン率 | 平均訪問単価 |
|---|---|---|---|---|---|---|
| | 2,625 | [illegible] | [illegible] | [illegible] | 1.64% | ¥221 |
| 1. 201308011sun / email | 350 | [illegible] | [illegible] | [illegible] | 2.29% | ¥378 |
| 2. 20130804sun / email | 315 | [illegible] | [illegible] | [illegible] | 2.54% | ¥361 |
| 3. 20130807wed18 / email | 306 | [illegible] | [illegible] | [illegible] | 0.98% | ¥113 |
| 4. 20130826mon / email | 207 | [illegible] | [illegible] | [illegible] | 0.00% | ¥0 |
| 5. 20130821wed / email | 191 | [illegible] | [illegible] | [illegible] | 1.05% | ¥78 |
| 6. 20130801thu18 / email | 189 | [illegible] | [illegible] | [illegible] | 2.65% | ¥365 |
| 7. 201308018sun / email | 168 | [illegible] | [illegible] | [illegible] | 2.38% | ¥416 |
| 8. 20130822thu18 / email | 156 | [illegible] | [illegible] | [illegible] | 0.64% | ¥42 |
| 9. 20130809fri18 / email | 106 | [illegible] | [illegible] | [illegible] | 0.94% | ¥135 |
| 10. 20130731wed / email | 85 | [illegible] | [illegible] | [illegible] | 3.53% | ¥358 |

メールマガジンごとのサイトへの流入数、コンバージョン率、訪問単価（1訪問あたりどれくらいの売上に繋がるか）というデータになります。見ての通り、全くコンバージョンに繋がらない流入のメルマガもあれば、数%のコンバージョン率を誇るものもあります。

先ほどのブログと同じ考え方で、「なぜコンバージョン率にこのような差が出るのか？」を把握するために、コンバージョンするメルマガとしないメルマガを比較して気付きを発見することが大切です。

分析の結果、わかった点は以下の3つでした。

1. **テキストメールのほうがHTMLメールより流入数とコンバージョン率が高い**
   ➡商品画像を見せないほうが気になったリンクを押してくれる（本メルマガの場合）

2. **最後に商品への誘導を行っている記事のほうが流入数とコンバージョン率が高い**
➡前述のブログの記事の最後に関連リンクを入れるのと同じ考え方（リンクをクリックするために改めてメールを上までスクロールしてくれない。**図9-2-7**参照）

3. **件名に表示できる文字数の違いにより、パソコンのほうがスマートフォンと比較して、開封率・クリック率ともに高かった**
➡件名の重要な部分が表示されないことにより、どんな内容かがわからないため開封する気にならない（**図9-2-8**参照）

**図9-2-7** クリック率が高いメールの終わり方

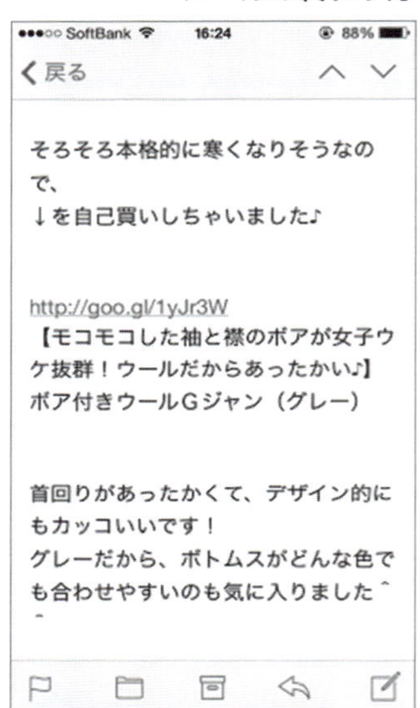


**図9-2-8** スマートフォンの件名変更前（左）と変更後（右）

このような気付きを見つけ、メールマガジンを改善したところ、メルマガの流入やコンバージョン貢献を伸ばすことができました。

- 2013年8月……流入は全体の0.5%／売上は全体の2.8%
- 2014年8月……流入は全体の1.0%／売上は全体の6.7%
- 2015年8月……流入は全体の**1.8**%／売上は全体の**8.5**%

データの違いを見つけ、その原因を自分の目で見ながら探す。**改善施策案は自社サイト内にある**というのが改善案の考え方の1つ目の方法です。

Section 9-3 自社内で比較するページがない場合はどうしたらよい？

# 具体的な「改善案」の考え方その2：ポイントを決めて同業他社と比較する

**サイト内の類似ページや内容を比較する方法を紹介してきました。しかし「入力フォーム」や「トップページ」など、サイトに1つしかページがなく、比較が難しい場合はどのように考えれば良いのでしょうか？　そこで役立つのが同業他社との比較です。比較したいポイントを決めた上で同業他社の取り組みを参考にしましょう。**

## 同業他社と比較するメリット

自社でアイデアが出てこない場合は、同業他社のアイデアを参考にするとよいでしょう。サイト内で課題となっているページや導線が見つかったら、同業他社がどのようにレイアウト・デザインしているのかを参考にするのです。

とはいえ、単純に**なんとなく同業他社を比較しても意味がなく、分析をして得られた気付きの部分をピンポイントで確認**することをオススメします。

自社サイトのほうがデータはあるので、結果もわかり参考になりやすいのですが、比較対象がない場合もあります。例えば、物件情報を掲載しているサイトで、物件詳細ページからの直帰率が高いことが課題だとしましょう。物件詳細のレイアウトはどれも一緒で、かつ物件情報は変更ができないので自社ページ同士で比較してもほとんど意味がありません。

## 「直帰率を改善する」ための比較事例

そこで、**「直帰率を改善する」という目的をもって**複数の同業他社の物件詳細を見てみましょう（図9-3-1）。すると、一番右側の「キャッシュバック賃貸」のサイトのみ「パン屑リンク（ページ上部にある、現在位置がわかるリンク）」がないことがわかります。

図9-3-1 物件サイトの比較

このサイトだけパン屑リンクがない

これで改善のアイデアが1つ生まれました。パン屑リンクを入れて離脱率が下がるかどうかを確認してみましょう。

図9-3-2 パン屑リンクを入れてみる

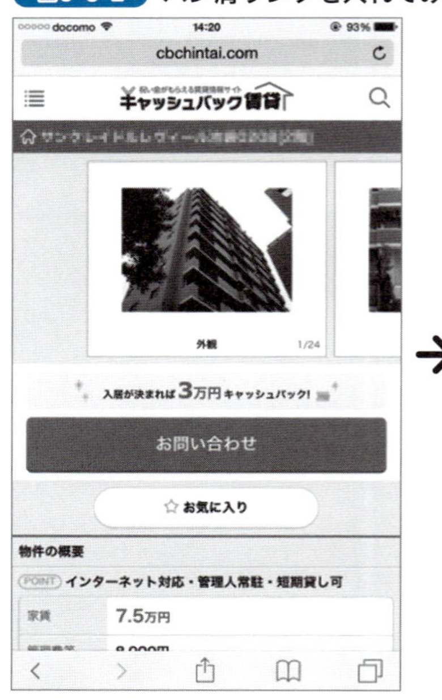


→

パン屑リンクを追加

このようにパン屑リンクを入れた結果どうなったかというと、直帰率が5%、離脱率が11%下がりました。

**図9-3-3 パン屑リンクによる改善結果**

| 第1階層 | ページビュー数 | ページ別訪問数 | 平均ページ滞在時間 | 直帰率 | 離脱率 |
|---|---|---|---|---|---|
| 1. /detail/ | | | | | |
| 2014/11/14 - 2014/11/27 | [illegible] | [illegible] | 00:01:03 | 66.63% | 38.73% |
| 2014/10/31 - 2014/11/13 | [illegible] | [illegible] | 00:01:12 | 70.32% | 43.55% |
| 変化率 | 0.75% | 0.62% | -12.56% | -5.24% | -11.06% |

同じサイトを例に、物件を「お気に入り追加」するときのアクションも確認してみましょう。サイトによって手法が違うのがよくわかります。

**図9-3-4 お気に入り追加時のアクションを比較**

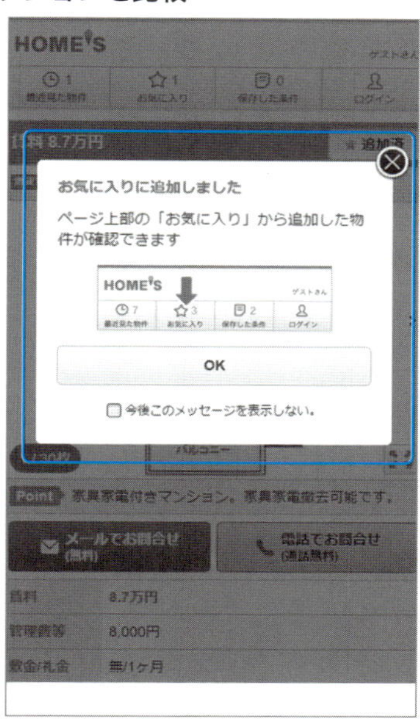


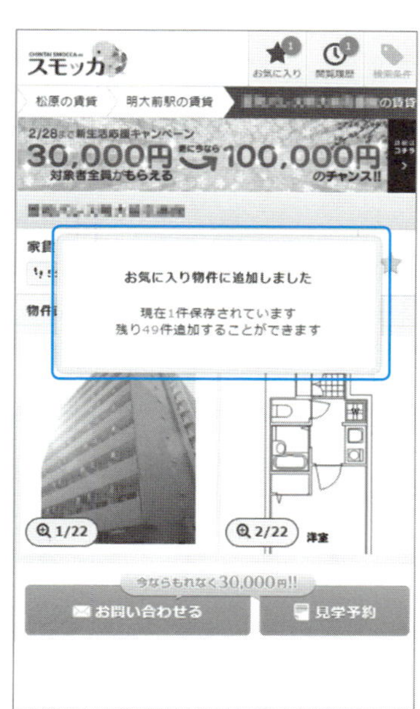


「キャッシュバック賃貸」では、お気に入りページを閲覧する訪問のコンバージョン率はサイト平均と比べても3倍近いことがわかっていました。ただし、お気に入りに物件を追加した訪問の内、1割しかしお気に入りのページにアクセスしていませんでした。他サイトを参考に右図のようなモーダルを作成して追加しました。

その結果、お気に入りページへの訪問数は2倍になり、お気に入り経由のお問い合わせも1.5倍になりました。

**図9-3-5 お気に入り追加時のアクションを改善**

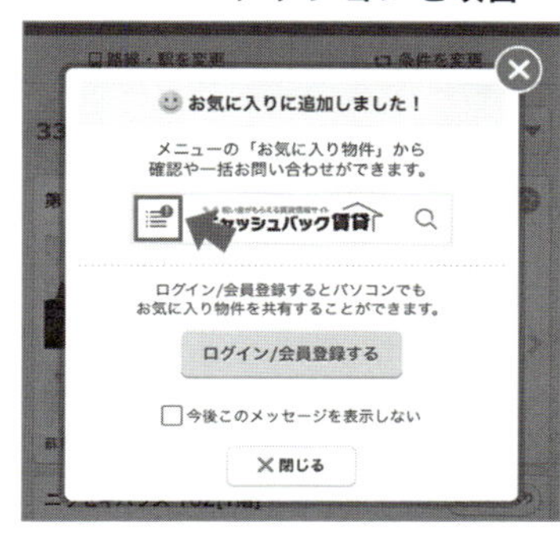

## 自社サイトだけではなかなか見えてこない

もう1つ事例を紹介します。図9-3-6の会員登録サイトでは入力フォームから確認画面への遷移率が29.8%と、思ったよりも低い事に悩んでいました。アクセス解析のデータを確認してみると、サイト外への離脱も多かったのですが、それ以上に気になったのがトップページやカテゴリトップなどに移動しているという事でした。入力フォームを確認してみたところ、以下のような形になっていました。

図9-3-6 改善前の入力フォームページ

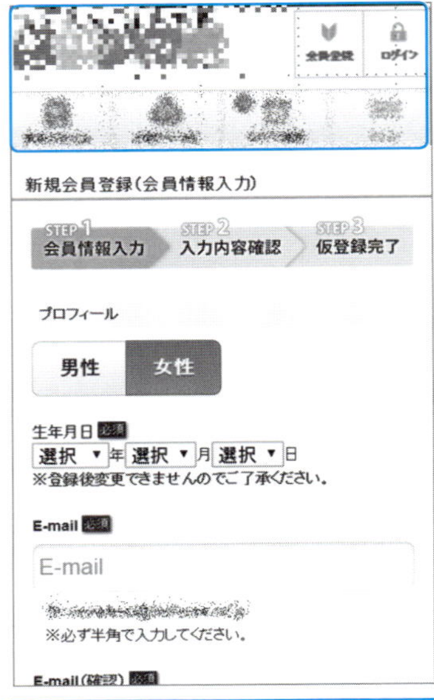


入力フォーム内に遷移に繋がるメニューが残ってしまっている

見ての通り、**入力フォーム内でヘッダーやメニューが残っており、それらがクリックできた**のです。新規会員登録のページに来ているのに「会員登録」「ログイン」へのリンクは必要ないし、トップページに戻る必要もありません。同業他社を見てみると、このようなヘッダーになっているサイトはありませんでした。というわけで不必要なヘッダーを外し、サイトのロゴだけ残してリンクは外しました。その結果、離脱率が15%改善しました。これで会員登録完了数が1.5倍になりました。

このようにサイトの**良い所や悪い所を見つけた上で、「それを伸ばすため、あるいは解決するためにどうすれば良いのか？」という観点**をもって同業他社を確認しましょう。

Section 「良い！」と感じた改善案をストックしておこう

# 9-4 具体的な「改善案」の考え方その3：良い施策を「保存」するクセを身につける

改善案はその場で考えたり探したりするのには時間がかかります。そこで皆さんが仕事やプライベートでインターネットを使っていて「これは良い施策だぞ！」と思った時に、その施策のスクリーンショットを撮るクセを身につけましょう。それが皆さんのネタ帳になります。部署で集めてストックしておくのもオススメです。

## 日常から改善案のストックを集めよう

普段から**サイトやアプリを使って「良いな」と思ったものをスクリーンショットするクセ**を身につけましょう。後になって「先月使ったフォームがわかりやすかったな」と思っても再発見できることはほとんどありません。Excelで管理するのも良いのですが、面倒になりがちなので、筆者はスクリーンショットだけを集めるようにしています。ここではその一部を紹介します。

### 鳳鳴館

ページ内で、お問い合わせや予約へボタンへ誘導することはよく行われます。しかし、鳳鳴館のサイトでユニークなのは、ページの種類にあわせてリード文をしっかり変えていることです。

図9-4-1 「鳳鳴館」のお問合せ・見学予約誘導

実際に緑豊かなエリア最大級のガーデンをご覧になってみませんか？

実際にコンセプトを体験されてみませんか？

実際におふたりだけのオリジナル料理を一緒に創ってみませんか？

実際に鳳鳴館のチャペルをご覧になってみませんか？

例えば、ガーデンのページであれば**「実際に緑豊かなエリア最大級のガーデンをご覧になってみませんか？」**というリード文になり、料理のページであれば**「実際におふたりだけのオリジナル料理**

**を一緒に創ってみませんか？」**となります。

見ている側もスムーズに問い合わせしやすくなる見せ方ではないでしょうか。そして、ここまで対応しているサイトを筆者ほとんど見たことがなかったので、スクリーンショットを撮っておきました。これはどのサイトでも参考になるかと思います。

## Amazon

Amazonではお問い合わせ内容を選択すると、その種類とサポートの状況に応じて、一番解決が早い方法を提示してくれます。そのため、ユーザーにとってはどれを選べばよいかすぐにわかります。そして「電話でお問い合わせ」を選ぶと、電話を折り返してくれます。その時も「今すぐ電話が欲しい」と「5分以内に電話が欲しい」という選択肢から選ぶことができます（図9-4-2）。「電車に乗っている」「ちょっと準備が必要」といった状況を考慮し、2つの選択肢を用意しているのではないでしょうか。ユーザーの事を考えた設計で、感心したためにスクリーンショットを撮りました。

**図9-4-2　Amazonのカスタマーサポートの見せ方**

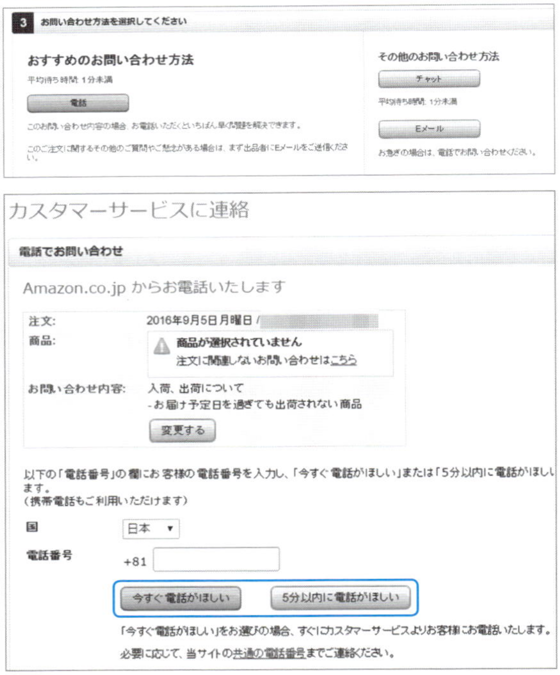

## ライオン株式会社

**図9-4-3　ライオン株式会社のメルマガ登録バナー**

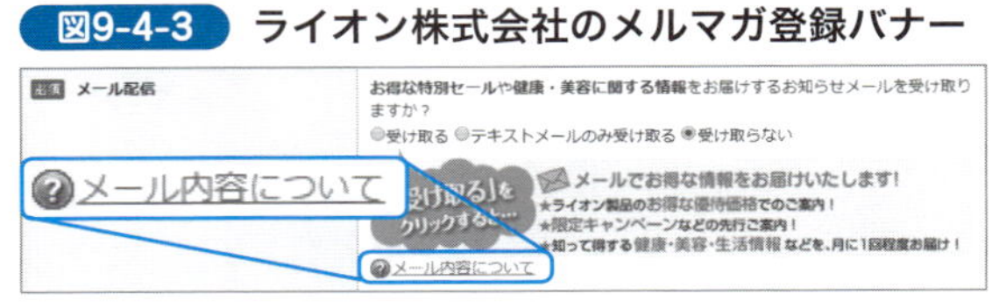


メールマガジンの登録率アップはECサイトにとって重要なアクションです。しかし、無理やり（あるいはユーザーが気付かずに）登録させても、開封率は下がり、悪い印象すら抱いてしまう可能性があります。ライオン株式会社ではメールマガジン登録確認時に「受け取らない」が選択されると、下に小さなバナーが表示され「こういった内容なのですが、いかがでしょうか？」という案内が出ます（図9-4-3）。さらに「メール内容について」というリンクを押すと、より具体的な内容が表示されます。これを見て「だったら受け取ってみても良いかな」と、登録をしてくれる可能性があります。これは面白いと思い、スクリーンショットを撮っておきました。

そして、この施策を実際に筆者がコンサルティングしているサイトにも反映してもらいました。

それが図9-4-4になります。その後、実際に登録率が1.3倍に改善しました。このようにスクリーンショットを撮っておき、どこかで施策として活かすことが大切です。

図9-4-4 コンサルティング先で活用した事例

## BOUCHERON

ジュエリーを中心に販売しているBOUCHERONの商品詳細ページには、筆者が他のECサイトでは見たことがない驚きの機能がありました。それが値段の下にある「価格を隠す」という機能です（図9-4-5）。名前の通り、リンクをクリックすると価格を隠すことができます。非常に不思議な機能だったので、気になってスクリーンショットを撮っておきました。

なぜこのような機能があるのかを考えてみたところ、ある仮説に行きつきました。それは「価格が表示されていると相談がしにくい」ということです。ジュエリーは高価ですし、特にブライダル関係では失敗できません。しかし、相手に値段を見せながら「この指輪はどう？」というのは、お互いに気まずいのではないでしょうか？　かといって1人で勝手に選ぶわけにもいかない。値段が隠れていればこの問題は解決できます。サイトを訪れるユーザーの事を考えた施策なのではないでしょうか。

図9-4-5 商品詳細ページの驚きの機能

Section9–2～9–4にかけて、これまで3つの改善施策の考え方を紹介してきました。どの手法も一長一短ありますが、覚えておいて損はありません。**サイトを改善するためには施策を実行しなければ意味がありません**。そのためにも施策のストックや経験値をストックしておくことを忘れないようにしましょう。

Section 施策実行のために意思決定者を説得するコツは？

# 9-5 改善施策の「効果予測」と優先順位の考え方

改善施策を行うことで、どれくらいビジネスインパクトが上がるのか？　施策を行う前に全員が知りたい内容です。正確な予測は難しいが、この質問に対してどのように答えれば良いのか？　そしてこの質問で本当に問いたいことは何なのか？　一緒に見ていきましょう。

## 施策の優先順位はどう付ける？

改善施策が複数ある時、どれを実行すればよいでしょうか？　Section9-1➡P.374では「まずはできるところから」という話をしましたが、そのような施策が複数ある場合に大切なのが、優先順位の付け方です。そして自らが施策を実行しない場合（こちらのケースのほうが多いかとは思いますが）、意思決定者に施策実行の承認を得ることが必要です。その時に必ず出てくるのが「効果予測」。わかりやすくいうと「**この施策をやったらいくら儲かるの？**」と聞かれることです。

以下、優先順位と効果予測の考え方について紹介してきます。

### なぜ、効果予測を求められているのか？

「**施策の実施判断**」をするために必要です。大切なのはその効果を事前に、かつ正確に予測する、あるいはシミュレーションすることではありません。例えばランディングページを直すことで、「コンバージョン数が10%上がる」という予測をしたとしましょう。そして施策を行った結果、「コンバージョン数が10%上がった」のと「コンバージョン率の数が30%上がった」のとでは、どちらが喜ばれるでしょうか？　後者ですよね。

**大切なのは正確な予測ではなく、判断に足りうる情報やベンチマーク・ガイドラインを用意することです。**Webアナリスト（あるいは施策提案者）は、施策を最終決定する権限は持っていない事が多いものです。そのため、意思決定者に実行を判断してもらえる情報を提供する事が大切です。

### 質問された場合はどのように答えれば良いのか？

筆者の場合は、いくつかのパターンに分けて回答を行います。

似たような施策を他（社内の他サイトや他の企業サイト）で実施していた場合、**改善幅を参考値として伝える**ことはあります。

● **回答例**

**商品詳細ページの情報をコンパクトにまとめ、カート追加ボタンをフッター追尾に変えることで、カート遷移率を1.1倍にした実績があります。これと同じ効果が出たとして、それを現在のサイトのコンバージョン率などを加味すると、月●●万円の増加になります。**

ここでポイントとなるのは、「月●●万円」と期間とセットで伝えていることです。一時的なキャンペーンと違い、サイト内の改善（の多くは）その効果が継続します。従ってその月だけではなく、もう少し長いスパンで見た上で費用対効果を考えることが大切です。そのような意味も含めて、伝えるようにします。

あるいは参考となる数値を出すために、簡単に試せる内容（あるいは、より簡単にできる代替施策）があれば、**A/Bテストを1週間ほど事前に実施して検証してから、その結果を参考に伝える**という方法を取ることもあります。

参考情報があればまだ良いのですが、実際にはない事のほうが多いのではないでしょうか。その場合は、**もし「●●%改善したら」という仮説を立てて効果を算出**することが多いです。例えば「商品一覧」の絞り込み機能やUIを変えた時に、一覧から詳細への遷移率が10%改善したとしたら……というような伝え方です。

この時「●●%改善したら」のパーセンテージをいくつにするかですが、**筆者は10～20%の間で置くことが多い**です。これはそれ以下だと効果とは言いにくい、それ以上は（経験上）発生することは時々あるが、高めに見積もるよりは低めに見積もったほうが現実的だからです。

もう少しロジックを作る場合は「過去3か月の一覧から詳細への遷移率のレンジを見て（例：45～53%）、それを超える数値（例：55%）を設定することもあります。

いずれにせよ**大切なのはロジックをもって説明できること**です。このロジックの組み立てがあれば、「複数施策の中からどれをやるべきかを選んでもらえる」ことが多いので、納得いただける形を作るということを意識してコミュニケーションしています。

## 施策を通しやすくするためのテクニック（非対称の優位性）

**非対称の優位性**という考え方を取り入れることをオススメします。悪い言い方をすれば、おとり戦略とも言えます。例えば、改善提案で以下2つの施策があるとしましょう。

表9-5-1 改善提案1

| 施策 | 難易度 | 期待効果 |
| --- | --- | --- |
| 施策1 | 小 | 小 |
| 施策2 | 中 | 中 |

この時、どちらの施策を選ぶでしょうか？　とりあえず「施策1」から始めることが多いかもしれません。しかし、ここに施策3を追加します。

表9-5-2 改善提案2

| 施策 | 難易度 | 期待効果 |
| --- | --- | --- |
| 施策1 | 小 | 小 |
| 施策2 | 中 | 中 |
| 施策3 | 特大 | 大 |

こうすると、3つの中なら、施策3は大変そうだから選ばないでおこう。だけど施策1はあまりよく見えないから「間の施策2を取ろう」という判断になりがちです。

このように実行してもらいたい施策より難易度が高い施策を入れるなど、見せ方によって本当に実行して欲しい施策を選んでもらうという考え方も大切です。より興味がある方は「Decoy Effect」で検索してみてください。

アナリストの役割は「**データに基づき、意思決定者に（あたかも意思決定者が自分で決めたかのように）意思決定をしてもらうこと**」にあります。施策が実行できなければ、その前の分析も意味がないという思いをもって、取り組んでもらえれば嬉しいです。

# Appendix 1

- 付録1 -

# Google アナリティクスの初期設定と基本操作

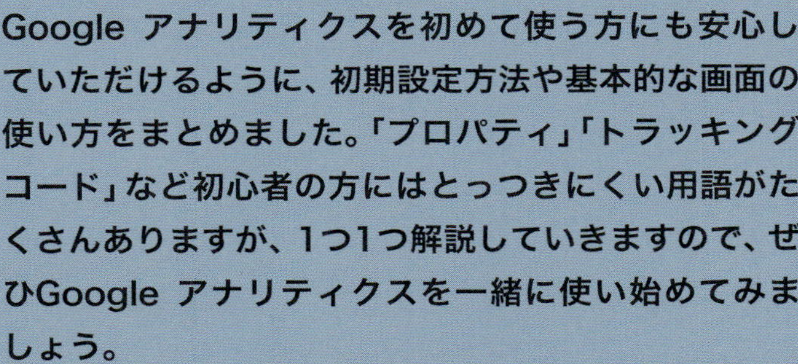

Google アナリティクスを初めて使う方にも安心していただけるように、初期設定方法や基本的な画面の使い方をまとめました。「プロパティ」「トラッキングコード」など初心者の方にはとっつきにくい用語がたくさんありますが、1つ1つ解説していきますので、ぜひGoogle アナリティクスを一緒に使い始めてみましょう。

**Appendix** 初めてですが、何から始めればいいですか？

# 1-1 Google アナリティクスの始め方 ～アカウント作成から計測まで～

## Google アナリティクスの始め方

Google アナリティクスの初期設定方法は大きく分けて、以下の**3ステップ**となります。

- **Step 1.** アカウントを作成する
- **Step 2.** トラッキングコードを設置する
- **Step 3.** きちんと計測できるか確認する

**Step 1.**と**Step 3.**は画面操作ですが、**Step 2.**についてはWebサイトのソースコードへの追加が入りますので、システム担当者と相談して実施しましょう。それではさっそく設定していきます。

**Point** **Googleアカウントを持っていますか？**

前提として、**あらかじめGoogleアカウントを作成しておく必要があります**。GmailやGoogleカレンダーなどを利用しているアカウント（つまりメールアドレス）がなければ、下記URLから公式サイトへアクセスし、作成しておいてください。一度作成すればGmail、Googleカレンダー、Google ドライブなど様々なサービスを使うことができます。

←https://accounts.google.com/SignUp?hl=ja

### Step 1. アカウントを作成する

公式サイトのアカウント作成ページへアクセスし、❶「測定を開始」ボタンをクリックします。

● Google アナリティクス アカウント作成ページ

https://analytics.google.com/analytics/web/

右の画像はGoogleアカウントにログインし、かつそのアカウントにてGoogleアナリディクスを一度も使用していない方の画面表示例です。

開いた画面でまずは❷「アカウント名」を入力します。会社名などを設定しましょう。また❸「アカウントのデータ共有設定」に関してはいくつか追加でレポートが使えるので、問題なければチェックが入った状態にしておきましょう。❹「次へ」をクリックします。

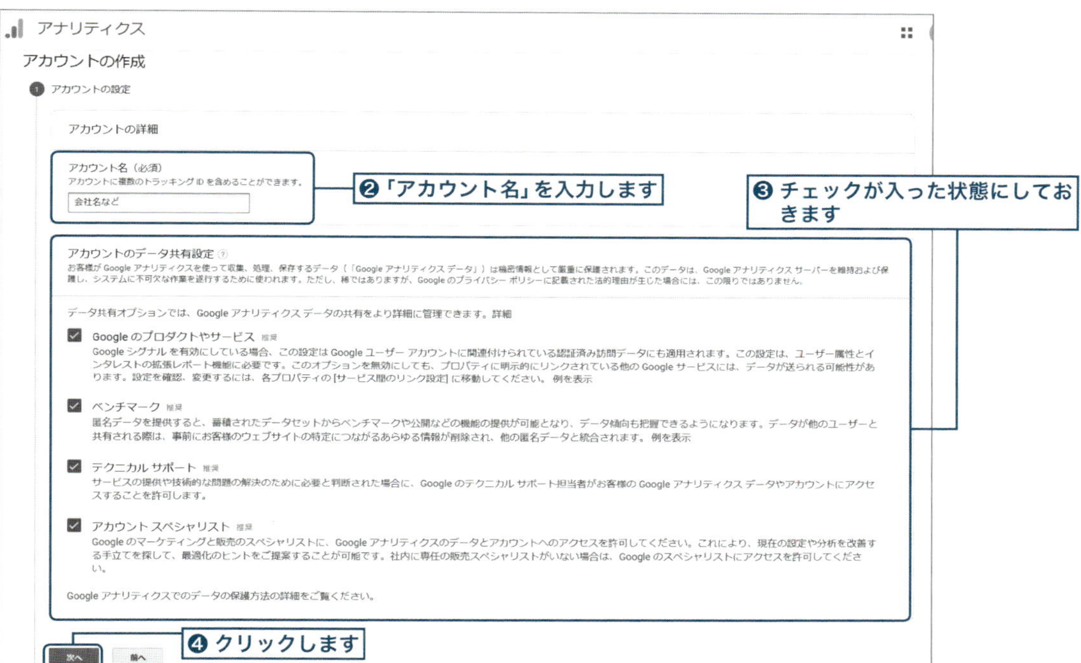


次に「プロパティ」の詳細設定を行います。プロパティ名に❺「サイト名」を入力し、適切なレポートのタイムゾーンと通貨を選びましょう（日本語のサイトの場合は❻「日本」と❼「日本円」）。

その後に❽「詳細オプションを表示」をクリックします。

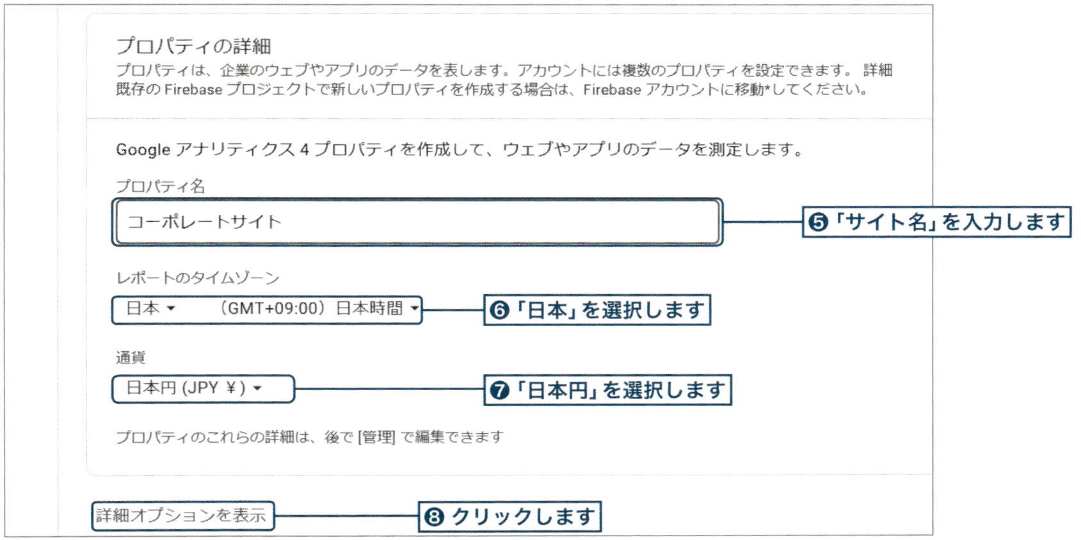

詳細オプションを選択すると、「ユニバーサルアナリティクス プロパティの作成」という案内が出てきます。本書で紹介したGoogle アナリティクスの画面や機能は全て「ユニバーサルアナリティクス版」になります。

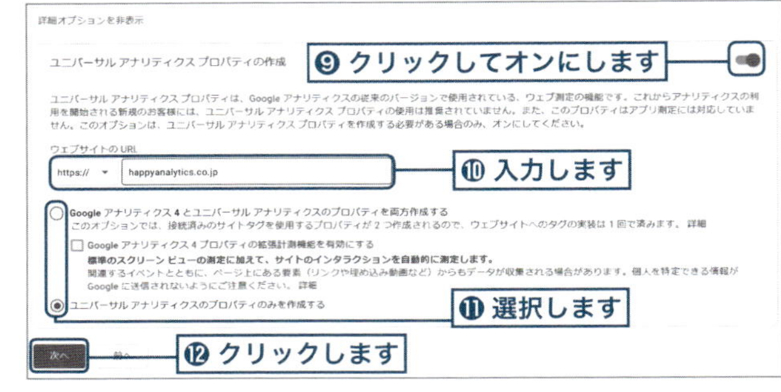


ユニバーサルアナリティクス版を作成したい場合は⑨「オン」にした上で、⑩「ウェブサイトのURL」を入力しましょう。⑪「ユニバーサル アナリティクスのプロパティのみを作成する」を選びます。

最新版であるGoogle アナリティクス4のプロパティも作成したい場合は⑪「Google アナリティクス4とユニバーサルアナリティクスのプロパティを両方作成する」を選びましょう。

⑫「次へ」をクリックすると、ビジネス情報に関しての質問が出てきます（業種・ビジネスの規模・利用目的）。適切な選択肢を選んで「作成」をクリックしてください。

後はGoogle アナリティクス利用規約で⑬「日本」を選択し、⑭規約に同意をチェックを入れて⑮「同意する」をクリックすれば完了です。

これで、あなたのGoogle アナリティクスの画面ができ上がりました。

**図App1-1-1　アカウント作成が完了**

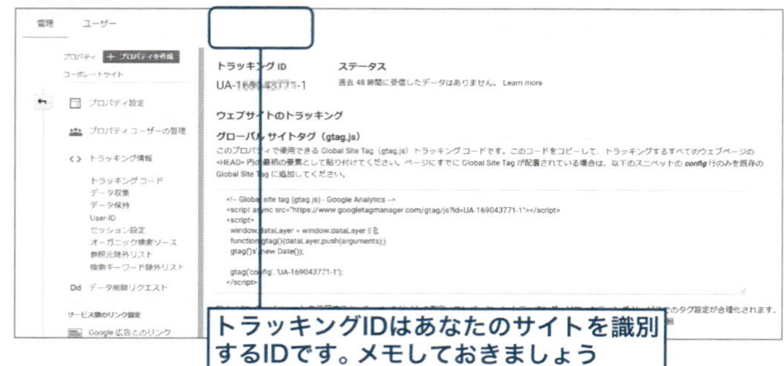

完了した画面は、**Step 2.**で使用する「トラッキングコード」を取得できる画面になっていますので、そのまま開いておいていただくと便利です。また、「UA–」から始まるトラッキングIDはあなたのサイトを識別するIDです。手元にメモしておきましょう。

## Column アカウントの3構造

Google アナリティクスのアカウントは**3つの階層構造**で成り立っています（右の画像はGoogle アナリティクスヘルプより引用）。

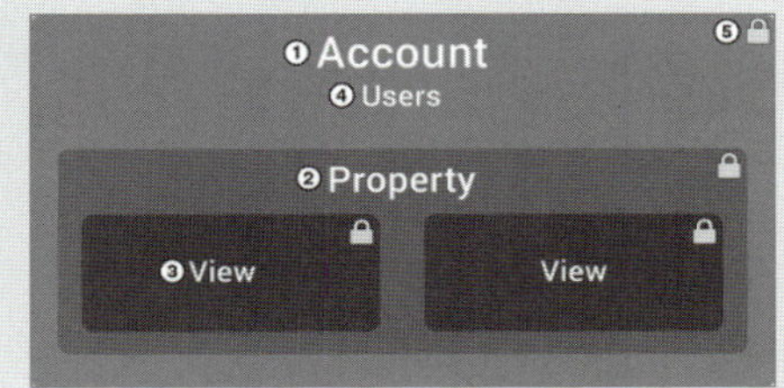


**表App1-1-A** 3つの階層構造

| | 定義 | 使い方 |
|---|---|---|
| アカウント | **階層構造の最上位**です。複数サイトをお持ちの場合はグルーピングした単位などで設定します。 | ・複数サイトを持っている場合は、**サイト群を総括する名前**を付けます。<br>・1サイトの場合はサイト名で構いません。<br>※**1つのGoogleアカウント（つまりメールアドレス）に対して複数作成することができます。** |
| プロパティ | Webサイトやアプリなど**ユーザーデータを収集する単位**で設定します。 | **サイト名やサービス名**が一般的です。<br>※**1つのアカウントに複数のプロパティを紐付けられます** |
| ビュー | ビューはプロパティのデータを任意の条件で表示したものです。**アナリティクスレポートはこの単位**で表示されます。 | 「スマートフォンのみ」など**必要な解析条件に応じて設定**します。<br>※**1つのプロパティに複数のビューを紐付けられます。**<br>※追加設定時は**「すべてのウェブサイトのデータ」は手を加えず残し、追加で新規作成**することをおすすめします。 |

Google アナリティクスの左メニューより「管理」画面を開くと、以下のように3つの階層が表示されます。

**図App1-1-A** 管理画面の3階層

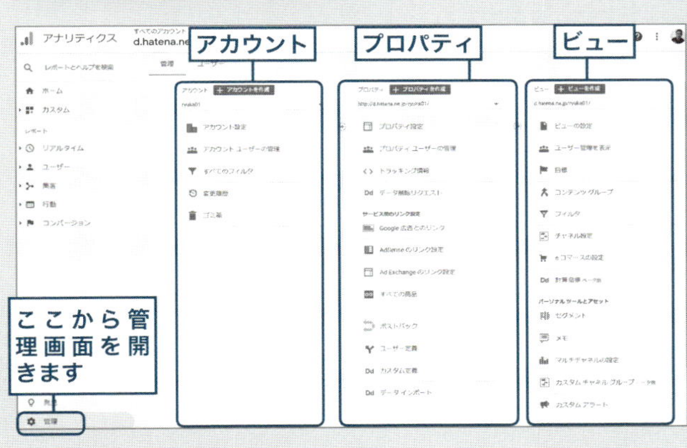

## Step 2. トラッキングコードを設置する

それでは引き続き、初期設定作業に戻ります。このステップではウェブサイトのソースコードへの操作が入りますので、システム担当者と相談して実施しましょう（ただし、既にGoogleタグマネージャーのコードをサイトに埋め込んでいる場合は画面操作のみで完結します）。

トラッキングコードを埋め込むには**2つの方法**があります。

### ● トラッキングコードを埋め込む方法

- **方法1**　Google アナリティクスのトラッキングコードを**直接Webサイトのソースコードに埋め込む**
- **方法2**　Google**タグマネージャーのトラッキングコードをWebサイトのソースコードに埋め込み、**タグマネージャーにGoogle アナリティクスのIDを登録する方法（**おすすめ**）

## 方法1：直接埋め込む方法

**トラッキングコードが表示された画面**を開きます。Step 1.の後、一度画面を閉じた方は以下のように取得してください。❶左メニューより「管理」ボタンをクリックし、❷「アカウント」列のプルダウンから先程作ったアカウントを選択します。❸さらに「プロパティ」列のプルダウンから該当のプロパティを選択します。「プロパティ」の下のメニューか❹「**トラッキング情報➡トラッキング コード**」をクリックします。

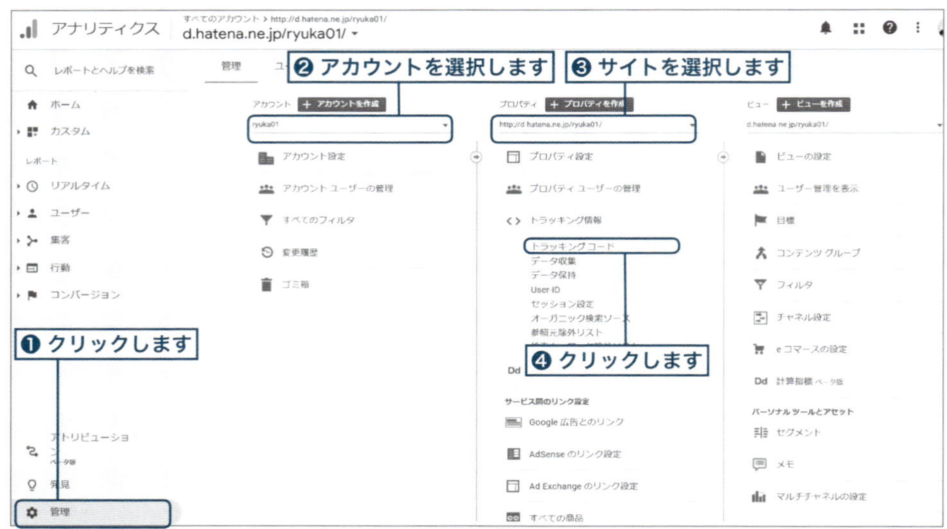


❺表示された**タグをコピー**します。マウスの右クリックなどでコピー操作をしてください。

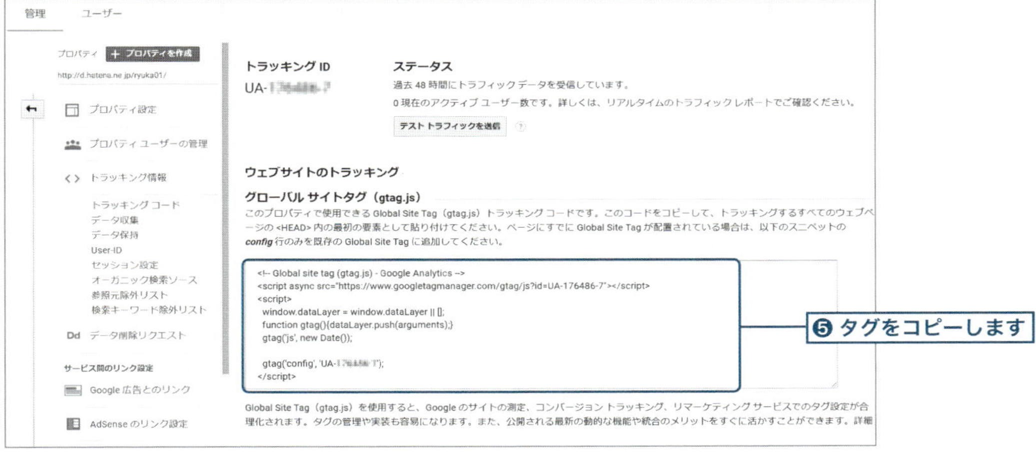


タグは計測したいWebページの**HTML内の</head>終了タグの前**に挿入します。その際、**計測したいすべてのページにタグを挿入する**必要があります。

**Hint　タグを入れ損ねたページがあると…**

タグを入れ損ねたページは計測されず、サイト内回遊が外部サイトからの流入として計測されるなど問題が発生します。そのため、もしサイトの全ページに呼び出されている共通モジュールなどがあれば、そちらに記述するのが安心です。各サイトによって最善の方法は異なりますので、システム担当者と相談してみてください。

※参考：Google アナリティクスヘルプ「アナリティクス タグの設定」
https://support.google.com/analytics/answer/1008080?hl=ja

## 方法2：Googleタグマネージャー経由で埋め込む方法

**Googleタグマネージャーとは、複数の解析タグやサイトのトラッキング タグを追加、管理する際に役立つ無料のツール**です。ウェブサイトを運営する上では、広告やプロモーションなどの用途でタグを管理する機会が多くなります。そのつどシステム担当者にHTMLへのタグ挿入をお願いするのは煩雑ですので、ぜひタグマネージャーを設定しましょう。この場合、Google アナリティクスのタグもタグマネージャー内の1タグという扱いになります。Googleタグマネージャーの設定方法は付録2にて詳述します。

**Hint　注意！**

以下の説明はタグマネージャーの初期設定が済んでいる状態を前提としています。まだの方は付録2を読んで設定しましょう。Googleタグマネージャーのタグがサイトの全ページに挿入されていることが前提です。

タグマネージャーの管理画面（https://tagmanager.google.com/#/admin/）を開きます。Googleタグマネージャーで❶「**アカウント**」と❷「**コンテナ**」をプルダウンメニューから選択します。

選択したら、上部メニューの❸**「ワークスペース」**タブを開き、Google アナリティクスのトラッキングIDを設定するために❹**「変数」**を選びます。

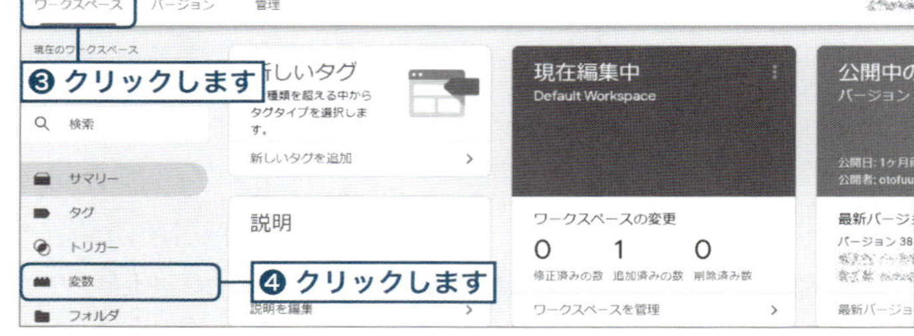


「変数」のメニューを開いたら、「ユーザー定義変数」内にある❺**「新規」**をクリックしましょう。

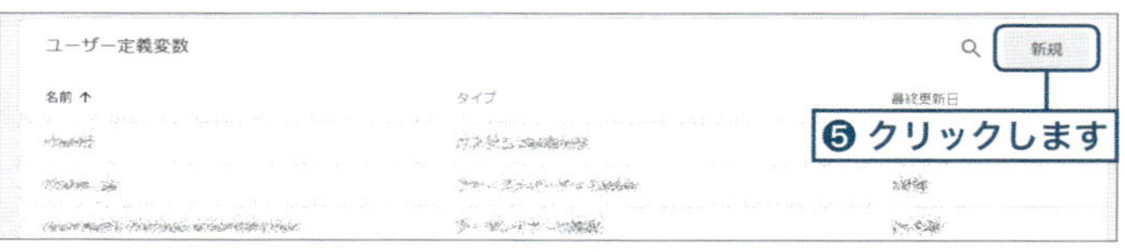


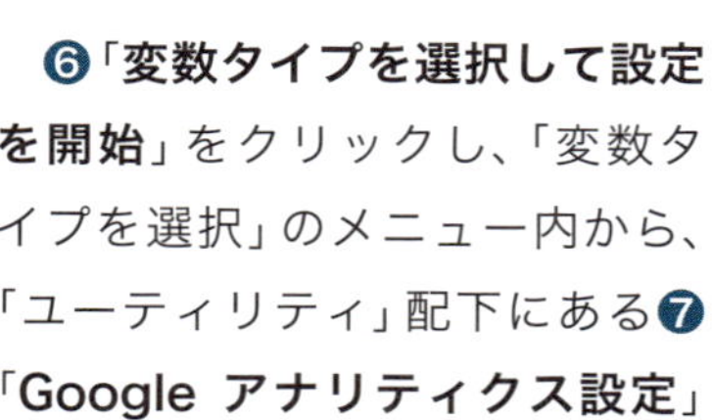

❻**「変数タイプを選択して設定を開始」**をクリックし、「変数タイプを選択」のメニュー内から、「ユーティリティ」配下にある❼**「Google アナリティクス設定」**を選択しましょう。

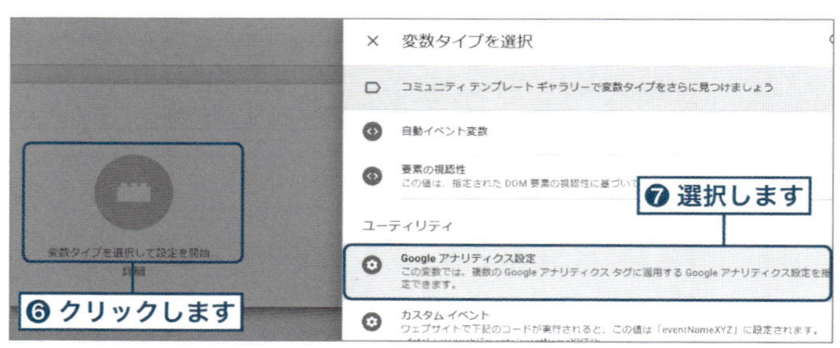


❽左上で**「変数」の名称**（任意の名称。ここでは、「●●サイトのトラッキングID」としました）を入力、❾「トラッキングID」に**UAから始まる自プロパティのトラッキングID**を入力し、❿**「保存」**ボタンをクリックします。これで登録は完了です。

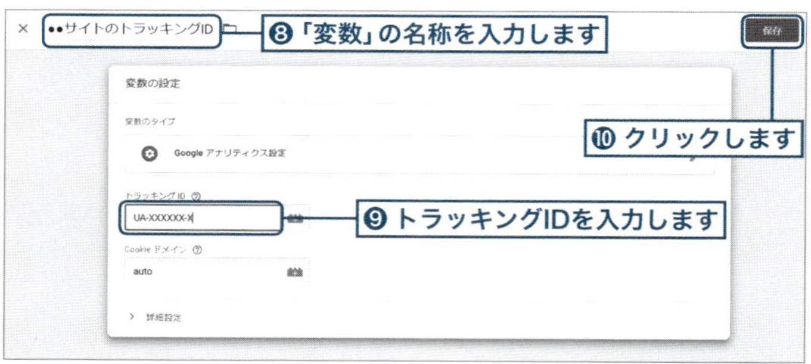

次にGoogle アナリティクスのタグを設定するため、⑪**「タグ」**のメニューに移動し、⑫**「新規」**ボタンをクリックしましょう。

⑬**「タグタイプを選択して設定を開始」**をクリックし⑭**「Google アナリティクス：ユニバーサル アナリティクス」**を選択しましょう。

「タグの設定」画面が出てくるので⑮**「Google アナリティクス設定」**のプルダウンから、⑯**先ほど保存した変数名**を選びましょう。

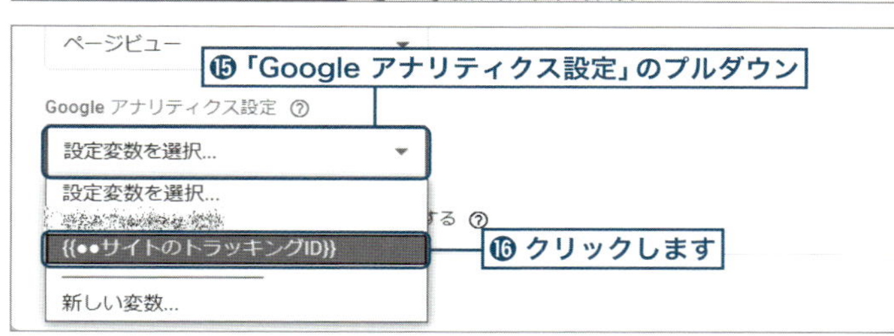


次に下部にある⑰**「トリガーを選択してこのタブを配信」**をクリックし、出てきた一覧の中から⑱**「All Pages」**（全てのページ）を選びます。

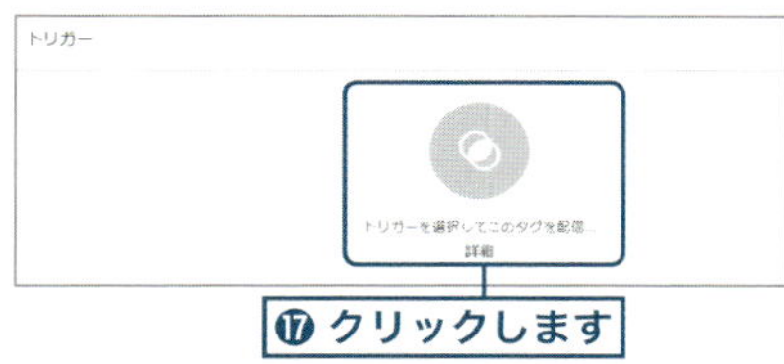


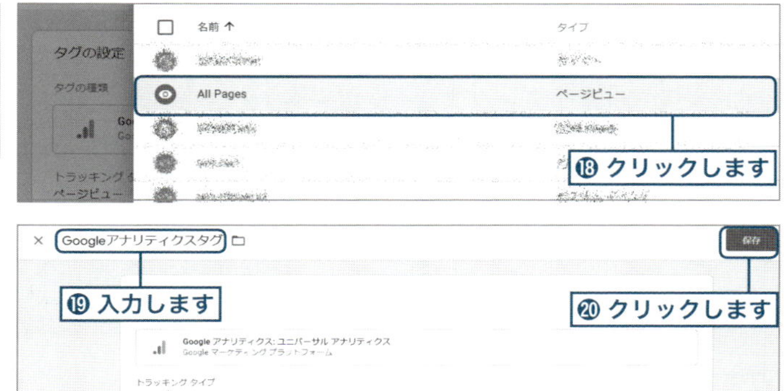


最後に⑲**「タグ」の名称**（任意の名称。ここでは「Googleアナリティクスタグ」としました）をつけて⑳**「保存」**をクリックすれば設定は完了です。

この設定が完了した段階ではまだサイトのほうでは公開されていない状態となります。後述する「プレビューモード」でデータが計測されているかを確認の上、公開するという流れになります。

㉑画面右上にある「**プレビュー**」をクリックし、プレビュー画面でのサイトの動作確認を行います。追加したタグはすぐ公開するのではなく、**必ずプレビューモードで、サイトが正常に動作しているか確認してください**。

サイトの動作に問題がなければ㉒「**プレビューモードを終了**」をクリックし、㉓右上の「**送信**」ボタンをクリックします。以上でタグが反映され、トラッキングIDを埋め込むことができました。

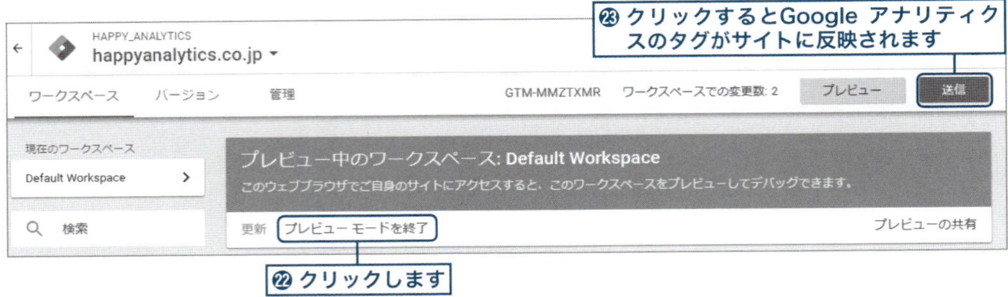


## Step 3. きちんと計測できるか確認する

**Google アナリティクスの「レポート」タブ**をクリックし、❶「**リアルタイム➡概要**」をクリックします。**計測が開始されていることをリアルタイムレポートで確認**してみましょう。

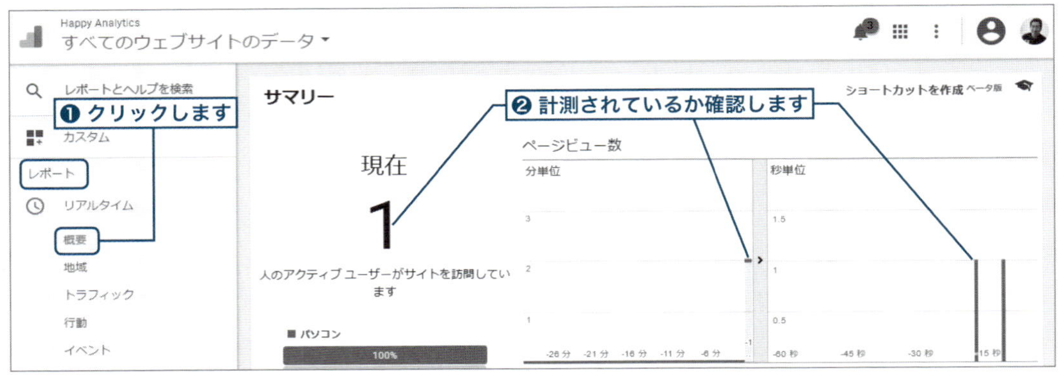


上記の画面のように❷「現在1人のアクティブユーザーがサイトを訪問しています」という表示や「ページビュー数」欄にトラフィックが出ていることを確認して、**設定完了となります**。

Appendix はじめにどんな設定が必要ですか？

# 1-2 Google アナリティクスを始めたら押さえておきたい7つの初期設定

ここではGoogle アナリティクスの初期設定について、以下の7つの項目ごとに順番に説明していきます。特に、1.と5.は必ず設定することをオススメします。**他の項目に関しては、自社サイトに設定が必要かを1つずつ確認しながら反映しましょう**。

● **7つの初期設定**

| | | | |
|---|---|---|---|
| 1. ユーザーの権限設定 | 2. プロパティ設定 | 3. ビュー設定 | 4. フィルタ設定 |
| 5. 目標設定 | 6. 参照元除外設定 | 7. クロスドメイントラッキングの設定 | |

## 1. ユーザーの権限設定（オススメ）

はじめに、Google アナリティクスを利用するユーザーの権限を設定しておきましょう。

アカウント、プロパティ、ビューの**3つの階層それぞれにユーザーを追加**することができます。ユーザーは必要に応じて**何人でも追加できます**。

### 設定方法

ユーザー権限の階層構造を理解したところで、さっそく設定方法を説明します。❶Google アナリティクスの左メニューより「**管理**」画面を開きます。任意の階層（「アカウント」「プロパティ」「ビュー」）の列で❷「**ユーザーの管理**」をクリックします。

「～の権限」画面が追加されますので、❸「**+**」をクリックして「**ユーザーを追加**」を選んでください。

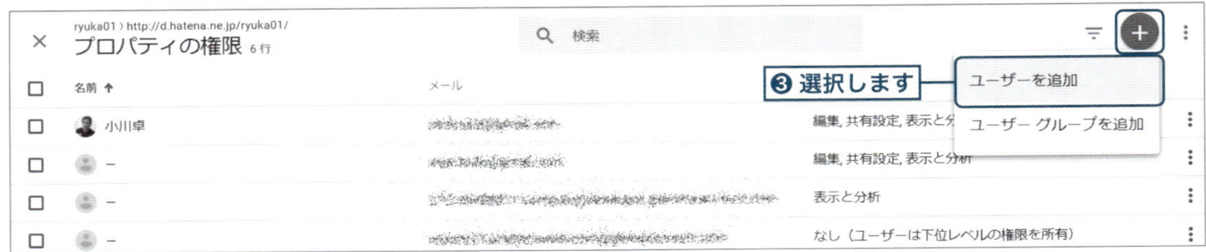


権限の追加画面にて❹**権限付与したいメールアドレス**を入力し、❺「**権限**」を選びます。

権限は以下の４つから複数選ぶことができます。

| | |
|---|---|
| **編集** | 取得しているデータや設定自体を変えることができる権限 |
| **共有設定** | 自分が作成したメモやレポートを権限を持っている人に共有することができる権限 |
| **表示と分析** | 閲覧のみの権限 |
| **ユーザー管理** | ユーザーの追加・変更・削除が可能 |

見てもらうだけの場合は「表示と分析」のみ、設定などを変更してもらう場合は上３つの権限を付与するとよいでしょう。「ユーザー管理」の付与はなるべく慎重に行ってください。権限を選んだら❻「**追加**」をクリックすることで付与完了となります。

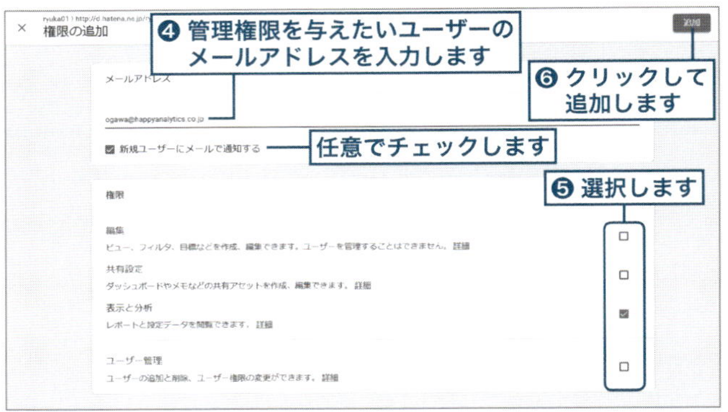


● **権限のルールについて**

● **上位階層の権限はそのまま下位階層に引き継がれます**
例えば、アカウント階層でユーザーに権限を設定すると、そのユーザーはそのアカウントのすべてのプロパティとビューについて同じ権限を持ちます。

● **下位階層で設定された権限は、上位階層で設定された権限よりも優先されます**
例えば、アカウント階層で「表示と分析」権限を設定したユーザーに対し、ビュー階層で「編集」権限を設定した場合は後者が優先されます。

● **階層が下に進むにつれて、設定する権限を増やすことはできますが、減らすことはできません**
例えば、アカウント階層で「表示と分析」権限を設定したユーザーに、プロパティやビュー階層で「編集」権限を設定することはできますが、アカウント階層で「編集」権限を設定したユーザーに、プロパティ階層で「表示と分析」権限を設定して権限を限定することはできません。

※参考：Google アナリティクスヘルプ：「ユーザーおよびユーザーグループの追加、編集、削除」
https://support.google.com/analytics/answer/1009702?hl=ja

## 2. プロパティ設定

左メニューの「**管理**」アイコンをクリックし**設定するサイト（プロパティ）を選択**し、「**プロパティ設定**」をクリックします。この画面の3つの設定項目について説明します。

### ❶広告向け機能

この設定をオンにすることで、ユーザーの年齢・性別などの属性や興味関心を知ることができます（Section1-2にて説明）。「**オン**」がオススメです。

### ❷ページ解析

ページ内のどのリンクがクリックされたかをわかりやすく視覚的に表示してくれる機能です（Section5-5にて詳述）。はじめは「**オフ**」で構いません。

### ❸ユーザー分析

各種レポートの列が一部変わり、ユーザーの指標が増え、それ以外の指標が減ります。

※本書ではこの機能がデフォルトの「オフ」の状態の内容にて説明しています。

※アナリティクスヘルプ「ユーザー指標でユーザーをどのように識別するか」
https://support.google.com/analytics/answer/2992042?hl=ja

## 3. ビュー設定内の各項目と設定例

続いて、ビュー設定についての詳細を説明していきます。「ビュー」とは、計測されたデータを確認するための階層の事です。サイトの解析に適したビューを適切に設定することが日々の解析を快適にします。

### ビュー設定でできること

例えば、以下のような設定が可能です。

表App1-2-1　**ビュー設定の主な機能**

| | |
|---|---|
| デフォルトページの設定 | 例えば、**トップページのURLが/と/index.htmlなどに分かれてしまう場合に1つのページとして取得**する設定が可能です |
| 除外（計測しない）パラメータの設定 | プロモーションなどで**リンクパラメーターを付けたことで1つのページが別ページとして認識されないよう設定**ができます |
| ボットのフィルタリング | **検索エンジンのクローリングなどでアクセス数が水増しされないよう**設定ができます |
| サイト内検索のトラッキング | サイト内検索がある場合、**検索語を取得するための設定**が可能です |

※ビューは1プロパティあたり25個まで作成できます。フィルタや目標設定もビューに対する操作の1つです。

**Hint　「すべてのウェブサイトのデータ」ビューは残しておこう**

ビューを作成する際には、アカウントを作成した際にデフォルトで付与されている**「すべてのウェブサイトのデータ」を削除せず、新規にビューを設定しましょう。**ビューの設定をするとGoogle アナリティクスのヒットデータ自体に設定が反映されますので、設定に間違いがあった場合にはデータが取得できていないため、正しいデータを確認できないという恐れがあります。そのようなリスクを考慮し、「すべてのウェブサイトのデータ」は何も設定せずに残すことをオススメします。

### 新しいビューの作成方法

それではさっそく、新しいビューを作成しましょう。左メニューより「**管理**」画面を開き、❶「**ビュー列**」の「**＋ビューを作成**」ボタンをクリックし、❷「**ウェブサイト**」を選択します。❸「**レポートビューの名前**」欄に任意の名前を入力し（ここでは「社内IP除外」としました）、❹レポートのタイムゾーンを「**日本**」に設定します。タイムゾーンはレポートの日付の区切りとして使われます。❺最後に「**ビューを作成**」ボタンをクリックします。

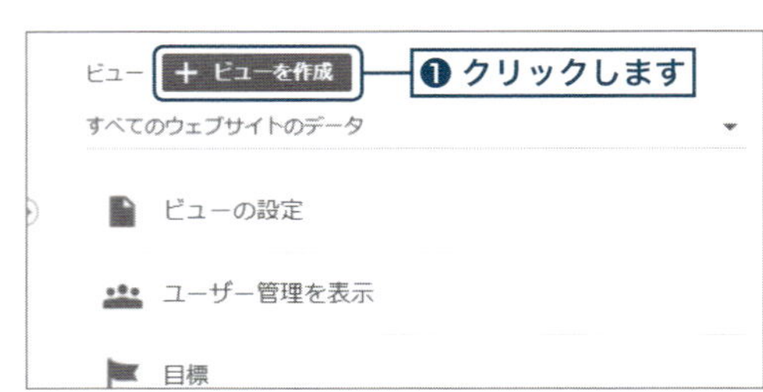

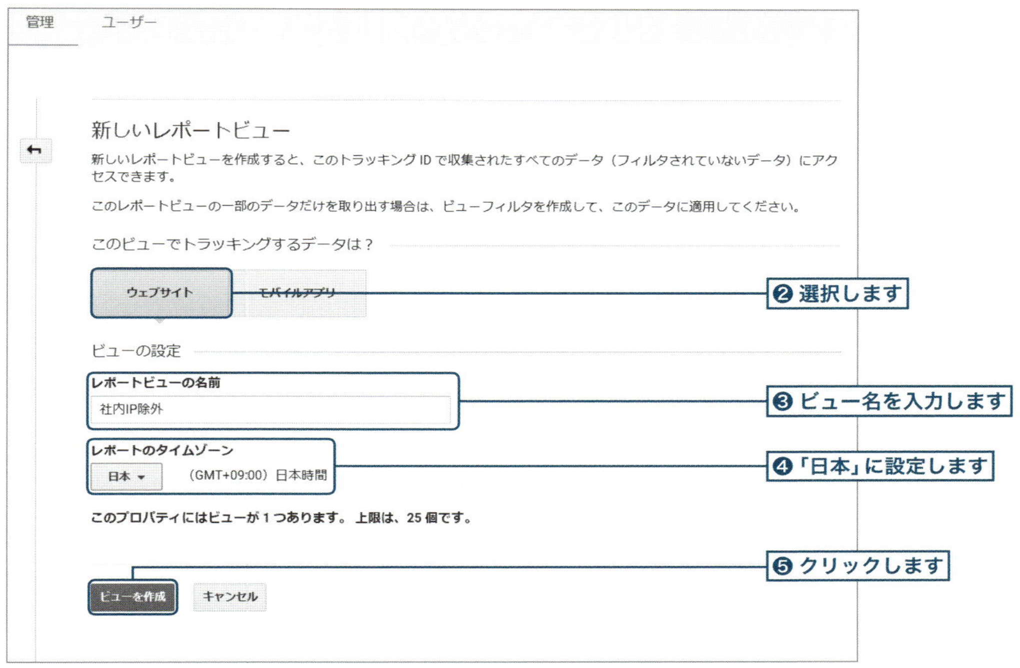


## 作成したビューの設定方法

新しいビューができ上がりました。次はビューの設定をします。❶「**ビュー列**」から「**ビューの設定**」をクリックします。

ビュー　＋ ビューを作成
社内IP除外
ビューの設定　❶クリックします
ユーザー管理を表示
目標
コンテンツ グループ

以下の要領で、各項目を設定していきます。

❷「**ビュー名**」、❸「**ウェブサイトのURL**」、❹「**タイムゾーン**」はビューを新しく作成したときの設定が自動入力されています。
※変更したい場合はここで変更することができます。

ビューの設定
基本設定
ビュー ID
ビュー名
❷ 社内IP除外
ウェブサイトの URL
❸ http://　happyanalytics.co.jp
タイムゾーンの国や地域
❹ 日本　（GMT+09:00）日本時間

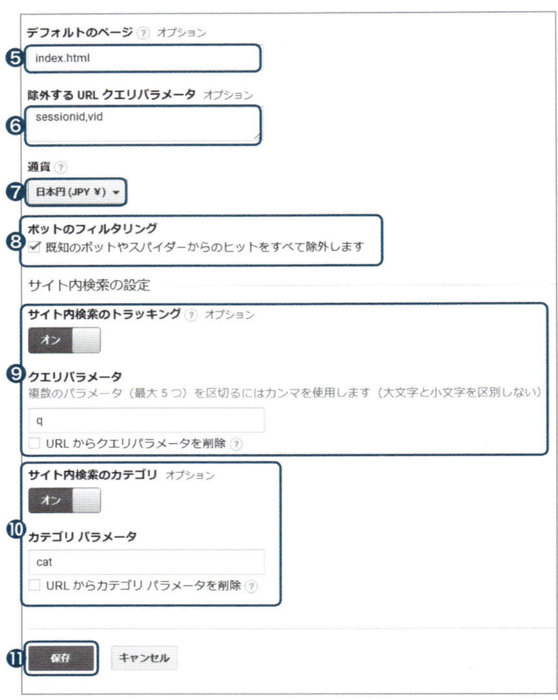


❺「**デフォルトのページ**」があれば入力します。例えば、ユーザーが「www.example.com」と入力して「www.example.com/index.html」が表示される場合は、このテキストボックスに「index.html」と入力します。

❻「**除外するURLクエリパラメータ**」があれば入力します。レポートに表示したくないURLのパラメータや固有のセッションID（例：sessionid、vid）を入力します。

**Hint 注意点**
複数パラメータがある場合はカンマで区切ってください。また、ここで指定したパラメータは、フィルタが適用される前に除外されます。

❼「**通貨**」は**日本円**を選択します。海外で展開しているサイトの場合はその地域の通貨を入力してください。

❽「**ボットのフィルタリング**」

既知の検索エンジンのクローラー（ボット）のセッションを除外する場合は「**オン**」にします。基本オンにして問題ありません。

❾「**サイト内検索のトラッキング**」

サイト内検索の検索ワードなどを取得したい場合、「**オン**」に設定します。「**クエリパラメータ**」欄に、「term,search,query」のように、サイト内検索のクエリパラメータを指定する単語を入力します。

**※パラメータはカンマで区切って5つまで指定できます。**

❿「**サイト内検索のカテゴリ**」は、サイト内検索時にカテゴリで絞り込みを行い、それを計測したい場合に「**オン**」に設定します。「**カテゴリ パラメータ**」欄に、「cat,qc」のように、カテゴリ内検索のクエリパラメータを指定する文字を入力します。

⓫すべて設定したら「**保存**」ボタンをクリックします。以上で**ビュー設定が完了**しました。

※参考：Google アナリティクスヘルプ「ビュー設定を編集する」
https://support.google.com/analytics/answer/1010249?hl=ja

### 既存のビューをコピーする

先述した通り、新規のビュー作成は設定項目が多く、面倒な作業です。**既存ビューのコピー機能を使うと元の設定をコピーできるので、コピーのほうが楽**なときもあります。覚えておきましょう。

まず、左メニューより「**管理**」画面を開き、❶「**ビュー列**」から**コピー元のビュー**を選択し、❷「**ビュー設定**」をクリックします。開いた「ビューの設定」画面で❸「**ビューをコピー**」をクリックします。

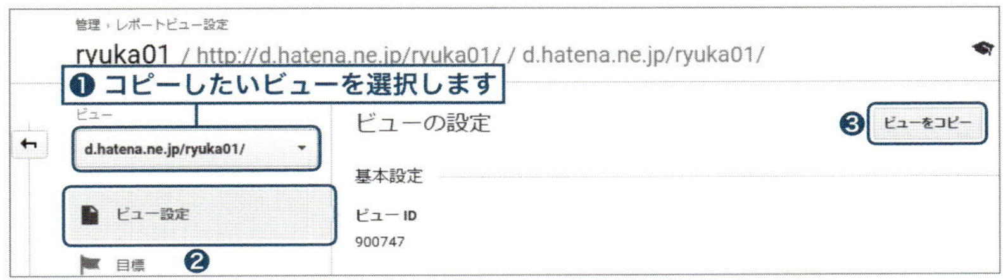


以下の画面が開きますので、❹**任意のビュー名**を設定し、❺「**ビューをコピー**」をクリックします。

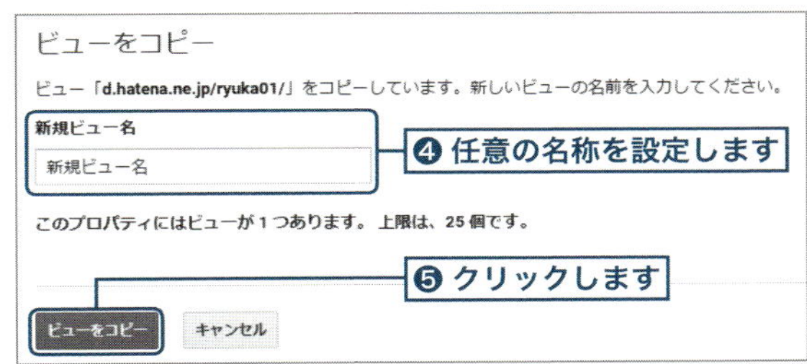


以上で、ビューのコピーが完了します。

## 4. フィルタ設定

続いてフィルタ設定について説明します。フィルタ設定はビューに対する操作の1つです。**フィルタを使用すると、ビューに表示するデータを絞り込んだり変更したりできます**。例えば、フィルタを使用して特定のIPアドレスからのトラフィックを除外したり、特定のサブドメインやディレクトリからのデータのみを表示したり、動的なページのURLをわかりやすいテキスト文字列に変換したりできます。

● **フィルタ設定でできること**

- **社内アクセスをビューから除外**
- **リファラースパムをビューから除外**
- **動的なページのURLをわかりやすいテキスト文字列に変換する**
- **サブドメインごとや特定ディレクトリごとのレポートを確認する**

### ● フィルタ作成時の注意点

- **フィルタの設定の前に、新しいビューを作っておきましょう**（前項参照）。フィルタを設定すると取得できるデータが恒久的に変更されます（つまり後で元に戻すことができません）ので、「すべてのウェブサイトのデータ」は何も触らない状態で残しておくのが重要です。
- **フィルタはアカウントの中で複数のビューが共有**するものです。**あるビューでフィルタを編集した場合でも、アカウント内のすべてのビューが変更されてしまいます**ので十分注意しましょう。
- データに適用されるまでには、24時間程度かかることがあります。

※参考：Google アナリティクス ヘルプ「ビューフィルタについて」
https://support.google.com/analytics/answer/1033162

## フィルタの設定方法

❶左メニューより「**管理**」画面を開き、「ビュー列」のプルダウンから**設定したいビューを選択**します。❷「ビュー」の列から「**フィルタ**」をクリックします。

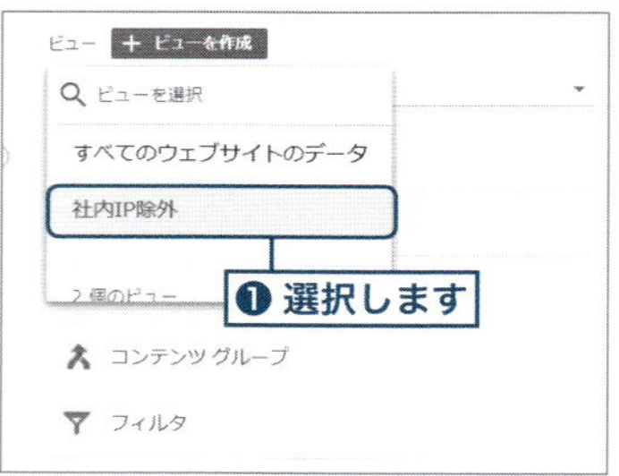

❸開いた画面で、「**＋フィルタを追加**」ボタンをクリックします。

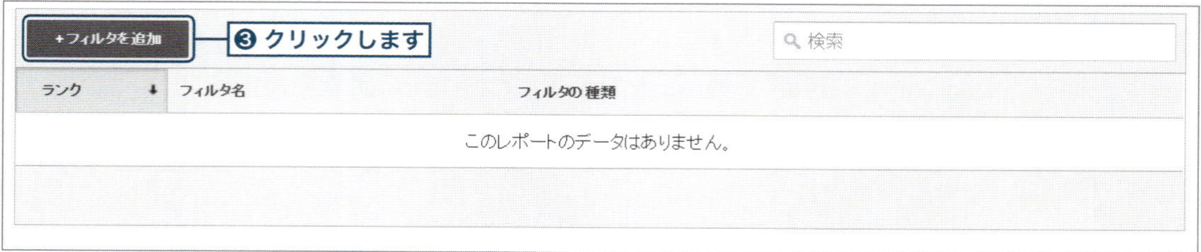


「ビューにフィルタを追加」という画面が開きます。❹「**新しいフィルタを作成**」または「**既存のフィルタを適用**」のいずれかを選択します。❺「**フィルタ名**」を入力します。**わかりやすい名前であれば何でも構いません。**❻フィルタの種類は「**定義済み**」を選択し、**プルダウンより適切なフィルタを選択**します。❼「**このフィルタを確認する**」リンクをクリックして確認し、問題なさそうであれば「**保存**」ボタンをクリックします。

ビューにフィルタを追加
ビューにフィルタを適用する方法を選択
新しいフィルタを作成
既存のフィルタを適用
フィルタ情報
フィルタ名
サンプルフィルタ
フィルタの種類
定義済み カスタム
フィルタの種類を選択 参照元かリンク先を選択します 式を選択します
フィルタの確認
このフィルタを確認する 過去７日間のトラフィックに基づいて、このフィルタが現在のビューのデータに与える影響を確認します。
保存 キャンセル

❹選択します
❺フィルタ名を入力します
❻「定義済み」を選択します
【表App1-2-2】参照
❼フィルタの確認をして問題なければ保存します

これで**フィルタ設定が完了**します。なお、上記手順❻で「定義済み」のフィルタを選択した際、下にプルダウンが表示されますが、詳細は以下のようになっています。それぞれ組み合わせて使います。

**表App1-2-2　定義済フィルタの種類**

| フィルタの種類を選択 | 参照元かリンク元を選択します | 式を選択します |
|---|---|---|
| ●除外<br>●右のみを含む | ・ISPドメインからのトラフィック<br>・IPアドレスからのトラフィック<br>・サブディレクトリからのトラフィック<br>・ホスト名へのトラフィック<br>**※選択するとドメインなどの入力欄が表示されます** | ・等しい<br>・前方が一致<br>・最後が一致<br>・次を含む |

## Column　フィルタ設定をさらに使いこなす

### ■既存のフィルタを適用する場合

フィルタ設定の際、❶**「既存のフィルタを適用」**をクリックした場合、❷自分のアカウントで**過去に作成したフィルタが表示**されます。❸この画面では「使用可能なフィルタ」から**追加したいフィルタを選択**し、**「追加」**ボタンをクリックします。❹最後に**「保存」**ボタンをクリックで設定が完了します。

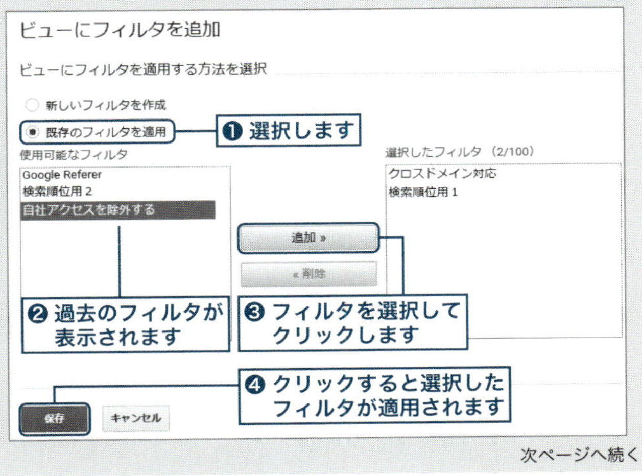


次ページへ続く

### ■「上級編」フィルタをカスタム設定する場合

フィルタの新規作成画面にて、**「新しいフィルタを作成」**をクリックし、❶フィルタの種類で**「カスタム」**を選択した場合は右の画面が表示されます。

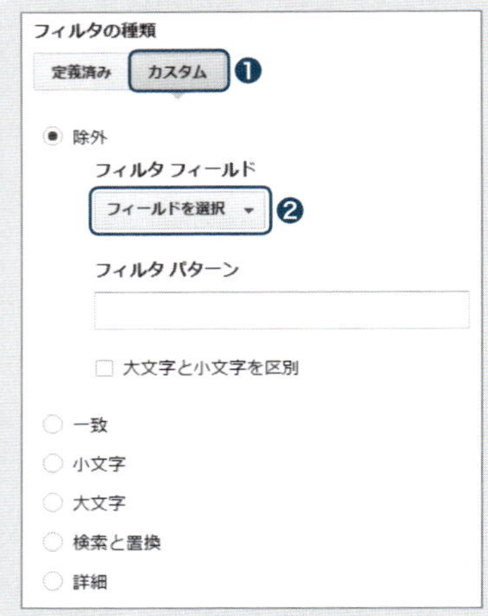


❷**「フィールドを選択」**のプルダウンには以下のように様々な項目が選択できるようになっています。より詳細な情報は、Google アナリティクスヘルプをご覧ください。

- **コンテンツとトラフィック**
- **キャンペーンまたは広告グループ**
- **eコマース**
- **ユーザー層/ユーザー**
- **地域**
- **イベント**
- **アプリケーション**
- **携帯端末**
- **ソーシャル**
- **その他**
- **カスタム ディメンション**

※参考：Google アナリティクス ヘルプ「カスタム フィルタのフィールド」
https://support.google.com/analytics/answer/1034380?hl=ja

フィルタの設定例をいくつか紹介します。

#### ● 社内アクセス除外

- フィルタ名：社内アクセス除外
- 「定義済み」を選択
- フィルタの種類を選択：除外
- フィルタの種類：IPアドレスからのトラフィック
- 式を選択：等しい
- IPアドレス：固定IPアドレスを入力（例：203.141.141.1）

#### ● 特定ドメインを除外（例：テスト用サーバー）

- フィルタ名：テストサーバー除外
- 「定義済み」を選択
- フィルタの種類を選択：除外
- フィルタの種類：ホスト名へのトラフィック
- 式を選択：等しい
- ホスト名：テストサーバーのドメインを入力（例：dex.example.com）

#### ● 特定ディレクトリのみ計測

- フィルタ名：/contents/のみ
- 「定義済み」を選択
- フィルタの種類を選択：右のみを含む
- フィルタの種類：サブディレクトリへのトラフィック
- 式を選択：次を含む
- ディレクトリ：/contents/

#### ● 特定のドメインのみ計測

- フィルタ名：example.comのみ計測
- 「定義済み」を選択
- フィルタの種類を選択：右のみを含む
- フィルタの種類：ホスト名へのトラフィック
- 式を選択：等しい
- ホスト名：example.com

※スパムやキャッシュ、翻訳サイト、クローラーアクセスの除外に利用

## 5. 目標設定（オススメ）

**目標設定は必ず行いましょう**。Google アナリティクスでは、Webサイトがあなたのビジネスの売上に繋がったかどうかを測る機能が充実しています。あたなの上司や管理職の方にWebサイトの状況を説明する際、一番求められる情報は「そのサイトがビジネス（売上）に貢献しているか？」になるはずです。いつでも成果を明確に説明できるよう。目標を必ず設定しておきましょう。

※Google アナリティクスの目標は、設定日以降のデータが取得できます。

● **目標設定でできること**

- コンバージョンレポートの確認
- 各レポート内で、ディメンション（指定した属性）ごとの目標達成状況の把握
- セグメントでの「コンバージョンに至ったユーザー」「コンバージョンに至らなかったユーザー」の分析など
- アトリビューション分析など

### 目標の設定方法

目標の設定方法はSection7-1➡P.302で詳述していますので、そちらを参考にしてください。

## 6. 参照元除外設定

Google アナリティクスでは、サイトを訪れたユーザーが他のドメインに遷移すると、新しいセッションが始まったとみなして計測します。サイトの構造上、Webサイトの中を遷移している状態であるにもかかわらず、ドメインが変わってしまう場合は、セッションが繋がるよう**「参照元ではない＝外部ではない」という設定**をしておく必要があります。それが「参照元除外リスト」です。

設定シーンとしては、決済だけ外部のサービスを使っている場合などに使われます。「検索エンジンから流入→商品詳細（自社ドメイン）→カート（外部サイト）→決済開始（外部サイト）→購入完了（自社ドメイン）のようにサイト内の遷移において外部ドメインを通る場合（例：Amazon PaymentやPayPalなどの決済を使っている）、設定をしないと購入完了の流入元は全て決済サイトのドメインとなってしまい、検索エンジンからの流入が直接の貢献として紐付かなくてなってしまいます。

※この機能は、ユニバーサル アナリティクスを使用しているプロパティでのみ利用可能です。

### 設定方法

❶左メニューより「**管理**」画面を開き、**除外したいサイトの「プロパティ」列**より「**トラッキング情報➡参照元除外リスト**」をクリックします。

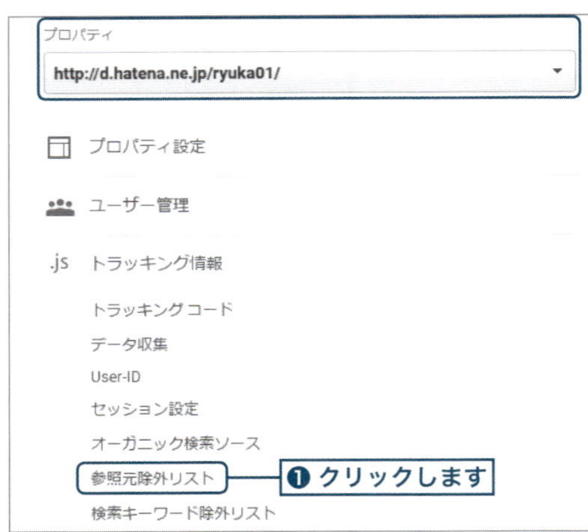


❷表示された画面で、「**＋参照の除外を追加**」をクリックします。

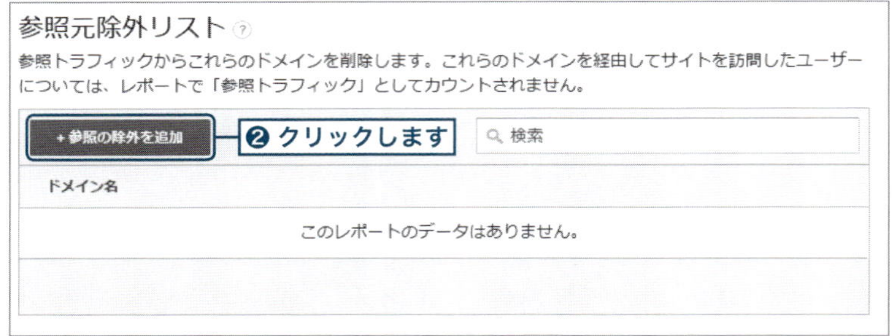


❸「**ドメイン**」に名称を入力します（例えばexample.comなど）。

❹「**作成**」をクリックして保存します。以上で設定が完了しました。

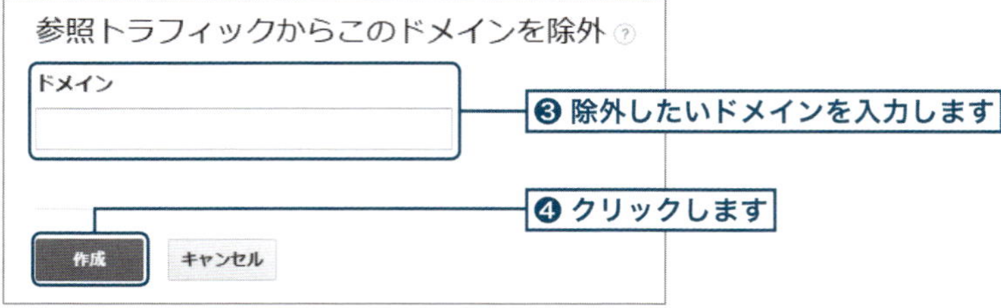


## サブドメインも除外されるので注意が必要

**除外されるのは、参照元除外リストに入力されたドメインと、すべてのサブドメインからのトラフィックです**。文字列が部分的に一致しているだけのドメインからのトラフィックは除外されません。

**表App1-2-3　定義済フィルタの種類**

| ドメインの種類 | 例 | 除外されるか？ |
|---|---|---|
| 入力したドメイン | example.com | ○ 除外される |
| サブドメイン | another.example.com | ○ 除外される |
| 文字列が部分的に一致しているだけのドメイン | another-example.com | × 除外されない |

**Point 「Google Tag Assistant Recordings」を活用しよう**

参照元除外リストが正しく設定されているかどうかは、**Google Chromeの拡張機能である「Google Tag Assistant Recordings」**で確認することができます。実際にドメインをまたいだセッションを開始すると、新しいセッションが開始されたかどうかすぐに確認できます。

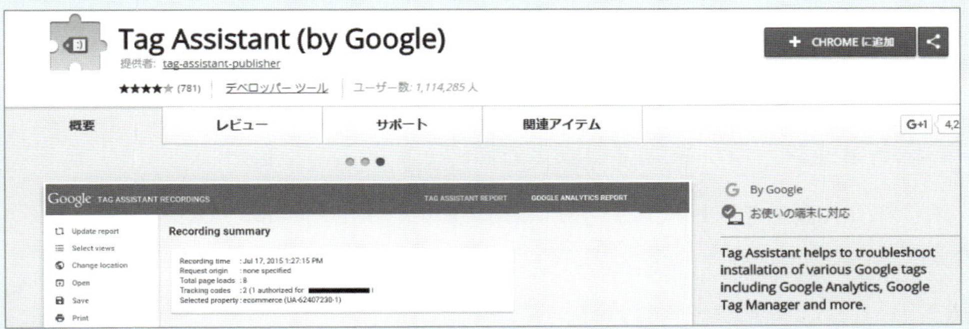


● **Google アナリティクスヘルプ「参照を除外する」**

**https://support.google.com/analytics/answer/2795830?hl=ja**

以下、筆者が執筆した記事で詳しく使い方を紹介していますので、あわせてご確認ください。

● **「Tag Assistant Recording」を利用して、Google アナリティクスが正しく実装されているかを実際に画面遷移してチェック！**

**https://kobit.in/archives/10126**

## 7. クロスドメイントラッキング

クロスドメイントラッキングとは何でしょうか？　Google アナリティクスでは、アクセスした**ユーザーのID（識別子）はドメインごとに管理しており、複数ドメイン間で共有することはありません**。もしあなたのサイト内を回遊しているユーザーが複数のドメインをまたぐ場合、別のユーザーや訪問として認識されてしまいます。しかし、分析上は同一ユーザーとして認識をし、セッションも繋いで欲しいケースのほうが多いのではないでしょうか。Google アナリティクスが**1つのドメインで取得したユーザーIDを別のドメインに転送するために、クロスドメイントラッキングを設定**しましょう。1つのプロパティで複数ドメインを利用している場合は、設定を強く推奨します。「1つのサイト」が複数ドメインによって構成されている場合、クロスドメイントラッキングを行わないとドメインAを見ていたユーザーがドメインBに移動した場合「別ユーザー」として計測されてしまいます。また、セッションも途中で切れてしまいます。その結果、2つのドメインの行き来や正確なユーザー数が取得できなくなります。複数ドメインを使う例としては企業サイト「site.co.jp」と、求人サイト「site-recruit.co.jp」とはドメインが違うけど、集計としては合わせてみたいといったケースです。

これを解決するためにクロスドメイントラッキングの設定を行うと、ドメインを移動しても同じユーザーとして認識されるようになり、セッションが繋がるようになります。

### クロスドメイントラッキングの設定方法

2つの方法で設定できます。

- 方法1：トラッキング コードを変更してクロスドメイン トラッキングを設定する
- 方法2：Google タグマネージャを使ってクロスドメイン トラッキングを設定する

トラッキングコードを利用している場合は「方法1」、Googleタグマネージャーを使ってGoogleアナリティクスを導入している場合は「方法2」を使うことになります。「方法2」に関してはGoogleタグマネージャーでの設定になるので、詳しくは付録2-2➡P.427で説明します。

なお、いずれの方法を利用する場合も、新しいビューを用意することをオススメします。

## 方法1：トラッキング コードを変更してクロスドメイン トラッキングを設定する

以下のように、4つのステップで設定していきましょう。

- **Step 1.** Google アナリティクスのタグ（トラッキングコード）を変更する
- **Step 2.** レポートビューを設定してフィルタを追加する
- **Step 3.** 参照元除外設定
- **Step 4.** 目標設定の修正

## Step 1. Google アナリティクスのタグ(トラッキングコード)を変更する

複数ドメインで共通のトラッキングIDにデータを送信するように、タグを書き換えます。

❶クロスドメイントラッキング用のプロパティとビューを新規に立ち上げる場合は、あらかじめ、Google アナリティクスの管理画面にて作成します。(付録1-1➡P.399参照)

❷1つめのドメイン(例:example-1.com)のトラッキング コードを編集します。

❸作成したトラッキングコードを計測する全ての「1つ目のドメイン」の画面に挿入します。

❹次に、2つめのドメイン(例:example-2.com)のトラッキング コードを編集します。

❺作成したトラッキングコードを計測する全ての「2つ目のドメイン」の画面に挿入します。

```
ga('create', 'UA-XXXXXXX-Y', 'auto', {'allowLinker': true});
ga('require', 'linker');
ga('linker:autoLink', ['example-1.com'] );
```

※トラッキングID(UA-XXXXXX-Y)や1つ目のドメイン(example-1.com)は、実際のものに置き換えます。

以上でトラッキングコードの変更は完了です。**Step 2.**に進みましょう。

**Hint**

実際に設定する場合はGoogle アナリティクスヘルプを参照してください。ドメインが3つ以上ある場合についても言及されています。

## Step 2. レポートビューを設定してフィルタを追加する

通常Google アナリティクスのレポートではページのパスとページ名のみ表示され、ドメイン名は表示されません。例えば以下のような形です。しかし、**クロスドメイントラッキングを設定してドメイン名が表示されない場合、異なるページが1つのページとしてカウントされてしまうという問題**があります。例えば、**図App1-2-2**のように、別ドメインに属するページが1つのページとして計測されてしまいます。

**図App1-2-2** **異なるページが1つとしてカウントされてしまう**

example-1.com/index.html
example-2.com/index.html

/index.html … ×

そのため、ドメイン名をレポートに表示する必要があります。さっそく手順を確認しましょう。

まず、新規にビューを作成します。左メニューより**「管理」**画面を開き、❶「**ビュー列**」にて「**すべてのウェブサイトのデータ**」を選択します。❷同じ列で「**ビュー設定**」をクリックします。❸ビューの設定画面が開きますので、「**ビューをコピー**」ボタンをクリックして新しいビューを作成します。

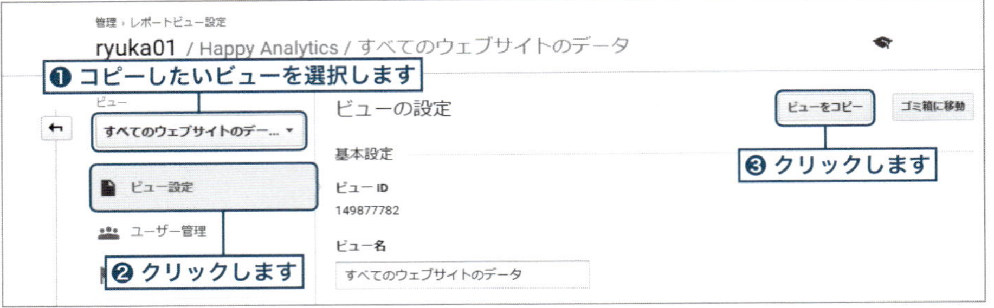


**❹新規作成したビューを開き、カスタムフィルタを追加**します（フィルタ作成方法の詳細は、本Sectionの「フィルタの設定方法」➡P.410をご参照ください）。設定項目は以下の通りです。

- フィルタの種類：カスタム→詳細 ❺
- フィールド A：ホスト名／引用 A：(.*) ❻
- フィールド B：リクエスト URI／引用：(.*) ❼
- 出力先：リクエスト URI／構成：$A1$B1 ❽

❾各項目を入力したら、「**保存**」をクリックして、フィルタを作成します。このフィルタにより、アナリティクスのレポートにドメイン名が表示されるようになります。

なお、フィルタを正しく作成できたかどうか確認するには、先述の**「Google Tag Assistant Recordings」を使用**して確認することをオススメします。

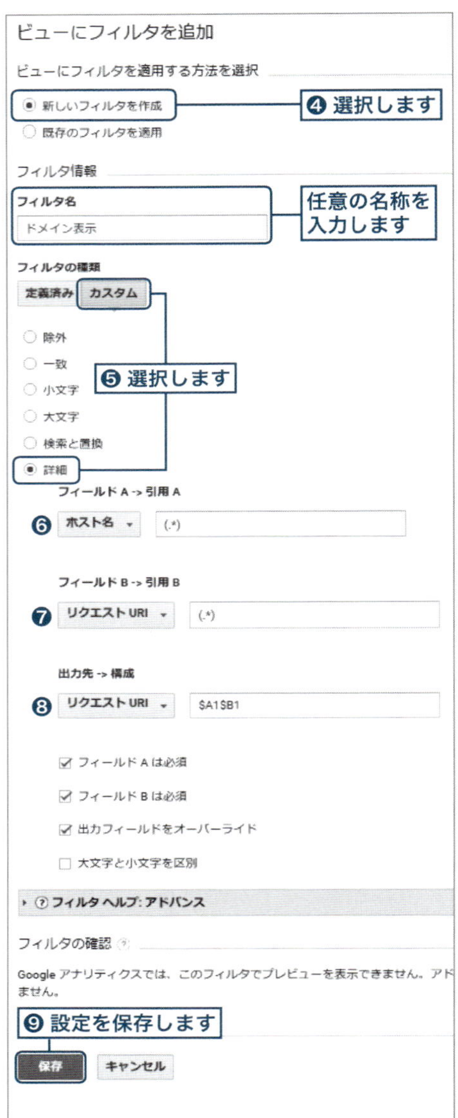

## Step 3. 参照元除外設定

複数のドメインにまたがるセッションをトラッキングするには、それぞれのドメイン名を参照元除外リストに追加する必要があります。**この設定を行わない場合、ドメイン間を移動する際に新しくセッションが開始されたとされ、セッションが多くカウントされたり、参照元が正しく取れなくなったりする**問題が発生します。

先述した「参照元除外設定」➡P.413を参照し、該当のドメインを除外してください。正しく設定できたか確認するには、先述の**「Google Tag Assistant Recordings」の使用**をオススメします。

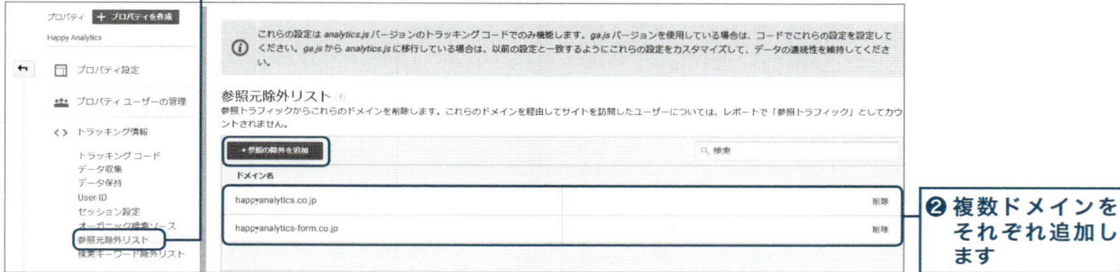
❶ プロパティ列の「トラッキング情報➡参照元除外リスト」を選択します
❷ 複数ドメインをそれぞれ追加します
参照元除外リスト
happyanalytics.co.jp
happyanalytics-form.co.jp

## Step 4. 目標設定の修正

Step 3.のフィルタ設定により、**レポートに記録されるページ名は「/index.html」ではなく、「example-1.com/index.html」という形でドメイン名**以降の表示となりました。そのため、**目標設定時に「到達ページ」のURLを設定している場合は、同様にドメイン以降の形式に書き換える**必要があります。なお、目標の設定方法についてはSection7-1➡P.302を参照してください。

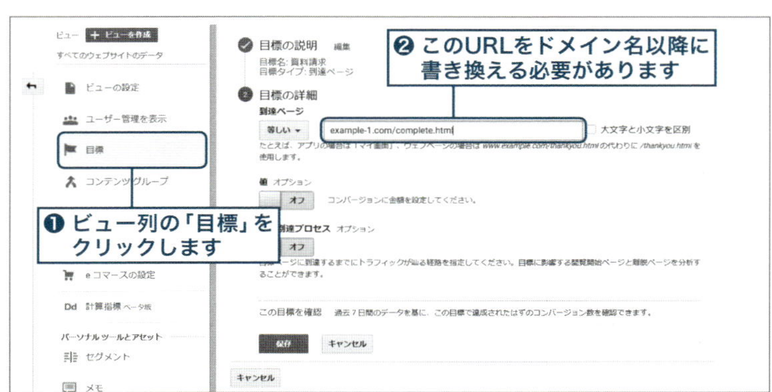
❷ このURLをドメイン名以降に書き換える必要があります
❶ ビュー列の「目標」をクリックします
example-1.com/complete.html

● 参考：Google アナリティクスヘルプ「クロスドメイン トラッキングを設定する」

https://support.google.com/analytics/answer/1034342?hl=ja

# Appendix 1-3 レポート画面の見方を教えてください！ Google アナリティクスの基本的な使い方

## レポート全体の構成やレイアウト

レポートの全体構成を紹介します。まず左側のメニュータブより「レポート」を選択します。例えば「**集客➡すべてのトラフィック➡チャネル**」を開くと、以下のようなレポートが開きます。

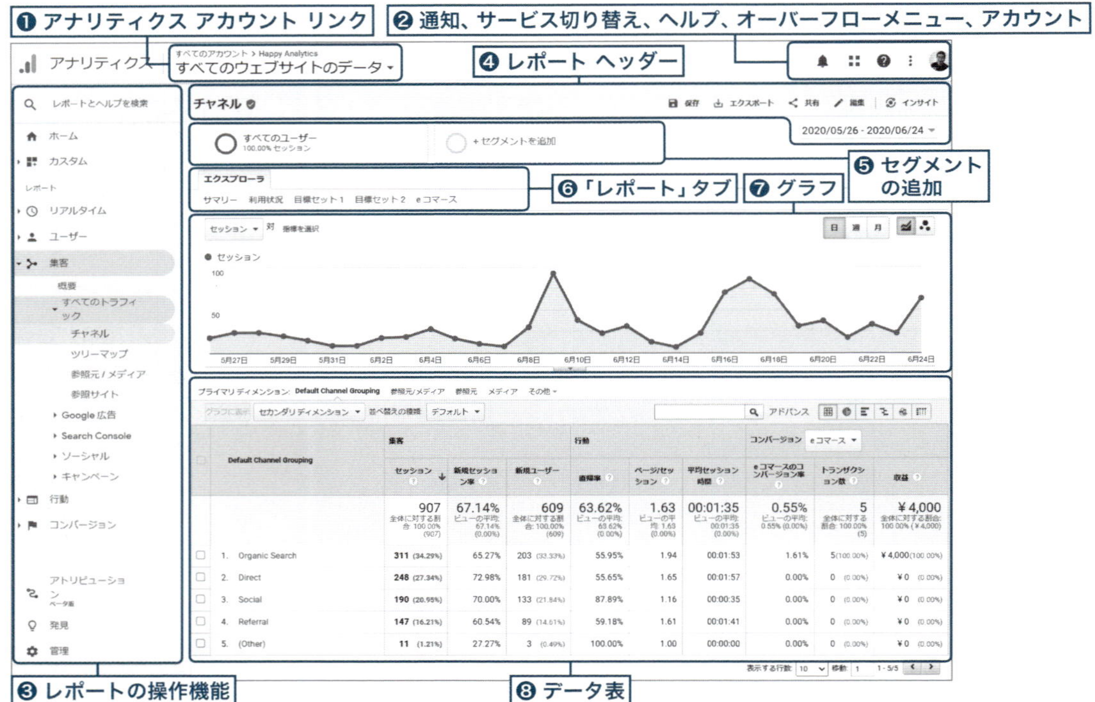


### ❶アナリティクス アカウント リンク

リンクを開くと、右のような画面が表示されます。現在使用しているログイン認証情報に関連付けられた**アカウント、プロパティ、ビューが一覧で表示**され、簡単にアクセスできます。

## ❷通知、サービスの切り替え、ヘルプ、オーバーフローメニュー、Google アカウント

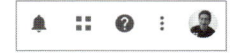

通知やヘルプにアクセスしたり、**サービスや組織を切り替え**たりできます。

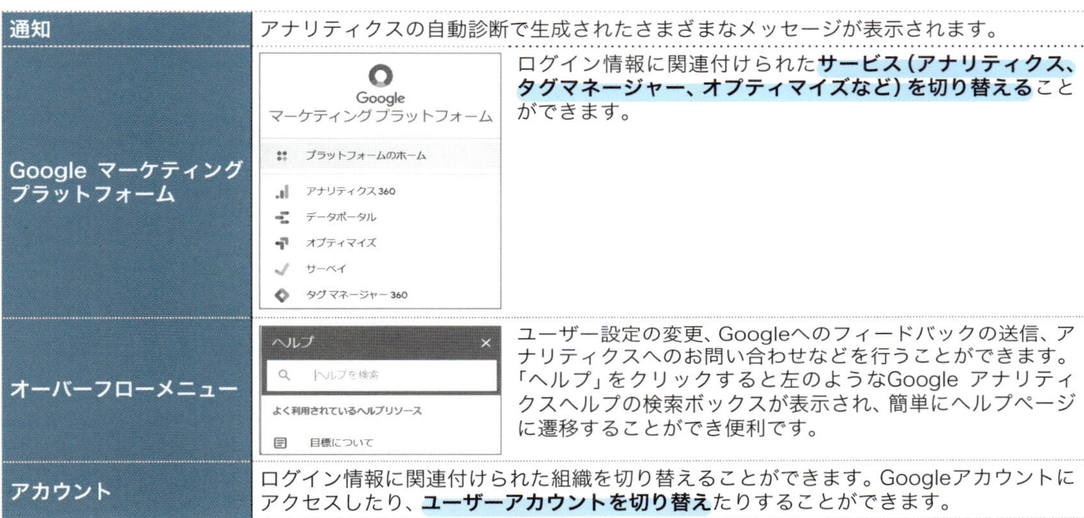

| | |
|---|---|
| 通知 | アナリティクスの自動診断で生成されたさまざまなメッセージが表示されます。 |
| Google マーケティングプラットフォーム | ログイン情報に関連付けられた**サービス(アナリティクス、タグマネージャー、オプティマイズなど)を切り替える**ことができます。 |
| オーバーフローメニュー | ユーザー設定の変更、Googleへのフィードバックの送信、アナリティクスへのお問い合わせなどを行うことができます。「ヘルプ」をクリックすると左のようなGoogle アナリティクスヘルプの検索ボックスが表示され、簡単にヘルプページに遷移することができ便利です。 |
| アカウント | ログイン情報に関連付けられた組織を切り替えることができます。Googleアカウントにアクセスしたり、**ユーザーアカウントを切り替え**たりすることができます。 |



## ❸レポートの操作機能

画面の左側に表示されるメニューです。ここからすべてのレポートにアクセスできます。

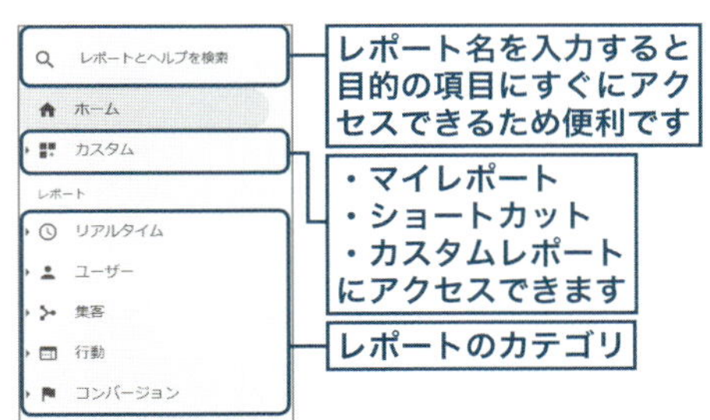


- **検索ボックス**を使用すると、目的のレポートを簡単に見つけることができて便利です。レポート名の一部でも検索できます。また同じ検索ボックスからヘルプを検索することも可能です。
- **レポートのカテゴリ**をクリックすると、該当のカテゴリのレポートのリストが表示されます。
- **「カスタム」カテゴリ**にはマイレポート、カスタムレポート、保存済みレポートなどが含まれます。

## ❹レポート ヘッダー

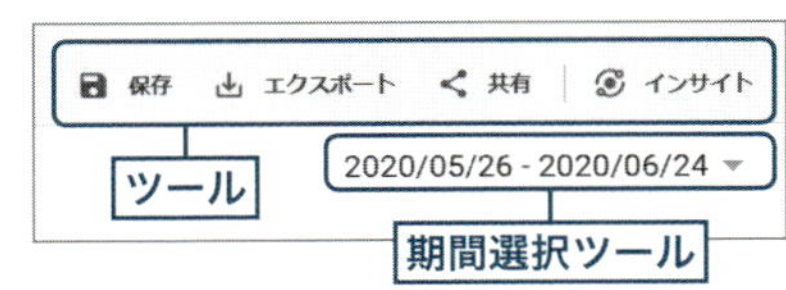


ヘッダーにはレポートのタイトルとツールが表示され、ツールで行った操作はレポート全体に反映されます。期間選択ツールでは、レポートの期間の変更や比較する期間の選択を行えます。また、レポートタイトル(この画面例では「チャネル」)の右横の緑色のチェックアイコンをクリックすると、データのサンプリング状況についての説明が表示されます。さらにプルダウンで「精度優先」または「速度優先」を選ぶことができます。

### ● レポートヘッダーツールの概要

| | |
|---|---|
| 保存 | 表示されたレポートが保存できます。アドバンス セグメントやセカンダリディメンション、並べ替えを含むすべてのカスタム設定が適用されたまま保存できるので、よくアクセスするレポートを保存しましょう。保存したレポートは「**カスタム➡保存済レポート**」からアクセスできます。 |
| エクスポート | レポートのデータをエクスポートできます。フォーマットは（PDF、Google スプレッドシート、Excel（XLSX）、CSV から選択します） |
| 共有 | 表示されたレポートをメールで送信できます。フォーマットはPDF、エクセル、CSVの3種類のいずれかを選択できます。メールの送信頻度も1回だけでなく、日別、週別、月別、四半期別 が選択できます。 |
| 編集 | 表示されたレポートのディメンションや指標をもとにカスタムレポートを作成する画面が表示されます。作成したレポートは「**カスタム➡カスタムレポート**」からアクセスできます。 |
| インサイト | Analytics Intelligence<br>インサイト　保存済み　既読<br>コンバージョン率: 一部のランディングページで低下<br>2020年5月1日～31日 対 2020年4月1日～30日<br>スマートリストで、コンバージョンの見込みが高いユーザーにリーチ<br>Google アナリティクスが数値の変化や重要な数値を自動で特定し、その内容をピックアップして記述してくれます。 |

#### ■期間選択の仕方

期間選択ツールをクリックすると右の画面が表示され、レポートの日付範囲を変更できます。

さらに、「比較」のチェックボックスにチェックを入れると、2つの期間の数値を比較して見比べることができます。

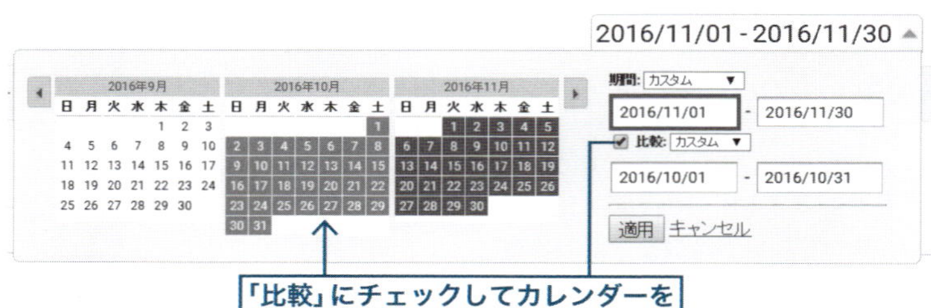


## ❺セグメントの追加

セグメントとは、特定の条件でデータ（ユーザー、セッション、ヒット）を切り出して分析できる機能です。例えば、すべてのユーザーのうち、「特定の国や都市のユーザー」「コンバージョンに至ったユーザー」などです。セグメントに関しては本書のいろいろな箇所で活用方法を紹介しています。
※セグメントは元のデータを壊さずに、データを抽出することができます。

#### ■セグメントの追加方法

❶グラフエリアの上部の「＋セグメントを追加」をクリックします。

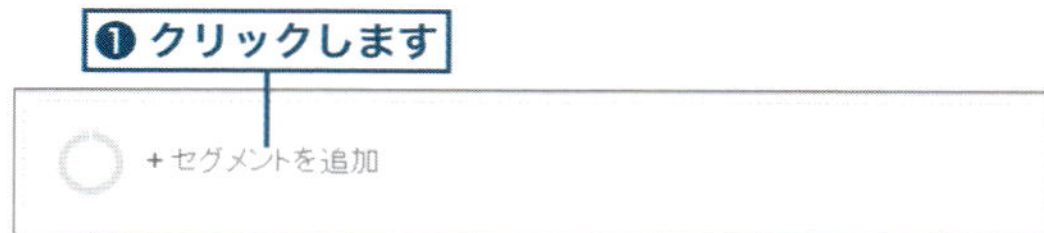

❷表示された一覧にて、設定したいセグメントをチェックし、「適用」ボタンをクリックすると、セグメントが反映されたレポートを表示できます。

❸削除したい場合は、セグメント名右上のアイコンから「削除」をクリックしてください。

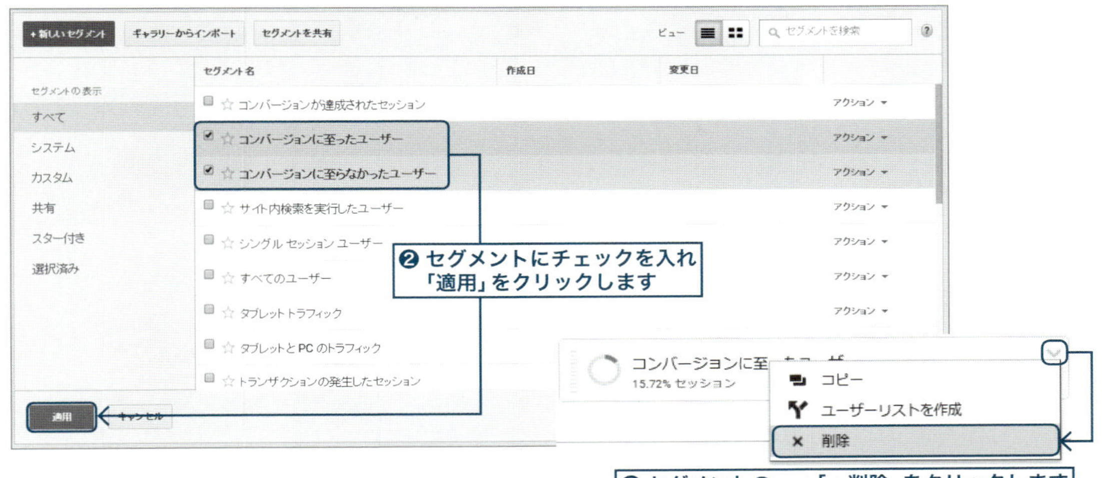


## ❻「レポート」タブ

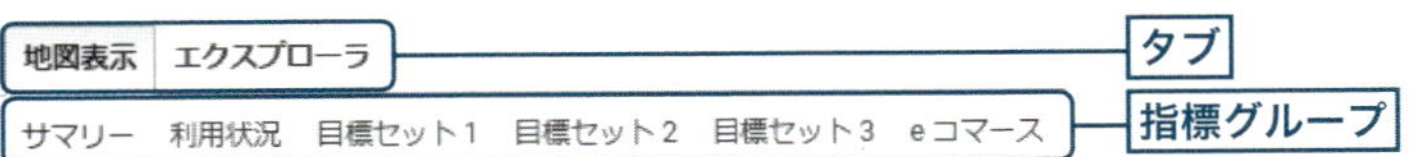


● タブ………………ほとんどの標準レポートには「エクスプローラ」タブが表示されます。レポートによって、「地図表示」やサマリーも表示されます。こちらは**データの見せ方の切り替え**に使用します。

● 指標グループ……データ表に表示する指標（「概要」、「サイトの使用状況」、「目標セット 1」など）を指定できます。

## ❼グラフ

グラフエリアではデータを視覚的に確認することができます。グラフは以下のように操作できます。

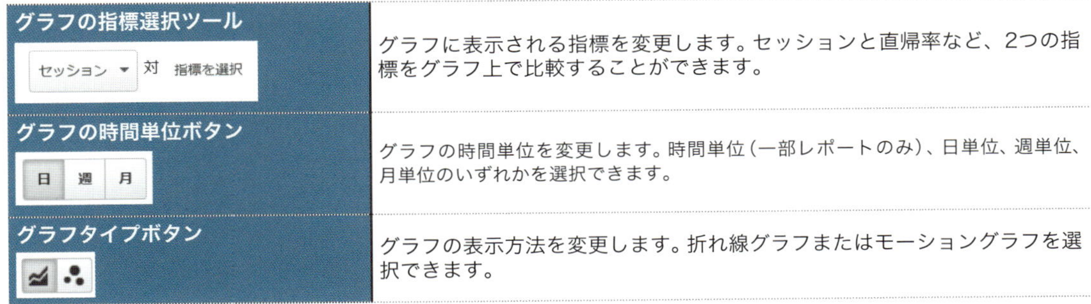

| | |
|---|---|
| グラフの指標選択ツール<br>セッション 対 指標を選択 | グラフに表示される指標を変更します。セッションと直帰率など、2つの指標をグラフ上で比較することができます。 |
| グラフの時間単位ボタン<br>日 週 月 | グラフの時間単位を変更します。時間単位（一部レポートのみ）、日単位、週単位、月単位のいずれかを選択できます。 |
| グラフタイプボタン | グラフの表示方法を変更します。折れ線グラフまたはモーショングラフを選択できます。 |

## Column グラフにメモを追加する方法

❶グラフの真下にあるボタンをクリックして、❷**「＋新しいメモを作成」**をクリックすると、レポートに直接メモを追加できます。❸日付・メモを入力し、**「保存」**をクリックすると、ある日付に対するメモが保存されます。

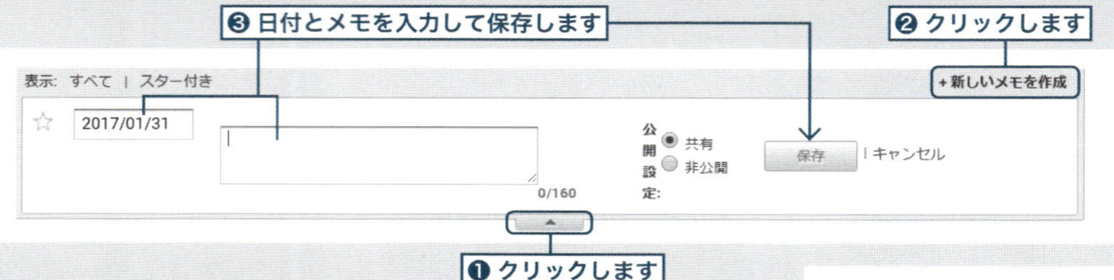


❹メモを入力するとグラフエリアにおいても、小さな吹き出しマークが表示されます。そのため、例えば**「数値が跳ね上がった時にどんなイベントがあったか？」などと気になることがあれば、すぐにその日にあったでき事を確認することができます**。改善施策を実施した日と内容をメモしたりするなど、日々の活動を記録しておくと非常に便利です。

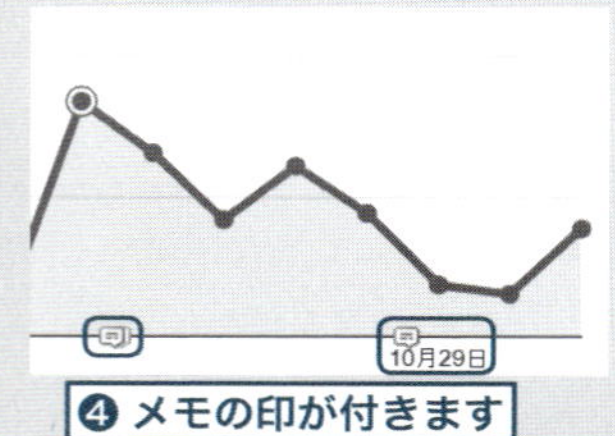


## ❽データ表

データ表にも様々な機能があり、表示を切り替えて使うことができます。

### ■プライマリディメンションの選択

表の上部にある「プライマリディメンション」の項目では、表のディメンションを切り替える事ができます。

プライマリ ディメンション: **Default Channel Grouping** 参照元/メディア 参照元 メディア その他

**Hint ディメンションについて**

ディメンションの基本的な使い方に関しては、第1章全般を通して解説しています。また、基礎知識に関しては付録3➡P.463〜464を参考にしてください。

### ■セカンダリディメンションの追加

「セカンダリディメンション」とは、掛け合わせを行う新たな切り口を追加することです。設定するには、❶表の上部の「セカンダリディメンション」ボタンをクリックします。

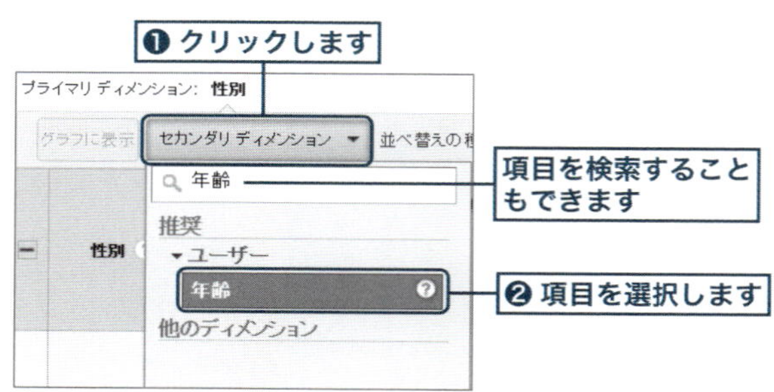

❷表示された画面でセカンダリディメンションに表示したい項目を選択します。すると、以下のようにセカンダリディメンションが反映された表が表示されます。これはプライマリディメンションとの掛け合わせになります。「性別×年齢」や「ランディングページ×流入元」などがその一例です。

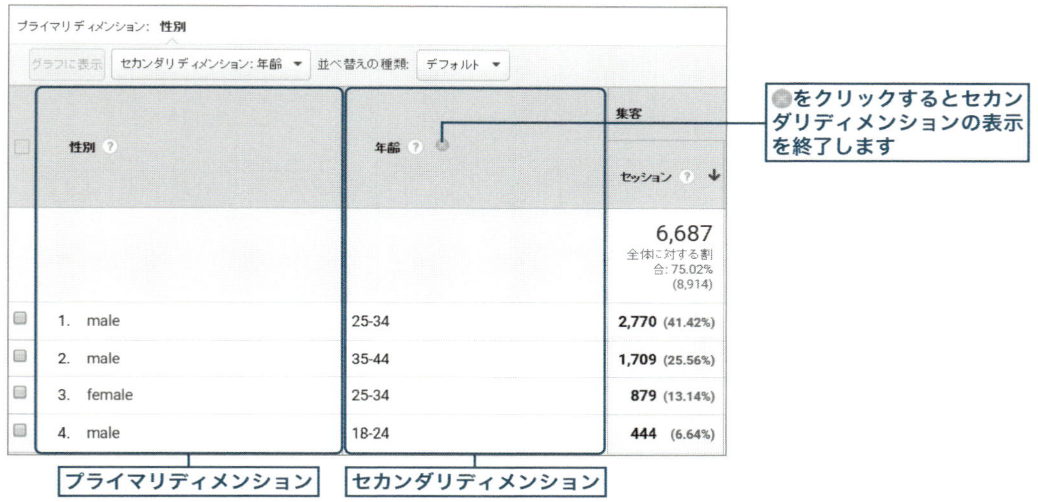


## ■並べ替えの種類

「セカンダリディメンション」ボタンの横にある「並べ替えの種類」をクリックすると、データの並べ替えロジックを変更することができます。以下3種です。

| | |
|---|---|
| デフォルト | **アルファベットの昇順**です。列ヘッダーをクリックすると**昇順・降順を入れ替える**ことができます。 |
| 変化量 | 期間ごとの比較データを、絶対値ではなく**変化した量を基準に**並べ替えます。<br>※日付選択エリアで「比較」にチェックを入れ、2つの期間を比較する必要があります。 |
| 加重 | 割合データを、数値の順ではなく**重要度の高い順**に並べ替えます。詳しい定義に関してはSection4-1➡**P.180**で紹介をしています。 |

## ■データ表の任意の行をグラフに表示する

❶行の先頭にあるチェックボックスにチェックを入れて、❷「グラフに表示」をクリックすると❸**選択した行をグラフに表示**することができます。

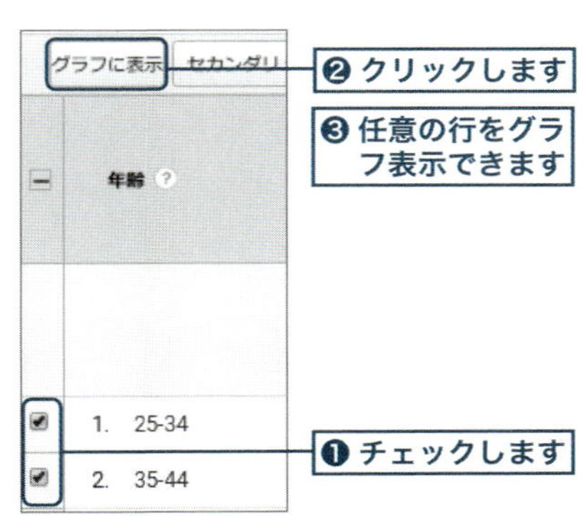

### ■アドバンス

アドバンスはデータの絞り込み機能です。❶「アドバンス」リンクをクリックすると以下の画面が表示されます。❷絞り込みたい文字列を入力し、「一致」「除外」などの条件を指定し、❸**「適用」**ボタンをクリックします。正規表現での指定も可能です。

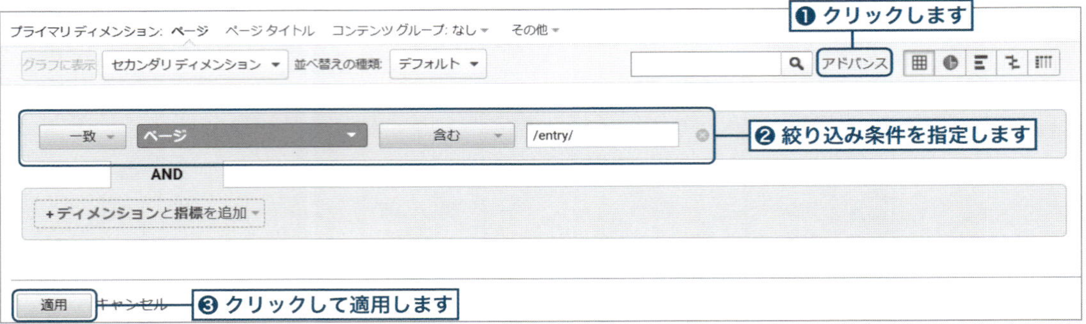


### ■テーブル表示ボタン

データ表の表示方法を変更します。次の表示を選択できます。

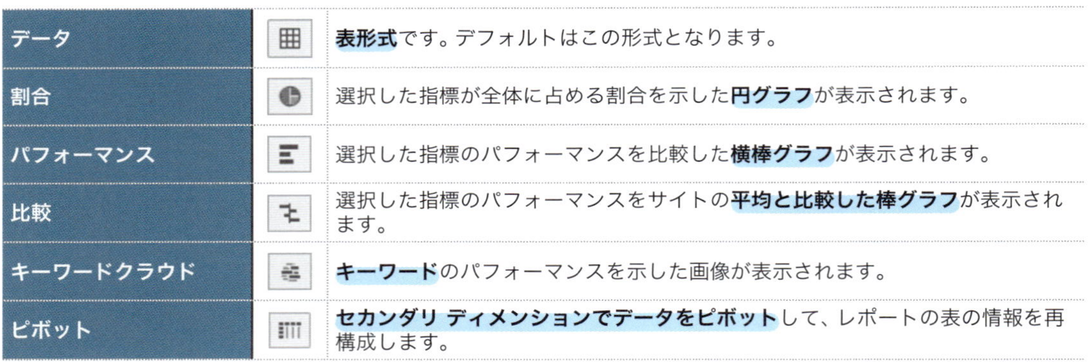

| | | |
|---|---|---|
| データ | | **表形式**です。デフォルトはこの形式となります。 |
| 割合 | | 選択した指標が全体に占める割合を示した**円グラフ**が表示されます。 |
| パフォーマンス | | 選択した指標のパフォーマンスを比較した**横棒グラフ**が表示されます。 |
| 比較 | | 選択した指標のパフォーマンスをサイトの**平均と比較した棒グラフ**が表示されます。 |
| キーワードクラウド | | **キーワード**のパフォーマンスを示した画像が表示されます。 |
| ピボット | | **セカンダリ ディメンションでデータをピボット**して、レポートの表の情報を再構成します。 |

### ■改ページコントロール

表の右下には改ページボタンが表示されています。**データをエクスポートした場合は、この表示行数がそのままエクスポートされます**ので、多くの行を表示したい場合はあらかじめこの部分を操作しておく必要があります。

● **参考：Google アナリティクスヘルプ「アナリティクスの使い方」**

https://support.google.com/analytics/answer/2604608?hl=ja

# Appendix 2

- 付録2 -

# Googleタグマネージャーの使い方

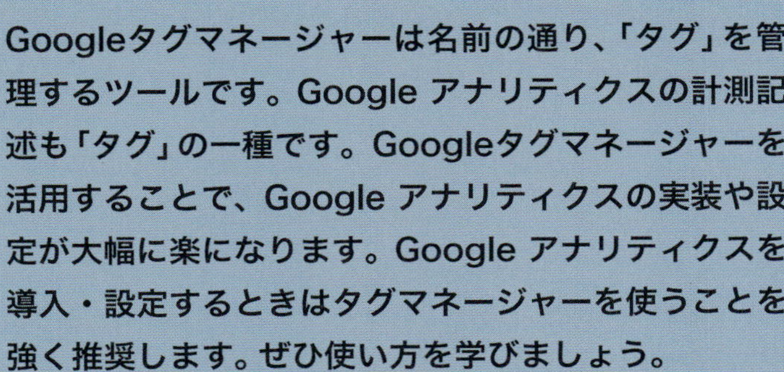

Googleタグマネージャーは名前の通り、「タグ」を管理するツールです。Google アナリティクスの計測記述も「タグ」の一種です。Googleタグマネージャーを活用することで、Google アナリティクスの実装や設定が大幅に楽になります。Google アナリティクスを導入・設定するときはタグマネージャーを使うことを強く推奨します。ぜひ使い方を学びましょう。

# 2-1 Googleタグマネージャーを活用するメリット



Googleタグマネージャーは名前の通り、Google社が提供している**タグを管理するためのツールです。無料で利用することが可能**で、特にGoogle アナリティクスとの相性が良いツールです。

図App2-1-1 Googleタグマネージャー

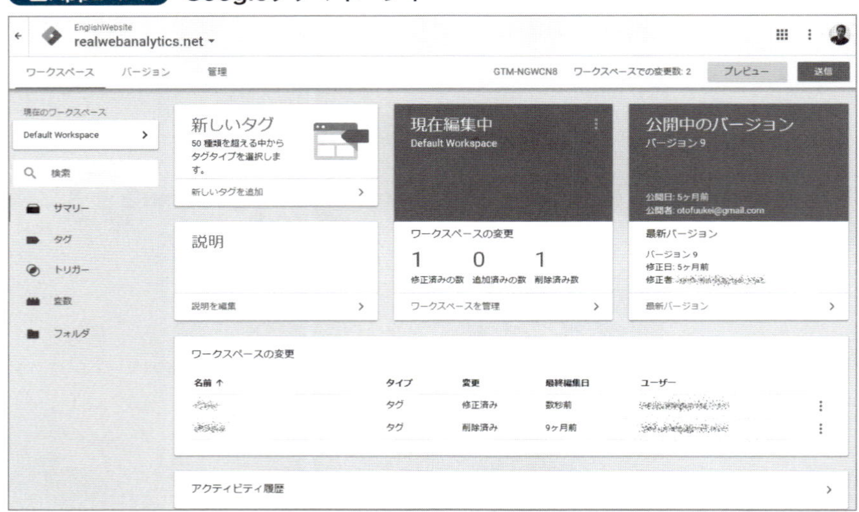


Google アナリティクスで計測を行うためには、「タグ」を各ページに挿入する必要があります。タグマネージャーを利用すると、Google アナリティクスの記述はタグマネージャーの管理画面で行えるようになります。つまり、**Googleタグマネージャーは計測を追加するための「箱」を用意し、その箱の中身をいつでもブラウザ上で好きに変更（タグの追加・変更・削除）できるのです**（**図App2-1-2**）。

Google アナリティクスとの相性が良いのも特長で、**追加実装が楽に**なります。

- **リンクのクリックの計測などのイベント機能のデータ取得**
- **複数ドメインを1つのプロパティで正しく計測**
- **カスタム指標を使ったデータの取得**
- **eコマース計測などデフォルトのページ単位での計測以外のデータ取得**

といった事を行おうとすると、Google アナリティクスの場合はコード追加が必要です。

図App2-1-2　タグの追加や変更が簡単に

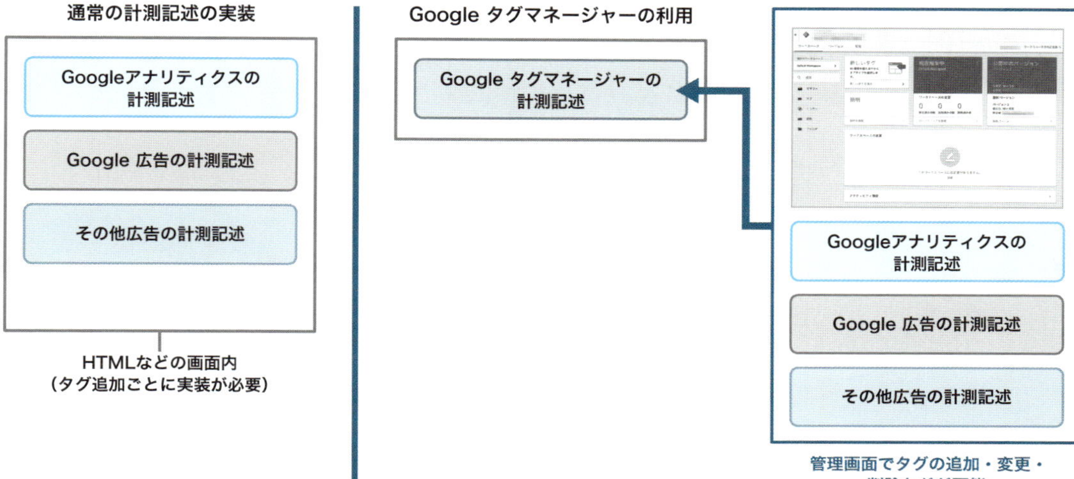


しかしGoogleタグマネージャーを利用すれば、追加の実装を行うことなくデータが取得できるようになったり、最低限のHTML修正で済んだりします。その結果、今までは実装難易度や手間がかかるために諦めていたデータ取得が容易になり、ユーザーの利用動向についてより詳しく把握できるようになります。

例えば、あるページでいろいろな商品カタログがまとまっているページがあるとしましょう。20種類ほどファイルがあり、PDFでダウンロードできます。ファイルは月に1回追加・変更・削除などされています。

Googleタグマネージャーを使っていない場合は、ファイルごとに「イベント」の記述を追加する必要があります。また、ファイルの追加・変更・削除の際にHTMLソースの書き直しが必要です。運用の手間、更新忘れ、ミスなどに繋がりやすい作業です。しかしGoogleタグマネージャーを利用すれば、これらの取得は全て画面上で一括で設定できますし、ファイルの追加・変更・削除にも自動で対応できます（詳しい方法は後述します）。

## Googleタグマネージャーの登録方法

以下、利用するために必要な手続きを紹介していきます。まず、Googleタグマネージャーの計測記述をWebサイトの各ページに導入する必要があります。

❶Googleタグマネージャーの公式サイトにアクセスをしましょう（Google アナリティクスと同じGoogleアカウントでログインしてください）。

**https://tagmanager.google.com**

❷該当アカウントで初めてGoogleタグマネージャーを利用する場合は、「アカウントを作成」を

クリックすると、「新しいアカウントの追加」という画面が出てきます。

**図App2-1-3　アカウントの作成**

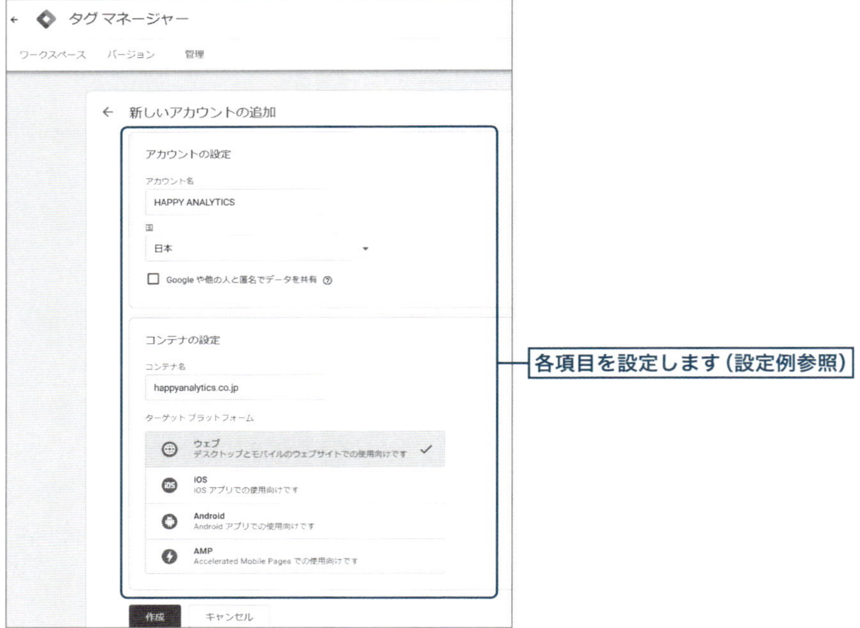


● **設定例**

- **アカウント名**：会社名などを入力しましょう→Google アナリティクスにおける「アカウント」と考え方は一緒です（付録1-1➡**P.397**コラム参照）。
- **国**：Googleタグマネージャーを利用する国を選びましょう。
- **コンテナ名**：サイト名やドメイン名などを入力しましょう→Google アナリティクスにおける「プロパティ」と考え方は一緒です。コンテナごとにGoogleタグマネージャーの計測記述が変わります。
- **ターゲットプラットフォーム**：利用する場所を選びましょう。本書では「ウェブ」を紹介します。残りはiOSアプリ・Androidアプリ・AMP（Accelerated Mobile Pages）用となります。

上記を入力したら「作成」ボタンをクリックしてください。

❸利用規約が表示されるので、プルダウンで内容を確認し「はい」ボタンをクリックしてください。

❹Googleタグマネージャーの計測コードが表示されますので、こちらのコードを指示の通り、計測を行いたいページに追加します（**図App2-1-4**）。

**タグは2つに分かれており、<head></head>の間に入れるタグと、<body>開始直後に入れるタグになります。両方とも追加を忘れないようにしましょう**。

これで、Googleタグマネージャーの「箱」が追加された状態になります。次にGoogle アナリティクスのタグを追加しましょう。

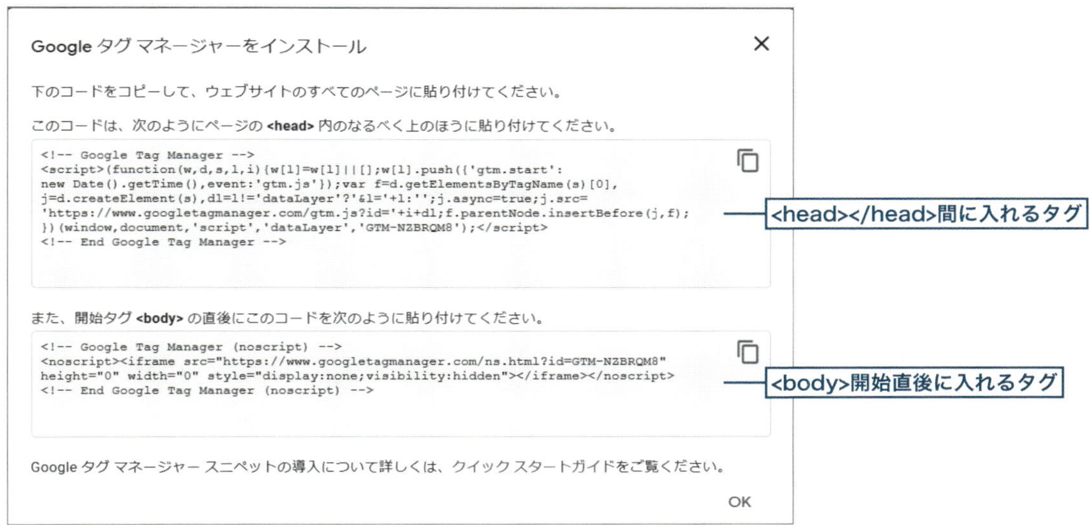


図App2-1-4 タグをページに挿入する

## Googleタグマネージャーを活用してGoogle アナリティクスを実装する

**Google アナリティクスの設定方法に関してはP.399で紹介しています。**新たにGoogle アナリティクスを導入する場合はGoogleタグマネージャーで実装を行いましょう。

既にGoogle アナリティクスをHTMLに直接追加して実装している場合は、Googleタグマネージャーに移すことを考えましょう。サイトの大きな更新やリニューアルのタイミングに合わせると良いでしょう。計測タグの移行の際には、今のプロパティとは別のプロパティIDを利用して、Googleタグマネージャーと新しいプロパティで正しく計測ができるか確認することを推奨します。

## 本書でカバーするGoogleタグマネージャーの範囲

Googleタグマネージャーでできることは多岐に渡り、複雑な設定を伴うものもあります。本書では、「Googleタグマネージャーの仕組みと考え方の理解」及び「Google アナリティクスで利用頻度が高い実装・設定例」に注力して紹介を行います。実装の事例をたくさん用意するのではなく、基本と仕組みを理解すれば応用が効くようになります。

**Hint　より詳しい解説は**

Google アナリティクス以外も含めた、詳しい実装や運用に関しては『実践 Googleタグマネージャ入門 増補版（著：畑岡 大作）』『デジタルマーケターとWeb担当者のためのGoogle&Yahoo!タグマネージャーの教科書（著：海老澤 澄夫、ウェブ解析士協会）』をオススメします。機能やレイアウト等の変更があるので、可能な限り最新の書籍を手に取るようにしましょう。

# 2-2 Googleタグマネージャーの仕組みと考え方の理解

**Googleタグマネージャーにおいて理解しておかなければならない事は3つに集約**されます。そこから先は実装のテクニックやバリエーション（ここは自ら覚えるよりエンジニアの方と連携する事を推奨します）になります。

理解しなければならない3つの内容は以下の通りです。それぞれを見ていきましょう。

1.「アカウント」と「コンテナ」
2.「タグ」「トリガー」「変数」
3.「バージョン」「プレビュー」「公開」

## 1.「アカウント」と「コンテナ」

Googleタグマネージャーの構造は「アカウント」と「コンテナ」に分かれています。「アカウント」はGoogle アナリティクスの「アカウント」と同じ考え方。そして「コンテナ」はGoogle アナリティクスにおける「プロパティ」と同じで、通常はサイト単位で発行されます（➡P.397コラム参照）。

図App2-2-1 アカウントとコンテナ

1つの企業（アカウント）に複数のサイト（コンテナ）を用意するというのが一般的な使い方になります。

コンテナ名をクリックすると、該当コンテナの「ワークスペース」が表示されます。このワークスペースで各種設定の追加・変更・削除を行い、それをプレビュー（検証・確認）の上、本番としてサイトに反映するという流れになります。

**図App2-2-2 コンテナを開いた時のワークスペース**

ワークスペースの左側メニュー内に「タグ」「トリガー」「変数」があります。それではこの3つについて説明をしていきましょう。

## 2.「タグ」「トリガー」「変数」

### ■タグ

「**タグ**」は、取得したいデータの種類ごとに作成し、計測設定を行うために利用されます。1つのタグで1つのツールあるいは種類のデータを取得できます。左メニューより「タグ」を選択すると、**図App2-2-3**のように一覧表示で確認できます。

#### ●タグの例

- Google アナリティクスのページビュー
- Google アナリティクスの特定のイベント
- その他解析ツールのタグ
- Google Optimize
- 広告関連のタグ

**図App2-2-3**では、上から順に以下のタグを設定しています。また、これら以降のタグは各種解析ツールを計測するためのタグです。

図App2-2-3　タグ一覧の設定例（初期状態では何も入っていません）

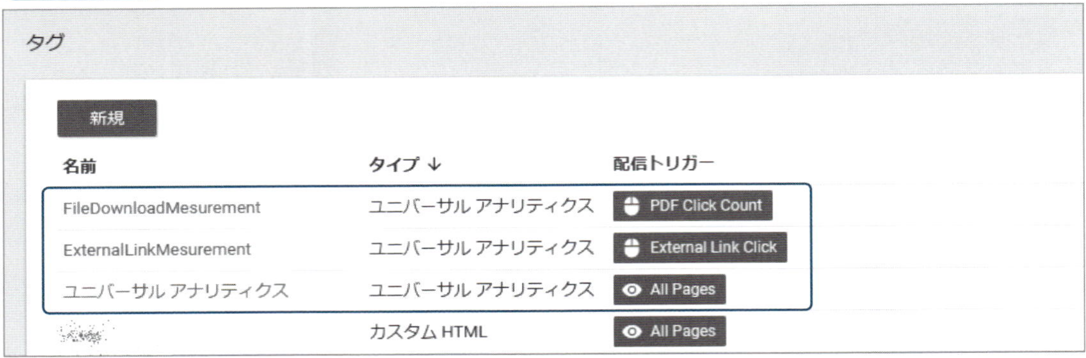

タグ
新規
名前
タイプ
配信トリガー
FileDownloadMesurement
ユニバーサル アナリティクス
PDF Click Count
ExternalLinkMesurement
ユニバーサル アナリティクス
External Link Click
ユニバーサル アナリティクス
ユニバーサル アナリティクス
All Pages
カスタム HTML
All Pages


- **FileDownloadMesurement**：Google アナリティクスでファイルのダウンロードを取得するためのタグ
- **ExternalLinkMesurement**：Google アナリティクスで外部リンクのクリックを取得するためのタグ
- **ユニバーサル アナリティクス**：Google アナリティクスでサイト全体を計測するためのタグ

## ■トリガー

一方、「**トリガー**」はタグをどういう条件の時に実行するかの設定項目です。タグを利用する際には必ずトリガーも一緒に設定します。左メニューより「トリガー」を選択すると、**図App2-2-4**のように一覧表示で確認できます。

### ●トリガーの例

- 全てのページ
- モバイルだけ
- 特定のドメインやディレクトリのみ
- URLが特定の拡張子の時だけ
- 変数に特定の文字列が含まれている

図App2-2-4　トリガー一覧の設定例（初期状態では何も入っていません）

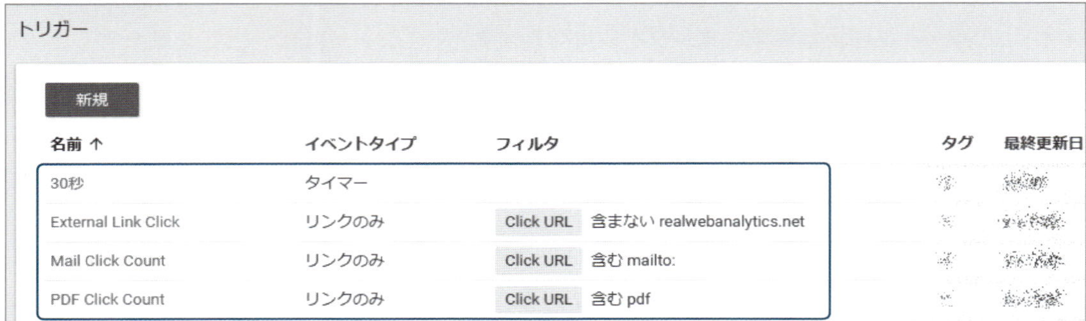

トリガー
新規
名前
イベントタイプ
フィルタ
タグ
最終更新日
30秒
タイマー
External Link Click
リンクのみ
Click URL
含まない realwebanalytics.net
Mail Click Count
リンクのみ
Click URL
含む mailto:
PDF Click Count
リンクのみ
Click URL
含む pdf


**図App2-2-4**の例では、上から順番に以下のトリガーを設定しています。

- **30秒**：30秒おきに紐づいているタグを実行する
- **External Link Click**：サイト外へのリンクをクリックした（クリックしたURLに自社ドメインが含まれていない）時に紐づいているタグを実行する
- **Mail Click Count**：メールへのリンクをクリックした（リンクの「mailto：」が入っている）時に紐づいているタグを実行する
- **PDF Click Count**：PDFファイルをクリックした（リンクに.pdfの拡張子が付いている）時に紐づいているタグを実行する

## ■変数

最後に、「**変数**」は「タグで値を取得」する、あるいは「トリガーで特定の値を条件に実行する」といった用途で利用するデータの事です。左メニューより「変数」を選択すると、**図App2-2-5**のように一覧表示で確認できます。

### ●変数の例

- クリックしたURL
- 現在表示されているURL
- クリックしたテキスト
- 参照元
- サイト側で設定しているデータ

**図App2-2-5** 変数一覧の設定例（初期状態では何も入っていません）

組み込み変数

設定

| 名前 ↑ | タイプ |
|---|---|
| Click Text | 自動イベント変数 |
| Click URL | データレイヤーの変数 |
| Event | カスタム イベント |
| Page Hostname | URL |
| Page Path | URL |
| Page URL | URL |
| Referrer | HTTP 参照 |

ユーザー定義変数

新規

| 名前 ↑ | タイプ |
|---|---|
| ライターID | DOM 要素 |

変数は「組み込み変数」というGoogleタグマネージャーにデフォルトで用意されている変数と、「ユーザー定義変数」というコンテナごとに任意に設定できる変数があります。**図App2-2-5**では、組み込み変数の一部と、ユーザー定義変数が1つ設定されています。

この例では、上から順番に以下の変数を設定しています。

- **Click Text**：クリックしたテキスト
- **Click URL**：クリックしたURL
- **Event**：イベント
- **Page Hostname**：ホストネーム（URLのドメイン部分）。
- **【例】Page Path**：www.example.com（ページパス。URLのドメイン部分以降）
- **【例】Page URL**：/contents/001.html（ページURL（URL全体））
- **【例】Referrer**：http://www.example.com/contents/001.html（参照元のURL）
- **ライターID**：サイトで取得している、記事を書いた人のID

一番イメージがつかみにくいのが「変数」だと思われますので、例を挙げて確認していきます。

例えば、ファイルをダウンロードした時に、どのファイルがダウンロードされたのかを計測したいとしましょう。この時に、ダウンロードされたファイルのURLをイベントの「ラベル」で取得したいと考えます。ファイルによってURLが違うため、ラベルの値の取得設定を「タグ」の画面で行う際に「クリックしたURL」の変数を設定します。固定値を入れてしまうと、どのファイルでも同じ名称になってしまうため、区別を付けることができなくなります。

**図App2-2-6　イベント取得のため「タグ」設定画面**

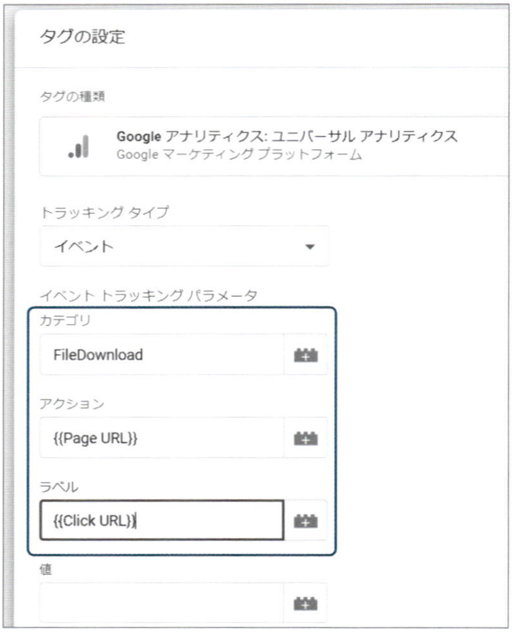

タグの設定

タグの種類

Google アナリティクス: ユニバーサル アナリティクス
Google マーケティング プラットフォーム

トラッキング タイプ

イベント

イベント トラッキング パラメータ

カテゴリ

FileDownload

アクション

{{Page URL}}

ラベル

{{Click URL}}

値

- **カテゴリ**：FileDownload。どのファイルをダウンロードしてもカテゴリにはこの名称が入ります
- **アクション**：ダウンロードを行ったURL。{{Page URL}}が変数です
- **ラベル**：ダウンロードしたファイルのURL。{{Click URL}}が変数です

ここではまずは**概念を理解しておくだけで大丈夫**です。

## 3.「バージョン」「プレビュー」「公開」

### ■バージョン

Googleタグマネージャーでは**「バージョン」という方法を利用してタグの履歴管理が行われています**。OSなどをイメージしてもらうと、わかりやすいかもしれません。例えばiPhoneのOSであれば、バージョン10.1、バージョン10.2、バージョン10.3というような名称が付いています。

Googleタグマネージャーも考え方は同じで、何かしらワークスペース内で変更を加えて公開すると、公開されたバージョンに番号が付与されます。例えば、2017年1月15日にGoogle アナリティクスの記述を追加して公開したとします。これがバージョン1だとしたら、2017年1月18日にファイルダウンロードの計測設定を追加して公開したら、これがバージョン2になります。上部メニューの「バージョン」を選択すると、図App2-2-7のような画面が表示されます。

図App2-2-7 バージョン一覧

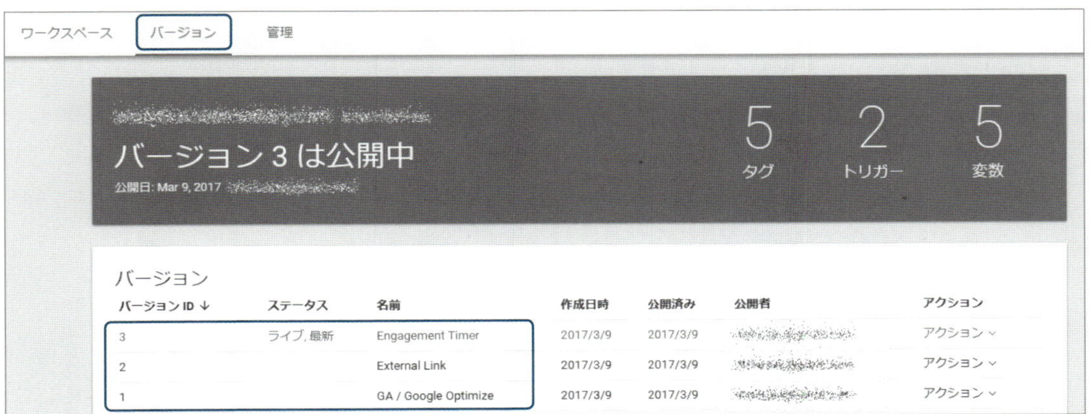


一番上の行が最新のバージョンになります。ステータス欄の「ライブ」は、現在配信されているタグであることを意味します。OSとの大きな違いは、**いつでも前のバージョンに戻すことが可能**だということです。リリースをしたものの、トラブルが起きてしまった時など、問題が起きていなかったバージョンに戻してから、改めて新しいバージョンの課題を見つけるという形で利用します。

### ■プレビュー

**Googleタグマネージャーはタグを「公開」することでサイトに反映されます、そのため編集を行った後に「公開」を行う必要があります**。しかし、「公開」をいきなり行うと、設定ミスなどが発生してしまう可能性があります。そこで公開を行う前に「プレビュー」機能を利用しましょう。

タグを編集後にワークスペースの右上にある「プレビュー」ボタンをクリックします。「プレビュー」ボタンをクリックすると、ワークスペースの上部の画面が「プレビューモード」に切り替わります。図App2-2-8のような表示が出れば「プレビューモード」になっています。

図App2-2-8　プレビューモード

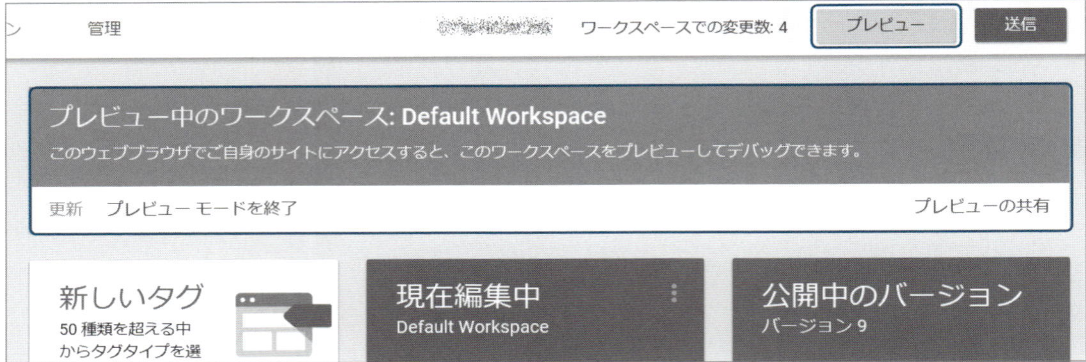


プレビューモードの状態になっているブラウザを閉じず、別のタブでGoogleタグマネージャーが入っているサイトを開いてみましょう。図App2-2-9のような形で**ページの下部にGoogleタグマネージャーの設定画面が出てきます**。

図App2-2-9　実サイトに表示される設定画面

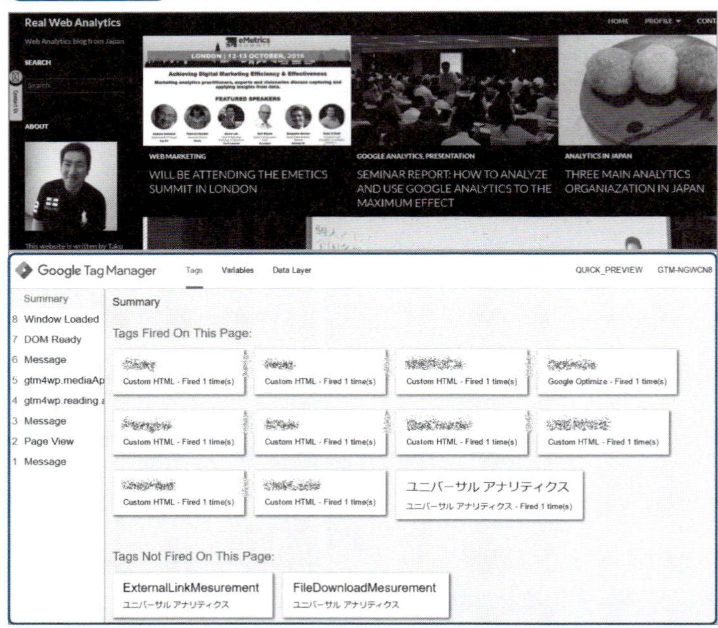


設定画面では、該当ページで実行されたタグの一覧を見ることができます（また実行されていないタグもあわせて確認できます）。取得している変数などに関してもチェックが可能です。またリンクをクリックした時に計測されるデータがあれば、クリックをすることでデータが取得できているかを確認できます。プレビューが終わったら「プレビューモードの終了」をワークスペース内でク

リックし、その後に右上にある「送信」をクリックしてください。

図App2-2-10のように、「バージョン名」と「バージョンの説明」を記入する画面が出てきます。記入しなくても公開できますが、必ず記入することをオススメします。後で見た時にわかるようにしておかないと、データ集計等に不備があった時に非常に不便です。

図App2-2-10 バージョン名と説明の記入

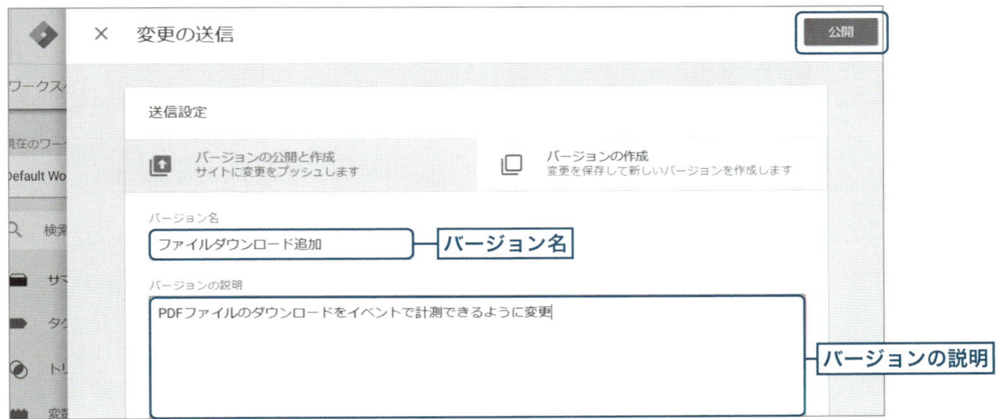


最後に「公開」ボタンをクリックすると、タグが更新され、追加・変更・削除が反映された状態での計測が即時に始まります。

なお、**バージョンを元に戻す際にはバージョンの画面から、戻したバージョンの「アクション」ボタンをクリックし、「最新バージョンに設定」**を選んでください（図App2-2-11）。

最新バージョンが新たに作成されます。なお、**あくまでも作成されるだけで、改めて「公開」をする必要があります**ので、「最新バージョンに設定」の作業だけでは終わらないことに注意をしましょう。

図App2-2-11 バージョンを戻す

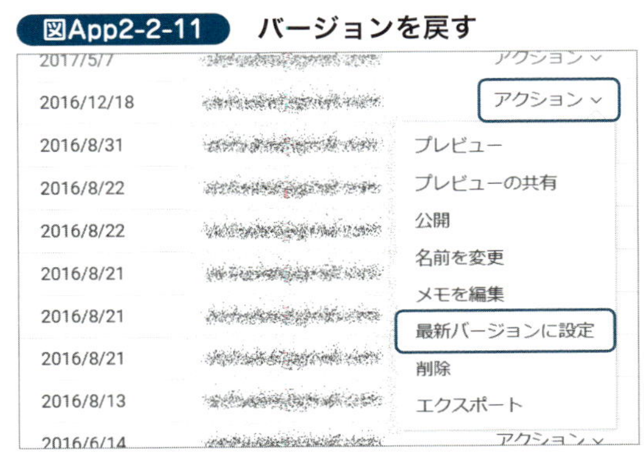


## 権限管理に関して

最後に「権限管理」に関して紹介します。Googleタグマネージャーでは「アカウント」と「コンテナ」に対して権限管理を行う事ができます。権限管理はワークスペース上部にある「管理」のメニューからアクセスできます。

図App2-2-12　権限管理の画面

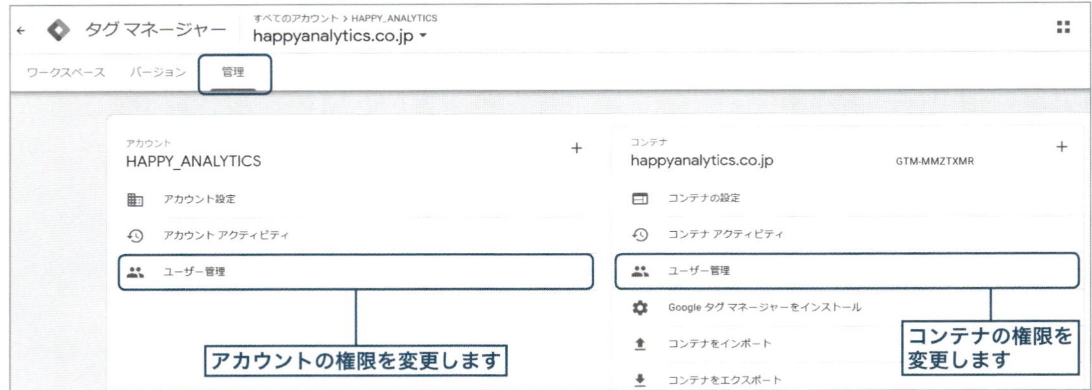


権限を持つユーザーの追加は、アカウント・コンテナともに「**ユーザー管理**」➡「**+**」ボタンをクリックし、ポップアップから「ユーザを追加」か「ユーザーグループを追加」を選択し、権限付与したいメールアドレスを入力、以下に説明する「権限」を選んで「招待する」をクリックして追加します。

### ● アカウントの権限

- **管理者**：新しいコンテナの作成と、このアカウントとそのコンテナのユーザー権限の変更ができます
- **ユーザー**：アカウントの基本情報を閲覧できます

### ● コンテナの権限

- **読み取り**：タグ・トリガー・変数を閲覧できます
- **編集**：ワークスペースの作成と、タグ・トリガー・変数の編集をできます。ユーザー権限を変更することはできません
- **承認**：コンテナのバージョンを「作成」できます
- **公開**：コンテナのバージョンを「公開」できます

前のバージョンに戻すことはできますが、リスク管理と責任所在の明確化の観点から、「公開」の権限を持つ人を極力減らすことが大切です。

Appendix 実際にどういった設定を行えばよいか、事例を知りたい

# 2-3 Google アナリティクス向けのタグマネージャー設定例

Googleタグマネージャーで実装・設定できる内容は多岐に渡ります。ここではその中から、利用頻度が高いと思われる5つの設定の紹介を行います。

● **Googleタグマネージャーでよく使う設定**

1. **リンクのクリック計測（ファイルダウンロードや外部リンククリック）**
2. **スクロール率と読了率**
3. **カスタム定義で値を取得する（データレイヤーを活用する）**
4. **eコマース実装**
5. **クロスドメイントラッキング**

一部の設定は、JavaScriptのコード等を書けて理解できる人が必要になってきます。それぞれの内容を見ていきましょう。

## 1. リンクのクリック計測

最初に紹介するのはリンクのクリック計測です。**ファイルのダウンロード・スマートフォンでの電話番号のタップ・外部リンクのクリックなど利用できるシーンは多種多様**です。わかりやすさのため、変数・トリガー・タグの順番に3ステップでどのような設定を行うかを紹介します。

**クリック計測はGoogle アナリティクスの「イベント」を使って取得を行います**。イベントに関しては第6章で説明していますが、「カテゴリ」「アクション」「ラベル」を設定する必要があります。まずは変数でこれらを取得できるようにし、トリガーでどういう時にデータを取得するかを決め、タグで実際にデータを取得するという流れになります。

### Step 1. 変数の設定

イベントのカテゴリ・アクション・ラベル・値（任意）に設定する変数を決めます。筆者のオススメは以下の通りです。

- **カテゴリ**：固定値（例：FileDownload や ExternalLinkClick）
- **アクション**：表示されたページのURL
- **ラベル**：クリックされたリンクのURLあるいはテキスト
- **値（任意）**：固定値→クリックあたりの金銭的価値

アクションとラベルに関しては変数がデフォルトで用意されています。Googleタグマネージャーの左メニューの「変数」の設定画面から、❶「組み込み変数」の中にある「設定」をクリックしてください。

すると、デフォルトで用意されている変数名の一覧が出てきますので、必要なものにチェックをしてください。今回は以下を利用します。

- **表示されたページのURL**：❷Page URL（ドメインも必要な場合）。❸Page Path（ドメイン以降で大丈夫な場合）
- **クリックされたリンクのURL**：❹Click URL（URL取得したい場合はこちら）
- **クリックされたリンクのテキスト**：❺Click Text（テキストリンクで文字列のほうがファイル名やURLよりわかりやすい場合）

チェックを終えたら❻「組み込み変数の設定」の左の×をクリックして閉じます。これで利用する変数の設定は完了しました。

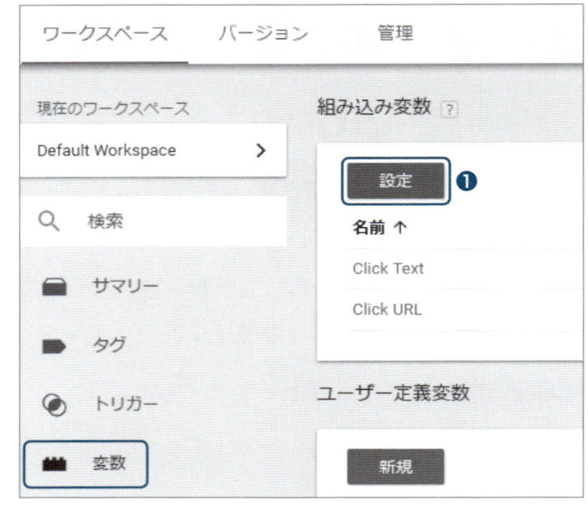

## Step 2. トリガーの設定

次に左メニューの「トリガー」をクリックして、どういう条件の時にデータを取得するかを決めます。「全てのページ」としてしまうとサイト内ある全てのリンクのクリックが自動的に取得されてしまうため、データ量も増え、後でレポートを見る時に目的のものを探すのが大変になってしまいます。そこで、「トリガー」を使って取得条件を決めます。トリガーでは2つの条件を決めます。

- **(A) どういう条件の時にトリガーを有効化するか**
- **(B) どういう条件の時にトリガーを配信するか**

少しわかりづらいので、具体例を紹介します。

例えば、URLに「/content/」が含まれているページのみトリガーを有効化し、そのページ内のリンクの拡張子に「.pdf」が含まれる場合のみトリガーを配信したいと想定します。

　(A)を全ての条件にすると、全ページで.pdfが含まれるリンクを計測しますし、(B)を全ての条件にすると、「/content/」内の全てのリンクを計測します。

　それでは設定方法を見てみましょう。左メニューの❶「トリガー」の画面から「新規」をクリックし、❷続く画面で「トリガーのタイプを選択して設定を開始」をクリックします。❸今回はクリック計測が目的なので、タイプは「リンクのみ」を選択します。

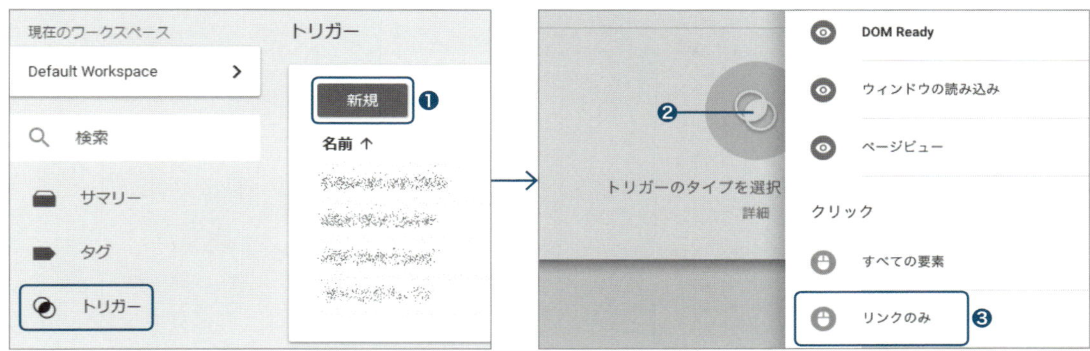


　設定画面が表示されたら、以下の通り設定を行います。

- ❹**「PDF Click Count」**：トリガーの名称を入力します。今回の例では、このような名前にしました
- ❺**「タグの配信を待つ」**：チェックを入れましょう。計測の精度を上げるために利用します
- ❻**「妥当性をチェック」**：チェックを入れましょう。計測の精度を上げるために利用します
- ❼**「これらすべての条件がtrueの場合にこのトリガーを有効化」**：全てのページで計測を行う場合は次の通り設定してください。**【例】「Page URL」「正規表現に一致」「.*」**

次ページへ続く

- 特定のドメインに絞り込みたい場合は以下のように設定します
  **【例】「Page Hostname」「含む」「ドメイン名（例：example.com）」**
- 特定のディレクトリに絞り込みたい場合は以下のように設定します
  **【例】「Page Path」「含む」「パス名（例：/contents/）**
- 特定の流入元や広告パラメータで絞り込みたい場合は以下のように設定します
  **【例】「referrer」「含む」「ドメイン名やパラメータ名（例：yahoo.co.jpやutm_source=socialなど）**
- ❽**「このトリガーの発生場所」**……全てのクリックを計測したい場合は「すべてのリンククリック」を選択。一部のリンクを計測したい場合は「一部のリンククリック」を選択し、条件を設定（下記参照）



**●「一部のリンククリック」条件設定**

- ❾特定のファイル拡張子であれば「Click URL」「含む」「pdf」
- 複数のファイル拡張子であれば「Click URL」「正規表現に一致」「.*(pdf|docx?|pptx?|xlsx?)(\?.*)?$」
  ※正規表現に関しては本書では詳しく触れませんが、こちらで代表的な例を挙げています➡P.222
- 自社ドメインを除く場合は（外部リンククリック計測などに利用）「Click URL」「含まない」「自社ドメイン名」
- リンクテキストに特定の文字列が含まれるのみ取得する場合は「Click Text」「含む」「文字列」

設定を行った後に「保存」をクリックすることでトリガーの作成が完了します。

## Step 3. タグの設定

最後にタグの設定を行います。左メニューの「タグ」の画面から「新規」をクリックして、以下のように設定していきましょう。

- ❶**「FileDownloadMeasurement」**：名称をつけてください。任意のわかりやすい名称にしましょう
- ❷**タグタイプ**：「Google アナリティクス：ユニバーサルアナリティクス」を選択します
- ❸**トラッキングタイプ**：イベントで取得するので「イベント」を選択します
- ❹**イベントトラッキングパラメータ**：カテゴリ・アクション・ラベル・値で取得したい変数を選びます。テキストボックスの横のアイコンをクリックすると変数を選べます。固定値を入れる場合は、直接入力します。今回は次のように設定しました
- **カテゴリ**……固定値　FileDownload
- **アクション**……変数　{{Page Path}}
- **ラベル**……変数　{{Click URL}}
- **値（任意）**……固定値　200

次ページへ続く

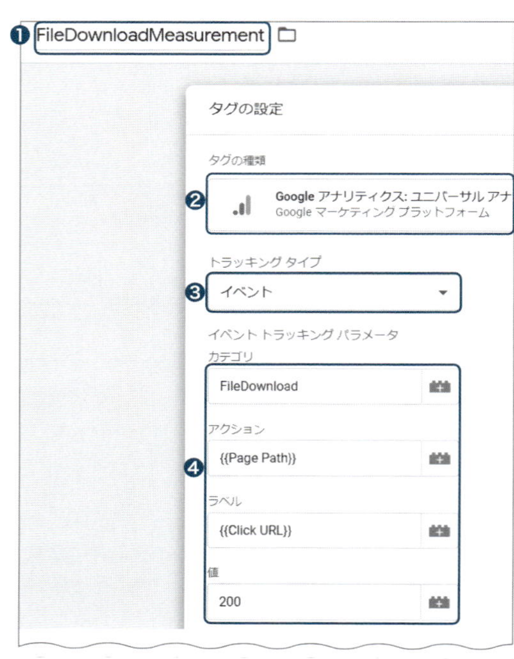

- ●❺**非インタラクションヒット**：直帰率に影響を与える設定になります。
  **【例】「サイト外部から流入し、ランディングページでリンクをクリックした後にサイトを離脱した」という場合**
  **➡「偽」だとページ閲覧後にダウンロードという行動をしたという扱いになり、直帰にはなりません。「真」だとページ閲覧後にダウンロードという行動をしていない（データは計測されます）という扱いになり、直帰になります。**
- ●❻**Googleアナリティクス設定**：{{●●サイトのトラッキングID}}を選択します（➡P.400を参照）。
- ●❼**トリガー**：「トリガーを選択する」を選び、**Step 2**で設定したトリガーを選択してください。今回はPDFファイルダウンロードの計測なので、先ほど作成した「PDF Click Count」を選びました。

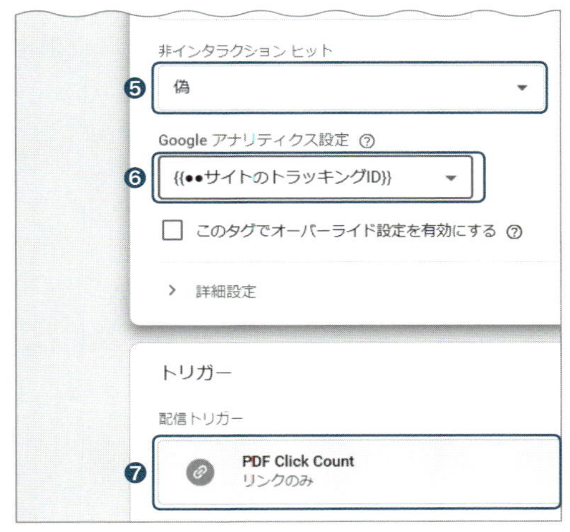


以上で設定は完了です。「保存」してプレビューで確認の上、公開を行ってください。

## 2. スクロール率と読了率

次に紹介するのが、スクロール率と読了率です。本編でも何度か利用目的を紹介してきましたが、単体のページ内を分析する上では欠かせない機能になります。それぞれのGoogleタグマネージャーでの設定方法を確認していきましょう。

### ■スクロール率

### Step 1. 変数の設定

クリック計測と同様に、いくつかの「組み込み変数」を設定します。「変数➡組み込み変数➡設定」とクリックし、変数名一覧にある❶「スクロール」の３つの項目にチェックを入れて閉じます。

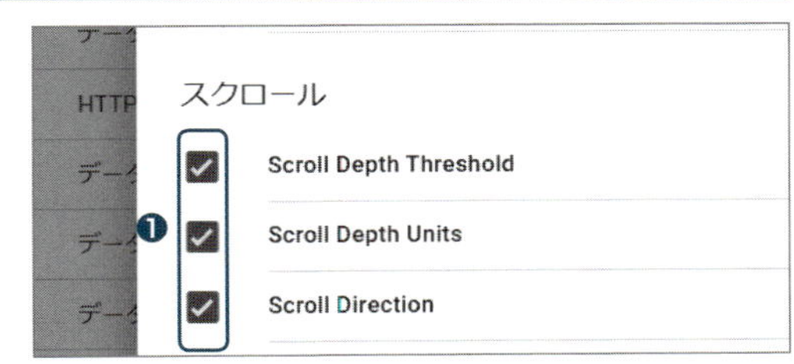


これで利用する変数の設定は完了しました。

## Step 2. トリガーの設定

次にトリガーを設定していきましょう。「トリガー➡新規」を選び、続く画面で❶「トリガーのタイプを選択して設定を開始」をクリックします。そして今回は❷「スクロール距離」を選択します。

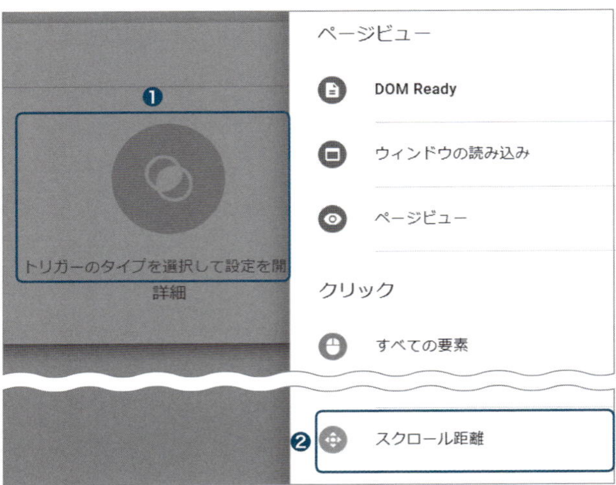


設定画面が表示されたら、以下の通りに設定を行います。

- ❸**「scrollRate」**:トリガーの名称。自分が理解やすい名称でOKです
- ❹**「縦方向スクロール経由」**:チェックを入れましょう。縦のスクロール率を計測する場合はこちらを利用します
- ❺**「割合」**:選択をした上で、カンマ区切りでどのタイミングのスクロール率を取りたいかを選択しましょう。細かすぎても分析が行いにくくなるため、0〜100の20%あるいは10%刻みをオススメします。
  %ではなく何ピクセルまで辿り着いたらデータを送るという設定をしたい場合は「ピクセル数」を選んで同じように数値をカンマ区切りで入力しましょう
- ❻**「このトリガーの発生場所」**:どのページでスクロール計測するかを選択します。全ページの場合は「すべてのページ」をチェックします。一部のページの場合は「一部のページ」を選んで、取得する条件を入力してください。以下はURLに/detail/を含むページのみでスクロール計測をしたい場合の例です
  **【例】「Page Path」「含む」「/detail/」**

設定を行った後に「保存」をクリックする事でトリガーの作成は完了します。

## Step 3. タグの設定

最後にタグの設定を行います。「タグ➡新規」とクリックして、以下のように設定をしていきましょう。

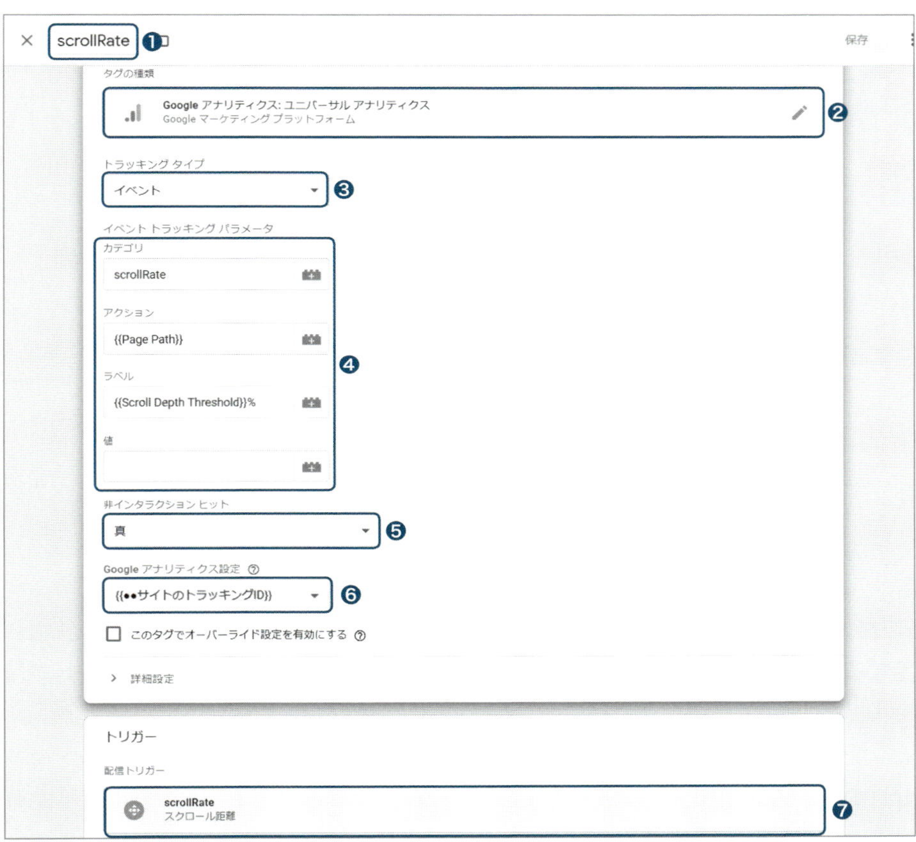


- ❶**「scrollRate」**：名称をつけてください。トリガーと同じ名称にしておくとわかりやすいかも
- ❷**「タグの種別**：「Google アナリティクス　ユニバーサルアナリティクス」を選択します
- ❸**「トラッキングタイプ」**：イベントで取得するので「イベント」を選択します
- ❹**「イベントトラッキングパラメータ」**：それぞれ以下のように設定しましょう

  **カテゴリ**……スクロールのイベントであることがわかる名称

  **アクション**……変数　{{Page Path}}

  **ラベル**……変数　{{Scroll Depth Threshold}}%

  **値（任意）**……設定必要なし
- ❺**「非インタラクションヒット」**：直帰率に影響を与える設定になります。

  **【例】「サイト外部から流入し、ランディングページでリンクをクリックした後にサイトを離脱した」という場合**

次ページへ続く

**➡「偽」だとページ閲覧後にスクロールという行動をしたという扱いになり、直帰にはなりません。「真」だとページ閲覧後にスクロールという行動をしていない（データは計測されます）という扱いになり、直帰になります。**

- **❻Googleアナリティクス設定**：{{●●サイトのトラッキングID}}を選択します
- **❼「トリガー」**：「トリガーを選択する」を選び、Step2で設定したトリガーを選択してください

以上で設定は完了です。「保存」してプレビューで確認の上、公開を行ってください。



## ■読了率

読了率の設定を行う前に、読了ポイントを特定するための条件を決める必要があります。読了を計測したいページ群（例：ブログ記事）の記事終わりあたりのソースコードを確認してみましょう。

**図App2-3-1　筆者のブログ記事の終わりのソースコード**

```
<footer class="entry-footer">

  <p class="entry-footer-section">
 <span class="author vcard"><span class="fn" data-load-nickname="1" data-user-name="ryuka01">ryuka01</span></span>
 <span class="entry-footer-time"><a href="https://analytics.hatenadiary.com/entry/2020/04/28/120557"><time data-relative
datetime="2020-04-28T03:05:57Z" title="2020-04-28T03:05:57Z" pubdate class="updated">2020-04-28 12:05</time></a></span>
</p>
```

例えば全記事の最後に「<p class="**entry-footer-section**">」のような記述が入っている場合は、そちらを利用することができます。もし何か共通の項目が入っていなかったら「<p class="**何か名称**"></p>」といったような記述をエンジニアあるいは自ら追加しましょう。

この部分が表示されたらGoogle アナリティクスにデータを飛ばすという事でまず最初に特定あるいは追加する必要があります。確認ができたら、変数・トリガー・タグの設定を進めていきましょう。

## Step 1. 変数の設定

組み込み変数を選択します。「変数➡組み込み変数➡設定」とクリックし、今回は❶「可視性」の中にある２つの項目にチェックを入れて閉じます。

## Step 2. トリガーの設定

「トリガー➡新規」から、「トリガーのタイプを選択して設定を開始」をクリックします。「要素の表示」を選択し、以下のような設定を行います。

- ❶**「Footer View」**：トリガーの名称です
- ❷**「トリガーのタイプ」**：「要素の表示」を選びます
- ❸**「選択方法」**：classを条件に使って表示を計測する場合（**【例】p class="XXX"**）はCSSセレクタを選択。IDを条件に使って計測をする場合（**【例】p id="XXX"**）はIDを選択
- ❹**「要素セレクタ」**：**【重要】準備段階で確認したclass名を追加します。その際に必ず頭に「.（ピリオド）」をつけてください。今回の場合ですと「.entry-footer-section」となります**
- ❺**「このトリガーを起動するタイミング」**：何度も表示された時の挙動を決めます。読了の有無だけ判断するのであれば、「1ページにつき1度」が良いかと思われます。ページ内で計測をしたいポイントが複数ある場合は「1要素につき1度」を、ユーザーが上下に何度もスクロールし、そのたびに表示された事を計測したい場合は「各要素が画面に表示されるたび」にすると良いでしょう
- ❻**「視認の最小割合」**：これはこのエリアの縦何%がブラウザに表示されたらデータを取得するかを設定できます。バナー画像を条件に使っていて、100%表示されたら閲覧としたい場合は100を設定します。ちょっとでも表示されればOKという事であれば1にしましょう
- ❼**「画面上での最小表示時間」**：表示有無だけではなく、一定の時間表示されたらでーあを取得したい場合はこちらを設定しましょう
- ❽**「このトリガーの発生場所」**：該当のclassが入っている全ページで取得する場合は「すべての表示イベント」に、URL等で条件を絞りたい場合は「一部の表示イベント」を選択し、条件を設定しましょう

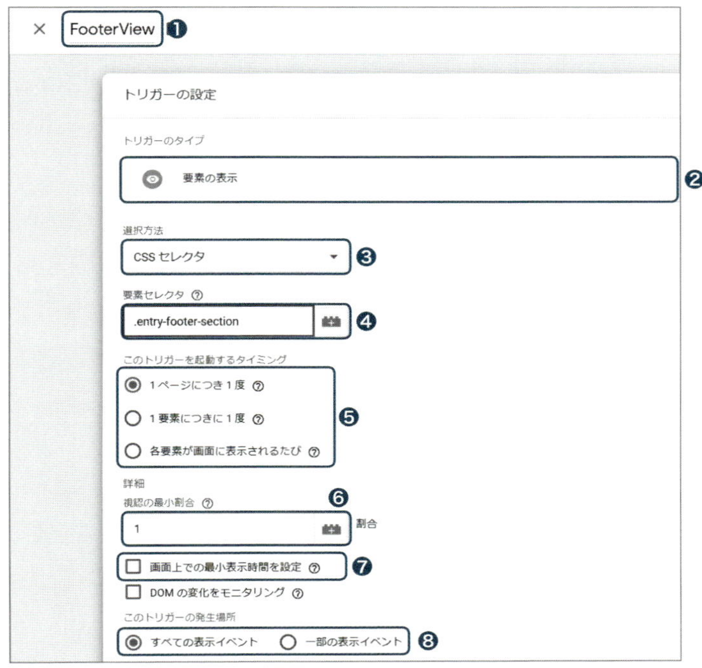


「保存」して、トリガーの設定は完了となります。

## Step 3. タグの設定

「タグ➡新規」から、「タグタイプを選択して設定を開始」をクリックし、タグは以下のように設定していきましょう。

- ❶**「Footer View」**：名称をつけてください。トリガーと同じ名称にしておくとわかりやすいかも
- ❷**「タグの種別」**：「Google アナリティクス：ユニバーサルアナリティクス」を選択します
- ❸**「トラッキングタイプ」**：イベントで取得するので「イベント」を選択します
- ❹**「イベントトラッキングパラメータ」**：それぞれ以下のように設定しましょう
  **カテゴリ**……読了のイベントであることがわかる名称
  **アクション**……変数　{{Page Path}}
  **ラベル**……変数　{{Percent Visible}}　※視認率を取得。特に設定しなくても大丈夫です
  **値（任意）**……設定必要なし
- ❺**「非インタラクションヒット」**：直帰率に影響を与える設定になります
  **【例】「サイト外部から流入し、ランディングページでリンクをクリックした後にサイトを離脱した」という場合**
  **➡「偽」だとページ閲覧後に表示という行動をしたという扱いになり、直帰にはなりません。「真」だとページ閲覧後に表示という行動をしていない（データは計測されます）という扱いになり、直帰になります。**
- ❻**Googleアナリティクス設定**：{{●●サイトのトラッキングID}}を選択します
- ❼**トリガー**：「トリガーを選択する」を選び、Step 2で設定したトリガーを選択してください

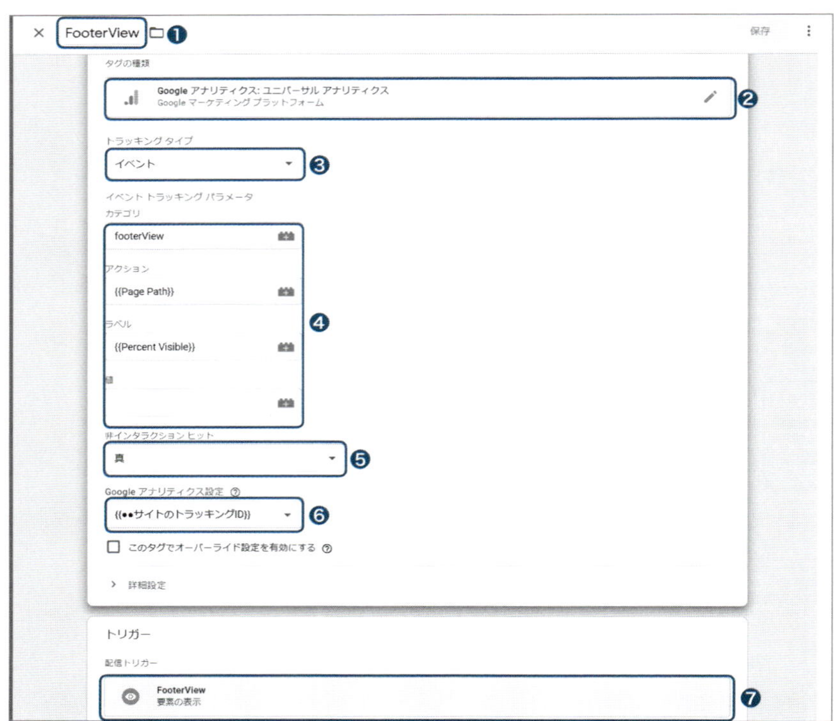


以上で設定は完了です。「保存」してプレビューで確認の上、公開を行ってください。

## 3. カスタム定義で値を取得する（データレイヤーを活用する）

カスタムディメンションや値をGoogle タグマネージャーで取得し、Googleアナリティクスで確認をするための方法になります。利用するためには、まずはGoogle アナリティクスの管理画面で設定を行いましょう。ここではSection6-6➡P.285に記載の設定を行った前提で進めます。

● **設定内容**

| カスタムディメンション名 | インデックス番号 |
|---|---|
| ログインＩＤ | 1 |
| 契約ステータス | 2 |
| 口コミ件数 | 3 |

### まずは実装を行う

Google アナリティクスやGoogleタグマネージャーの設定だけではデータは取得できません。データが取得できるように、計測したいページでの実装を行う必要があります。カスタム定義のデータを取るための記述を「dataLayer記述」と言います。dataLayer記述をGoogle タグマネージャーの記述より上部に設定します。以下は「設定内容」に基づいた記載例になります。

login、status、reviewNoなどの名称は任意に決めることが可能です（ただし英数字のみ）。各名称の後に入ってくる値（12345678、契約中、4）に関してはページを見ている人の状態にあわせて適切な値を代入してください。例えば口コミが8件のページを見ている場合は「4」ではなく「8」が入るという形になります。この辺りは制作会社やエンジニアの方に実装してもらうのが良いでしょう。

上記が完了したらGoogle タグマネージャーでの設定に移ります。

```
<script>
window.dataLayer = window.
dataLayer || []
dataLayer.push({
   'login': '12345678',
   'status': '契約中',
   'reviewNo': '4'
});
</script>
(これより下にGoogle タグマネージャーの
記述)
```

### Step 1. 変数の設定

❶「変数」の設定画面から「ユーザー定義変数」の中にある❷「新規」をクリックします。

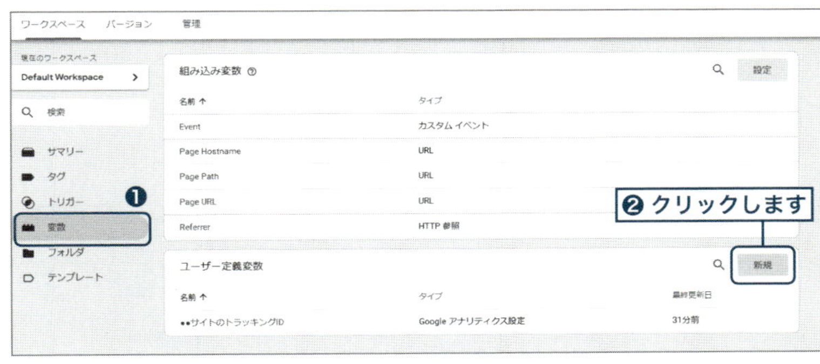

❸「変数タイプを選択して設定を開始」をクリックし、❹「データレイヤーの変数」を選びましょう。

❺「データレイヤーの変数名」にdataLayer記述で設定した文字列（画像例では「login」）を設定します。❻変数に名称（画像例では「Login」）を付けて❼「保存」をクリックしましょう。

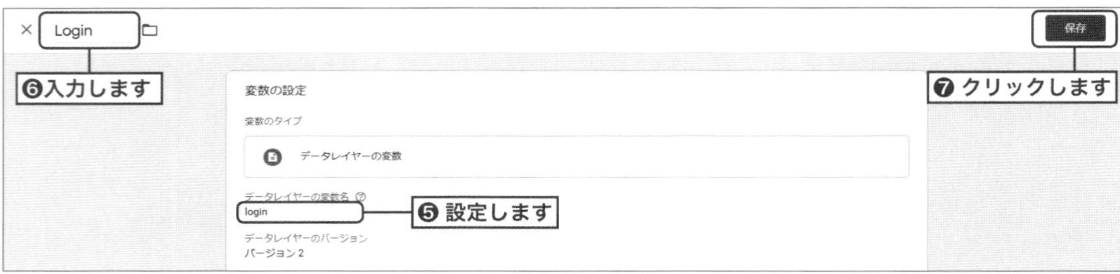


他の2つの変数も同じように設定すると、最終的に以下のような変数設定❽になります。

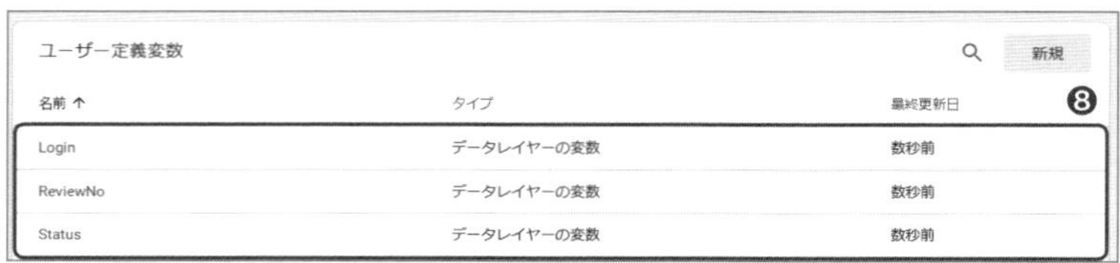


## Step 2. トリガーの設定

トリガーの設定は行う必要がありません

## Step 3. タグの設定

既に作成してある「Google アナリティクスタグ」を編集します。❾「タグ」の画面から❿「Google アナリティクスタグ」を選んでください。

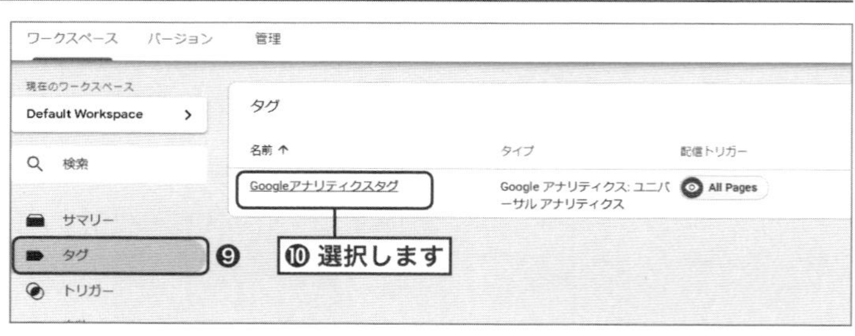

次に⓫「このタグでオーバーライド設定を有効にする」にチェックを入れましょう。表示される⓬「詳細設定」のメニューを開き、⓭「カスタムディメンション」あるいは「カスタム指標」のメニューを開きます。どちらを利用するかは、Google アナリティクスでどちらの登録を行ったかによって変わります。今回はカスタムディメンションでの設定を行ったので、そちらを開きます。

次に⓮「+カスタムディメンション」をクリックして「インデックス」と「ディメンションの値」を設定していきます。

⓯インデックスにはGoogle アナリティクスで設定を行った時に発番されたインデックス番号を入力し、ディメンションの値は⓰入力ボックスの右横にあるアイコンをクリックし、⓱先ほど「変数」で設定した変数名を選びましょう。⓲「カスタムディメンション」をクリックして同様に3つとも選ぶと、以下の通りとなります。

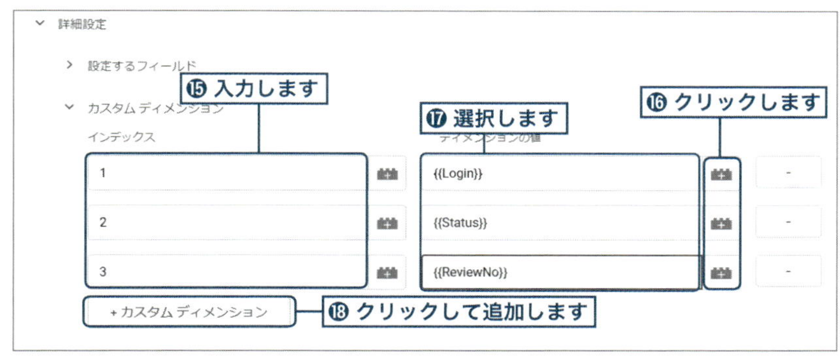


「保存」をクリックすれば完了です。

カスタムディメンションや指標で設定した項目はGoogle アナリティクスの「カスタムレポート」内でレポートを作成する事で確認いただけます。カスタムレポートの作成方法はSection6-6➡P.285をご確認ください。

設定した値ごとの数値を確認できます。ReviewNoであれば、レビュー件数ごとのページビュー数やコンバージョン率などが確認できます。

## 4. eコマース実装

Google アナリティクスと同様に、Googleタグマネージャーでeコマース実装を行う場合も、計測記述の追加が必要になります。Google アナリティクスで利用している記述とは違い、Googleタグマネージャーでは前述したデータレイヤーを使って計測を行います。

大まかな流れとしては以下のような流れになります。

- **Step 1.** データレイヤー形式でeコマース記述を追加する
- **Step 2.** 完了ページでのみ実行されるトリガーを作成する
- **Step 3.** トランザクション用のタグを作成する

### Step 1. 購入完了ページにタグマネージャー用のeコマース記述を追加

コードは右の通りです。Googleタグマネージャーの記述の手前に追加します。青色の文字部分が必須となります。

```
<script>
window.dataLayer = window.dataLayer || []
dataLayer.push({
   'transactionId': '1234',
   'transactionAffiliation': 'Acme Clothing',
   'transactionTotal': 38.26,
   'transactionTax': 1.29,
   'transactionShipping': 5,
   'transactionProducts': [{
       'sku': 'DD44',
       'name': 'T シャツ',
       'category': 'アパレル',
       'price': 11.99,
       'quantity': 1
   },{
       'sku': 'AA1243544',
       'name': '靴下',
       'category': 'アパレル',
       'price': 9.99,
       'quantity': 2
   }]
});
</script>
```

#### ■変数の設定

特に必要ありません。

### Step 2. トリガーの設定

完了ページのみ実行されるトリガーを作成する必要があります。単純に、URLが購入完了ページ(画像例では「cart/complete.php」)に一致するという内容で作成を行います。以下が作成例です。

● トリガーの設定例

Purchase Page
保存
トリガーの設定
トリガーの種類
ページビュー
このトリガーの発生場所
すべてのページビュー　一部のページビュー
イベント発生時にこれらすべての条件が true の場合にこのトリガーを配信します
Page Path　含む　/cart/complete.php

## Step 3. タグの設定

以下の通り設定を行いましょう。

● タグの設定例

- ❶タグタイプ：「Google アナリティクス：ユニバーサルアナリティクス」を選択
- ❷トラッキングタイプ：購入を計測するために「トランザクション」を選択します（タグは上記以外の設定は必要ありません）
- ❸Googleアナリティクス設定：{{●●サイトのトラッキングID}}を選択します
- ❹トリガー：購入完了ページを指定するトリガーを選びます

「タグの名称」は「Pruchase Page」としました。

これで、売上に関する情報等が取得できるようになります。

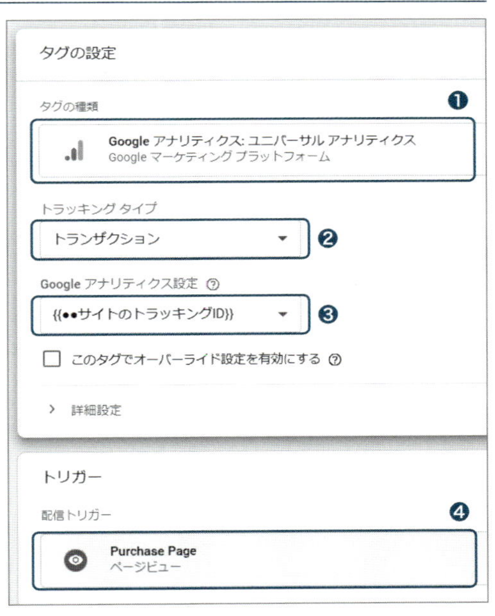


## 5. クロスドメイントラッキング

クロスドメイントラッキングは、サイト内の複数ドメインを1つのプロパティで計測している時に必要な設定です。基本的な考え方やGoogle アナリティクスのタグに直接設定を行う方法は、付録1-2➡P.416でも触れていますので、そちらをご確認ください。

**変数とトリガーの設定は、特に必要ありません。**

## タグの設定

既に作成されているサイト全体の計測を行うGoogle アナリティクスのタグに、以下の設定を追加反映させます。

### ■サブドメインの場合

「このタグでオーバーライド設定を有効にする」にチェックを入れ、「詳細設定➡設定するフィールド」で以下の通り記述します。

- ❶**フィールド名**：cookieDomain（プルダウンから選べます）
- ❷**値**：auto

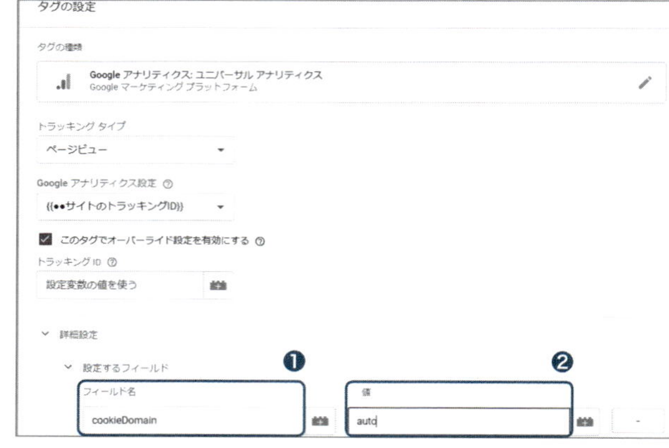


### ■クロスドメインの場合

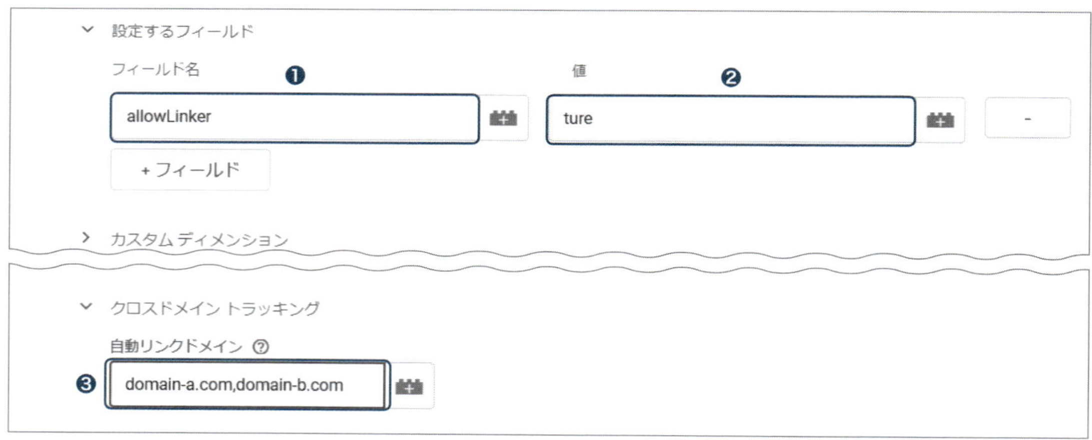


- ❶**フィールド名**：allowLinker（プルダウンから選べます）
- ❷**値**：true
- ❸**クロスドメイントラッキング→自動リンクドメイン**……計測対象ドメインをカンマ区切りで追加

# Appendix 3

- 付録3 -

# Google アナリティクス アクセス解析用語

Google アナリティクスを初めて利用する方がつまづきやすいのが「アクセス解析用語」です。独自の用語が多いため、混乱してしまう方も多いのではないでしょうか。本章では重要な用語をピックアップし、図解しながらわかりやすく説明しています。アクセス解析やGoogle アナリティクスに初めて取り組む方は、ぜひ目を通しておきましょう。

Appendix 本書を読んでわからない用語があれば参照しましょう

# 3-1 詳解！ アクセス解析用語25選

Google アナリティクスやアクセス解析では独自の用語が使われています。アクセス解析を活用する上で覚えておきたい25個の用語とその意味を紹介します。注記がない場合はGoogle アナリティクスの仕様に基づいて説明を行っています。また最後に公式ヘルプなど、参考となるサイト群を紹介いたします。



## 1. ページビュー数（略称：PV数）

**サイト内でページが閲覧された回数**を取得します（厳密にはGoogle アナリティクスにデータが送られてページビューと認識できた数）。例えばユーザーAが6ページ閲覧（6PV）し、ユーザーBが5ページ閲覧（5PV）した場合、サイト全体で11PVとなります。ページ単位、そしてサイト全体のページビュー数を見ることができます。ブラウザの「戻る」ボタンをクリックし、再度同じページを表示した場合や、ページの再読み込み（リロード）を行ったとしても1PVとしてカウントされます。

## 2. セッション数（あるいは訪問回数・訪問数）

**サイトに訪れたユーザーがページを閲覧して離脱するまでの一連の行動**を指します。
例えば、1人のユーザーが朝・昼・夜に1回ずつサイトを訪問した場合、3回としてセッションがカウントされます。

### Point Google アナリティクスのルールに注意

セッションは基本的に、**サイトから離脱**した時点で1つのセッションの終了と考えますが、Google アナリティクスでは以下のようなルールが存在します。

- **30分以上行動がない**場合（厳密にはGoogle アナリティクスにデータが送られていない場合）、その後再び行動した際に新たなセッションとしてカウントされます。15時10分にページAにアクセスし、15時50分にページBにアクセスした場合は、別のセッションとなります（30分という時間は、設定画面で変更することが可能です）。
- **参照元が変わった**場合（多くの場合はサイト外に出た場合）、その後30分以内にサイトに戻ってきても別セッションとなります。ただし、参照元の除外設定を行っているドメインに離脱して、再び30分以内戻ってきた場合、セッションは継続されます。
- **日にちをまたぐ**とセッションが切れます。ユーザーが○月1日の23時55分にサイトに訪問して、○月2日の0時3分に再び同一ユーザーが訪問した場合、新たなセッションとしてカウントされます。つまり、1日と2日、それぞれ1セッションずつカウントされることになります。

ここまでの説明はサイト全体のセッション数の考え方ですが、ページ単位で訪問回数を見ることが可能です。Google アナリティクスでは「ページ別訪問数」という指標になります。この指標はページをセッション内で見た場合は「1」とカウントし、見ていない場合は「0」とカウントします。1回の訪問で複数回見たとしても「1」というカウントです。

### ■ページ別訪問数の例

「ページA→ページB→ページA」という風にサイト内を移動した場合、ページAのページビュー数は2ですが、ページ別訪問数は1となります。

## 3. ユーザー数（あるいは訪問者数・略称：UU数）

ある一定期間でそのサイトに訪問した**固有のユーザー数**を指します。期間内に同一のユーザーが何回訪れようとユーザー数は1となります。あるサイトの訪問者がAさんのみの日があり、10時、13時、19時に合計3回訪れた場合、その日のユーザー数は1、セッション数は3となります。

下記のような4つの訪問があった場合の数値は、以下の通りとなります（色が同じ＝同じユーザーです）。

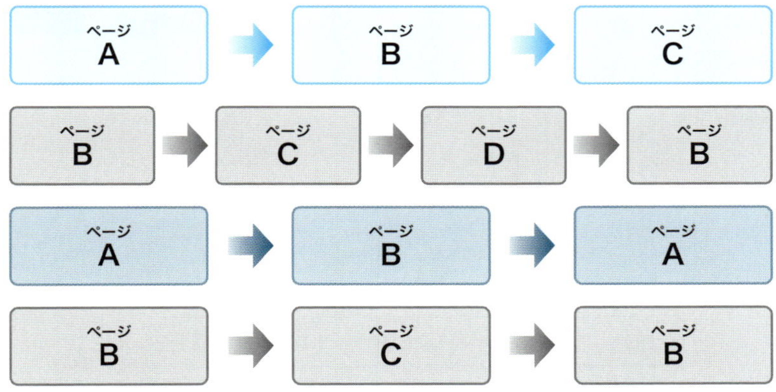


| 項目 | サイト全体 | ページA | ページB |
|---|---|---|---|
| ページビュー数 | 13 | 3 | 6 |
| セッション数 | 4 | 2 | 4 |
| ユーザー数 | 3 | 2 | 3 |

**Hint**

実際のユーザーの人数とは乖離（かいり）がありますので、数字の取り扱いに注意してください。詳細は次項「4. Cookie」をお読みください。

**Point 指標同士の割り算**

上記で紹介した3つの指標をそれぞれの組み合わせで割り算すると、以下の数値を見ることができます。

- **ページビュー数/セッション数**

  訪問時に平均何ページ閲覧したかを把握。Google アナリティクスでも「ページ/セッション」という名称の指標が用意されています。

- **セッション数/ユーザー数**

  ユーザーが期間内に平均何回訪れているかを把握できます。数値が大きいほど訪問頻度が高いと言えます。

- **ページビュー数/ユーザー数**

  1人あたり平均何ページ見ているか、サイトにどれくらい接触しているかの参考値になります。

## 4. Cookie

Cookie（クッキー）とは、Webブラウザ内に蓄積される一種の来歴情報です。サイト運営者が、Webブラウザを通じてユーザーのデバイスに一時的にデータを書き込んで保存させるしくみで、ユーザーの意思とは無関係に、自動的にユーザーに関連する情報、そのサイトの訪問回数などが記録されます。

● **参考：IT用語辞典 e-words「Cookie」**

https://e-words.jp/w/Cookie.html

Google アナリティクスでは、ユニークユーザー（訪問者）を特定するために利用されています。ランダムなIDが「デバイス×ブラウザ」の組み合わせで発番され、デバイスの中に保存されます。その番号が同じであれば同じユーザーという風に特定します。**実際の人の数を見ているわけではないため、筆者がPCとスマートフォンで同じサイトにアクセスした場合は、ユーザー数は2人とカウントされます。**

## 5. 平均セッション時間

指定した期間における各セッション時間の合計を、総セッション数で割った値のことを指します。サイトに訪問した時に、平均何分何秒滞在していたかを見ることができます。

例えば、以下の4つのセッションがあった場合を想定してみましょう。

1. 最初のヒットが午前9時、最後のヒットが午前9時15分
2. 最初のヒットが午前9時、最後のヒットが午前9時20分
3. 最初のヒットが午前9時、最後のヒットが午前9時35分
4. 最初のヒットが午前9時、最後のヒットが午前9時50分

上記4つのセッションの平均セッション時間は（15＋20＋35＋50）÷4＝30分となります。

なお「最後のヒット」と書いてありますが、あるページでの滞在時間は「そのページの次のページを開いた時間−そのページを開いた時間」で見ています。このような仕様のため、最後に見たページの滞在時間は把握できず、滞在時間の中にはカウントされません。

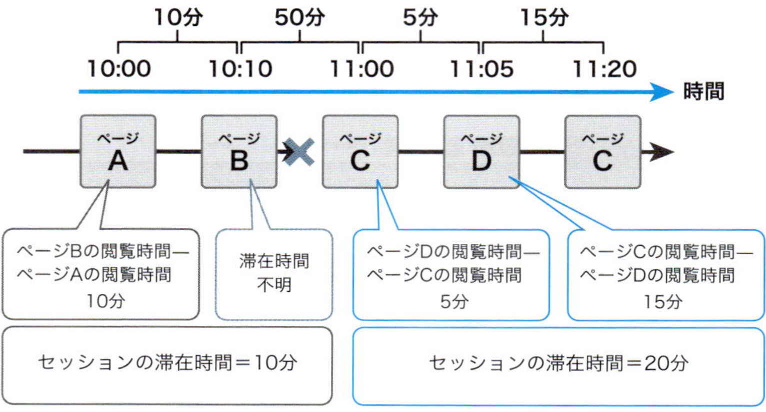


下記のような4つの訪問があった場合の数値は以下の通りとなります（色が同じ＝同じユーザーです）。

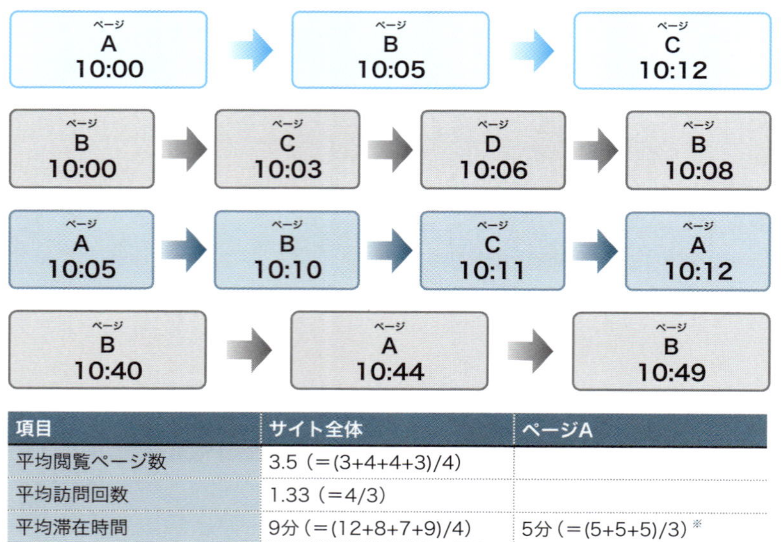


| 項目 | サイト全体 | ページA |
|---|---|---|
| 平均閲覧ページ数 | 3.5（＝(3+4+4+3)/4） | |
| 平均訪問回数 | 1.33（＝4/3） | |
| 平均滞在時間 | 9分（＝(12+8+7+9)/4） | 5分（＝(5+5+5)/3）※ |

※ページAは4回表示されているが、3個目の訪問は最後のページなので母数には含めないで計算されるため、分母は3となります。

## 6. ランディングページ

**サイトで最初に訪れたページ**を指します。そのため、Webサイトを構成する全てのページがランディングページの対象となり

えます。あるページが最初だった回数をランディングページ数あるいは閲覧開始数と言います。現在のWeb業界では以下のように大きく分けて2つの意味を持ち、Google アナリティクスでは前者の意味合いで利用されています。

1. セッションで最初に閲覧されたページ
2. サービスの特徴が1ページでわかり、そこからすぐに申し込みができる機能を持ったページ

## 7. 直帰率

サイトを訪問して**1ページのみを閲覧し、そのまま離脱**してしまった訪問の割合です。計算式は以下の通りとなります。

**直帰率**＝直帰数÷セッション数（サイト全体の直帰率を見る場合）あるいは閲覧開始数（ページ単位の直帰率を見る場合）

10回訪問があって、そのうち4回が1ページだけ見て帰ってしまった場合、直帰率は4÷10で40%となります。サイトの第一印象が最も現れる数値で、ほとんどの場合は「高い＝悪い」という数値です。サイト全体あるいはページ単位の直帰率をGoogle アナリティクスでは確認することができます。

## 8. 離脱率

サイトを訪問し、**閲覧したページが最後だった割合**になります。計算式は以下の通りとなります。

**離脱率**＝該当ページの離脱数÷該当ページのPV数

離脱率はページに対する指標です。離脱率には直帰率の値も含む形となります。直帰率と違うところは、ユーザーは必ずページを離脱するので、離脱率が高いからといって悪い指標とは一概に判断できないところです。

## 9. 遷移率

Google アナリティクス固有の用語ではありませんが、アクセス解析全般で利用されています。**あるページからあるページに移動した割合**を指します。例えばページAが100回表示され（＝ページビュー数が100）、そのうち20回が次にページBを見た場合、「ページAからページBへの遷移率」は「20/100＝20%」となります。分子の20は遷移数という表現で言うこともあります。

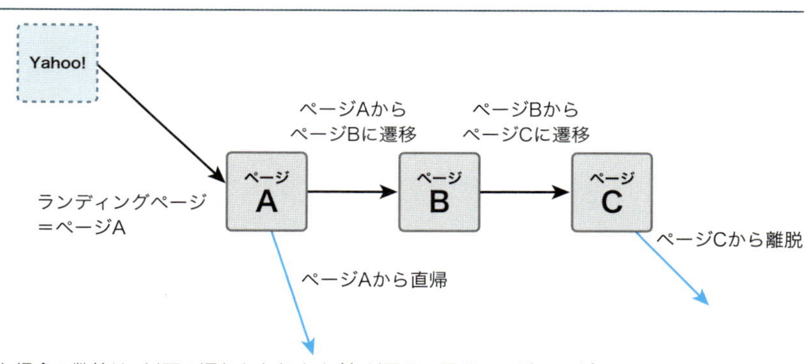


下記のような4つの訪問があった場合の数値は、以下の通りとなります（色が同じ＝同じユーザーです）。

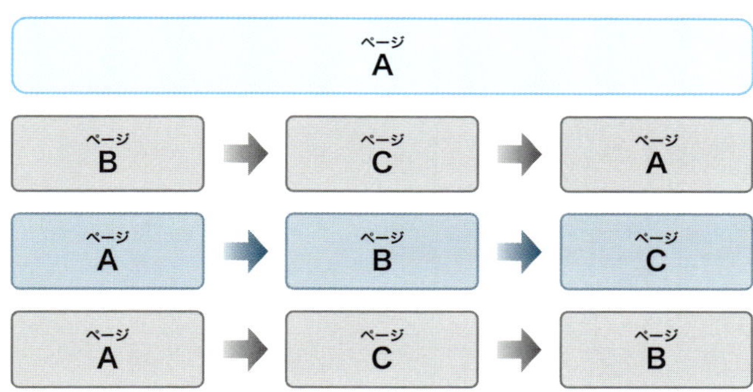

| 項目 | ランディングページ数 | 直帰率 | 離脱率 | ページBへの遷移率 |
|---|---|---|---|---|
| サイト全体 | 25%（＝1/4） | | | |
| ページA | 3 | 25%（＝1/4）*1 | 50%（＝2/4）*1 | 25%（＝1/4）*2 |

※1：直帰率は「直帰数÷セッション数」、離脱率は「離脱数÷ページビュー数」と分母が違います。今回の例はページAのページビュー数・訪問数ともに同じですが、違う場合は正しい指標を使いましょう。

※2：一番下の訪問は間にCページを挟んで遷移していますが、遷移率は基本すぐ次のページで見るため3番目の訪問のみがページAからページBに遷移していると考えます。

## 10. 新規訪問

サイトに流入してきた訪問の内、**初めての訪問**だった数を指します。「新規訪問÷セッション数」で「新規率」と割合で表示することもあります。新規・リピートの判定はCookieがあるかないかで判別されます。また前回の訪問が2年以上前の場合は、Cookieが残っていても新規として扱います（Google アナリティクスの仕様で、ツールによって違います）。

## 11. リピーター

**２回目以降の訪問**数になります。「リピーター数÷セッション数」で「リピート率」と割合で表示することもあります。「新規訪問＋リピーター＝サイト全体」の訪問となり、「新規率＋リピート率」は100%になります。

## 12. コンバージョン率（略称：CV率、CVR）

コンバージョンとは**サイトにおけるゴール**の事を指します。サイト上でユーザーに行ってもらいたい行動で、商品購入・会員登録・お問い合わせなどが該当します。Google アナリティクスでは、目標設定機能を使ってコンバージョンを設定することができます。逆に目標設定を行わないと、コンバージョン率をGoogle アナリティクスでは見ることができません。コンバージョン率は以下の式で計算されます。

**コンバージョン率**＝コンバージョン数÷全体のセッション（訪問数）

コンバージョン数はGoogle アナリティクスで設定した目標の訪問回数になります。ページビュー数ではないため、1回の訪問で3回資料請求を行ったとしても、コンバージョン数は1としてカウントされます。これは重複カウントをすることでコンバージョン率が100%を超えないようにするための処置です。

なおGoogle アナリティクスでは複数目標を設定することができ、1回の訪問でそれぞれの目標を1回ずつ達成した場合は、それぞれの目標で1としてカウントされます。

下記のような4つの訪問があった場合の数値は以下の通りとなります（色が同じ＝同じユーザーです）。

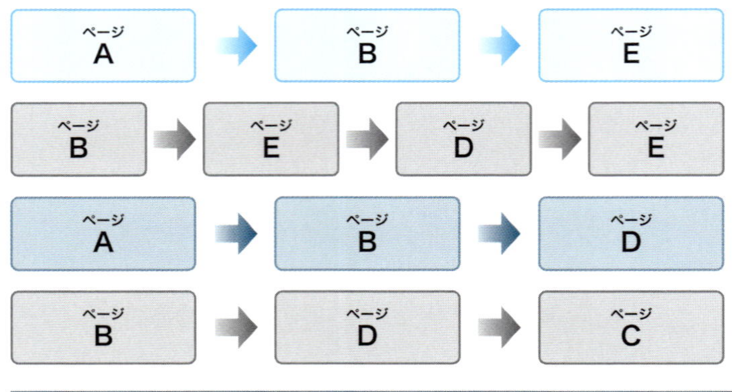


| 項目 | コンバージョン数 | コンバージョン率 |
|---|---|---|
| コンバージョン＝D | 3 | 75% |
| コンバージョン＝E | 2 | 50% |

## 13. eコマース

Google アナリティクスの設定とタグの追加を行うことにより、Google アナリティクス上でサイト全体の売上、商品ごとの売上、平均購入単価、平均購入個数などを見ることができるようになります。これら**売上に関するレポートや機能の総称**がeコマースです。

実装を伴うため、エンジニアの協力が必要なケースが多いですが、取得をすることにより「購入完了」ではなく「30,000円の購入」と「3,000円の購入」という形で成果に重みづけができるようになります。

## 14. トランザクション数

**eコマース利用時のコンバージョン数**の事を「トランザクション数」と言います。コンバージョン数と違い、同じ訪問で2回購入を行った際にも、1回ではなく2回としてカウントされます。また、関連する指標として「固有の購入数」「数量」というデータもあります。

**トランザクションの例**

1回目の購入……商品A＝1個、商品B＝2個
2回目の購入……商品A＝3個、商品B＝2個

この場合のトランザクション数は2、固有の購入数は4、数量は8となります。トランザクション数は購入回数、固有の購入数は何種類の商品を購入したかの累計（2+2）、数量は購入した商品の数（1+2+3+2）となります。

**参考：eコマースのレポート**

## 15. ディメンション

Google アナリティクスのレポートの多くは「ディメンション」と「指標」の表形式で表示されます。ディメンションとは「**レポートの切り口**」を意味します。❶左側の枠で囲んだ部分がディメンションです。ディメンションの例としては「ページ」「流入元」「デバイス」「訪問回数」「ブラウザ」「キーワード」などがあります。

❶ディメンション　❷指標

| ページ | ページビュー数 | ページ別訪問数 | 平均ページ滞在時間 | 閲覧開始数 | 直帰率 | 離脱率 |
|---|---|---|---|---|---|---|
| | 10,699<br>全体に対する割合: 100.00% (10,699) | 9,130<br>全体に対する割合: 100.00% (9,130) | 00:04:00<br>ビューの平均: 00:04:00 (0.00%) | 7,429<br>全体に対する割合: 100.00% (7,429) | 76.77%<br>ビューの平均: 76.77% (0.00%) | 69.44%<br>ビューの平均: 69.44% (0.00%) |
| 1. /entry/2015/04/26/135534 | 1,173 (10.96%) | 1,103 (12.08%) | 00:08:03 | 1,095 (14.74%) | 92.82% | 92.84% |
| 2. /entry/20131118/p1 | 1,164 (10.88%) | 873 (9.56%) | 00:03:27 | 752 (10.12%) | 66.45% | 61.00% |
| 3. /entry/20131105/p1 | 867 (8.10%) | 688 (7.54%) | 00:06:14 | 511 (6.88%) | 64.38% | 57.90% |
| 4. / | 646 (6.04%) | 540 (5.91%) | 00:01:00 | 480 (6.46%) | 66.46% | 61.46% |
| 5. /entry/20131224/p1 | 532 (4.97%) | 442 (4.84%) | 00:04:28 | 340 (4.58%) | 61.10% | 56.77% |
| 6. /entry/20140126/p1 | 412 (3.85%) | 346 (3.79%) | 00:02:39 | 256 (3.45%) | 67.05% | 58.74% |
| 7. /entry/20100104/p1 | 356 (3.33%) | 299 (3.27%) | 00:03:56 | 272 (3.66%) | 72.53% | 78.65% |

## 16. 指標

ディメンションに対して**紐づく数値**が「指標」となります。上記の図で言うと、❷の枠で囲んだ部分が指標です。上記の例の場合は、ページ（ディメンション）ごとのページビュー数（指標）という形になります。Google アナリティクスでは任意に表を作成できる「カスタムレポート」機能というものがありますが、その時に「ディメンション」や「指標」を選んで表を作成します。

**その他の例**

- ランディングページ（ディメンション）の直帰率（指標）を知りたい
- 記事ページ（ディメンション）のコンバージョン率（指標）を知りたい
- 商品ごとに（ディメンション）のトランザクション数（指標）を知りたい

指標の例には「ページビュー数」「ユーザー数」「直帰率」「新規率」「コンバージョン数」「コンバージョン率」などがあります。

## 17. 参照元

サイト外から入ってきた時に、**流入してきたサイトのドメイン**を表します。例えば「https://test.com/test.html」からサイトに流入してきた場合、参照元は「https://test.com」になります。アクセス解析全般では「リファラー」という言い方をすることがあります。Google アナリティクスでは、参照元をグルーピングして表示することもあります。大きく分けると「チャネル」「参照元」「メディア」「参照サイト」の4つとなります。それぞれの分類の違いに関しては、Section2-1➡**P.66**で詳しく触れていますので、あわせてご確認ください。

## 18. 広告パラメータ

サイト外から流入してきた時にどのサイトや広告から流入してきたかを特定するために、URLに「パラメータ」を付与します。パラメータとは**URLについている「?」以降の部分**を指します。

**パラメータの例**
https://test.com/tokushu.html**?utm_source=social**

上記のようなURLがあった場合、「?」以降全体がパラメータとなり、「utm_source」の部分を「パラメータ名」、「social」の部分を「パラメータ値」と呼びます。Google アナリティクスでは、広告の測定を行うために専用の「パラメータ名」が用意されています。パラメータの種類と使い方に関しては、Section2-2➡**P.70**で詳しく触れていますので、あわせてご確認ください。

## 19. イベント

Google アナリティクスは基本ページ単位でデータを見ます。しかし、ユーザーのサイト内の行動は必ずしもページの閲覧だけではありません。ファイルのダウンロードや外部リンクのクリック、動画の再生やファイルの閲覧、スクロール量といった**ページに依存しない行動もあります。これらを取得するために用意されているのが「イベント」機能**です。イベント機能を使ってデータを取得する際には実装を伴うことがほとんどです。

イベントに関しては、Section6-1➡**P.266**で詳しく触れているので、あわせてご確認ください。

## 20. カスタムディメンションとカスタム指標（2つを総称して「カスタム定義」）

Google アナリティクスで取得しているディメンションと指標以外で、**独自にデータを取得したい場合に利用できる機能**です。ユーザーが能動的に行動していない際に利用します。取得項目例としては「ログイン・未ログイン」「閲覧している求人案件の職種」「所持ポイント数」「累計ログイン回数」「記事のライターID」などが挙げられます。

カスタムディメンションとカスタム指標を使ってデータを取得する際には、実装を伴うことがほとんどです。Section6-6➡**P.285**で詳しく触れているので、あわせてご確認ください。

## 21. クライアントIDとUser-ID

クライアントIDはGoogle アナリティクスがブラウザに対して発行する、重複しないID群を指します。Cookieに保持されているユーザーを特定するためのIDの名称です。値は「ユーザーエクスプローラ」(➡P.342) レポートから確認することができます。

User-IDは、Google アナリティクスに対して付与できるディメンションの一種です。会員IDなどを設定すると、同一人物がPCやスマートフォンで同じWebサイトを閲覧していることを特定できるようになり、より正確なユーザー数を確認したり、デバイス間での重複利用率を見たり……といった事が可能となります。User-ID自体はGoogle アナリティクスが発行するものではないので、自分で設定する必要があります。

User-ID機能に関しては公式ヘルプもあわせてご覧ください。

● **User-ID 機能について**
**https://support.google.com/analytics/answer/3123662?hl=ja**

## 22. セグメント

Google アナリティクスでは、レポートの数値を**特定の条件で絞り込む機能**のことを指します。様々な分析軸（ユーザー、デバイスなど）を活用することで、コンバージョン率の高いセグメントを見つけ出すことができます。代表的なセグメント例は「デバイス別」「流入元別」「新規・リピート」などが挙げられます。

Google アナリティクスの標準では、22種類のセグメントが用意されています。

| 標準セグメント | | | |
|---|---|---|---|
| 達成セッション | 達成ユーザー | 未達成ユーザー | トランザクション発生 |
| 購入したユーザー | ノーリファラー | 検索トラフィック | 参照トラフィック |
| 自然検索トラフィック | 有料のトラフィック | タブレット | タブレットとPC |
| モバイル | モバイルとタブレット | リピーター | 新規ユーザー |
| サイト内検索 | すべてのセッション | シングルセッション | マルチセッション |
| 直帰セッション | 直帰以外セッション | | |

また標準のセグメントとは別に、Google アナリティクスで取得されているディメンションと指標を使って自由にセグメントを作成することも可能です。本書ではいろいろなレポートでセグメントを活用しています。Google アナリティクスの最も重要な機能です。

## 23. サンプリング

ローデータ（母集団）から一部のデータのみを抽出し、その**一部のデータから全体の値を推定する**事を指します。サンプリングで集計している時は、必ずしも実数と合わないことがあります。Google アナリティクスでは、サンプリングが発生する条件として、セッションデータが50万件を超えた場合や、下記の条件を満たした場合に発生します。

**サンプリング発生条件**

- アドバンスセグメントやセカンダリディメンションなど複雑な条件下でレポートを使用した場合
- カスタムレポートで、標準レポートにないディメンションや指標の組み合わせを設定した場合

サンプリングがかからないようにするためには、データの集計期間を短くするといった工夫が必要となります。あるいは有料版である「Google アナリティクス360」を利用すると、サンプリングがかからなくなります。

Google アナリティクスのレポートでサンプリングが発生した場合は、そのパーセンテージがレポート上部に表示されます。右図のレポートでは全データの2.04%のデータが利用され、100%になるように割り返しています。

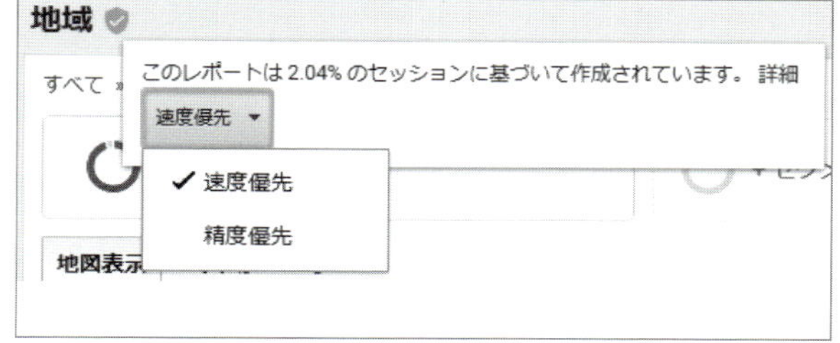

## 24. (not provided)

Google、Yahoo!、Bingなどの主要検索エンジンからの流入時に、検索キーワードを取得することができません(Google アナリティクス固有の問題ではなく、検索エンジン側が送ってくるデータの仕様上そうなっています)。この時、検索キーワードのレポートを見ると❸「(not provided)」というデータが存在します。これは「**検索エンジンから来たけど、キーワードが取得できなかった**」という事を表しています。

## 25. (not set)

**参照元の情報が取得できなかった場合や、検索エンジンの検索結果のページ以外からの訪問**の場合に❹「(not set)」として表示されます。検索キーワード以外のレポートなどでも値が正しく設定されていない場合に表示されることがあります。

| キーワード | ユーザー獲得 | | | 行動 | | |
|---|---|---|---|---|---|---|
| | 訪問数 | 新規訪問の割合 | 新規訪問数 | 直帰率 | 訪問別ページビュー | 訪問時の平均滞在時間 |
| | 5,856,068<br>全体に対する割合:<br>46.52% (12,586,948) | 27.55%<br>サイトの平均:<br>29.67% (-7.16%) | 1,613,295<br>全体に対する割合:<br>43.19% (3,735,032) | 59.27%<br>サイトの平均:<br>54.23% (9.31%) | 2.47<br>サイトの平均:<br>2.87 (-14.18%) | 00:02:25<br>サイトの平均:<br>00:03:22 (-28.25%) |
| 1. (not provided) ❸ | 2,575,045 | 29.93% | 770,639 | 63.53% | 1.64 | 00:01:45 |
| 2. (not set) ❹ | 303,090 | 1.46% | 4,425 | 35.75% | 7.92 | 00:05:49 |
| 3. 芸能ニュース | 67,861 | 13.63% | 9,252 | 29.30% | 5.04 | 00:04:20 |

### Column 参考サイト

GoogleはGoogle アナリティクスに関する様々な情報を発信・ディスカッションする場を用意しています。ぜひ皆さんも活用してみましょう。筆者は、まずわからないことがあったらこれらの公式サービスでチェックを行うようにしています。

#### ■1. アナリティクス 公式ブログ

最新の機能や情報・事例に関してはブログで紹介されています。(大きな)仕様変更なども時々発表されます。日本語と英語で内容が違うため、それぞれのブログをチェックしておくことをオススメします。基本、日本語の記事の多くは、英語記事が数日後に翻訳され掲載されることが多いです。

日本語版 https://analytics-ja.googleblog.com/

英語版 https://www.blog.google/products/marketingplatform/analytics/

※QRコードは日本語版です

#### ■2. アナリティクス ヘルプセンター

仕様や機能、レポートの使い方に迷ったら、まずはサポートで確認することを強く推奨します。Google アナリティクスの各種内容から、Google アナリティクス向けのGoogleタグマネージャーの説明、Google アナリティクス プレミアム360についても情報が提供されています。サイト内検索で調べたいキーワードを入力して、タイトルを見て参考になる内容がないかを筆者は確認しています。

次ページへ続く

日本語版 https://support.google.com/analytics/?hl=ja

英語版 https://support.google.com/analytics/?hl=en

※QRコードは日本語版です

### ■3. Google アナリティクス　公式コミュニティ

主にユーザー同士でGoogle アナリティクスに関するやりとりを行うところです。質問をしたり、回答をしたりすることができます。質問をされる際には、事前にヘルプなどを確認して望む答えがないかを先に確認しておきましょう。2020年6月時点では英語版のみ用意されています。

https://support.google.com/analytics/community/

### ■4. Google Developers | Google アナリティクス

開発者向けのヘルプや情報リソースになります。実装面やAPIについて確認したい場合はこちらのサイトを確認しましょう。アプリやMeasurement Protocolなどは本サイトが最も役に立ちます。また本サイト内にある Google Analytics Demos & Tools（下記URL参照）はAPIにリクエストをテストしたり、Google アナリティクスの各変数の定義を確認したりすることができるなど、便利なツール群がまとまっています。

日本語版
https://developers.google.com/analytics/

Google Analytics Demos & Tools
https://ga-dev-tools.appspot.com/

※「Google Developers」（英語版は上記URLからアクセスし、ページ下部の言語切り替えで、「English」を選んでください。QRコードは日本語版です）

### ■5. Google Analytics Academy

Google アナリティクスを中心とした知識の習得を動画で得ることができます。短時間で見られる数多くの動画が用意され、英語が理解できれば非常に便利なコンテンツです。Google アナリティクスの資格「GAIQ」は、本動画で説明されている内容から主に出題されるようです。ちなみに試験は無料で（かつ日本語で）以下のURLから受けることが可能です。

日本語版
https://analytics.google.com/analytics/academy/

GAIQ
https://skillshop.exceedlms.com/student/path/2949-google-gaiq

※「Google Analytics Academy」は上記のURLからアクセスし、ページ下部（スマートフォンは左上）の言語切り替えで、「English」を選んでください（QRコードは日本語版です）

### ■6. 各種ソーシャルメディア・ネットワーク

基本、英語版のみになりますが、Google アナリティクス公式のアカウントとして以下のソーシャルメディアで情報発信などを行っています。

YouTube
https://www.youtube.com/user/googleanalytics

LinkedIn
https://www.linkedin.com/showcase/google-analytics/

次ページへ続く

Facebook
https://www.facebook.com/GoogleAnalytics/

Twitter
https://twitter.com/googleanalytics

## ■7. Google アナリティクス　アプリ

最後に公式のスマートフォンアプリが便利なので紹介しておきます。それぞれのスマートフォンOSで利用することができます。Webサイトの画面とはまた違ったレイアウトや見せ方になっており、数値をさくっと確認するには非常に便利です。

Google Play
https://play.google.com/store/apps/details?id=com.google.android.apps.giant&hl=ja

App Store
https://apps.apple.com/jp/app/google-analytics/id881599038

## Webアナリストとしてさらに成長をしたい皆様に向けて

# 終章
# アナリストに必要な5＋1の能力

本書ではGoogle アナリティクスを中心に様々なツールや分析・改善の考え方を紹介してきました。終章として、Webアナリストの方やWebアナリストの業務に興味を持っていただいた方、あるいは業務の一部としてWebサイトの分析やレポーティングを行う方に、**アナリストにとって必要な「5＋1」の能力とその伸ばし方**を紹介して終わります（図1）。

どの能力も大切かつ、自社あるいはお客様のサイトで結果を出すことに繋がりやすく、そしてそれが皆さんのさらなる評価や知見に繋がっていきます。既に身につけている力もあれば、自分は確かに「ここは弱い」というものもあるかもしれません。ぜひ、どこを伸ばせば良いかを考えながら読んでいただければ幸いです。

図1　Webアナリストに必要な5＋1の能力

設計力
仮説力
施策実行力
情報収集力
情報発信力
稼いでもらう
Agile

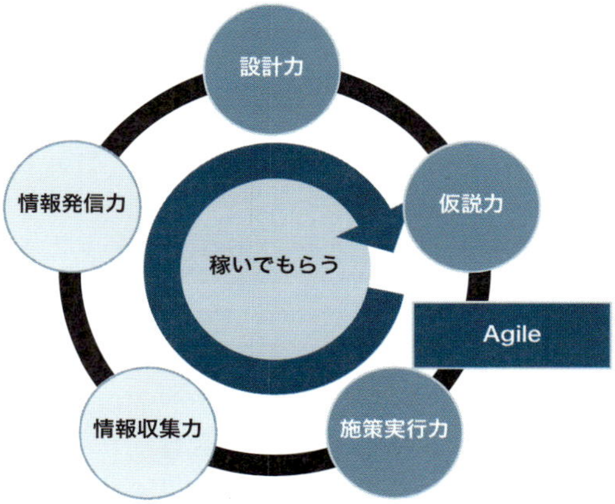

この5＋1の能力を改善のプロセスに落とし込むと、図2の通りになります。

5＋1の能力を説明するにあたり、**「DMAIC」と「PDCA」**も紹介しながら説明していきます。

図2　DMAIC・PDCAと5＋1の力の関係

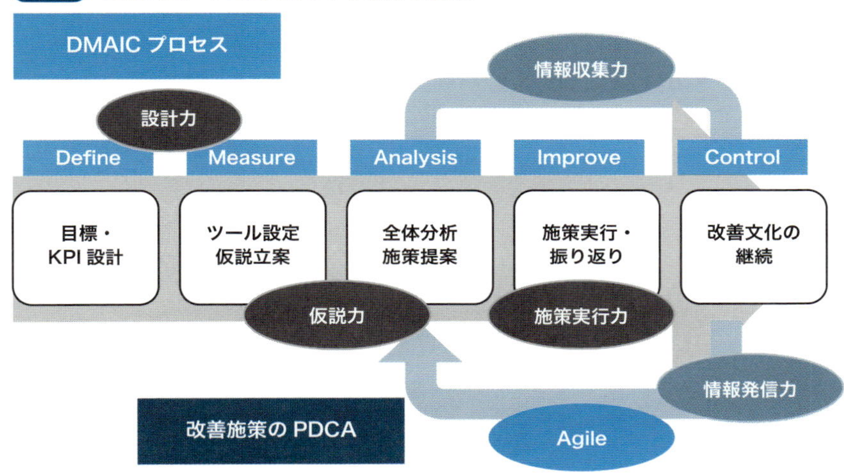

## DMAIC（デマイック）とは？

DMAICプロセスは、「シックスシグマ」という品質管理・経営手法の中で取り上げられている改善の方法論の一つです。興味がある方はぜひシックスシグマについて紐解いていただければと思いますが、ここではDMAICの意味を簡単に紹介します。

### Define：定義

最初のステップは「定義」です。つまり何を目指すべきなのか、それをどのように実現するのかを整理するステップになります。5＋1の能力で言うと「**設計力**」がこのステップに当てはまります。

## 1. 設計力

**Webサイトのゴールや KPIなど目指すべき方向を決めるための力**。また、それらの数値を取得・分析するためにどのようなツールで、**どういったデータを取得するべきかを決めて（必要に応じて）実装をするための力**。「登る山を決める」「登り方を決める」「登る準備を行う」という内容になります。



登る山（ゴール）と登り方（KPI）を決める方法は多種多様あります。有名なものでいえば、3C（Customer / Company / Competitor）分析・4P（Product / Place / Promotion / Price）分析といったフレームワークもありますし、カスタマージャーニーなどの考え方もあります。これらについては、拙書『Webサイトの分析・改善の教科書』（マイナビ出版）や『入門 Web分析論：増補改訂版』（SBクリエイティブ）でも紹介しています。

なおKPI設計において大切なのは「SMART」の条件を満たすことです（**図3**）。

図3 SMART

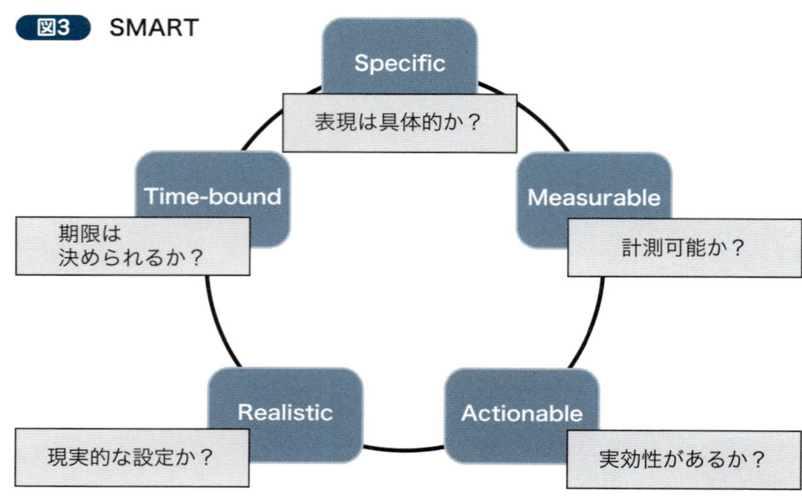

これは「Specific（具体的）」「Measurable（計測可能）」「Actionable（実行可能）」「Realistic（現実的）」「Time-bound（期限）」の頭文字をとったもので、良いKPIはこの5つの条件を満たすという考え方です。

「設計力」を身に付けるためには、サイトのゴールやKPIを決めるプロセスに関わることが大切です。また、他のサイトの事例や、「自分だったらどういうKPIを設定するか？」を考えてみるのもトレーニングになります。

## Measure：計測

ゴールやKPIを分析・改善するためには可視化が欠かせません。ここでは4つの内容を決めましょう。

1. ゴールとKPIはどのように取得するのか
2. ゴールとKPIをどの内訳で見る必要があるのか（デバイス・流入元など）
3. どのツールを使ってデータを取得するのか
4. ツールをどのように設計すればデータが取得できるのか

取得するべきデータを整理した一覧表を作成することをオススメします（図4）。

**図4　データ取得表**

| 項番 | レポート名 | 取得目的 | 報告頻度 | 項目頻度 | 表示方法 | 目標有無 | 目標値 | ソース | 取得方法 | 取得担当 | 備考 |
|---|---|---|---|---|---|---|---|---|---|---|---|
| 1 | 【KGI】ウェブサイト経由の有効商談数 | KGIとしてウェブサイトの価値を計測するために取得。 | 月 | 月及び週 | 積み上げ式棒グラフ（ウェブサイト経由の有効商談 及び他媒体経由の有効商談数） | 有 | 月間9件の有効商談を獲得する（年間108件） | 自社DB及びGoogleアナリティクス | 自社DBの中で、初回流入がウェブになっているものを計測 | Aさん | 営業の入力が必要となるため、入力率アップが鍵。あるいはお問い合わせとの係数を一度算出し、同数値を同じ年度内は利用する |
| 2 | 【KPI】コーポレートサイトの訪問者数 | コーポレートサイトに訪れた人数を確認。見込み客を増やす。 | 月 | 月及び週 | 棒（過去2年の実績）及び折れ線（前年同月比率） | 有 | 月間5万訪問（昨年の平均が3.5万訪問） | Google アナリティクス | ユーザー＞サマリーの中から訪問者のグラフを選択 | Bさん | IPを元に企業名の逆引きが行えるツール（どこどこJPやUser Insightなど）を導入した場合はKPIはよりビジネスにマッチした「来訪企業数」を設定する。更にその中で売上高●億円以上といった絞り込んでのゴール設定も可能 |
| 3 | 【KPI】コーポレートサイト経由のお問い合わせ件数 | お問い合わせ件数が増えれば増えるほど、KGIの達成に繋がるのでウェブサイト向けの先行指標として設定する | 月 | 月及び週 | 棒（過去2年の実績）及び折れ線（前年同月比率） | 有 | 月間30件のお問い合わせを獲得する（年間360件） | Google アナリティクス | コンバージョン＞サマリーのレポートから該当情報を取得する | Bさん | Googleアナリティクスではなく事業DBからの取得も可。今回はボリュームの観点からお問い合わせ件数全体をKPIとして設定しているが、有料集客を除いた件数での設定のほうが事業コンディションを考えると望ましい。そのため件数が増えてきたら有料集客なしでの目標設定を行なう |
| 4 | 【KPI】業種別サイトのコンテンツ閲覧回数 | コンテンツ閲覧が増やすことによって、メールや電話でのアプローチ対象や、お問い合わせの確率を増やす | 月 | 月 | 積み上げ式棒グラフ（各サブサイトごとにレポートを作成） | 有 | アプローチ対象である「月間3回以上の訪問者」を全訪問者の50%以上にする（現在は35%） | Google アナリティクス | ユーザー＞ユーザーの行動＞リピートの回数や間隔 のレポートより取得 | Bさん | コンテンツの閲覧回数で取得をしたい場合は、カスタム変数などの実装が必要となる |
| 5 | 【関連指標】NEXLINKのコンテンツ訪問者数 | 重要商品である「NEXLINK」の閲覧人数を把握。サイトに訪れる人が増えても、ここが伸びないとビジネスにつながりにくい | 月 | 月 | 棒（訪問者数）及び折れ線（前訪問者のうち閲覧している人数の割合） | 無 |  | Google アナリティクス | コンテンツ＞サイトコンテンツ＞ページより対象ディレクトリーの検索を行なう | Bさん | こちらも項番2と同様、閲覧企業数にする事が可能であれば、企業数にする。 |
| 6 | 【関連指標】NEXLINK閲覧訪問の流入元分析 | 流入元を把握することで、どのような流入元あるいはキーワードを強めればより訪問者が増えるかを見つけることが可能になる | 月 | 月 | 積み上げ式棒グラフ | 無 |  | Google アナリティクス | トラフィック＞参照元＞すべての参照元より取得 | Bさん | 流入元の分類は実施出来る施策単位にする |
| 7 | 【関連指標】業種別サイトからコーポレートサイトへの送客回数（訪問回数） | 業種別サイトで理解を進めた上で、より詳しい商品情報を見てくれる訪問を特定する | 月 | 月 | 棒（送客回数）及び折れ線（送客率） | 無 |  | Google アナリティクス | トラフィック＞参照元＞すべての参照元から業種別サイトのドメインをカウントする。送客率は業種別サイトの訪問回数を分母として計算する | Bさん | Googleアナリティクスのプロファイルがコーポレートサイトと業種別サイトで分かれていることが前提の取得方法。分かれていない場合は、ユーザーフローを利用したデータを取得する |
| 8 | 【関連指標】商談数→有効商談数→受注数の回数と遷移率 | お問い合わせ後に行われる商談から受注までの数と割合を把握し、係数の理解や売上インパクトの参考に利用する | 3ヶ月 | 3ヶ月 | フローチャート（各ステップの媒体別発生回数と遷移率を表す） | 無 |  | 自社DB | 自社DBより取得 | Aさん | 可能であれば各種媒体別の数を取得する。貢献ルール（分配モデル）を事前に決めておく必要が有る。 |
| 9 | 【関連指標】売上・コスト・利益額の割合と推移 | 各獲得媒体別の数値を把握し、全体のトレンドや割合を確認し、今後の重点領域を決める | 3ヶ月 | 3ヶ月 | 折れ線グラフ（売上・コスト・利益の推移） 及び 別グラフで売上貢献比率（本書内グラフ参照） | 無 |  | 自社DB | 自社DBより取得 | Aさん | 各種媒体別以外に合計のグラフも作成を行なっておく |

ここでも必要な能力は「設計力」になります。後の分析を行いやすくするために、どういったデータを取得するのかを考える必要があります。一番参考になるのは、他のサイトがどのようにデータを取得しているかの知見を貯めることです。ツールの知識も必要になってくるので、一筋縄にはいきませんが、正しいデータが取得できなければその後の分析や気付きの精度も落ちてしまう大切なプロセスです。

## Analyze：分析

ツールを活用して分析を行い、サイトの課題や特徴を発見し、KPIとゴールを増やすための改善案を考えていきます。分析において最も大切なのは「**仮説力**」です。

## 2. 仮説力

Webサイトを利用しているお客様の事を理解する、あるいはユーザーとしてサイトを（同業他社も含め）利用することで、**分析の方針や方向性を決めるための力**。データはなんとなく眺めても気付きが無いので、「こういったデータを分析する」を決める必要があります。例えば「ランキングが各ページの目立つ位置に置いてある」→「利用率は？　利用するとコンバージョン率に良い影響があるのか？」といった形です。伸ばすためには、仮説を出すアイデア、分析プロセスとツールでできることの理解が重要になってきます。

例を見てみましょう。

### ■数値からの事実

- 転職サイトで、求人案件を「お気に入り」に入れている人は訪問の5%
- 「お気に入り」に入れた人の内、「お気に入り一覧」を見ている人は10%

上記だけでは事実の説明で終わってしまいます。この事実に対して「ゴール」にどういう影響を与えているかを確認しましょう。

### ■追加の事実

- 「お気に入り一覧」を見る人は、見ない人と比べてコンバージョン率が4倍高い
- しかし現在は「お気に入り」に追加しても、「お気に入り一覧」を見に行く人が１割しかいない

この事実に対して気付きと改善案を追加します。

### ■気付きと改善案

求人案件を「お気に入り」に入れたのはよいが、ハンバーガーメニュー（スマホでよく見る横３本線のUI）の中にあり、「お気に入り一覧」がどこにあるか気付けない人が多いのではないか。同業他社を見ると、お気に入り追加時にモーダルで「ここに入っていますよ」というのを案内しています。我々のサイトでもそのような「お気に入り一覧」がどこにあるかをわかりやすく見せてあげる必要があるのではないか？

分析のプロセスに関しては序章➡P.13、改善の考え方に関しては第9章➡P.373で紹介しています。まずは、紹介された分析や改善プロセスをなぞってみて、その中で自分なりの手法を作っていくことをオススメします。

### Improve：改善

得られた気付きを元にサイトの改善を行っていくというプロセスです。当たり前ですが、改善を行うためには何かしらの施策を行う必要があります。5+1の能力の３つ目、「**施策実行力**」が当てはまります。

## 3. 施策実行力

**分析を行い改善案が生まれても、施策がサイトに反映されなければサイトは改善しません。**Webアナリストの役割はビジネスに貢献することですので、この施策実行力は大切な能力です。Webアナリスト自身が施策を実行することはないので、厳密には「施策実行（してもらう）力」です。この力は2つに分けることができます。

まずは、**実行される可能性が高い（かつ効果出る）施策を考えるための力**が必要です。改善案をどのように考えるかという引き出しや手法が重要です。こちらも９章で紹介をしています。次にそれをわかりやすく・説得力をもって伝えるための力が必要です。レポーティングやコミュニケーション能力が求められます。どういう風に伝えるとお客様や上司が実行の判断をしてくれるのか。何が刺さるのかを考える必要があります。

レポーティングに関しては拙書『Web分析レポーティング講座』（翔泳社）にて本１冊かけてヒアリング・レポート作成・グラフの作り方・施策を動かす方法などを詳しく説明しています。

また、**施策を実行しやすくするためのツールや環境を整えることも求められる力の一つ**です。筆者は「アクセス解析ツール」「ABテストツール」「ヒートマップ」「タグマネジメント」のツールを4種の武器として活用する事をオススメします（図5）。

**図5　4種の武器**

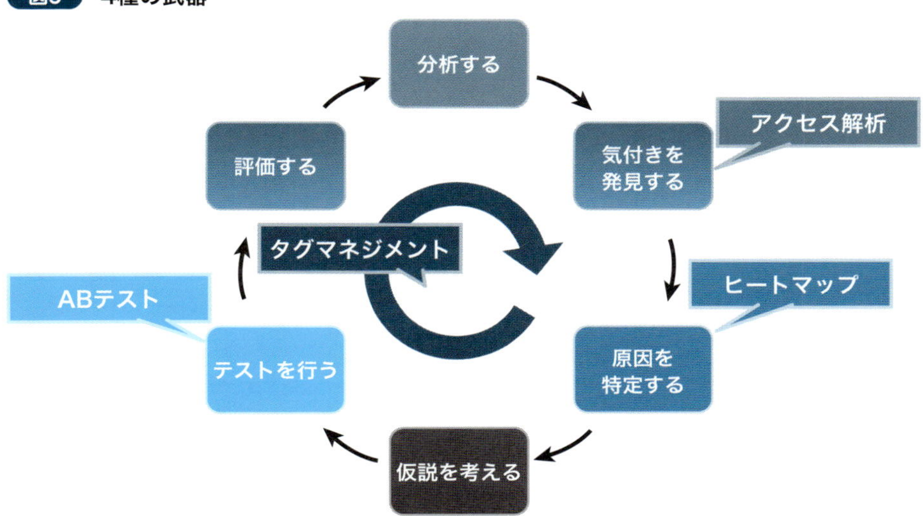

またあわせてこのステップで求められるのが「**情報収集力**」です。

## 4. 情報収集力

**社内・業界内(あるいは業界の周辺)の情報はキャッチアップ**をしておく必要があります。全てを理解する必要はありませんが、自分や会社の状況の基準にあわせて必要な情報かを判断する能力は大切です。自分の業務の効率化、ビジネスの改善に繋がるかもしれません。アクセス解析系のイベントやセミナーに参加したり、ブログやメールマガジンに登録したりすることも大切です。

また**社内やお客様の情報収集も必要**になります。分析のネタや改善にチャンスを拾えるようになると、貢献度を増すことができます。

Webマーケティング業界の情報・知識は多岐に渡ります(**図6**)。どのような情報を収集するのか、自分の業務と関連度合いと得意・不得意で決めると良いでしょう。背景を塗ってあるボックスが筆者が所持している主なスキルや領域になります。

**図6** 「アクセス解析」から見たWebマーケティングの知識マップ

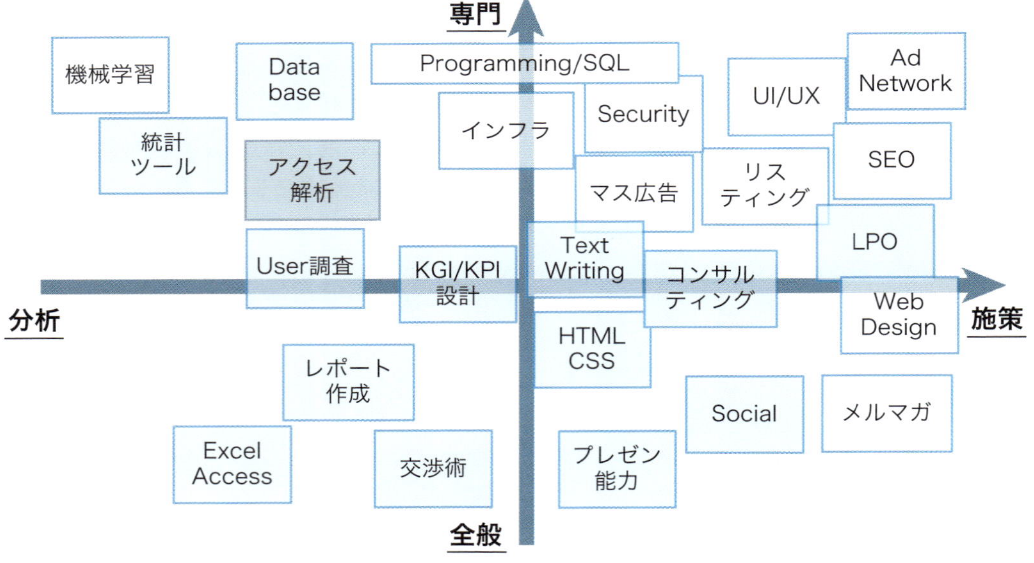


**縦軸**：専門性が高いOR他業務でも活用できる／**横軸**：分析よりの内容か、施策よりの内容か

### Control：継続

DMAICの最後のプロセスは、「Control」です。これは継続的にかつ管理下におかれた状態で改善プロセスが行われていることを指します。改善は継続的に行うことから「PDCA」サイクルのフレームワークが良く利用されています。

サイト改善におけるPDCAは次の通りです。Planで施策を考えて、Doで施策を実行し、Checkで行った施策の評価を行い、Actionで気付きを見つけ、そこから次のPlanに繋がるヒントを発見する──これを繰り返すことで、効率よく改善を行っていくという考え方です。

このプロセスを繰り返しながら、四半期や半年に1回、ゴールやKPI自体を見直していくことが大切です。本プロセスを回すために重要なのが「**情報発信力**」です。

## 5. 情報発信力

**「情報発信する人に情報が集まる」**と私は考えています。**社内外で行った取り組みや情報の共有は大切**です。事例を共有する場を設けたり、月次のレポートを作成したり、ブログ記事を書いたりなどなど。情報を発信しないと、どういった事に興味があり能力を持っているのかが伝わりません。また共有や情報発信を通じて次のPlanに繋がることも多いです。

**「あの人、アクセス解析詳しそうだからちょっと相談してみるか」**とか「あの人、こういった情報を集めているようだから、こないだ見たツールを教えてあげよう」といった形で自分あるいは自分達が行っている取り組みを理解してもらえれば、改善は行いやすくなります。

## ＋1：Agile（高速化・効率化）

最後に大切なのがAgileです。PDCAを高速化することもそうですし、自分の仕事を効率化することを考える必要もあります。

図7 「PDCA」サイクル

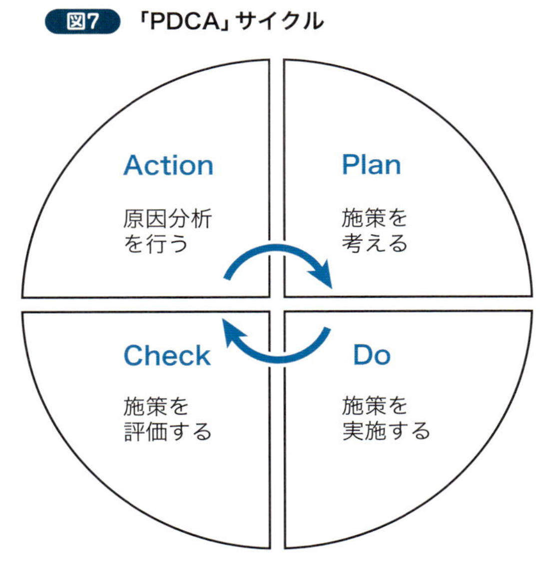


**Webアナリストとして自分を分析して効率化できないポイントがないかを探しましょう**。上記の5つの力を身に付けようとすると、それを実行や考えるための時間が必要です。そのためには残業時間を増やすのではなく、まずそれ以外の仕事を減らす、あるいは効率化が必要です。データ出しやレポート作成時間の短縮、コミュニケーションの見直しなどできないかなど、**自分の作業時間を10%減らすとしたら何を減らすのか、定期的に自分に問いかける**ことが大切です。

5＋1の力を伸ばすことで、皆さんの価値が高まることを期待しています！

# 索引

## 記号



## A



## C



## D



## E



## F



## G



## K



## L



## M



## O



## P



## R



## S



## T



## U



## Y



## あ



## い



## え



## お



## か

## き



## く



## け



## こ



## さ



## し



## す



## せ



## そ



## た



## ち



## て

## おわりに

2020年7月現在、世界はコロナ禍の影響で今までとは違った生活様式になりました。三密を避けるための行動、イベント・展示場の中止や規模縮小、在宅勤務はほんの一例です。

変化に伴い、オンラインの重要性は今まで以上に増しました。その中でウェブサイトや分析が果たす役割も大きくなっています。本書はGoogle アナリティクスを活用したウェブサイトの分析や改善の方法を紹介してきました。

皆さんに大切にしていただきたいのは、「数値を見る」あるいは「数値を出す」ことを目的にしないことです。分析を行う理由は「利用者のことを知るため」です。結果を出して終わるのではなく、何故そのような結果になったのか。ユーザーの考えや行動に思いを馳せてみてください。それが新しい改善案に繋がることでしょう。

本書を執筆するにあたり、アシスタント（兼、著者の秘書）として工藤さん、企画をご提案いただきサポートいただいたソーテック社の初代編集者さん、そして今回の改訂版にご尽力いただいた同社の関さんに感謝申し上げます。今回改訂版を書いていく中で感じたのは（自画自賛にはなりますが）情報量の多さと濃さです。皆さんのサポートのおかげで最後まで駆け抜けることができました。

ここまで幅広く書けたのは、今まで筆者と携わったすべての皆様のおかげです。コンサルや分析案件、セミナーや勉強会での登壇などで今まで地層のように溜めてきた知識やノウハウがこの1冊に収められています。

筆者は、世の中に一つでも多くの素晴らしいサイトやサービスが生まれることを願っています。そして、その素晴らしさをウェブサイトで少しでも多くの人に届けるために、本書を活用いただければと願っております。

それでは、次回は皆さんが提案・改善したサイトでお会いいたしましょう！

2020年7月　小川 卓

## 著者

**小川 卓**

University College London（UCL）卒業・早稲田大学大学院理工学研究科卒業。ウェブアナリストとしてマイクロソフト・ウェブマネー・リクルート・サイバーエージェント・アマゾンジャパンで勤務後、独立。ブログ「Real Analytics」を2008年より運営。全国各地での講演は500回を突破。ウェブ解析士マスター保持。

HAPPY ANALYTICS代表取締役、デジタルハリウッド大学院客員教授、UNCOVER TRUTH CAO、Faber Company社外取締役CAO、日本ビジネスプレスCAO、SoZo最高分析責任者、ニフティライフスタイル 社外取締役、ウェブ解析士協会顧問を兼任。
https://www.takuogawa.com/

**主な著書**

『いちばんやさしいGoogle アナリティクス入門教室（ソーテック社）』『入門 ウェブ分析論：増補改訂版（SBクリエイティブ）』『ウェブ分析レポーティング講座（翔泳社）』『クチコミページと社長ブログ、売上に貢献しているのはどちら？ ～マンガでわかるウェブ分析～（技術評論社）』『現場のプロがやさしく書いたWebサイトの分析・改善の教科書（マイナビ出版）』『あなたのアクセスはいつも誰かに見られている（扶桑社）』

画像提供
TOPECONHEROES（P.13：shakehands1、P.14：magnifier1、menuicon1、P.15：trouble1、call-out2）、はむぱん（P.15：861916_s_wi）、神原友徳（P.375：水漏れバケツ）

---

「やりたいこと」からパッと引ける
**Google アナリティクス 分析・改善のすべてがわかる本 改訂版**

---

2020年7月31日　初版　第1刷発行
2021年4月30日　初版　第2刷発行

著　者　小川 卓
装　丁　植竹 裕（UeDESIGN）
発行人　柳澤淳一
編集人　久保田賢二
発行所　株式会社ソーテック社
〒102-0072　東京都千代田区飯田橋4-9-5　スギタビル4F
電話（注文専用）03-3262-5320　FAX 03-3262-5326
印刷所　大日本印刷株式会社


ISBN978-4-8007-1270-7